AF538106

Scott Wynn

Hobel

Amerikanische, europäische und asiatische Hobel
Bank-, Profil- und Spezialhobel

- detailliert verstehen
- auswählen und anwenden
- einstellen, anpassen und selbst bauen

Scott Wynn

Hobel

Amerikanische, europäische und asiatische Hobel
Bank-, Profil- und Spezialhobel

· detailliert verstehen
· auswählen und anwenden
· einstellen, anpassen und selbst bauen

Impressum

Übersetzung:
Michael Auwers und Dr. Christof Henrichsen
Produziert von PrintMediaNetwork, Oldenburg
Printed in Europe

ISBN 978-3-86630-967-8
Best.-Nr. 9164

HolzWerken
Ein Imprint von Vincentz Network GmbH & Co. KG
Plathnerstr. 4c, 30175 Hannover
www.holzwerken.net

Inhalt

Kompakter Holzhobel

Hölzerner Schlichthobel des Razee-Typs

Kapitel 6: Hobeltypen

Kapitel 7: Hobel für Verbindungen

Kapitel 8: Hobel zum Formen von Holz

Kapitel 9: Wählen Sie Ihre ersten Hobel aus

Kapitel 10: Hobel einrichten

Klassischer Brüstungshobel

Klassischer Falzhobel

Kapitel 11: Hobeleisen schärfen

Kapitel 12: Arbeit an der Bank

Kapitel 13: Stoßladen herstellen und verwenden

Kapitel 14: Hobel bauen und modifizieren

Norris Putzhobel mit gewölbten Seiten

Solche Kehl- und Rundhobel haben sich seit dem 18. Jahrhundert kaum verändert und sind auch heute noch nützlich, um zum Beispiel schnell eine Rundung nachzuarbeiten oder eine kurzes Stück Profilleiste wieder herzustellen. Im Bild sieht man, wie mit einem Profilhobel sein Gegenstück nachgearbeitet wird.

EINLEITUNG

Ich kann mir nicht vorstellen, dass schon einmal jemand mit einem Hobel einen Span von einem Holzstück abgehoben hat und nicht von dem Anblick, dem Geräusch und dem Gefühl begeistert war, die sich ihm dabei boten. Ein Hobel ist ein Werkzeug, das außerordentliche Befriedigung bietet. Die Bedeutung des Hobels geht jedoch weit über das Vergnügen hinaus, das seine Verwendung bereitet.

Mit dem Handhobel kann man schnell und effektiv Arbeiten ausführen, die mit anderen Werkzeugen nicht möglich sind. Elektrowerkzeuge haben die traditionelle Rolle des Handhobels verändert und ihn bei vielen Arbeiten ersetzt, ihn aber keineswegs verdrängt. Und denjenigen, die von der Arbeit mit dem Handhobel frustriert worden sind, wird diese Kenntnis endlich erlauben, die außerordentliche Befriedigung zu erleben, die diesem unentbehrlichen Holzbearbeitungswerkzeug innewohnt.

Die Entwicklung des Hobels erreichte im späten 19. Jahrhundert einen Höhepunkt, als dem Handwerker wie auch dem Laien eine Vielzahl von Modellen zur Verfügung standen, einige von ihnen in allerhöchstem Maße spezialisiert.

Manche dieser Handhobel waren Kunstwerke, manche mechanische Wunder, manche waren beides. Die Ironie des Schicksals wollte es, dass die Mechanisierung, die es erlaubte, unzählbar viele Hobel herzustellen, auch zum Niedergang des Handhobels führte. Die Mechanisierung führte zur Massenherstellung und zur Entwicklung von Holzbearbeitungsmaschinen, sodass Elektrowerkzeuge immer leichter zu erhalten und zu bezahlen waren. Diese Veränderungen führten zu einer nachlassenden Nachfrage nach Handhobeln im Allgemeinen und zu spezialisierten Modellen im Besonderen. In einer Kultur der Massenherstellung führt nachlassende Nachfrage schließlich oft zum Verschwinden, wenn ein Produkt unter die Schwelle fällt, bei der sich die Entwicklung, Herstellung und der Vertrieb noch wirtschaftlich lohnen. Diese wirtschaftlichen Überlegungen führen zum allmählichen Verschwinden aller Modelle, die nicht die breitesten Käuferschichten ansprechen. Im Allgemeinen werden die Produkte, die sich am Markt behaupten, dann nach und nach vereinfacht, um die Herstellungskosten zu senken und die Kundenakzeptanz noch weiter zu steigern, was oft zu einer graduellen Verschlechterung der Produktqualität führt.

Der langsame Niedergang in Qualität und Vielfalt der Handhobel, wie auch der Handwerkzeuge im Allgemeinen, setzt um die Wende zum 20. Jahrhundert ein. Eine Zeitlang hatten wir das Beste von zwei Welten: Zunehmende Produktivität durch die Verfügbarkeit von Elektrowerkzeugen und Zugang zu Fertigkeiten, die durch die Tradition und die Weitergabe in einem langsam verschwindenden System der handwerklichen Ausbildung genährt wurden.

Von der Vergangenheit in die Gegenwart

Bedingt durch die wachsende Industrialisierung, durch das sich entwickelnde globale Wirtschaftssystem und durch die Vermögen, die von der neu aufkommenden Unternehmerklasse angehäuft wurden, entwickelte sich ein Wettkampf zwischen den Neureichen, den etablierten europäischen Adelskasten und der wachsenden oberen Mittelschicht aus leitenden Angestellten und Investoren, die alle darum wetteiferten, die ersten und die besten Beispiele der neusten Modestile zu besitzen. Die Qualität der Möbelproduktion gegen Ende des 19. Jahrhunderts war recht hoch. Man mag zwar Zweifel an der ästhetischen Qualität hegen, aber die Ausführung war beeindruckend. Die Massenfertigung machte aufwendige Stile für eine breitere Käuferschicht erschwinglich, die sich so etwas zuvor nicht hätte leisten können.

Aber die Welt stand nicht still, und das kurze Zusammenwirken von kaufkräftigen Kunden, erfahrenen Handwerkern und maschineller Produktion kam mit der Art-déco-Epoche zu einem

Ende, als die Werkstätten von Ruhlmann, Dunand und ihrer Zeitgenossen die Pforten schlossen. In diesen Werkstätten wurden in einer Mischung aus Hand- und Maschinenarbeit Möbelstücke hergestellt, die meiner Meinung nach zu den besten zählen, die je angefertigt wurden.

Mit der Weltwirtschaftskrise verschwanden die kaufkräftigen Kunden, und der Zweite Weltkrieg und die Nachkriegszeit brachten die Mechanisierung des Lebens. Die notwendigen immensen Wiederaufbauarbeiten und der Mangel an Arbeitskräften in Europa ließen die Mechanisierung als einzige Lösung für die Schaffung von Behausungen für diejenigen sein, die sie im Krieg verloren hatten. Allerdings waren auch die Bewahrung von Handwerkstraditionen und ihre Integration in das Leben der Moderne Gesichtspunkte, die berücksichtigt wurden.

Die Vereinigten Staaten hatten während des Krieges riesige Produktionssysteme aufgebaut und waren nicht bereit, sich wieder der Vergangenheit zuzuwenden. Handarbeit wurde auf subtile Weise abgewertet. Die Handwerksbereiche, die nicht von zentraler Bedeutung waren, hatten sich in den USA nie zu solchen Institutionen entwickeln können, die sie in Europa und andernorts geworden waren. Das mag vielleicht mit der unbewussten Erinnerung an Knechtschaft und Innungszwang zusammenhängen, der die ersten Einwanderer entflohen waren. Langsam wurden diese Gewerke zu Kuriositäten. Ausbildungsprogramme verloren außerhalb der Gewerkschaften an Unterstützung (und auch dort ließ ihre Qualität nach) und wurden immer seltener angeboten.

Als das Interesse am Holzhandwerk wieder erwachte – es ist kein Zufall, dass dies mit dem Erscheinen der ersten Ausgabe der Zeitschrift Fine Woodworking zusammenfiel, die Mitte der 1970er-Jahre eine allgemeine Renaissance der Literatur über das Thema einleitete –, hatten die wirtschaftlichen Zwänge der Massenherstellung und eines schrumpfenden Marktes sowohl die Zahl als auch die Qualität der Handwerkzeuge reduziert. Nur einfache Handwerkzeuge und Hobel im Stil der Hersteller Bailey und Stanley waren allgemein verfügbar.

Die Qualität der Handwerkzeuge war nicht überragend und Information über das Einstellen und die Verwendung aller Werkzeuge war sehr spärlich. Ich begann in den späten 60er-Jahren, mich mit der Holzbearbeitung zu beschäftigen und nahm an Werkzeug mit, was ich im örtlichen Eisenwarengeschäft bekam, während ich mir Tipps und Hinweise von Verwandten und aus den wenigen, verstreuten schriftlichen Quellen holte, die verfügbar waren. Die Werkzeuge waren eine unmittelbare Enttäuschung. Wo waren die Werkzeuge geblieben, mit denen man die Kunstwerke hergestellt hatte, die in den Museen zu sehen waren? Sicher hatten unsere Vorgänger, die auf reine Handarbeit angewiesen waren, während der über dreitausendjährigen Geschichte der Holzbearbeitung doch effektive Methoden gefunden, um mit möglichst geringem Aufwand fehlerfreie Arbeiten herzustellen. Mit den modernen Werkzeugen konnte man keine fehlerfreien Arbeiten herstellen, und die Werkstücke, die man herstellte, erforderten einen unermesslichen Zoll an Muskelkater und Blasen.

Ich begann, meine Suche nach Bezugsquellen weiter auszudehnen. In den frühen 70er-Jahren fuhr ich quer durch die USA von meinem Wohnort in Ohio bis nach Berkeley in Kalifornien, um dort einen damals noch unbekannten Händler zu besuchen, der japanisches Werkzeug führte. Diese Werkzeuge waren damals noch sehr exotisch, die Abbildungen im Whole Earth-Katalog sahen zu bizarr aus, um echt zu sein. Die Werkzeuge waren eine Offenbarung – und eine Bestätigung. Die Arbeit mit hochwertigen Handwerkzeugen konnte ein Vergnügen sein. Und ein hochproduktives zudem. Ich begann, mich mit Werkzeugen verschiedener Handwerkskulturen zu beschäftigen und experimentierte mit allen, die ich finden konnte, machte ihre Stärken und Schwächen aus, ermittelte die Arbeiten, für die sie sich am besten eigneten. Ich verwendete sie tagtäglich, um meinen Lebensunterhalt zu bestreiten.

Heutige Wahlmöglichkeiten

Die Welt hat sich wieder verändert. Das Informationszeitalter hat ein Universum neuer Werkzeuge verfügbar gemacht. Offensichtlich war ich nicht der einzige, den die Qualität und Verfügbarkeit der Werkzeuge während der Renaissance des Holzwerkens frustriert hatte. In den Katalogen findet man jetzt eine Auswahl von

Handwerkzeugen aus verschiedenen Kulturen und Zeitaltern, deren Verwendungszwecke vom Praktischen bis zum Obskuren reichen. Manchmal wissen wir nur wenig über den beabsichtigten Verwendungszweck dieser Werkzeuge, über ihre Instandhaltung, über das Material, das mit ihnen bearbeitet oder die Gegenstände, die mit ihnen hergestellt wurden.

Oft ist die Beschreibung des Verkäufers die einzige Informationsquelle, auf die wir zurückgreifen können. Handhobel zeigen zum Beispiel eine Vielfalt an Formen, die nahelegt, dass sie Aufgaben auf unterschiedliche Weise bewältigen. Wenn man jedoch die Anatomie des Hobels systematisch betrachtet und sich vergegenwärtigt, wie sie traditionell eingesetzt wurden, wird einem bewusst, dass sich trotz der Unterschiede in der Formgebung die Lösungen für Probleme bei der Holzbearbeitung von Werkzeug zu Werkzeug, von Kultur zu Kultur doch ähneln. Daraus kann man lernen.

Heute können wir Techniken und Teile aus einer Vielzahl von Handwerkstraditionen auswählen, die zum Stil unserer Werkstücke und zu unserem Arbeitsstil passen. In Verbindung mit dem ungeheuer leichten Zugang zu Holzbearbeitungsmaschinen bieten sich uns Vorteile, die man vor unserer Zeit nicht kannte.

Um aus diesen Vorteilen den größten Nutzen zu ziehen, sollte man die Art von Arbeiten genauer betrachten, die man ausführt. Manche Holzhandwerker werden vor allem von Handhobeln und anderen Handwerkzeugen profitieren. Eine Maschine wird vielleicht besser für eine Arbeit geeignet sein, die oft wiederholt werden muss (wie häufig ‚oft' ist, entscheiden Sie). Mit Handwerkzeugen kann man effizient Einzelstücke, Prototypen, Variationen über ein Thema oder Kleinserien anfertigen. Für mich liegt einer der Hauptvorteile im geschickten Umgang mit Handwerkzeugen darin, dass ich weniger in der Art von Werkstück eingeschränkt bin, das ich herstellen möchte – keines ist zu klein oder zu groß, keines zu kompliziert – und dass sich die Form des Stückes noch während der Arbeit entwickeln kann. Auch wenn man gewerblich arbeitet oder größere Zuschnitte auf Maß arbeiten muss, kann Erfahrung im Umgang mit dem Handhobel ein Gottesgeschenk sein.

Der Handhobel erweitert jedoch nicht nur die Auswahl an Werkstücken, die man in Angriff nehmen kann, er ist bei manchen Aufgaben auch nachweislich schneller, etwa beim Glätten kleiner Bauteile. So kann man mit wenigen Stößen eines gut eingestellten Handhobels zum Beispiel die Seite eines Möbelbeins glatter hinterlassen, als das mit 1000er Schleifpapier möglich wäre – und das ohne die Wellen und Abrundungen, die beim Schleifen oft auftreten. Mit ebenso geringem Aufwand kann der Handhobel die Sägespuren und Faserausrisse im Hirnholz beseitigen. Wenn man dann noch einige Male mit 220er Schleifpapier darübergeht, erhält man in Blitzesschnelle eine Oberfläche, die glatt wie ein Babypo ist. Das beste Werkzeug, um Hobelschlag zu beseitigen, der bei der Bearbeitung mit der Abrichte oder Dickte entstanden ist, ist der Handhobel, da seine ebene Sohle das Brett glättet, während er die Spitzen abträgt. Die Arbeit geht schnell von der Hand und liefert saubere Ergebnisse.

Die Ergebnisse

Die Arbeitsergebnisse, die man mit einem Handhobel erhält, unterscheiden sich von denen, die Schleifpapier liefert. Wenn das Hobeleisen die richtige Form aufweist, ist ein handgehobeltes Werkstück in der Regel glatter und ebener als alles Geschliffene, wenn es nicht von einer sehr guten Breitbandschleifmaschine stammt. Preiswertere Breitbandschleifer können eine wellige Oberfläche erzeugen, wie das auch bei Hobelmaschinen passieren kann. Bandschleifmaschinen und Exzenterschleifer hinterlassen eine sanft gewellte Oberfläche wie die eines ruhigen Gewässers, was besonders nach dem Auftrag von Oberflächenmitteln und auf waagerechten Flächen auffällt. Bei einem Werkstück mit Fladermaserung (etwa aus Eiche oder Kiefer) wird durch das Schleifen mehr des weicheren Frühholzes entfernt als vom dichteren Spätholz, sodass in Faserrichtung verlaufende sanfte Wellen entstehen.

Das passiert mit einem Handhobel nicht. Elektrische Handschleifmaschinen, vor allem der Exzenterschleifer, neigen dazu, Kanten und Ecken leicht abzurunden. Das gilt besonders bei kleinen Werkstücken, die dann oft unklar, schlecht definiert wirken. Mit dem Handhobel erreicht man auch bessere Leimflächen.

Neben der unterschiedlichen Qualität der Oberfläche gibt es auch subtile, aber wahrnehmbare Unterschiede im Aussehen und Charakter von Werkstücken, die mit spanenden Werkzeugen geformt und geglättet wurden, und solchen, die geschliffen wurden. Die Klarheit und das Fließende, die Zeugnis von der Arbeit einer Schneide ablegen, sucht man bei Stücken vergeblich, die in Form geschliffen wurden. Dies ist eine wichtige Lehre für den Holzhandwerker. Damit soll nicht gesagt werden, dass das eine oder das andere Werkstück minderwertig wäre, aber es gibt Unterschiede im Aussehen und in der Anmutung der Stücke. Wenn man diesen Unterschied versteht, kann man auch das richtige Werkzeug aussuchen.

Ihre Gesundheit

Ein anderer wichtiger Faktor bei der Entscheidung zwischen Maschinen und Handhobeln ist der Holzstaub. Die Gesundheitsgefahren, die von Holz ausgehen, wurden lange unterschätzt, werden inzwischen aber immer deutlicher. Die karzinogene Wirkung von Holzstaub wird auch offiziell anerkannt. In modernen holzverarbeitenden Betrieben fallen große Mengen an Holzstaub an. In einer Ein-Mann-Werkstatt mit ihren verschiedenen elektrischen Schleifmaschinen (Exzenter-, Band-, Spindel-, Schwing-, Breitband- und stationären Bandschleifgeräten) können geradezu erstickende Mengen an Schleifstaub auftreten.

Die weitverbreitete Verwendung von Schleifmitteln ist ein relativ neues Phänomen, sodass man kaum etwas über die langfristigen Auswirkungen von eingeatmetem Schleifstaub weiß. Ebenso wenig ist über die Effekte der vielen unterschiedlichen Holzinhaltsstoffe bekannt, von denen viele giftig, allergieauslösend oder auch einfach nur reizauslösend sein können. Dazu gehören auch die Beschwerden, die von allen fäulnisresistenten und vielen tropischen Holzarten ausgelöst werden. Es ist bekannt, dass sie Ausschläge und andere Hautreaktionen auslösen können. Feinpartikel, die tief in die Lunge eingeatmet werden, können diese dauerhaft schädigen. Die feinsten Bestandteile des Schleifstaubs sind am gefährlichsten. Manche sind so klein, dass sie auch die besten Filter noch passieren. Lesen Sie die Herstellerangaben – kein Luftfilter, keine Atemschutzmaske ist zu 100 % wirksam. Ein Absaugsystem kann die Situation sogar noch verschlimmern. Alle Staubteile, die nicht vom Filter zurückgehalten werden (das können je nach Filter Größen von 30 Mikron bis weniger als 1 Mikron sein), werden zurück in die Raumluft geblasen, und dort in der Schwebe gehalten, bis Sie das Absaugsystem ausschalten. Auch wenn die Filterwirkung einer Atemschutzmaske besser sein könnte, so schließen diese Masken doch nie luftdicht am Kopf an, vor allem nicht, wenn man Bartträger ist.

Die Bedenken erstrecken sich jedoch nicht nur auf die Lungen. Durch die langfristige Einwirkung von Schleifstaub kann es zum Entstehen von Polypen im Nasenraum kommen, die ihrerseits potenzielle Vorstufen von Tumoren sind. Zudem besteht ein sehr reales Risiko, durch Maschinenlärm Einschränkungen des Hörvermögens zu erleiden. Viele Holzhandwerker aus meinem Bekanntenkreis und meiner Altersgruppe leiden unter unterschiedlich ausgeprägter Schwerhörigkeit.

Insgesamt sollte man dem Schleifen also mit einem gewissen Maß an Gefahrenbewusstsein begegnen und sich Staub und Lärm so wenig wie möglich aussetzen. Zudem sollte man auch andere Methoden als das Schleifen in Betracht ziehen, wenn es darum geht, eine Form oder Fläche zu gestalten. Das Bild des Holzhandwerkers, der gelassen Holz hobelt und dabei auf den Ton des Hobeleisens hört, umgeben von einem – staubfreien – Berg von Hobelspänen, an einer Hobelbank, die ebenso wie die Werkzeuge so staubfrei ist, dass er schwarze Kleidung zur Arbeit tragen und dennoch abends ohne Spuren nach Hause gehen könnte: Vielleicht ist dieses Bild nicht so romantisch verklärt, sondern sehr viel ernster zu nehmen, als man meinen könnte. Auf jeden Fall zeigt es ein höheres Maß an Lebensqualität als stundenlang an einer kreischenden, staubschleudernden Schleifmaschine zu stehen.

Ihre Brieftasche

Und die Finanzen? Der Handhobel kann sehr viel kosteneffektiver sein als Schleifpapier. Betrachten Sie einmal die Kosten eines Exzenterschleifers. Zuerst kommen die Anschaffungskosten, die vermutlich geringer als die eines guten Hobels, aber immer noch beträchtlich sind, Dann kommen die Kosten für Schleifpapier: Wenn man die Schleifmaschine den ganzen Tag benutzt, können das leicht 20 bis 30 Euro sein.

Nach drei oder vier Tagen hat man so die Kosten für einen Handhobel verschliffen. Wenn die Maschine repariert werden muss, kann man nicht mit ihr arbeiten. Wenn man nicht mit ihr schleifen kann, verdient man mit ihr kein Geld.

Dann kommen auch noch die Reparaturkosten hinzu: Wenn man die Lager, Kohlen und den Klettbelag der Schleifplatte auswechselt (der sich auch abnutzt), dann hat man schon fast eine zweite Schleifmaschine bezahlt. Darüber hinaus hält die Maschine so oder so nicht ewig, über kurz oder lang muss man sie durch eine neue ersetzen.

Wenn man einen Exzenterschleifer tagaus, tagein für die gesamte Arbeitszeit des Tages verwendet, dann kann man damit rechnen, dass man ihn im Laufe eines Jahres zweimal reparieren lassen muss, um ihn dann schließlich ganz zu ersetzen. Wenn man einen Handhobel tagaus, tagein für die gesamte Arbeitszeit des Tages verwendet, dann hat man vielleicht einen Zentimeter des Hobeleisens durch Nachschleifen abgetragen. Das Eisen, das vielleicht um die 40 Euro gekostet hat, kann ohne weiteres noch zwei oder drei Jahre seinen Dienst tun.

Wenn man die richtigen Entscheidungen trifft und das angemessene Werkzeug für die anstehende Arbeit wählt, erreicht die Effektivität der Werkzeuge zwar das gleiche Niveau, aber die Kosten der Schleifmaschine betragen ein Vielfaches.

Natürlich verursacht auch der Handhobel Kosten, im Vergleich zur Schleifmaschine schneidet er jedoch gut ab. Wenn man einen Hobel einmal richtig eingerichtet hat, was mehr oder weniger Zeit in Anspruch nehmen kann, dann ist der Aufwand für die Instandhaltung minimal. Das Schärfen kann lästig sein, aber mit etwas Übung und der richtigen Technik kann man schon nach weniger als fünf Minuten wieder an der Hobelbank stehen.

Der Lohn

Es ist schwieriger, den richtigen Umgang mit dem Handhobel zu erlernen, aber die Arbeit mit Holz erfordert die Bereitschaft, kontinuierlich neue Fertigkeiten zu erwerben und sie zu erweitern. Das ist das Wesen des Handwerks. Man muss nicht gleich mit den schwierigsten Aufgaben beginnen, die man mit einem Hobel bewältigen kann. Erweitern Sie Ihre Fertigkeiten im Hobeln nach und nach. Mit den Informationen aus diesem Buch wird Ihnen das sehr viel schneller gelingen.

Schleifmittel sind ein wichtiges Hilfsmittel bei der Holzbearbeitung, und sie werden nicht plötzlich wieder von der Bildfläche verschwinden. Wenn man nicht alle Fertigkeiten und Techniken verwendet, die zur Wahl stehen, oder wenn man sich nicht die Kenntnisse verschafft, um eine vernünftige Wahl zwischen ihnen zu treffen, dann schränkt man seine eigene Kreativität, seine Leistungsmöglichkeiten und seine Chancen ein, über das Erreichte hinauszuwachsen.

Die von Erfahrung und Wissen geleitete Verwendung sowohl von Handwerkzeugen als auch von elektrischen Maschinen führt zu besseren, befriedigenderen Arbeiten; und der Handhobel, der schon immer das wichtigste Werkzeug des Tischlers war, ist auch heute noch eines der nützlichsten Werkzeuge überhaupt. Je nach Persönlichkeit und vielleicht auch dadurch bestimmt, wie man die eigenen Werkstücke sieht, wird man eher zu Handwerkzeugen oder eher zu Maschinen neigen. Wichtig ist es jedoch, dass man rationale Entscheidungen trifft. Der erste Schritt, um zu verstehen, wie effektiv eine Technologie sein kann – in diesem Fall der Handhobel des Holzhandwerkers –, ist es, ihre Möglichkeiten und Grenzen zu kennen. Diese Kenntnisse sollen im vorliegenden Buch vermittelt werden.

Wenn es darum geht, Holz eine glatte, saubere und klare Oberfläche zu geben, gibt es keine bessere Wahl als den Handhobel.

GLATT

Welchen Hobel man wann und warum verwenden sollte

Unterschiedliche Werkzeuge erzeugen andersgeartete Oberflächen, die sich mit dem Auge, der Hand oder mit beidem unterscheiden lassen. Wenn die Unterschiede auch subtil sein mögen, so sind sie doch oft unmittelbar zu erkennen. Vor allem der Endverbraucher reagiert unter Umständen recht stark darauf, oft ohne genau zu wissen, warum. Solche subtilen Unterschiede können Handarbeit von der Serienfertigung trennen und sie für den potenziellen Käufer bewusst oder unbewusst attraktiv machen, sodass sie zu einem Kaufkriterium werden.

Abb. 1-1
Die Körner im Schleifpapier wirken wie eine Vielzahl von spitzen Schabern, die Holz entfernen, indem an den Spitzen der Körner Druckversagen im Holz ausgelöst wird. Dies ist eine zuverlässige Methode, um Holz zu glätten, aber in mancher Hinsicht erinnert es an das Nagelbett eines Fakirs, bei dem die Nägel unterschiedlich lang sind. Auf der Oberfläche des Werkstücks hinterlässt man so eine Reihe von ungleichmäßigen und unregelmäßigen Furchen, an deren Enden sich oft kleine Kugeln aus Holzfasern finden. Die Ränder der Holzporen werden ausgerissen und die Poren selbst mit Holzstaub gefüllt. Man opfert um der Zuverlässigkeit willen die Klarheit des Faserverlaufs und des Maserbildes.

Man muss es verstehen

Um das höchste Niveau an Raffinesse – und Kunstfertigkeit – zu erreichen, muss man die Verwendung, Positionierung und vorgesehene Oberflächenbehandlung eines Werkstücks oder Teiles in Betracht ziehen, um dann die Werkzeuge auszuwählen, die für die Aufgabe am besten geeignet sind. Um sachgerechte Entscheidungen zu treffen, muss man die unterschiedlichen Oberflächeneigenschaften verstehen, die verschiedene Werkzeuge ergeben.

Es gibt drei verschiedene Methoden, um Holz zu glätten – Schleifen, Abziehen und Hobeln –, die alle eine andersgeartete Oberfläche ergeben.

Schleifen

Beim Schleifen wird die Oberfläche spanend bearbeitet, wobei eine Vielzahl mikroskopisch kleiner, unregelmäßiger Furchen entsteht, die etwas faserige Kanten haben. Schleifpapier ist mit unregelmäßig verteilten Schleifkörnern besetzt, die keine bestimmte Form, Größe oder Ausrichtung ausweisen. Die Holzfasern werden geschnitten, aber auch zerrissen. Die Spitzen und Kanten der Schleifkörner erheben sich unterschiedlich weit über das Trägermaterial, nutzen sich unterschiedlich schnell ab und schneiden unterschiedlich tief ins Holz. Das Ergebnis lässt sich am deutlichsten erkennen, wenn man mit einem groben Schleifpapier beginnt und dann Zwischenkörnungen auslässt, weil das grobe Papier tiefe Furchen schneidet, die das feine Papier dann nicht erreichen kann (Abb. 1-1).

Beim Schleifen bleibt auch eine Vielzahl kleinster zerrissener Holzfasern an der Oberfläche hängen. Zudem muss man auch bei größter Gewissenhaftigkeit – wenn man sich nach und nach durch immer feinere Körnungen arbeitet – bis zu einer 600er Körnung schleifen, damit das Licht mit hinreichender Klarheit durch die zerrissenen Holzfasern dringen kann, um das Maserbild eines Holzes zur Geltung zu bringen.

Abziehen

Zum Abziehen verwendet man den Grat, den man an eine Ziehklinge gezogen hat, oder eine sehr scharfe Schneide, die man in einem steilen Winkel hält. Dabei werden die Holzfasern ebenfalls zerrissen, das Holz wird im Wesentlichen dadurch entfernt, dass es an der Schneide des Grats zum Druckversagen kommt (Abb. 1-2). Der Grat ist eine relativ stumpfe Schneide, die eher den Punkt festlegt, an dem es zum Druckversagen kommt, als dass sie das Holz wirklich schneidet oder abschert.

Harte Tropenhölzer lassen sich gut mit der Ziehklinge glätten, ich vermute, weil es bei hartem, spröden Holz effektiver ist, die Holzfasern mit einer stumpfen Schneide zu trennen. Je weicher die Holzart jedoch ist, desto unsauberer entfernt der Grat das Holz, sodass der Span oft in sich zusammenfällt und Fasern aus der zu glättenden Oberfläche reißt. So kann man zwar die Oberfläche von Kiefernholz abziehen, das Ergebnis ist jedoch ‚wollig'.

Der große Vorteil der Ziehklinge gegenüber dem Schleifpapier ist die Tatsache, dass man mit ihr bei den meisten Laubhölzern so schnell Material abtragen kann wie mit einem 60er Schleifpapier und dabei eine Oberflächengüte wie mit einem 400er Papier erreicht. Und das mit einem Werkzeug, das vermutlich ein Leben lang halten wird und weniger kostet als eine einzige Packung Schleifpapier.

Zudem ist es im Gegensatz zum Hobel fast unmöglich, mit der Ziehklinge größere Faserausrisse zu verursachen, wenn auch bei manchen Holzarten die ‚Wolligkeit' darauf hinweist, dass es doch zu kleinsten Ausrissen kommen. Die Ziehklinge arbeitet jedoch nicht, wie man manchmal hört oder liest, in allen Richtungen gleich gut. Sie schneidet mit der Faser besser als gegen die Faser, allerdings führt die falsche Schnittrichtung nicht zu derart katastrophalen Faserausrissen wie man sie bei der Arbeit mit dem Hobel erleben kann.

Sowohl beim Schleifen als auch beim Abziehen sind die Kanten der Holzporen etwas rau, auch wenn die Rauigkeit technisch gesehen andere Ursachen hat. Beim Schleifen bestimmt die zuletzt verwendete Körnung die Größe der gerissenen Fasern. Unabhängig von der Körnung ist die Zahl der gerissenen Fasern jedoch immer hoch (Abb. 1-3). Beim Abziehen sind die gerissenen Fasern seltener und länger. In beiden Fälle liegen die Fasern flach auf der Oberfläche, bis man ein Oberflächenmittel aufträgt, worauf sie sich mit dem Mittel vollsaugen und steif aufrichten.

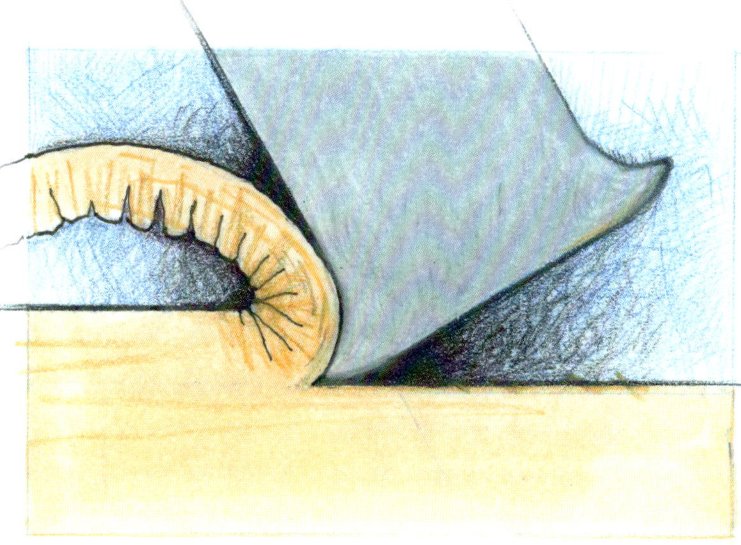

Abb. 1-2 *Mit der Ziehklinge wird Holz entfernt, indem man parallel zum Faserverlauf an der Kante des Grats Druckversagen im Holz verursacht. Diese Methode kann zu verlässlichen Ergebnissen führen, bei kräftigen Schnitten kann es jedoch zu unberechenbaren Fehlern sowohl vor als auch unter dem Grat kommen, sodass sich der Span zusammenklumpt und die Oberflächenqualität leidet. Mit leichten Strichen erreicht man die besten Ergebnisse.*

Abb. 1-3 *Eine geschliffene Holzoberfläche ist durch tiefe Furchen und zerrissene Fasern gekennzeichnet. Beim Schleifen werden die Fasern der Holzoberfläche zerrissen, während die Bearbeitung mit der Ziehklinge zu einer geringeren Anzahl gerissener Fasern führt, die meist länger sind.*

Abb. 1-4 Der Handhobel entfernt Holz, indem die Fasern an der Spitze der dünnen, scharfen Klinge getrennt werden. Wenn die Ergebnisse auch nicht so zuverlässig sind (es sei denn, der Schnitt wird durch die in Kapitel 3 beschriebenen Methoden kontrolliert), so ist die erzielte Oberfläche doch weder durch Schleifspuren noch durch Druckversagen beeinträchtigt, sodass die Schönheit der Holzfasern und des Maserbildes voll zur Geltung gebracht wird.

Hobeln

Ein scharfer Hobel schneidet, indem er die Holzfasern sauber abtrennt. Je kleiner der Schnittwinkel ist, desto sauberer werden die Fasern getrennt; je höher der Winkel ist, desto mehr wirkt das Hobeleisen wie eine Ziehklinge. Dieser spanende Schnitt ist sauber – die Oberfläche wird nicht durch Reibung oder Druckversagen zerrissen – und das Licht dringt in die Oberflächenstruktur ein, wird durch den wechselnden Faserverlauf gebrochen und enthüllt so die atemberaubende Schönheit der Maserung (Abb. 1-4).

Wir wollen der Oberfläche jedoch noch etwas mehr Aufmerksamkeit widmen. Die meisten Hölzer zeigen wunderbar klare Oberflächen, nur die angeschnittenen Poren sind etwas rau (Abb. 1-5). Diese kleinen Ausrisse stellen sich bei der Behandlung mit flüssigen Oberflächenmitteln auf, was zu einer rauen Oberfläche führt. Wenn man diese Holzfasern entfernt, um eine glatte Oberfläche zu erreichen, steht man vor einem Dilemma: Will man eine möglichst glatte Oberfläche erhalten, muss man sie etwas anrauen, was wiederum die Klarheit beeinträchtigen kann.

Oberflächenbehandlung

Man kann diesem Problem auf verschiedene Weise begegnen. Zuerst sollte man sich Gedanken über die gewünschte Oberfläche machen. Eindringende Oberflächenmittel – etwa Öle – stellen die Fasern nicht so sehr auf und bringen die Maserung besser zur Geltung als Mittel, die auf der Oberfläche haften.

Bei manchen Holzarten kann man durch das Auftragen von Öl und das Abnehmen des Überstandes die aufgestellten Fasern entfernen, vor allem wenn man abschließend mit einem Wolltuch kräftig nachpoliert.

Bei manchen Hölzern muss man nach dem ersten oder zweiten Ölauftrag mit Stahlwolle nachschleifen. Die Stahlwolle verhakt sich in den aufgestellten Fasern und reißt sie ab. Manche Oberflächen kann man auch vor dem Ölen polieren, indem man sie kräftig mit Holzspänen abreibt.

Bei breiten und/oder waagerechten Flächen hobele ich zuerst bis zu hoher Güte, trage dann Öl auf, und schleife nass oder trocken mit 1000er (oder noch feinerem) Schleifpapier nach, bevor ich die zweite Lage Öl auftrage. Die Körnung des Schleifpapiers hängt dabei von dem Öl ab, das ich verwende, aber auch andere Faktoren können eine Rolle spielen.

Nicht eindringende Oberflächenmittel wie Lacke bringen die Maserung nicht so gut zur Geltung wie Öl. Das hat zwei Gründe: (1) das Mittel dringt nicht so tief ein, und (2) das Licht muss durch eine zusätzliche Schicht dringen, bevor es auf das Holz trifft und dann wieder zurückgeworfen wird. Die Klarheit, die man durch das Hobeln erreicht, wird gedämpft. Ich habe mir auch sagen lassen, dass die gehobelte Oberfläche so glatt sein kann, dass das Oberflächenmittel nicht mehr gut haftet.

Um das Holz für ein schweres Oberflächenmittel wie einen Lack vorzubereiten, entferne ich meist die letzten Unebenheiten mit dem Handhobel. Wenn dabei kleine Faserausrisse entstehen, glätte ich sie mit der Ziehklinge. Falls die Oberflächenqualität des Werkstücks (oder Teilen davon, wie etwa Regalbretter) nicht so wichtig ist – und vor allem, wenn das Holz schwierig zu behandeln ist –, arbeite ich zuerst mit einem Furnierschabhobel wie dem Stanley 80 und dann mit einer Ziehklinge.

Der Ziehklingenhobel ist schneller als die Verwendung von drei oder vier verschiedenen Schleifpapierkörnungen. Nach dem Hobeln oder dem Abziehen schleife ich schnell und vorsichtig mit 220er Schleifpapier nach, um die letzten Unregelmäßigkeiten oder eventuelle Hobelspuren zu beseitigen. Falls die Oberfläche mit Schellack behandelt werden soll, verwende ich nach dem Hobeln (und gegebenenfalls Abziehen) ein 320er oder 400er Schleifpapier. (Bei einer klassischen Schellackpolitur geht man allerdings etwas anders vor.) Schellack scheint nicht so gut zu verfließen, selbst wenn er dick oder wiederholt aufgetragen wird.

Schellackoberflächen gewinnen meist, wenn man mehr Mühe auf das Schleifen verwendet. Zweikomponenten-Polyurethanlacke verfließen sehr gut und verdecken viele kleine Fehler. Leider können sie bei feinporigen Hölzern wie Kirsche auch zu einer Oberfläche führen, die wie Kunststofflaminat aussieht.

Abb. 1-5 *Bei der Arbeit mit der Ziehklinge entsteht oft am Ende der Holzpore ein 'Faserschwanz', dessen Länge sich von Holzart zu Holzart unterscheidet. Auch beim Hobeln kann es bei manchen Holzarten zu solchen Schwänzen kommen, sie sind jedoch meist deutlich kürzer. Durch die Behandlung mit einem Oberflächenmittel werden diese kurzen Faserenden aufgestellt und versteift, sodass die Oberfläche sicht- und fühlbar rau wird.*

Eben und glatt

Bei breiten waagerechten Flächen muss man sich unabhängig von dem vorgesehenen Oberflächenmittel besondere Mühe bei der Vorbereitung der Oberfläche geben. Wenn das Licht im flachen Winkel auf die Fläche trifft, treten alle Unebenheiten überdeutlich hervor. Wenn man eine solche Fläche schleift, erreicht man kein zufriedenstellendes Ergebnis. Wenn man direkt nach der Dickte mit Band- und Exzenterschleifmaschinen arbeitet, sieht die Oberfläche wie ein ruhiges Gewässer aus, über das eine leichte Brise zieht. Die meisten stationären Breitbandschleifer liefern ebenfalls Ergebnisse, die mich nicht zufriedenstellen. Nur sehr gute Breitbandschleifer, die in der Industrie verwendet werden, um Sperrholzplatten zu schleifen, führen zu halbwegs akzeptablen Oberflächen.

Mit dem Handhobel erzielt man ebene Oberflächen, vor allem wenn die Größe des Hobels richtig auf die anstehende Arbeit abgestimmt ist. Leider ist das Hobeln großer Flächen eine Fertigkeit, die nur schwer zu erlernen ist. Dafür ist das Ergebnis dann auch besonders befriedigend. Wenn man die Werkzeuge, Techniken und die Informationen anwendet, die in diesem Buch präsentiert werden, kann man die Zeit deutlich reduzieren, die nötig ist, um solche Fähigkeiten zu erwerben. Um eine waagerechte Fläche abzurichten und zu glätten, benötigt man eine Reihe von Handhobeln. Falls nach ihrer Anwendung immer noch Faserausrisse oder kleinere Unebenheiten verbleiben, arbeitet man mit einer oder mehreren Ziehklingen nach. Falls es zu massiven Faserausrissen gekommen ist, verwendet man einen Ziehklingenhobel (ein Ziehklingenhobel sieht aus wie ein normaler Hobel – allerdings mit steilem Eisen; der Stanley 80 wird wie ein Schwenkhobel beidhändig geführt), um die Planheit beizubehalten. Bei geringen Faserausrissen wird die gesamte Fläche mit der Ziehklinge bearbeitet. Normalerweise ist die Fläche dann so plan und glatt, dass man je nach vorgesehenem Oberflächenmittel nur noch leicht mit 220er (oder feinerem) Schleifpapier schleifen muss. Oft kann ich sogar diesen Arbeitsgang auslassen und schleife nur nach der letzten Oberflächenschicht noch einmal leicht nach.

Falls mir die Fläche nicht vollkommen eben zu sein scheint, schleife ich unter Umständen mit einem großen Schleifklotz und feinem Papier (220er oder höhere Körnung) nach, um letzte Spuren des Hobels oder der Ziehklinge zu beseitigen. Diese Unebenheiten machen sich nach der Oberflächenbehandlung nicht optisch bemerkbar und sind auch beim Zwischenschliff nicht zu fühlen.

Dies ist besonders beim Auftragen von Lacken mit dem Pinsel wichtig. Dabei verbinden sich die Schichten nicht; wenn man also durch die obere Schicht hindurchschleift, entsteht eine ringförmige Markierung, sodass man die gesamte Schicht entfernen und wieder von vorne beginnen muss. (Dieses Durchschleifen kann man bei kleinen Unebenheiten oft vermeiden, indem man nach der ersten Schicht mit der Hand schleift und dabei einen weichen Schleifklotz verwendet oder ganz auf ihn verzichtet.)

Eine Herausforderung: Die Körnung

Die angegebene Körnung bei Schleifpapier bezeichnet die maximale Korngröße. Bei den meisten Schleifpapieren sind bis zu 65% der Körner kleiner als diese Angabe, manche von ihnen deutlich kleiner. Das führt zu einem ungleichmäßigen Schleifbild, bei dem die größeren Körner tiefere Furchen hinterlassen als die kleineren. Dieses ungleichmäßige Schleifbild muss dann durch das ebenfalls ungleichmäßige Schleifbild der nächst feineren Körnung ausgeglichen werden. Dieser Vorgang wird so lange wiederholt, bis die Ungleichmäßigkeit weder mit der Hand noch mit dem Auge leicht zu erkennen ist. Aus diesem Grund sollte man beim Schleifen keine Körnungen überspringen. Manche der neueren hochwertigen Schleifpapiere haben eine gleichmäßigere Korngröße, bei der bis zu 95% der Körner der angegebenen Größe entsprechen, sodass es leichter sein sollte, gute Ergebnisse zu erzielen.

Behandlung von Kanten

Es gibt eine weitere kleine Feinheit, auf die mich mehr als ein Kunde hingewiesen hat. Wenn auch die optische und haptische Qualität einer Oberfläche, die mit dem Handhobel bearbeitet worden ist, kaum zu übertreffen ist, so lässt sich

die Oberfläche, die man so bei Kanten erreicht, doch meist noch verbessern.
Wenn man einen Kunden beobachtet, der ein Möbelstück begutachtet, wird man sehen, dass er immer – bewusst oder unbewusst – mit der Hand an den Kanten entlangfährt. Die Kanten gehören also zu den wichtigsten Merkmalen eines Werkstücks. Die Kanten können zu einem Kauf führen. Oder dazu, dass der Kunde nicht kauft. Wenn man die Kanten mit dem Handhobel bearbeitet, verleiht dies dem Stück eine etwas harsche, unfreundliche Anmutung, auch wenn man mit einem Fasenhobel mit abgerundetem Eisen zu Werke geht. Brechen Sie die Kanten nach dem Hobeln noch leicht mit feinem Schleifpapier (220er Körnung oder noch feiner, falls die Fase gut geschnitten worden ist). Dann fühlen sich die so wichtigen Kanten beim Anfassen sehr angenehm an.

Subtile Unterschiede

Glatt ist also sowohl ein optisches als auch ein haptisches Kriterium, es sieht an verschiedenen Stellen unterschiedlich aus und fühlt sich dann auch unterschiedlich an, verschiedene Werkzeuge erzeugen unterschiedliche Glätte, und manchmal kann man mit den gleichen Werkzeugen auch unterschiedliche Glätte erreichen – bei unterschiedlichen Hölzern. Wie macht man sich diese Information zunutze?
Aus meiner Erfahrung im Umgang mit Hobeln habe ich eine Anzahl von Schlüssen gezogen. Zum einen ist das Schleifen meist eine schlechte und ineffiziente Methode, um größere Mengen an Holz zu entfernen. Man sollte Holz so weit wie möglich in die beabsichtigte Form bringen und es dann mit einem spanenden Werkzeug zu Ende bearbeiten – mit einem Hobel, einer Ziehklinge oder einem Elektrowerkzeug.

Wenn man das Werkstück grob vorschleift, um es dann mit immer feineren Körnungen zu glätten, um die Spuren der vorhergehenden Arbeitsgänge zu entfernen, produziert man unter dem Einsatz von viel Geld und Zeit vor allem Schleifstaub. Schleifpapier wurde zuerst verwendet, um in einem abschließenden Arbeitsgang das Werkstück auf Hochglanz zu bringen oder allenfalls kleinere Bearbeitungsspuren zu entfernen. Ich glaube, dass dies immer noch sein bester Verwendungszweck ist.

Ein weiterer wichtiger Gesichtspunkt: Die Form und die Oberfläche von Holz, das mit Schleifmittel bearbeitet wurde, unterscheiden sich von solchen, bei denen man ein spanendes Werkzeug eingesetzt hat. Die Unterschiede sind subtil, aber wichtig. Gehobelte Werkstücke zeigen die Klarheit, die auch der Schneide eigen ist, mit der man sie geformt hat, sie geben auch den Schwung wieder, mit dem der Handwerker den Schnitt ausgeführt hat. Geschliffene Werkstücke sehen abgewetzt aus und fühlen sich auch so an, sie spiegeln die Hin- und Herbewegung oder das Im-Kreis-Drehen der Schleifmittel wider, die man verwendet hat.

Als Handwerker muss man sich dieser Unterschiede bewusst sein und wissen, wie sie das fertige Werkstück beeinflussen werden.

Zusammenfassend lässt sich sagen, dass man bei einem Werkstück, dessen Textur und Maserung zur Geltung gebracht werden soll – bei dem man die Oberfläche nur mit Leinöl, Zitronen- oder Tungöl, mit Wachs oder Schellack behandeln wird – mit einem sauber schneidenden Hobel spektakuläre Ergebnisse erzielen und die Schönheit des Holzes herausstreichen kann.

Manche Holzarten sind jedoch schwierig zu hobeln und in diesem Fall ist das Hobeln bis zum Hochglanz unter Umständen sehr anstrengend und nicht unbedingt sehr effizient. Bei manchen besonderen Werkstücken mag sich die zusätzliche Arbeit lohnen. Das ist eine Entscheidung, die man jeweils im Einzelfall treffen muss.

In den meisten Fällen ist das Abrichten mit dem Hobel, das Abziehen mit der Ziehklinge und das abschließende Schleifen mit Schleifpapier die wirksamste Vorgehensweise. Dieses Verfahren ist vor allem dann angebracht, wenn man ein schweres, nicht eindringendes Oberflächenmittel wie Lack, Klarlack oder Zweikomponentenlack verwenden möchte.

Es ist die Klinge, die das Holz schneidet. Die Leistung eines Hobels kann nur so gut wie das Hobeleisen – die Klinge – sein, mit dem er ausgestattet ist. Und die Merkmale des Stahls, aus dem das Eisen besteht, müssen auf den Verwendungszweck des Hobels abgestimmt sein.

SCHARF

Die Schneide

Das Hobeleisen ist das Herz eines jeden Hobels. Es mag von einem Körper aus teurem Tropenholz oder wunderbar gearbeiteter Bronze und Eisen gehalten werden, aber es ist das Eisen, das die Arbeit verrichtet. Falls das Eisen der Arbeit nicht gewachsen ist, wird aus dem Hobel nicht ein geschätztes Werkzeug, sondern eher ein Dekorationsgegenstand.

Die Behauptungen, die von den Werkzeugherstellern über ihre Hobeleisen aufgestellt werden, sind oft verwirrend und widersprüchlich, manchmal werden ihnen nahezu mythische Qualitäten zugesprochen, aber man erhält nur wenig echte Information. Gelegentlich werden Eigenschaften herausgestrichen, die bei der industriellen Verwendung von Bedeutung, dem Handwerker jedoch nicht wichtig sind. Das war nicht immer so. Bis etwa zum Zweiten Weltkrieg hatte man als Holzhandwerker kaum Auswahl in Bezug auf das Material der Hobeleisen. Kohlenstoffstahl war die einzige Option. Entscheiden konnte man sich nur für die Qualitätsstufe, die man sich leisten konnte. Oft wurde eine Kaufentscheidung aufgrund des Herstellerrenommees getroffen. Heute möchten uns die Hersteller glauben machen, neue industrielle Stahlsorten und Herstellungsverfahren seien der allerletzte Schrei. Erschwert wird die Auswahl dadurch, dass die Qualitätsunterschiede bei den Eisen oft gering und unter den meisten Arbeitsbedingungen nur schwer zu erkennen sind.

Über das Mysterium hinaus

Wenn man mit derart verwirrenden Informationen konfrontiert wird, kommt man in Versuchung, sie vollkommen zu ignorieren und das Eisen zu verwenden, das zum Lieferumfang des Hobels gehörte, oder das teuerste Eisen zu kaufen, das zu bekommen ist, und dann zu hoffen, dass es sich bewährt. Wenn man so handelt, verzichtet man auf ein wichtiges Glied in der Wissenskette, die man benötigt, um gute Arbeit mit Holz zu leisten.

Stahl ist die Schnittstelle zwischen dem Holz und dem Holzhandwerker. Der Stahl verwandelt beim Formen, Glätten und Umformen des Holzes Ihre Vorstellungen in Realität. Die Schnittstelle – wortwörtlich manifestiert sie sich in der Schneide – und die Rückmeldungen, die man von ihr erhält, liefern wichtige Informationen, von denen die Endgüte, die Passung, Form und Anmutung des fertigen Werkstücks beeinflusst werden, während es von einem Entwurf zu einer Realität wird. Wenn man die Komplexität des Werkstoffs Stahl versteht, der für das Eisen verwendet wird, kann man Entscheidungen treffen.

Viele Holzhandwerker interessieren sich nur indirekt für den Stahl, aus dem das Hobeleisen besteht. Im Laufe der Jahre, in denen ich verschiedene Eisen verwendet und die Ergebnisse verglichen habe, bin ich zu der Erkenntnis gekommen, dass das Thema „Stahl und Schneide“ sehr komplex und nuancenreich ist, ja sogar in den Bereich der Kunst hineinspielt. Stahl scheint einfach, kalt und abweisend zu sein, aber diese Eigenschaften verdecken nur seine Komplexität. Die Herstellung von Schneidenstahl ist von einem Hauch des Geheimnisvollen umgeben. Trotz mehrerer Jahrhunderte industrieller und wissenschaftlicher Entwicklung ist die Herstellung von Stahlschneiden zur Bearbeitung von Holz immer noch stark von Erfahrung, Urteilsvermögen und Kunstfertigkeit abhängig.

Einer Schneide merkt man die Mühe an, die bei der Herstellung aufgewendet wurde – ob es nun viel oder wenig war. Schneidenstahl – vor allem bei geschmiedeten Schneiden – wird durch die Energie des Schmiedes und das Feuer, das die Klinge formte, zu einem lebendigen Gegenstand. Als Holzhandwerker sollte man die Individualität der Hobeleisen verstehen und zu würdigen wissen, man sollte lernen, wozu sie geeignet sind, und diese Kenntnisse für die größtmögliche Wirksamkeit einsetzen.

Schärfen – Eine unendliche Geschichte

Ich glaube, dass die meisten Holzhandwerker (ich schließe mich dabei keineswegs aus) ihre Werkzeugschneiden nicht scharf genug halten. Ich möchte sie ermutigen, diese schlechte Angewohnheit zu ändern. Viele unter uns glauben, das Schärfen der Werkzeuge sei eine Aufgabe wie der Hausputz: Man macht es einmal und hat dann eine Woche (oder wenigstens ein paar Tage) seine Ruhe. In der Realität sieht es jedoch anders aus: Wenn man den ganzen Tag mit dem Hobel arbeitet, dann muss man das Eisen auch mehrmals am Tag abziehen. Dieses Nachschärfen wird zu einer lästigen Aufgabe, die erledigt werden muss, bevor man mit der eigentlichen Arbeit weitermachen kann. ‚Leicht‘ nimmt eine ganz andere Bedeutung an, wenn man es zwanzig Mal (oder noch öfter) in der Woche und nicht nur einmal macht.

Grundlegende Merkmale der Schneide

Die Schneide eines Handwerkzeuges muss für den Holzhandwerker drei grundlegende Merkmale aufweisen: Sie muss sich gut schärfen lassen, sie muss eine lange Standzeit haben und sich leicht nachschärfen lassen. Zwischen diesen drei Eigenschaften besteht meist eine wechselseitige Abhängigkeit. Meist führt die Verbesserung einer von ihnen dazu, dass eine oder beide der anderen verschlechtert werden. Bei vielen Verwendungszwecken ist eine der Eigenschaften am wichtigsten. Deshalb ist es wichtig, die Vor- und Nachteile der verschiedenen Stahlsorten zu kennen.

Bei der Wahl eines Hobeleisens müssen noch weitere Überlegungen einbezogen werden. Zuerst muss die Holzart berücksichtigt werden. Nadelhölzer und manche weichen Laubhölzer lassen sich besser mit einem dünnen und scharfen Eisen bearbeiten. Nur bestimmte Stahlsorten lassen sich sehr scharf, mit einem spitzen Schnittwinkel zurichten, und weisen trotzdem eine zufriedenstellende Standzeit auf. Bei härteren Hölzern ist jedoch die Härte des Stahls von zunehmender Bedeutung. Zum zweiten unterscheiden sich die Anforderungen an die Schneide je nach anstehender Arbeit. Ein Hobeleisen, mit dem man viel Holz entfernen möchte, muss eine Schneide aufweisen, die auch bei mechanischer und thermischer Belastung eine hohe Standzeit hat.

KORNGRÖSSE DES STAHLS

Es gibt eine Tabelle mit Standardkorngrößen beim Stahl. Die Größenbezeichnungen reichen von 00 bis 14, wobei 00 die größte (etwa 0,5 mm) und 14 die kleinste Korngröße (etwa 0,0025 mm) bezeichnet. Der Stahl für Werkzeugklingen weist meist eine Korngröße von 7 oder feiner auf.

Die Anatomie des Stahls

Der Schlüssel zum Verständnis von Schneidenstahl liegt in seiner Anatomie. Ich nähere mich der Anatomie des Stahls als Holzhandwerker. Der Metallurg oder Maschinenbauer sieht diese Dinge anders. Für die Bedürfnisse des Holzhandwerkers wird die Anatomie des Stahls durch drei Merkmale bestimmt – Korn, Struktur und Härte.

Korn

Bei Handwerkzeugen zur Holzbearbeitung ist das Korn des Stahls das wichtigste Merkmal der Klinge. Stahl besteht aus sich wiederholenden Anordnungen von Eisen- und anderen Atomen, die eine Kristallstruktur bilden. Die Kristalle können klein und fein oder groß und grob sein. Sie können alle von gleicher Größe sein (gleichmäßiges Korn) oder sehr unterschiedlich, mit abweichenden Formen und übergroßen Strukturen, die in die übrigen eingebettet sind. Das Korn des Stahls wirkt sich auf die Endschärfe und die Standzeit der Klinge aus. Im Allgemeinen lässt sich Stahl mit feinerem und gleichmäßigerem Korn besser schärfen, bleibt länger scharf und schneidet besser.

Das **Korn** hängt von der Grundqualität des verwendeten Stahls ab, von den Legierungsbestandteilen und von den Bearbeitungs- und Verformungsmethoden. Neben der Durchschnittsgröße der Kristalle bestimmt die ursprüngliche Qualität des Stahls auch die Reinheit des Endproduktes, da er Verunreinigungen und Einschlüsse aufweisen kann, die auch durch Veredlungsprozesse nicht immer zu beseitigen sind. Einschlüsse führen zu größeren Unregelmäßigkeiten im Korn. Bei Schwertern und vielleicht auch bei Äxten lassen sich Einschlüsse manchmal mit guter Wirkung gezielt einsetzen, aber außer für die Grundschicht bei laminierten Klingen sind sie bei Hobeleisen ein deutlicher Nachteil. Wenn man eine Klinge schärft, bis die Einschlüsse an der Schneide zutage treten, kann die Schneide ausbrechen und schnell stumpf werden. Je höher der Anteil an Verunreinigungen im Stahl ist, desto schneller wird sie stumpf. Diese kleinen Ausbrüche beeinflussen die Leistung einer Schneide nicht, die man zum Holzhacken verwendet. Je nach Art der Einschlüsse können sie der Klinge ein höheres Maß an Zähigkeit und Schlagfestigkeit verleihen. Bei hochwertigen Holzarbeiten wie zum Beispiel dem Hobeln einer Fläche, können schon kleine Einschlüsse das richtige Schärfen des Hobeleisens verhindern und die Standzeit der Schneide verringern.

Die Legierung beeinflusst die Textur des Korns. Legierungsbestandteile können schon in der ursprünglichen Zusammensetzung des Stahls vorhanden sein (dann aber meist nur in kleinen Mengen) oder nach einer besonderen Rezeptur hinzugefügt werden, um den Stahl widerstandsfähiger gegenüber Hitze oder Schlagbelastungen zu machen. Es gibt jedoch auch Nachteile: Bei Legierungen ist das Korn oft gröber. Während die Schneide einer legierten Klinge vor allem unter widrigen Arbeitsumständen vielleicht eine höhere Standzeit aufweist, lässt sie sich unter Umständen nicht so gut schärfen wie eine Klinge aus nicht legiertem Werkstoff. Um Holz sauber zu schneiden, ist kein Merkmal einer Schneide so wichtig wie ihre Feinheit.

Struktur

Die **Struktur** des Stahls ist bei einer Klinge für die Holzbearbeitung der zweitwichtigste Aspekt. Sie entsteht durch die Veränderung der ursprünglichen Zusammensetzung des Stahls bei seiner Erhitzung und Bearbeitung mit dem Hammer oder mit Walzen.

Hitze führt zum Wachsen der Kristalle im Stahl. Die Bearbeitung des heißen Stahls mit dem Hammer führt zur Zerstörung der Kristallstrukturen und verhindert das Wachstum, indem das Korn in kleinere Kristalle zerlegt wird. Vor der Wärmebehandlung des Stahls sind die Kristalle unregelmäßig ausgerichtet und oft von unterschiedlicher Größe.

Beim Schmieden (dem wiederholten Verformen des heißen Stahls mit dem Hammer), verbindet sich das Korn und richtet sich gleichmäßig in Richtung des Metallflusses aus. Fachgerechtes Schmieden erhöht die Gleichmäßigkeit der Kornstruktur. Wenn gleichgroße und gleichmäßig ausgerichtete Kristalle beim Schärfen an die Schneidenspitze gelangen, brechen sie beim Stumpfwerden gleichzeitig aus, anstatt zufällig in großen Klumpen auszubrechen. Die Gleichmäßigkeit der Kristalle erlaubt eine höhere Schärfe und eine längere Standzeit der Schneide.

Der Stahl für Holzwerkzeuge wird hammer- oder gesenkgeschmiedet oder aber überhaupt nicht geschmiedet. Das Schmieden mit dem Hammer ist die bevorzugte Bearbeitungsmethode, weil bei diesem Verformen durch wiederholte Hammerschläge die Kristalle im Stahl gleichmäßig ausgerichtet werden. Es ist ein zeitaufwendiger Vorgang, der hohes Können erfordert, und entsprechend kostenträchtig. Wenn das Hammerschmieden nicht fachgerecht ausgeführt wird, kann es zu Spannungen im Stahl kommen, sodass seine Belastbarkeit verringert anstatt erhöht wird. Durch den generellen Niedergang der handwerklichen Fähigkeiten bei der Holzbearbeitung und die zunehmende Verwendung von Elektrowerkzeugen ist die Zahl der kenntnisreichen Käufer deutlich gesunken, die auf den Qualitätsvorteil durch Schmieden Wert legen. Das hat dazu geführt, dass handgeschmiedete Werkzeuge nur eine Nebenrolle am Markt spielen.

Das Gesenkschmieden ist mit dem Stanzen verwandt. Ein großer, mechanisch angetriebener Hammer (das Obergesenk) schlägt auf den erhitzen Rohling und drückt ihn in das Untergesenk und gibt so die grobe Form der Werkzeugklinge vor, oft mit einem einzigen Schlag. Bei Werkzeugen mit stark unterschiedlichen Querschnitten kann diese Methode besser sein als das Ausschleifen oder das Abtrennen, da die Hitzeentwicklung bei diesen beiden Verfahren zu geringen negativen Auswirkungen auf die Kornstruktur in den betroffenen Gebieten führen kann. Das Gesenkschmieden führt zu einer geringfügig gleichmäßigeren Struktur als das Schleifen oder Abtrennen, da der Stahl dabei oft

DIE IDEALE SCHNEIDE

Die Anforderungen an eine Schneide unterscheiden sich je nach dem zu schneidenden Material sehr stark. Das einleuchtendste Beispiel dafür ist die Schneide eines Küchenmessers. Wenn man Fleisch oder Gemüse schneidet, wird eine grobe Schneide mit sägenden Bewegungen durch das Material hin und her geführt. Ein richtig geschärftes Küchenmesser würde unter dem Mikroskop eine Schneide zeigen, die aussähe, als ob sie eine Reihe von kleinen Sägezähnen aufwiese, die durch das Schärfen mit einem 800er oder 1200er Schleifstein entstehen. Falls Sie skeptisch sind, können Sie Ihr bestes Küchenmesser mit einem 8000er Stein schärfen und dann versuchen, eine Kartoffel zu schneiden. Das Messer wird nach der Hälfte aufhören zu schneiden und stecken bleiben. Man könnte mit dem Messer zwar Späne von einem Stück Holz schneiden, die so dünn sind, dass man hindurchschauen kann, aber bei Wurzelgemüse bleibt es schon nach der Hälfte stecken. Das zeigt, dass Behauptungen über die Schärfe, die sich auf andere Materialien, und Behauptungen über die Güte, die sich auf andere Verwendungszwecke (industriellen Einsatz oder ein solcher in der Chirurgie etwa) stützen, nicht besonders nützlich sind, wenn man eine Schneide für die Holzbearbeitung beurteilen möchte.

Das theoretische Ideal einer Schneide für die Holzbearbeitung entspräche folgenden Vorgaben: Sie sollte sich über ihre gesamte Breite bis auf die Stärke eines einzelnen Kristalls abziehen lassen, sodass die Kristalle gleichmäßig nebeneinander und in dieselbe Richtung ausgerichtet liegen, alle sehr klein und von gleicher Größe und Härte, und so fest miteinander verbunden sind, dass sie nicht ausbrechen. In der Realität besteht die Schneide aus unterschiedlichen Kristalltypen. Sie unterscheiden sich stark in Größe und Härte. Zudem treten sie in Zusammenballungen auf, die an der Spitze der Schneide dann zusammen ausbrechen, was zu Lücken und stumpfen Stellen führt. Sehr hochwertige Klingen weisen jedoch Eigenschaften auf, die es ermöglichen, sich dem Ideal einer Schneide zumindest zu nähern.

gedehnt wird, was zu einer gewissen Verbesserung in der Ausrichtung der Kristallstruktur führt.

Das Gesenkschmieden ist dem vollkommenen Verzicht auf das Schmieden vorzuziehen, bei dem die Form alleine durch das Schleifen von Rundeisen hergestellt wird. Allerdings wird auch in diesem Fall der Werkzeugstahl während der Verformung mit Hitze behandelt, ‚Verzicht auf das Schmieden' ist also eine gewisse Verkürzung der Bezeichnung. Das Rundeisen wird durch heiße Bearbeitung hergestellt, bei der der Stahl durch Rollen oder Strangpressen zu Stücken gleichmäßigen Querschnitts geformt wird. Bei diesem Vorgang wird die Kristallstruktur neu geordnet, und die Kristalle neigen dazu, sich in Richtung des Stahlflusses auszurichten, während der Rohling gedehnt wird.

Die Kristallstruktur ist allerdings im Vergleich zu jener, die beim Schmieden erreicht wird, eher grob. Moderne Stechbeitelklingen westlicher Bauart werden oft gesenkgeschmiedet (obwohl es neuerdings auch hochwertige Stechbeitel gibt, die aus A2-Stahl durch Schleifen hergestellt werden). Moderne westliche Hobeleisen, auch viele, die zum Hochpreis-Segment gehören, werden meist aus gerolltem, nicht geschmiedetem Material hergestellt.

Die Standzeit der Disston-Sägen

„Der Stahl für die Disston-Sägen wurde im Werk hitzebehandelt und war härter als das vergleichbarere Sägen. Wir rollten unser eigenes Material zu Stahlblechen für die Sägen aus, sodass wir die Ausrichtung der Kristalle im Blech beeinflussen konnten. Dadurch ließen sich die Zähne der Sägeblätter bei dieser Härte schränken, ohne zu brechen. Die Sägen der Firma Disston wiesen eine Härte von 52 bis 54 auf der Rockwell-C-Skala auf, während die Konkurrenzprodukte bei 46–48 rangierten, also 10–15 % weicher waren als die Disston-Sägen. Sie wussten nicht, wie man ein Stahlblech so rollen konnte, dass sich die Sägezähne trotz der hohen Härte noch schränken ließen." Aus einem Brief von Bill Disston, dem Ur-Enkel des Firmengründers Henry Disston, an Harold Payson, zitiert nach Paysons Buch „Setting and Sharpening Hand and Power Saws" (Wooden Boat Books, 1988).

Härte

Die **Härte** ist ein wichtiges Verkaufsargument bei der Werbung für Holzbearbeitungswerkzeuge. Allerdings sind das Korn und die Struktur die wichtigeren Faktoren für die Leistung einer Schneide, wie oben ausgeführt wurde. Ein Hobeleisen, das so weich ist, dass es sich leicht mit der Feile formen lässt (wenn es etwa aus einem guten alten Sägeblatt angefertigt wurde), kann ausgezeichnete Ergebnisse liefern, wenn die Feinheit des Korns es erlaubt, das Eisen gut zu schärfen und die Struktur dazu führt, dass die Schneide gleichmäßig und fein abbricht. Ich kannte einen Bootsbauer, der Hobeleisen vorzog, die aus den Blättern guter Sägen hergestellt waren. Diese Eisen erlaubten es ihm, Scharten einfach auszuschleifen, die entstanden waren, wenn er mit dem Hobel auf verborgene Metallteile in der Bootskonstruktion gestoßen war.

Am anderen Ende des Härtespektrums liegen die Karbide, die auch als Hartmetalle bezeichnet werden und für die Schneiden von Elektrowerkzeugen verwendet werden. Hartmetall ist hart und spröde und deswegen für den Körper der Werkzeugklinge nicht geeignet, da es zerspringen würde. Hartmetall ist zwar extrem hart, aber seine Partikel sind auch extrem groß. Sie lösen sich nicht leicht aus dem Verbund, wenn sie es jedoch tun, dann in so großen Brocken, dass sie fast mit dem bloßen Auge zu sehen sind. Hartmetall lässt sich auch nicht annähernd so gut schärfen wie Stahl. Ein scharfes Sägeblatt aus Stahl oder ein scharfer Stahlfräser schneiden deutlich sauberer als ihre Gegenstücke aus Hartmetall. Leider stumpft Stahl schneller ab als Hartmetall, vor allem wenn man mit ihm kunstharzgebundene Holzwerkstoffe bearbeitet.

Die Härte muss der beabsichtigten Werkzeugverwendung entsprechen. Werkzeuge, die hohen Schlagkräften ausgesetzt sind, sollten weichere Schneiden aufweisen als Hobeleisen. Widrigenfalls brechen sonst die Schneiden bei starker Belastung schnell aus. Die Schneiden für feine

Härten, Anlassen und Abschrecken

Die Härte und Plastizität (der Grad, zu dem er gedehnt oder gebogen werden kann, ohne zu brechen) des Stahls hängt vom Verhältnis Eisen-Kohlenstoff in seiner Zusammensetzung ebenso ab wie von seiner thermischen Behandlung. Unterschiedliche Temperaturen führen zu unterschiedlichen Anordnungen der Eisen- und Kohlenstoffatome im Kristallgitter, den sogenannten Phasen. Wenn Stahl mit einem Kohlenstoffgehalt von mehr als 0,4 % (dies ist der Minimalgehalt, der nötig ist, um Stahl hart werden zu lassen) über die kritische Temperatur von etwa 750 °C erhitzt wird, tritt es in die sogenannte Austenitphase ein. Die Kristallstruktur des Austenits ist offen, sodass die vorhandenen Kohlenstoffatome eine Verbindung mit dem Eisen eingehen können.

Wenn das Austenit schnell gekühlt (abgeschreckt) wird, verändert sich seine Struktur zu einer nadelähnlichen Kristallform, die als Martensit bezeichnet wird. Das Martensit schließt die Kohlenstoffatome ein und lässt den Stahl so hart werden. In diesem Zustand ist der Stahl am härtesten, weist allerdings auch sehr hohe Innenspannungen auf und ist spröde. Je mehr Kohlenstoff anfänglich im Stahl vorhanden war, desto mehr Martensit entsteht und desto härter ist der Stahl. Wenn der Kohlenstoffgehalt jedoch über 0,8 % steigt, wird der Stahl nicht mehr härter, sondern spröder. Um den Stahl für eine Werkzeugklinge verwenden zu können, muss er weicher gemacht werden, sodass seine Sprödigkeit eine Bearbeitung nicht mehr verhindert. Diesen Vorgang bezeichnet man als Anlassen.

Das Anlassen ist ein Kompromiss, bei dem man versucht, Härte und Verformbarkeit in ein ausgewogenes Verhältnis zu bringen. Es ist immer eine Ermessensfrage, die sowohl von Erfahrungswerten als auch von der beabsichtigten Verwendung der Klinge beeinflusst wird. Um eine Klinge anzulassen, wird sie nach dem Härten nochmals erwärmt, allerdings auf eine niedrigere Temperatur, vielleicht 175 °C (je nach Stahlart und Verwendungszweck), und wiederum abgeschreckt.

Es gibt noch ein drittes Verfahren, dass durchgeführt wird, nachdem die Klinge in heißem Zustand geformt wurde, aber bevor sie gehärtet und angelassen wird: das Glühen. Dabei wird die Klinge bis zur Rotglut erhitzt und dann abgekühlt, ohne sie abzuschrecken. Man glüht Stahl aus verschiedenen Gründen, wichtig sind in diesem Zusammenhang das Weichglühen und das Spannungsarmglühen. Meist wird die Klinge nach dem Glühen zur endgültigen (oder fast endgültigen) Form geschliffen – was leicht fällt, da sie dann noch weich ist – danach gehärtet und schließlich angelassen.

Arbeiten können sehr hart sein, wenn ihre Härte jedoch die Flexibilität des Stahls übersteigt, die er benötigt, um an der Schneide nicht auszubrechen, ist das Werkzeug so gut wie nutzlos.

Die Härte von Werkzeugschneiden an Holzbearbeitungswerkzeugen wird in Rockwell C (Rc) gemessen. Diese Einheit gibt die Tiefe des Eindrucks wieder, den eine Kugel unter definierten Bedingungen beim Auftreffen im Stahl hinterlässt. Japanische Sägen sind härter als westliche und liegen meist zwischen 50 und 58 Rc. Härtere Stähle lassen sich kaum noch mit der Feile bearbeiten. Gute Hobeleisen und Stechbeitelklingen sind 58 bis 66 Rc hart.

Nur einige gut geschmiedete Stähle liefern in der oberen Hälfte dieses Härtebereichs noch gute Arbeitsergebnisse, vor allem handgeschmiedete japanische Klingen und einige hochlegierte Stähle. Bei Kohlenstoffstahl scheint Rc 66 eine Grenze darzustellen, jenseits derer die Schneide bei Gebrauch zu schnell abstumpft.

Zusammenfassend lässt sich sagen, dass das Korn, die Struktur und die Härte jene Eigenschaften des Werkzeugstahls sind, die für den Holzhandwerker bei der Arbeit mit Handwerkzeugen wichtig sind. Andere Handwerker mögen mehr Wert auf andere Eigenschaften legen – vor allem, weil sie mit anderen Rohstoffen arbeiten oder andere Methoden anwenden. Das Schneiden von Holzfasern ist eine ganz besondere Technik, die ganz besondere Erfordernisse stellt. Die richtige Kombination aus Korn, Struktur und Härte – und Technik – liefert gute Ergebnisse.

Typen des Schneidenstahls

Der Stahl für die Klingen von Handwerkzeugen lässt sich grob in zwei Kategorien unterteilen: Kohlenstoffstahl und legierten Stahl. Alle Werkzeugstähle enthalten Kohlenstoff, der es ermöglicht, den Stahl zu härten. Kohlenstoffstahl wird aus Eisen und Eisenerz hergestellt und enthält mindestens 0,5 % Kohlenstoff sowie Spuren anderer Elemente. Legierter Stahl ist Kohlenstoffstahl, dem geringe Mengen anderer Elemente zugesetzt wurden, um die Einsatzfähigkeit für bestimmte Verwendungen und unter bestimmten Bedingungen zu erhöhen.

Stahlhersteller haben Richtlinien für die Bezeichnung von Stählen, um die Mengenanteile der verwendeten Legierungsanteile zu kennzeichnen. Die Hersteller von Holzbearbeitungswerkzeugen haben solche Richtlinien jedoch nicht und können nach Wunsch die verwendeten Legierungbestandteile und ihre Mengenanteile herausstellen oder eher herunterspielen, jenachdem, was ihnen zur Vermarktung opportun erscheint. Wenn man sich auf die Handelsnamen oder die umgangssprachlichen Bezeichnungen des verwendeten Stahls konzentriert, hilft das, die Eigenschaften der verschiedenen Sorten zu verdeutlichen und Verwirrung zu vermeiden.

Kohlenstoffstahl

Kohlenstoffstahl ist seit Langem das Arbeitspferd unter den Stählen, aus denen Handwerkzeuge für die Holzbearbeitung hergestellt werden. Die Eigenschaften des Kohlenstoffstahls entsprechen in idealer Weise den Forderungen, die Handwerkzeuge für die Holzbearbeitung stellen. Wenn er richtig hergestellt wird, lässt sich Kohlenstoffstahl optimal schärfen, hat hohe Standzeiten und ist leicht nachzuschleifen – die drei grundlegenden Forderungen an eine Holzbearbeitungsschneide. Hinzu kommt, dass sich die Herstellung leicht abwandeln lässt, um verschiedenen Aufgaben bei der Holzbearbeitung gerecht zu werden. Es gibt viele Varianten, die meist auf der Qualität der Inhaltsstoffe und der Herstellungsverfahren beruhen, wie auch auf dem Grad der Hitzebehandlung und der vielleicht zufällig vorhandenen Legierungsstoffe. Die Legierungsstoffe können jedoch auch absichtlich zugesetzt worden sein, jedoch nicht erwähnt werden, weil der Werkzeughersteller den Stahl als Kohlenstoffstahl präsentieren oder als solchen wahrgenommen haben möchte. In dieser umfassenden Kategorie finden sich einige Stahlsorten, die Ihnen im Handel begegnen werden. Neben dem einfachen Kohlenstoffstahl begegnen einem (unter anderem) Weißer und Blauer Papierstahl und Gussstahl.

Weißen und Blauen Papierstahl findet man bei japanischen Werkzeugen. Die Namen rühren von der Farbe der Etiketten her, mit denen der Stahlhersteller Hitachi sie versieht. Bei beiden liegt der Anteil des Kohlenstoffs zwischen 1 % und 1,4 %, hinzu kommen 0,1 % bis 0,2 % Sili-

Legierungsbestandteile

Der Kohlenstoff, der Stahl zugefügt wird, macht diesen härter und verschleißfester. Der geringste Anteil von Kohlenstoff, den man bei Werkzeugstahl findet, beträgt etwa 0,5 – 0,6 %. Solche Stähle werden für Hämmer, Schmiedewerkzeuge und ähnliches verwendet. Ein Kohlenstoffgehalt von etwa 0,8 % führt zu einem Stahl, der hart genug ist, um Feilen herzustellen (HRC 56–58). Der höchste Kohlenstoffgehalt beträgt etwa 1,3 %. Solche Stähle werden für Rasiermesser, Gravierwerkzeuge und ähnliches verwendet. Ein guter Durchschnittswert ist ein Kohlenstoffgehalt von etwa 1,05 % – ein solcher Stahl ist hart und abriebfest, aber nicht besonders stoß- oder hitzeempfindlich.

Wolfram kann in geringen Mengen als Legierungsbestandteil verwendet werden, um eine dichte, kleine und enggepackte Kornstruktur zu erreichen und die Standzeit von Schneiden zu erhöhen. Stahl mit Wolframanteil bleibt auch bei hohen Temperaturen hart, lässt sich deshalb aber auch nicht so gut schmieden. Eine Legierung mit 4 % Wolfram ist so hart, dass es schwierig ist, sie mit einem Schleifstein zu bearbeiten.

Mangan erhöht die Härtbarkeit von Stahl und erleichtert die walzende oder schmiedende Bearbeitung in heißem Zustand. Werkzeugstähle haben fast immer einen Mangananteil von mindestens 0,2 %. Erst ab einem Mangananteil von mehr als 0,5 % spricht man von einem legierten Stahl.

Silizium erleichtert die Anwendung von Gussverfahren und das Heißschmieden. Meist wird es zusammen mit Mangan, Molybdän oder Chrom als Legierungsbestandteil eingesetzt. Jeder Stahl hat mindestens 0,1 bis 0,3 % Silizium als Bestandteil. Ein Stahl mit 0,5 bis 2 % Silizium wird als Legierungsstahl betrachtet.

Mit Chrom wird die Tiefenhärtung von Stahl erleichtert. Eine dicke Stange aus Kohlenstoffstahl wird durch Hitzebehandlung nur bis zu einer Tiefe von 5 mm unterhalb der Oberfläche gehärtet. Wenn man dem Stahl Chrom hinzufügt, kann man die Stange durchgehend härten. Da die meisten Handwerkzeuge jedoch Klingen aufweisen, die weniger als 10 mm dick sind, ist diese Eigenschaft für Holzhandwerker nicht so wichtig. Chrom verbessert auch die Schlagfestigkeit und Hitzebeständigkeit von Stahl, erhöht jedoch nicht zwingend seine Härte. Stahl mit einem Chromanteil von mehr als 4 % wird als Schnellarbeitsstahl bezeichnet (auch HSS, vom Englischen high-speed steel).

zium und 0,2 % bis 0,3 % Mangan. Bei blauen Papierstählen kommen noch 0,2 % bis 0,5 % Chrom und 1 % bis 1,5 % Wolfram hinzu; ‚super bluesteel' kann bis zu 2,25 % Wolfram enthalten. Der Wolframzusatz erschwert zwar das Schmieden des Blauen Papierstahls, erhöht jedoch die Standzeit bei der Bearbeitung schwieriger Hölzer. Andererseits erweitert Wolfram den kritischen Temperaturbereich, in dem sich der Stahl härten lässt, und erleichtert deshalb diesen Bearbeitungsschritt für den Schmied. Im Gegensatz dazu müssen manche Weißen Papierstähle innerhalb eines sehr geringen Temperaturbereiches gehärtet werden. Weißer Papierstahl lässt sich leicht schärfen und liefert die scharfen Schneiden, die für die Bearbeitung weicher Holzarten nötig sind.

Abb. 2-1
Ein Hobeleisen aus Gussstahl aus dem anglo-amerikanischen Sprachbereich ist meist mit der Kennzeichnung Cast Steel oder Warranted Cast Steel versehen.

Abb. 2-2 Die polierte Fase an einem Eisen aus Gussstahl lässt die Laminierung der beiden Stahlarten erkennen; links sieht man den dunkleren Schneidenstahl im unteren Bereich der Fase und darüber den helleren und weicheren Trägerstahl. Rechts in der Abbildung sieht man ein nicht laminiertes Eisen aus Stangenmaterial.

Der Unterschied zwischen Weißem und Blauem Papierstahl ist nicht leicht zu definieren. Ein japanischer Holzhandwerker, den ich kenne, beschreibt ihn treffend: Weißer Papierstahl, so sagt er, hat eine scharfe, kantige Kornstruktur, während blauer Stahl kleineres, gerundetes Korn aufweist. Deshalb lässt sich Weißer Papierstahl etwas schärfer ausschleifen, neigt aber bei starker Belastung oder schwierigen Hölzern dazu, an der Schneide etwas schneller und in größeren Stücken auszubrechen.

Aus diesem Grund empfehlen Werkzeughändler oft Blauen Papierstahl für die Bearbeitung von harten, aggressiven oder schwierigen Tropenhölzern. Ich glaube, es ist beachtenswert, dass japanische Schmiede die Produktion von Werkzeugen aus Blauem Papierstahl zu erhöhen scheinen, wenigstens für den US-amerikanischen Markt. Diese Erhöhung mag darauf zurückzuführen sein, dass Blauer Papierstahl leichte Handhabungsfehler eher verzeiht und dass Holzhandwerker mit geringerer Erfahrung eher dazu neigen, ihre Werkzeuge zu misshandeln.

Gussstahl wird auch als Tiegelstahl bezeichnet und ist eine hochwertige Stahlsorte, die in kleinen Mengen unter kontrollierten Bedingungen hergestellt wird, ein Verfahren, dass in Europa und Amerika entwickelt wurde, als die Herstellung von Qualitätsstahl noch eher ein Kunsthandwerk als eine Rohstofftechnologie war. Im Laufe der Zeit verbesserten sich die Herstellungsmethoden und es wurde möglich, immer größere, preiswertere und einheitlichere Stahlchargen zu produzieren. Als die Zahl der qualitätsbewussten Handwerker abnahm und der Markt, für den sie produzierten, kleiner wurde – vor allem während der Weltwirtschaftskrise –, nahm auch die Nachfrage nach Gussstahl ab.

Mit dem Zweiten Weltkrieg und den folgenden Veränderungen der Weltwirtschaft verschwand Gussstahl so gut wie vollkommen vom Markt und wird heute nur noch in sehr kleinen Mengen hergestellt (Abb. 2-1).

Wegen seiner geringen Korngröße lässt sich Gussstahl besser schärfen und bleibt auch länger scharf als die meisten heute erhältlichen Stahlsorten. Seine Eigenschaften scheinen auf ideale Weise den Anforderungen zu entsprechen, wie sie die westliche Kunsttischlerei vor dem Zweiten Weltkrieg stellte, aber seine Vorzüge offenbaren sich auch dem heutigen qualitätsbewussten Handwerker. Ich nutze jede sich bietende Gelegenheit, um meine modernen Hobeleisen durch solche aus Gussstahl zu ersetzen.

Der Schneidstahl von japanischen Klingen und westliche Klingen aus Gussstahl sind zu hart, schlagempfindlich, rissanfällig und zu teuer, um sie als alleinigen Bestandteil von Hobeleisen zu verwenden. Anstatt die Härte der Schneide durch Anlassen des Stahls zu verringern, wird eine dünne Lage des Stahls auf eine weichere Stahlsorte mit höherer Zugfestigkeit aufgeschmiedet. Diese Kombination wird als laminierter Stahl bezeichnet und ist besser in der Lage, Schlagkräfte aufzunehmen, ohne zu brechen (Abb. 2.2).

Der Trägerstahl hat einen geringeren Kohlenstoffanteil, ist weicher und flexibler. Verunreinigungen im Trägerstahl können Vorteile haben. So erlaubten die Verhüttungstechniken in Japan vor der Mitte des 19. Jahrhunderts den Einschluss von Verunreinigungen, die sich in der Kornstruktur als Fasern zeigen, etwa so wie das Glas in Fiberglas. Die Verunreinigungen erhöhen die Flexibilität und Bruchsicherheit des Stahls – beides wünschenswerte Eigenschaften.

Da die Verhüttung nach den 1850er-Jahren verbessert wurde, weist der seither hergestellte Stahl diese Verunreinigungen nicht auf. Eisenschrott, der aus der davorliegenden Zeit stammt, ist bei japanischen Schmieden sehr begehrt. Kostbarkeiten wie Ankerketten aus der Zeit vor 1850 werden regelrecht gehortet, um als Trägerstahl für die Stahlschneiden von laminierten Klingen verwendet zu werden (Abb. 2-3).
Eine andere Möglichkeit ist die Herstellung von Hobeleisen aus einfachem Kohlenstoffstahl, die meist aus Stangenmaterial zugeschnitten werden, ohne die Struktur durch Wärmebehandlung noch zu verbessern.

Schneiden aus einfachem Kohlenstoffstahl werden meist unbefriedigende Leistungen erbringen. Hinzu kommt, dass viele teure Eisen, die zum Nachrüsten angeboten werden, mit ihrer hohen Härte beworben werden. Wenn die Eisen aber nicht geschmiedet wurden, werden sie keine verbesserte Kornstruktur haben, die das Ergebnis zusätzlicher Bearbeitung unter Hitze ist (Abb. 2-4).

Abb. 2-3 *Traditionelle japanische Hobeleisen sind immer aus einem harten Schneiden- und einem weicheren Trägerstahl laminiert. Wenn man das abgebildete Beispiel genau betrachtet, kann man im Trägerstahl Unregelmäßigkeiten erkennen, die auf seine Bearbeitung in Handarbeit hinweisen.*

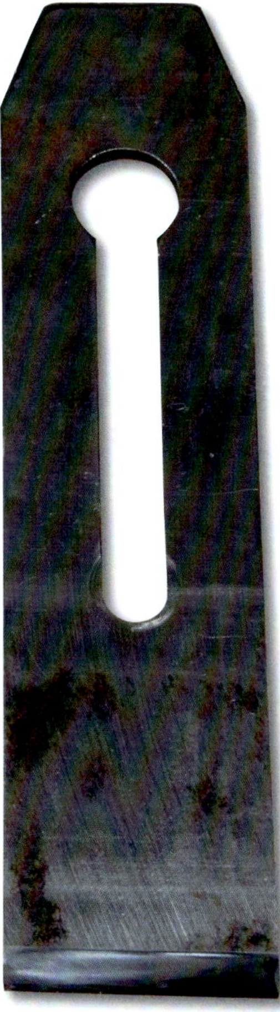

Abb. 2-4 *Ich dachte, diese Eisen von einem Hobelsatz aus Thailand seien aus Stangenmaterial angefertigt und von geringer Qualität, bis ich sie schärfte und die Laminierung erkannte. Sie haben mir gute Dienste geleistet, auch wenn der Spanbrecher nicht zu verwenden war.*

Legierter Stahl

Legierter Stahl wurde vor allem Mitte des 20. Jahrhunderts von der Industrie entwickelt, um kosteneffizient große Mengen maßgenauer Einzelteile herstellen zu können, wie sie für die Produktion von Automobilen – und fast aller anderen heutigen Gebrauchsgüter – benötigt wurden. Ich vermute, dass die Entwicklung dieser Stahlsorten durch die Anforderungen des Ersten und Zweiten Weltkrieges beschleunigt wurde. Eine Klinge aus legiertem Stahl kann in manchen Hobeln und Handwerkzeugen zwar nützlich sein, aber meist nutzen die Hersteller die Preisvorteile der Massenherstellung lediglich, um (oft mit geringem Erfolg) die hochwertigen Klingen nachzuahmen, die früher durch die fachgerechte Wärmebehandlung hochwertigen Kohlenstoffstahls hergestellt wurden.

Kohlenstoffstahl hat bei der industriellen Verwendung Nachteile. Er lässt sich nur bis zu einer Tiefe von etwa 5 mm härten. Werkstücke mit großem Querschnitt lassen sich deshalb nicht durchhärten, ihre innere Struktur unterscheidet sich von jener an der Oberfläche. Diese Unterschiede stellen die Verwendung in fast jeder größeren Maschine in Frage.

Zudem muss der glühende Stahl in kaltem Wasser abgeschreckt werden, um beim Härten diese eher minderwertige Struktur zu erzielen. Das Abschrecken führt meist dazu, dass sich das Werkstück verzieht, und ist auf jeden Fall nicht berechenbar. Wenn man beträchtliche Zeit und Mühe darauf verwendet hat, das Werkstück auf Tausendstelmillimeter genau herzustellen, kann es einem passieren, dass das fertige Produkt unbrauchbar ist. Schließlich wird Kohlenstoffstahl, der in spanenden Werkzeugen verwendet wird, wegen der hohen Geschwindigkeiten etwa bei einer Drehbank (vor allem, wenn Metall oder Stahl bearbeitet wird) schnell überhitzen und weich werden, sodass er binnen Sekunden seine Schärfe verliert.

Schmiedbarkeit

Da viele Legierungsstähle auch dann noch hart bleiben, wenn man sie bis zur Rotglut erhitzt, sind sie nur schlecht oder überhaupt nicht zu schmieden. Bei der Formgebung muss man auf das Schleifen zurückgreifen. Viele dieser Stahlsorten würden jedoch auch durch das Schmieden nicht verbessert.

Problemlösungen

Die Industrie entdeckte, dass man viele Probleme lösen konnte, indem man dem Stahl kleine Mengen von Legierungsmetallen hinzufügte. So erlaubt der Zusatz von Chrom zum Beispiel das Durchhärten auch größerer Stahlquerschnitte. Chrom und andere Bestandteile ergeben auch Stähle, die sich im Ölbad härten lassen. Dabei sind die auftretenden Materialverzerrungen nicht so groß wie beim Abschrecken in Wasser.

Noch besser sind Legierungen, die das Abkühlen an der Luft erlauben, ein langsamerer Prozess, bei dem so gut wie keine Verformungen auftreten. Viele Legierungsmetalle ergeben Stähle, die auch im rot-glühenden Zustand noch hart bleiben. Das heißt, auch wenn sie durch die Reibungshitze beim Schneiden zum Glühen gebracht werden, verlieren sie ihre Stärke nicht, eine Eigenschaft, die natürlich bei der Herstellung von Werkzeugen zur Metallbearbeitung sehr wünschenswert ist.

Im Laufe der Zeit entwickelte man eine große Zahl an Rezepturen, um unterschiedliche Stähle für unterschiedliche Einsatzbedingungen herzustellen. Da sich jedoch die Anforderungen bei der Herstellung von Metallteilen für Automobile von denen für Handwerkzeuge zur Holzbearbeitung unterscheiden, gibt es nur wenige Legierungsstähle, die für den Holzhandwerker nützlich sind. Eine kleine Auswahl kann man in Betracht ziehen.

Kornstruktur

Die Hauptschwierigkeit bei der Entscheidung, ob man legierten Stahl verwenden soll, liegt darin, dass der Zusatz von Legierungsstoffen meist das Korn und die Struktur des Stahls vergröbert. Um Holz sauber und wirkungsvoll zu schneiden, benötigt man eine feine Klingenschneide. Wenn man das Korn und die Struktur der Klinge an einem Handwerkzeug vergröbert, verringert sich deren Effizienz. Bei gelegentlicher Verwendung der wenigen legierten Stähle, die überhaupt für Handwerkzeuge eingesetzt werden, zeigen sich meist nur wenige Unterschiede zu den nicht legierten Stahlsorten. Allerdings gibt es einen Unterschied, der nur bei manchen Hölzern und Verwendungsarten zu Tage tritt und es nahelegt, dass diese Klingen eine spezifische Nützlichkeit haben, die sie von nicht legierten Kohlenstoffstählen unterscheidet.

Legierte Stähle sind besonders für stark belastende Arbeitsbedingungen geeignet. Sie lassen sich vielleicht nicht zu einer so hohen Schärfe schleifen wie eine gut geschmiedete Klinge aus Kohlenstoffstahl, aber ihre Standzeit ist ausgezeichnet. Deshalb sind sie eine bedenkenswerte Wahl für Zugmesser, Schrupp- und Schlichthobel und Zimmermannsbeitel, bei denen die Belastungen von wiederholten tiefen Schnitten, von Verunreinigungen, Klebstoffen und harten Stößen alle ihren Tribut fordern. Auch vielseitig eingesetzte Werkzeuge wie der Einhandhobel, mit dem man bei ein und demselben Werkstück Kanten anfasen, Leim entfernen, die Kanten von Sperrholz brechen und unterschiedliche Oberflächen glätten möchte, können durchaus von einem Hobeleisen aus Legierungsstahl profitieren.

Da Legierungsstähle nicht die gleiche Schärfe wie Kohlenstoffstahl erreichen, glaube ich, dass sie eher für harte Laubhölzer, vor allem Tropenhölzer, geeignet sind als für Nadelhölzer und weichere Laubhölzer. Weiche Holzarten erfordern eine scharfe Schneide, wenn auch bei zunehmender Härte und Dichte des Holzes die Standzeit der Schneide an Wichtigkeit gewinnt. Tropische Laubhölzer erfordern in gleichem Maße Schärfe und hohe Standzeit.

Schärfmethoden

Die dritte Anforderung an die Klingen von Handwerkzeugen zur Holzbearbeitung – das leichte Nachschärfen – wird von Legierungsstählen nur unter Schwierigkeiten erfüllt und erfordert andere Schärfverfahren, vor allem bei wachsenden Legierungsanteilen. Je höher der Anteil an Legierungsbestandteilen ist, desto weniger effektiv ist das Schleifen mit Wasser- oder Ölsteinen, sodass man auf Diamantschleifsteine oder auf Schleifpasten zurückgreifen muss. Wenn man diese Schleifmittel einsetzt, sind die Technik und der Zeitaufwand für das Schleifen vergleichbar. Einige der legierten Stahlsorten, denen man als Holzhandwerker häufiger begegnet, sind Chrom-Vanadium-Stahl, Wolfram-Vanadium-Stahl sowie O1- und A2-Stahl. Bei den letzteren steht das O für ‚oilhardening', das A für ‚airhardening'. Die Bezeichnungen werden im englischsprachigen Raum verwendet, allerdings auch nur bei einigen der Stähle, die auf die entsprechenden Weisen gehärtet werden. Ergänzt werden die Namen der Stähle durch entsprechende Nummern.

Chrom-Vanadium- und Wolfram-Vanadium-Stahl ist oft bei Hobeleisen deutscher Produktion deutlich als solcher gekennzeichnet. Gelegentlich findet man auch Eisen für Hobel im Stanley-/Bailey-Stil, die laut Kennzeichnung eine dieser Vanadiumlegierungen enthalten. Beide Stahlsorten sind wahre Arbeitspferde, denen es vielleicht etwas an Subtilität mangelt, die sich aber dafür als sehr ausdauernd erweisen. Sie eignen sich gut für die schweren Arbeiten, die man mit Hobeln nach deutscher Bauart oft ausführen muss. Chrom-Vanadium- und Wolfram-Vanadium-Stahl sind zwar für viele verschiedene Aufgaben in der Werkstatt geeignet, sie sind aber beide relativ grobkörnig, sodass es bei vielen Holzarten schwierig ist, feine, ausrissfreie Oberflächen zu erzielen (Abb. 2-5).

Klingen aus A2-Stahl sind bekannt geworden, da sie einen guten Kompromiss zwischen dem Bedürfnis der Hersteller nach preiswerter Qualität und Materialeinheitlichkeit und dem Wunsch der Handwerker nach zufriedenstellender Schnittleistung darzustellen scheinen. A2-Stahl zeigt ein feineres Korn als Chrom-Vanadium- und Wolfram-Vanadium-Stahl, ist jedoch genauso belastbar.

Abb. 2-5
Hobeleisen aus legiertem Stahl sind oft als solche gekennzeichnet, allerdings nicht immer und nicht immer auf die gleiche Weise.

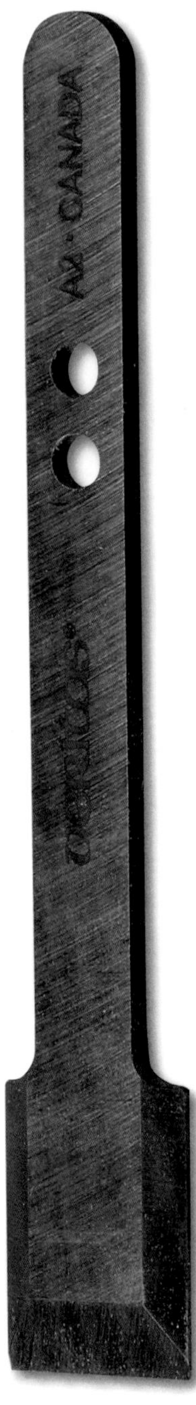

Abb. 2-6
Eisen aus der Stahlsorte A2 sind meist entsprechend markiert. Das linke Eisen wurde kältebehandelt und trägt eine entsprechende Kennzeichnung („Cryo").

Kältehärtung

Hochwertige Klingen aus A2-Stahl werden oft zusätzlich durch Kältebehandlung gehärtet. In der Theorie wird die Klinge dabei ähnlich wie bei der Wärmebehandlung gehärtet, indem Karbidkristalle zum Wachstum angeregt werden (die dem Stahl seine Härte verleihen), ohne jedoch die Kristallstruktur zu vergrößern, wie es bei der Wärmebehandlung geschehen kann. Die Beweise dafür, dass dies tatsächlich stattfindet, sind nicht schlüssig, und Berichte von Holzhandwerkern scheinen darauf hinzuweisen, dass es schwierig ist, zwischen unbehandelten und kältegehärteten Klingen zu unterscheiden.

Unabhängig von der eventuell vorgenommenen Kältehärtung unterscheidet sich die Schärfbarkeit je nach Hersteller. Ich besitze ein Hobeleisen, das ich mit Wassersteinen schärfen kann, während ich für ein anderes Diamantschleifsteine einsetzen muss. Sie werden bei Ihren Eisen jeweils ermitteln müssen, welche Methode am geeignetsten ist (Abb. 2-6).

Klingen aus A2-Stahl scheinen gute Leistungen bei unterschiedlichen Aufgaben und schwierigen Hölzern zu gewährleisten und könnten sich zu einem neuen Industriestandard entwickeln. Allerdings führt die Suche nach dem größten gemeinsamen Nenner immer dazu, dass die Leistung an den beiden Enden des Spektrums abfällt.

Das feine Glätten von Nadel- und vielen Laubhölzern ist mit einem A2-Hobeleisen nicht so effektiv, da sich an ihm keine so dünne Fase anschleifen lässt. Und schwere Arbeiten in tropischen Laubhölzern lassen sich eher mit einem Eisen mit hohen Legierungsanteilen ausführen.

Neu auf dem Markt sind Hobeleisen aus O1-Stahl, einer neuen Legierung. O1 weist nur ein Zehntel des Chromgehaltes von A2-Stahl auf. Ich habe noch nicht mit dieser Legierung gearbeitet. Ich vermute, dass der geringere Chromgehalt zu einer leichteren Schärfbarkeit führt, und dass sich (je nach Qualität) feinere Schneiden erreichen lassen. Da auch etwas Wolfram und Vanadium in der Legierung enthalten ist, wird der Stahl vermutlich auch höhere Standzeiten als Kohlenstoffstahl aufweisen.

In meinen Raubänken verwende ich Wolfram-Vanadium-Stahl und in den Schlichthobeln A2-Stahl, und beide leisten gute Arbeit. In meinem chinesischen Putzhobel verwende ich ein Eisen mit hohem Legierungsanteil, der Schneidenwinkel ist hoch, um tropische Laubhölzer zu bearbeiten. Für meine besten Putzhobel, bei denen ich ausrissfreies Arbeiten erwarte, ziehe ich hochwertige, handgeschmiedete Eisen aus Kohlenstoffstahl vor.

Veränderungen im Markt

Ich glaube, dass die zunehmende Verwendung von legierten Stählen die Reaktion der Werkzeughersteller auf einen sich verändernden Markt war. Für den gelegentlichen Nutzer ähneln die Eigenschaften einer Klinge aus legiertem Stahl denen einer guten Kohlenstoffstahlklinge, ohne dass bei der Herstellung die schwierigen und kostenträchtigen handwerklichen Arbeitsschritte notwendig wären wie bei Kohlenstoffstahl.

Einem gewerblichen Nutzer, der den Hobel tagtäglich mehrere Stunden nutzt, sind die Unterschiede deutlicher. Heutzutage ist das größte Marktsegment dasjenige der Handwerkzeuge für gelegentliche Nutzer, die meist über weniger handwerkliches Geschick verfügen als ein Tischler vor hundert Jahren. Ein Hobeleisen aus Chrom-Vanadium-Stahl ist sehr viel unempfindlicher, wenn es misshandelt wird, indem man es in eine Aststelle jagt, minderwertiges oder schmutziges Holz damit hobelt oder es ratternd über das Holz führt, eine Technik, mit der Anfänger das Eisen schnell überhitzen und die Schneide stark belasten.

Während Eisen aus legiertem Stahl sich nicht so gut schärfen lassen wie solche aus gutem

Kohlenstoffstahl, stumpfen sie unter solchen Bedingungen auch nicht so schnell ab und müssen nicht so oft nachgeschliffen werden. Leider ist die Tatsache, dass legierter Stahl nicht eine so hohe Schärfe erreicht wie guter Kohlenstoffstahl, heutzutage für viele Holzhandwerker kein Entscheidungskriterium mehr; noch bedauerlicher ist es, dass es vielen nicht einmal mehr auffällt.

Schnellarbeitsstahl

Eine noch extremere Sorte legierter Stahl ist der Schnellarbeitsstahl, der auch im deutschen Sprachraum oft mit der englischen Abkürzung HSS-Stahl (high speed steel) bezeichnet wird. Er enthält in relativ hohen Anteilen Chrom, Vanadium, Wolfram und andere Legierungsbestandteile (aber vor allem Chrom). Schnellarbeitsstahl ist im Wesentlichen die gleiche Stahlsorte, die auch in Bohrern und anderen Werkzeugeinsätzen für Elektrowerkzeug verwendet wird. Er ist sehr hart und sehr zäh. HSS wurde von der Industrie ursprünglich entwickelt, um auch bei Verwendung in rot-glühendem Zustand noch hart genug zu bleiben, damit er nicht seine Schärfe verliert.

Der Holzhandwerker stößt bei der Verwendung von Schnellarbeitsstählen auf zwei Probleme, die auch bei anderen legierten Stählen auftreten, hier jedoch in sehr viel stärkerem Maße.

Das erste ist das Schärfen. Während Legierungstähle sich nur mit Mühe auf den üblichen Schleifsteinen schärfen lassen, ist das bei HSS so gut wie unmöglich. Man muss auf einen Diamantschleifstein oder Diamantpaste zurückgreifen, was eher lästig als ein echtes Problem ist.

Das zweite Problem ist, dass HSS nicht so scharf wird wie Kohlenstoff- oder Legierungsstahl. Das Korn von Schnellarbeitsstahl ist gröber als das von legiertem Stahl, wodurch die Einsatzmöglichkeiten des Stahls eingeschränkt sind.

Bei Drechslern erfreut sich HSS einer gewissen Beliebtheit. Ein Drechseleisen kann – vor allem, wenn es aggressiv eingesetzt wird – sich stark erhitzen, wodurch Kohlenstoffstahlschneiden sehr schnell abstumpfen. Allerdings gibt es auch hier Argumente für beide Stahlsorten. Ein Drechseleisen aus Kohlenstoffstahl, das mit Gefühl an der Drehbank eingesetzt wird, ist am Anfang schärfer und schneidet längere Zeit sauber als eines aus Schnellarbeitsstahl.

Abb. 2-7
Das Hobeleisen des kleinen Hobels im chinesischen Stil in der Abbildung links besteht aus Schnellarbeitsstahl wie auch das des Fingerhobels daneben. Das traditionelle Eisen auf der rechten Seite besteht aus einem längeren Trägerstück, an dessen Ende ein Stück hochlegierter Stahl angelötet ist.

Sich eine bessere Technik anzueignen und sie beizubehalten (in diesem Fall das Schneiden im Gegensatz zum Schaben), um so mit besser geeigneten Werkzeugen hochwertigere Arbeiten herzustellen, ist eine Herausforderung, der sich alle Holzhandwerker stellen müssen, wenn sie Fortschritte in ihrem Handwerk machen wollen.

Ich habe auch moderne Hobel im chinesischen Stil gesehen, die Hobeleisen aus HSS verwenden. Auch die Hobeleisen in anderen traditionellen chinesischen Hobeln scheinen einen höheren Anteil an Legierungsbestandteilen zu haben. Hobeleisen werden bei der Bearbeitung von Palisander und anderen schwierigen Hölzern verwendet, da bei den meisten chinesischen Hobeln das Eisen steil im Körper steht, sodass es eher schabt als schneidet. In Verbindung mit der Wärme, die bei der Bearbeitung der harten und aggressiven Hölzer entsteht, ist Schnellarbeitsstahl eine logische Wahl (Abb. 2-7).

Als Holzhandwerker muss man sich entscheiden, ob die Schärfe von HSS für eine anstehende Aufgabe ausreichend ist. Meiner Erfahrung nach gibt es nur eine begrenzte Zahl von Arbeiten, auf die das zutrifft. Wenn man erst einmal die Schärfe eines guten Hobeleisens erlebt hat, ist es schwierig, sich wieder mit geringerer Qualität zufrieden zu geben.

Die Wahlmöglichkeit zwischen Klingen aus unterschiedlichen Stahlsorten ist einer der größten Vorteile, die sich dem heutigen Holzhandwerker bieten. Wenn man ihre jeweiligen Eigenschaften versteht, auch angesichts sich widersprechender Behauptungen und Erklärungen, dann kann man eine informierte Wahl treffen und so seine Arbeit befördern. Sachkenntnis und Übung erlauben es uns, die geeignete Klinge für das Werkzeug und das geeignete Werkzeug für die Arbeit auszuwählen.

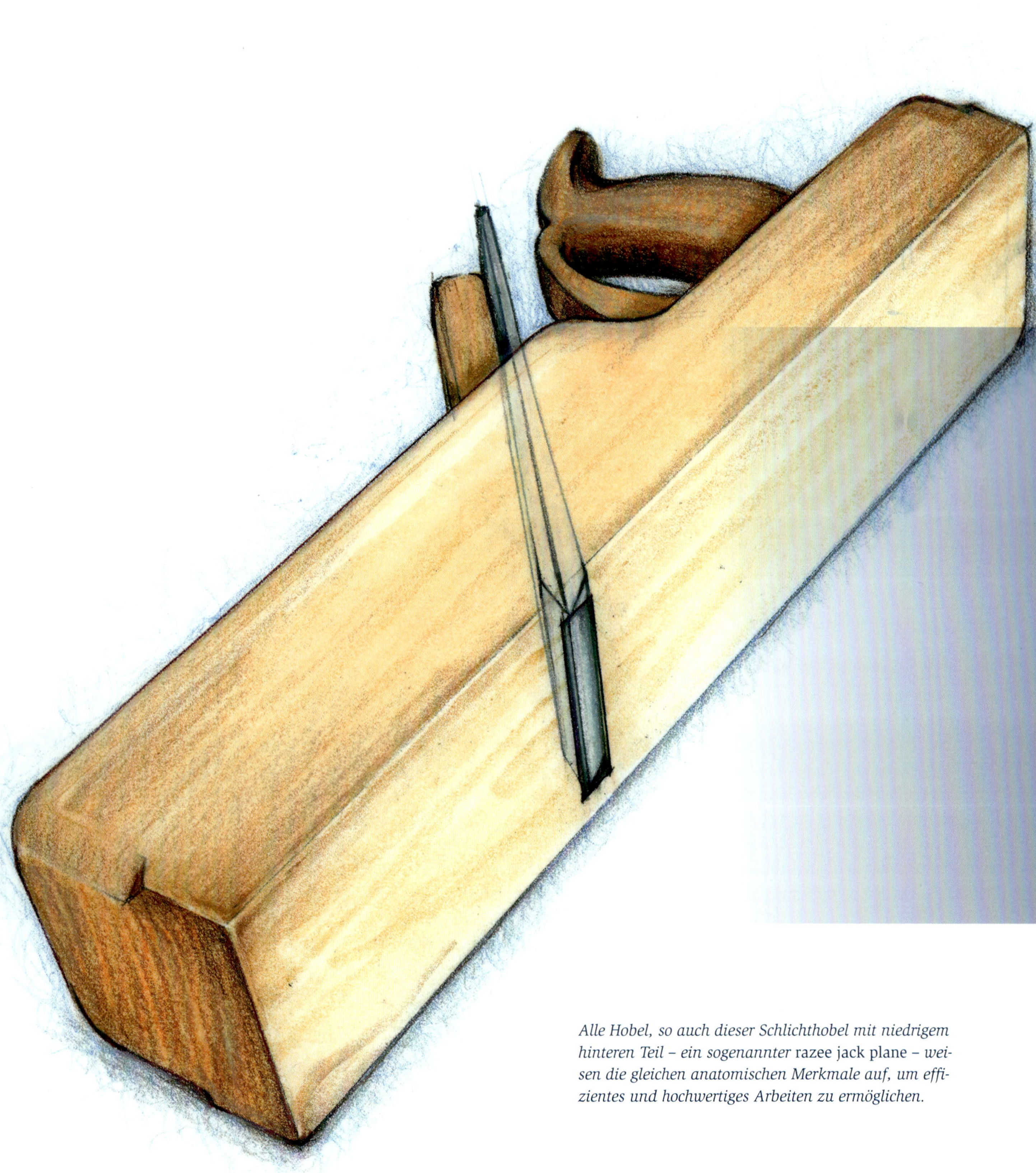

Alle Hobel, so auch dieser Schlichthobel mit niedrigem hinteren Teil – ein sogenannter razee jack plane *– weisen die gleichen anatomischen Merkmale auf, um effizientes und hochwertiges Arbeiten zu ermöglichen.*

Die Anatomie des Hobels

Wie man die beste Leistung erhält

Im Laufe der Jahrhunderte wurden buchstäblich Hunderte von Hobeln für verschiedene Verwendungszwecke entwickelt. Sogar die normalen Handhobel, die verwendet werden, um die ebenen Flächen und geraden Kanten von Werkstücken herzustellen, haben sich durch Dutzende von Stufen entwickelt, um höhere Produktivität zu erreichen. Unterschiedliche Kulturen haben unterschiedliche Lösungen für die grundlegenden Probleme der Holzbearbeitung gefunden, von denen einige sich als erfolgreicher erwiesen als andere. Handhobel mögen sich im Aussehen unterscheiden, ihre Anatomie ist jedoch immer die gleiche. Wenn man die anatomischen Unterschiede und Gemeinsamkeiten kennt – sowohl einzeln als auch in ihrem Zusammenwirken – kann man das Beste aus seinem Hobel herausholen.

Im Kapitel 3 wird die Anatomie des Hobels eingehend behandelt, und es werden die Verfahren besprochen, mit denen man sie einzeln oder im Zusammenwirken am besten einsetzt, um optimale Arbeitsergebnisse zu erhalten. In den folgenden Kapiteln wird dann gezeigt, wie man diese Verfahren traditionell in verschiedenen Zusammenstellungen eingesetzt hat, um Holz auszuhobeln, zu fügen und zu glätten, und dabei Schrupp- und Schlichthobel, Raubänke und Putzhobel verwendete. Es wird auch auf andere Hobeltypen eingegangen und darauf, wie ein moderner Holzhandwerker sich seine eigene Kombination von Methoden zusammenstellen kann, um schnelle und effektive Ergebnisse zu erreichen.

Wie man dieses Kapitel verwenden sollte

Die Informationen in diesem Buch sind gleichermaßen für den Anfänger wie den erfahrenen Holzhandwerker gedacht. Für manche Anfänger mag dieses Kapitel jedoch ein Überangebot an Information bieten. Überfliegen Sie es, und nehmen Sie das an Informationen auf, was Ihnen möglich ist.

Falls es zu viel zu sein scheint, ist es vielleicht besser, wenn Sie Ihren Hobel so gut es geht einrichten, den Grundsätzen folgen, die im folgenden Kapitel für die Arbeit mit Handhobeln gegeben werden, und mit der Arbeit beginnen. So riskieren Sie vielleicht weniger Frustrationen. Wenn Sie eine Weile mit Ihrem Hobel gearbeitet haben, wird das Kapitel 3 verständlicher, und Sie können die hier gegebenen Ratschläge besser anwenden. Irgendwann werden Sie das Kapitel 3 auf jeden Fall lesen müssen, da seine Informationen grundlegend für das Einrichten, Justieren, Modifizieren und die Fehlersuche sind.

Taktiken

Während eines Großteils des 20. Jahrhunderts waren die amerikanischen Holzhandwerker zumeist auf Metallhobel angewiesen, die im Stil des Herstellers Stanley gehalten waren (das ursprüngliche Patent war Leonard Bailey zuerkannt worden). Europäische Tischler haben in dieser Zeit meist mit Holzhobeln gearbeitet). Die Auswahl hat sich beiderseits des Atlantiks vergrößert, man kann Hobel kaufen oder sogar selbst konstruieren, die verschiedenen Vorgehensweisen vereinigen, um unserem individuellen Arbeitsstil am weitesten entgegenzukommen. Es gab zwar gewisse Variationen, aber diese Taktiken wurden in allen Kulturen für Hobel verwendet, die den unterschiedlichsten Zwecken dienten. Die grundlegenden Taktiken, um effektive Leistungen zu erreichen, hängen von sechs allgemeinen anatomischen Merkmalen ab:

1. **Schnittwinkel.** Wenn man einen Schnittwinkel wählt, der dem Holz und der Arbeit angemessen ist, gelingt die Arbeit zuverlässiger und effektiver.

2. **Maulöffnung.** Die Größe der Maulöffnung, durch welche der Span abgeführt wird, und ihre Auswirkung auf das Ausreißen der Holzfasern werden oft nicht richtig verstanden und meist nicht korrekt eingesetzt.

3. **Spanbrecher.** Eine neuere Erfindung, mit der sich Faserrisse fast vollkommen vermeiden lassen und die Vielseitigkeit des Hobels deutlich vergrößern lässt.

4. **Fasenwinkel.** Ein falscher Fasenwinkel am Hobeleisen kann zu vielerlei Problemen führen.

5. **Schneidenform.** Die nachgeschliffene Schneide eines Hobeleisens ist nicht immer gerade – eigentlich ist sie das fast nie.

6. **Länge des Hobelkorpus und Breite des Eisens.** Die beiden Werte stehen in einer Beziehung zueinander und werden durch die beabsichtigte Verwendung des Hobels bestimmt.

Der Schnittwinkel

Dies ist der Winkel zwischen dem Werkstück und der spanabführenden Schneidfläche (Abb. 3-1). Bei Hobeleisen, die mit der Fase zum Werkstück in den Hobel eingesetzt werden, ist dies der Winkel des Eisens im Hobelkorpus. Bei Eisen, die mit der Fase nach oben verwendet werden, ist es die Summe aus Fasenwinkel und Bettungswinkel des Eisens (Abb. 3-2).

Die meisten Holzhandwerker schenken diesem Aspekt des Hobels nicht viel Aufmerksamkeit, da er durch den Hobel vorgegeben wird und die Auswahl an Hobeln mit unterschiedlichen Schnittwinkeln eher gering war.

Die Reaktion unterschiedlicher Hölzer auf unterschiedliche Schnittwinkel ist nicht unbedingt sehr deutlich, außer bei extrem harten oder extrem weichen Holzarten. Für viele Holzhandwerker wird der Standardwinkel eines Bailey-Hobels von 45° bei den meisten Arbeiten durchaus zufriedenstellend sein. Wenn man sich von einfachen Arbeiten ab- und eher fordernden Aufgaben in schwierigen Hölzern zuwendet, dann führt die Wahl des richtigen Schnittwinkels zu deutlichen Verbesserungen.

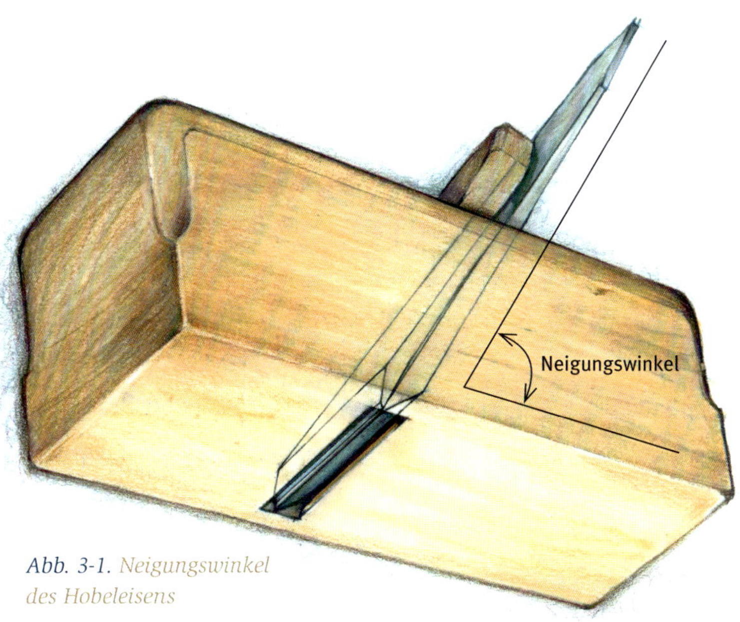

Abb. 3-1. Neigungswinkel des Hobeleisens

Traditionelle Schnittwinkel

Wenn man sich über die (in Amerika) häufig anzutreffenden Metallhobel im Stanley-/Bailey-Stil hinaus traditionelle Hobel ansieht, stellt man fest, dass schon immer Hobel mit unterschiedlichen Schnittwinkeln eingesetzt wurden. Die Unterschiede sind bei traditionellen Werkzeugen groß und unübersehbar, sowohl innerhalb einer Kultur als auch zwischen den unterschiedlichen Kulturen.

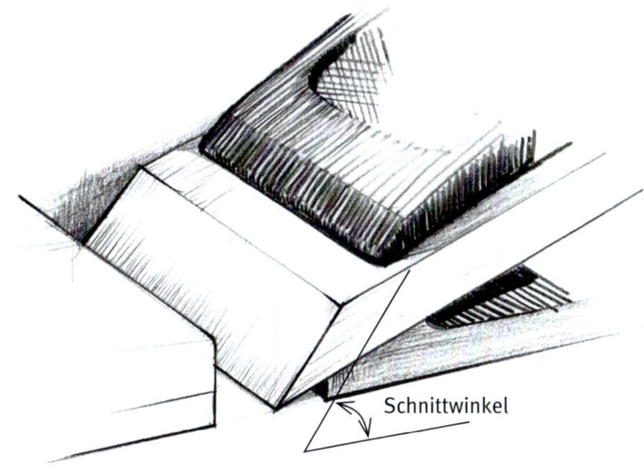

Abb. 3-2 Der Schnittwinkel ist der Winkel zwischen dem Werkstück und der spanabführenden Schneidfläche. Bei Hobeleisen, die mit der Fase nach unten eingesetzt werden (oben) ist dies auch der Winkel, in dem das Eisen im Hobelkasten eingesetzt wird (Bettungswinkel/Neigungwinkel des Hobeleisens). Bei Eisen, die mit der Fase nach oben eingesetzt werden, setzt sich der Schnittwinkel aus dem Bettungswinkel und Fasenwinkel des Eisens zusammen (rechts).

Abb. 3-3 Ein Satz chinesischer Hobel für den Möbelbau, von vorne nach hinten: Raubank mit einem Schnittwinkel von 55°; langer Schlichthobel mit einem Schnittwinkel von 60°; Putzhobel mit 65°. Die Länge des mittleren Hobels unterscheidet sich von Tischler zu Tischler. Manchmal ist er fast so lang wie eine Raubank, hat jedoch einen größeren Schnittwinkel und wird feiner eingestellt. Manchmal ist er, wie in dieser Abbildung, etwa so lang wie ein westlicher Schlichthobel.

Schnittwinkel

Während bei westlichen Hobeleisen der Schnittwinkel normalerweise in Grad angegeben wird, verwendet man bei japanischen Eisen ein System, das auf der Steigung beruht. Deshalb findet man manchmal Schnittwinkel, die einem vielleicht merkwürdig vorkommen – zum Beispiel 47,5°. Erklären lässt sich das, wenn man es als Steigung 11 zu 10 interpretiert. Merkwürdigerweise findet man solche Schnittwinkel auch bei englischen Hobeln. Norris-Hobel hatten oft einen Schnittwinkel von 47,5°, und ich besitze eine amerikanische Raubank mit einem Schnittwinkel von 43° (eine Steigung von 9 zu 10). Dabei stellt sich dann heraus, dass dieses auch meine bevorzugten Schnittwinkel für das Putzen sind; 43° eignet sich gut für viele weichere Laubhölzer, und 47,5° leistet bei vielen härteren Laubhölzern gute Dienste. Bei dem letztgenannten Schnittwinkel scheint auch ein kritischer Wert erreicht zu sein, ab dem sich die Geometrie des Schnittes zu verändern beginnt.

Immer den geringsten effektiven Schnittwinkel verwenden

Je geringer der Schnittwinkel ist, desto sauberer wird der Schnitt. Je größer der Winkel ist, desto mehr schabt das Eisen statt zu schneiden. Dieses gilt besonders ab einem Winkel von 47,5°. Ab einem Winkel von 75° oder 80° sollte man von einem Schabhobel sprechen.

So ist zum Beispiel der Unterschied zwischen den Schnittwinkeln eines klassischen chinesischen Möbeltischlerhobels und einem traditionellen japanischen Zimmermannshobel frappierend und weder der eine noch der andere erinnern an den 45°-Schnittwinkel des allgegenwärtigen angelsächsischen Metallhobels, vollkommen unabhängig von dessen Länge oder Verwendungszweck.

Ich vermute, dass diese Unterschiede bestehen, weil die einzelnen holzverarbeitenden Gewerke in jedem Kulturkreis in der Regel mit einer begrenzten Anzahl einheimischer Holzarten arbeiteten. Im Laufe der Zeit stellten die Handwerker fest, dass bestimmte Schnittwinkel sich besser für die Arbeit mit diesen Hölzern eigneten, sodass die Schnittwinkel bei den Werkzeugen dieser Gewerke normalerweise nur innerhalb enger Grenzen variierten.

Außerdem kann man bei den Schnittwinkeln der Werkzeuge Ähnlichkeiten feststellen, wenn man die gleichen Gewerke in unterschiedlichen Kulturen vergleicht, da diese oft ähnliche Holzarten verwendeten.

Schließlich kann man auch Veränderungen beobachten, die durch die Einfuhr neuer Holzarten im Rahmen des internationalen Handels bei den Werkzeugen verursacht wurden.

Diese Auswirkung des Werkstoffs auf die Anatomie des Hobels zeigt sich am deutlichsten in den Hobeln der chinesischen und südostasiatischen Möbeltischler (Abb. 3.3). Die traditionellen Möbel in diesen Kulturen werden meist aus Rosenholz oder ähnlich harten tropischen Laubhölzern hergestellt. Die Schnittwinkel dieser Hobel sind sehr groß. Die Raubänke, die meist zuerst eingesetzt wurden, um die kräftigsten Schnitte auszuführen, weisen Schnittwinkel von etwa 55° auf. Bei Schlichthobeln beträgt er etwa 60°, bei Putzhobeln liegt er oft über 65°.

In Nordeuropa, wo mit einheimischen Laubhölzern wie Eiche, Birke und Nussbaum oder Nadelhölzern wie Kiefer und Fichte als Zweithölzern gearbeitet wird, liegt der Schnittwinkel für Schlichthobel bei etwa 40°, für Putzhobel bei etwa 55°, bei Profilhobeln stößt man auch oft auf 60° und 64° (Abb. 3-4).

Das Tischlerhandwerk in Japan ist überaus hoch entwickelt und fein ausgeprägt, was sich auch an den meisten aus diesem Land eingeführten Werkzeugen erkennen lässt. Dort werden meist Nadelhölzer wie Zeder verarbeitet, gelegentlich wird auch auf Ulme und einige ähnliche Holzarten zurückgegriffen. Die meisten der häufig importierten japanischen Hobel haben einen Schnittwinkel von etwa 40° (Abb. 3-5), allerdings hat die Nachfrage des amerikanischen Marktes auch dazu geführt, dass gelegentlich höhere Schnittwinkel zu finden sind (Abb. 3-6).

Abb. 3-4 *Bei diesem Satz westlicher Hobel erreicht man mit steigendem Schnittwinkel jeweils eine glattere Oberfläche. Von oben nach unten: Schlichthobel mit einem Schnittwinkel von 43°; Raubank mit 47,5° und ein Putzhobel mit einem Schnittwinkel von 50°.*

Abb. 3-5 *Dies ist ein besonders schönes Exemplar eines japanischen Putzhobels mit einer Steigung von 8 zu 10 (Schnittwinkel 40°), einem 70 mm breiten handgeschmiedeten Hobeleisen und Spanbrecher. Das Hobeleisen wurde mit Säure geätzt, wodurch die Kornstruktur des weicheren Trägerstahls zur Geltung gebracht wird.*

Der beste Schnittwinkel

Als Schlussfolgerung kommt man zu dem auch von der Praxis bestätigten Ergebnis, dass weiche Hölzer niedrigere Schnittwinkel erfordern als härtere. Umgekehrt gilt: Je härter das Holz, desto größer der Schnittwinkel. Es gibt Ausnahmen von dieser Regel, sie ist jedoch ein guter Ausgangspunkt. Ich möchte noch hinzufügen, dass man den geringsten Schnittwinkel verwenden sollte, der noch effektives Arbeiten erlaubt. Dafür gibt es zwei Gründe: Zum einen wird bei geringen Schnittwinkeln eher schneidend als schabend gearbeitet, womit man eine höhere Oberflächengüte erreicht; zum anderen erfordert ein geringer Schnittwinkel weniger Anstrengung bei der Arbeit. Natürlich ist das eine Vereinfachung. Bei dieser Faustregel sollte man noch einige andere Faktoren berücksichtigen. So

Schnittwinkel für unterschiedliche Holzarten

Als Faustregel gilt: Für Nadelhölzer sollte der Schnittwinkel zwischen 35° und 45° liegen, je niedriger er ist, desto besser. Der Schnittwinkel für Laubhölzer liegt meist zwischen 40° und 55° oder mehr. Die meisten Hölzer lassen sich jedoch in dem kleineren Bereich von 45° bis 50° gut bearbeiten. Tropische Laubhölzer werden mit Schnittwinkeln von etwa 50° bis mehr als 65° bearbeitet.

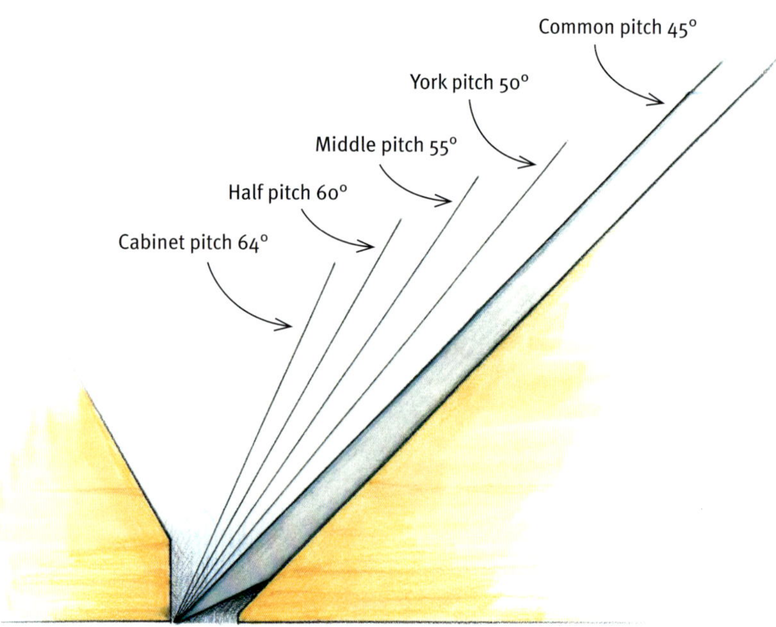

Abb. 3-6 Schnittwinkelbezeichnungen bei britischen Hobeln

Warum 45°?

Da die meisten Holzhandwerker mit Laubholz arbeiten, stellt sich die Frage, warum die Hobelhersteller einen Schnittwinkel verwenden, der auf Nadelholz ausgerichtet ist. Ich glaube, die Antwort ist durch die historische Entwicklung des Werkzeugs bedingt. Der typische Bailey-Hobel ist ein Mehrzweckwerkzeug, das sowohl in der Zimmerei als auch im Möbelbau verwendet werden kann und dabei eine Vielzahl unterschiedlicher Aufgaben erfüllen muss – der kleinste gemeinsame Nenner, der die meisten potenziellen Käufer erreicht. Der Schnittwinkel von 45° erlaubt die Verwendung bei sehr unterschiedlichen Holzarten. Der Winkel ist klein genug, dass man Nadelholz bearbeiten kann, aber nicht so gering, dass nicht viele der häufigeren Laubhölzer in Angriff genommen werden können. Es ist ein Kompromiss: Mit diesem Schnittwinkel lassen sich einige Hölzer gut bearbeiten, und bei allen anderen liefert er akzeptable Ergebnisse.

Hirnholz hobeln

Hirnholz lässt sich am besten mit einem möglichst geringen Schnittwinkel bearbeiten. In der Praxis erweist sich ein Winkel von etwa 22° – dies ist auch der Keilwinkel eines Stecheisens – als gut geeignet, allerdings ist der Schnitt dann schwierig zu führen. Die traditionelle Lösung bestand darin, das Eisen nicht wie ein Stecheisen zu verwenden (also mit einer Fläche parallel zum Werkstück), sondern ein Eisen auf ein flach geneigtes Bett (12° bis 18°) mit der Fase nach oben im Hobel einzusetzen. Bei dieser Anordnung erkauft man sich durch etwas geringere Leistung im Hirnholz die Vorteile einer besseren Schnittbeherrschung, guter Einstellbarkeit und Führung (durch die Hobelsohle) sowie der Verwendbarkeit in Langholz.

Es gibt eine Reihe von Hobeln, die nach diesem Muster gebaut sind. Unter den Metallhobeln ist das bekannteste Beispiel der Stanley 60 ½, der mit einer Stoßlade benutzt werden kann, um Hirnholz zu hobeln, aber auch eine Vielzahl von Aufgaben erfüllte (unter „Kompakte Holzhobel“ auf Seite 82 findet sich eine eingehendere Diskussion). Ein weiteres nennenswertes Beispiel war der Stanley 62, ein Schlichthobel mit niedrigem Schnittwinkel, der jetzt von den Herstellern Lie-Nielsen und Veritas nachgebaut wird. Ursprünglich wurde er verwendet, um stark beanspruchte Metzger-Hackklötze wieder aufzuarbeiten. Brüstungshobel entstanden aus der Notwendigkeit heraus, das Hirnholz bei schlecht geschnittenen Zapfenbrüstungen nachzuarbeiten. Sie werden im Kapitel 7 ausführlicher diskutiert.

reagieren Nadelhölzer, Laubhölzer und Tropenhölzer jeweils unterschiedlich auf die spanende Wirkung des Hobeleisens. Zudem unterscheidet sich die Arbeit mit der Faser grundlegend vom Hobeln des Hirnholzes.

Weiche Hölzer müssen schneidend, nicht schabend, bearbeitet werden. Mit den größeren Schnittwinkeln, die bei harten Hölzern erfolgreich zum Druckversagen führen (Späne des Typus II nach der Nomenklatur, die Bruce Hoadly in „Understanding Wood“ anwendet), erzeugt man bei weichen Hölzern nur Faserausrisse, sodass die ausgeworfenen Späne sich zu einem Knäuel zusammenballen (Abb. 3-7). Mit einer Ziehklinge (mit hohem Schnittwinkel) kann man weiches Holz formen, aber nicht glätten. Harte Laubhölzer liegen in etwa zwischen den weichen Nadelhölzern und den Tropenhölzern. Sie lassen sich oft mit einem scharfen Hobeleisen mit geringem Schnittwinkel gut bearbeiten. Zum Glätten benötigt man oft nur eine Ziehklinge.

Die Vielfalt an Faserstrukturen und Härten der Laubhölzer legt es nahe, unterschiedliche

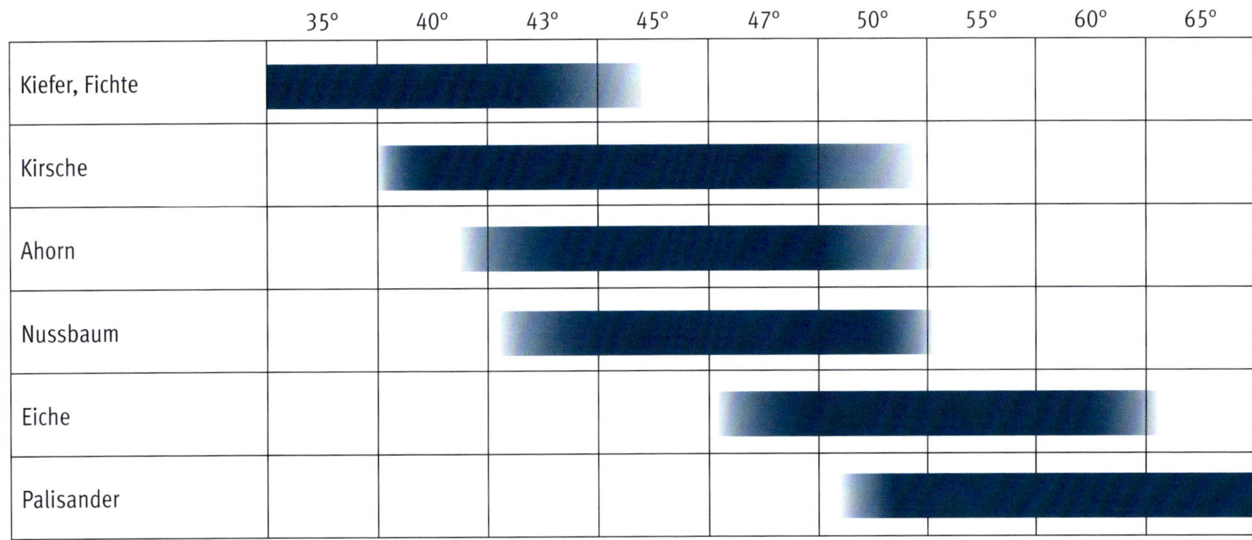

Abb. 3-7 Schnittwinkel und Holzart
Innerhalb der Spannweite für jede Holzart werden die geringen Schnittwinkel in der Regel für die vorbereitenden Arbeiten mit der Raubank oder dem Schlichthobel verwendet. Die größeren Winkel findet man bei Putzhobeln.

Schnittwinkel zu verwenden. Geringe bis mittlere Schnittwinkel sind gut geeignet, auch wenn größere Winkel sicherer und berechenbarer sind, weniger Faserausrisse verursachen und geringeren Aufwand beim Einstellen, Instandhalten und Schärfen erfordern. Die Oberfläche, die man so erhält, ist jedoch nicht so glatt oder klar wie eine, die mit geringem Schnittwinkel erzeugt wurde.

Tropenhölzer reagieren gut auf schabende Schnitte, reißen aber stark aus, wenn man mit geringen oder mittleren Schnittwinkeln arbeitet. Die traditionellen Schnittwinkel für Tropenhölzer sind oft recht hoch – bei weicheren Hölzern würde man schon von schabender Bearbeitung sprechen. Trotz dieser großen Winkel hinterlässt das Hobeleisen eine glatte und klare Oberfläche.

Es gibt eine relativ große Bandbreite von Schnittwinkeln, die bei ein und demselben Holz zu guten Ergebnissen führen. Oft kann der gleiche Schnittwinkel bei einem Brett schlechtere Ergebnisse zeitigen als bei einem anderen, ja, sogar von einem Teil eines Brettes zu einem anderen Teil kann es Unterschiede geben. Wegen dieser Unterschiede arbeiten die meisten Holzhandwerker mit recht konservativen Winkeleinstellungen – etwas steiler, aber noch innerhalb der akzeptablen Bandbreite –, um vorhersehbare Ergebnisse und geringe Faserausrisse zu erhalten.

Stahlsorten für unterschiedliche Holzarten

Nadelhölzer lassen sich am besten mit einem Hobeleisen bearbeiten, dessen feinkörniger Stahl zu einer dünnen, scharfen Schneide geschliffen ist. Sie werden in einem geringen Winkel eingesetzt, um einen sauberen Schnitt zu erreichen. Deshalb ist ein hochwertiges, handgeschmiedetes Hobeleisen aus Kohlenstoffstahl die erste Wahl, um Nadelholz zu verputzen.

Obwohl die Schärfe einer feinkörnigen Schneide nicht so entscheidend ist, lassen sich nordamerikanische und europäische Laubhölzer am besten mit einer scharfen Schneide bearbeiten. Ausrissfreie, fein geputzte Oberflächen erreicht man am besten mit einem gut gearbeiteten Hobeleisen aus Kohlenstoffstahl, auch wenn ein Eisen aus A2-Stahl oft zufriedenstellende Ergebnisse liefert.

Bei tropischen Laubhölzern muss man nicht so stark auf eine möglichst dünne Schneide achten. Sie erfordern nicht die gleiche Schärfe wie Nadelhölzer und die meisten anderen Laubhölzer, um gute Ergebnisse zu erhalten. Am besten lassen sie sich mit einem hohen Schnittwinkel schneiden, der zu einem eher schabenden Schnitt führt. Die Schneide erhitzt sich wegen der Härte des Holzes relativ stark. In Verbindung mit den schleifend wirkenden Inhaltsstoffen, die sich in manchen dieser Hölzer finden, verringert sich die Standzeit einer dünnen Schneide, sie kann ausreißen oder sonst Schaden nehmen. Es ist deshalb sinnvoll, in diesem Fall ein gutes Hobeleisen aus feinkörnigem Legierungsstahl zu verwenden.

Die Japaner denken in diesem Fall anders (siehe „Das japanische Hobeleisen" unten). In der Praxis bearbeite ich ein Werkstück mit einem japanischen Hobel und einem Schnittwinkel von 40°, um zu sehen, wie das Holz darauf reagiert, und arbeite dann mit einem größeren Schnittwinkel, falls das Holz es erfordert.

Sie werden schließlich auch feststellen, dass sich manche Schnittwinkel bei bestimmten Holzarten nicht verwenden lassen. Es ist nicht, dass sie nicht gut schneiden, sie schneiden vielmehr so gut wie überhaupt nicht. So scheint Kiefer zum Beispiel zu zerkrümeln, wenn der Schnittwinkel mehr als 45° beträgt. Manche Tropenhölzer liefern auch schon bei mittleren Schnittwinkeln nur katastrophale Ergebnisse.

PROFILHOBEL

Traditionellerweise wurden in Profilhobeln meist größere Schnittwinkel verwendet als in Putzhobeln. Dem liegen zwei Überlegungen zugrunde: Ein größerer Schnittwinkel erhöht die Zuverlässigkeit des Schnitts und: Ein Schnittwinkel, der über dem üblichen Rahmen für eine bestimmte Holzart liegt, führt zu einer verringerten Schnittgüte. Die Erhöhung des Schnittwinkels ist beim Profilhobel das Standardverfahren, um die Gefahr von Faserausrissen zu verringern.
Viele Profilhobel weisen Schnittwinkel auf, die deutlich höher sind als die normale Spannweite für Laubhölzer – oft bis zu 64°. Eine geringere Schnittgüte war für den Handwerker im 18. Jahrhundert, der ein solches Werkzeug einsetzte, die bessere Alternative zu einem hochwertigen Schnitt, der durch einen tiefen Ausriss verdorben wurde. Welche anderen Möglichkeiten hatte ein solcher Handwerker?
Das Ziel, das ein Möbelbauer im 18. Jahrhundert beim Putzen einer Holzoberfläche verfolgte, war eine annehmbare Oberflächengüte direkt vom Hobel oder von der Ziehklinge. Die Verwendung von Glaspapier sollte auf ein absolutes Minimum eingeschränkt werden. Glaspapier war der Vorläufer des heutigen Schleifpapiers und wurde meist vom Handwerker selbst hergestellt, indem er ein Stück teures Glas zu Pulver zerrieb, es siebte und dann auf ein Stück Papier stäubte, das mit Hautleim beschichtet war. Die Arbeit mit Glaspapier war langwierig, es wurde schnell stumpf und eignete sich nur für Polierarbeiten – allerhöchstens sehr kleine Fehler ließen sich damit beseitigen. Der Handwerker wünschte sich von seinem Profilhobel eine Holzoberfläche, die nur noch geringfügig, wenn überhaupt mit Glaspapier nachgearbeitet werden musste. Profile, die mit einem Profilhobel mit hohem Schnittwinkel geschnitten worden waren, wiesen im Allgemeinen eine annehmbare Schnittgüte auf.
Um Anforderungen an die Konstruktionsplanung weiter zu reduzieren und die Wahrscheinlichkeit zu erhöhen, eine annehmbare Oberfläche zu erhalten, achteten die Möbeltischler sorgfältig auf Rohmaterial mit geradem Faserverlauf und gleichmäßiger Textur. Profilleisten wurden zudem oft für Kranzgesimse oder ähnliche Zwecke eingesetzt, die dann bemalt wurden, so groß waren oder so hoch angebracht wurden, dass eine nicht vollkommen perfekte Oberfläche kaum zum Tragen kam.

Schnittwinkel und Verwendungszweck

Wenn man traditionelles Werkzeug betrachtet, sieht man, dass auch der Verwendungszweck den Schnittwinkel eines Hobeleisens bestimmt. Da ein geringerer Schnittwinkel zu geringerem Widerstand beim Schneiden führt als ein höherer Winkel mit seinem eher schabenden Schnitt, sind Hobel für die vorbereitende oder formende Bearbeitung des Materials oft mit kleineren Schnittwinkeln versehen. Diese Hobel strengen bei der Arbeit auch nicht so an, da man weniger Kraft aufwenden muss, um mit ihnen zu schneiden.
In diesem Bearbeitungsstadium kommt es auch eher darauf an, Material zu entfernen, als eine glatte Oberfläche zu erzielen – das kann man

DAS JAPANISCHE HOBELEISEN

Die Japaner vertreten den Standpunkt, dass ein geringer Schnittwinkel und eine außerordentlich scharfe Schneide am ehesten einen glatten Schnitt gewährleisten. Sie verlassen sich stark auf die Qualität ihrer Hobeleisen, auf ihr Vermögen, diese gut zu schärfen, und auf ihre Hobeltechnik. Ich verwende am häufigsten einen 70 mm breiten japanischen Hobel mit einem Schnittwinkel von 40°, der sich auch bei Hölzern bewährt, welche die meisten westlichen Holzhandwerker nicht im Traum mit einem Hobel bearbeiten würden, der einen derartig geringen Schnittwinkel aufweist. Diese Leistungsfähigkeit ist auf die Qualität des Eisens und seine gute Schärfbarkeit zurückzuführen.

später noch mit anderen Hobeln erreichen. Traditionelle Handwerker verwenden mehrere unterschiedliche Hobel, um ein Werkstück vom anfänglichen Abrichten bis zum abschließenden Putzen zu bearbeiten. (Siehe Kapitel 4 und den Abschnitt „Aushobeln" auf S. 219).

Abb. 3-8 *Drei Sonderanfertigungen, von links nach rechts: ein 70 mm breites Eisen mit einem Schnittwinkel von 47,5°; ein 70 mm breites Eisen mit einem Schnittwinkel von 43°; ein 53 mm breites Eisen mit einem Schnittwinkel von 53°.*

Hobel im Selbstbau

Wenn Sie Holz verwenden, von dem Sie vermuten, dass es sich mit einem anderen als dem gängigen Schnittwinkel besser oder berechenbarer bearbeiten ließe, dann haben Sie mehrere Möglichkeiten. Die erste ist der Eigenbau eines Hobels. Falls Sie noch nie einen Hobel selbst gebaut haben, mag das einschüchternd klingen. Doch es ist nicht so schwer. Ein Hobel im Stil des amerikanischen Holzhandwerkers James Krenow ist leicht herzustellen, und mit einigen wenigen Maschinen ist die Aufgabe noch leichter. Schon als etwas fortgeschrittenerer Holzhandwerker kann man leicht einen Holzhobel im westlichen oder im japanischen Stil bauen (Abb. 3-8). Sogar dem Anfänger gelingt es, wenn er etwas mehr Zeit einplant. Es geht einfach nur darum, dass man die richtigen Tricks kennt.

Mit etwas Übung kann man in etwa ein bis anderthalb Stunden einen japanischen Hobel ohne Spanbrecher mit einem 45-mm-Eisen herstellen. Das erste Exemplar mag etwas länger dauern. Und diesen Hobel kann man am gleichen Tag noch verwenden, da man nicht warten muss, bis der Leim getrocknet ist. (Siehe „Einen Hobel im japanischen Stil bauen" auf S. 270).

Wenn man seine Hobel selbst herstellt, erweitert man damit seine Optionen deutlich. Man kann den Schnittwinkel selbst bestimmen und darüber hinaus das Eisen auf die anstehende Arbeit abstimmen. So kann man zum Beispiel folgende Eisen verwenden:

- ein modernes Hobeleisen aus Serienfertigung
- ein hochwertiges modernes Eisen
- ein hochwertiges laminiertes antikes Eisen (die oft weniger kosten als gute moderne Eisen zum Nachrüsten)
- ein hochlegiertes oder ein HSS-Eisen oder
- verschiedene japanische Eisen.

Wenn Sie sich mit den grundlegenden Arbeitsschritten beim Bau eines Hobels vertraut gemacht haben, können Sie sich auch an die Herstellung

Abb. 3-9 *Diese chibi-ganna ('Fingerhobel') waren bei der Bearbeitung der langen, geschwungenen Krümmungen dieser Schnitzarbeit sehr nützlich.*

von Spezialhobeln wagen. Ich habe schon einfache Profilhobel angefertigt, um einige wenige fehlende Meter Profilleisten für antike Möbel zu hobeln. Auch Hobel, mit denen man sich Schnitzarbeiten erleichtern kann, sind schon in meiner Werkstatt entstanden (Abb. 3-9).

Zudem kann man zu sehr vernünftigen Preisen auch immer wieder alte Holzhobel kaufen. Die Eisen in solchen Hobeln sind oft aus sehr gutem laminiertem Gussstahl. Die Auswahl an Schnittwinkeln ist eingeschränkt, übertrifft jedoch oft die Wahlmöglichkeiten bei modernen Hobeln. Um sich einen Eindruck davon zu verschaffen, was man eventuell benötigen könnte, sollte man den Abschnitt „Das Einrichten von Holzhobeln" auf Seite 162 konsultieren.

Eine andere Methode beruht darauf, den Fasenwinkel am Hobeleisen selbst zu verändern. Dies lässt sich am leichtesten bei Hobeln durchführen, bei denen das Eisen mit der Fase nach oben im Korpus liegt. Dazu zählen zum Beispiel die modernen Metallhobel wie der Stanley 60 ½ oder die neueren Hobel dieser Bauart von Herstellern wie Lie-Nielsen oder Veritas. Da die Fase nach oben weist, bewirkt jede Veränderung des Fasenwinkels auch eine Veränderung des Schnittwinkels. Der Nachteil ist, dass eine Vergrößerung des Fasenwinkels oft zu einem stumpferen Winkel führt, als man ihn normalerweise wünschen würde. Wegen des stumpferen Winkels wird die Schnittwirkung reduziert und die Oberfläche nicht so glatt, die Schneide kann schneller abstumpfen (sie war von Anfang an stumpfer) und der Hobel erfordert höhere Kräfte für den Vorschub. Bei Hobeln, deren Eisen mit der Fase nach unten eingelegt werden, kann man eine Gegenfase anschleifen. Dabei wird auf der Spiegelseite des Eisens gegenüber der eigentlichen Fase eine zweite Fase angeschliffen. Diese Gegenfase ist meist kleiner und wird manuell angeschliffen. Ich würde das nur für gelegentliche Arbeiten tun. Falls Sie feststellen, dass Sie häufiger mit Hölzern arbeiten, die einen anderen Schnittwinkel erfordern, ist es effizienter, einen Hobel mit diesem Schnittwinkel anzufertigen. Effizienter deshalb, weil man einen häufig eingesetzten Hobel auch häufig nachschärfen sollte. Eine fein ausgearbeitete Gegenfase mehrfach präzise nachzuschleifen, kann problematisch werden. Zudem kann die Gegenfase es erforderlich machen, die Primärfase nachzuschleifen, da diese größer und stumpfer ist, wodurch die Schnittwirkung des Eisens verringert wird. Wenn man dann schließlich die Gegenfase wieder entfernen möchte, muss man relativ viel vom Hobeleisen abschleifen, um die ursprüngliche Schneide wieder herzustellen. Aber die Gegenfase kann eine gute Lösung für jene Holzhandwerker sein, die nur selten mit dem Hobel arbeiten, oder für nur gelegentlich auftauchende, besondere Anforderungen. Das Zwerchen ist eine andere Methode, um den Schnittwinkel zu verändern. Dabei wird der Hobelkörper schräg zur Faserrichtung geführt. Handwerker, die viel hobeln, wenden diese Methode instinktiv an, um dem taktilen ‚Feedback' des Holzes zu entsprechen. Man kann über das gesamte Werkstück zwerchend hobeln oder nur über die Stellen, die besser auf diese Methode ansprechen. Durch das Zwerchen wird der Schnittwinkel des Eisens effektiv verringert, und die Schneide, die ins Holz greift, ist schmaler (Abb. 3-10). Manchmal hilft es aus diesen Gründen, aber oft liegt der Erfolg meines Erachtens daran, dass man eine Stelle mit schwierigem Faserverlauf von einer anderen, erfolgreicheren Richtung her hobelt. Ich zwerche meist nur, um den Winkel zu verändern, in dem ich hobele.

Meist ist es hilfreicher, mit einem scharfen Eisen zu arbeiten. Ich würde diese Methode nicht anstelle eines Hobels mit dem richtigen Schnittwinkel verwenden. Mit einer besonders scharfen Schneide lässt sich eine erstaunlich große Menge an Faserausrissen vermeiden.

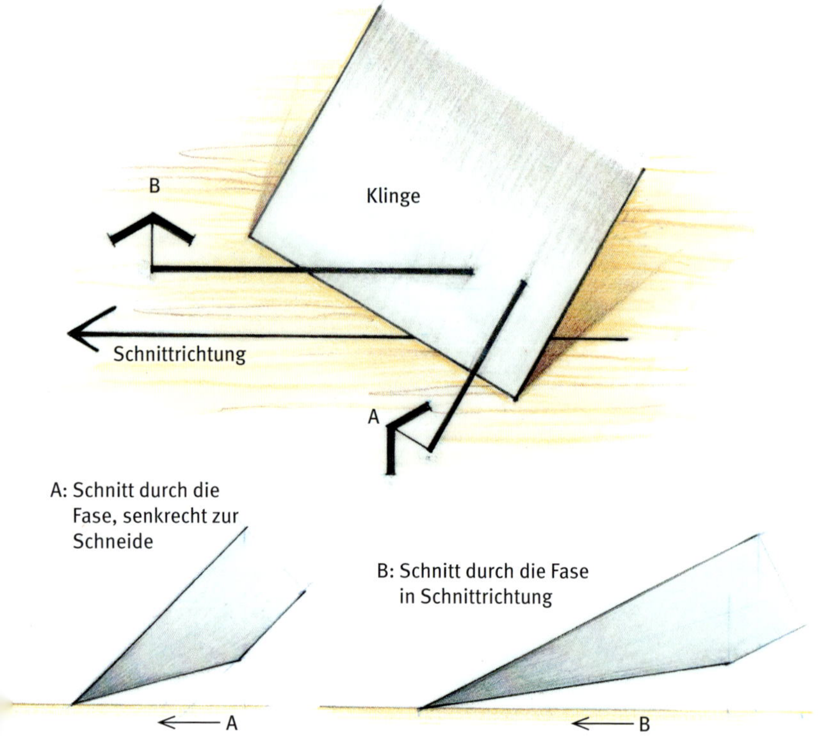

Abb. 3-10 Wenn das Hobeleisen beim Schnitt schräg zur Schnittrichtung geführt wird (‚Zwerchen') ist der effektive Fasenwinkel (im Verhältnis zum Holz) geringer als der wirklich angeschliffene Winkel der Fase.

Abb. 3-11 Das Hobelmaul

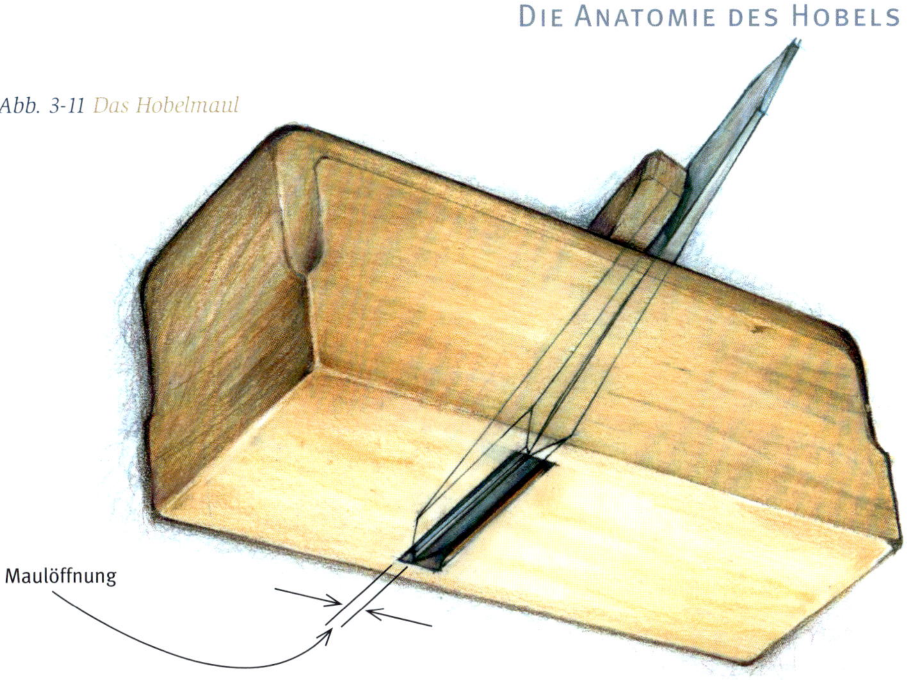

Die Maulöffnung

Den Span zu kontrollieren, während er durch die untere Öffnung im Hobelkorpus tritt, ist wahrscheinlich die zweitwichtigste Technik, um Faserausrisse zu verhindern. Allerdings sind die dabei auftretenden Vorgänge noch nicht vollkommen geklärt (Abb. 3-11). Das Ausreißen (Abb. 3-12) kann durch eine Verkleinerung der Maulöffnung reduziert werden, sodass die Holzfasern direkt vor der Schneide komprimiert und so daran gehindert werden, vor dem Schnitt zu reißen (Abb. 3-13). Das ist zwar eine effektive Taktik, doch sie ist aus verschiedenen Gründen nicht mehr so beliebt.

Zum einen ist die Öffnungsweite ein dynamischer Faktor, der durch die Kombination aus Schnittwinkel, Fasenwinkel des Spanbrechers und Winkel am Spanaustritt bestimmt wird.

Die Ergebnisse einer derart komplexen Gleichung schätzt man leicht falsch ein, was zu Frustrationen führen kann. Wenn die Maulöffnung zu klein für den Schnitt ist, verstopfen die Späne das Spanloch, wodurch die Kante der Maulöffnung und manchmal sogar das Hobeleisen beschädigt werden können (Abb. 3-14).

Indem man den Span am Maul zwangsführt, wird auf jeden Fall das Hobeleisen belastet, da sowohl Druck als auch Hitze entstehen. Der höhere Druck auf das Hobeleisen, der durch die Zwangsführung des Spans im Maul entsteht und der bei zunehmendem Schnittwinkel auch noch zunimmt, macht den richtigen Fasenwinkel noch wichtiger, da die Schneide des Hobeleisens sich nach unten verbiegen kann. Falls das ge-

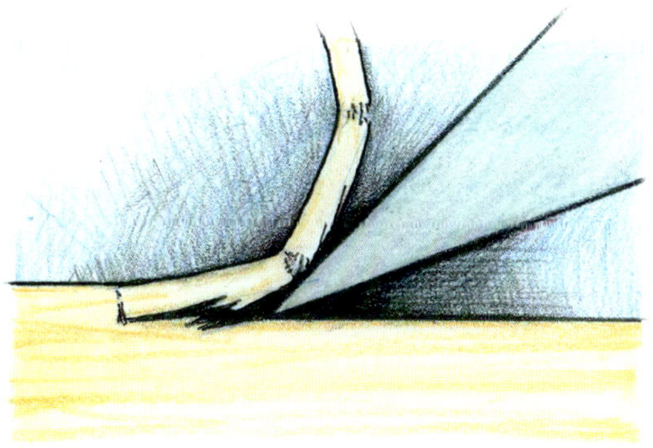

Abb. 3-12 Ein ungehemmter Schnitt läuft der Schneide voraus und führt zu Faserausrissen.

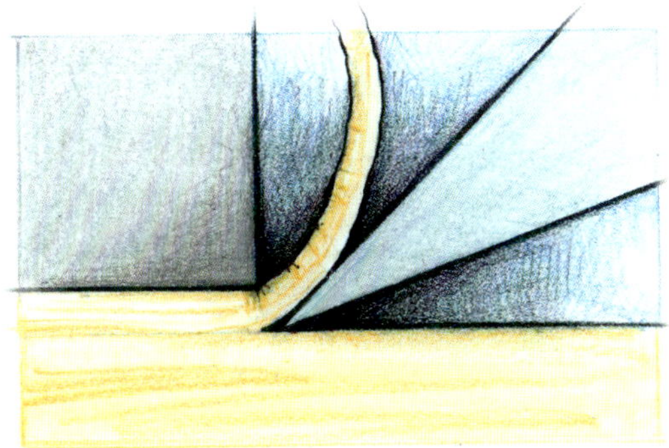

Abb. 3-13 Ein Span, der durch ein enges Hobelmaul geführt wird, kann sich nicht vor der Schneide erheben, wodurch das Ausreißen reduziert oder ganz verhindert wird.

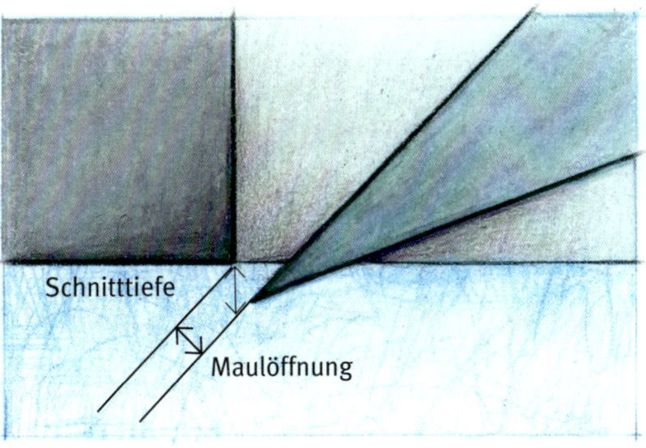

Abb. 3-14 Am wirkungsvollsten gegen Faserausrisse ist eine Maulöffnung, die der Schnitttiefe entspricht. In der Praxis kann es notwendig sein, die Maulöffnung etwas größer als die Schnitttiefe zu wählen. Kleiner sollte sie jedoch auf keinen Fall sein.

schieht, schneidet das Eisen tiefer ins Holz und hebt einen etwas dickeren Span ab (Abb. 3-15).

Das kann dreierlei Folgen haben: zu Faserausrissen, zum ‚Rattern' des Hobels (da die Schneide des Hobels hin und her federt) oder zu einem Span, der zu dick für das Maul ist.

Abb. 3-15 Wenn die Maulöffnung oder der Fasenwinkel zu klein sind, kann das dazu führen, dass die Schneide federt.

Abb. 3-16 Das Maul dieses alten Putzhobels – der zu einem Wölbungshobel (in Läng- und Querrichtung gewölbte Sohle) umfunktioniert wurde – ist mit einem Messingeinsatz in der Sohle verkleinert worden.

Abb. 3-17 Ein kuchi-ire als Reparatureinsatz, um das Maul eines Holzhobels zu schließen. Da der Druck auf das Werkstück vom Hirnholz ausgeübt wird, ist dies eine belastbare (und nachstellbare) Reparatur.

Wenn man die Maulöffnung verringert, wird auch der Verschleiß der Maulkante erhöht.

Am effektivsten ist es jedoch, wenn diese Kante wohldefiniert ist. Scharf ist sogar noch besser. Der erhöhte Druck, der durch die Zwangsführung des Spans entsteht, rundet diese Kante recht schnell ab, und je stärker sie abgerundet ist, desto weniger effektiv ist sie. Im Idealfall sollte das Material an der Maulöffnung eines Putzhobels mindestens so hart wie Messing sein. Bei vielen alten Hobeln findet man eine Maulöffnung, die aus einem Stück Messing oder Eisen besteht, dass in die Hobelsohle eingelassen ist, um die Öffnung zu verkleinern (Abb. 3-16). Alternativ kann man auch ein Stück hartes Laubholz einsetzen, sodass das Hirnholz die Öffnung verschließt und dort eine verschleißfeste Fläche bietet, wo sie benötigt wird. Dies lässt sich bei japanischen Hobeln leichter ausführen, da deren Hobelkörper nicht so dick sind. In Japan ist dies eine häufig ausgeführte Reparatur. Man kann auch neue japanische Hobel und Hobelkörper kaufen, bei denen von Anfang an eine solche Vorrichtung angebracht ist. In Katalogen wird sie oft als kuchi-ire bezeichnet (Abb. 3-17); Toshio Odate verwendet den Begriff koppagaeshi. Auch bei einem Eisenhobel muss das Maul gelegentlich nachgefeilt werden.

Die entstehende Hitze am Hobelmaul ist spürbar. Die im Holz enthaltenen Öle verdampfen und kondensieren dann an der Oberkante des Hobeleisens, wodurch sich das Eisen direkt über der Schneide oberflächlich verfärbt (Abb. 3-18).

Die Rede vom ‚Nachhärten' eines Hobeleisens mag wie eine Tischlerlegende anmuten, wenn man jedoch die Spuren derart hoher Temperaturen sieht, kann man sich vorstellen, dass sie doch irgendwelche Veränderungen im Stahl auslösen. Die starke Erwärmung führt zum schnelleren Abstumpfen der Schneide. Ich glaube, dies ist einer der Hauptgründe, dass bei chinesischen Hobeln (deren Schnittwinkel größer sind und so zu höheren Temperaturen führen) mit ihren schmalen Maulöffnungen eher hochlegierte Stähle für die Eisen verwendet werden.

Die Wechselbeziehungen zwischen Maulöffnung und anderen Teilen der Hobelanatomie sind dynamisch. Die Effektivität einer verkleinerten Maulöffnung hängt vom Schnittwinkel ab. Sie ist zwar schon bei niedrigen Winkeln wirksam, scheint dies jedoch bei steilen (mehr als 50°) noch stärker zu sein.

Allerdings ist die Klappe bei großen Schnittwinkeln nicht so effektiv, ihre Effektivität scheint mit kleiner werdendem Schnittwinkel zuzunehmen. Bei Hobeln mit einem Schnittwinkel von mehr als 50° verlasse ich mich allein auf eine kleine Maulöffnung, um Faserausrisse zu verhindern.

Ohne eine verstellbare Maulöffnung kann man mit einem solchen Hobel nur Putzarbeiten ausführen, da die Maulöffnung schon für gröbere Arbeiten zu schmal ist. Man braucht mehrere Hobel, da ein einziges Werkzeug in unverändertem Zustand nicht für unterschiedliche Arbeiten geeignet ist. Andererseits werden Sie feststellen, dass die Einstellung und Instandhaltung eines guten Putzhobels nicht dazu führt, mit ihm auch weniger feine Arbeiten auszuführen, unabhängig von der Maulöffnung. Feine Putzarbeiten mit dem Hobel sind sehr anspruchsvoll, und speziell dafür eingerichtete und eingestellte Hobel ersparen einem viel Zeit.

Abb. 3-18 *Auf der Spiegelseite des Hobeleisens sieht man die braunen Verfärbungen, die auf Erwärmung zurückzuführen sind. Sie geben den Umriss des Keils (links) wieder.*

Das Verstellen der Maulöffnung

Es sind verschiedene Methoden entwickelt worden, um die Maulöffnung auf die anstehende Arbeit abzustimmen. Die erste besteht darin, verschiedene Hobel für unterschiedliche Arbeiten vorzuhalten, deren Maulöffnungen immer die entsprechende Größe aufweisen.

Wenn man die fragliche Arbeit häufig ausführt, ist dies die effizienteste Methode.

Eine zweite Methode besteht darin, die Öffnung dadurch zu verändern, dass man ein Stück Metall oder Holz einsetzt, um die Öffnung zu verkleinern. Mit solchen Einsätzen kann man auch ein verschlissenes Maul instand setzen oder die Öffnung für unterschiedliche Verwendungszwecke verändern. Natürlich ist das nur bei einem Hobel mit Holzkörper möglich.

Es gibt eine moderne Erfindung, mit der sich die Vielseitigkeit eines Hobels erhöhen lässt, indem man die Maulöffnung verstellt. Es gibt sie in zwei Varianten. Die erste (und meines Erachtens nicht so effektive) ist der verstellbare Frosch, wie man ihn an Bailey- und Stanley-Hobeln findet. Dieses Konzept sieht ein bewegliches Bett für das Hobeleisen vor (den sogenannten Frosch), das sich mit dem Eisen nach vorne verschieben lässt, um so die Maulöffnung zu verkleinern. Ich glaube, der Frosch wurde vor allem entwickelt, um den Herstellern die Produktion zu erleichtern.

Bei modernen Metallhobeln ragt (mit Ausnahme der Bedrock-Modelle) das Hobeleisen bis zu 6 mm über den Frosch hinaus (Abb. 3-19). In Verbindung mit einem Eisen, das 2 mm stark ist, erhält man so eine Konstellation, bei der das Eisen wie ein Segel im Wind flattert, wenn man versucht, ernsthafte Arbeiten damit auszuführen. Bei Bedrock-Hobeln wird der Frosch nach vorne und unten verschoben, sodass das Eisen

Abb. 3-19 *Wenn man den Frosch an einem Hobel des Stanley-Typs nach vorne bewegt, um die Maulöffnung zu verringern, bleibt das Eisen ohne feste Auflage – bei manchen Modellen auf einer Strecke von mehr als 5 mm.*

Abb. 3-20 Dieser Veritas hat wie viele (aber nicht alle) Einhandhobel eine verstellbare Maulöffnung.

näher an der Schneide gestützt wird. Allerdings erfordert auch diese Konfiguration einiges an Einstellarbeiten sowohl am Eisen als auch am Frosch, bis man ein präzise eingestelltes Maul erreicht hat.

Die beste Methode, um die Maulöffnung zu verstellen, ist ein verschiebbarer Mauleinsatz, der vor dem Eisen in die Hobelsohle eingesetzt wird. Man findet ihn vor allem auf Hirnholzhobeln aus Metall (Abb. 3-20) und anderen Metallhobeln mit geringem Schnittwinkel, aber auch an deutschen Reform-Putzhobeln. Mit einem solchen Mauleinsatz lässt sich die Maulöffnung schnell, leicht und effektiv verstellen, wobei das Hobeleisen sicher auf seinem Bett bleibt (Abb. 3-21).

Abb. 3-21 Die Sohle eines Ulmia Reformputzhobels. Man sieht den verstellbaren Einsatz am Hobelmaul, der mit zwei Schrauben eingestellt wird: Eine auf der Oberseite des Hobelkörpers, die den Einsatz fixiert bzw. löst, und eine an der Vor- derseite, mit der der Einsatz nach vorne oder hinten verstellt wird.

Spanbrecher

Der Spanbrecher (Abb. 3-22) ist eine 300 bis 400 Jahre alte Erfindung, durch die die Zuverlässigkeit erhöht wurde, mit der man mit dem Handhobel gleichmäßig glatte Oberflächen erzielen kann. Im Deutschen wird dieses Bauteil manchmal auch als Klappe bezeichnet. Die Funktionsweise beruht auf einem Hauptwirkungsprinzip und mehreren Nebenwirkungen. Das Hauptprinzip, mit dem die Gleichmäßigkeit des Schnitts erhöht wird, hat dem Bauteil auch seinen Namen verliehen. Indem man die Fase des Spanbrechers anschärft und direkt hinter der Schneide des Hobeleisens platziert (Abb. 3-24), wird der Span gebrochen, bevor er sich vom Material abheben und einen vorauslaufenden Riss verursachen kann (Abb. 3-23). Dies hat sich als hochwirksame Methode erwiesen, um Faserausrisse zu verhindern, vor allem, wenn man sie mit einer kleinen Maulöffnung und kleinen bis mittleren Schnittwinkeln verbindet.

Es gibt mindestens drei deutlich unterscheidbare Typen von Spanbrechern. Der eine ist typisch für ältere Holzhobel, japanische Hobel und inzwischen auch für Hobel des Herstellers Lie-Nielsen. Er zeichnet sich durch eine große, flache Fase aus, die etwa 25° beträgt, wenn der Spanbrecher am Eisen angebracht ist. Eine kleinere Sekundärfase leistet die eigentliche Arbeit (Abb. 3-25). Eine zweite Form begegnet uns sowohl bei neuen als auch älteren Hobeln aus Serienfertigung. Sie weist ein ähnliches Profil auf, ist aber etwas abgerundet, nicht angefast (Abb. 3-26)

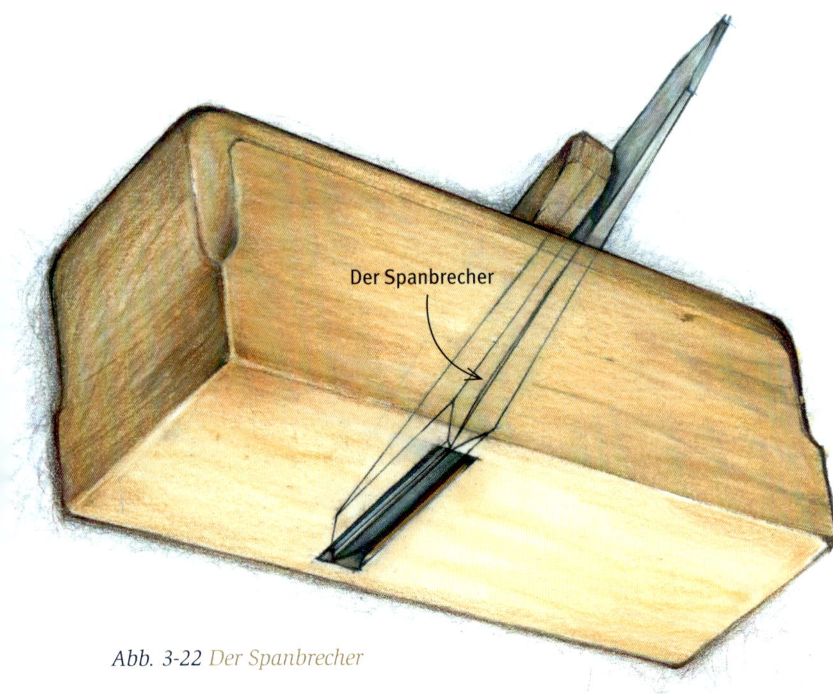

Abb. 3-22 Der Spanbrecher

Japanische Spanbrecher

Hochwertige japanische Hobel haben nicht nur Eisen, sondern auch Spanbrecher, die laminiert und mit einer Schneide aus hartem Stahl versehen sind. Bei preiswerteren Ausführungen kann der Spanbrecher auch nur gehärtet sein. Man mag das Laminieren für übertrieben halten, das ist es jedoch nicht. Ein Spanbrecher, dessen Vorderkante dicht an der Schneide des Eisens liegt, wird mechanisch und thermisch stark belastet. Er wird stumpf und muss nachgeschliffen werden. Falls man das unterlässt, können sich Späne in ihm verfangen. Ich habe schon weiche Spanbrecher gesehen, die nur durch das Auftreffen der Holzspäne eine Vielzahl winziger Dellen aufwiesen. Manchmal waren auch Verfärbungen der Kante zu sehen, wo die Holzöle durch die beim Hobeln entstehende Hitze verdunstet waren. Ein harter Spanbrecher verringert den Instandhaltungsaufwand und verbessert die Zuverlässigkeit.

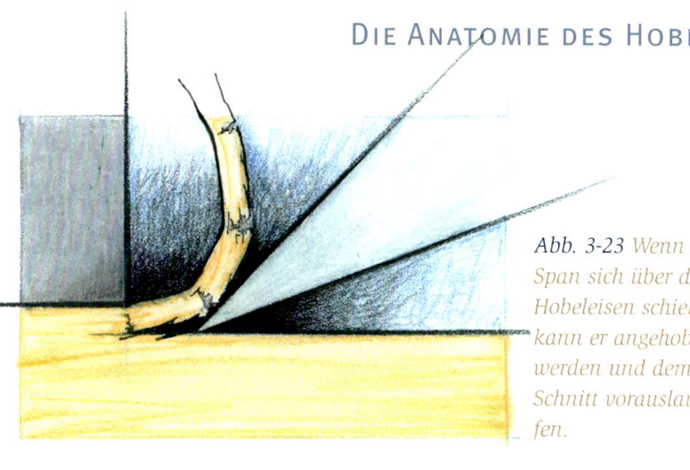

Abb. 3-23 Wenn der Span sich über das Hobeleisen schiebt, kann er angehoben werden und dem Schnitt vorauslaufen.

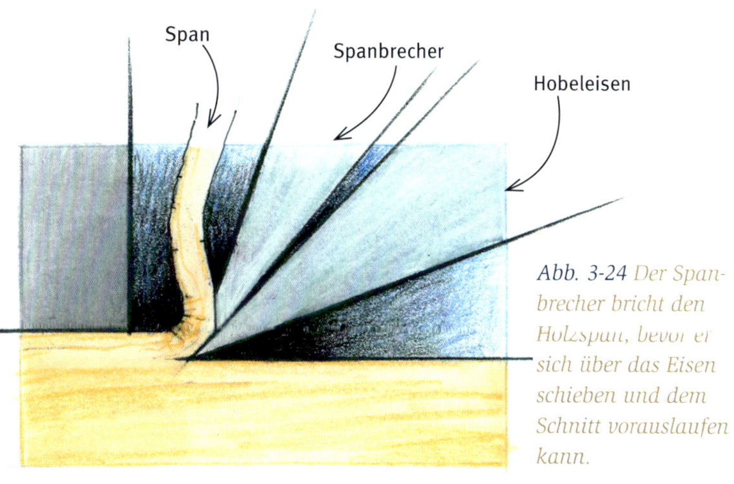

Abb. 3-24 Der Spanbrecher bricht den Holzspan, bevor er sich über das Eisen schieben und dem Schnitt vorauslaufen kann.

Die dritte Form findet man am häufigsten bei Stanley- und Bailey-Hobeln: Sie weist nahe der Schneide des Eisens eine gerundete, fast halbkreisförmige Ausbuchtung auf (Abb. 3-27).

Die erste Form ist wahrscheinlich die vielseitigste, weil die große, flache Fase mehr Freiraum zum Abtransport des Spans bietet, der durch die kleinere Fase gebrochen wurde. Abgerundete Spanbrecher engen das Maul stärker ein, was die Wahrscheinlichkeit des ‚Stopfens' erhöht. (Siehe „Schneidengeometrie, eine Zusammenfassung" auf Seite 54.)

Der zweite, etwas abgerundete Typ, liefert meist zufriedenstellende Ergebnisse. Falls Sie jedoch Probleme durch das Verstopfen der Spanöffnung haben, sollten Sie in Betracht ziehen, an der Rundung eine flache Sekundärfase anzuschleifen, wenn dadurch nicht so viel Material entfernt wird, dass der Spanbrecher geschwächt wird. Ich würde diese Änderung versuchen, bevor ich den Winkel des Spanaustritts vergrößere. Bei dem dritten Typ soll die starke Rundung vermutlich für eine bessere Druckverteilung

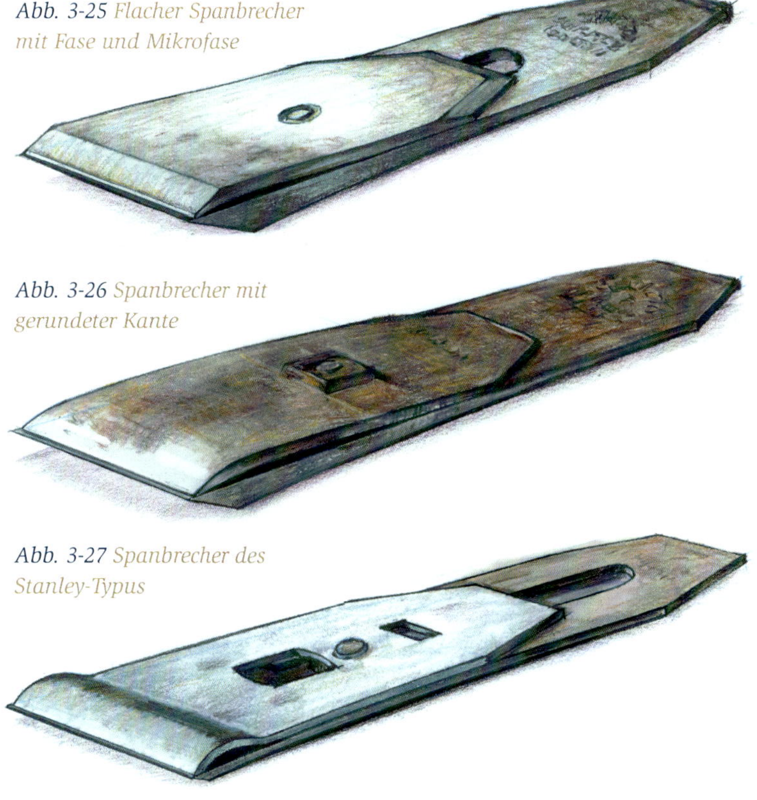

Abb. 3-25 Flacher Spanbrecher mit Fase und Mikrofase

Abb. 3-26 Spanbrecher mit gerundeter Kante

Abb. 3-27 Spanbrecher des Stanley-Typus

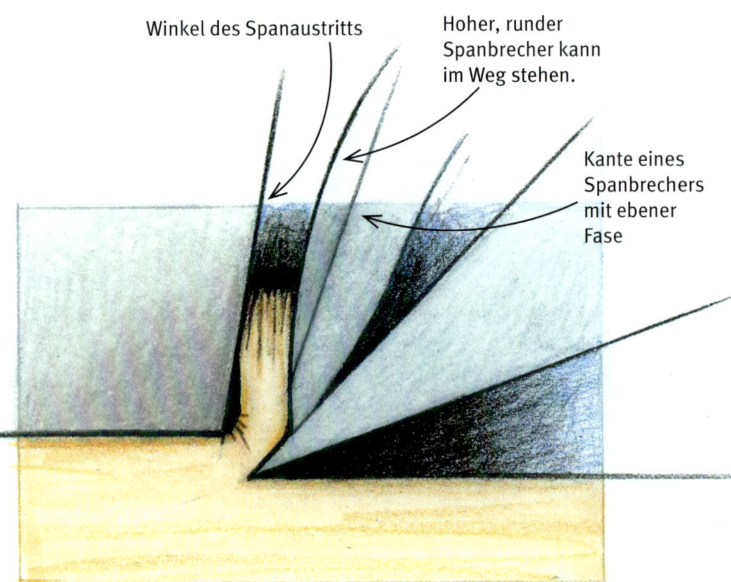

Abb. 3-28 *Damit der Span passieren kann, ohne zu stopfen, sollte das Maul des Hobels an allen Stellen weiter als die Stärke des Spans sein. Bei manchen Hobeln kann der hohe, gerundete Spanbrechertypus das Hobelmaul zu sehr verengen.*

Abb. 3-29 *Ein Sta-Set Spanbrecher, bei dem das Vorderteil abgenommen wurde, um das Hobeleisen zu schärfen. Nach dem erneuten Zusammenbau muss man nicht neu einstellen, da der hintere Teil des Spanbrechers, der an das Eisen geschraubt wird, mit einer Nut und einem kleinen Stift versehen ist. Das Vorderteil mit einer passenden Bohrung kann hier aufgesteckt werden, die Klappe hält es dann.*

unter dem Feststellhebel sorgen. Er nimmt allerdings oft zu viel Platz ein, um die Späne noch frei passieren zu lassen, wenn der Frosch nach vorne gestellt wird und die Maulöffnung sehr eng ist (Abb. 3-28). Oft müssen dann Spannbrecher und Maulöffnung verstellt werden, bevor die Späne abtransportiert werden. Dies ist ein weiterer Hinweis darauf, dass der Frosch keine durchdachte Lösung ist, um die Maulöffnung bei einem Stanley-/Bailey-Hobel zu verkleinern. Der Sta-Set ist ein neuer zweiteiliger Spanbrecher des Herstellers Clifton, bei dem das untere Teil, an dem der Span gebrochen wird, sich entfernen lässt, ohne den gesamten Spanbrecher vom Hobeleisen abnehmen zu müssen. Dies bedeutet beim Schärfen des Eisens eine beträchtliche Zeitersparnis. Bei der Verwendung von Wassersteinen muss man jedoch vorsichtig sein, da Wasser zwischen das Hauptteil des Spanbrechers und das Hobeleisen gelangen und dort zu Rost führen kann. Der Querschnitt des Sta-Set ist abgerundet, aber flach. Er liegt eng am Hobeleisen an, anstatt sich darüber zu erheben, und ist deutlich dicker als die meisten modernen Spanbrecher, wodurch die Steifigkeit des Hobeleisens deutlich erhöht wird (Abb. 3-29).

Der Spanbrecher fügt der Funktionsweise des Hobeleisens interessante dynamische Aspekte hinzu. Mit Ausnahme der japanischen Spanbrecher und des Sta-Set bringt man das Hobeleisen dazu, sich nach oben zu wölben, wenn man den Spanbrecher fest am Hobeleisen anschraubt, um sicherzustellen, dass er dicht aufliegt.

Bei frühen Hobeln, die mit einem schweren Eisen versehen war, das sich nach oben verjüngte und mit einem Keil fixiert wurde, war dies ein Vorteil. Es stellte fast absolut sicher, dass das Eisen direkt hinter der Schneide und ganz oben im Hobelkörper anlag. Dadurch entfiel die Notwendigkeit, das Eisenbett in jedem einzelnen Hobelkörper an die unterschiedlich dicken Hobeleisen anzupassen, und es vereinfachte auch die Feinjustierung des Eisenbettes durch den Nutzer. Ich habe sogar schon einen alten Hobel gesehen, bei dem das Eisenbett konkav ausgeformt war, um diese Passung zu gewährleisten (Abb. 3-30).

Eine solche Veränderung des Eisenbettes ist bei den modernen Hobeleisen, die sich nicht verjüngen, jedoch nicht so erfolgversprechend, weil sie nicht steif genug sind. Ich glaube, diese Strategie lässt sich nur bei einem dicken Hobeleisen mit einem ebenfalls sehr starken Spanbrecher anwenden. Alte, verjüngte Hobeleisen sind an ihrer dicksten Stelle fast 6 mm stark. Zusammen mit dem Spanbrecher ist die Einheit fast 10 mm dick. Zeitgenössische Kombinationen aus Hobeleisen und Spanbrecher sind zusammen kaum so dick wie ein altes, verjüngtes Hobeleisen alleine – kaum mehr als 3 mm.

Der moderne Bailey-/Stanley-Spanbrecher scheint so geformt zu sein, dass er dies mit seiner gerundeten Form ausgleicht, durch die der Druck nicht nur an der Schneide, sondern auch etwas weiter oben ausgeübt wird, wenn man die Feststellschraube anzieht. Allerdings gelingt es dennoch nicht immer, das Eisen ganzflächig mit dem Eisenbett in Kontakt zu bringen (Abb. 3-31).

Ein dünnes Hobeleisen, das nicht ganzflächig gelagert ist, führt jedoch unweigerlich zu Problemen. Wenn der Frosch nicht sorgfältig in den Hobelkörper eingepasst, nicht an der hinteren Kante der Eisenöffnung ausgerichtet oder nach vorne verschoben worden ist, führt das meist zum ‚Rattern' des Eisens.

Falls Ihr Eisen ‚rattert', sollten Sie diese möglichen Ursachen kontrollieren und korrigieren. Falls sich das ‚Rattern' dadurch nicht beseitigen lässt, versuchen Sie es mit einem Sta-Set-Spanbrecher, der das Hobeleisen nicht nach oben ausbiegt, oder mit einem stärkeren Hobeleisen, oder indem Sie beides kombinieren. Achten Sie jedoch darauf, nicht ein neues Hobeleisen zu kaufen, das so dick ist, dass es nicht mehr in die Maulöffnung passt.

Zu einer anderen Art des ‚Ratterns' kann es kommen, wenn der Fasenwinkel zu gering ist, sodass das Eisen direkt hinter der Schneide zu dünn ist. Manche Holzhandwerker glauben, dass der Spanbrecher dieses Problem lösen kann, indem er die Schneide vorspannt. Ich würde mich nicht darauf verlassen, dass der Spanbrecher einen zu kleinen Fasenwinkel ausgleichen kann. Es ist besser, die Schneide im richtigen Fasenwinkel zu schleifen.

Das Einstellen des Spanbrechers

Der Spanbrecher erhöht die Vielseitigkeit des Hobels. Wenn man ihn dicht an der Schneide anbringt, wird die Gefahr von Faserausrissen verringert und man erhält eine glattere Oberfläche. Setzt man ihn weiter zurück, kann das Hobeleisen tiefer ins Holz greifen und mehr Material abtragen. (Eine ähnliche Vielseitigkeit bietet die verstellbare Maulöffnung bei kleinen Einhandhobeln aus Metall.) Um den Spanbrecher nach hinten zu versetzen, muss man ihn bei den meisten Metallhobeln mit dem Schraubendreher lösen und abnehmen, aber dies ist immer noch eine bessere Lösung, als den Frosch zu verschieben.

Wie dicht sollte der Spanbrecher an der Schneide sitzen? Im Allgemeinen sollte der Abstand zwischen Spanbrecher und Schneide so groß sein, wie die Stärke der dicksten Späne, die Sie mit diesem Hobel schneiden werden. Meist ist dies auch das Maß der Balligkeit, die an die Schneide angeschliffen worden ist.

Der Spanbrecher sollte nicht über die Ecken der Schneide hinausragen. Für sehr feine Putzarbeiten stelle ich den Spanbrecher so ein, dass nur noch ein ganz feiner Lichtstreifen auf der Spiegelseite des Hobeleisens zu sehen ist. Ein

Abb. 3-30 *Schnitt durch einen alten Holzhobel mit einem sich verjüngenden Hobeleisen. Das Eisen liegt nur oben und unten im Eisenbett an, aber dort über die gesamte Breite.*

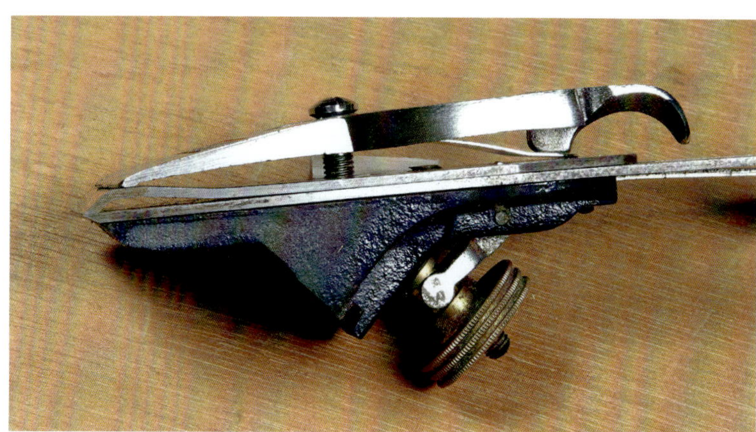

Abb. 3-31 *Frosch, Hobeleisen, Spanbrecher und Klappe eines Bailey-Hobels. Wenn man dieses Bauteil gegen das Licht hält, kann man erkennen, dass das Eisen gewölbt ist und in der Mitte nicht im Bett anliegt.*

Klappe in der Bauart von Millers Falls

Diese Baueinheit eines Hobels der Firma Millers Falls zeigt eine Klappe, deren doppelte Exzenterklemmung das Eisen an drei Stellen andrückt, sodass das Eisen flach und sicher im Eisenbett gehalten wird. Eine solche Konstruktion ist jedoch die Ausnahme, ich habe sie noch nie bei Hobeln anderer Hersteller gesehen.

solcher Streifen ist deutlich schmaler als 0,4 mm. Nur durch diese Spiegelung kann ich überhaupt noch feststellen, dass ein Teil des Hobeleisens freiliegt.

Bei gröberen Arbeiten kann der Spanbrecher deutlich weiter nach hinten gebracht werden. Allerdings ist es selten nötig, den Abstand zur Schneide auf über 2 mm zu erhöhen.

Beim Abrichten von Material, etwa mit der Raubank, wird der Spanbrecher meist etwas weiter zurückgestellt, als das Eisen ballig geschliffen ist.

Zusammenfassung

Die Geometrie des Hobels

Die Wechselbeziehungen zwischen Bettungswinkel, Maulöffnung, Spanbrecher, Spanaustritt und Fasenwinkel sind dynamisch (Abb. 1). Wenn man einen Hobel baut oder instand setzt, muss man diese Wechselbeziehungen bedenken und jedes Element nach Maßgabe der anderen einstellen.

Abb. 1 Definitionen

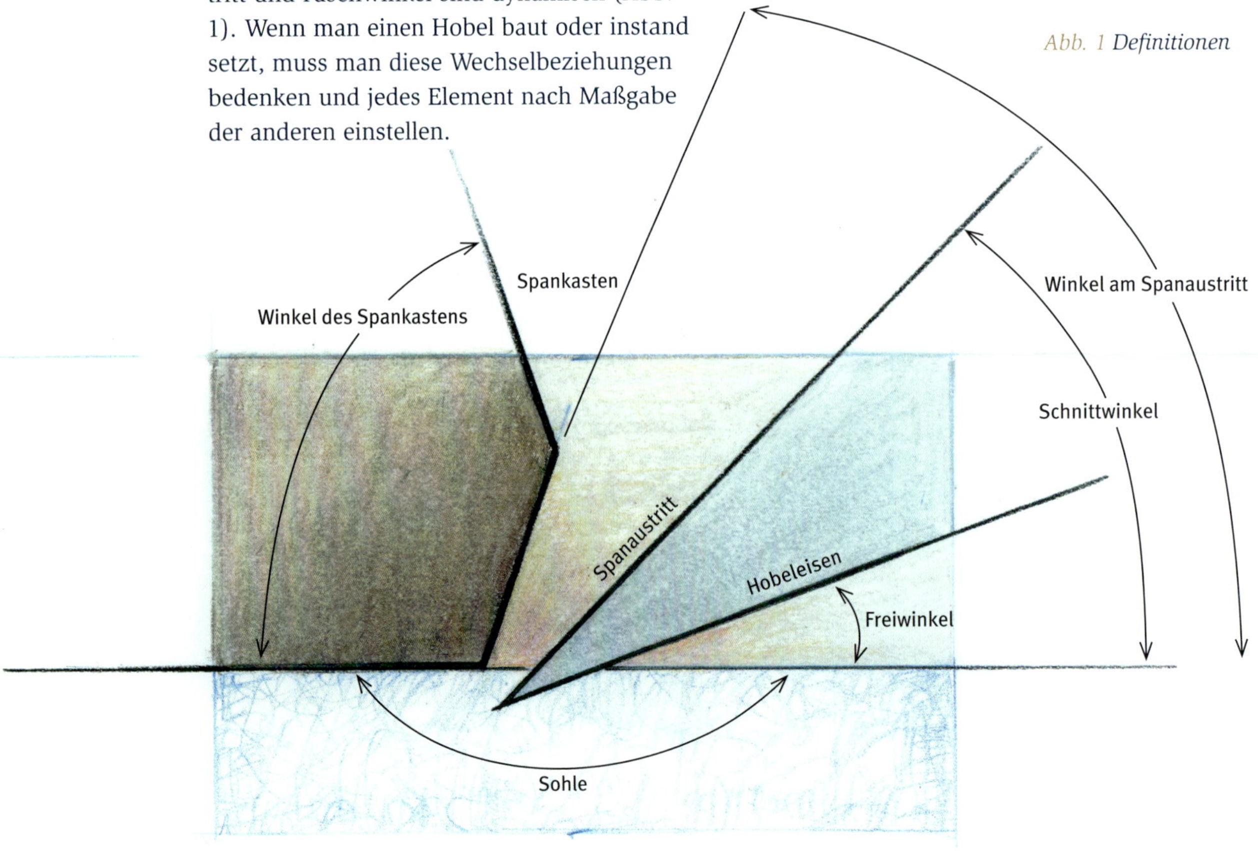

ZUSAMMENFASSUNG

Hobel ohne Spanbrecher

Bei Hobeln ohne Spanbrecher sollte die Maulöffnung so weit sein, wie die Stärke des kräftigsten Spans, den man mit diesem Hobel abheben möchte – eventuell um ein Geringes weiter. Bei Hobeln, mit denen das Material zugerichtet und ausgehobelt wird, kann die Maulöffnung zwischen 0,8 und 2 mm liegen (Abb. 2). (Beim Schrupphobel kann sie bis zu 6 mm betragen.) Bei Hobeln, die vor dem Putzen eingesetzt werden, erwartet man eine Maulöffnung von 0,25 mm oder weniger (Abb. 3). Die feinsten Putzhobel können Maulöffnungen von nur wenigen Hundertstelmillimeter aufweisen (Abb. 4).

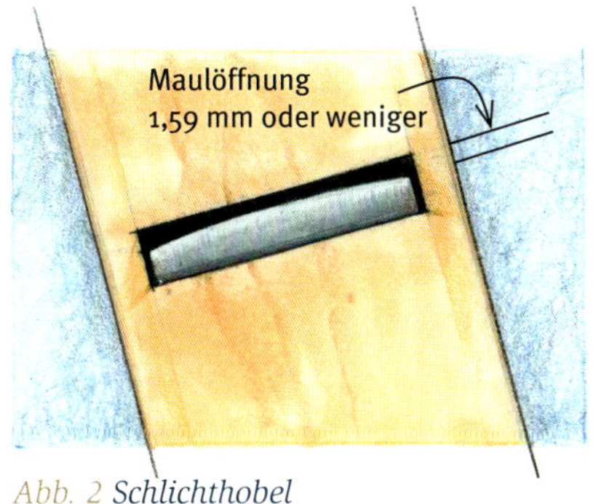

Abb. 2 Schlichthobel

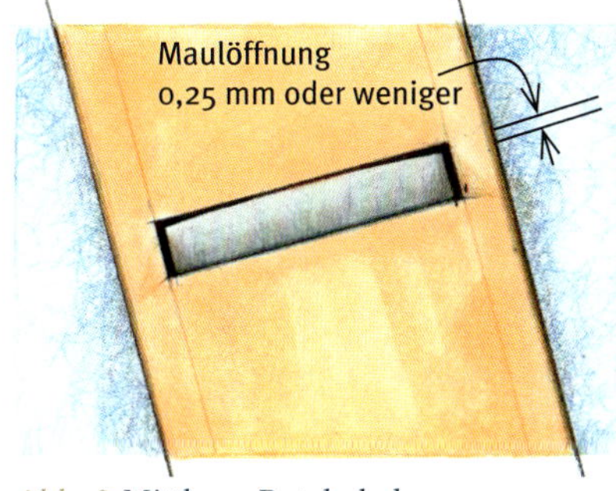

Abb. 3 Mittlerer Putzhobel

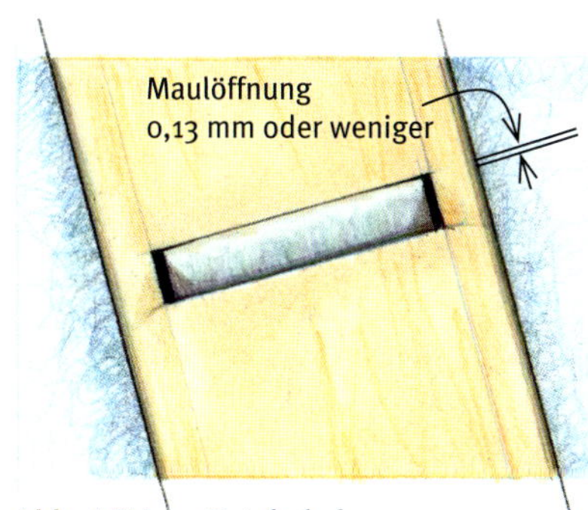

Abb. 4 Feiner Putzhobel

Der Winkel am Spanaustritt muss nur 20° größer als der Schnittwinkel sein, meist beträgt er jedoch nicht weniger als 70° (Abb. 5).

Der Winkel am Spanaustritt sollte so gering wie möglich gehalten werden, da sich die Maulöffnung vergrößert, wenn die Hobelsohle infolge von Verschleiß wiederholt abgerichtet wird (Abb. 6). Mit einem kleinen Winkel lässt sich dieser Vorgang verlangsamen und die Reparatur durch einen Einsatz hinauszögern. Mit einem verstellbaren Einsatz in der Hobelsohle kann man das Problem vollkommen umgehen.

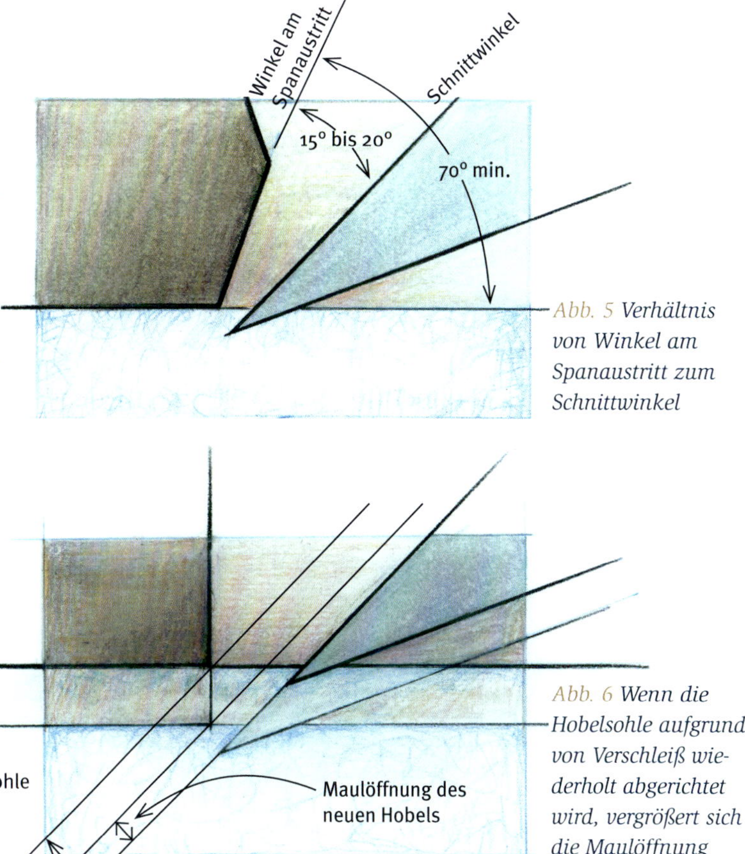

Abb. 5 Verhältnis von Winkel am Spanaustritt zum Schnittwinkel

Abb. 6 Wenn die Hobelsohle aufgrund von Verschleiß wiederholt abgerichtet wird, vergrößert sich die Maulöffnung allmählich.

Hobel mit Spanbrecher

Schleifen Sie die Vorderkante des Spanbrechers so zu, dass sie einen Winkel von 90° bis 100° zur Sohle bildet, wenn der Spanbrecher am Eisen angebracht ist. Verwenden Sie den größeren Winkel bei Hobeln mit einem geringen Schnittwinkel und den kleineren bei Hobeln mit einem großen Schnittwinkel (Abb. 7).

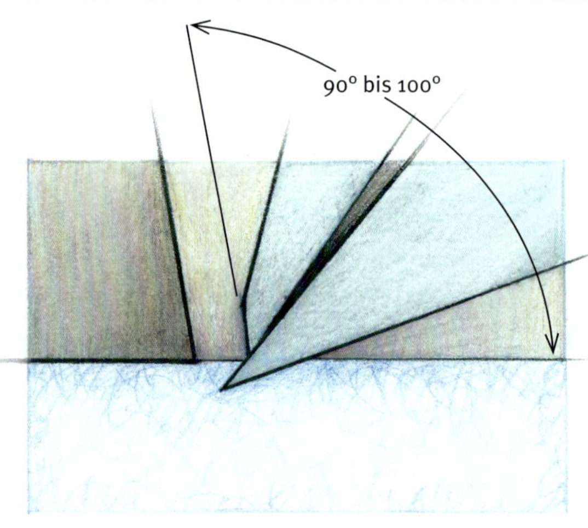

Abb. 7 Winkel der Vorderkante des Spanbrechers

Um Faserausrisse möglichst zu reduzieren, sollte der Spanbrecher etwa um die erwartete Spanstärke hinter der Schneide des Hobeleisens zurückgesetzt werden. Je nach Balligkeit der Schneide beträgt dieser Versatz oft die Stichhöhe des Bogenkreises der Balligkeit. Natürlich sollte der Spanbrecher nicht über die Sohle des Hobels hinausragen (Abb. 8).

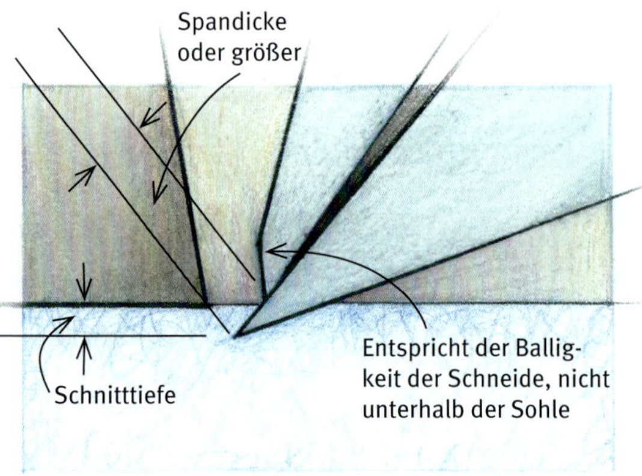

Abb. 8 Versatz des Spanbrechers

Die Öffnung, durch die der Span abgeführt wird, muss an allen Stellen größer sein als die Spandicke. Um die Wirkung einer kleinen Maulöffnung in Verbindung mit einem Spanbrecher zu maximieren, sollte der Winkel am Spanaustritt mindestens so groß sein wie die Summe der Winkel der Eisen- und der Spanbrecherfasen oder zwischen 90° und 100° liegen – vielleicht sogar etwas mehr (Abb. 9).

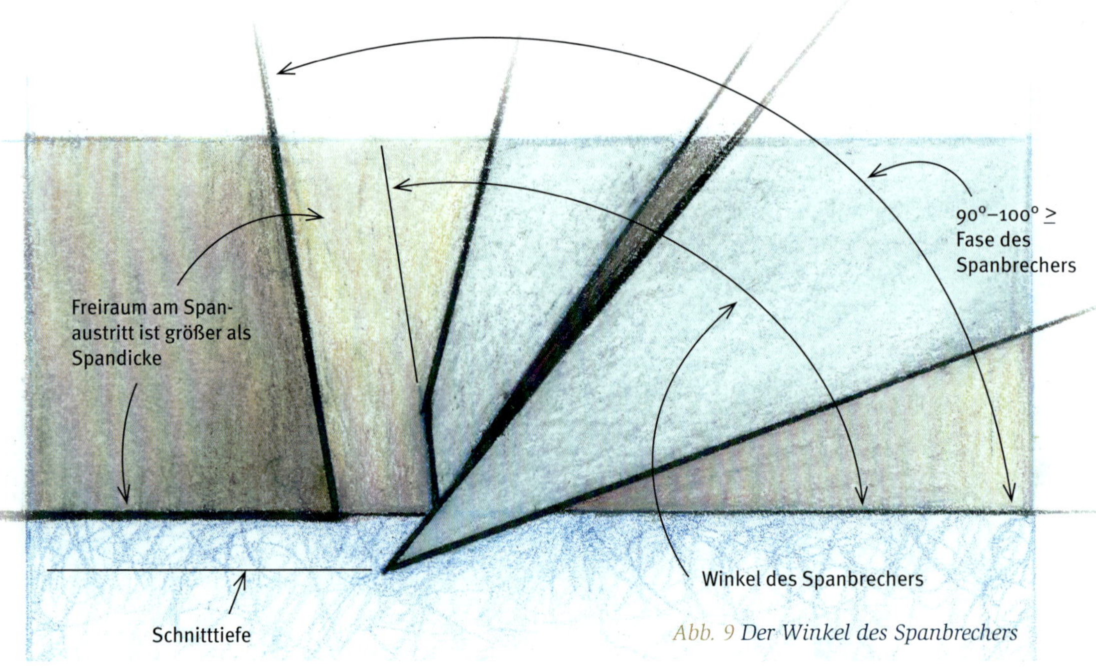

Abb. 9 Der Winkel des Spanbrechers

Zusammenfassung

Wenn der Winkel jedoch noch größer ist, kann die Vorderkante der Maulöffnung zu dünn werden, sodass sie sich sehr schnell abnutzt und manchmal sogar unter dem Druck des gefangenen Spans ausweicht, wodurch der Span dann das Spanloch verstopft. Wenn sich die Hobelsohle abnutzt, öffnet sich das Hobelmaul auch sehr schnell durch Abrieb.

Ein Hobel, dessen Maul so klein wie möglich und dessen Spanbrecher so eng wie möglich eingestellt ist, kann nur sehr feine Schnitte mit sehr dünnen Spänen machen. Bei Putzhobeln, die vielfältiger eingesetzt werden sollen, besonders solchen mit geringen bis mäßigen Schnittwinkeln, ist es praktischer, sich vor allem auf den Spanbrecher zu verlassen, um Faserausrisse zu vermeiden und der Maulöffnung eine unterstützende Rolle zukommen zu lassen. Diese Strategie ermöglicht geringere Winkel am Spanaustritt, die das allmähliche Vergrößern des Mauls durch die Abnutzung der Sohle verlangsamen. Die Maulöffnung sollte nicht mehr als 0,4 mm betragen. Allerdings muss der Span auch dann ohne Behinderungen das Spanloch passieren können.

Da der Spanlochwinkel bei dieser Anordnung nicht parallel zur Vorderkante des Spanbrechers verläuft, bleiben die Späne oft an der höchsten Stelle des Spanbrechers hängen (Abb. 10). Schleifen Sie die Vorderkante des Spanbrechers mit einer Fase von etwa 25° an, und versehen Sie sie mit einer etwa 0,8 mm breiten Mikrofase. Diese Lösung ist dem eher gerundeten Querschnitt vorzuziehen, den man bei vielen Spanbrechern findet. Bei der Einstellung von Spanbrechern des Stanley-Typs sollte man darauf achten, sie nicht stärker abzurunden, als sie es ursprünglich waren.

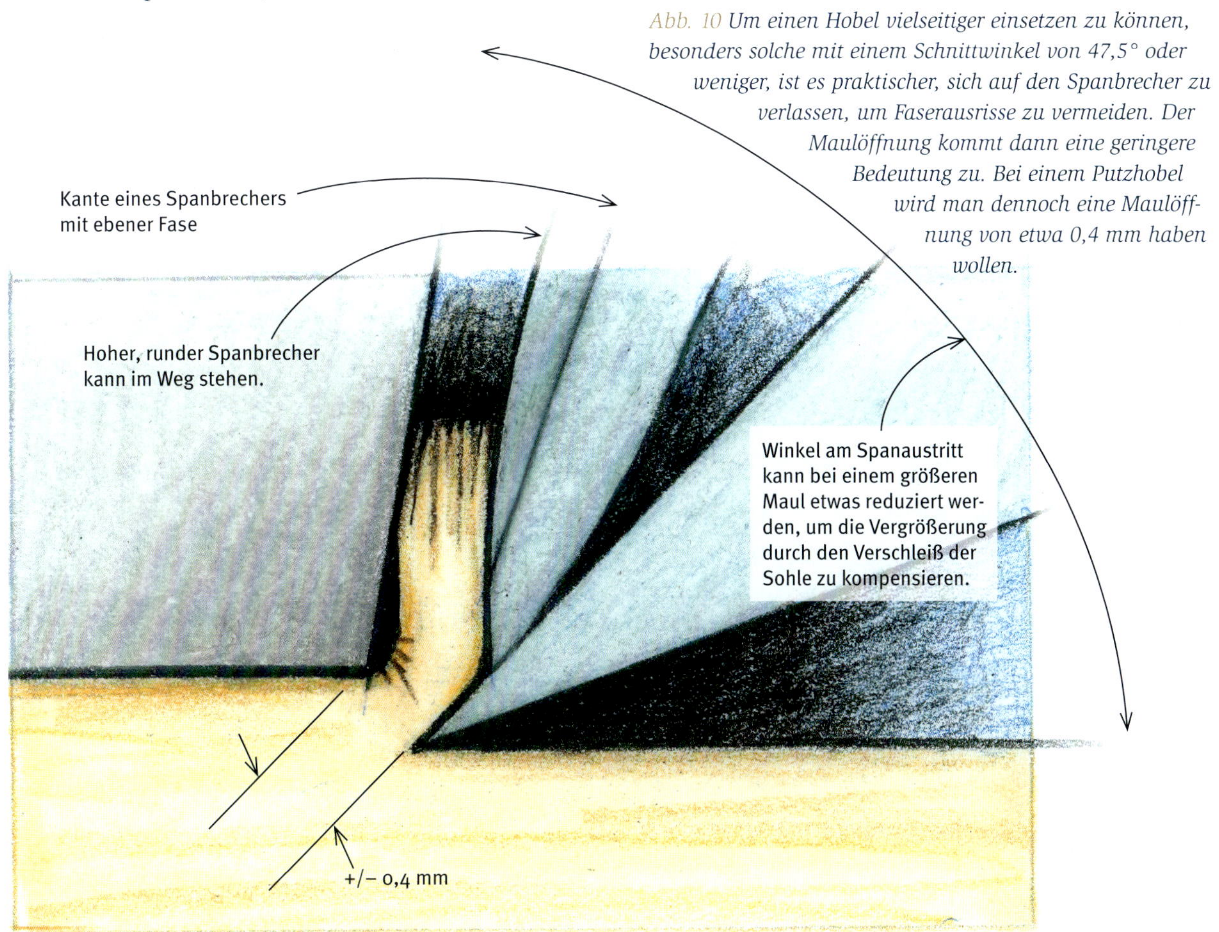

Abb. 10 Um einen Hobel vielseitiger einsetzen zu können, besonders solche mit einem Schnittwinkel von 47,5° oder weniger, ist es praktischer, sich auf den Spanbrecher zu verlassen, um Faserausrisse zu vermeiden. Der Maulöffnung kommt dann eine geringere Bedeutung zu. Bei einem Putzhobel wird man dennoch eine Maulöffnung von etwa 0,4 mm haben wollen.

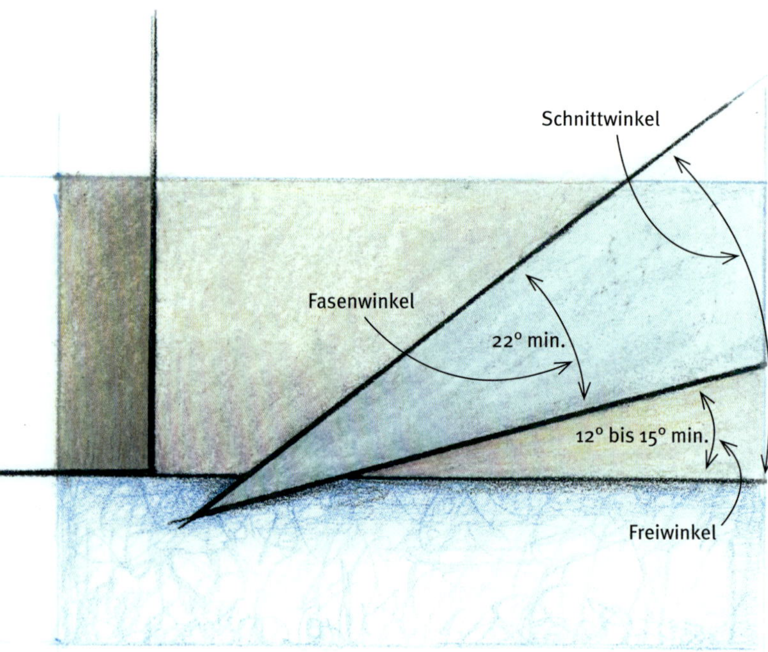

Abb. 3.32 Minimaler Fasen- und Freiwinkel in der Praxis

DER RICHTIGE FASENWINKEL

Um den richtigen Fasenwinkel zu ermitteln, gibt es bestimmte Grenzen und Spannweiten, die man als Faustregel heranziehen kann. Der Freiwinkel bei einem Hobeleisen, das mit der Fase nach unten verwendet wird, sollte mindestens etwa 12° betragen, allerdings wären 15° noch besser. Durch diese Vorgabe wird die Größe des Freiwinkels bei Hobeln mit geringem Schnittwinkel bestimmt. Bei einem Hobel mit 35° Schnittwinkel kann der Fasenwinkel des Hobeleisens maximal 23° betragen (35° – 12° = 23°). Die untere Grenze für den Fasenwinkel beträgt bei den meisten Eisen etwa 22° – bei noch geringeren Winkeln wird die Schneide meist zusammengedrückt. Manche Stahlsorten wie A2-Stahl können bei kleinen Fasenwinkeln Probleme verursachen. Der Fasenwinkel variiert auch je nach dem Bettungswinkel des Hobeleisens. Je steiler dieser Winkel ist, desto größer sollte der Fasenwinkel sein. Ein Hobel, bei dem das Eisen in einem Winkel von 40° im Hobelkasten eingebettet ist, könnte einen Fasenwinkel von 22° haben; 25° bis 28° wären vermutlich angebrachter. Ein 45°-Hobel hätte einen Fasenwinkel von 25° bis 30°. Ein Hobel, bei dem das Eisen in einem Winkel von 55° im Hobelkörper eingebettet ist, könnte einen Fasenwinkel von 30° bis 32°, vielleicht sogar bis 35° haben. Bei einem Bettungswinkel von 65° könnte der Fasenwinkel 38° bis 30° betragen.

Fasenwinkel

Der Fasenwinkel ist der Winkel, den die Schneide zum Hobeleisen bildet. Die meisten Hobeleisen verlassen die Fabrik mit einem Fasenwinkel von 25° oder 30° – japanische Eisen weisen allerdings oft einen Fasenwinkel von 22° auf. Um optimale Ergebnisse mit einem Hobel zu erreichen, muss man dem Fasenwinkel vielleicht noch weitere Aufmerksamkeit widmen (Abb. 3-32).

Falls der Fasenwinkel zu gering ist, federt die Schneide, wenn sie belastet wird. Sie verbiegt sich nach unten, bis der Span freigegeben wird, und springt dann in ihre ursprüngliche Lage zurück (Abb. 3-16 auf Seite 48). Dieser Vorgang kann sich wiederholen, was zum ‚Rattern' des Hobels führt. Es kann auch vorkommen, dass das Eisen sich während des Schneidens eines Spans verbiegt, vor allem wenn es auf eine härtere Stelle im Holz stößt und nach unten ins Holz abgelenkt wird, was zu stärkerer Materialabnahme als eingestellt führt. Falls der Hobel eine sehr enge Maulöffnung hat, kann ein stärkerer Span auch das Maul verstopfen. Das kann auch bei einem sonst gut eingestellten Hobel dazu führen, dass das Maul immer wieder mit Spänen verstopft wird.

Als Faustregel kann gelten, dass der Fasenwinkel so klein wie möglich sein sollte, ohne dass es zum ‚Rattern' kommt. Größere Fasenwinkel und kleine Maulöffnungen verstärken die Belastung der Schneide, sodass sie sich im Gebrauch verbiegt. Diesem Problem kann man begegnen, indem man den Fasenwinkel vergrößert. Der Winkel sollte allerdings nur so weit vergrößert werden, dass das ‚Rattern' aufhört. Wenn man ihn darüber hinaus vergrößert, erhöht sich der Widerstand, und die Güte des Schnittes kann leiden.

Gehen Sie vom serienmäßigen Fasenwinkel aus, und stellen Sie fest, wie der Hobel damit funktioniert. Falls Sie vermuten, dass der Winkel zu klein ist, und der Abschnitt „Problemlösungen" ab S. 191 darauf hinweist, dass hier das Problem liegt, dann vergrößern Sie den Winkel, bis die Leistung Ihren Erwartungen entspricht.

Das Abziehen einer hohlgeschliffenen Fase

Gegen das Hohlschleifen spricht die Tatsache, dass das Metall direkt hinter der Schneide ausgedünnt wird und so ein Fasenwinkel entsteht, der zu klein ist. Dies liegt daran, dass die Schneide zwar im richtigen Winkel geschliffen wird, aber der Stahl hinter der Schneide, der diese eigentlich halten sollte, entfernt wird – er wird entsprechend dem Kreisumfang der Schleifscheibe abgetragen. Wenn man eine Tangente an den Hohlschliff direkt hinter der abgezogenen Schneide anlegen würde, ließe sich feststellen, dass dieser Winkel sehr viel kleiner ist als der Abziehwinkel. Dadurch kann es geschehen, dass die Schneide federt. (Siehe Kapitel 11 „Hobeleisen schärfen“, in dem die verschiedenen Fasentypen behandelt werden.

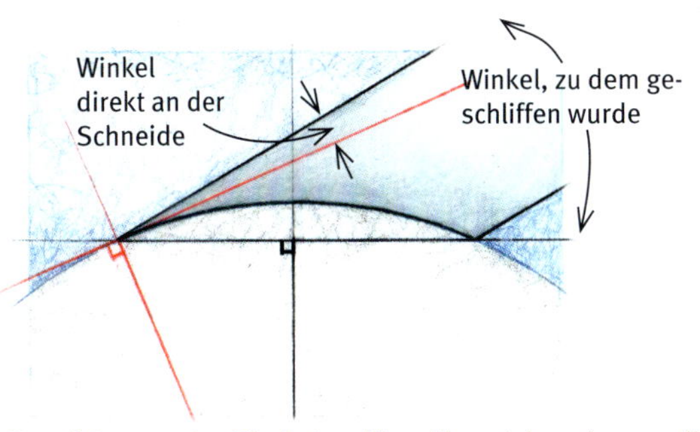

Abb. 1 *Der (hier um der Klarheit willen übertrieben dargestellte) Winkel an der Schneide eines hohlgeschliffenen Hobeleisens ist sehr viel kleiner als der Gesamtwinkel, der beim Schleifen eingehalten wurde. Bei einem japanischen Hobeleisen mit etwa 10 mm Stärke, das auf einer Schleifscheibe mit 150 mm Durchmesser zu einem Winkel von 30° geschliffen wurde, beträgt die Abweichung etwa 7°.*

Abb. 2 *Jedes Mal, wenn das Eisen abgezogen wird, verringert sich der Hohlschliff, und der Winkel direkt hinter der Schneide wird größer. Wenn schließlich der Hohlschliff zu einer geraden Fase abgezogen worden ist, entspricht der Winkel dem angeschliffenen Winkel.*

Wie eine Schneide stumpf wird

Um zu verstehen, warum der Fasenwinkel möglichst klein sein sollte, ist es hilfreich, sich anzusehen, wie eine Schneide abstumpft. Dabei wird die Schneide allmählich abgerundet. Wenn der Fasenwinkel zu groß ist, wird die abgenutzte Schneide im Verhältnis zum Material nach hinten versetzt und die Fase reibt auf dem Material, sodass die Schneide nicht mehr ins Material greift. Dieser Effekt wird noch durch die natürliche Neigung des Holzes verstärkt, nach dem Schnitt etwas zurückzufedern. Je größer der Fasenwinkel ist (bei einem Eisen, das mit der Fase nach unten eingesetzt wird), desto geringer ist der Freiwinkel zum Werkstück, und desto eher kommt es zu diesem Phänomen.

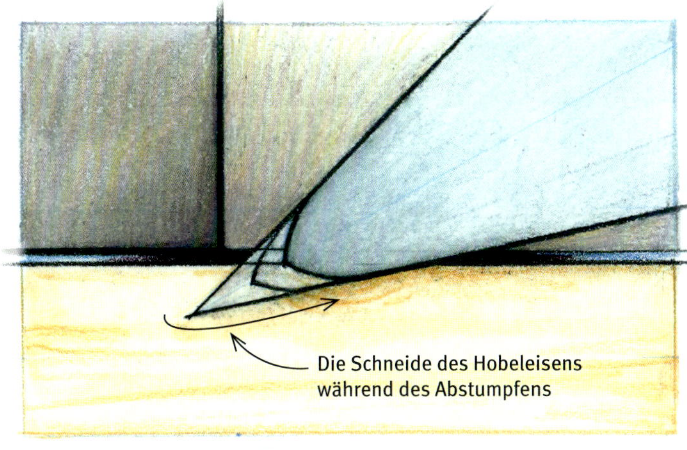

Fasenwinkel ab Werk

Japanische Hobeleisen werden oft mit einem Fasenwinkel von 22° ausgeliefert, auch bei Hobeln mit einem großen Schnittwinkel. Dies ist ein sehr kleiner Winkel, der bei Hobeln mit größeren Bettungswinkeln zum Federn der Schneide oder zu geringeren Standzeiten führen kann. In der europäischen Tradition werden Hobeleisen für die Bearbeitung von Nadelholz auf 25° und solche für Laubhölzer auf 30° geschliffen. Bei manchen Putzhobeln mit großen Schnittwinkeln, vor allem wenn ihre Maulöffnung klein ist, können auch 30° noch zu wenig sein. Mein traditioneller chinesischer Hobel wies ab Werk einen Fasenwinkel von über 35° auf.

Schneidenform

Das Formen der Schneide (Abb. 3-33) ist eine traditionelle Technik, die heute nicht mehr sehr gut verstanden wird, die aber die Effektivität eines Handhobels beträchtlich steigert. Das grundlegende Konzept ist, dass Schrupphobel eine deutlich ballig zugeschliffene Schneide haben, Raubänke und Schlichthobel weniger ballig sind, während Putzhobel eine fast gerade Schneide haben.

Abb. 3-33 Die Schneidenform

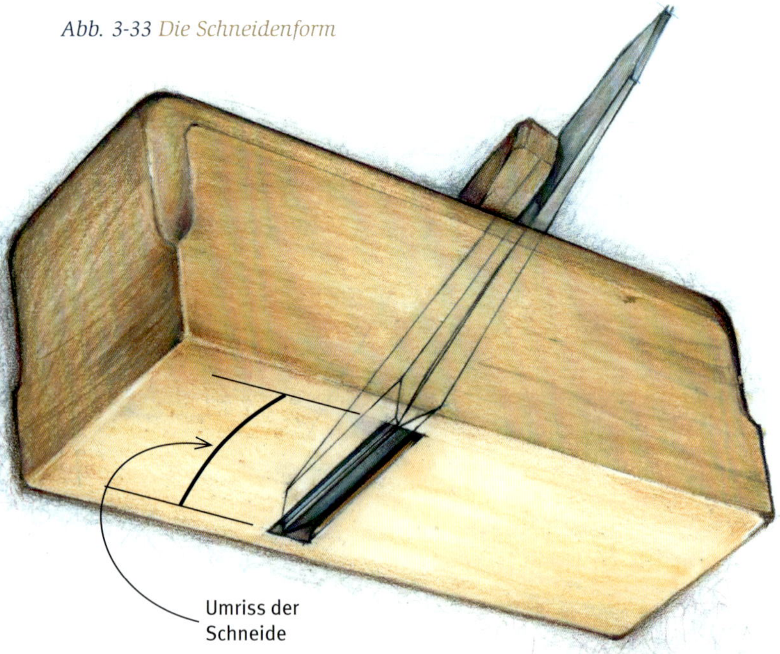

Umriss der Schneide

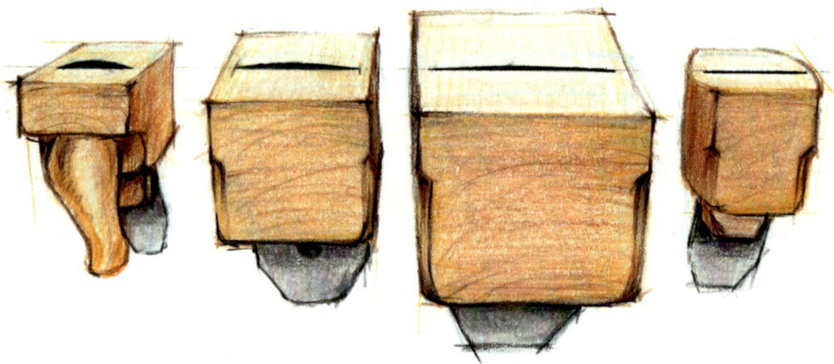

Abb. 3-34 Die zunehmende Balligkeit bei einem Satz traditioneller westlicher Hobel, die von links nach rechts vom Rohholz bis zur feinen Oberfläche eingesetzt werden. Ganz links sieht man die Schneide eines Schrupphobels, bei dem die Stichhöhe der Balligkeit 3 mm oder weniger beträgt. Daneben ist der Schlichthobel mit 2 mm oder weniger zu sehen, dann folgt die Raubank mit einer Stichhöhe von 0,8 mm oder weniger. Beim Putzhobel (rechts) beträgt der Wert weniger als 0,025 mm.

Theoretisch sollte die Höhe des Bogens immer der maximalen Spanstärke entsprechen, die man mit dem Hobel abnehmen möchte (Abb. 3-34). Diese Strategie ist aus verschiedenen Gründen effektiv.

Sie führt bei allen Hobeln dazu, dass die Ecken des Hobeleisens nicht ins Holz greifen und Kerben schneiden. Bei Schrupphobeln, die richtig – das heißt zwerchend (diagonal zur Holzfaser) – geführt werden, reduziert es Faserausrisse und stopfende Späne an den wahrscheinlichsten Stellen, an den Ecken des Hobeleisens. Bei Putzhobeln vermeidet man mit einer balligen Schneide Riefen zwischen den einzelnen Hobelstößen, sodass man eine glattere Oberfläche erhält. Bei Raubänken kann eine leichte Balligkeit das Abrichten von Kanten beschleunigen und zu einer besseren Passung der Breitenverbindung führen.

Es gibt einige Hobel, deren Eisen eine gerade Schneide haben sollten, vor allem gilt dies für Falzhobel. Auch Hobel, die man mit einer Stoßlade verwendet, sollten eine gerade Schneide aufweisen.

Länge des Hobels/ Breite des Hobeleisens

Die Länge eines Hobels wird durch die beabsichtigte Verwendung bestimmt (Abb. 3-35).

Mit langen Hobeln (Raubänken) werden Flächen abgerichtet (begradigt). Wegen ihrer Länge überbrücken sie tieferliegende Stellen, während das Eisen die höherliegenden Stellen abträgt und so die gesamte Fläche auf ein Niveau bringt (Abb. 3-36).

Mit mittellangen Hobeln wird das Material anfänglich zugerichtet. Oft greift man danach auf einen längeren Hobel zum Abrichten zurück, sie können aber auch nach dem langen Hobel eingesetzt werden, um das Material auf das abschließende Putzen vorzubereiten. Mit einem entsprechend eingerichteten Hobel und der richtigen Schneidenform kann man beide Einsatzzwecke verfolgen.

Die kürzesten Hobel werden für das abschließende Glätten des Holzes verwendet. Sie sind aus dem entgegensetzten Grund kurz, aus dem Raubänke lang sind – um auch in tiefer liegenden Stellen zu schneiden. Wegen ihrer feinen Einstellung und der geringen Toleranzen bei der Verwendung können schon Höhenunterschiede von Tausendstel Millimetern dazu führen, dass diese Hobel über tiefer liegende Stellen hinweggleiten. Bei schwierigen Hölzern ist es auch keine Lösung, das Hobeleisen tiefer zu stellen, um an diesen Stellen zu greifen, da dadurch Faserausrisse verursacht werden können. Indem man die Länge des Hobels verringert, kann man dem Überbrücken tieferer Stellen entgegenwirken.

Eng mit der Länge des Hobels hängt auch die Gestaltung der Hobelsohle zusammen. In der westlichen Tradition wird gefordert, dass die Hobelsohle stets eben ist. Allerdings stellt sich die Frage, was eben ist. Können Abweichungen von 0,25 mm geduldet werden? Oder 0,025 mm? 0,0025 mm? Und: An welchen Stellen der Hobelsohle sollten diese Abweichungen toleriert werden?

Die Hobelsohle muss so eben sein, wie die feinsten Späne, die man mit ihm abtragen möchte. Wenn man mit dem Hobel Späne bis zu einer Feinheit von nur neun Mikron produzieren möchte, wie das manchmal bei japanischen Hobelwettbewerben geschieht, dann dürfen die Höhenabweichungen der Hobelsohle nicht mehr als neun Mikron betragen; andernfalls könnte das Hobeleisen von der Sohle so über dem Material gehalten werden, dass es nicht schneidet (Abb. 3-37).

Wenn man mit der Raubank einen 2 mm tiefen Schnitt macht, dann muss die Hobelsohle nur weniger als 2 mm von der Ebenheit abweichen (obwohl die Arbeit besser wird, wenn dieser Wert unterschritten wird).

Wenn Sie sehr feine Arbeiten ausführen möchten, kann dies ein einschüchterndes Konzept sein; in der Praxis wird es dann geradezu beängstigend.

Um 100 Quadratzentimeter gleichmäßig bis auf neun Mikron einzuebnen, muss man sehr sorgfältig und fast ewig arbeiten.

Die Japaner haben eine praktische Lösung für das Abrichten der Hobelsohle gefunden, auf die ich inzwischen auch zurückgreife. Das Konzept beruht darauf, dass nur zwei (oder drei oder

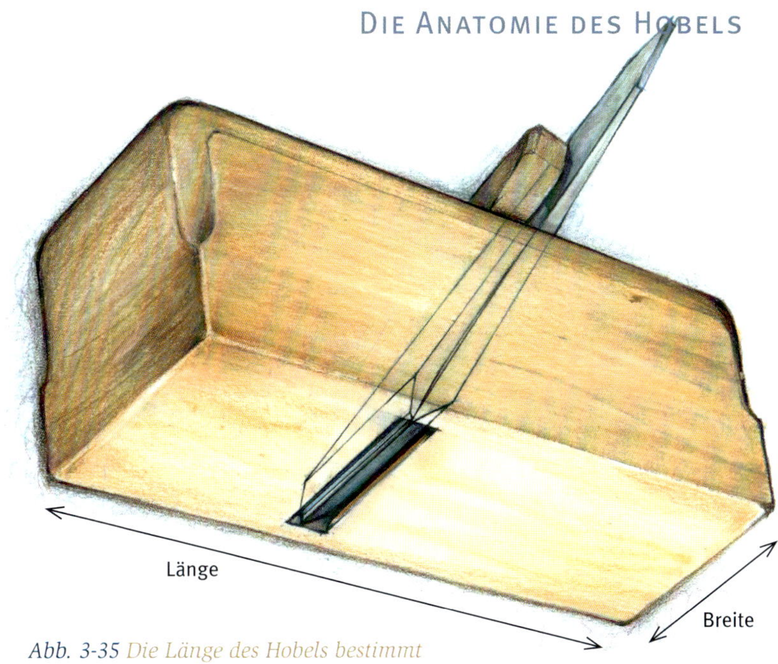

Abb. 3-35 Die Länge des Hobels bestimmt seine Funktion

Abb. 3-36 Längere Hobel überbrücken tiefer liegende Stellen und tragen die höher liegenden ab, um so die Fläche abzurichten.

Das Verhältnis von Länge zu Breite

Bei Hobeln normaler Größe beträgt die Länge einer Raubank etwa 460 bis 760 mm. Die Schlichthobel können von 330 bis 460 mm lang sein. Putzhobel sind meist 150 bis 300 mm lang. Die Entscheidung über die beste Verwendung eines Hobels einer bestimmten Länge hängt jedoch immer vom Holzhandwerker ab. Sie kann stärker von der Schneidenform und der Beschaffenheit der Sohle abhängen als von der Länge. Bei schwierigem Holz kann ein Hobel nützlich sein, der für seine Breite verhältnismäßig kurz ist. Bei ihm lässt sich das Eisen fein einstellen, der Hobel gelangt jedoch noch in die leichten Vertiefungen, die beim Zurichten des Materials verblieben sein mögen. Das Verhältnis von Länge zu Breite, das bei normalen Hobeln verwendet wird, lässt sich entsprechend auf kleinere Hobel übertragen, die bei Werkstücken mit geringerer Bemessung eingesetzt werden.

Abb. 3-37 Man sieht, dass das Hobeleisen zwar auf eine bestimmte Schnitttiefe eingestellt ist, dass es jedoch unter Umständen nicht ins Material greift und um die Entfernung über der Oberfläche bleibt, um welche die Sohle nicht plan ist.

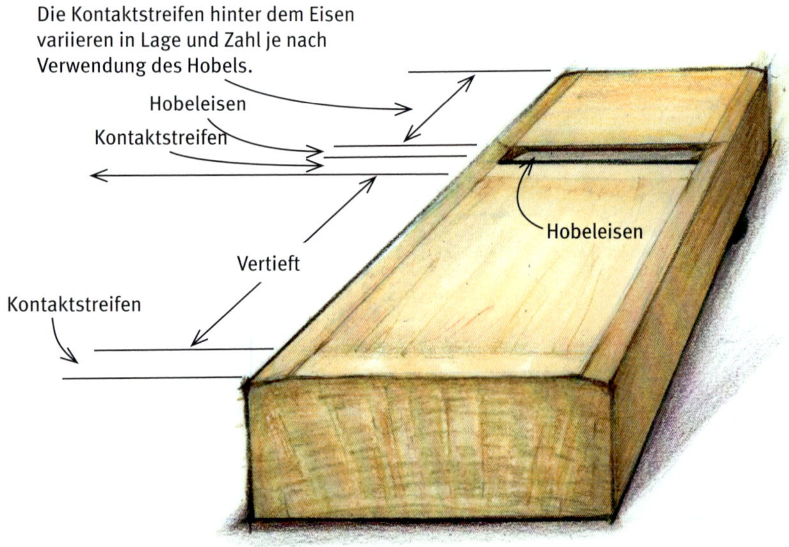

Die Kontaktstreifen hinter dem Eisen variieren in Lage und Zahl je nach Verwendung des Hobels.

Hobeleisen

Kontaktstreifen

Hobeleisen

Vertieft

Kontaktstreifen

Abb. 3-38 Die Sohle eines japanischen Hobels wird traditionell an strategischen Stellen vertieft, um die Instandhaltung zu vereinfachen.

vier, je nach Hobeltyp oder der beabsichtigten Verwendung) Streifen der Hobelsohle in einer Ebene liegen müssen. Diese Streifen sollten etwa so breit wie das Hobeleisen sein, sich über die Breite der Sohle erstrecken und etwa 6 mm breit sein (Abb. 3-38). Andere Bereiche der Sohle werden vertieft, sodass sie nicht mit dem Werkstück in Berührung kommen oder dauernder Aufmerksamkeit erfordern. Dadurch werden das Abrichten und die Instandhaltung der Sohle vereinfacht (Abb. 3-39). Die Kontaktflächen werden dann für die beabsichtigte Verwendung hergerichtet.

Um schnell Material abzunehmen, werden die Kontaktstreifen an der Sohle von Schlichthobeln hinter dem Hobeleisen um etwa 0,25 mm tiefer angelegt (Abb. 3-40). Bei Abrichthobeln (Raubänken) sollten die Kontaktstreifen über die gesamte Länge des Hobels in einer Linie liegen, um sicherzustellen, dass das Material plan gehobelt wird. Bei Putzhobeln werden die Kontaktstreifen hinter dem Hobeleisen nur sehr geringfügig tiefer gelegt – meist weniger als die gewünschte Stärke der Späne (0,125 mm) – damit die Oberfläche eben wird und ein fein eingestelltes Hobeleisen auch in das Material greift.

Auch die Breite des Eisens fällt je nach beabsichtigter Verwendung unterschiedlich aus. Die Hobeleisen der Raubänke (der längsten Hobel) sind in der Regel auch am breitesten, bei westlichen Raubänken sind sie zwischen 60 und 69 mm breit. Dadurch erzielt man besonders ebene Oberflächen.

Hobel, mit denen das Material vorbereitet wird, wie etwa der Schlichthobel, haben die schmalsten Eisen – 31 bis 47 mm. Da mit ihnen viel Material abgenommen wird, wäre die Arbeit mit breiteren Eisen zu anstrengend.

Abb. 3-39 Links: Eine als eben bezeichnete Hobelsohle hat unter Umständen keinen richtigen Kontakt mit dem Werkstück. Rechts: Die Sohle ist stellenweise vertieft, um ein korrektes Aufliegen zu gewährleisten.

Putzhobel sind meist breiter als Schlichthobel, wie breit genau, hängt jedoch vom Benutzer ab. Je breiter das Hobeleisen, desto weniger auffällig sind die leichten Vertiefungen, die durch die Balligkeit der Schneide verursacht werden. Allerdings erfordert ein breiteres Eisen auch mehr Mühe beim Einstellen, bei der Instandhaltung und bei der Anwendung. Putzhobeleisen, vor allem für die Arbeit mit Laubhölzern, sind zwischen 50 und 60 mm breit, obwohl man häufig auch Eisen mit 69 mm Breite begegnet.

Denken Sie daran…

… dass es noch einen zusätzlichen Aspekt beim effektiven Hobeln gibt, der oft übersehen wird – die Schärfe der Schneide. Keine Hobelarbeit wird sehr effektiv sein, wenn sie nicht mit einer wirklich scharfen Schneide ausgeführt wird.

Als Anfänger fällt es einem oft schwer, Schärfe zu beurteilen; sie scheint eine flüchtige Eigenschaft zu sein. Als Holzhandwerker sollte man jedoch stets bemüht sein, die eigenen Fähigkeiten zu verbessern und deshalb Schärfe zu einer prägenden Konstante der eigenen Arbeit zu machen. Mit zunehmender Erfahrung werden Sie nur noch wirkliche Schärfe akzeptieren. Sie werden auch feststellen, dass alle Methoden, mit denen man effektives Hobeln sicherstellen möchte, nicht funktionieren, wenn die Schneide nicht scharf genug für die anstehende Arbeit ist.

Was heisst hier ‚plan'?

Für die Entwicklung des Metallhobels wurden unterschiedliche Gründe angeführt, unter anderem, dass er mit planer Sohle geliefert und leichter in diesem Zustand zu halten sei. Wer einmal versucht hat, die Sohle eines Metallhobels abzurichten, weiß, dass beides nicht zutrifft. Man kann als Nutzer sehr viel Aufwand treiben, um sicher zu stellen, dass eine Hobelsohle plan ist und höchstens Abweichungen von einigen Hundertstel Millimeter aufweist. In der Praxis ist dies eine kaum einzuhaltende Genauigkeit, die sich als großes Hindernis bei dem Versuch erweist, einen Hobel einzurichten. Auch mit einer entsprechenden Maschine lässt sich absolute Planheit kaum erzielen, da das unabdingbare Einspannen des Hobeleisens diesen oft verzieht, sodass er wieder in eine nicht-plane Form zurückspringt, wenn die Einspannvorrichtungen gelöst werden.

Allerdings ist dies vor allem eine Frage der Instandhaltung. Wie Holz arbeitet auch Eisen. Man muss es nach dem Gießen mindestens sechs Monate altern lassen, damit sich die Spannungen lösen können, die beim Gießen entstanden sind. Auch danach kommt es noch eine ganze Weile zu Bewegungen im Material, die allerdings sehr viel geringer sind. Hinzu kommt, dass unterschiedliche Belastungen auch zu Veränderungen führen können, nicht zuletzt jene, die infolge eines Sturzes auftreten können. Aber auch schon der dauernde Druck, den die Feststellschraube ausübt, kann dazu führen, dass sich der Korpus eines Metallhobels verzieht. Außerdem verschleißt auch eine Metallsohle – vielleicht langsamer als eine aus Holz, aber dafür kostet es auch sehr viel mehr Mühe, eine Metallsohle wieder zu richten.

Abb. 3-40 Bei einem mittellangen Schlichthobel kann die Sohle hinter der Schneide leicht vertieft sein, um beim ersten Zurichten eines Brettes leichteren Zugang zur rauen Oberfläche zu ermöglichen.

Das Triumvirat der traditionellen westlichen Holzhobel: Schlichthobel, Raubank und Putzhobel.

Bankhobel

Die traditionellen Lösungen: der Schlichthobel, die Raubank und der Putzhobel

Mit den Bankhobeln werden drei grundlegende Arbeiten am Holz ausgeführt: Es wird geformt und auf Maß gebracht, abgerichtet und für das Leimen vorbereitet, und seine Oberfläche wird geputzt. Die richtige Anwendung der in Kapitel 3 besprochenen Methoden ist unabdingbar bei der Ausführung dieser Arbeiten. Da jede Aufgabe deutlich unterschiedliche Kombinationen verschiedener Arbeitsweisen erfordert, wurden für die unterschiedlichen Aufgaben jeweils eigene Hobel entwickelt: der Schlichthobel, die Raubank und der Putzhobel. Sie unterscheiden sich optisch vor allem in ihrer Länge im Verhältnis zur Breite des Hobeleisens und durch die Form der Schneide. Durch die Anwendung anderer Techniken lässt sich die Effektivität noch weiter steigern.

Abb. 4-1 Hölzerner Schlichthobel des Razee-Typs
Bei Razee-Hobeln ist der Hobelkasten hinter dem Eisen und neben dem Griff flacher.

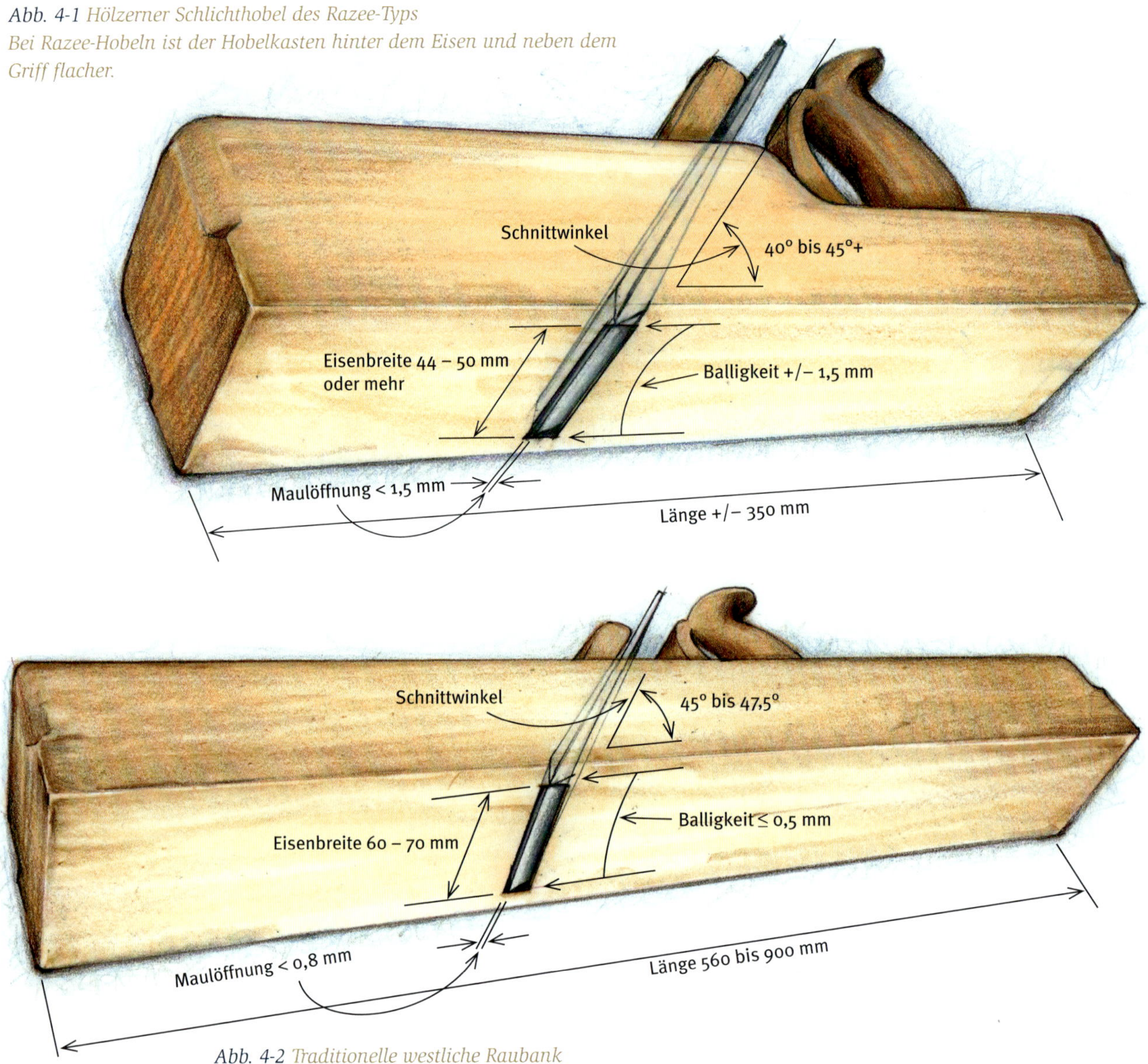

Abb. 4-2 Traditionelle westliche Raubank

Ich bezeichne diese drei Hobeltypen gelegentlich als das Triumvirat – zu dritt herrschen sie in der Holzwerkstatt. Zusätzliche Hobel stehen ihnen zur Seite und erfüllen verschiedene besondere Zwecke. Aber diese drei Hobel sind die Grundausstattung und haben seit Jahrhunderten den Kern eines breiten Spektrums an Handhobeln gebildet.

Auch wenn Sie nur selten Rohholz mit dem Hobel auf Maß bringen oder eine Kante mit dem Hobel fügen, so hilft Ihnen das Verständnis der Raubank, des Schlicht- und Putzhobels und ihrer Arbeitsweise doch dabei, Handhobel effektiv bei Ihrer eigenen Arbeit einzusetzen.

Der Schlichthobel

Am engsten ist der Schlichthobel in unserer Vorstellung mit dem Formen und Aushobeln des Holzes verbunden (Abb. 4-1). Er wird traditionell verwendet, um schnell größere Mengen an Material abzutragen und so ein Werkstück auf die ungefähr benötigte Größe und Form zu bringen, nachdem es durch Sägen oder Spalten vom Stamm getrennt wurde. Der amerikanische Schlichthobel (jack plane) ist mit 14 Zoll (356 mm) länger als die europäischen Exemplare, die meist etwa 250 mm lang sind. Die Länge liegt also zwischen der Raubank und dem Putzhobel, sodass man mit ihm das Rohmaterial gut abrichten kann (Abb. 4-2). Durch diese Mittelstellung ist der amerikanische Schlichthobel extrem vielseitig, was ihm auch den Namen „jack plane" einbrachte. Sie stammt von der Redewendung „Jack of all trades", mit der ein besonders vielseitiger Handwerker oder Tausendsassa bezeichnet wird. Um schnell Material abtragen zu können, den Widerstand zu verringern und die Gefahr von Faserausriss zu minimieren, ist die Schneide ballig geschliffen und ragt bis zu 2 mm aus dem Hobelkörper heraus (Abb. 4-3).

Falls ein Spanbrecher verwendet wird, liegt er mindestens 2 mm hinter der Schneide. Er dient eher dem Verstellen des Hobeleisens als dass mit ihm Faserausrisse verhindert werden (Abb. 4-4). Um die notwendigen Kräfte beim Hobeln zu verringern, ist das Hobeleisen schmal – zwischen 44 und 57 mm – und weist den geringsten Schnittwinkel der drei Hobel des Triumvirates auf.

In der europäischen Tradition, aber allgemein auch für Laubhölzer, kann der Schnittwinkel bis zu 40° hinab gehen, allerdings sind 43° oder 45° häufiger. Außerdem findet man auch 47,5° und 50° für die Bearbeitung besonders harter Hölzer und Hobel mit noch größeren Winkeln. Für das Hobeln tropischer Laubhölzer, etwa in der chinesischen Tradition, liegt der Schnittwinkel meist zwischen 50° und 60°. Bei Nadelhölzern sind es meist 35° und 40°. Die Sohle ist plan oder in Längsrichtung leicht konvex, wobei der Kontaktstreifen hinter der Schneide um vielleicht 0,25 mm tiefer liegt. Da es ein Werkzeug für eher grobe Arbeiten ist und tief schneidet, ist die Beibehaltung einer ganz planen Sohle nicht so wichtig. Der Schlichthobel ist ein echtes Arbeitspferd. Bevor Elektrowerkzeuge allgemein üblich wurden, verwendete man den Schlichthobel für die meisten Zurichtarbeiten in der Holzwerkstatt. Der Schlichthobel wird meist diagonal zur Holzfaser geführt (zwerchend), sodass die ballige Schneide einen schönen ziehenden Schnitt mit der Faser ausführt, was sowohl die notwendige Anstrengung als auch die Ausrissgefahr reduziert, und das bei allen außer den allerschwierigsten Holzarten.

Wir fangen alle mit dem Schlichthobel an, sowohl bei der Anschaffung des Werkzeugs als auch bei der Arbeit an der Hobelbank. Meist kauft man sich einen einzelnen Hobel und arbeitet dann lange Zeit mit ihm – formt das Holz, bringt es auf Maß und glättet es. Das ist die Arbeit des Schlichthobels. Mit wachsendem Können wachsen auch die Ansprüche, und man beginnt, sich nach Spezialwerkzeugen umzusehen, die für besondere Aufgaben geeignet sind. Dennoch bleibt die traditionelle Verwendung des Schlichthobels in der mehrstufigen Bearbeitung vom Rohholz zum fertigen Werkstück durchaus relevant.

Man muss sich nicht durch Rohholz einschüchtern lassen, das zu groß für die vorhandenen Maschinen ist. Die richtige Anwendung des Schlichthobels und der anderen Mitglieder des Triumvirats lässt einen die anstehenden Arbeiten schnell bewältigen. Wenn man den Schlichthobel versteht, versetzt einen das in die

Abb. 4-3 Maulöffnung beim Schlichthobel

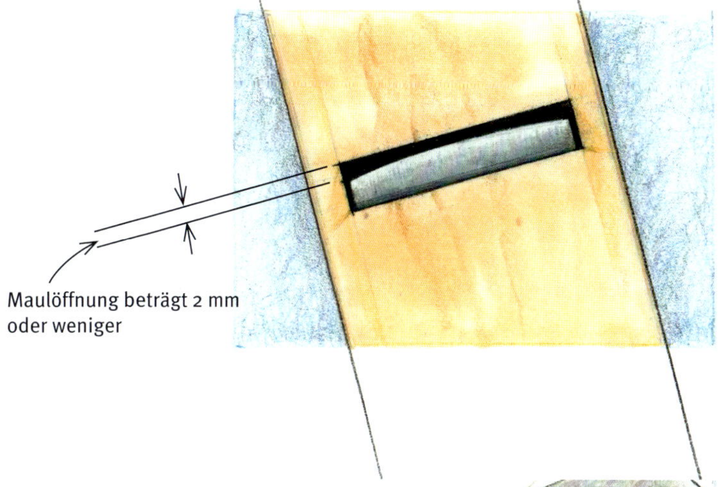

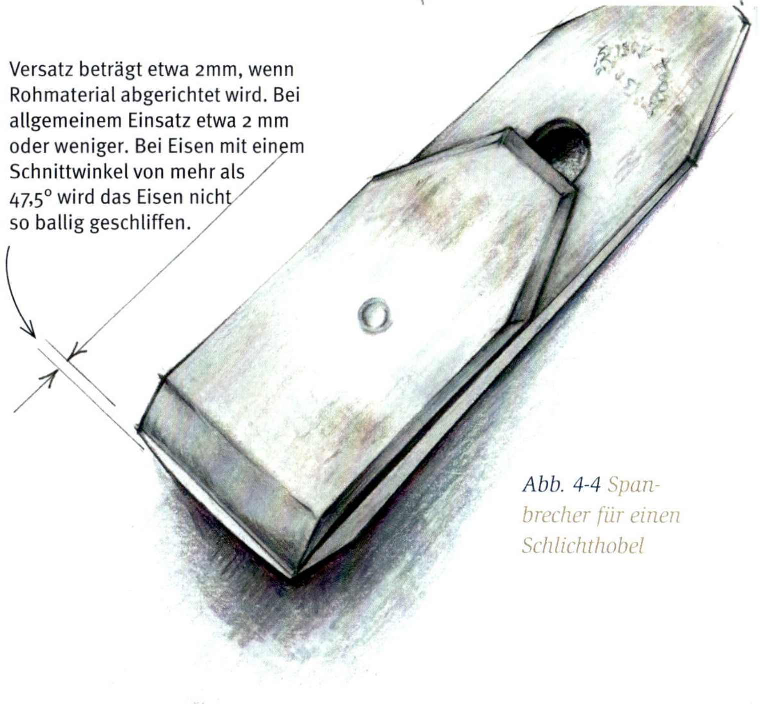

Abb. 4-4 Spanbrecher für einen Schlichthobel

Abb. 4-5 *Der Schlichthobel des englischen Typus (links) und der Hobel deutscher Bauart mit Horn (rechts) sind leichter und bequemer zu verwenden als die Modelle aus Metall.*

Abwandlungen des Schlichthobels

Strenggenommen könnte man jeden Hobel, mit dem sägeraues Holz geschlichtet wird, auch als Schlichthobel bezeichnen. So habe ich zum Beispiel zwei kleine japanische Hobel, die ich für formgebende Arbeiten verwende. Der gröbere ist etwa 200 mm lang und hat ein Eisen mit 32 mm Breite. Da ich diesen Hobel für kleine und schmalere Werkstücke verwende, ist die Schneide kaum ballig, aber die Sohle des Hobels weist eine leichte Wölbung auf. Diese Wölbung erlaubt es mir, mit dem Hobel Werkstücke mit langgezogenen Krümmungen zu hobeln, oder einfach nur viel Material zu entfernen, ohne dass tieferliegende Stellen überbrückt werden. Die Maulöffnung ist groß. Der zweite Hobel ist etwas breiter und etwa genauso lang wie der erste. Die Sohle ist gerade. Ich verwende diesen Hobel meist, um gerades Material zu bearbeiten oder um mit konvexen Krümmungen oder geworfenen Werkstücken zu experimentieren. Oft forme ich mit ihm auch konvexe Kurven, inzwischen habe ich ihn mit einer verstellbaren Führung ausgestattet, um diese Arbeiten zu erleichtern.

Ein Paar japanischer Hobel von etwa 200 mm Länge, die für viele Verwendungszwecke des Schlichthobels einzusetzen sind.

Die Kurzraubank

Zu Zeiten, als das Rohmaterial noch meist in Handarbeit vorbereitet wurde, setzte man oft auch noch eine Raubank ein, die 360 bis 430 mm lang war. Sie war oft wie ein Schlichthobel eingerichtet, wies eine deutlich ballige Schneide auf. Im Allgemeinen wurde sie verwendet, um größere Werkstücke vorzubereiten oder eine lange Kante grob vorzubereiten, bevor sie mit der Raubank abgerichtet wurde. Die Einrichtung einer Kurzraubank hing ganz von den besonderen Wünschen des betreffenden Handwerkers ab. Nach der Kurzraubank konnte man auch eine normale Raubank einsetzen, die etwa 560 mm lang war. Mit ihr wurden Kanten gefügt, vor allem als Vorbereitung für Längsverleimungen.

Kurzraubank im Razee-Stil, 380 mm lang. Der Begriff razee stammt vom Französischen vaisseaurasé, mit dem ein Kriegsschiff aus Holz bezeichnet wurde, bei dem das Oberdeckt fehlte. Bei einem Razee-Hobel fehlt hinter dem Eisen die obere Hälfte des Hobelkörpers, sodass der Griff tiefer sitzt und das Gewicht des Hobels reduziert wird.

Lage, Teile seiner Anatomie auszuwählen, um andere Hobel für besondere Aufgaben zu modifizieren.

Wenn man weiß, warum die Schneide ballig ist (vgl. Kap. 3), kann man entscheiden, ob für eine bestimmte Aufgabe eine ballige Schneide notwendig ist, und falls es so ist, wie stark die Rundung der Schneide sein sollte. Die Erfahrung mit dem Schlichthobel lehrt einen, wie groß der Spanaustritt sein sollte, wie weit der Spanbrecher zurückgesetzt wird oder wie die Sohle eines anderen Hobels konfiguriert sein sollte. Man kann verschiedene Hobel modifizieren, um Holz zu formen oder vorzubereiten, das nicht mit der Abrichte oder Dickte bearbeitet werden kann. Man ist schneller, effizienter und nicht durch die Grenzen von Maschinen eingeengt.

Worauf man bei einem Schlichthobel achten sollte

Der Schlichthobel sollte leicht sein, weil man ihn oft hochheben und hin- und herbewegen wird. Man sollte mit ihm hart arbeiten können, ohne Blasen zu bekommen. Deshalb werden traditionell oft Schlichthobel aus Holz vorgezogen (Abb. 4-5). Es ist vorteilhaft, wenn der Hobel über einen Mechanismus verfügt, mit dem sich das Eisen während der Arbeit schnell und leicht verstellen lässt. Das Eisen muss oft zurückgezogen werden, wenn das Werkstück glatter wird, und es muss auch von einem Werkstück zum anderen verstellt werden können.

Da Sie mit dem Schlichthobel viel Material abnehmen, wird das Hobeleisen mechanisch und thermisch belastet. Deshalb eignen sich Eisen aus Legierungsstahl wie Chrom-Vanadium-, Chrom-Wolfram- oder A2-Stahl sehr gut für Schlichthobel. Falls Sie jedoch einen älteren Hobel mit einem laminierten Eisen verwenden, das noch in gutem Zustand ist, sollten Sie es nur auswechseln, wenn Sie mit seiner Leistung nicht zufrieden sind.

DIE RICHTIGE SCHNEIDENFORM

Während die Balligkeit einer Schneide im Ermessen des Holzhandwerkers liegt, sollte man darauf achten, dass die Ecken der Schneide abgerundet sind, weil dann die Kante des abzurichtenden Brettes verschoben werden kann und der Hobel dennoch ganzflächig aufliegt (siehe „Kanten fügen" auf S. 226). Die Schneide einer Raubank wird an den Ecken nur dann eckig geschliffen, wenn man den Hobel mit einer Stoßlade verwendet.

Die Raubank

Nachdem das Material grob mit dem Schlichthobel begradigt und auf Maß gebracht worden ist, verwendet man die Raubank, um letzte raue Stellen zu glätten und die Flächen und Kanten abzurichten, bevor diese dann abschließend geputzt werden.

Heute sind Raubänke europäischer Bauart (Abb. 4-6) meist etwa 560 mm lang (dies entspricht etwa dem Stanley #7). In der Vergangenheit verwendete man längere Raubänke – 610 bis 760 mm. Der nicht mehr hergestellte Stanley #8 war 610 mm lang. Die größere Länge und Breite – das Eisen ist meist 60 bis 70 mm breit – ergeben insgesamt eine planere Oberfläche. Das breite Eisen, das traditionell leicht ballig (Stichhöhe höchstens 1 mm) geschliffen wird, gleicht die Riefen aus, die vom grob eingestellten Schlichthobel hinterlassen wurden, und hilft dabei, die Kanten des Brettes rechtwinklig abzurichten (Abb. 4-7). Der Spanbrecher wird von der Schneide um die Stärke der dicksten Späne zurückgesetzt. Der Schnittwinkel ist mittel bis gering, um Faserausrisse zu vermeiden und die notwendige Vorschubkraft zu reduzieren, da oft starke Späne abgehoben werden.

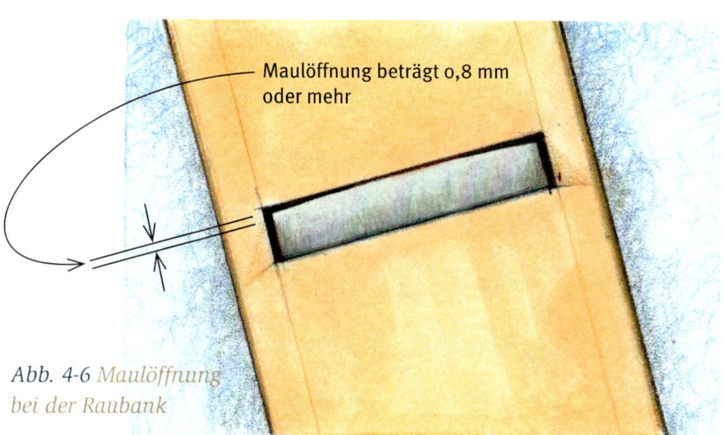

Abb. 4-6 Maulöffnung bei der Raubank

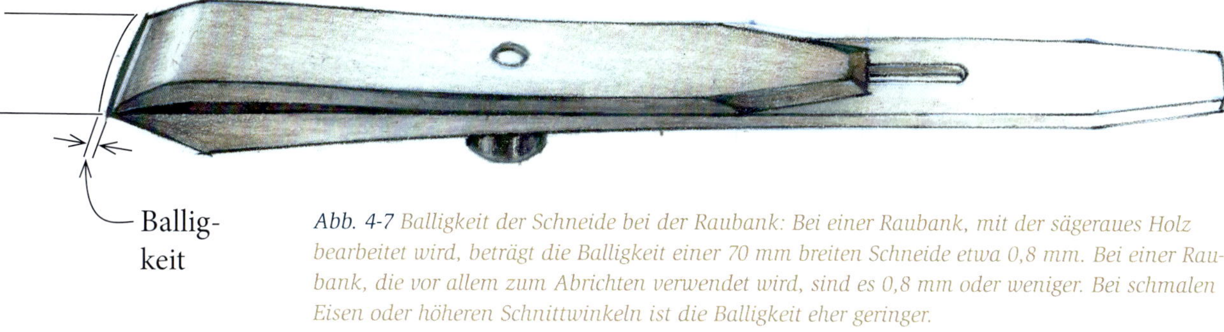

Abb. 4-7 Balligkeit der Schneide bei der Raubank: Bei einer Raubank, mit der sägeraues Holz bearbeitet wird, beträgt die Balligkeit einer 70 mm breiten Schneide etwa 0,8 mm. Bei einer Raubank, die vor allem zum Abrichten verwendet wird, sind es 0,8 mm oder weniger. Bei schmalen Eisen oder höheren Schnittwinkeln ist die Balligkeit eher geringer.

Japanische und chinesische Raubänke

Japanische Zimmerleute und chinesische Möbeltischler können ihre Raubänke in einer anderen Reihenfolge einsetzen als ihre westlichen Gegenstücke, ein Hinweis auf wertvolle Techniken, die westliche Holzhandwerker verwenden können, um die Geschwindigkeit und Güte ihrer Arbeit zu erhöhen.

Der japanische Zimmermann verwendet in der Regel ein oder zwei Hobel, um Unebenheiten zu entfernen und die Bretter auf das Putzen vorzubereiten (Abb. 4-8). Diese Hobel sind etwa 305 bis 355 mm lang, die Eisen etwa 60 mm breit.

Der gröbste Hobel hat oft nur ein einzelnes Eisen und keinen Spanbrecher. Das Eisen ist gut ballig geschliffen, die Stichhöhe ähnelt der des westlichen Schlichthobels, ist aber nicht ganz so stark ausgeprägt. Der zweite Hobel kann etwas breiter sein, die Schneide ist nicht so ballig, und der Hobel weist einen Spanbrecher auf, um Faserausrisse zu reduzieren.

Wenn die Oberfläche vorbereitet worden ist, wird ein Abrichthobel eingesetzt. Im Gegensatz zu den beiden vorhergehenden Hobeln, deren Sohlen effektiv in Längsrichtung leicht konvex geformt sind (mit einer Abweichung von vielleicht weniger als 0,25 mm), hat der Abrichthobel mindestens drei, oft aber vier oder fünf Kontaktstreifen.

Diese liegen auf einer Geraden und in einer Ebene. Die dazwischen liegenden Bereiche sind leicht vertieft, um die Instandhaltung der Kontaktstreifen zu vereinfachen. Dieser Hobel ist 400 bis 460 mm lang und hat ein etwa 70 mm breites Eisen, das ähnlich ballig wie ein Putzhobel geschliffen wird. Dieser Hobel wird eher wie ein vorbereitender Putzhobel verwendet – ich verwende die Bezeichnung Füllungshobel (mehr dazu im folgenden Kapitel). Nach dem Füllungshobel verwendet der Handwerker je nach Wunsch ein oder mehrere Putzhobel.

Soweit ich weiß, fügen japanische Holzhandwerker Kanten für Längenverleimungen auf ähnliche Weise, wie dies im Westen mit einer Stoßlade gemacht wird. Dazu wird ein Hobel auf der Seite liegend an einer Leiste auf der Hobelbank angelegt, und das Material wird flach auf die Bank gelegt, sodass die abzurichtende Kante etwas hervorragt.

Der Hobel wird am Material entlang geführt, um dieses plan und rechtwinklig zu hobeln. Der hierfür verwendete Hobel unterscheidet sich etwas von jenem, mit dem Flächen abgerichtet werden. Er ist meist etwa 460 mm lang, und die Seite des Hobelkörpers, die an der Leiste anliegt, ist stärker als die andere. Damit wird das vorzeitige Verschleißen des Hobels verhindert, das sonst auftreten und die Rechtwinkligkeit zwischen dieser Seite und der Hobelsohle beeinträchtigen könnte. Das Eisen dieses Hobels weist eine gerade Schneide auf.

Chinesische Möbeltischler bereiten das Material oft mit ein oder zwei Hobeln vor, die so groß wie Raubänke sind. Der erste wird ähnlich wie ein Schlichthobel eingerichtet, um schnell Material abtragen zu können, ist allerdings nicht so ballig geschliffen wie ein Schlichthobel. Der zweite Hobel wird ähnlich wie eine westliche Raubank eingerichtet und verwendet. Der erste dieser Hobel ist meist etwa 460 bis 510 mm lang, sein Eisen ist oft nur etwa 45 mm breit, da die traditionell verwendeten Tropenhölzer sehr hart und entsprechend schwierig und anstrengend zu bearbeiten sind.

Der Schnittwinkel ist geringer (55° oder weniger) als der des nächsten Hobels, der verwendet wird. Dieser ist etwa 360 mm lang. Er ist eher ein vorbereitender Putzhobel (den ich als Füllungshobel bezeichnen würde), obwohl er so lang wie ein Schlichthobel ist. Ich habe die Erfahrung gemacht, dass harte Tropenhölzer sich nicht gut mit tiefen Schnitten bearbeiten lassen, wie man sie mit einem westlichen Schlichthobel ausführt. Die Arbeit ist sehr anstrengend, und die Ergebnisse sind katastrophal.

Das Holz muss auf sanftere, allmählichere Weise abgerichtet und geglättet werden. Aus diesem Grund sind alle chinesischen Hobel deutlich geringer ballig geschliffen als ihre westlichen Gegenstücke. Der Schnittwinkel ihres „Schlicht"-Hobels, der nach der Raubank verwendet wird, beträgt 55° bis 60° oder mehr, die Maulöffnung und der Spanbrecher werden nach den individuellen Bedürfnissen des Handwerkers eingestellt.

Die Wahl einer Raubank

Bei der Wahl einer Raubank ist die beabsichtigte Verwendung entscheidend. Die meisten Holzhandwerker verwenden Raubänke heutzutage nur, um Kanten abzurichten. Dann sind Belastbarkeit und geringer Instandhaltungsaufwand entscheidende Kriterien. Aus diesem Grund sind Raubänke nach dem Vorbild der Stanley-Hobel seit Generationen die erste Wahl englischsprachiger Holzhandwerker. Wenn Sie jedoch häufig Flächen mit der Raubank abrichten wollen, sollten Sie einen Holzhobel in Betracht ziehen.

Dieser ist zwar nur geringfügig leichter, aber die Holzsohle verursacht einen geringeren Reibungswiderstand als eine aus Stahl, was sich besonders bei den wiederholten Hobelstößen bemerkbar macht, die notwendig sind, um eine Fläche plan zu hobeln. Außerdem findet man bei Holzraubänken gelegentlich höhere Schnittwinkel als bei den Stanley Hobeln, sodass sie besser für die Arbeit mit harten Hölzern geeignet sind. Schließlich kann man aus Holz auch eine Raubank nach den eigenen Vorstellungen anfertigen. (Siehe „Die Herstellung traditioneller Holzhobel“ auf Seite 250.) Bei der Bearbeitung harter Tropenhölzer kann der geringe Schnittwinkel der meisten Raubänke zu großen Problemen mit ausreißenden Fasern führen. Wenn Sie häufig mit solchen Holzarten arbeiten, möchten Sie vielleicht auf eine Raubank im chinesischen Stil zurückgreifen.

Ein Kohlenstoffstahlhobeleisen oder eines aus gering legiertem Stahl ist eine gute Wahl, wenn Sie keinen chinesischen Hobel einsetzen. In diesem Fall sollten Sie auf ein Chrom-Vanadium- oder Wolfram-Vanadium-Eisen zurückgreifen.

Ist eine Raubank notwendig?

Man kann unter Umständen ohne eine Raubank auskommen, aber für hochwertige Arbeiten benötigt man dann gute Maschinen, die entsprechend instand gehalten sind und richtig angewendet werden, um etwas Vergleichbares zu erreichen. Sogar dann muss man die Oberflächengüte, die man mit diesen Maschinen erreicht, sorgfältig überprüfen. Tischkreissägeblätter mit entsprechender Zahnung und gut gepflegte und präzise Abrichthobelmaschinen (in einer Größe, die für das Material ausreicht) können für hochwertige Arbeiten und Serienfertigungen ausreichende Ergebnisse liefern. Bei Werkstücken, die einen überdauern sollen, ist die Feinheit der Leimfuge jedoch von entscheidender Bedeutung.

Abb. 4-8 Japanische Raubänke: 70 mm breites Eisen mit einem Schnittwinkel von 40° (links); 70 mm breites Eisen mit einem Schnittwinkel von 47,5° (rechts). Beide Hobel sind 460 mm lang.

Unter einem Mikroskop erkennt man bei einem Sägeschnitt oder einer maschinell gehobelten Kante gerissene Holzfasern. Auch bei den besten Sägeblättern und Hobelschneiden gibt es Riefen und kleine Unregelmäßigkeiten. Die meisten Klebstoffe halten am besten, wenn die Holzfasern glatt durchtrennt sind und die beiden Leimflächen passgenau sind. Bei einer Sägefuge sind beide Eigenschaften in Frage gestellt. Allerdings sind die meisten modernen Klebstoffe mindestens so sehr fugenfüllend, das sägeraue Flächen hoher Güte verleimt werden können und die entstehende Leimfuge belastbarer ist als das umgebende Holz.

Ich stelle jedoch die Langlebigkeit dieser Verbindungen in Frage. Die Bretter einer längsverleimten Platte sind im Laufe der Jahre ungeheuren Belastungen ausgesetzt und haben keine mechanische Unterstützung (wie etwa durch eine Schlitz-und-Zapfenverbindung). Sie hängen alleine von der Belastbarkeit des Klebstoffs ab. Wenn das Schüsseln der Bretter die Fugen nicht schon geöffnet hat, dann haben sich diese an den Enden durch das Schwinden und Quellen infolge der Jahreszeiten oder der Einflüsse der Zentralheizung geöffnet.

Wir setzen großes Vertrauen in die modernen Klebstoffe, und sie scheinen wahre Wunder zu bewirken. Hautleim und andere Klebstoffe auf Eiweißbasis gibt es seit den ägyptischen Pharaonen, wir wissen also, wie sie reagieren werden. Unsere modernen Klebstoffe gibt es allerdings erst seit ein oder zwei Generationen, und wenn

Tests auch gezeigt haben, dass sie dauerhaft haltbar sind, geben solche Tests nur unsere wohlfundierten Vermutungen wieder und können unmöglich alle Variablen berücksichtigen.

Als Holzhandwerker müssen wir das Arbeiten des Holzes verstehen, wir müssen die Reaktionen des Holzes während des Verleimens und danach berücksichtigen, und wir müssen dem Klebstoff die besten Bedingungen bieten, unter denen er seine Aufgabe erfüllen kann. Wir können das Stück so entwerfen und das Holz so auswählen, dass es die optimale strukturelle Funktionalität (wie auch das beste Maserbild) aufweist, wir können sicherstellen, dass das Holz trocken ist und im Feuchtegleichgewicht mit seiner Umgebung steht. Wir können die Holzverbindung vorbereiten und die Leimflächen vor dem Verleimen ballig putzen. Traditionell werden dabei die beiden Kanten der Fuge in Längsrichtung leicht konkav gehobelt, sodass der Druck an den Enden verstärkt wird, wenn man die Zwingen ansetzt.

Wenn der Leim trocknet und zuerst an den Enden der Fugen Feuchtigkeit abgibt, wird der Druck ausgeglichen, und die Verbindung öffnet sich nicht an den Enden. Dieses ballige Hobeln verlängert die Lebensdauer der Verbindung, da jahreszeitliche Veränderungen der Temperatur und Luftfeuchtigkeit sich zuerst auf das Hirnholz und dann erst auf den Rest des Brettes auswirken.

Dieses unterschiedliche Arbeiten des Holzes über die Länge des Brettes stellt auch eine Belastung der Leimfuge dar. Durch den leichten Druck, der entsteht, weil die Fuge in Längsrichtung etwas konkav ist, wird die Fuge zusammengehalten. Mit einer Maschine kann man eine solche subtile Balligkeit nicht erreichen. Sie bleibt erfahrenen Händen vorbehalten, die eine Raubank führen.

Ich glaube, dass die leichte konkave Wölbung in der Breite der Verbindung, die auf den balligen Zuschliff des Hobeleisens zurückzuführen ist, zur Langlebigkeit der Verbindung beiträgt. Die daraus entstehenden Oberflächen üben etwas stärkeren Druck auf die Außenkanten aus und tragen dazu bei, die anfängliche Belastung auszugleichen, die entsteht, weil der Leim von außen nach innen trocknet und weil das Brett unterschiedlich stark arbeitet, da seine Außenseiten schneller auf jahreszeitliche Veränderungen reagieren. Dies ist lediglich eine Vermutung, die sich nicht so leicht bestätigen lässt wie die Erfahrung langer Jahre, die gezeigt hat, dass die konkave Zurichtung der Leimflächen in Längsrichtung eine positive Auswirkung hat.

Abb. 4-9 *Traditioneller englischer Putzhobel mit gewölbten Seiten*

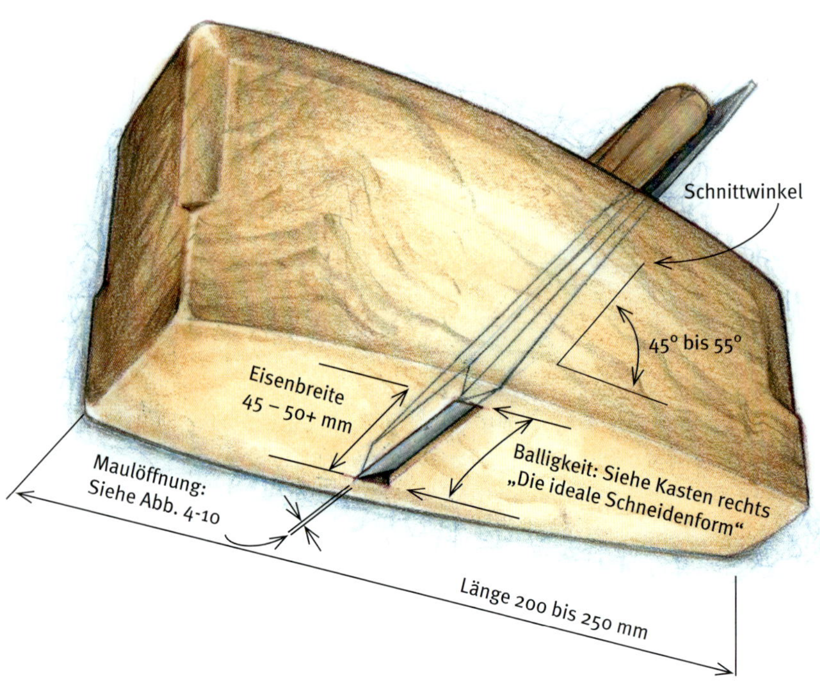

Putzhobel

Die Abmessungen des Putzhobels (Abb. 4-9) variieren am stärksten von allen Hobeltypen. Die Länge kann von 100 oder 125 mm bis etwa 300 mm reichen. Die Eisen können von 30 bis 70 mm breit sein, auch noch größere Breiten kommen vor.

Hobel mit Maßen außerhalb dieser Bandbreiten tragen meist andere Namen, auch wenn sie zum Putzen verwendet werden mögen. Im Allgemeinen beträgt das Verhältnis von Hobellänge zu Eisenbreite 4 oder 5 zu 1, manchmal auch weniger. Die Wahl des richtigen Hobels hängt von der Größe des Werkstücks und der Gleichmäßigkeit des Faserverlaufs ab. Meist verwendet man kleine Hobel für kleine Werkstücke, breitere Hobel für breiteres Material und längere oder größere Hobel für längeres Arbeiten. Der Handwerker trifft seine Wahl aufgrund seiner Erfahrung.

Die Schneide wird entweder leicht ballig geschliffen, sodass die Stichhöhe nicht größer ist als die Schnitttiefe (einige Hundertstel Millimeter) oder absolut gerade mit leicht abgerundeten Ecken. Beide Methoden verhindern, dass die Eisenecken sich im Holz verfangen und Spuren am Werkstück hinterlassen, was nicht erwünscht ist, da dies der letzte Bearbeitungsschritt mit dem Hobel ist und die erreichte Oberfläche fehlerfrei sein sollte. Der Spanbrecher liegt direkt hinter der Schneide auf, der Abstand sollte nicht größer sein als der stärkste Span, den man mit dem Putzhobel abnehmen wird (Abb. 4-10). Der Schnittwinkel kann der größte unter den Hobeln des sogenannten Triumvirats sein.

Im Idealfall sollte der Putzhobel so breit wie möglich sein – so breit wie die Raubank oder breiter. Dadurch erreicht man eine planere Oberfläche, da der Hobelschnitt immer eine flache Mulde darstellt, auch wenn er vielleicht nur einige Hundertstel Millimeter tief ist. Je breiter er im Verhältnis zu seiner Länge ist, desto weniger auffällig ist dies. Außerdem sollten die Eisenbreiten innerhalb des Triumvirats eine Steigerung aufweisen, vom Schlichthobel (der am schmalsten ist) über die Raubank (breiter) bis hin zum Putzhobel (der am breitesten sein sollte). Allerdings ist dieser Idealfall in der Praxis schwierig einzuhalten, wenn man mit harten Hölzern arbeitet.

Da der Schnittwinkel des Putzhobels der größte dieser drei Hobel ist und das Hobeleisen mit seiner ganzen Breite ins Material greift (im Gegensatz zum Schlichthobel und auch der Raubank, die oft so eingestellt werden, dass sie nicht über die gesamte Eisenbreite schneiden), ist der Schnittwiderstand bei ihm auch am höchsten.

Ein breites Hobeleisen ergibt zwar sehr flache Schnitte, leistet aber auch größeren Widerstand als ein schmales Eisen. Bei harten Hölzern kann das dazu führen, dass nur die allerleichtesten Schnitte nicht zu anstrengender Arbeit beim Putzen ausarten. Ich glaube, dass aus diesem Grund europäische Putzhobel traditionell Hobeleisen zwischen 45 und 50 mm Breite aufweisen, auch wenn die Raubänke traditionell sehr viel breiter sind – ihre Eisen können 60 bis 70 mm breit sein. Aus diesen Gründen würde ich die Eisenbreite bei Schnittwinkeln von 50° oder mehr auf 50 mm oder weniger beschränken.

Die ideale Schneidenform

Im Idealfall sollte die Schneide am Eisen eines Putzhobels gerade sein, nur die Ecken sollten leicht abgerundet werden, um keine Spuren am Werkstück zu hinterlassen. Diese Abrundung sollte der Schnitttiefe entsprechen, die weniger als ein Viertel Millimeter betragen kann. Am leichtesten lässt sich das erreichen, indem man beim Schärfen an den Ecken der Schneide etwas mehr Druck ausübt: Fünf zusätzliche Züge über die Ecken (über das Schärfen des graden Schneidenteils hinaus) beim gröbsten Schleifstein können schon vollkommen ausreichen, beim Abziehen dürfen es noch einige Züge mehr sein. Die Schneidenform, die sich so ergibt, liefert gute Ergebnisse, allerdings möchte ich nicht beschwören, dass sie genauso aussieht wie in der Zeichnung.

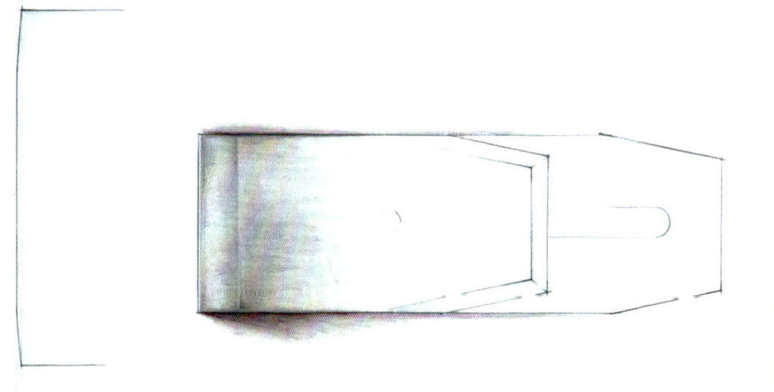

Abb. 4-10 *Maulöffnung beim Putzhobel*

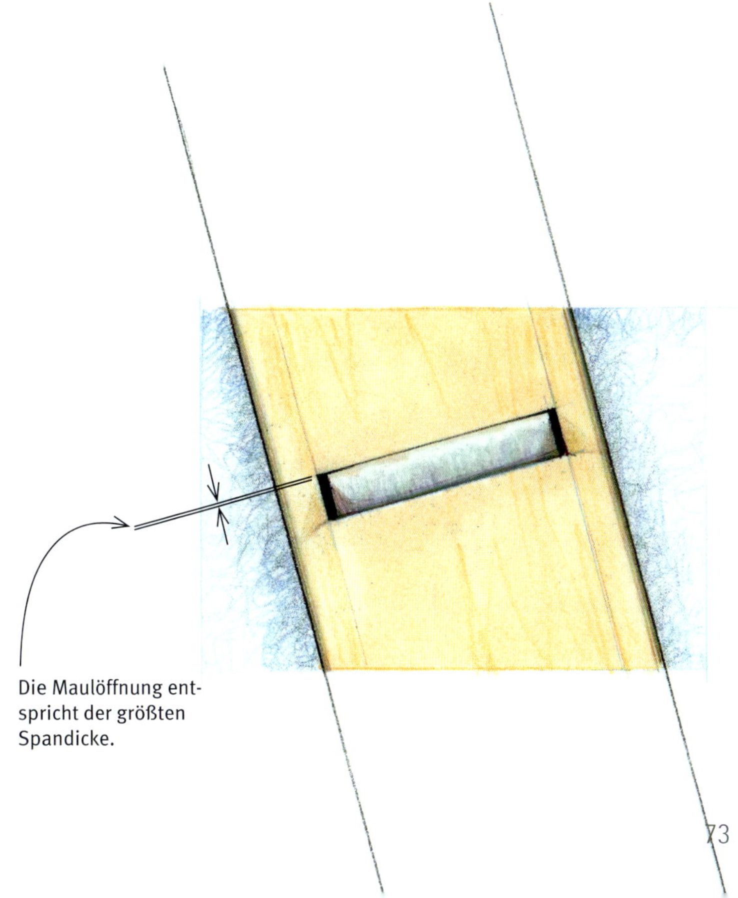

Kurze Hobel können beim Putzen schwieriger Holzarten besonders nützlich sein. Der Putzhobel muss nicht den üblichen Verhältnissen von Breite zu Länge entsprechen. Hier gilt das Gegenteil von dem bei der Raubank Gesagten: Während bei der Raubank die Länge dazu führt, dass die Fläche plan abgerichtet wird, da Täler überbrückt werden, kann ein sehr kurzer Putzhobel glatte Flächen erzeugen, da er der Oberfläche folgt.

Am besten bearbeitet man schwierige Hölzer, indem man sie mit der Raubank abrichtet, dann die Fläche mit einem fein eingestellten Putzhobel glättet, um abschließend mit einem noch feiner eingestellten und kürzeren Putzhobel bis zur höchsten Glattheit zu hobeln.

Der Vorgang ähnelt der Verwendung eines sogenannten „Polierhobels“ – einem kleinen Hobel von 150 bis 180 mm Länge. Der Unterschied besteht in der Breite des Hobels – der Putzhobel weist volle Eisenbreite auf, während der ‚Polierhobel‘ ein Verhältnis von Länge zu Breite bis hin zu 2 zu 1 aufweisen kann.

Chinesische Putzhobel

Der chinesische Putzhobel ist oft so breit oder breiter als die Raubank, obwohl die Hölzer, die traditionell mit ihm bearbeitet werden, sehr hart sind. Kurioserweise sind die chinesischen Raubänke etwa so breit wie die europäischen; es sind nur die Schlicht- und Putzhobel, die schmaler sind, weil die Bearbeitung solch harter Hölzer sehr anstrengend ist.

Warum mit einem schmalen Putzhobel arbeiten?

Ein Putzhobel, der schmaler als die Raubank ist, kann leichter einzurichten und instand zu halten sein. Mit einem schmaleren Putzhobel ist es auch leichter, die gesamte Fläche des Werkstücks zu bearbeiten, ohne zwischendurch immer wieder neu ansetzen zu müssen. Dies ist vor allem bei Laubhölzern wichtig, die zu Faserausrissen neigen und mit einem sehr fein eingestellten Eisen bearbeitet werden müssen.

Worauf man bei einem Putzhobel achten sollte

Bei der Wahl eines Putzhobels sollte der wichtigste Faktor die Qualität des Hobeleisens sein. Die anderen Faktoren der Hobelanatomie ergeben sich dann von selbst. Die Arbeit mit dem Hobel muss sich fein und präzise ausführen lassen. Die Einstellungen müssen sich leicht beibehalten lassen.

Zu den Proportionen lässt sich sagen, dass man bei der Raubank vielleicht eine größere Höhe des Hobelkörpers anstrebt, um beim Abrichten einer Kante ein besseres Gefühl für den Winkel zwischen Hobel und Werkstück zu erhalten, dass man beim Schlichthobel vielleicht jedoch eher einen flachen Hobelkörper bevorzugen sollte, um nahe am Holz zu arbeiten.

Dadurch erreicht man eine bessere Kontrolle über das Werkzeug und deutlich spürbarere Rückmeldungen. Das Gewicht spielt eine geringere Rolle als bei anderen Hobeln, da die Arbeit nicht so monoton und körperlich anstrengend wie etwa bei einem Schlichthobel ist. Andererseits glaube ich auch nicht, dass zusätzliches Gewicht die eigentliche Schnittgüte erhöht, auch wenn Ihre persönlichen Vorlieben Ihnen dann vielleicht das Gefühl geben mögen, bessere Kontrolle über das Werkzeug zu haben.

Ein teurer Hobel mag einem präzisere Einstellmöglichkeiten und eine zuverlässigere Beibehaltung der Einstellungen bieten, aber das ist vollkommen bedeutungslos, wenn das Hobeleisen nicht von der höchsten Güte und gut auf die auszuführende Arbeit ausgelegt ist. Letztendlich ist die Wahl eines Putzhobels aber noch stärker als die anderer Hobel eine sehr persönliche Entscheidung.

Um den größten Nutzen aus einem Putzhobel zu ziehen, sollte man die bekannten Verfahren für effektives Hobeln anwenden. Bei einem schönen Stück Holz mit gleichmäßigem Faserverlauf wirkt sich eine weniger sorgfältige Einstellung des Hobels vielleicht nicht so negativ aus, aber bei schwierigen Hölzern kann man nur mit gut eingestellten und sorgfältig instand gehaltenen Hobeln hoffen, glatte Oberflächen zu erzielen. Um sehr schwierige Holzarten mit wilder Maserung effektiv zu hobeln, müssen die kritischen Toleranzen bei Schneidengeometrie, Schärfe, Schnitttiefe und Planheit der Sohle sehr genau beachtet werden. Das kann schwierig sein. Auch das richtige Verhältnis zwischen der Stellung des Spanbrechers, der Maulöffnung und dem Schnittwinkel ist nicht immer leicht zu finden.

Mit zunehmender Erfahrung beginnt man, einen Sinn für die richtigen Werte zu gewinnen oder merkt, wenn das Zusammenspiel zwischen bestimmten Faktoren gestört ist. Dies ist ein wesentlicher Bestanteil der handwerklichen Fähigkeiten, die man erreicht, indem man durch Übung nach Meisterschaft strebt. Die Techniken zu kennen und zu verstehen ist der erste Schritt. Schwieriger ist es, die Toleranzen zu kennen und wahrzunehmen. Hier kann man nur durch Erfahrung lernen.

Der Putzhobel ist heute der am weitesten verbreitete und vielleicht auch der nützlichste Hobel. Während der Handhobel beim Abrichten und Aushobeln weitgehend durch entsprechende Maschinen verdrängt worden ist, lässt sich die Effektivität des Putzhobels kaum überbieten. Bei manchen Arbeiten ist er nachweisbar schneller, genauer und effektiver als jedes Schleifmittel, wenn es darum geht, Oberflächen von höchster Güte zu erzielen. Sein größter Nachteil ist die Tatsache, dass man Geschick und Übung braucht, um gut mit ihm umzugehen; und Geschick und Übung erfordern Zeit und Anleitung.

Der Einhandhobel aus Metall nach Art der Firma Stanley ist einer der vielseitigsten Hobel.

DREI WEITERE HOBEL

Strategien für schnelleres Arbeiten

Während das Triumvirat – der Schlichthobel, die Raubank und der Putzhobel – den Grundbedarf an Hobeln abdecken, gibt es neben ihnen noch andere Hobel, die Sie bei Ihrer Arbeit unterstützen können. Ich halte die folgenden drei für die nützlichsten unter diesen Hobeln:

- Der Füllungshobel, der zwischen der Raubank und dem Putzhobel verwendet wird.
- Der Schrupphobel, der vor dem Schlichthobel eingesetzt wird.
- Der Einhandhobel, der eine eigene Rolle einnimmt, sich für viele Aufgaben verwenden lässt und daher wohl unverzichtbar ist.

Abb. 5-1 Links sieht man einen 360 mm langen Füllungshobel (panel plane) im Razee-Stil mit einem 60 mm breiten Eisen und einem Schnittwinkel von 47,5°. Mit ihm lässt sich die Oberfläche gut für den Einsatz des 200 mm langen Putzhobels vorbereiten, der ein 50 mm breites Eisen und einen Schnittwinkel von 50° hat (rechts).

Der Füllungshobel

Der Ursprung des aus dem Englischen stammenden Begriffs Füllungshobel (panel plane) ist unklar. Es wird vermutet, dass er aus Katalogen der Firmen Spiers oder Norris stammen könnte, wo er einen Hobel mit 360 bis 460 mm Länge und 65 mm Breite bezeichnete. Dies sind zwar etwa die Maße eines Schlichthobels, aber die feine, nicht verstellbare Maulöffnung und das große Gewicht des Füllungshobels machen es offensichtlich, dass er zum Putzen und nicht zum Abrichten von Material gedacht war.

Die Terminologie im Katalog deutet an, dass der Hobel zur Vorbereitung größerer Stücke wie etwa Rahmenfüllungen gedacht war, aber vermutlich wurde er je nach Bedarf des Besitzers eingerichtet und verwendet. Was auch immer seine Ursprünge sein mögen, es handelt sich auf jeden Fall um einen sehr wichtigen Hobeltypus, der die Geschwindigkeit wie auch die Qualität der Arbeit erhöhen kann (Abb. 5-1).

Falls Sie viel mit der Hand hobeln, werden Sie feststellen, dass das Putzen schneller vonstattengeht, wenn Sie mehr als einen Hobel verwenden. Frisch abgerichtete Flächen – ob sie nun mit der Hand oder maschinell bearbeitet wurden – können noch viele Unregelmäßigkeiten in der Oberfläche aufweisen. Die Raubank verursacht durch ihre talförmigen Schnitte eine leicht strukturierte Oberfläche. Holz, das die Dickte verlässt, kann noch erstaunlich unregelmäßige Oberflächen aufweisen; oft zeigen sich an den Enden Vertiefungen, die beim Einziehen und Verlassen der Maschine entstehen, oder es kommt zu Faserausrissen und anderen Fehlern. Wenn man solche Oberflächen mit einem fein eingestellten und gut instand gehaltenen Putzhobel bearbeitet, lassen sich Unregelmäßigkeiten dadurch erkennen, dass der Hobel zuerst über sie hinweg springt und große Teile der Oberfläche unberührt lässt. Die erste Reaktion ist dann, die Schnitttiefe zu vergrößern, damit man sich nicht damit abmüht, Luft zu hobeln. Dazu muss man unter Umständen das Eisen nach unten verschieben, und, je nach Hobel, die Maulöffnung etwas vergrößern (falls sie einstellbar ist) und den Spanbrecher zurücksetzen.

Falls der Spanbrecher mit einer Schraube am Eisen befestigt ist, müssen Sie den Hobel auseinandernehmen, bevor Sie ihn neu einstellen können. Bei Oberflächen, die zu Faserausrissen neigen, müssen Sie auf alle bewährten Hobeltechniken zurückgreifen, um zu guten Ergebnissen zu kommen. Das bedeutet, dass Sie nach dem Planhobeln der Fläche die Maulöffnung wieder verkleinern und das Eisen und den Spanbrecher neu einstellen müssen.

Wenn die Oberfläche besonders schwierig ist, sollte das Eisen auch frisch geschärft sein. Falls Sie den Hobel schon verwendet haben, um das Brett vorzubereiten, müssen Sie das Hobeleisen wahrscheinlich nachschärfen. Um die richtige Einstellung für einen feinen, ausrissfreien Schnitt zu erreichen, muss man meist ein oder zwei Probestöße machen, also dauert das Verstellen von der einen zur anderen Schnittart noch etwas länger.

Um dieses Einstellen, Neueinstellen und Nachschärfen zu vermeiden und Zeit zu sparen, lohnt es sich, zum Putzen zwei, manchmal sogar drei Hobel einzusetzen. Wenn ich die Bauteile eines Projektes vorbereite, verwende ich für die Mehrzahl der Teile oft nur einen Hobel, ohne dabei auf Probleme zu stoßen, vor allem, wenn einige der Flächen später nicht sichtbar sind. Auffällige Oberflächen und solche, die zu Faserausrissen neigen, müssen eventuell sorgfältiger bearbeitet werden. In diesem Fall beseitige ich Bearbeitungsspuren mit einem ersten Hobel und arbeite dann mit einem zweiten, feiner eingestellten Hobel nach.

Bei sehr schwierigen Oberflächen greife ich manchmal noch auf einen dritten Hobel zurück. Jeder Hobel in dieser Abfolge hat etwas feinere Einstellungen für Eisen, Maulöffnung und Spanbrecher, und auch die Hobeleisen selbst sind von zunehmender Qualität. Der letzte Hobel, den ich verwende, ist mit meinem besten Eisen ausgestattet und so fein eingestellt, dass er nur bei absolut planen Flächen überhaupt ins Material greift. Dieser Hobel schneidet extrem feine, hauchdünne Späne und hinterlässt eine ausrissfreie Oberfläche. Wenn das Werkstück jedoch nicht hinreichend plan vorbereitet worden ist, gleitet der Hobel einfach über Vertiefungen hinweg.

Ursprünglich verwendete ich einen anderen Putzhobel der gleichen Größe als Füllungshobel für diese abschließende Bearbeitung – und tue das auch jetzt noch oft –, was auch gute Ergebnisse liefert (Abb. 5-2). Allerdings habe ich festgestellt, dass ein Hobel, der größer ist als mein abschließender Putzhobel, oft noch effektiver darin ist, die notwendige plane Fläche zu erzielen.

Die zusätzliche Länge sorgt in Verbindung mit einer Hobelsohle, die wie bei einer Raubank zugerichtet ist, für eine sehr plane Oberfläche. Auch die Verwendung eines breiten Eisens (55 bis 70 mm je nach Größe und Holzart des zu bearbeitenden Werkstücks), das eine gerade Schneide aufweist, bei der lediglich die Ecken wie bei einem fein eingestellten Putzhobel abgerundet sind, ergibt eine ebenere Fläche (Abb. 5-3). Dieser Füllungshobel ist sehr fein eingestellt, sodass man mit ihm keine tiefen Schnitte ausführen kann. Falls maschinell bearbeitete Oberflächen noch sehr rau sind, verwende ich einen gröber eingestellten Hobel, um sie für die Arbeit mit dem Füllungshobel vorzubereiten.

Der Füllungshobel ist mein Arbeitspferd. Oft ist er der einzige Hobel, den ich verwende. Da die Sohle wie bei einer Raubank zugerichtet ist, kann ich mich darauf verlassen, dass die Oberfläche nach dem Hobel plan ist. Da die Maulöffnung, der Spanbrecher und das Eisen wie bei einem feinen Putzhobel eingestellt sind, kann man mit ihm alle außer den allerschwierigsten Oberflächen hobeln. Falls ich einen noch feineren Hobel verwenden muss, weiß ich, dass die vom Füllungshobel hinterlassene Oberfläche so plan ist, dass ich nicht viel Zeit darauf verwenden muss, höher liegende Stellen abzutragen.

Der Füllungshobel sollte je nach Länge Ihrer Putzhobel 300 bis 400 mm lang sein. Falls Ihre Putzhobel 200 bis 230 mm lang sind, sollten 300 mm ausreichend sein. Falls Ihre Putzhobel zwischen 250 und 280 mm lang sind, ist ein Füllungshobel mit 360 bis 400 mm Länge gut geeignet.

Abb. 5-2 Dies ist eine meiner bevorzugten Zusammenstellungen: Den Hobel mit 70 mm breitem Eisen und einem Schnittwinkel von 40°, den man unten sieht, verwende ich sehr häufig. Oft arbeite ich dann mit dem Hobel in der Mitte weiter, dessen Eisen genauso breit ist, bei dem der Schnittwinkel jedoch 43° beträgt. Wenn danach noch geputzt werden muss, greife ich vielleicht zu dem Hobel oben, der ein 70er Eisen hat, das einen Schnittwinkel von 45° aufweist.

Die Breite hängt auf die gleiche Weise von der Breite Ihrer Putzhobel ab. Bei Putzhobeln mit Eisenbreiten von 45 bis 50 mm ist zum Beispiel ein 50 mm breiter Füllungshobel schon gut, einer mit 55 bis 60 mm wäre noch besser. Bei japanischen Hobeln mit 55 bis 70 mm breiten Eisen würde ich zu einem 70 mm breiten Füllungshobel neigen.

Der Schnittwinkel des Füllungshobels sollte dem des Putzhobels entsprechen oder geringer sein. Bei Laubhölzern halte ich einen Schnittwinkel von 47,5° für gut geeignet. Die Putzhobel können den gleichen oder einen höheren Schnittwinkel aufweisen, je nach der Holzart und Ihren persönlichen Vorlieben. Falls Sie eine Abfolge von mehreren Hobeln verwenden, um eine Oberfläche zu glätten, sollte der Schnittwinkel von Hobel zu Hobel größer werden.

Der alte Stanley 5 1/2

Ich vermute, dass der alte, nicht mehr produzierte Stanley 5 ½ – ein 60 mm breiter Schlichthobel – oft als Füllungshobel (panel plane) eingerichtet und verwendet wurde und vor allem deshalb angeboten wurde.

Abb. 5-3 *Bei größeren Flächen greife ich vielleicht zu dem 400 mm langen Füllungshobel mit dem 70 mm breiten Eisen, der links zu sehen ist. Der Schnittwinkel beträgt 47,5°. Darauf kann dann ein 275 mm langer Putzhobel mit 47,5° oder einer der Putzhobel mit gewölbten Seiten folgen.*

Abb. 5-4 *Diese drei Hobel haben alle 70 mm breite Eisen und einen Schnittwinkel von 40°. Das 400 mm lange Modell verwende ich als Füllungshobel, um eine Oberfläche für den Hobel vorzubereiten, den man daneben sehen kann. Wenn das Holz besonders schwierig ist, bearbeite ich es vielleicht in einem letzten Schritt mit dem Hobel rechts, der ein hochwertiges Eisen hat.*

Es gibt auch einige Laubhölzer, Kirsche ist ein Beispiel, die sich auch gut mit geringeren Schnittwinkeln bearbeiten lassen. Dann verwende ich oft einen Hobel mit 43° oder 45° zum Putzen und einen Füllungshobel mit 40° zur Vorbereitung der Fläche. Bei Nadelhölzern erweist sich ein Füllungshobel mit einem Schnittwinkel von 40° als nützlich. Ich habe keine Vorteile darin erkennen können, den Schnittwinkel bei Nadelhölzern zu erhöhen. Putzhobel für die Bearbeitung von Nadelhölzern können alle mit 40° eingestellt werden. Falls Sie auf schwierige Faserverläufe stoßen, legen Sie einen Ihrer besten Hobel beiseite, nachdem Sie ihn sorgfältig geschärft und fein eingestellt haben, um ihn dann für die letzen Hobelstriche zu verwenden (Abb. 5-4).

Der Schrupphobel

Der Schrupphobel (Abb. 5-5) hat eine stark abgerundete Schneide, die ideal geeignet ist, um viel Holz abzutragen. Er ist meist etwa 230 mm lang und hat ein etwa 30 mm breites Eisen. Die Stichhöhe der Schneidenrundung beträgt fast 3 mm. Der Schrupphobel wird vor dem Schlichthobel verwendet, meist um stark verzogenes Holz auf das Abrichten vorzubereiten.

Der Aufbau dieses Hobels ist sehr instruktiv, da bei ihm alle Details sehr deutlich ausgeprägt sind. Der Spanaustritt ist groß, oft bis zu 6 mm, um die starken Späne abzuführen, die man mit diesem Hobel produziert. Der Schnittwinkel kann bis zu 40° hinunter gehen, um den Widerstand beim Hobeln zu verringern. Die Schneide ist nicht nur abgerundet, damit sich die Ecken des Eisens nicht festgraben, sondern auch, um mit möglichst wenig Widerstand möglichst tiefe Schnitte ausführen zu können. Da in diesem Bearbeitungsstadium Faserausrisse nicht so entscheidend sind, benötigt der Schrupphobel keinen Spanbrecher. Im Übrigen reißen die Fasern auch nicht so stark aus, wie man vielleicht in Anbetracht der abgenommenen Holzmenge vermuten würde, wenn man zwerchend mit dem Hobel arbeitet.

Der Schrupphobel kann nützlich sein. Ich würde nicht behaupten wollen, dass er heutzutage absolut notwendig ist, aber es ist schön zu wissen, dass er gegebenenfalls zur Hand ist.

Wenn Sie viele verschiedene Werkstücke anfertigen, werden Sie irgendwann auch ein Brett bearbeiten müssen, dass zu breit für die Abrichte ist. Es gibt dann unterschiedliche Möglichkeiten. Sie können eine breitere Maschine kaufen. Sie können das Brett zu einem Tischler bringen, der über eine breite Abrichte verfügt. Sie werden überrascht sein, wie selten das der Fall ist. Und oft sind die Besitzer dann auch nicht bereit, die Maschine den Gefahren eines unbekannten Holzstücks auszusetzen – etwa Steineinschlüssen von der Lagerung im Sägewerk. Oder Sie können die Arbeit mit der Hand ausführen.

Breite Abrichten sind teuer, aber wenn Sie öfter mit diesem Problem konfrontiert werden, möchten Sie vielleicht einen Kauf in Erwägung ziehen. Der Transport in eine andere Werkstatt – falls eine zur Verfügung steht – ist zeitaufwendig, wenn es aber nur selten notwendig ist und vor allem, wenn man gleichzeitig mehrere Stücke bearbeiten lassen kann, stellt dies vielleicht eine bedenkenswerte Alternative dar.

Wenn es aber um das gelegentliche breite Brett geht, dass genau zu der Idee passt, die Sie haben, dann ist das manuelle Abrichten der Oberfläche nicht notwendigerweise langsam oder anstrengend – vorausgesetzt, Sie verwenden die richtige Arbeitstechnik. Falls das Brett sehr stark verzogen ist, gehört die Verwendung des Schrupphobels zu dieser Arbeitstechnik. Noch nützlicher ist das Verfahren, falls das Werkstück durch die Dickte passt. Das manuelle Abrichten und auf Dicke Hobeln eines Brettes kann etwas arbeitsaufwendig sein, aber es ist relativ leicht, die Fläche eines Brettes so mit dem Schrupp- und Schlichthobel zu bearbeiten, dass es plan genug ist, um es durch den Dicktenhobel zu schicken. Dazu müssen Sie das Brett nur soweit begradigen, dass es flach auf dem Angabetisch der Dickte aufliegt, ohne zu kippeln oder sich durchzubiegen. Die Fläche muss nicht glatt sein, das erreicht man mit der Dickte, sobald die zweite Seite plan genug ist, um das Brett umzudrehen. Dann wird die erste Seite glatt gehobelt, man dreht das Brett wieder um und hobelt nochmals, um zwei glatte, parallele Flächen zu erhalten. Ich verwende den Schrupphobel nur gelegentlich, und wenn man auch den Schlichthobel für den gleichen Zweck verwenden kann, so beschleunigt der Schrupphobel die Arbeit jedoch beträchtlich.

Der Schrupphobel muss zwar nicht übermäßig sorgfältig eingestellt werden, aber man sollte doch auf ergonomische Gesichtspunkte achten, da man mit ihm beträchtliche Mengen an Holz abnimmt. Ich ziehe für diese Arbeit einen Hobel im westlichen Stil den japanischen vor. Mit einem ziehenden Schnitt hat man beim glättenden Hobeln zwar bessere Kontrolle über den Schnitt, aber wenn es darum geht, einen tiefen Schnitt auszuführen, ist es leichter, den Hobel zu stoßen als zu ziehen. Die Hände haben eine Innenwölbung, die dem Zugreifen beim Stoßen auf natürliche Weise entgegenkommt, sodass man sich nicht auf die Kraft der Finger verlassen muss, wie dies beim Ziehen der Fall ist, weil man den Widerstand überwinden muss, der dem Schnitt dann entgegengesetzt wird.

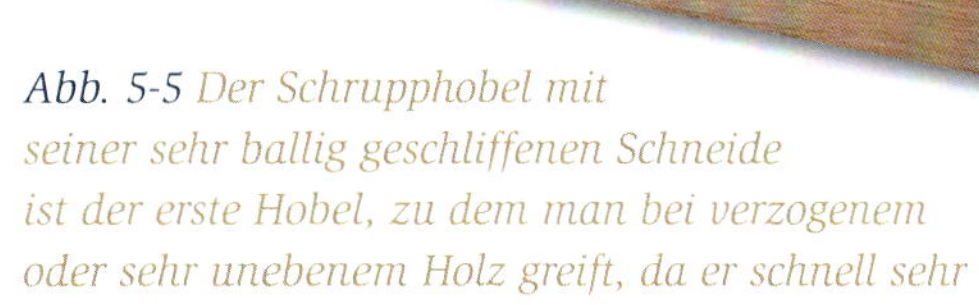

Abb. 5-5 Der Schrupphobel mit seiner sehr ballig geschliffenen Schneide ist der erste Hobel, zu dem man bei verzogenem oder sehr unebenem Holz greift, da er schnell sehr viel Material abträgt.

Eine weitere Überlegung sollte dem Gewicht gelten. Da die Schnittbreite weniger als 20 mm beträgt, muss man viele Hobelstöße ausführen. Deshalb ist ein leichter Hobel von Vorteil, und deshalb ziehe ich Holzhobel Eisenhobeln vor.

Wegen des höheren Gewichts ist die Gleitreibung beim Eisenhobel höher, sodass auch dem Schnitt ein größerer Widerstand entgegengesetzt wird. Der Verschleiß an Sohle und Maul eines Schrupphobels aus Holz ist nicht so groß, dass seine Funktionstüchtigkeit in Frage gestellt würde oder dass die Nachteile des Metallhobels aufgewogen würden.

Ich finde die Hörner an klassischen deutschen Holzhobeln am bequemsten. Die runden und geschwungenen Holzgriffe an Metallhobeln führen bei mir sehr schnell zu Blasen an den Händen. Die Hörner müssen zwar vielleicht noch etwas nachgerundet werden, damit sie genau Ihren Vorstellungen eines bequemen Griffs entsprechen, aber sie sind vom Prinzip her die angenehmsten Griffe für diese Art von Arbeiten.

Abb. 5-6 Der Einhandhobel mit seinem kleinen Metallkorpus, der verstellbaren Maulöffnung und dem mit der Fase nach oben gebetteten Eisen vielleicht der vielseitigste Hobel, den es überhaupt gibt. Hier ist das Stanley-Modell 60 ½ abgebildet.

Der Einhandhobel

Der Einhandhobel (Abb. 5-6) ist ein extrem vielseitiges Werkzeug.

Als Metallhobel führen sie beim Hersteller Stanley die Typenbezeichnung # 60 ½ (12° Bettwinkel für das Eisen) und # 09 ½ (20° Bettwinkel für das Eisen). Die Typenbezeichnungen lauten bei anderen Herstellern von hochwertigen Hobeln oft ähnlich. Obwohl ich im Allgemeinen kein großer Anhänger von Metallhobeln bin, finde ich diesen so nützlich, dass ich in Versuchung bin, ihn als unverzichtbar zu bezeichnen. Auf jeden Falls sollte es einer der ersten Hobel sein, die Sie kaufen. Sein größter Vorteil ist seine Vielseitigkeit, die auf der verstellbaren Maulöffnung der nach oben weisenden Fase des Eisens und dem Hobelkorpus aus Eisen beruht. Der Hobel ist klein und deshalb für Anfänger leichter zu handhaben und einzustellen. Seine Merkmale sind gut geeignet, um die grundsätzliche Funktionsweise eines Hobels zu verdeutlichen.

Das wichtigste Element des Einhandhobels ist seine verstellbare Maulöffnung. Sie erlaubt es, mit dem Hobel sowohl große Holzmengen abzunehmen als auch sehr feine, ausrissfreie Schnitte auszuführen. Da die Maulöffnung verstellbar ist, kann man experimentieren und sich mit dem Verhältnis zwischen Schnitttiefe und Maulöffnung vertraut machen.

Wenn man dieses Verständnis erworben hat, wird man feststellen, dass man die Maulöffnung immer wieder für unterschiedliche Aufgaben verstellt. Zuerst kann man die Öffnung auf 1 – 3 mm einstellen und sie dann wieder vergessen. Mit wachsendem Können und höheren Ansprüchen an die Leistung des Werkzeugs können Sie die Einstellung verändern und das Maul für feine Arbeiten weiter schließen. Wenn dann die Einstellungen gut aufeinander abgestimmt sind, werden Sie entdecken, dass man mit einer Maulöffnung von wenigen Hundertstel Millimetern fast jedes Holz ausrissfrei hobeln kann.

Die Vielseitigkeit des Hobels wird auch dadurch erhöht, dass das Eisen mit der Fase nach oben im Bett liegt, sodass man den Schnittwinkel durch Schleifen verändern kann. Dies liegt daran, dass eine Veränderung des Fasenwinkels durch Schleifen (oder durch Anschleifen einer Mikrofase) in diesem Fall auch eine Veränderung des Schnittwinkels verursacht. Man könnte auch behaupten, dass dieses Merkmal noch wichtiger ist als die verstellbare Maulöffnung. Ich greife jedoch nicht oft darauf zurück, da ich einen anderen Schnittwinkel schneller erreichen kann, indem ich zu einem anderen Hobel greife. (Vgl. „Der Füllungshobel“ auf S. 78.) Falls Sie sich daran versuchen möchten, ist es recht leicht, einen größeren Fasenwinkel zu erreichen, indem man eine Mikrofase anschleift, wenn es darum geht, schwierige Laubhölzer zu hobeln. Alternativ kann man die Fase auch mit einem geringeren Winkel schleifen, um Hirnholz oder Nadelhölzer zu bearbeiten. Die Eisen sind klein (und, falls Sie nicht auf ein besseres Eisen aufgerüstet haben, meist recht weich), sodass man den Winkel durch Schleifen schnell verändern kann.

Die Tatsache, dass der Korpus des Einhandhobels aus Eisen ist, hat Vor- und Nachteile. In der Werkstatt trägt das meines Erachtens zu seiner Vielseitigkeit bei. Oft muss man Kanten an einem Werkstück brechen, meist hobelt man dann eine Fase an, oft wird die Kante aber auch aufwendiger profiliert. Wenn man mit einem Holzhobel auf diese Weise eine Kante anfast, bilden sich in der Hobelsohle sofort Riefen, sodass diese (vor allem an der besonders kritischen Maulöffnung) sehr schnell verschleißt. Anstatt nun einen meiner guten Holzhobel beim Anfasen einer Kante zu ruinieren, verwende ich den Einhandhobel. Falls das Holz schwierig ist, kann ich die Maulöffnung verstellen, nachdem ich das meiste Material mit einer großen Öffnung abgenommen habe, und dann mit einer kleinen Öffnung putzen. Da der Hobel verschleißfest ist, eignet er sich auch ideal, um mit einer Stoßlade oder einer Schneidlade zu arbeiten (siehe Kapitel 13).

Der wichtigste Nachteil eines Metallhobels liegt darin, dass er meist reißt, wenn man ihn fallen lässt. Aus diesem Grund nehme ich ihn nicht mit, wenn ich auf einer Baustelle arbeite. Obwohl er wegen seiner Vielseitigkeit der beliebteste Hobel der Bautischler ist, kann er doch schnell beschädigt werden – auch wenn neue, hochwertige Modelle oft aus Temperguss hergestellt werden, von dem behauptet wird, er sei unzerstörbar (allerdings scheint das Material schneller zu rosten).

EINHANDHOLZHOBEL VERSCHIEDENER HERSTELLER

Die Firmen Record und Lie-Nielsen haben die Modellnummern von Stanley für ihre Einhandhobel übernommen. Veritas verwendet die Bezeichnung *low-angle* (mit geringem Schnittwinkel) und *standard block plane* (normaler Einhandhobel). Während der Stanley Einhandhobel mit geringem Schnittwinkel ein 35 mm breites Eisen hat und es beim normalen 41 mm breit ist, sind beide Modell von Lie-Nielsen mit 35 mm breiten Eisen ausgestattet und alle Modelle von Record und Veritas verwenden Eisen mit 41 mm Breite. Werfen Sie vor dem Kauf einen Blick in die Herstellerkataloge.

Die Hirnholzhobel von Veritas und Stanley mit geringem Schnittwinkel haben beide verstellbare Maulöffnungen. Der Stanley (rechts) hat jedoch zusätzlich einen Klemmhebel, mit dem sich der Verstellweg des Mauleinsatzes kontrollieren lässt, sodass die Einstellung leichter und die Gefahr des versehentlichen Verstellens geringer ist.

Abb. 5-7 *Der Record 60 ½ (links) und seine beiden teureren Gegenstücke, der Veritas low-angle (Mitte) und der Lie-Nielsen 60 ½ (rechts).*

Die Maulöffnung verstellen

Die Maulöffnung wird verstellt, indem man den Hobel gegen das Licht hält und von oben hineinsieht, sodass das Licht durch das Maul scheint. Bei einer fein, aber richtig eingestellten Maulöffnung sieht man eine kaum wahrnehmbare, aber gleichmäßige Öffnung. Sie sollte über die gesamte Breite gleich weit sein und nicht zu einer Seite schmaler werden. Falls sich die Kanten an einer oder mehreren Stellen berühren, ist die Maulöffnung nicht gerade oder die Kanten verlaufen nicht parallel. Wenn die Schneide des Eisens parallel zur Hobelsohle steht, müssen sowohl Maul als auch Hobeleisen im rechten Winkel zur Längsrichtung des Hobels stehen.

Eine persönliche Eigenart, bei der mir viele Kollegen nicht zustimmen werden, ist mein Gefühl, dass es anstrengender für Arm und Hand ist, mit dem Einhandhobel größere Materialmengen abzunehmen, so wie das oft auf der Baustelle notwendig ist.

Wenn man nicht in der Werkstatt ist, kann man nur selten auf eine Hobelbank zurückgreifen, sodass man das Werkstück in der einen Hand halten muss, während man es mit der anderen hobelt. Dabei bekomme ich schnell Krämpfe in der Hobelhand. Es ist schwierig, mit nur einem Finger ausreichenden Druck vorne auf dem Hobel auszuüben, und wenn man versucht, das zu kompensieren, indem man die Hand auf dem Hobel nach vorne versetzt, neigt sie dazu, vom Hobel zu gleiten.

Es fällt mir auch nicht leicht, mit einer Hand einen tiefen ziehenden Schnitt auszuführen, während ich das Werkstück mit der anderen Hand halte – eine Situation, die auf der Baustelle ebenfalls häufig vorkommt. Darüber hinaus ist die Standzeit der serienmäßigen Eisen bei Massenprodukten meist gering, sodass man schon vor der Frühstückspause das erste Mal nachschärfen muss, was außerhalb der Werkstatt ebenfalls nicht so leicht ist.

Aus diesen Gründen verwende ich seit Jahren auf der Baustelle einen japanischen Hobel. Er ist leichter, die Schneide bleibt den ganzen Tag über scharf, und er ist viel stabiler, falls man ihn fallen lässt. Die kleineren Exemplare (mit einer Eisenbreite um 45 mm) sind erstaunlich leicht zu schieben, wenn man größere Holzmengen abtragen muss (erzählen Sie das aber niemandem). Natürlich kann man sie auch mit einer oder mit zwei Händen ziehend führen. Unter den kontrollierten Bedingungen, die in der Werkstatt herrschen, begegne ich dem Einhandhobel jedoch mit wiedergewonnenem Respekt.

Ich ziehe den # 60 ½ mit dem geringen Bettungswinkel vor. Ich meine, dass der geringe Winkel von 12° von sich aus vielseitiger ist, da man mit einem Fasenwinkel von 25° zu einem Schnittwinkel von 37° gelangt (Abb. 5-7). Der geringste Schnittwinkel, den man mit einem # 09 ½ bei seinem Bettungswinkel von 20° und einem Fasenwinkel von 25° erreichen kann, beträgt 45°. Falls Sie jedoch häufig mit schwierigen Laubhölzern oder Tropenhölzern arbeiten, sollten Sie in Erwägung ziehen, stattdessen oder zusätzlich einen # 09 ½ zu erwerben.

Schaffen Sie sich keinen Einhandhobel ohne verstellbare Maulöffnung an. Viele der billigsten, aber auch teuersten Versionen dieses Hobels sind nicht mit diesem Merkmal ausgestattet. Eine solche Anschaffung wäre zwecklos, da die verstellbare Maulöffnung die Grundlage der überragenden Vielseitigkeit dieses Hobels ist. Mit der Verstellbarkeit hat man sowohl die Durchzugskraft eines schweren landwirtschaftlichen Traktors als auch die Raffinesse eines hochgezüchteten Sportwagens. Ohne sie hat man nur das eine oder das andere.

Bei Massenware wie den Hobeln von Record oder Stanley würde ich ernsthaft in Betracht ziehen, das Hobeleisen durch ein hochwertiges aus legiertem oder laminiertem Stahl zu ersetzen – legiert, falls Sie meist mit dem Hobel formend arbeiten, so wie ich das tue, laminiert, wenn Sie meist putzen. Ich hatte mit allen laminierten Eisen Glück, die ich ausprobiert habe, und kann die hochwertigen Exemplare sehr empfehlen, sogar für rauere Arbeiten.

Andererseits besitze ich jetzt einen Einhandhobel des Herstellers Veritas, der ab Werk mit einem Eisen aus A2-Stahl ausgerüstet ist. Es hat sich als haltbar erwiesen und zeigt gute Leistungen, auch wenn man Hölzer mit wilder Maserung putzt. Das Eisen, mit dem der Stanley ausgerüstet ist (das einzige andere, mit dem ich persönliche Erfahrung habe) ist gut, wenn Sie vorhaben, um Nägel herum zu hobeln. Sie werden jedoch oft nachschärfen müssen. Allerdings sollten Sie sich – wie immer – von Ihren eigenen Erfahrungen und von Ihrem Können leiten lassen.

Falls Ihr Eisen zufriedenstellende Leistung bringt, müssen Sie es nicht auswechseln. Wenn die Standzeit allerdings geringer ist, als es Ihnen gefällt, oder falls Sie trotz sorgfältigem Einstellen nicht die Ergebnisse erhalten, die Sie dem Eisen eigentlich zutrauen, dann steigen Sie auf ein besseres Eisen um.

Verstellbare Mauleinsätze

Der verstellbare Mauleinsatz des Veritas Einhandhobels ragt nicht vorne aus dem Hobelkörper heraus, wo die Gefahr größer ist, angestoßen und in die Schneide zurückgeschoben zu werden. Dennoch ist es mir gelungen, genau das zu tun. Ich kann mich nicht erinnern, dass dies jemals mit meinem Stanley geschehen ist. Ich glaube, der Grund ist in dem Klemmhebel zu suchen, mit dem beim Stanley der Mauleinsatz verschoben wird und der auch verhindert, dass der Einsatz bei Stößen bewegt wird. Außerdem ist die Einstellung mit dem Hebel leichter. Davon abgesehen halte ich den Veritas für einen deutlich besseren Hebel, der sich auch durch ein gutes Preis-Leistungs-Verhältnis auszeichnet.

Metallhobel im Bailey-Stil

Japanischer Hobel

Chinesischer Hobel

Europäischer Hobel mit Horn

Welche Art Hobel passt zu Ihnen und Ihrer Arbeit?

Kompakter Holzhobel

HOBELTYPEN

Vielfältige Traditionen

Die Holzhandwerker aller Kulturkreise haben das Triumvirat aus Schlichthobel, Raubank und Putzhobel in ähnlicher Weise verwendet und vergleichbar aufgebaute Hobel mit nur geringen Abweichungen eingesetzt, um optimale Qualität und Effizienz zu erreichen. Im Laufe der Zeit und in verschiedenen Kulturen haben sich jedoch auch Unterschiede darin entwickelt, wie der Hobel gehalten wird, wie man ihn verwendet und wie das Eisen gebettet und eingestellt wird. Viele heute erhältliche Hobel sind das Ergebnis Jahrhunderte alter Traditionen – die Formen wurden durch die Hände der Handwerker in diesen langen Zeiten immer wieder verfeinert. Manche neueren Hobel haben sich zwar aus traditionellen Formen entwickelt, sind jedoch Antworten auf die sich ändernde Natur der Arbeit mit Holz. Manche Typen funktionieren insgesamt gesehen besser, andere sind nur für einige Aufgaben des Schlichthobels, der Raubank oder des Putzhobels geeignet. Es ist wichtig, die Stärken und Schwächen einer Bauweise zu kennen, um entscheiden zu können, welche Bauart man für eine bestimmte Aufgabe wählen sollte.

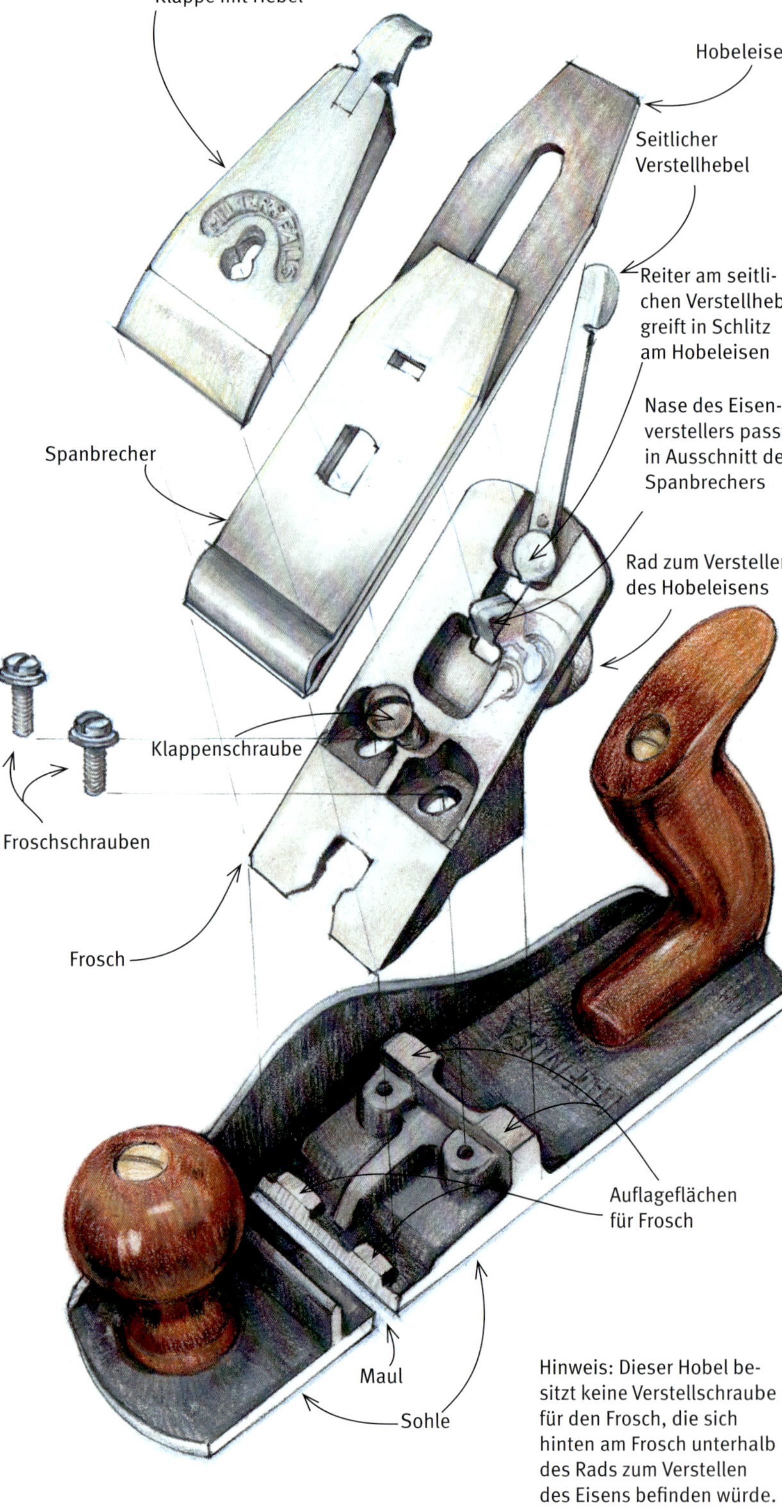

Abb. 6-1 Hobel im Bailey-Stil

Der Bailey-Hobel

Der moderne amerikanische und englische Eisenhobel im Bailey-Stil (Abb. 6-1) ist das perfekte Beispiel für ein Handwerkzeug zur Holzbearbeitung, das sich als logische Reaktion auf veränderte Verfahren der Holzbearbeitung entwickelt hat. Leonard Bailey ließ sich diesen Hobel im Jahr 1867 patentieren. Ich glaube, dass seine Bauform die Veränderungen widerspiegelt, welche die Industrialisierung der Holzbearbeitung brachte. Die zunehmende Verfügbarkeit von Holzbearbeitungsmaschinen führte dazu, dass Handhobel nicht mehr so häufig verwendet wurden, um Rohholz zu bearbeiten und auszuhobeln, sondern meist erst nach diesem Schritt für das feine Nacharbeiten. Werkzeugmacher konnten jetzt ein Werkzeug herstellen, dass 100 Jahre vorher noch unwirtschaftlich gewesen wäre. Die Firma Stanley Works kaufte 1896 das Patent von Bailey und stellt den Hobel seitdem her. Sie hat im Laufe der Jahre einige kleine Verbesserungen vorgenommen, aber davon abgesehen wird das Werkzeug seit 1910 unverändert hergestellt.

Der Bailey-Hobel ist ein Klassiker, der auch heute noch die Bedürfnisse der meisten Holzhandwerker erfüllt. Das sagt jedoch mehr über die Art von Arbeiten aus, die die meisten von uns ausführen, als über die Fähigkeiten des Hobels. Bei vielen Aufgaben mit hohen Anforderungen, die traditionell mit dem Hobel bewältigt werden, erweist sich der Bailey-Hobel als höchstens mittelmäßig. Das Aufkommen einer Vielzahl von Alternativen zum Hobel in diesem Stil in den letzten Jahren lässt auch vermuten, dass sich der Markt ändert und dieser Typus nicht mehr den Bedürfnissen einer neuen Art von Holzhandwerkern entspricht.

Der Bailey-Hobel aus Eisen (es gab übrigens auch eine Version mit hölzernem Hobelkörper) hat mehrere Vorteile. Er kann monatelang im Regal liegen und lässt sich dann sofort mit den Einstellungen wieder verwenden, die man zuletzt vorgenommen hatte. Nach dem Einrichten erfordert er nur wenig Aufwand zur Instandhaltung, da er weder auf Wärme noch auf Luftfeuchtigkeit reagiert und die Sohle nicht zum Verschleiß neigt.

Die Ergonomie ist für präzise Einzelschnitte wie etwa das Abrichten einer Kante oder das Putzen eines Brettendes gut geeignet. Das

Hobeleisen ist meist aus legiertem Stahl und verträgt mehr raue Behandlung als eines aus einfachem Kohlenstoffstahl, bevor es abstumpft oder die Schneide ausbricht. Das Gewicht ist größer als bei Holzhobeln und verhilft oft zu besserer Führung bei den typischen Ein-Stoß-Anwendungen.

Der Schnittwinkel von 45° ist für vielleicht zwei Drittel der häufig verwendeten Holzarten, einschließlich der meisten Nadelhölzer, recht gut geeignet. All dies passt perfekt zu der Art und Weise, in der die meisten amerikanischen Holzhandwerker heute Hobel einsetzen: nur gelegentlich und dann für viele unterschiedliche Aufgaben.

Falls Sie außerhalb dieser Parameter arbeiten, werden Sie feststellen, dass es dem Eisenhobel an Leistungsfähigkeit mangelt. Die Hauptmängel sind die Schwierigkeiten, die er bei der Bearbeitung von größeren Materialmengen und beim Hobeln von schwierigen Hölzern bereitet. Die Form, die bei gelegentlichen präzisen Hobelstößen so ergonomisch ist, führt bei lang anhaltendem Einsatz schnell zu Blasen an den Händen. Das Gewicht, mit dem die verbesserte Führung des Hobels erreicht wurde, führt jetzt zur Ermüdung, und die Eisensohle verursacht mehr Reibung als eine Holzsohle. Um Hölzer mit schwierigem Faserverlauf zu hobeln, muss man die Maulöffnung verkleinern, wenn man Faserausrisse vermeiden will. Das ist bei dem Metallhobel schwierig, bei manchen Ausführungen sogar unmöglich (Abb. 6-2).

Zwar lässt sich der Frosch nach vorne verschieben, sodass das Eisen die Maulöffnung verschließt, aber bei manchen Hobeln ist der Spielraum nach vorne nicht groß genug, sodass das Eisen meist auskragt, oft auf einer Länge von 5 mm, ohne eine feste Auflage zu haben.

Da die serienmäßigen Eisen heute etwa 2 mm stark sind, führt dies zu unkontrollierbarem Rattern des Eisens. Obwohl die Bedrock-Version des Stanley-/Bailey-Hobels einen Frosch hat, der dem Eisen eine bessere Auflage bietet, erfordert seine Einstellung eine Verstellung der Eisentiefe und mehrfaches Nachjustieren. Zudem ist diese Art von Frosch die Ausnahme und nicht die Regel. Früher wurden sie nur in geringen Stückzahlen hergestellt, von denen nur wenige als gesuchte Liebhaberstücke überdauert haben, und in der Gegenwart sind sie nur als teure Nachbauten zu erhalten.

Der Mechanismus zum Verstellen des Eisens ist konstruktionsbedingt unpräzise, meist muss

Abb. 6-2 Die Schraube verschiebt den Frosch nach vorne oder hinten. Bei einem Hobel, der nicht als Bedrock konstruiert ist, ist dies eine überflüssige Zugabe. Nicht nur, weil man bei anderen Konstruktionsweisen das Eisen und den Spanbrecher abnehmen muss, um die Schraube zu lockern, die es überhaupt erst ermöglicht, diese Schraube zu drehen (beim Bedrock ist das anders), sondern auch, weil der Frosch sich nur dann parallel verschieben lässt, wenn er auf präzise gearbeiteten Führungen wie beim Bedrock läuft. Außerdem hat der Versteller beträchtliches Spiel, sodass man sich nicht darauf verlassen kann, dass der Frosch wieder in seine ursprüngliche Position zurückkehrt, wenn man ihn einmal gelockert hat. Schließlich ist kaum Platz, um die Schraube mit der Hand oder einem normalen Schraubendreher zu verstellen (am leichtesten geht es noch mit einem Schraubendreher mit überlanger Klinge). Bei einem Bedrock-Hobel muss man das Eisen nicht abnehmen, um den Frosch zu verstellen. Allerdings muss man die Einstellschrauben mehrmals lockern und das Eisen neu einstellen, wenn man die Maulöffnung schließen möchte – eine Arbeit, die man nicht schnell ausführen kann oder häufiger machen möchte.

der Verstellknopf mindestens eine Dritteldrehung bewegt werden – oft sogar, je nach Qualität des Hobels, eine ganze Drehung – bevor das Eisen bewegt wird. Dadurch wird das Einstellen zu einer schwierigen Arbeit, weil man nie weiß, wann sich das Eisen aufgrund der Drehung bewegen wird. Wenn es sich dann bewegt hat (vermutlich zu weit), muss man ewig hin- und herdrehen, bis man die richtige Einstellung erreicht hat. Das mag die meisten heutigen Anwender nicht stören, die das Eisen nur selten verstellen. Wenn man jedoch verschiedene Arbeiten nacheinander ausführen möchte oder die Eiseneinstellung verändern muss, während man ein Werkstück hobelt, kann es schnell sehr ärgerlich werden.

Eine genutete/geriffelte Sohle, wie sie bei manchen Hobeln zu bekommen ist, soll angeblich den Reibungswiderstand deutlich verringern, aber die Furchen können sich an schmalen Kanten verfangen. Bei beiden Sohlenarten ist häufiges leichtes Schmieren eine große Hilfe.

Bei den neueren teuren Versionen des Metallhobels haben die Hersteller viele der Qualitätsprobleme behoben: engere Toleranzen im Verstellmechanismus; eine funktionierende Verstellung der Maulöffnung; eine verbesserte Gestaltung des Spanbrechers und hochwertigere Hobeleisen, die dazu beitragen, dass Faserausrisse besser beherrschbar sind als beim Standardmodell; und als Zubehör Frösche mit 50° und 55°, um den Schnittwinkel verändern zu können.

Aber die Mehrzahl der teuren Modelle behält immer noch die konstruktionsbedingten Nachteile des Bailey-Hobels bei: Der Hobel ist immer noch zu schwer, um mit ihm über längere Zeit zu arbeiten. (Die verbesserten Modelle sind schwerer als die Standardausführungen.) Der Reibungswiderstand der Sohle ist hoch – deut-

ANATOMIE EINES HOBELS VOM BAILEY-TYPUS

Der Schnittwinkel eines Hobels vom Bailey-Typus beträgt 45°. Falls Sie nicht einen Hobel des Herstellers Lie-Nielsen besitzen und die wahlweise erhältlichen Frösche mit 50° oder 55° kaufen, habe Sie keine andere Wahl.

Die Baueinheit aus Hobeleisen und Spanbrecher wird mit der sogenannten Klappe fixiert, die bei den Hobeln von Record nicht mehr mit einem Hebel, sondern mit einer Schraube fixiert wird. Der Spanbrecher besteht aus einer weichen Stahlsorte, seine untere Kante ist abgerundet, fast bauchig, sodass sie bei einer schmalen Maulöffnung im Weg sein kann. Er funktioniert aber dennoch und ist auch notwendig, da sich an ihm die Aussparung befindet, in den das Verstellrad für das Eisen greift.

Das Eisen wird durch ein Rad verstellt, das sich am hinteren Ende des Frosches unter dem Eisen befindet. Der Verstellmechanismus hat zwar etwas Spiel – sogar bei den Hobeln der besten Hersteller – doch wenn man es etwa in der angestrebten Stellung hat, kann man die Position des Hobeleisens noch fein einstellen, indem man mit dem Zeigefinger das Rad dreht, ohne den Hobel abzusetzen. Seitlich wird das Eisen verstellt, indem man einen Hebel unter dem Eisen verschiebt, der in den gleichen Schlitz greift, der als Aufnahme für die Schraube dient, mit welcher der Spanbrecher am Hobeleisen befestigt wird. Der Hebel wird nach links oder rechts verschoben, um die eine oder die andere Ecke des Eisens anzuheben (irgendwann werde ich mir auch merken können, welche Seite welche Ecke anhebt) und so die Schneide parallel zur Hobelsohle auszurichten. Dies funktioniert recht gut, allerdings kommt es häufig vor, dass dabei auch gleichzeitig die Schnitttiefe verstellt wird.

Die Maulöffnung wird verstellt, indem man den Frosch nach vorne verschiebt. Bei den einfachen Versionen des Hobels führt das dazu, dass das Eisen auf bedenkliche Weise auskragt, ohne eine feste Auflage zu haben. Im Laufe der Jahre hat die Sorgfalt immer weiter abgenommen, mit welcher der Eisensitz und die korrespondierenden Flächen an Frosch und Korpus gefräst wurden. Manche Bauteile, die eigentlich gefräst werden sollten, werden heute einfach mit Lack abgedeckt. Unter diesen Umständen ist es ein zweifelhaftes Unternehmen, die Maulöffnung zu schließen, indem man den Frosch verschiebt. Der Frosch des Bedrock-Typus ist eine bessere Lösung, und Hobel, die nach dieser Bauart hergestellt werden, sind auch insgesamt meist von besserer Qualität.

Typisch für die Hobel im Bailey-Stil ist, dass die Eisenschneide etwa ein Drittel der Sohlenlänge hinter der Vorderkante des Hobels zu liegen kommt. Dies ist vor allem so, um Platz für den vorderen Griff des Hobels zu schaffen. Bei kürzeren Hobeln bleibt nur ein kurzes Stück der Sohle übrig, das man auf dem Werkstück auflegen kann, wenn man einen Schnitt ansetzt. Dies ist eine Gegebenheit, die man vor allem dann bedenken sollte, wenn man Hobel unterschiedlicher Bauarten vergleicht.

lich höher als bei einem Holzhobel. Während der hintere Griff größer und (meist) besser geformt ist, kann man den vorderen Knauf nicht für harte und anstrengende Arbeiten verwenden. Bei manchen Holzarten empfiehlt sich ein anderer Schnittwinkel als diejenigen, die man mit diesen Hobeln erreichen kann.

Schlichthobel, Raubank und Putzhobel aus Metall

Schlichthobel aus Eisen (oder Bronze) nach Art der Bailey-Hobel bieten beim Abtragen größerer Holzmengen eigentlich nur Nachteile: höheres Gewicht, höherer Reibungswiderstand und Griffe, die oft zu Blasen führen. Hinzu kommt, dass bei allen außer den allerbesten Bailey-Hobeln der Einstellmechanismus zu viel Spiel hat, um sich ohne Frustrationen wiederholt hin- und herstellen zu lassen, wie das bei der Arbeit mit dem Schlichthobel notwendig ist.

Wenn Sie allerdings Arbeiten ausführen müssen, bei denen die Sohle eines Holzhobels schnell Schaden nehmen würde – schmale Leisten putzen, scharfe Kanten brechen, Leimfugen säubern – dann kann ein solcher Hobel durchaus nützlich sein. Und der geringe Schnittwinkel (45°) eignet sich für die Art von Materialabnahme, für die man den Schlichthobel einsetzt.

Eine Kante abzurichten ist eine der Aufgaben, für die ich Hobel im Bailey-Stil gut geeignet halte. Wenn man dazu eine Raubank aus Metall verwendet, hat man gute Kontrolle über die Arbeit und kann sie präzise ausführen. Die dünne Metallsohle bringt die Griffe und die Hände nach unten, dicht über das Werkstück, was zu einer hohen Stabilität führt. Falls es notwendig ist, können Daumen und Zeigefinger das dünne Vorderteil der Sohle halten, während Mittel- und Ringfinger als Führung dienen, um mehr Kontrolle über die Arbeit zu erlangen.

Bei solchen Aufgaben ist das Spiel im Verstellmechanismus kein so großer Nachteil (aber dennoch irritierend), da das Eisen nicht sehr oft verstellt werden muss. In der Regel kann man es sogar immer bei der einmal gewählten Einstellung belassen und auch nach Tagen oder Wochen ohne Verstellung sofort wieder verwenden. Wenn Sie allerdings häufig Flächen abrichten müssen, dann werden auch die Nachteile der Metallhobel schnell wieder deutlich. In diesem Fall möchten Sie vielleicht in Betracht ziehen, eine Raubank aus Holz zu kaufen oder selbst anzufertigen, um diese Arbeit zu erleichtern (siehe die folgenden Abschnitte für Beschreibungen von Raubänken aus Holz). Sie können dann auch wahlweise auf höhere Schnittwinkel zurückgreifen, was sich bei manchen Holzarten als nützlich erweisen kann.

Die Standardausführungen der Metallhobel können beim Putzen zufriedenstellende Ergebnisse liefern, allerdings muss man beim Einrichten und Verstellen sorgfältig vorgehen. Wirklich hervorragende Ergebnisse zu erzielen, ist schwieriger. Die Geometrie des Mauls und des Spanbrechers muss dann verändert werden, damit diese Bestandteile ihre Aufgabe gut erfüllen, und das Eisen wird oft auch gegen ein besseres ausgewechselt werden müssen. Die Feinjustierung der Schnitttiefe ist beim Putzhobel sogar noch frustrierender als bei den Modellen, die zum Schlichten und Abrichten verwendet werden.

Hinzu kommt, dass der Reibungswiderstand der Sohle beim Putzen am deutlichsten wird und oft groß genug ist, dass man kein Gespür mehr für die Schnittwirkung des Eisens hat. Die Sohle muss deshalb während der Arbeit häufig geschmiert werden.

Hochwertige Putzhobel aus Metall liefern schon im Auslieferungszustand recht gute Ergebnisse, allerdings muss man natürlich die Schneide noch einmal abziehen, und es ist immer eine gute Idee, die Sohle auf Planheit zu überprüfen. Der Schnittwinkel ist immer noch auf 45° beschränkt (außer bei Verwendung von Lie-Nielsens Zubehör-Fröschen mit 50° und 55°), sodass das Hobeln von härteren Holzarten weniger gute Ergebnisse liefern kann.

Abb. 6-3 *Kompakter Holzhobel*

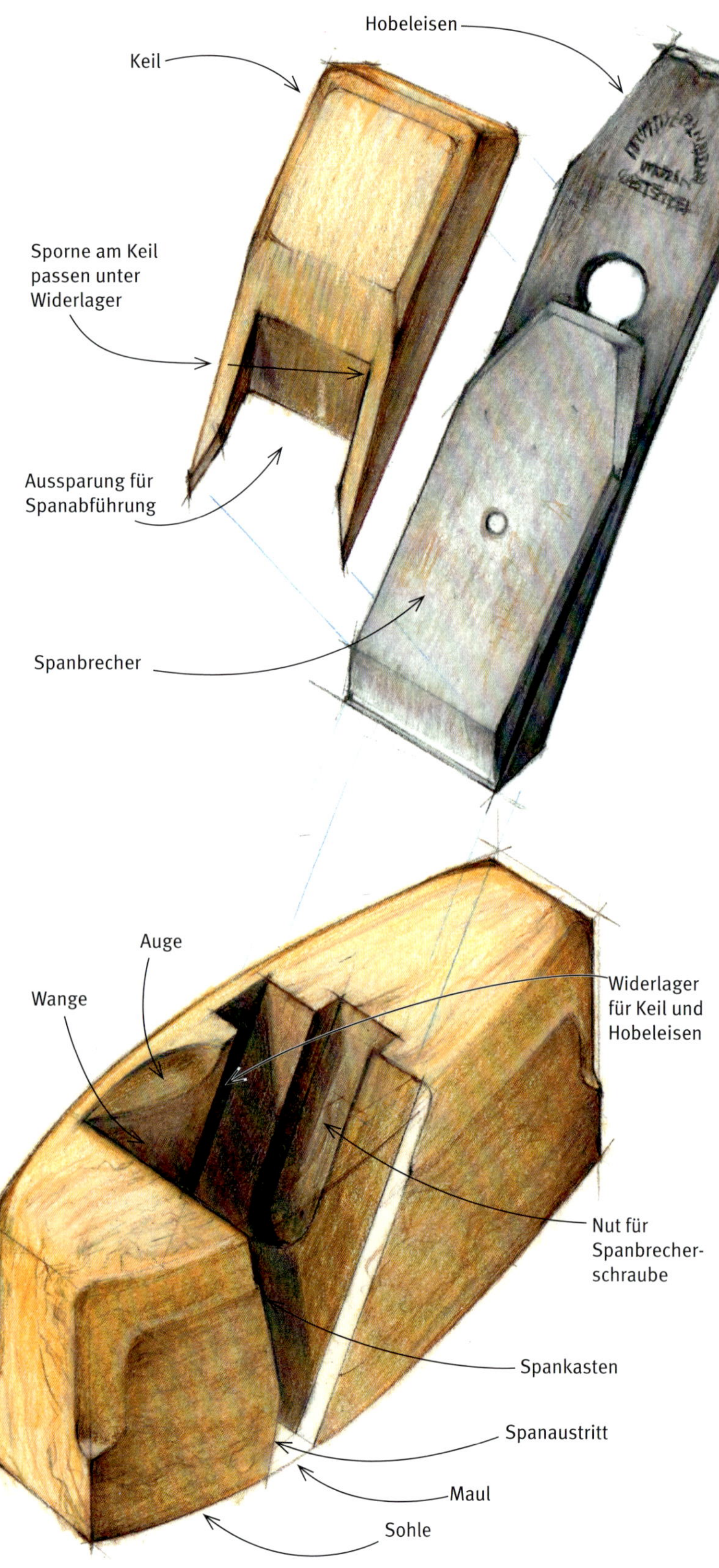

Kompakte Holzhobel

Der kompakte Holzhobel (Abb. 6-3), aus dem sich der Bailey-Hobel entwickelte, hat mehrere Nachteile (von denen viele im Bailey-Hobel beseitigt wurden), er kann sich in der modernen Werkstatt aber dennoch als sehr nützlich erweisen. Alte Holzhobel gibt es immer noch zuhauf (solange sie nicht alle von Sammlern aufgekauft und in Vitrinen aufgestellt werden), und sie sind preiswert. Die Eisen sind entweder keilförmig oder parallel und bestehen aus laminiertem Stahl (geben Sie sich nicht mit einem Hobel ab, der kein laminiertes Eisen hat). In der Regel sind sie besser als jedes heutige Hobeleisen aus Serienfertigung. Die Hobelkörper aus Holz lassen sich an der Sohle leicht zu Wölbungen nacharbeiten, um gerundete Flächen zu hobeln.

Außerdem ist es leicht, den Hobel instandzusetzen, indem man mit einem Einsatz die Maulöffnung verkleinert. Sie sind leichter als Metallhobel, sodass die Arbeit weniger anstrengend ist, wenn man lange oder bei ungünstiger Körperhaltung (etwa im Bootsbau) tätig sein muss.

Diese Hobel sind zu Zeiten entstanden, als alle Arbeiten noch mit der Hand ausgeführt wurden. Sie wurden also oft stundenlang verwendet, deshalb sind die Griffe und Nasen effektiv und auch bei längeren Arbeitszeiten noch bequem. Da sie aus Holz bestehen, lassen sich die Griffe auch nach Bedarf anders formen. Oft findet man solche Hobel mit Schnittwinkeln, die größer sind als die 45°, welche bei Metallhobeln Standard sind. Sie eignen sich deshalb besser, um ausrissfreie Oberflächen bei den meisten nordamerikanischen und europäischen Holzarten zu erzielen.

Zu den Nachteilen zählt, dass das Einstellen von Holzhobeln schwierig sein kann, zumindest, bis man sich daran gewöhnt hat. Die Sohlen nutzen sich schnell ab, wenn man sie stark beansprucht, sie können sich verziehen und bei mangelnder Pflege auch reißen.

Holzhobel werden auf eine bestimmte Art missbraucht, die dazu geführt hat, dass sie bei modernen Holzhandwerkern einen schlechten Ruf genießen. Sie werden oft wegen des schnellen Verschleißes ihrer Sohlen kritisiert – die sich in der Tat schneller abnutzen als Metallsohlen. Leider ist es so, dass eine der häufigsten Arbeiten, die heutzutage mit dem Hobel ausgeführt werden, das Anfasen und das Hobeln von schmalen Kanten ist.

Wenn man eine scharfe Kante mit dem Holzhobel anfast, bildet sich schon beim ersten Hobelstoß eine Riefe in der Sohle. Bei wiederholten Stößen kommt es zu tiefen Furchen. Wenn man mit den Hobel schmale Kanten putzt oder formt, kommt es zu ähnlichen oder noch schwereren Schäden – vor allem bei Sperrholz oder anderen kunstharzgetränkten Plattenwerkstoffen. Weniger als zwei Minuten einer solchen Arbeit führen dazu, dass die Hobelsohle frisch abgerichtet werden muss, bevor man mit dem Werkzeug wieder feine Arbeiten ausführen kann. Missbrauchen Sie Ihre Holzhobel nicht; verwenden Sie zum Anfasen und anderen schweren Arbeiten Ihre Metallhobel.

Traditionelle englische Schlichthobel, Raubänke und Putzhobel aus Holz

Der traditionelle englische Schlichthobel aus Holz ist – ebenso wie die Variante mit dem niedrigeren hinteren Teil, die als ‚razee jack' bezeichnet wird – wenig anstrengend für Hände und Körper des Anwenders, und er ist deutlich leichter als sein metallener Vetter. Dies ist ein gutes Werkzeug, um viel Holz abzutragen. Der traditionelle Keil aus Holz ist zwar nicht sehr gut geeignet, um die Schnitttiefe häufig zu verstellen, was ich für einen Nachteil dieser Gestaltung halte, aber er lässt sich schneller verstellen, als man vielleicht denken mag, wenn man sich daran gewöhnt hat, und er ist durchaus verwendbar. Falls Sie einen solchen Hobel nur selten verwenden, kann es durchaus sinnvoll sein, einen alten Schlichthobel wieder aufzuarbeiten, da man sie recht preisgünstig kaufen kann.

Es gibt natürlich auch moderne Versionen des hölzernen Schlichthobels. Einer der nützlichsten ist der Primus-Putzhobel. Er vereint die Vorteile des Holzhobels mit einem präzisen und schnellen Verstellmechanismus. (Siehe „Hobel mit Horn" auf Seite 97, wo sich eine Beschreibung dieses Verstellmechanismus findet.)

Ob man eine traditionelle Raubank aus Holz verwendet, ist eine recht persönliche Entscheidung, da dieser Hobel sowohl Vor- als auch Nachteile hat, je nach den bevorzugten Arbeitsweisen. Das Holz des Hobelkörpers einer Raubank kann arbeiten und verzieht sich oft leicht, sodass der Hobel regelmäßiger Pflege bedarf. Man sollte das Hobeleisen nicht länger als einen Arbeitstag eingespannt lassen. Falls Sie oft Flächen abrichten, können Sie in Betracht ziehen, eine Raubank aus Holz zu kaufen oder anzufertigen. Gebrauchte Raubänke aus Holz lassen sich oft zu einem Bruchteil des Preises einer Metallraubank erstehen.

Anatomie des kompakten Holzhobels

Im Laufe der Jahre sind kompakte Holzhobel mit unterschiedlichen Schnittwinkeln hergestellt worden. Zwar sind Neigungen von 45° bei Weitem am häufigsten, aber man findet auch recht häufig 43°, 47,5° und 50°. Es gibt auch Modelle mit noch anderen Schnittwinkeln, diese sind aber schwieriger zu finden.

Die Maulöffnung lässt sich nicht verstellen. Bei gebrauchten Hobeln wird sie groß sein. Gelegentlich habe ich schon alte Holzhobel gesehen, bei denen die Maulöffnung mit einem Metalleinsatz versehen war, um feinere Arbeiten durchführen zu können, oder bei denen als Reparatur ein Stück hartes Laubholz (Spund) eingesetzt worden war. Moderne Holzhobel haben oft eine enge Maulöffnung, aber man sollte sich darüber beim Hersteller vor dem Kauf vergewissern. Die Maulöffnung lässt sich bei jedem Holzhobel schließen, indem man einen festen oder verstellbaren Einsatz anbringt.

Die Spanbrecher (wie auch die Hobeleisen) sind schwer und meist gut gestaltet (jedenfalls im Ursprungszustand). Die Eisen sind überwiegend laminiert (harter Stahl für die Schneide, der auf einen weicheren Stahl aufgeschmiedet wird) und keilförmig. Man findet jedoch auch Eisen, deren Flächen parallel laufen (die sich also nicht verjüngen) und solche ohne Schlitz zur Aufnahme für die Befestigungsschraube des Spanbrechers.

Das Hobeleisen wird von einem Keil gehalten, der an die Form des Hobeleisens mit montiertem Spanbrecher angepasst sein muss.

Die Schnitttiefe wird eingestellt, indem man vorsichtig mit einem Holzklüpfel oder kleinen Hammer auf das Eisen oder den Hobelkasten schlägt. Die Einstellung des Eisens ist Gewöhnungssache; auch hier macht die Übung den Meister. Es ist kein gutes System, wenn es darum geht, größere Veränderungen an der Einstellung vorzunehmen, aber es ist trotz der primitiven Anmutung möglich, sehr präzise Einstellungen zu erreichen.

Wie bei den Hobeln des Bailey-Typus, die in seiner Nachfolge stehen, ist das Hobeleisen beim kompakten Holzhobel recht weit vorne angebracht, die Schneide ragt etwa ein Drittel der Sohlenlänge hinter der Vorderkante des Hobels aus der Sohle.

Parallele und keilförmige Hobeleisen

Zu der Zeit, als die meisten alten englischen Holzhobel hergestellt wurden, gab es zwei verschiedene Eisentypen. Der erste und häufigere war ein keilförmiges Hobeleisen. Keilförmig heißt in diesem Fall, dass sich das Eisen von der Schneide bis zum anderen Ende in der Stärke verjüngt.
Dieser Typus war sogar so häufig, dass sie im englischsprachigen Raum als common blades (gewöhnliche Eisen) bezeichnet wurden.
Der andere Typus, der erhältlich war, wies eine konstante Stärke auf, die beiden Flächen verliefen also parallel. Diese Form war seltener und wurde meist bei hochwertigen Hobeln verwendet, da man solche Eisen beliebig oft nachschleifen konnte, ohne dass sich die Größe der Maulöffnung dadurch veränderte. Sowohl keilförmige als auch flache Hobeleisen gab es mit und ohne Schlitz für die Schraube zur Befestigung eines Spanbrechers. Heute sind die flachen Hobeleisen sehr viel häufiger, man findet sie an fast allen modernen Hobeln; es sind diese Eisen, mit denen wir alle vertraut sind. Weitere Informationen zu keilförmigen Eisen finden Sie unter „Keilförmige Hobeleisen" auf Seite 163.

Während der Gewichtsvorteil gegenüber den meisten Modellen im Bailey-Stil nur gering ist, machen sich die bessere Ergonomie und der geringere Reibungswiderstand der Sohle sofort bemerkbar. Wenn man eine Raubank aus Holz verwendet, kann es sich als Vorteil erweisen, dass man auch auf Schnittwinkel zurückgreifen kann, die von den üblichen 45° abweichen. Manche alten Raubänke haben andere Schnittwinkel, und bei einem Eigenbau kann man den Winkel natürlich nach eigenem Ermessen bestimmen.

Bei der traditionellen europäischen Raubank aus Holz sitzt der Griff etwa 75 mm über dem Werkstück, bei Hobeln im Stanley-Stil sind es nur etwa 3 mm. Das bedarf der Gewöhnung, erweist sich jedoch bei etwas Übung als Vorteil, da man ein besseres Gespür für den Winkel des Hobels zur Kante des Werkstücks bekommt. Das liegt daran, dass man diesen Winkel besser fühlt, wenn der Abstand zwischen Hand und Werkstück größer ist. In England arbeiteten Lehrlinge zuerst mit der Raubank im ‚razee-style', weil diese wegen des abgesenkten Griffs anfänglich leichter zu verwenden ist, und erst später mit einer Raubank mit vollständigem Hobelkörper.

Der Putzhobel aus Holz hat die gleichen Vor- und Nachteile wie der Schlichthobel und die Raubank aus diesem Material: Er ist leichter und hat einen geringeren Reibungswiderstand; er ist aber auch schwierig einzustellen und erfordert mehr Pflege.

Bei einem Putzhobel aus Holz kommen noch andere Überlegungen hinzu. Wenn Sie einen alten Putzhobel entdecken, der noch in annehmbarem Zustand ist, wird das Eisen meist aus laminiertem Stahl bestehen und von guter Qualität sein. Oft bekommt man Hobel und Hobeleisen zusammen für weniger Geld, als ein gutes Hobeleisen zum Nachrüsten neu kosten würde.

Alte Holzhobel weisen oft höhere Schnittwinkel auf als die meisten heute hergestellten Hobel. Es gibt heute hochwertige Ausführungen des traditionellen Putzhobels aus Holz, sodass man nicht unbedingt einen alten Hobel instand setzen und die Maulöffnung durch einen Einsatz verkleinern muss (was bei einem alten Hobel fast immer notwendig ist). Falls Sie einen Holzhobel selbst anfertigen, berücksichtigen Sie Ihre eigenen Anforderungen für eine Maßanfertigung.

Der Norris-Hobel

Der Norris-Hobel wird im englischsprachigen Raum oft als Gipfel des Hobelbaus betrachtet (Abb. 6-4), es handelt sich aber eher um ein Übergangsstadium zwischen dem kompakten Holzhobel und dem Bailey-Hobel aus Metall. Der Bailey-Hobel war ursprünglich eine Kombination aus einem eisernen Frosch und Einstellmechanismus mit einem großen Holzkorpus, der als Sohle diente. Der Norris-Hobel ging den umgekehrten Weg: Er hatte eine Metallsohle mit einem Einsatz aus Holz. Er wurde fast 70 Jahre mit dem Klüpfel eingestellt, so wie das beim Holzhobel heute noch geschieht.

Der Norris-Hobel wurde von der Firma Spiers im schottischen Ayr um das Jahr 1845 entwickelt. Später wurde er auch von anderen Herstellern wie Alex Mathieson & Sons in Glasgow und Edinburgh und Thomas Norris in London hergestellt. Später wurde bei diesem Hobeltyp ein patentierter Verstellmechanismus eingesetzt (Abb. 6-5), der recht effektiv ist. Dies könnte der Grund dafür sein, dass der Norris-Hobel im Gegensatz zu den meisten Konkurrenten noch bis 1940 hergestellt wurde.

Die Grundform des Hobels bestand aus einem Trog aus Gusseisen oder -zinnbronze (später wurde auch Walzstahl verwendet), der einen Einsatz aus Palisander oder bei preiswerten Modellen aus Buche besaß.

Bei dem aufwendigsten Herstellungsverfahren für den Trog wurde die Sohle durch doppelte offene Schwalbenschwänze mit den Metallseiten verbunden. Diese Verbindung kann man in Holz nicht herstellen, in formbaren Metallen lässt sie sich jedoch anfertigen. Dazu werden die Ecken jedes Schwalbenschwanzes mühsam in die schwalbenschwanzförmigen Lücken eingepasst, die in das Gegenstück gefeilt wurden.

Die Herstellung von Hobeln im Norris-Stil wird detailliert im Buch „Making and Modifying Woodworking Tools“ von Jim Kingshott (Guild of Master Craftsman Publications, 1992) beschrieben.

Im Gegensatz zu Gussverfahren sollen sich so Hobelsohlen herstellen lassen, die keine Innenspannungen aufweisen.

Diese Behauptung kann ich weder bestätigen noch widerlegen, aber ich glaube, dass das Verfahren eine Fertigung mit geringeren Maßabweichungen erlaubte, da sich das Material nicht mehr veränderte.

Der Norris-Hobel ist schwer, was als einer seiner Vorteile angesehen wird. Das Gewicht mag bei manchen Holzarten helfen, größere Kontrolle zu erreichen, es verbessert jedoch nicht die Schnittgüte, die allein von der Qualität des Hobeleisens und der durchgehenden guten Instandhaltung und Pflege abhängen. Ich hatte noch nicht

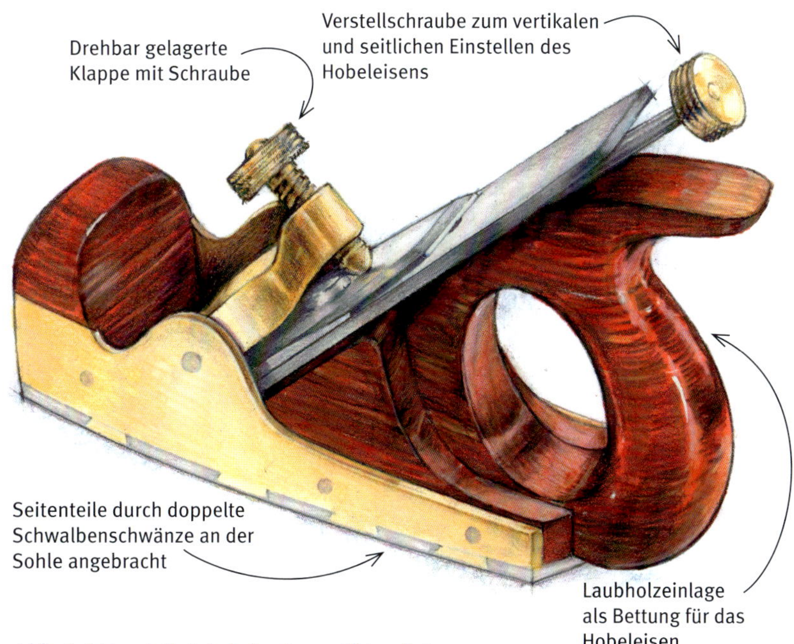

Abb. 6-4 Norris-Putzhobel mit gewölbten Seiten

Abb. 6-5 Der Norris-Verstellmechanismus (Modell 1923)
Der Ring wird um den Kopf der Schraube gelegt, mit welcher der Spanbrecher am Eisen befestigt wird. Die Gewindestange ist direkt darüber drehbar gelagert, um das Eisen seitlich verstellen zu können.

Die Anatomie des Norris-Hobels

Norris-Hobel wiesen meist einen Schnittwinkel von 47,5° auf, allerdings würde ich nicht behaupten wollen, dass dies immer der Fall war. Falls Sie einen bestimmten Hobel im Auge haben, sollten Sie den Schnittwinkel überprüfen. 47,5° ist ein nützlicher Winkel, vor allem, wenn man mit Laubholz arbeitet. Die Hobeleisen sind schwer, 4 mm stark und verjüngen sich nicht.
Bei frühen Norris-Hobeln wurde die Einheit aus Eisen und Spanbrecher durch einen Keil gehalten, und die Schnitttiefe wurde wie bei einem Holzhobel durch leichte Schläge auf das Eisen verstellt. Im Jahr 1913 ließ sich Norris seinen Verstellmechanismus patentieren, 1923 und in den 30er-Jahren wurde er modifiziert. Mit diesem einzelnen Bauteil lassen sich sowohl die Schnitttiefe als auch die seitliche Lage des Eisens verstellen. Diese Entwicklung wurde durch eine drehbar gelagerte Klappe ergänzt, die mit einer Schraube verstellt wurde und Eisen und Spanbrecher hielt. Der Norris-Mechanismus ist eine der effektivsten Methoden zur Eiseneinstellung. Bei sorgfältiger Herstellung lässt sich mit ihm ungewolltes Verstellen des Eisens weitgehend ausschließen (siehe Abb. 6-5). Allerdings lässt sich bei einem Norris-Hobel die Maulöffnung nicht verstellen – wobei anzumerken ist, dass diese Hobel meist eine recht kleine Maulöffnung hatten. Falls Ihnen die Maulöffnung nicht behagt, haben Sie ein Problem. Sie lässt sich weder verstellen noch reparieren.

das Vergnügen, einen Norris-Hobel zu besitzen und kann deshalb nichts zu seiner Leistung sagen. Es sind schöne Werkzeuge – ein gutes Beispiel für Schönheit, die der Zweckmäßigkeit dient – und wirken schon durch ihre Anwesenheit inspirierend. Der Verstellmechanismus ist brillant, auch wenn er manchmal etwas klemmt und auch nicht vollkommen spielfrei ist. Die Hobeleisen sind hochwertig und lassen sich ersetzen.

Norris-Hobel sind teuer. Ein Exemplar kann etwa ein Wocheneinkommen kosten. Die Preise werden durch Sammler auf hohem Niveau gehalten. Sind sie so viel besser? Die Antwort lautet nein. Man kann vergleichbare Hobel für weniger Geld bekommen. Darum geht es bei diesem Hobel jedoch nicht.

Und das wiederum führt zu einer beunruhigenden Überlegung. Es gibt die These – die sich nicht nur auf Tischlerwerkzeuge, sondern auf viele kulturelle Gegenstände beziehen –, die davon ausgehen, dass Objekte, die obsolet werden, einen Dekorationsprozess durchlaufen und in den Rang einer Ikone erhoben werden. Durch diese Erhebung zur Ikone wird auch das Ende der Nützlichkeit des Objekts signalisiert.

Man kann das deutlich am Ende des 19. Jahrhunderts erkennen, als aufwendige Nuthobel aus Elfenbein, Palisander, Buchsbaum und Silber – ja auch der Norris-Hobel aus Gusszinnbronze und Palisander – hergestellt wurden. Verwendet wurden sie nur selten, wie auch allgemein das Handwerk im Niedergang begriffen war. Bei den Nachbauten der Norris-Hobel und bei den vielen anderen hochwertigen Werkzeugen aus teuren Materialien, die eher wegen ihres Aussehens als der Praxistauglichkeit geschätzt werden, stellt sich dieselbe Frage, nämlich ob wir nicht Zeugen des Ablebens von Handwerk und Kunsthandwerk werden, die sich zu schrulligen Hobbies entwickeln.

Der Norris-Putzhobel

Mit diesem Hobel sollte man nicht aushobeln, obwohl es auch Hobel im Norris-Stil gab, die von den Abmessungen her einem Schlichthobel entsprachen. Meist wurden die Norris-Hobel als Füllungshobel bezeichnet und zwischen Raubank und Putzhobel verwendet. So sollte man das auch heute halten.

Es gab auch Raubänke in dieser Bauart – gelegentlich werden sie auch heute noch hergestellt –, aber in diesem Fall gilt meines Erachtens noch mehr als sonst, dass es sich eher um Schaustücke als um Werkzeuge handelt, da sie um die fünf Kilogramm wiegen können.

Als Putzhobel funktioniert der Norris-Hobel gut. Allerdings hat der Sammlermarkt das Preisniveau verschoben.

Falls ein alter Hobel wie ein Schnäppchen anmutet, dann weist er vermutlich schwere Fehler auf. Neben all den Problemen, die bei Hobeln aus Holz oder aus Metall auftauchen können, kommt hier noch die Verbindung zwischen Metall und Holzeinsatz als mögliche Fehlerquelle hinzu.

Auch der Verstellmechanismus am Norris-Hobel bereitet sein eigenes Problem. Das Eisen kann meist nicht verstellt werden, wenn die Halteschraube voll angezogen ist, sodass man bei der kleinsten gewünschten Einstellungsänderung jedes Mal ein Ritual von Lockern-Verstellen-Anziehen durchlaufen muss. Deshalb gibt es viele alte Norris-Hobel, bei denen die Verstellmechanismen beschädigt sind, weil die Vorbesitzer die Schraube zu stark anzogen.

Die neuen Hobel sind wunderbare Werkzeuge, verrichten ihre Arbeit gut und sind mit Schnittwinkeln für harte Hölzer erhältlich. Man kann sie allerdings nur für feine Putzarbeiten verwenden, da die Maulöffnung sehr klein ist (was nicht unbedingt ein Nachteil ist). Die meisten Hersteller setzen hochwertige Eisen mit hohem Kohlenstoffanteil ein, die ideal für die Arbeiten geeignet sind, die man mit diesem Hobel ausführen sollte.

Der deutsche Hobeltyp mit Horn

Der in Deutschland und Skandinavien beliebte Hobeltyp mit Horn (Abb. 6-6) ist ein Arbeitspferd. Er kann gut über längere Zeiträume verwendet werden, um zahlreiche tiefe und schwere Schnitte in harten Laubhölzern auszuführen. Außerdem kann man mit den heute üblichen Verfeinerungen auch außerordentlich feine Arbeiten mit ihm ausführen. Der Hobelkörper besteht aus Holz, die Hobel sind also leichter als ihre Gegenstücke aus Metall.

Um den Verschleiß zu verringern, werden die Hobelsohlen oft aus einem härteren Holz hergestellt als der Körper. Oft wird dafür Pockholz verwendet, das hart und selbstschmierend ist – das perfekte Material für eine Hobelsohle. Insgesamt bedeutet das, dass man im Laufe eines Arbeitstages weniger schiebt (geringere Reibung) und weniger hebt (geringeres Gewicht).

Es gibt verschiedene Verstellmechanismen für das Eisen, die alle besser sind als die ursprünglichen Lösungen. Eine Variante ist der althergebrachte Keil, der besser ist als sein altes Gegenstück, weil er lang ist und unter ein flaches Widerlager passt (Abb. 6-7). Dadurch kann der Keil gelöst und entnommen werden, indem man seitlich dagegen drückt oder klopft, anstatt wiederholt auf den Hobelkörper schlagen zu müssen. Dadurch wird das Entnehmen des Eisens beschleunigt. Man kann mit einem solchen Keil ein flaches (im Gegensatz zum keilförmigen) Hobeleisen verwenden, wodurch die anfängliche Einstellung des Eisens vereinfacht und beschleunigt wird. Die Einstellarbeit scheint so auch insgesamt leichter zu sein.

Bei einem anderen Mechanismus wird eine Feststellschraube verwendet, um das Eisen zu halten (Abb. 6-8). Das funktioniert – zumindest bei dem Exemplar, das ich besitze – nicht so gut. Das Eisen wird verstellt, indem man mit einem Klüpfel darauf schlägt wie auf ein keilförmiges Eisen. Das Eisen bewegt sich unter vollem Druck nicht, man kann die Schraube also nicht vollkommen anziehen, bevor das Eisen verstellt ist. Wegen der geringen Stärke moderner Eisen und der Krümmung des Spanbrechers biegt sich das Eisen zu einem Bogen durch, wenn der Spanbrecher am Eisen festgeschraubt wird. Wenn man das Eisen in seine scheinbar

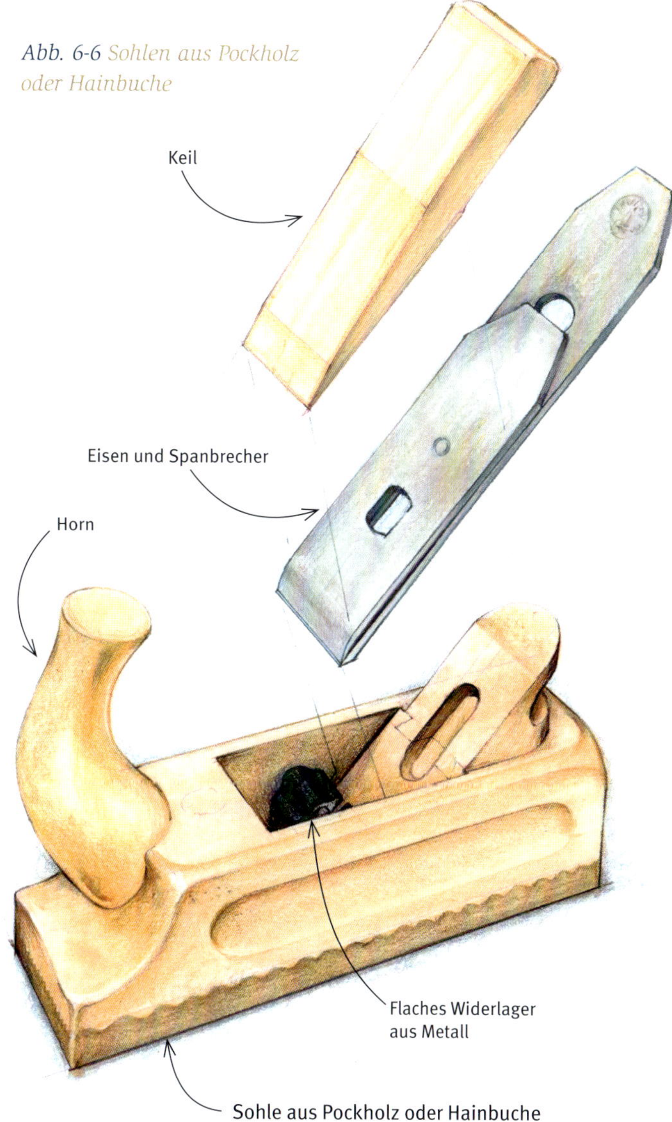

Abb. 6-6 Sohlen aus Pockholz oder Hainbuche

Abb. 6-7 Bei diesem Schrupphobel sieht man über dem Keil das flache Widerlager.

Abb. 6-8 Ein Reform-Putzhobel mit Schraubenfeststeller für die Klappe. Der Hobelkasten besteht aus Birnbaum, die Sohle aus Pockholz. Der Kasten ist hinten zusätzlich abgerundet, um bequemer in der Hand zu liegen.

endgültige Position klopft und dann die Klappe festschraubt, wird die Kombination aus Eisen und Spanbrecher wieder gerade gezogen, wobei meist das Eisen etwas aus dem Maul herausgeschoben und so die Einstellung verändert wird.

Man muss die Schraube wieder lockern, das Eisen etwas herausziehen und versuchen zu raten, um wie viel es sich bewegen wird, wenn man die Schraube wieder anzieht. Feine oder häufige Einstellarbeiten werden dadurch mühsam. Mit einem stärkeren Eisen und/oder einem anderen Spanbrecher ließe sich das vielleicht ändern.

Der Primus-Verstellmechanismus ist die dritte Möglichkeit und eine der schnellsten und präzisesten, die zu bekommen ist. Er ist besonders an Schlichthobeln nützlich, bei denen häufiges Verstellen notwendig sein kann. Ich verwende meinen Primus-Schlichthobel besonders gerne nach dem Schrupphobel, um Bretter plan zu hobeln, weil seine Ergonomie gut ist und ich zudem das Eisen schnell und genau zurücksetzen kann, wenn das Brett nach und nach ebener wird. Sein größter Nachteil ist seine Komplexität. Das Eisen zum Schärfen zu entnehmen und danach wieder anzubringen ist zeitaufwendig, sodass häufiges Nachschärfen mühselig wird.

Um das Hobeleisen zu entnehmen, müssen zuerst der Spannmechanismus und die Eisenverstellung fast vollkommen zurückgenommen werden. Dann muss man den Spannmechanismus zurückschieben und drehen und die Zugschraubenmutter lösen.

Da das Eisen lose eingelegt ist, bewegt es sich, während man versucht, das T-Stück am Ende der Zugschraube zu drehen, weil das T-Stück sich am Spanbrecher festklemmt und gelöst werden muss. Wenn man das Eisen entnommen hat, müssen noch zwei festsitzende Schrauben gelockert werden, um den Spanbrecher abzunehmen (Abb. 6-9).

Nach dem Schärfen des Eisens muss der Spanbrecher nach Versuch und Irrtum wieder angebracht und angezogen werden. Man kann auch nicht auf einen Spanbrecher nach Sta-Set-Art zurückgreifen, da die Verstell- und Spannmechanismen Bestandteile des Spanbrechers sind. Dann wird das T-Stück am Ende der Zugschraube durch den Schlitz im Spanbrecher gefädelt, gedreht, nach vorne geschoben, wieder gedreht und nach hinten gezogen, bis es auf dem Spanbrecher aufliegt.

Die Anatomie des deutschen Hobels

Holzhobel deutscher Bauart (mit Horn als Griff) haben einen Schnittwinkel von 45° oder 50°. Ich glaube, sie wurden auch mit 43° und 47,5° hergestellt. Schrupphobel und ähnliche haben manchmal auch einen Schnittwinkel von 40°, manche Putzhobel zeigen mehr als 50°. Es gibt ein Zahnhobelmodell mit einem Schnittwinkel von 70°. Bei neuen Hobeln hilft ein Blick in den Katalog, wenn man auf dem Flohmarkt sucht, kann man mit einem Winkelmesser nachmessen.

Bei hochwertigen Modellen lässt sich die Maulöffnung mit einem verstellbaren Einsatz verändern (Reformhobel). Die Spanbrecher sind massiv und gut hergestellt, allerdings muss man manchmal etwas nacharbeiten, wenn man sie mit einer kleinen Maulöffnung einsetzen will.

Primus-Hobel betten das Hobeleisen auf traditionelle Weise, es berührt das Bett nur oben und unten. Dazu sind oben am Eisenbett zwei Metallknöpfe angebracht, auf denen das Eisen ruht. Unten liegt es auf dem Holz des Hobelkörpers auf. So wird sichergestellt, dass das Eisen direkt hinter der Fase eine feste Auflage hat, die wichtigste Stelle, wenn es darum geht, das ‚Rattern' des Hobels zu verhindern. Obwohl die Einheit aus Hobeleisen und Spanbrecher diese Lücke überbrückt, ist sie doch stark genug, dass das Eisen nicht vibrieren kann. Zudem wird die Baueinheit auch durch den Spannstab gedämpft, der zum Verstellmechnismus gehört.

Das Hobeleisen wird bei diesem Typus etwas weiter zur Mitte hin platziert als beim Bailey-Typus, es liegt etwa 40 % der Sohlenlänge hinter der Vorderkante des Hobels. Dadurch ist es etwas leichter, einen Hobelstoß an- und abzusetzen.

Das Horn gibt es in Fassungen für Links- und Rechtshänder.

Der ganze Vorgang des Entnehmens und Wiedereinsetzens des Eisens kann fünf bis zehn Minuten in Anspruch nehmen. Wenn man dies häufig machen muss, kann es irritierend werden. Glück-licherweise muss man es auch bei starker Beanspruchung wegen des üblichen Chrom-Vanadium-Eisens nicht oft machen. Tatsächlich ist der Primus-Schlichthobel wegen seiner schnellen Eiseneinstellung, der guten Ergonomie und des Eisens aus legiertem Stahl – das nur wenig empfindlich auf die mechanischen und thermischen Belastungen schwerer Arbeit reagiert –, ein ideales Werkzeug, um schnell große Materialmengen abzunehmen.* Das Eisen lässt sich zwar vielleicht nicht so gut schärfen wie ein gut geschmiedetes Hobeleisen aus Kohlenstoffstahl, aber die Standzeit ist dafür auch bei starker Belastung recht beachtlich.

Eine nicht so häufige Abwandlung der Verstellung ist ein Schneckengetriebe, das direkt in ein Gewinde am Spanbrecher greift. Bei dieser Version wird keine Zugmutter verwendet. Da die Zugmutter dafür sorgt, dass der Verstellmechanismus spielfrei bleibt, kann es hier dann zu einem gewissen Spiel kommen. Es ist dennoch eine gebrauchsfähige Variante.

Es gibt auch Tiefeneinsteller, die einen Exzenterhebel in dem Schlitz aufweisen, an dem der Spanbrecher befestigt wird. Mit diesem Hebel kann man das Eisen seitlich verstellen.

Bei den sogenannten Reformhobeln aus Deutschland findet sich oft ein weiteres Merkmal: eine einstellbare Maulöffnung. Dadurch werden die Probleme vermieden, die bei dem Mechanismus zum Verstellen des Frosches an Bailey-Hobeln auftreten und die Konstruktion wird vereinfacht.

Die verstellbare Maulöffnung funktioniert allerdings unter Umständen nur dann zufriedenstellend, wenn man den Hobel modifiziert. Falls der Hobel immer wieder ‚stopft', wenn die Maulöffnung fein eingestellt ist, muss der Winkel am Spanaustritt vergrößert werden. Unter Umständen muss der Winkel an der Vorderkante des Spanbrechers zusätzlich verringert werden.

*Anmerkung des Übersetzers: In hiesigen Werkstätten wird der Primus praktisch ausschließlich als hochwertiger Putzhobel verwendet. Es ist oft der Hobel, der dem Meister vorbehalten ist.

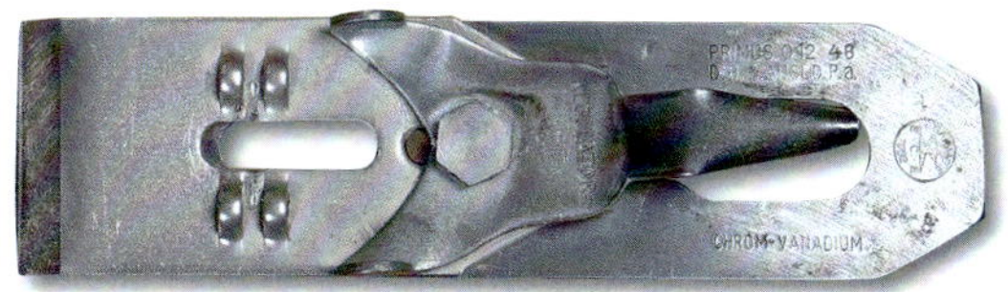

Abb. 6-9 Das Innenleben eines Primus Schlichthobels
Im Spankasten sieht man oben die beiden Knöpfe, auf denen das Eisen ruht, darunter ist der T-Stab zu sehen, mit dem der Spanbrecher arretiert und die Einheit aus Hobeleisen und Spanbrecher im Hobelkörper gehalten wird. Die seitliche Verstellung ist auf dem Spanbrecher angebracht. Der Spanbrecher wird mit zwei Schrauben am Hobeleisen befestigt.

Deutsche Schlichthobel, Raubänke und Putzhobel

Falls Sie viele schwere Hobelarbeiten ausführen müssen, geht nichts über die Ergonomie eines Hobels mit Horn, vor allem wenn auch der Hobelkörper entsprechend abgerundet worden ist. Die Schrupp- und Schlichthobel mit Horn sind sehr gut für ihre Aufgaben geeignet. Der Primus-Schlichthobel ist wegen seines genauen Verstellmechanismus noch besser und erlaubt schnelles Verstellen während der Arbeit. Mein einziger Zweifel bei diesem Hobel gilt seiner Länge, die nur etwa 250 mm beträgt. Wegen dieser Kürze ist der Schlichthobel deutscher Art nicht gut geeignet, um eine Kante auf die Bearbeitung mit der Raubank vorzubereiten, sonst eine der klassischen Aufgaben des Schlichthobels. Bei der Vorbereitung von Holz muss man mit einem solchen kurzen Schlichthobel sorgfältiger arbeiten als mit einem längeren, bevor man zur Raubank greift. (Primus stellt auch einen 360 mm langen Schlichthobel nach englischem Muster her, der eine gute Alternative darstellt.) Die Hobeleisen bestehen aus legiertem Stahl (Chrom-Vanadium oder Wolfram-Vanadium) und eignen sich deshalb gut für harte und schwere Arbeiten an Laubhölzern.

Es gibt auch Raubänke in deutscher Bauart. Sie ähneln den traditionellen englischen und amerikanischen Raubänken, ihre Konstruktion mit einer verschleißfesten Sohle aus Pockholz oder Hainbuche entspricht jedoch den anderen deutschen Modellen. Sie sind mit den gleichen Verstellmechanismen wie die anderen Modelle zu bekommen.

Hobel mit Horn sind sehr gut als Putzhobel geeignet, vor allem bei der Bearbeitung von Laubhölzern, nicht zuletzt, weil sie auch mit einem Schnittwinkel von 50° zu bekommen sind. Um das meiste aus diesen Putzhobeln herauszuholen, muss man vielleicht die Maulöffnung und das Spanloch modifizieren.

Unter Umständen möchten Sie auch das Eisen auswechseln, da die hohen Legierungsanteile nicht zu einer guten Schärfbarkeit beitragen. Das serienmäßige Hobeleisen scheint eher auf schwere Arbeiten ausgerichtet zu sein. Achten Sie beim Austausch jedoch darauf, dass das Eisen nicht nur die richtige Breite aufweisen muss, sondern dass auch der Schlitz zur Befestigung des Spanbrechers mit dem Befestigungs- und Einstellmechanismus Ihres Hobels zusammenarbeitet.

Japanische Hobel

Die Schlichtheit des japanischen Hobels stellt einen krassen Gegensatz zur aufwendigen Konstruktion des Primus-Hobels dar (Abb. 6-10). Diese Schlichtheit verbirgt jedoch seine durchdachte Raffinesse und konstruktive Verfeinerung. Das Hobeleisen ist keilförmig und passt genau in eine Aussparung, die in einen einteiligen Holzkorpus geschnitten ist. Der ganze Hobel besteht lediglich aus diesen beiden Teilen.

Im Gegensatz zu einer verbreiteten, aber falschen Vorstellung, wird das Eisen nicht mit dem Spanbrecher im Hobelkörper verkeilt. Das ist nur bei wenigen Spezialhobeln und einigen neuen, modernen Varianten der Fall. Beim Einrichten des Hobels muss man jedoch viele Nuancen bei der Form des Eisens und Details in der Form des Hobelkörpers beachten, die nicht auf den ersten Blick zu erkennen sind.

Das Hobeleisen ist nicht nur ein Keil, sondern die Spiegelseite ist zudem hohl.

Abb. 6-10 Japanischer Putzhobel

Diese Vertiefung wird zum Großteil schon beim Schmieden geformt, sodass bei der Endbearbeitung durch Hohlschleifen nicht mehr viel Stahl abgenommen wird. Der Hohlschliff macht es leichter, die Spiegelseite abzurichten, eine Arbeit, die man bei jedem Hobeleisen (nicht nur den japanischen) vornehmen muss, wenn man sie erstmals schärft. Ich bin für den Hohlschliff immer dankbar, weil der Stahl des laminierten Eisens sehr hart ist. Die Fasenseite des Eisens, die im Hobelkörper aufliegt, ist in der Breite konkav. Damit wird vermutlich verhindert, dass sich das Eisen noch verschiebt, nachdem es verstellt worden ist. Das Bett, auf dem das Eisen liegt, muss dieser Form angepasst und darf nicht begradigt werden.

Die besten Spanbrecher sind laminiert wie die Hobeleisen (Abb. 6-11). Nur bei den allerbilligsten Hobeln sind sie nicht wenigstens gehärtet und angelassen. Alle Spanbrecher lassen sich leicht mit einer scharfen Kante versehen und dicht an der Schneide des Eisens anlegen, ohne dass sie verschleißen oder Lücken lassen, in denen sich Späne verfangen. Der Spanbrecher hat am oberen Ende zwei Ecken, die man je nach Bedarf biegen oder strecken kann, um so viel Druck auf das Wiederlager auszuüben, dass der Spanbrecher dicht und sicher am Eisen anliegt.

Japanische Hobel werden gezogen, nicht gestoßen. Die Japaner sind wohl die einzige holzverarbeitende Kultur, auf die das zutrifft.

Viele Kulturen haben einige Werkzeuge, die gezogen werden, aber nicht einmal bei den asiatischen Nachbarn, von denen die Holzwerkzeuge ursprünglich übernommen wurden, gibt es wichtige Hobel, die auf Zug arbeiten. Es mag zu dieser Eigenart gekommen sein, weil die meisten japanischen Handwerker im Sitzen arbeiten und die Möbeltischler ein geneigtes Hobelbrett verwenden, das auf den Fußboden gestellt wird. Das Brett hat am körpernahen Ende einen Anschlag und fällt zum Anwender hin ab, sodass sich ein effizienter und ergonomischer Arbeitsablauf ergibt. Breite Werkstücke werden zwischen den Hobelstößen mit dem Fuß am Anschlag entlang geschoben.

Es gibt noch einen anderen wesentlichen Unterschied zwischen westlichen und japanischen Hobeln. Im Gegensatz zu einem westli-

Die Anatomie des japanischen Hobels

Als japanische Hobel zuerst in den Westen importiert wurden, hatten sie alle einen Schnittwinkel von 40°. Er ist auch heute noch am häufigsten. Während ein japanischer Handwerker nicht zögern würde, sich seine eigenen Hobel mit genau dem Schnittwinkel herzustellen, den er für angemessen hält, so scheinen die Werkzeughersteller in Japan doch ungerne Hobel mit höherem Schnittwinkel anzubieten. In den USA bekommt man inzwischen aufgrund der Nachfrage des Großhandels auch Hobel mit 47,5° und gelegentlich auch anderen Schnittwinkeln. Da die Japaner Hobel mit einer dünnen, scharfen Schneide bevorzugen, weisen die Eisen immer – unabhängig vom Schnittwinkel – einen Fasenwinkel von 22° auf. Bei großen Schnittwinkeln ist das zu klein, sodass die Schneide vibriert und/oder beschädigt wird. Man muss die Fase nachschleifen, um den Fasenwinkel zu vergrößern.
Die Spanbrecher sind gehärtet (oft ebenso hart wie westliche Hobeleisen) oder laminiert wie das Eisen. Die Schneidenfase ist auf etwa 25° geschliffen und weist eine Mikrofase auf, die bei Hobeln mit geringem Schnittwinkel bis zu 60° betragen kann.
Die Maulöffnung ist (außer bei den Hobeln zur vorbereitenden Holzbearbeitung) immer klein, allerdings nicht so eng wie bei einem Hobel zur Laubholzbearbeitung mit einfachem Eisen und einem großen Schnittwinkel. Doppelhobel verlassen sich meist auf den Spanbrecher, um Faserausrisse zu reduzieren; unterstützt wird dies durch die Maulöffnung.

Abb. 6-11 *Hochwertiges japanisches Hobeleisen mit Spanbrecher aus der Schmiede von Miyamoto Masao. Wenn man den Spanbrecher genau betrachtet, sieht man den farblichen Unterschied zwischen dem Schneiden- und dem Trägerstahl.*

Die Lagerung japanischer Hobel

Wenn man die Arbeit mit dem Hobel beendet hat oder wenn der Arbeitstag vorüber ist – je nachdem, was zuerst eintritt –, sollte man das Eisen immer vollkommen lösen. Dann werden das Eisen und der Spanbrecher nur soweit wieder in den Hobelkasten geklopft, dass sie nicht herausfallen, wenn man den Hobel hochhebt. Der Hobel sollte in einem Schrank oder einer Schublade gelagert werden, um starke Schwankungen in Temperatur und Luftfeuchtigkeit zu vermeiden. (Es ist ohnehin eine gute Idee, die Luftfeuchtigkeit in der Werkstatt das Jahr über möglichst auf einem gleichen Niveau zu halten.) Traditionelle Häuser und Werkstätten gewährten der frischen Außenluft immer großzügigen Zugang, geheizt wurde nur mit einem Kohlebecken. Da es keine Zentralheizung gab und Sommer wie Winter sich gleichermaßen durch hohe Luftfeuchtigkeit auszeichneten, gab es keine großen Unterschiede in der Luftfeuchtigkeit. (Das gleiche galt übrigens auch in Europa und vor allem in England bis vor etwas mehr als dreißig Jahren.)

chen Metallhobel, bei dem der Hobelkorpus das Zehn- bis Zwanzigfache des Hobeleisens kostet, kann ein japanische Eisen zehnmal so viel kosten wie der Hobelkörper, manchmal sogar noch viel mehr.

Japanische Hobeleisen sind traditionell laminiert und handgeschmiedet. Solche Eisen werden Sie bei keinem modernen westlichen Hobel finden, wie hochwertig er auch sein mag. Alte Hobel haben allerdings laminierte Eisen. Der Hersteller Clifton bietet erst seit Kurzem hochwertige Hobel im Bailey-Stil an, die mit handgeschmiedeten Eisen ausgestattet sind.

Das handgeschmiedete Hobeleisen ist die Seele des japanischen Hobels. Die Herstellung ist das Ergebnis einer fast tausendjährigen Tradition der Metallverarbeitung. Ein großer Teil der Fähigkeit eines japanischen Hobels, saubere Schnitte auszuführen, beruht darauf, dass das Eisen schneiden kann, ohne Fasern auszureißen. Mit einem solchen Eisen, das in einem angemessenen Schnittwinkel schneidet und mit einem feinen Maul und/oder einem gut eingestellten Spanbrecher zusammenwirkt, lassen sich auch die schwierigsten Hölzer putzen.

Das alles hat natürlich seinen Preis. Das Einrichten und die Pflege müssen präzise und sehr sorgfältig durchgeführt werden, was für jeden Hobel gilt, von dem man gute Arbeitsergebnisse erwartet. Da japanische Hobeleisen und Spanbrecher immer in Handarbeit eingepasst werden müssen, ist dieser Teil des Einrichtens jedoch sehr viel zeitaufwendiger und anspruchsvoller als bei den meisten anderen Hobeln. Wenn man jedoch eine halbwegs vernünftige Anleitung für diese Einrichtarbeit erhält, geht es sehr viel schneller von der Hand. Ich halte den japanischen Hobel trotz des gegenteiligen Rufes, den er in manchen Kreisen genießt, für erstaunlich zuverlässig. Wenn er eingerichtet ist, muss man nur noch auf wenige Details achten, um gleichmäßige Ergebnisse mit ihm zu erzielen. Wenn man den Hobel mit gelöstem Eisen in einem Schrank oder einer Schublade lagert, wird man den dai genannten Hobelkörper aufgrund von Temperatur- und Feuchtigkeitsschwankungen seltener nachjustieren müssen.

Japanische Hobel lassen sich auch sehr effektiv zur Herstellung von Formen verwenden, da man sie leicht in ein oder zwei Stunden modifizieren oder anfertigen und noch am gleichen Tag verwenden kann. Es ist leicht, sie präzise einzustellen. Da der Spanbrecher nicht am Eisen befestigt ist, kann er leicht nach oben oder unten verschoben werden, um verschiedene Arbeiten auszuführen, oder gegebenenfalls auch ganz fortgelassen werden.

Das Hobeleisen lässt sich zum Schärfen schnell entnehmen. Wenn das Eisen nicht außerordentlich stumpf ist, kann ich es binnen drei bis vier Minuten ausbauen, schärfen und wieder einsetzen. Wenn man das Eisen entnimmt, wieder einbaut, und einstellt – ohne es zu schärfen – dauert das etwa 45 Sekunden.

Japanische Schlichthobel, Raubänke und Putzhobel

Obwohl der Hobel keine sichtbaren Anpassungen an den menschlichen Körper aufweist, liegt er doch gut in der Hand und verursacht keine Blasen. Um schwere Hobelarbeiten auszuführen, ist einiges an Kraft in den Händen notwendig, ich habe jedoch festgestellt, dass mein Körper vor den Händen ermüdet.

Allerdings sind japanische Hobel nicht meine erste Wahl, wenn ich viel Material abnehmen muss. Mir fällt es leichter, dicke Späne abzuheben, wenn ich einen Hobel mit einem bequemen Handgriff in der richtigen Körperhaltung und Arbeitshöhe auf Stoß führe und dabei mein Körpergewicht entsprechend verlagern kann.

Japanische Schlichthobel sind nicht leicht zu erhalten. Sie können mit ihren geringen Schnittwinkeln bei Nadelhölzern gute Ergebnisse zeitigen, sind bei Laubhölzern ihren westlichen Gegenstücken jedoch unterlegen.

Ich finde es mühselig, mit einer japanischen Raubank Kanten abzurichten, unabhängig davon, ob dies am hochkant in der Bankzange eingespannten Brett oder auf die traditionelle japanische Weise am liegenden Brett auf einer Stoßlade geschieht. Das mag daran liegen, dass ich mit dieser Arbeitsweise nicht so vertraut bin, oder daran, dass meine Raubank zu breit ist, um sie bequem anfassen zu können.

Obwohl ich auch auf andere Hobeltypen zurückgreifen könnte, ziehe ich japanische Hobel doch für die meisten Putzarbeiten vor. Ich finde das Arbeiten auf Zug und die geringe Höhe der Hobel tragen zu einem besseren Gespür und einer höheren Kontrolle über die Arbeit bei.

Auch schon bevor der japanische Hobel im Westen bekannt wurde, arbeiteten die Holzhandwerker bei uns mit ihren Hobeln manchmal auf Zug, wenn sich die Faserrichtung änderte oder sie sonst größere Kontrolle benötigten.

Mit seinem außerordentlichen Eisen und dem guten Gespür, das er für die Arbeit verleiht, ist der japanische Hobel eine exzellente Wahl für Putzarbeiten.

Chinesische Hobel

Die Hobel, die von chinesischen Möbeltischlern verwendet werden, ähneln von der Funktionsweise sehr den frühen europäischen Holzhobeln (Abb. 6-12). Allerdings gibt es auch Unterschiede. Man sollte sich der Ähnlichkeiten wie auch der Unterschiede bewusst sein. Die Befestigungsweise des Eisens ist bei beiden Hobeltypen die gleiche: Ein Holzkeil hält das Hobeleisen, das wiederum in zwei keilförmig verjüngten Nuten in den Seiten des Spankastens liegt.

Faserausrisse werden mit den gleichen Methoden verhindert: durch die Einrichtung des Spanbrechers, die Größe der Maulöffnung und vor allem durch den Schnittwinkel. Ich glaube, dass sich dieser aus der Notwendigkeit ergeben hat, harte Tropenhölzer zu hobeln – ein großer Schnittwinkel, der zu einem eher schabenden Schnitt führt, scheint dann zuverlässiger zu sein.

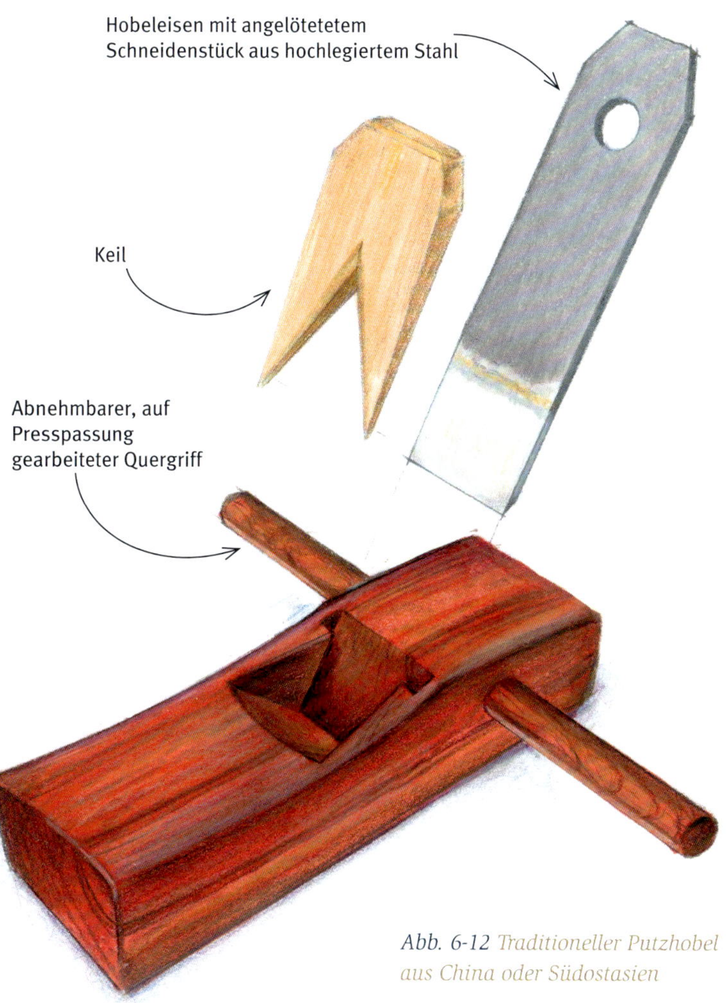

Abb. 6-12 Traditioneller Putzhobel aus China oder Südostasien

Abb. 6-13 Die Sohle eines Hobels chinesischer Bauart
Man sieht den schwalbenschwanzförmigen Messingeinsatz, der in die Sohle eingelassen ist, um eine kleine Maulöffnung und geringen Verschleiß zu gewährleisten.

Der Putzhobel hat einen Schnittwinkel von mehr als 65° ist, keinen Spanbrecher und eine Maulöffnung hat, die nur wenige Hundertstel Millimeter beträgt – kaum so breit, dass bei eingesetztem Eisen noch Licht hindurchscheint. Oft wird ein schwalbenschwanzförmiges Messingstück in die Maulöffnung eingelassen, um dem Verschleiß entgegenzuwirken (Abb. 6-13).

Der Hobel wird auf Stoß bewegt, indem man an einem etwas abgeflachten Rundstab anfasst, der hinter dem Hobeleisen durch den Hobelkörper gesteckt wird. Die Handflächen liegen auf dem Hobel und dem Griff. Die Finger liegen oben auf dem Hobel vor dem Eisen, die Daumen dahinter. Dies ist eine bequeme Haltung, die eine gute Körpermechanik beim Hobeln ermöglicht. Der Handgriff ist auf Presspassung eingefügt und kann zu Lagerungs- oder Transportzwecken bzw. bei Nutzern, die lieber ohne ihn arbeiten, auch ganz entfernt werden.

Das traditionelle Hobeleisen ist oft laminiert und meist nicht keilförmig. Bei dem Putzhobel, den ich kaufte, war ein etwa 25 mm langes Stahlstück an das Ende eines längeren, weicheren Stückes angelötet, das den Hauptteil des Hobeleisens bildete und aus dem Hobelkasten herausragte. Der Teil, der die Schneide aufweist, ist ausgesprochen hart und scheint hochlegiert zu sein, da er sich nicht leicht schleifen lässt. Ich habe noch nie ein Hobeleisen gesehen, dass so konstruiert war (Abb. 6-14).

Der wichtigste Kaufgrund ist es, einen Hobel zu bekommen, mit dem man harte Tropenhölzer hobeln kann. Wenn Sie jedoch selten oder nie mit solchen Hölzern arbeiten, dann können Sie auch ohne einen chinesischen Hobel leben. Wenn sie den richtigen Schnittwinkel aufweisen, funktionieren die Hobel außerordentlich gut und es fällt westlichen Nutzern nicht schwer, sich an sie zu gewöhnen.

Abb. 6-14 Bei dem Eisen dieses chinesischen Hobels ist ein etwa 25 mm langes Stück harter Schneidenstahl an ein längeres Stück aus weichem Stahl angelötet wurden.

DIE ANATOMIE DES CHINESISCHEN HOBELS

Es ist noch nicht lange her, dass es Seltenheitswert hatte, einen chinesischen Hobel zu sehen, geschweige denn kaufen zu können. Heutzutage kann man nicht nur die klassischen Modelle aus China und Südostasien erwerben, sondern man bekommt auch hochwertige Nachbauten aus Australien sowie eine Reihe von regionalen Ausprägungen.

Der klassische Hobel des Möbeltischlers wurde meist verwendet, um harte tropische Laubhölzer zu bearbeiten, deshalb ist sein Schnittwinkel groß. Ein Satz aus Schlichthobel, Raubank und Putzhobel hätte deshalb Schnittwinkel von 55°, 60° und 65°. Wegen dieser großen Schnittwinkel weisen die Hobel meist kleine Maulöffnungen auf, um Faserausrisse zu vermeiden. Allerdings wird manchmal auch ein (Alibi-)Spanbrecher mitgeliefert. Am Maul befindet sich häufig ein Messingeinsatz, um den Verschleiß zu reduzieren.

Manche regionalen Modelle haben einen Quergriff, der oben in den Hobelkasten eingelassen und festgeschraubt wird, anstatt durch ein Loch im Kasten geschoben zu werden. Ein weiterer Unterschied regionaler Art sind flachere, breitere Proportionen, die an japanische Hobel erinnern, im Gegensatz zu diesen jedoch handfreundliche, geschwungene Kanten am Hobelkasten zeigen. Die Kombination aus Hobeleisen und Spanbrecher sieht oft aus wie bei japanischen Hobeln, bei der ein keilförmiger Spanbrecher unter einem Widerlager aus Metall liegt. Allerdings keilt dieses Widerlager bei einem chinesischen Hobel das Hobeleisen wirklich im Kasten fest, da das Eisen nicht wie bei einem japanischen Hobel in seitlichen Nuten verkeilt wird. Ich habe noch nicht mit einem solchen Hobel gearbeitet, kann also nicht beurteilen, ob dadurch die Fähigkeit, den Spanbrecher zu verstellen oder die zuverlässige Sicherung des Eisens in irgendeiner Form beeinträchtigt werden. Wenn diese Gestaltung (von der ich nicht weiß, ob sie traditionell oder eine moderne Mischform ist) beide dieser Forderungen erfüllt, dann hat sie einen Hauch des Genialen. Einer der Vorteile des japanischen Hobels ist die Möglichkeit, den Spanbrecher leicht zu verstellen. Das liegt daran, dass das Hobeleisen unabhängig vom Spanbrecher festgekeilt wird. Beim chinesischen Hobel ist die Verstellung des Hobeleisens abhängig von der Lage des Spanbrechers, und wenn man den Spanbrecher zu weit in einer Richtung verstellt, kann das die Position des Eisens beeinflussen.

Bei Hobeln im klassischen chinesischen Stil liegt das Hobeleisen fast in der Mitte der Sohle, sodass das An- und Absetzen des Hobels kaum leichter fallen könnte.

Ich verwende chinesische Hobel vor allem wegen ihrer hohen Schnittwinkel, die sich bei der Bearbeitung von Tropenhölzern bewähren. Die zentrale Lage der Schneide ist eine willkommene Zugabe. Viele regionale Ausprägungen dieses Hobeltyps werden mit einem Schnittwinkel von 45° und einem Hobeleisen aus legiertem Stahl angeboten, das von Stangenmaterial geschnitten wurde. Sie zeigen keine wirklichen Vorteile gegenüber anderen Hobeln – außer vielleicht dem Preis und einer besseren Ergonomie.

Ein Grundhobel bearbeitet den Grund einer konisch zulaufenden Gratnut.

Hobel für Verbindungen

Werkzeuge und Techniken zur Herstellung und zum Nachpassen von Holzverbindungen

Während Elektrowerkzeuge bei der Herstellung von Verbindungen die Hobel weitgehend ersetzt haben, so können bestimmte Hobel immer noch extrem nützlich beim Putzen, Justieren, Korrigieren oder Nachpassen von Verbindungen sein, die mit der Maschine hergestellt wurden. In einigen Fällen können sie sogar die bevorzugte Methode zur Herstellung von Holzverbindungen sein.

Anfang des 20. Jahrhunderts wurden eine Menge Spezialhobel hergestellt, jeder in einer Fülle von Varianten. Sie legen Zeugnis für den Erfindungsgeist des 19. Jahrhunderts ab, wie produktive Lösungen für Probleme der Holzbearbeitung gefunden wurden und wie gut der aufwändige und häufig üppige Stil der Epoche in der Funktionalität der Werkzeuge berücksichtigt wurde. Nur einige wenige dieser Werkzeuge werden heute noch hergestellt, und dies, weil sie immer noch nützlich sind. Ich persönlich halte Simshobel, Grundhobel, Falzhobel, Grathobel und Einlasshobel für die wichtigsten.

Simshobel

Ein Simshobel ist jeder Hobel, dessen Eisen an einer oder beiden Seiten bis zur Kante der Hobelsohle reicht. Dadurch kann er bis in die Ecke eines Rücksprunges schneiden, etwas, was ein Bankhobel nicht kann. Es gibt einige Varianten von Simshobeln, die sich zwar alle ähneln aber doch andere Aufgaben erfüllen. Neben dem einfachen Simshobel (der keinen Anschlag hat) gibt es noch:

- Falzhobel mit festem Anschlag
- Falzhobel mit verstellbarem Anschlag
- Brüstungshobel (ein Simshobel mit anderen Proportionen und einem niedrigen Schnittwinkel)
- Eckenhobel und Ecken-Simshobel

Abb. 7-1 *Klassischer Simshobel*
Über Jahrhunderte kaum verändert findet man die Form dieses Hobels in fast allen Holz verarbeitenden Kulturen.

Abb. 7-2 *Eisen eines Simshobels mit Schulter: dieses T- oder spatenförmige Eisen wird typischerweise sowohl bei Eisen- als auch bei Holzhobeln verwendet.*

Einfacher Simshobel

Beim einfachen Simshobel (Abb. 7-1) liegt das Eisen mit der Fase nach unten (normalerweise), und zwar in der gleichen Neigung, die wir bei Bankhobeln finden, von 40 bis 70°und darüber hinaus – am häufigsten sind jedoch 45, 48 und 60° Neigung. Er kann einen Spanbrecher haben oder nicht. Er hat keinen Anschlag. Das Eisen kann im rechten Winkel zur Längsachse des Hobels eingelegt sein oder schräg. In diesem Fall ist der Hobel oft nur an einer Flanke geöffnet, und es gibt eine rechte und linke Version. Es gibt verschiedene Möglichkeiten, damit das Eisen die gleiche Breite wie die Hobelsohle hat. Am häufigsten finden wir ein T- oder spatenförmiges Eisen, also ein Eisen mit Schulter. Es ist an der Sohle breit und darüber schmäler, um den Hobelkörper zu passieren und von ihm gehalten zu werden (Abb. 7-2). Diese Bauart findet sich sowohl bei Eisen- als auch bei Holzhobeln.

Alternativ hierzu kann das Hobeleisen auch über die ganze Länge gleich breit sein, dann springt der Hobelkörper in einigem Abstand zur Sohle des Hobels an einer oder beiden Seiten vor. Dies ist bei älteren Holzhobeln, bei heutigen deutschen Holzhobeln und auch bei vielen Eisenhobeln der Fall. Dadurch kann die Tiefe eines Falzes beschränkt werden, wenn nämlich der Hobelkörper anstößt.

Die Länge des Simshobels kann weniger als 150 mm oder über 300 mm betragen (die Chinesen benutzen oft einen Simshobel von mehr als 400 mm Länge) und seine Breite liegt zwischen weniger als 13 mm bis hin zu mehr als 54mm. Ich habe einen japanischen Simshobel, der 70 mm breit ist.

Verwendung des Simshobels

Der Simshobel ist vielseitig verwendbar und fast jeder Holzhandwerker sollte einen haben. Es war mein zweiter Hobel nach dem Einhandhobel. Ich merkte zum ersten Mal, wie wichtig dieses Werkzeug sein kann, als ich aufwändige viktorianische Bekleidungen in Türöffnungen einpassen musste, die nicht lotrecht waren. Die Neigungen waren alle unterschiedlich, manchmal waren die Öffnungen in zwei Richtungen geneigt. Es gibt keinen Weg, dies mit der Maschine zu machen – zumindest nicht ohne jede Menge Schablonen. Der Simshobel war hier eine absolute Notwendigkeit. Kein anderes Werkzeug könnte diese Aufgabe erfüllen.

Auch muss jeder Falz und Rücksprung bearbeitet werden. Schneidet man einen Falz mit der Tischkreissäge, so bleiben Sägespuren, die geglättet werden müssen. Eine Oberfräse hinterlässt feine Schläge, wenn nicht gelegentlich auch verbrannte Stellen oder gar Dellen, wo die Fräse unbeabsichtigt einen Hauch geneigt wurde.

Ein einfacher Simshobel hat keinen Anschlag. Dadurch kann es einfacher sein, eine Vielzahl von Fälzen, Zapfen, Federn und anderen getreppten Flächen zu bearbeiten, die mit der Maschine hergestellt wurden. Im Vergleich zu einem Falzhobel mit festem oder verstellbarem Anschlag können auch schräge Fälze schneller bearbeitet werden, da man den Anschlag nicht vor- und zurückstellen oder ihn ganz abnehmen muss, weil er im Weg ist.

Wenn Sie einen Simshobel verwenden, um aus dem Stand heraus einen Falz herzustellen, werden Sie grundsätzlich einen geraden Anschlag auf Ihr Werkstück spannen müssen, wenn der Falz parallel zur Holzfaser verläuft. Läuft der Falz im rechten Winkel zur Faser, dann müssen Sie zunächst mit einem Messer die Fasern entlang des Anschlages zertrennen. Meist müssen Sie mehrmals einschneiden, während die Arbeit fortschreitet. Sie können einen Falz in Faserrichtung herstellen, indem Sie den Hobel selbst benutzen, um die Kante des Falzes zu schneiden. Neigen Sie den Simshobel um 45° auf die Kante seiner Sohle, setzen Sie ihn unmittelbar vor dem Riss an und schneiden Sie so eine V-förmige Nut (mit einem Simshobel, der ein schräg eingesetztes Eisen hat, lässt sich das leider nicht so gut machen). Sie können dann den Falz entlang der V-Nut runterhobeln, indem Sie Ihre Finger unter dem Hobel und entlang der Kante als Anschlag verwenden, wenn nötig, bis Sie die gewünschte Tiefe erreicht haben (am besten markieren Sie die Tiefe an der Kante des Brettes) (siehe „V-Nuten und Fälze hobeln" rechts).

Abb. 7-3 Ein ungewöhnlicher japanischer Simshobel mit einem 70 mm breiten Eisen. Dieser Hobel ist außergewöhnlich, da der Spanbrecher hier auch als Keil zum Feststellen des Eisens dient. Der Hobelkörper ist oben schmäler, um der Hand beim Arbeiten Raum zu geben

Sobald Sie diese Tiefe erreicht haben, können Sie den Hobel auf die Seite legen und so die vertikale Flanke des Falzes bis zum Riss hobeln. Diese Technik ist eine faktische Notwendigkeit, wenn Ihr Falz an beiden Wangen schräg zuläuft oder wenn die Verbindung komplizierter ist und die beiden Flanken des Falzes einen Winkel von mehr als 90° bilden. Wenn sie weniger als 90° betragen, dann müssen sie abschließend mit einem Wangenhobel bearbeitet werden.

V-Nuten und Fälze hobeln

Wenn Sie den Schnitt etablieren, dann beginnen Sie einige Zentimeter vor dem hinteren Ende des Brettes (falls Ihr Hobel auf Stoß arbeitet), verlängern Sie die Bahn bei jedem Strich um einige Zentimeter. Das ist einfacher als den Schnitt mit einem einzigen durchgehenden Strich des Hobels herzustellen. (Wenn Sie einen Hobel verwenden, der auf Zug arbeitet, dann müssen Sie direkt am Körper beginnen und bei jedem Strich etwas weiter von sich weg ansetzen.) Dies gilt sowohl für V-Nuten wie auch für Fälze. Während die V-Nut tiefer wird, werden Sie den Hobel gelegentlich wenden müssen, um die andere Flanke des Falzes zu bearbeiten.

Abb. 7-4 Im Vordergrund sehen Sie zwei japanische Simshobel mit schräg gesetztem Eisen, einen rechten und einen linken. Diese beiden Hobel sind nur an einer Seite geöffnet. Das bedeutet, dass Hobeleisen schneidet nicht über die ganze Breite der Hobelsohle. Im Hintergrund ein typischer westlicher Simshobel mit schräg gestelltem Eisen, das Eisen hat unten volle Breite, und der Hobelkörper ist an beiden Seiten geöffnet.

Wahl eines Simshobels

Ich halte die größeren Simshobel für praktischer, weil ein Sims per Definition an einer Seite offen ist, so macht es keinen Unterschied, wie weit der Hobel über den Falz vorspringt, und da gibt Ihnen ein größeres Modell mehr Möglichkeiten.

Auf der anderen Seite kann ein Falz so klein sein, dass ein größerer Hobel umständlich wird, oder es gibt nur eingeschränkten Raum, oder Sie bearbeiten gerade eine Nut und keinen Falz. In diesem Fall sollten Sie einen Brüstungshobel oder Grundhobel benutzen.

Ich bevorzuge Simshobel mit schräg gestelltem Eisen, denn ich halte sie für vielseitiger. Sie werden dann aber zwei Hobel kaufen müssen, einen rechten und einen linken (Abb. 7-4). Ein Simshobel wird oft quer zur Maserung benutzt – zum Beispiel, um einen Zapfen oder eine Feder zu bearbeiten.

Ein schräg gestelltes Eisen arbeitet schräg zur Faser, das führt zu einem viel saubereren Schnitt. Es kann auch verwendet werden, um die Abplattung einer Füllung herzustellen oder zu putzen (zwei der vier Abplattungen einer Füllung verlaufen quer zur Faser). Eine solche Abplattung ist prominent und muss sauber sein.

Ein Hobeleisen, das direkt im rechten Winkel zur Faser schneidet, wird nur die Oberfläche aufreißen. Das schräg gestellte Eisen kann auch mit oder quer zur Faser mehr Material abnehmen, und das mit weniger Widerstand, als bei einem im rechten Winkel eingesetzten Eisen. Ein Nachteil ist, dass diese Hobel selten mit Eisen ausgestattet sind, die breiter als 32 mm sind. Wenn Sie ständig größere Stücke bauen, dann wird die Genauigkeit leiden, weil Sie mit Überlappungen arbeiten müssen.

Eine andere Schwierigkeit kann entstehen, wenn Sie tropische Harthölzer verarbeiten. Die Effizienz eines schräg gestellten Eisens ist nämlich verloren, wenn Sie diese Hölzer in Faserrichtung bearbeiten, obwohl es quer zur Faser immer noch hervorragend schneidet.

Um bei tropischen Harthölzern gute Ergebnisse zu bekommen, müssen Sie wohl einen Simshobel mit einem Schnittwinkel von etwa 60° verwenden, und zwar mit einem im rechten Winkel eingebauten Eisen. (Zur Einstellung eines Simshobels siehe S. 184).

Falzhobel

Vor vierhundert Jahren hatte ein englischer Handwerker die gleichen Schwierigkeiten über die Runden zu kommen, wie jeder heute auch. Um einen größeren Gewinn zu erzielen, vereinheitlichte er sein Produkt und verringerte seine Investitionen in Werkzeuge. Vielleicht hatte er einen einzigen Falzhobel haben, den er für alles benutzt, oder einen Falzhobel mit einem eingebauten Anschlag am Hobelkörper, da es bei seiner Arbeit nur Fälze einer Größe gab.

Ein Handwerker, der gelegentlich ein neues Produkt oder eine Sonderanfertigung machen musste, würde seinen Falzhobel nehmen und einen schmalen Holzstreifen an der Sohle seines Hobels befestigen, um so einen Anschlag herzustellen. Das war selbst bis ins 20. Jahrhundert nicht ungewöhnlich.

Es ist etwa 300 Jahre her, dass Werkzeugmacher begannen, einen Falzhobel mit verstellbarem Anschlag anzubieten, der einen Falz jeder Größe schneiden konnte, ohne den gesamten Hobelkörper mit Nagellöchern zu überziehen.

Der Falzhobel mit verstellbarem Anschlag ist eher ein Hobel, mit dem Verbindungen hergestellt als justiert werden. Daher wird er in den meisten modernen Werkstätten weniger Anwender finden als ein Simshobel ohne Anschlag.

Der Seitenanschlag und der Tiefenanschlag (wenn es einen gibt) können jedoch bei Bedarf abgenommen und wieder installiert werden. Dadurch kann der Hobel leichter für eine Vielfalt von Justieraufgaben verwendet werden.

Ich verwende meinen Falzhobel mit beweglichem Anschlag nicht so oft wie meine Simshobel. Manchmal ist das Werkstück, das gefälzt werden soll, zu groß oder schwierig, um es auf die Tischkreissäge zu stellen, oder aus Gründen des Gleichgewichts, Zugangs oder der Größe zu riskant, eine Oberfräse zu benutzen. Manchmal erlaubt es die Montage nicht, einen Falz vor der Installation zu schneiden. Wenn Sie länger mit Holz arbeiten wollen, dann brauchen Sie einen Falzhobel mit beweglichem Seitenanschlag.

Außer einem Seitenanschlag haben Falzhobel oft auch einen Tiefenanschlag und einen Vorschneider. Der Tiefenanschlag ist hilfreich aber nicht notwendig. Oft kann man sich nicht darauf verlassen. Tiefenanschläge sind oft klein. Wenn der Hobel also nicht parallel zur Auflagefläche des Anschlags liegt, dann werden sich Fehler ergeben – meist werden Sie vor der vollen Tiefe des Falzes landen, doch gelegentlich werden Sie auch etwas zu tief hobeln.

Der Tiefenanschlag wird am besten als Referenzpunkt genutzt, um die Tiefe des Falzes zu prüfen, wenn der Anschlag den Boden zu berühren scheint. An einigen Hobeln können Sie auch einen längeren Anschlag anbringen, der über die gesamte Länge reicht. Ein solcher Anschlag über die ganze Hobellänge ist präziser, aber auch schwerer einzustellen, denn er muss parallel zur Sohle sein.

Wichtiger ist ein Vorritzer oder Vorschneider. Der beschleunigt die Arbeit, weil Sie für einen Falz quer zur Faser das Holz nicht extra vorschneiden und dann den Anschlag genau auf diesen Riss einstellen müssen. Vorschneider kommen in zwei verschiedenen Varianten: eine ist eine Art Messer, die andere ist eine Art Spore – ein Wendemesser – eine kleine Schneide, die gedreht werden kann, wenn eine Seite stumpf wird. Ich bevorzuge die Messerform, da die Sporen stumpf werden und das manchmal ziemlich schnell.

Abb. 7-5 Ein klassischer Falzhobel mit verstellbarem Anschlag. Der Anschlag hat zwei Schlitze und wird mit Schrauben an der Hobelsohle fixiert.

Ich glaube, ein Falzhobel mit einem schräg gestellten Eisen und Spanbrecher oder verstellbarem Maul ist einem Falzhobel mit geradem Eisen vorzuziehen, und zwar aus den gleichen Gründen wie bei einem Simshobel: das schräg gestellte Eisen kann das Holz leichter abtragen, mit Spanbrecher oder verstellbarem Maul lässt sich gut putzen, und es ist effektiver bei Arbeiten quer zur Faser.

Ich bevorzuge Falzhobel mit Holzkörper. Sie gleiten besser über das Werkstück. Die eisernen Falzhobel von Record und Stanley zeigen eine Menge Widerstand. Ich habe keine Erfahrungen mit Bronzehobeln, aber die Messingplatte an der Sohle meines japanischen Falzhobels scheint sehr wenig Reibung zu generieren (Abb. 7-6).

Verwendung eines Falzhobels

Wenn Sie diesen Hobel verwenden, dann soll das Eisen seitlich 0,4 mm oder ein bisschen weniger vorspringen, obwohl es so aussieht, als würden Sie es damit schon hinter den Riss einstellen (siehe Abbildung rechts). Überraschenderweise funktioniert dies normalerweise. Wenn der Schnitt jenseits des Risses greift, dann springt das Hobeleisen zu weit vor und muss zurückgeschlagen werden. Wenn der Hobel aber den Riss bei der Spanabnahme nicht erreicht, dann muss das Eisen stärker vorspringen. Testen Sie Ihre Einstellung, bevor Sie an Ihr Werkstück gehen, damit Sie wissen, wie sich Ihr Hobel verhält.

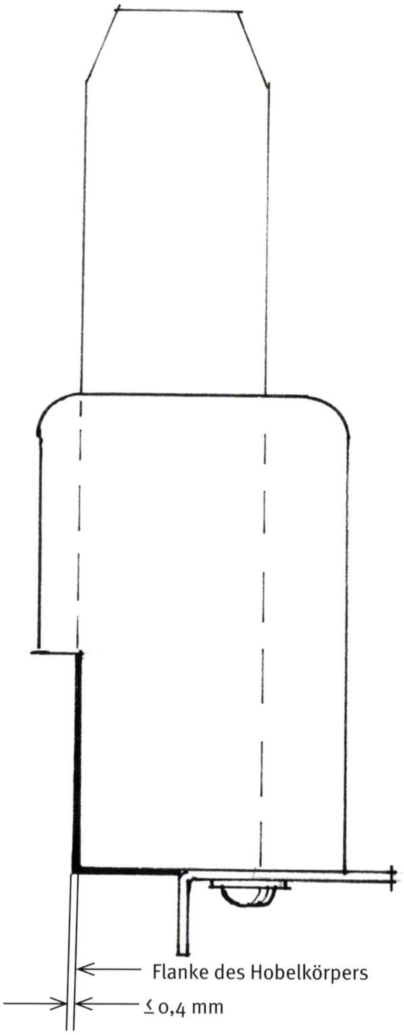

Messen Sie die Breite des Falzes vom Riss aus, welcher der Seite des Falzhobels entspricht (nicht der Kante des Hobeleisens). Messen Sie an jedem Punkt, an dem der Anschlag fixiert wird, um sicher zu stellen, dass der Seitenanschlag parallel zur Hobelsohle steht. Falls Ihr Anschlag nur an einer Stelle fixiert wird, seien Sie sich bewusst, dass Sie den Anschlag beim Anziehen verbiegen können und inkonsistente Ergebnisse erhalten werden.

Wenn Sie mit dem Falzhobel quer zur Faser arbeiten, dann ziehen Sie den Hobel zunächst mindestens einmal zurück, um so eine saubere Schnittlinie zu erhalten, welche die Fasern an der Oberfläche komplett durchtrennt. Stellen Sie dabei sicher, dass der Anschlag satt an Ihrem Werkstück anliegt, denn es passiert leicht, dass man den Hobel unbewusst etwas neigt, einen Riss hinter dem Falz herstellt und so die Arbeit beschädigt.

Flanke des Hobelkörpers

≤ 0,4 mm

Bei allen Arten von Simshobeln, einschließlich Falzhobeln, sollte das Hobeleisen so eingestellt werden, dass es an der Flanke des Hobelkastens etwas vorspringt.

Wenn Sie feststellen, dass Ihr Falz ein Stück weit nach außen springt, dann haben Sie zwei Möglichkeiten. Wenn Sie nicht zu weit vom Riss weg sind, können Sie das Hobeleisen so einstellen, wie es hätte sein sollen (0,4 mm vorspringend). Dann arbeiten Sie mit wiederholten leichten Stößen und halten dabei den Anschlag fest am Werkstück. Die Spitze des Hobeleisens wird ins Holz greifen und noch das Material entfernen, das es schon beim ersten Mal hätte abnehmen sollen. Es ist etwas frustrierend, aber meist am genauesten, wenn Sie den Anschlag am Werkstück halten können. Prüfen Sie die Ausrichtung des Anschlags. Wenn er nicht parallel zur Hobelsohle steht, dann kann dies den Hobel vom Kurs abbringen. Messen Sie also anbeiden Feststellpunkten und korrigieren die Einstellung wenn nötig. Wenn Ihr Hobel nur eine einzige Feststellschraube hat (wie bei Stanley-Modellen), dann werden Sie vermutlich nicht in der Lage sein, den Anschlag parallel einzustellen. Sie können aber einen Holzanschlag an dem Anschlag aus der Fabrik anbringen und ihn so parallel bekommen.

Alternativ hierzu können Sie einen nach außen springenden Falz korrigieren, indem Sie den Hobel auf seine Seite legen und so die Flanke des Falzes rechtwinklig ausarbeiten. Sie können den Anschlag neu einstellen, damit Sie nicht über den Riss arbeiten oder einfach über den Riss peilen. Wenn Sie Ihr Hobeleisen nicht richtig eingestellt hatten, bevor Sie damit begonnen haben, dann wird das Eisen in der anderen Richtung abweichen, die Ecke des Falzes wird unsauber. Dann werden Sie doch die erste Technik benutzen müssen – was an diesem Punkt noch schwieriger sein wird. Gelegentlich mag es einfacher sein, die Wange mit einem Nutwangenhobel zu putzen. Stellen Sie aber sicher, dass die Spitze des Hobeleisens nicht über die Sohle ragt oder der Hobel wird wiederholt den Boden des Falzes einritzen und nicht seitwärts schneiden.

Abb. 7-6 Ein japanischer Falzhobel mit verstellbarem Anschlag, Spanbrecher, Vorritzer und einer Sohle aus Messingblech, die Abrieb verringern soll. Dieser Hobel ist ein Arbeitspferd, man kann mit ihm viel Material abnehmen oder ihn fein einstellen, um einen glänzenden Schnitt zu erhalten. Er kann auch quer zur Maserung verwendet werden. Er hat jedoch ein paar Eigenheiten. Die maximale Schnittbreite liegt bei nur 25 mm und bei dieser Einstellung können die Flügelmuttern, mit denen der Anschlag fixiert wird, in Konflikt mit dem Werkstück kommen. Beheben Sie dieses Problem, indem Sie die Schrauben neu setzen, damit die Flügelmuttern an einer Position angezogen werden, wo sie nicht stören. Wie bei vielen Simshobeln werden sich die Späne in der Öffnung direkt über der Spitze des Hobeleisens stauen. Erweitern Sie die Öffnung mit einer Feile.

Der Grathobel

Der Grathobel (Abb. 7-7) stellt die Grate einer Gratverbindung her, entweder quer oder parallel zur Faser. Es handelt sich um eine Art Falzhobel mit verstellbarem Seitenanschlag, dessen Sohle leicht geneigt ist, sodass er einen Falz von 73 oder 80° (also einen Schwalbenschwanz) herstellt anstelle eines 90° Falzes.

Das Hobeleisen ist meist schräg eingesetzt. Die Spitze liegt hierbei am Ende der Schneide, anders als beim Simshobel mit schrägen Eisen, wo die Spitze der Schneide am Werkstück liegt. Dadurch kann das Eisen bei einem Grat, wie Sie ihn etwa am Kopf eines Brettes finden, um einen Boden mit einer Seite zu verbinden, mit der Faser der steigenden V-Nut schneiden. Er hat aus Notwendigkeit einen Anschlag und – für Arbeiten quer zur Faser – einen Vorschneider. Er hat normalerweise keinen Tiefenanschlag, da man zur Herstellung eines Grates keinen braucht. Diesen Hobel gibt es in mindestens zwei Neigungen (normalerweise 10 und 17°).

Die Gratverbindung ist eine exzellente Lösung für Querstreben, die Füllungen oder Türen aussteifen und plan halten sollen. Es ist eine Technik, die weltweit angewandt wird. Ich habe 500 Jahre alte chinesische Tischplatten gesehen, die durch eine Gratleiste an der Unterseite beinahe perfekt plan gehalten wurden. Japanische Bauschreiner verwenden Gratleisten, um die Füllungen in Türen gerade zu halten.

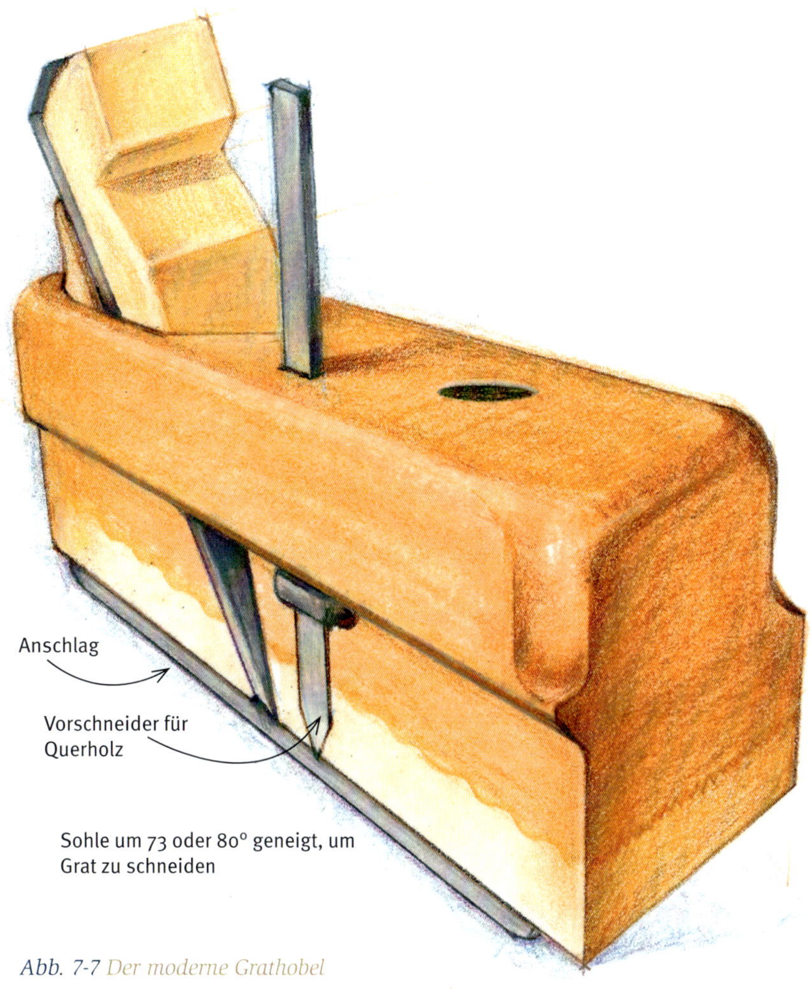

Abb. 7-7 Der moderne Grathobel

Abb. 7-8 *Verwenden Sie den Grathobel, um an der Kante einer Leiste einen Grat anzuhobeln, der in eine passende Gratnut geschoben wird.*

Gratverbindung

Auch wenn Sie nur 0,25 mm an der Flanke eines fest sitzenden Grates abnehmen, dann wird er lose genug sein, um ihn 2 mm hoch zu ziehen.

Der Grund dafür, dass es so schwer ist, eine dicht schließende Gratverbindung herzustellen, ist reine Geometrie. Wenn Sie zum Beispiel bei einem Grat mit 10° Neigung an den Flanken Material abnehmen, dann ergibt dies in Richtung quer zur Gratnut einen mehr als fünfmal so breiten Spalt. Wenn Sie also von der Flanke des Grates 0,25 mm abhobeln, dann werden Sie einen Spalt von beinahe 2 mm in der Richtung haben, die normalerweise den Grat fest verkeilt. Dieser Effekt ist in Bezug auf die Länge einer konisch zulaufenden Gratleiste noch dramatischer. Da die Verjüngung nur zwei Grad oder weniger beträgt, kann ein einziger Strich mit dem Grathobel genug Material entfernen, um die Leiste 13 mm oder noch weiter eintreiben zu können.

Es ist effektiver und mit Sicherheit eine elegantere Lösung als eine Strebe, die mit Schrauben fixiert wird, welche durch Schlitze gesteckt werden. Aber wenn Sie jemals versucht haben, einen langen Grat zu schneiden und einzupassen, dann werden Sie wissen, wie schwer es sein kann eine Passung zu erreichen, die ausreichend stra mm und auch noch präzise genug ist, um sie ganz einzutreiben.

Die Reibung ist extrem hoch, selbst an einem gut geschnittenen Grat. Ein Weg, um diese Verbindung sowohl dichter als auch schneller zu machen, ist ein konischer anstelle eines geraden Grates. Die Verbindung lässt sich leicht zusammenführen und schließt erst mit dem letzten Schlag fest. Der Grathobel hat hier seine Stärke. Sie können mit ihm eine Reihe von konisch gegrateten Leisten in der Zeit einpassen, die Sie zur Herstellung einer komplizierten Vorrichtung für die Oberfräse benötigen würden.

Zudem sind die Teile, die einen Grat erhalten sollen, manchmal zu lang um sie einfach mit der Maschine bearbeiten zu können.

Konisch zulaufende Gratverbindungen sind zum Beispiel eine exzellente Verbindung, um Fachböden in einen Korpus einzubauen. Solche Böden sind jedoch oft zu lang, um sie genau und gleichmäßig über einen Frästisch zu führen, und der Boden am Kopf zu schmal, um ihn effektiv mit einer Oberfräse zu bearbeiten. Wenn Sie eine ganze Reihe von Verbindungen herstellen müssen, dann können Sie die Gratnut mit Hilfe einer Schablone mit der Oberfräse herstellen und danach den Kopf des Bodens oder die Leiste (die sich schwieriger mit der Maschine bearbeiten lassen) mit dem Grathobel herstellen (Abb. 7-8). Die Technik zur Herstellung der Gratnut und Gratleiste von Hand finden sie im Detail unter „Herstellung einer Stoßlade“ auf Seite 231. Die Einstellung und Pflege eines Grathobels sind die gleiche wie beim Falzhobel mit verstellbarem Anschlag.

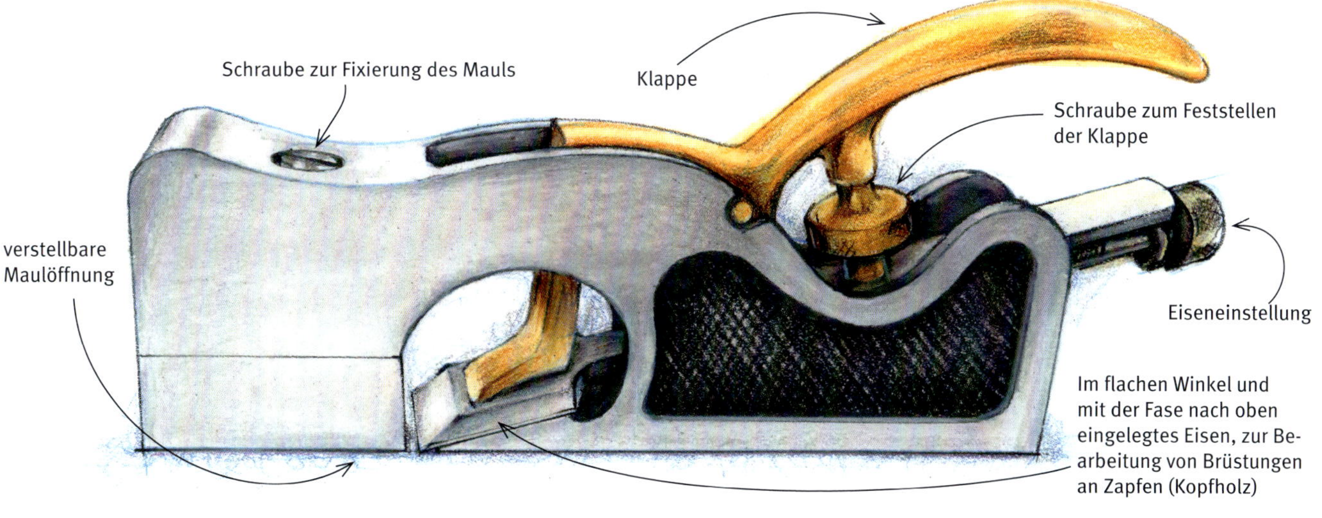

Abb. 7-9 Klassischer Brüstungshobel, wie er von Lie-Nielsen und Clifton hergestellt wird

Brüstungshobel

Es handelt sich um eine Variante des Simshobels, die oft als Brüstungshobel bezeichnet und auch als solcher verwendet wird (Abb. 7-9). Er unterscheidet sich vom gewöhnlichen Simshobel dadurch, dass sein Eisen im flachen Winkel gebettet ist und seine Fase nach oben zeigt. Diese Bauart macht es einfacher, Kopfholz zu bearbeiten, wie etwa an der Brüstung eines Zapfens, seine ursprüngliche Aufgabe.

Der Körper des Brüstungshobels ist hoch in Relation zu seiner Breite und zwar sowohl als visuelle und physische Referenz zum Werkstück. Beim Nachpassen einer Brüstung wird der Brüstungshobel flach auf den Zapfen gelegt, damit die Brüstung im rechten Winkel zum Zapfen liegt (Abb. 7-10). Der Hobel kann gewendet werden, um die benachbarte Zapfenflanke zu bearbeiten. Dabei dient die relative Höhe des Hobels als guter visueller Bezug, um rechtwinklig zu arbeiten. Der Brüstungshobel hat weder einen Vorschneider noch einen Anschlag.

Noch vor ein paar Jahren waren diese Hobel fast verschwunden, das Nachpassen von Zapfen war offensichtlich auf der Liste der Holzhandwerker ganz nach unten gerutscht. Aber in jüngster Zeit haben Holzhandwerker gemerkt, wie vielseitig und praktisch sie sein können, und jetzt haben wir eine große Auswahl an gut verarbeiteten und wohl durchdachten Modellen. Ich würde das vor ein paar Jahren nicht gesagt haben, doch heute glaube ich, dass Sie einen von diesen Brüstungshobeln wählen sollten, wenn Sie nur einen einzigen Simshobel kaufen wollen. Wahrscheinlich einen, der etwas schmäler als 19 mm ist, denn damit können Sie auch eine 19 mm breite Nut bearbeiten und Fälze putzen oder nachpassen.

Holzhandwerker verwendeten ursprünglich Simshobel zur Bearbeitung von Zapfenbrüstungen (Kopfholz) und andere Hobel zum Fälzen. Der traditionelle Brüstungshobel hatte kein verstellbares Maul. Die Brüstungshobel des Herstellers Clifton – wunderbare Kopien von Hobeln, die lange in Produktion waren – haben keine verstellbare Maulöffnung.

Neuere Hobel jedoch, wie die von Lie-Nielsen und Veritas, sind auf größere Vielseitigkeit ausgelegt und haben alle eine justierbare Maulöffnung. Stanley stellt immer noch die Modelle 92 und 93 her, sehr alte Muster, die beide verstellbare Maulöffnungen haben. Ich finde dieses Merkmal wünschenswert, doch nicht entscheidend. Es erlaubt Ihnen, schnell und einfach Ausriss zu verringern, wenn Sie mit dem Hobel putzen wollen. Obwohl ein Hobel ein verstellbares Maul haben kann, sollten Sie doch vor dem Kauf einige Aspekte prüfen:

- Kann das Hobelmaul auf eine effektive Größe verkleinert werden?
- Ist das Maul scharfkantig und sauber hergestellt?
- Verstellt sich der Hobel, wenn das Maul eingestellt wird?

Abb. 7-10 Wenn man eine Zapfenschulter nachpasst, kann eine Stoßlade als Anschlag helfen, die Arbeit zu beschleunigen und die Genauigkeit zu verbessern. Ein Brett, das die gleiche Stärke wie die Lade hat, kann als Auflage für längere Werkstücke verwendet werden.

Generell springt das Eisen an diesen neueren Hobeln nicht so weit vor, wie es zur Herstellung von Fälzen empfohlen wird, aber in dieser Frage stehe ich auf Seiten der Hersteller. Wenn Ihr Hobel bei Herstellung eines Falzes seitlich verrückt oder nicht in der Lage ist, die innere Ecke zu erreichen, dann können Sie das Eisen so einstellen, dass es etwas weiter in diese Richtung reicht. Aber das Hobeleisen, die Flanken des Eisens und der Hobelkörper sind parallel zueinander, und dadurch ist die Schneide dann nicht länger parallel zur Hobelsohle.

Wenn das Hobeleisen nicht parallel zur Sohle eingestellt werden kann mit einem gleichmäßigen Überstand an beiden Seiten (angenommen, die Schneide ist rechtwinklig abgezogen und auch die Hobelsohle ist rechtwinklig zu den Seiten des Hobels) und der Hobel verläuft zur Seite, dann würde ich ihn zurückgeben, weil das Hobeleisen keine ausreichende Breite hat. Auf der anderen Seite sollte es bei einem neuen Hobel nicht nötig sein, das Eisen wesentlich schmäler zu schleifen. (Die Einstellung eines Brüstungshobels folgt vielen der gleichen Prozeduren wie die eines Simshobels, siehe Seite 184.

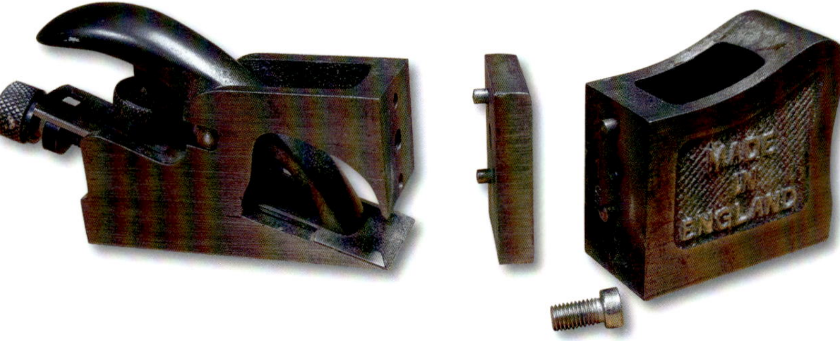

Abb. 7-11 Das „3 in 1"-Modell von Clifton im demontierten Zustand: Eckenhobel, Distanzscheibe („Bull-Nose-Piece") und „Nase" als Verlängerung zum Simshobel

Sie sollten nicht versuchen, die Sohle und Flanken dieser Hobel abzurichten und rechtwinklig zu bearbeiten. Wenn Ihr Hobel nicht rechtwinklig ist, dann brauchen Sie einen neuen.

Bei der Verwendung entwickeln die meisten dieser Eisenhobel eine Menge Reibung und profitieren von häufiger leichter Ölung. Im Spanaustritt, der sich bei allen diesen Hobeln nicht oben sondern an den Flanken befindet, sammeln sich die Späne. Wenn Sie etwa 1,5 m gehobelt haben, wird das Spanloch voll sein. Entnehmen Sie daher die Späne regelmäßig. Vorsicht: Man zieht die Feststellschraube des Hobeleisens schnell zu stark an.

Eckenhobel

Die am weitesten verbreiteten Versionen des Bullnose- und Ecken-Simshobels sind Varianten des Brüstungshobels. In einigen Fällen sind diese Varianten sogar Brüstungshobel, die sich in einen Bullnose- oder Ecken-Simshobel zerlegen lassen (Abb. 7-11).

Ein Bullnose-Hobel hat eine kurze Nase, das heißt, eine ganz kleine Auflagefläche vor dem Maul, meist etwa 6 mm, um nahe an Innenecken und anderen schwer zugänglichen Flächen arbeiten zu können. Ein Eckensimshobel hat keine „Nase", das Eisen steht ohne jedes Hindernis vor, um ganz bis in eine Ecke zu kommen. Dies sind keine wesentlichen Werkzeuge. Warten Sie mit dem Kauf, bis Sie einen brauchen.

Diese Hobel haben nur eine beschränkte Verwendung abgesehen von der Aufgabe, für die sie eigens entworfen wurden. Der Bullnose-Hobel funktioniert auch beim normalen Hobeln von Fälzen befriedigend, aber seine kurze „Nase" macht es schwieriger, den Hobel anzusetzen und aufgrund seiner geringen Länge ist er weniger stabil. Er ist schwieriger einzusetzen als ein herkömmlicher Simshobel. Der Eckensimshobel ist kaum zu benutzen. Indem die Sohle vor der Schneide genommen wird, verliert er eine Auflagefläche, die ein „Eingraben" des Eisens verhindert.

Wenn Sie einen tot laufenden Falz nachpassen oder putzen müssen, dann werden Sie den Bullnose- und den Eckensimshobel in Kombination verwenden müssen, um die Ecke zu bearbeiten. Hobeln Sie den Großteil des Falzes mit einem Standard-Simshobel (wahrscheinlich schneller) oder einem Bullnose-Hobel und zwar so weit wie es die Spitze des Hobels erlaubt. Nehmen Sie dann den Bullnose-Hobel (wenn Sie zuvor mit dem Standard-Simshobel gearbeitet haben) und arbeiten Sie bis zu 6 mm an das Ende des Falzes.

Sie werden nur zwei oder drei Späne abnehmen können, bevor der Hobel nicht länger greift, denn die Spitze der Sohle wird auf dem nicht bearbeiteten Abschnitt liegen. Nehmen Sie nun den Eckensimshobel, um die Bearbeitung der Ecke abzuschließen und wiederholen Sie diese Prozedur bei Bedarf. Alternativ hierzu können Sie auch mit dem Eckensimshobel beginnen und sich von der Ecke aus vorarbeiten mit dem Bullnose und schließlich dem Simshobel. Der Prozess ist in beiden Fällen der gleiche.

Es wird Ihnen besser ergehen, wenn Sie den Bullnose- und den Eckensimshobel für jeden Stoß abwechseln, dann werden Sie mit dem Ecken-Simshobel nicht in einem Gang das Material von zwei oder drei Spänen abtragen müssen – es ist schon schwierig genug bei einem einzigen Span. Wenige von uns werden es rechtfertigen können, sich sowohl einen Bullnose- als auch einen Eckensimshobel zu leisten. Sie müssen also unseren Universalhobel, die Kombination aus Bullnose- und Eckensimshobel montieren und demontieren, um diese Aufgabe auszuführen. Wenn Sie eine Menge Material entfernen müssen, dann ist es oft schneller bis kurz vor die geplante Tiefe der Falzecke zu stemmen, zumindest in der Länge der „Nase" des Hobels. Der Bullnose-Hobel kann dann bis in die Ecken arbeiten, und Sie können mit einem Eckensimshobel oder einem Stecheisen die Ecke mit einem oder zwei Spänen putzen.

Der Grundhobel

Sagen wir einmal, Sie haben gerade auf der Tischkreissäge an einer ziemlich großen Füllung eine quer verlaufende Nut geschnitten. Beim probeweisen Zusammenbau bemerken Sie nun, dass die Nuttiefe nicht einheitlich ist, da es schwierig ist, die große Füllung fest auf den Sägetisch zu drücken. Wenn Sie die Füllung nun wieder auf die Tischkreissäge legen, dann riskieren Sie, vom Anschlag abzukommen. Selbst wenn nicht, wird ein zweiter Schnitt doch meist die Nut verbreitern und damit die Passung ruinieren. Wenn Sie die Nut mit einer Oberfräse

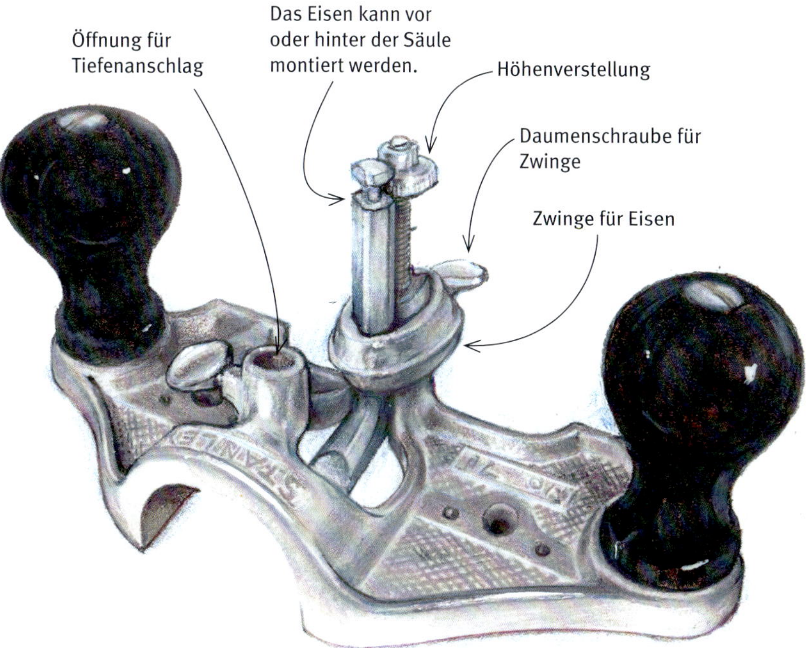

Abb. 7-12 Stanley Modell 71 – Grundhobel

hergestellt haben, dann riskieren Sie bei wiederholter Bearbeitung auch eine Verbreiterung. Die sicherste und einfachste Lösung ist der Grundhobel (Abb. 7-12). Seine schmale Auflage, die etwa einer Oberfräse entspricht, wird der Oberfläche der Füllung genau folgen, was zu einer präzisen Tiefe führt und zwar ohne zu riskieren, in die Flanken der Nut zu schneiden.

Vor Ankunft der Handmaschinen war der Grundhobel das Werkzeug der Wahl, um Vertiefungen wie eine tot laufende Nut in der Seite eines Regals oder die Vertiefungen für Treppenstufen herzustellen. Während der Grundhobel immer noch hilfreich bei der Herstellung von Verbindungen ist, so besteht seine Hauptaufgabe heute doch in ihrem Nachpassen.

Der Hobel wird sowohl aus Holz als auch aus Metall hergestellt. Die traditionelle Holzversion, seit Jahrhunderten kaum verändert, ist weiter lieferbar und trotz ihrer Einfachheit (die wahrscheinlich ihre Stärke ist) bleibt sie ein effektives, wenn auch beschränktes Werkzeug. Es handelt sich nicht um ein besonders feines Werkzeug, denn es hat keine Einstellschraube zur Tiefenverstellung oder Zubehör wie einen Tiefenanschlag. Der Hauptvorzug des Holzmodells ist die Leichtigkeit, mit der Material abgetragen werden kann, besonders im Vergleich zu seinem Vetter aus Metall.
Stanley hat die Produktion seines Modells Nr. 71

Abb. 7-13 Das Stanley Modell 271 ist ein kleiner Grundhobel für feine Arbeiten. Sein Standardeisen ist 6 mm breit.

DIE VERWENDUNG EINES BRÜCKENBRETTS

Viele Holzbildhauer benutzen gerne einen Grundhobel, um den Hintergrund einer Schnitzerei zu vertiefen, denn der ständige Wechsel zwischen Handmaschinen und Handschnitzen kann den Arbeitsfluss unterbrechen. Darüber hinaus gibt die händische Bearbeitung des Hintergrundes dem Bildhauer ein Gefühl für das Stück Holz. Für längere Bereiche können Sie an der Sohle ein Holzbrettchen befestigen, um die Entfernung zu überbrücken.

Abb. 7-14 Der Grundhobel von Stanley, Modell 71, mit einem Tiefenstab vor dem Eisen. Dieser Stab gibt nicht die endgültige Tiefe des Schnittes an; das macht die Einstelltiefe des Hobeleisens. Wenn der Stab verwendet wird, dann wird das Hobeleisen zwischen den Strichen nicht neu, sondern vielmehr gleich auf das Endmaß eingestellt. Die Funktion gleicht eher einem Aufgabetisch an einer Abrichte, denn der Stab begrenzt nur die Stärke des Spans, der mit jedem Strich abgenommen werden kann.

eingestellt, doch ich glaube, der kleine Nr. 271 (Abb. 7-13) wird noch angeboten. Man kann sie leicht finden, es gibt auch frühere Versionen, und sie sind alle erschwinglich, denn wenige wissen mit ihnen etwas anzufangen. Sie sind, einschließlich der letzten Version von Stanley, alle Studien zum Design der viktorianischen Epoche, wo die Funktion fließende Linien und Kanten entstehen lässt und unterschiedliche Motive und Texturen die Schrauben, Öffnungen und Einfassungen akzentuieren.

Zum Modell Nr. 71 von Stanley gehörten Zubehörteile, denn das Werkzeug wurde für eine Menge verschiedener Aufgaben benutzt. Ein Stab vor der normalen Position des Eisens (Abb. 7-14) lässt sich senken, und zwar etwas weniger als die Einstelltiefe des Eisens. Das Hobeleisen wird dann bei jedem Strich nur in diesem Umfang Material abtragen, bis die Sohle satt auf dem Werkstück aufliegt (und das Eisen seine eingestellte Tiefe erreicht) und eine weitere Materialabnahme stoppt.

Dies beschleunigt die Arbeit, denn das Eisen muss nicht nach jedem Strich neu eingestellt werden und die Eiseneinstellung kann für eine ganze Serie von Vertiefungen beibehalten werden. Dieses Merkmal funktioniert bei Nuten und Vertiefungen, doch bei Arbeiten wie der Herstellung des Hintergrundes einer Schnitzerei wird es an der rauen Oberfläche hängen bleiben. Der Stab trifft vor dem Hobeleisen auf die Grenzen der Arbeit und macht es dadurch schwierig, bis zur Kante zu schneiden.

Der gleiche Stab kann auch mit einem Schuh ausgestattet werden, einer Art Sohle vor dem Hobeleisen. Dieser Schuh kann bündig mit der Hobelsohle eingestellt werden, um bei kleinen Werkstücken eine Auflage herzustellen. Der Schuh wird benötigt, denn der große Bogen, an dem der Tiefenstab befestigt ist, hinterlässt in der Sohle eine Lücke. Ich bin mir nicht sicher, warum dieser Bogen dort ist. Ich nehme an, er dient einer besseren Sicht, dem Spanaustritt und um den Tiefenstab anzubringen. Das Stanley Modell Nr. 71 ½ hat nicht diesen Bogen, daher kann man es einfacher an kleinen Werkstücken einsetzen.

Dennoch benutze ich diesen Hobel nicht gerne an schmalen Kanten – etwa um eine Vertiefung für ein Scharnier herzustellen oder für den gelegentlichen Falz. Das Gleichgewicht ist nicht gut, denn die Griffe sind so weit an der Seite, dass dies die Kontrolle und gleichmäßige

Schnitte schwierig macht. Bei kurzen Scharnierlappen wird das L-förmige Hobeleisen nicht wesentlich kürzer schneiden als das Zweifache seiner Länge.

Der Hobel kam mit einem Anschlag für Arbeiten an geraden und gekrümmten Werkstücken. Er ist nicht tief, und wenn die endgültige Tiefe des Schnittes größer ist als der Anschlag, dann können Sie den Tiefenstab nicht benutzen und müssen das Eisen wiederholt verstellen. Da dieser Hobel keinen Tiefenanschlag hat, ist es schwierig, bei allen Nuten genau die gleiche Tiefe zu erreichen.

Veritas und Lie-Nielsen stellen beide einen Grundhobel her, um die durch Einstellung des Stanley-Modells entstandene Lücke zu füllen, und die modernen Linien zeigen die Überarbeitung des Designs. Die wichtigste Verbesserung ist ein wirkungsvoller Tiefenanschlag, der seine Einstellung behält.

Anders als der Tiefenstab des Stanley, der die Spanabnahme bei jedem Strich begrenzt, während das Hobeleisen seine Einstellung behält, erlaubt dieser Tiefenanschlag eine Verstellung des Eisens nach oben und unten und hält bei einer durch den Anschlag bestimmten Tiefe. Das ist hilfreich, wenn Sie die Spanabnahme verringern wollen, etwa um gleichzeitig an mehreren Nuten zu arbeiten und dann alle mit einer präzisen und gleichen Tiefe abzuschließen.

Ich habe gelernt, wie man den Tiefenstab benutzt und glaube, dass beide zusammen einen idealen Hobel bilden würden. Der Hobel wird jedoch eher zum Nachpassen von Nuten verwendet als zu ihrer Herstellung, daher ist der Tiefenanschlag praktischer.

Der Grundhobel von Veritas hat einen längeren und tieferen Anschlag als der von Stanley, doch ein solcher Anschlag wird eher aus Vorsicht als aus Notwendigkeit verwendet. Da die Umrisse jeder Vertiefung, die ein Grundhobel ausarbeiten soll, zunächst mit einem Stemmeisen oder einer Säge geschnitten werden, fungiert der Anschlag eher als grobe Führung, welche die Bewegung einschränkt. Mit zwei in weitem Abstand montierten Griffen ist es einfach den Hobel zum Anschlag hin zu verdrehen und dabei Schäden an den Flanken des Schnittes zu verursachen.

Um den Hobel einzustellen, sollten Sie nicht viel mehr machen als sein Eisen zu schärfen. Prüfen Sie jedoch den Sitz des Hobeleisens, besonders bei einem Stanley-Modell, um sicher zu gehen, dass es die Eisenführung unterstützt und beim Schneiden nicht verbiegt. Bei meinem Stanley war die Nut am Kopf des Hobeleisens nicht sauber ausgearbeitet, und dies führte zu einer uneinheitlichen Tiefe. Das Hobeleisen verbog sich bei starker Spanabnahme ins Holz und schnitt dadurch tiefer als eingestellt. Nehmen Sie eine Feile und bearbeiten Sie vorsichtig diesen Bereich, um eine gute Auflage für den Stab herzustellen. Bei einem Stanley werden Sie wahrscheinlich die Sohle glätten müssen (die späteren wurden nur geschliffen, nicht gefräst und dann vernickelt), oder befestigen Sie eine Sohle aus Holz, um Reibspuren am Werkstück zu verringern. Eine solche Sohle wird jedoch die maximale Arbeitstiefe des Hobels verringern.

Verwendung eines Grundhobels

Wenn man das Eisen schärft, ist es schwer, die Schneide im rechten Winkel zum Hobeleisen zu halten; und wenn die Schneide nicht rechtwinklig ist, dann wird sie auch nicht parallel zur Sohle des Hobels sein (angenommen, der Hobel wurde präzise hergestellt – bei dem Stanley eine berechtigte Frage). Das ist nicht weiter kritisch, denn wenn Sie das Eisen gleichmäßig über den gesamten Bereich führen, dann wird die tiefe Seite der Schneide die Tiefe bestimmen und das Ergebnis wird eine gleichmäßig vertiefte Fläche sein. Einige kleine Unregelmäßigkeiten werden auf der Fläche verbleiben, je nachdem wie sehr die Schneide aus dem Winkel ist. Da aber die meisten der mit diesem Hobel hergestellten Flächen verborgen sind, wird das kein Problem sein. Leider hinterlässt der Grundhobel keine Oberflächen, die bereit für die Oberflächenbearbeitung sind. Glätten Sie offene Flächen bei Bedarf mit einer Ziehklinge oder schleifen sie.

Wenn Sie den Grundhobel verwenden, dann seien Sie bei der Einstellung der Schnittstärke besser nicht zu aggressiv. Es ist besser, wenn Sie einen gleichmäßigen Span abheben können, als wenn Sie den Hobel feste stoßen und das Holz in großen Stücken abnehmen. Die Tiefeneinstellung des Stanley hat eine Menge Spiel, und sie neigt dazu zu klemmen, daher ist es schwierig, das Eisen gleichmäßig herauszuführen, mit der Folge, dass die Abnahme zu stark oder zu gering ist – oft jedes Mal, wenn Sie das Eisen neu einstellen. Wenn Sie das Hobeleisen auf einmal wesentlich tiefer stellen, dann wird die Feststellzwinge an dem Stanley klemmen, sodass Sie auch damit noch herumfummeln müssen. (Wenn Sie einen der jüngst hergestellten Hobel benutzen, dann werden Sie merken, wie stark die Qualitätskontrolle nachließ, bevor die Produktion ganz eingestellt wurde.)

Ergänzungssohle

Es ist keine schlechte Idee, auf der Metallsohle eines Grundhobels eine dünne Holzsohle zu befestigen, um Reibespuren der Metallsohle am Werkstück zu verringern. Besonders das Modell von Stanley hinterlässt Spuren, selbst bei einer fein geschliffenen Sohle. Manche Spuren jedoch stammen von winzigen Holzstückchen und Spänen, die bei Verwendung des Hobels unter die Sohle geraten und unvermeidbar sind.

Wangenhobel

Diese ziemlich ungewöhnlich aussehenden Hobel (Sie werden Sie vielleicht nicht auf den ersten Blick als Hobel erkennen) werden verwendet, um eine Nut an den Seiten zu verbreitern. Sie sind aus dem gleichen Grund nützlich wie Grundhobel; manchmal ist es einfach zu schwierig oder riskant, das Werkstück mit einer Maschine zu bearbeiten. Zwei Striche mit einem dieser Hobel kann das Problem einer zu strammen Nut lösen. Hinzu kommt, wie bei einigen der Werkzeuge in diesem Kapitel, dass kein anderes Werkzeug diesen Job so gut machen kann.

Drei Formen dieses Hobels sind geblieben: zwei Modelle von Stanley (obwohl eines jetzt von Lie-Nielsen produziert wird) und die japanischen Wangenhobel, deren Lösung für das Problem eine andere ist als bei Stanley (Abb. 7-15)

Das Modell Nr. 79 von Stanley war eine zeitlang der einzige westliche Wangenhobel, der hergestellt wurde. Dieser kleine Hobel lässt sich schwer verwenden und einstellen. Er funktioniert jedoch und hat etwas Zubehör, das andeutet, dass man ihm über die Jahre einige Aufmerksamkeit schenkte. Und man kann sich ihn auch leisten.

Die Eisen sind schwer zu justieren, aber wenn sie einmal richtig eingestellt sind, dann werden Sie sie wahrscheinlich so bald nicht wieder einstellen müssen (Sie werden diesen Hobel vielleicht so selten benutzen, dass Sie die Eisen kaum jemals nachschärfen müssen). Sehr wahrscheinlich wird in der Eisenführung nicht genug Platz sein, um die Eisen so einzustellen, dass die Kanten parallel zur Auflagefläche liegen (den Seiten) und an der Unterkante des Hobels nicht herausragen.

Wenn das Eisen an der Unterkante des Hobels herausragt und Sie können es nicht weiter nach oben verstellen können, dann sollten Sie die Spitze des Eisens abschleifen, damit es bündig mit der Unterkante abschließt oder nur ganz wenig vorsteht. Andernfalls wird der Hobel an dem vorstehenden Punkt hängen bleiben, was eine Bearbeitung der Seite schwieriger macht.

Der Hobel hat auch ein Merkmal des Bullnose-Modells, aber Sie werden den Tiefenanschlag abnehmen müssen, um die Schraube zu erreichen, die das Kopfstück hält. Dieser Hobel hat viele scharfe und unfreundliche Stellen, und er ist schwer zu halten (zumindest für mich). Zudem macht es das kurze Kopfstück schwierig, einen Schnitt zu beginnen.

Abb. 7-15 Das Stanley Modell Nr. 79 und zwei Versionen eines japanischen Wangenhobels, mit denen die Wangen einer Nut nachbearbeitet werden.

Die beiden Modelle Nr. 98 und 99, die nun von Lie-Nielsen hergestellt werden, entsprechen ziemlich genau dem Modell Nr. 79, werden aber als zwei selbstständige Hobel gefertigt (ein rechter und ein linker), sind wesentlich besser konstruiert und bieten ein ergonomischeres Design.

Ich muss die Seiten von Fälzen so selten nacharbeiten, dass ich die Investition in diese Modelle nicht rechtfertigen kann. Daher kann ich ihre Wirksamkeit nicht wirklich beurteilen. Meist benutze ich meinen japanischen Wangenhobel, wenn ich etwas nachpassen muss, und das Modell Nr. 79 kommt zum Einsatz, wenn die Nut für den japanischen Hobel zu schmal ist. Modell Nr. 79 ist schön schmal, es passt also in viele enge Stellen. Manchmal kann man die Modelle Nr. 98 und 99 in der originalen Stanley-Version zu Preisen finden, die unter dem der neuen liegen.

Die japanischen Wangenhobel gibt es in einigen unterschiedlichen Größen. Bei den kleinsten ist das Eisen in die Seite des Hobelkörpers eingekeilt. Der Hobel, den ich habe, hat einen Spanbrecher, der, anders als viele japanische Hobel, auch zugleich als Keil dient, der das Eisen in Position hält. Das bedeutet, dass der Spanbrecher etwa in seine endgültige Position geschlagen werden muss, bevor Sie das Hobeleisen einstellen.

Wenn der Spanbrecher nicht in Position geschlagen wird, dann wird das Hobeleisen schon bei der ersten Erschütterung hinausfliegen und dabei Sie oder das Eisen oder beide verletzen. Dennoch mag ich dieses Werkzeug. Es lässt sich gut halten, ist einfach zu benutzen und einzustellen, hat ein hochwertiges mehrlagiges Hobeleisen und einen Spanbrecher (manchmal ist Ausriss an der Seite einer Nut inakzeptabel), und es kann modifiziert werden. Ich habe die benachbarte Fläche meines Hobels so verändert, dass sie dem Winkel meines Grathobels entspricht.

Mit diesem Winkel kann der Hobel die untere Ecke einer Gratnut erreichen, und er gibt mir eine ordentliche Bezugsfläche, um den Hobel im richtigen Winkel zu halten. Wie auch bei den anderen Falzhobeln, wenn Sie sich nicht die Zeit nehmen und eine Zulage am Ende eines Querholzschnittes anbringen, dann brauchen Sie wirklich ein rechtes und ein linkes Modell. Andernfalls riskieren Sie Ausriss am Holz.

Verwendung von Modell Nr. 79

Wenn Sie das Modell Nr. 79 benutzen (oder auch die Modelle Nr. 98 und 99), beginnen Sie Ihren Schnitt besser nicht unmittelbar am Ende des Werkstückes, denn das kurze Kopfstück gibt Ihnen keine stabile Auflage für den Start (so können Sie die Seite des Hobels besser an die Wange der Nut drücken). Sie fahren fort und führen den Hobel bis zum Ende des Werkstückes. Sie schließen die Operation ab, indem Sie in entgegengesetzter Richtung zurückfahren und dabei mit dem anderen Eisen den ersten und bisher unbearbeiteten Abschnitt bearbeiten (oder im Falle des sich ergänzenden Hobelpaares, den anderen Hobel). Diese Technik funktioniert prima bei Nuten in Faserrichtung. Wenn Sie jedoch eine Querholznut nachpassen, sind Sie gezwungen, von den Enden aus zu arbeiten, um Ausrisse zu vermeiden. Dann müssen Sie versuchen, auf dem kurzen Kopfteil zu balancieren und Ihren Schnitt am Ende beginnen. Aufgrund des niedrigen Profils und der unglücklichen Ergonomie des Modells Nr. 79 kann es schwierig sein zu sagen, ob der Schnitt vertikal ist.

Abb. 7-16 Traditioneller Einlasshobel aus Holz

Der Einlasshobel

Einen Hobel zum Einlassen von Scharnieren (Abb. 7-16) muss man nicht unbedingt besitzen. Ich habe meinen vor etwa zwanzig Jahren bei einem Ausverkauf für 10 Dollar bekommen. Bei diesem Preis dachte ich, den werde ich mal ausprobieren. Die Investition hat sich gelohnt. Ich denke, es ist für Holzhandwerker praktisch, wenn sie diesen Hobel kennen und wissen, wie er benutzt wird.

Dieser Hobel, im Englischen als mortise plane oder „Schlitzhobel" bezeichnet, wird bei der Herstellung der meisten Schlitze nicht verwendet, er kommt vielmehr zum Einsatz, um eine Vertiefung herzustellen, also eine niedrige Sasse oder einen Rücksprung für einen Scharnierlappen oder andere Beschläge. Eine solche Vertiefung wird zunächst angerissen und mit einem Stemmeisen auf die erforderliche Tiefe ausgearbeitet, bevor der Hobel die kleinen Holzschnitzel entfernt und eine plane Fläche herstellt. Um die Vertiefung von Holzschnitzeln zu reinigen, hat der Hobel ein Maul, das weiter als 25 mm ist. Der Hobel ist schmal und sitzt sicher auf der Kante einer Tür, anders als eine Oberfräse, die auf einer schmalen Kante schwer zu balancieren ist.

Ich verwende meinen Einlasshobel oft, wenn ich nur einige wenige Vertiefungen machen muss und die Herstellung einer Schablone für die Oberfräse zu lange dauern würde. Ich verwende ihn auch, um eine Vertiefung nachzupassen oder zu korrigieren, bei dem die Schablone der Oberfräse ein bisschen falsch war. Um an der Tür eine gute Passung hinzubekommen, prüfe ich die Breite der Vertiefungen/Sassen (von der Vorderkante der Tür bis zur Rückseite) mit einem Streichmaß und reiße an, wenn sie schmäler sind, damit sie alle gleiche Breite haben. Nach einem Begrenzungsschnitt mit dem Stemmeisen entferne ich die kleinen Holzschnitzel dazwischen mit dem Einlasshobel.

Anleitung

Vertiefung für ein Scharnier mit dem Einlasshobel herstellen

1 Markieren Sie die Länge eines Scharnierlappens mit einem Messer oder einer Reißnadel, verwenden Sie einen Winkel für den Begrenzungsschnitt.

2 Reißen Sie die Breite des Lappens mit einem Streichmaß (am besten eins mit einseitig angeschliffenem Messer) an, damit die Vertiefungen alle gleich sind und mit der Oberfläche der Tür und des Rahmens bündig liegen.

3 Schlagen Sie an beiden Enden das Stemmeisen ein und stellen dann einen V-förmigen Schnitt her, dessen Tiefe der Stärke des Scharnierlappens entspricht. Wenn Sie sich unsicher sind, können Sie auch die Stärke des Lappens an der Vorderseite der Tür anreißen. Die beiden V-förmigen Schnitte und auch alle folgenden Schnitte mit dem Stemmeisen müssen nicht die genaue Tiefe haben, sondern vielmehr etwas über dem Endmaß enden.

4 Stemmen Sie vom einen bis zum anderen Ende eine Reihe von Schnitten im Abstand von je zwei bis drei Millimetern und bleiben Sie dabei kurz vor der endgültigen Tiefe. Wenn Sie Ihre Hand an der Klinge und das Stemmeisen so in gleicher Position direkt über der Oberfläche halten, dann können Sie diese Schnitte in schneller Folge mit jeweils nur ein oder zwei leichten Hammerschlägen setzen.

5 Stellen Sie das Eisen des Einlasshobels so ein, dass die Schneide am Ende der leichten Fase liegt, die beim Polieren des Beschlags entstand. Wenn die Tür später angestrichen werden soll, dann stellen Sie das Eisen um Papierstärke weniger tief ein.

6 Entfernen Sie die losen Holzschnitzel mit der Hand.

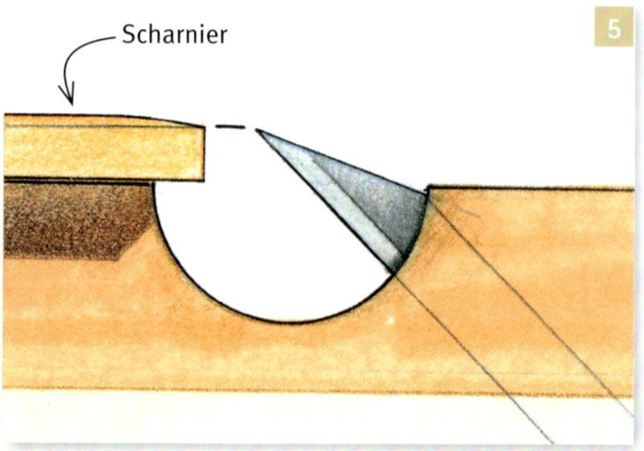

Anleitung

7 Führen Sie den Hobel über die Vertiefung und entfernen dabei die verbliebenen Schnitzel. Es ist oft am besten, wenn man die volle Tiefe in zwei Strichen herstellt: beim ersten Strich werden die meisten der mit dem Stemmeisen geschnittenen Schnitzel entfernt. Hierbei sollte der Hobel nicht fest aufgedrückt sondern in leichtem Kontakt mit der Kante der Tür gehalten werden; beim zweiten Strich, wenn die Schnitzel schon beseitigt sind, wird dann in sattem Kontakt zur Kante gearbeitet, sodass das Eisen in ganzer Tiefe greift. Schneiden Sie bis zu einem Ende der Vertiefung.

8 Wenden Sie den Hobel nun und putzen Sie die Vertiefung bis zum anderen Ende.

9 Stellen Sie sicher, dass Sie bis zum Ende arbeiten, und keine Ecken und Kanten vergessen.

10 Prüfen Sie die Passung.

7

8

9

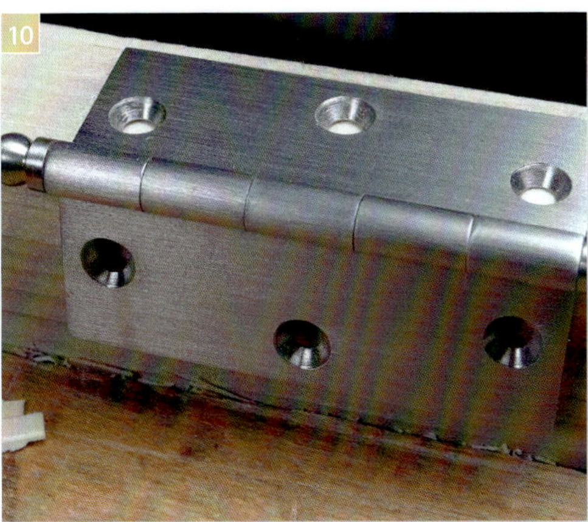
10

Der vertiefte Sitz einer Bank wird mit einem japanischen Schiffshobel bearbeitet, dessen Sohle leicht gewölbt ist.

Hobel zum Formen von Holz

Spezialhobel, die formen und verfeinern

Sie müssen zwei Beine herstellen – etwa die Vorderbeine einer Anrichte oder Kommode und zwar mit wunderschönen fließenden Kurven, nachdem Sie die Teile an der Bandsäge ausgeschnitten haben. Wie beseitigen Sie dann die Unebenheiten und wie glätten Sie die Kurven? Eine Schablone anfertigen? Nur für zwei Beine, das ist die Sache doch wohl nicht wert. Davon einmal abgesehen, Dann müssten Sie die Kurve der Schablone bearbeiten, was vom Aufwand fast der Bearbeitung eines Beines entspricht. Ein Spindelschleifer kann die Spuren der Säge zwar entfernen, aber die Bearbeitung einer langgezogenen Kurve ist schwierig, denn der Durchmesser des Schleifzylinders ist viel kleiner als die Kurve des Werkstücks. Es gibt wahrscheinlich andere Lösungen, doch bis Sie die gefunden haben, hätten Sie die Kurven auch mit einem leicht gewölbten Schiffshobel geputzt.

Stellen Sie sich vor, Sie haben eine zweieinhalb Meter lange Leiste mit einem quadratischen Querschnitt von zwei Zentimetern und Sie wollen die Kante bearbeiten, etwa mit einer Rundung von 2 mm Radius oder einer Fase. Die Leiste verbiegt sich und lässt sich schwer auf dem Frästisch halten. Mit einer Oberfräse geht es nicht besser. Und Sie müssen das gefräste Profil anschließend doch noch putzen. Sie können Ihre Kanten wahrscheinlich mit einem Fasenhobel brechen, bevor Sie den Fräskopf gewechselt, zwei Probestücke gefräst und geklärt haben, wie Sie das Werkstück halten.

Bis Ende des 19. Jahrhunderts verließen sich die Holzhandwerker auf eine Galaxie von Hobeln, um Kurven herzustellen – ohne hier noch die unzähligen Profilhobel zu erwähnen, die jenseits der hier besprochenen Kehl- und Rundhobel stehen. Manche Gewerke hatten ihre eigenen Spezialhobel mit gekrümmten Solen oder Eisen.

Wagner zum Beispiel, hatte eine faszinierende Sammlung an Hobeln, um alle möglichen Formen an jeder Position herzustellen, ein großer Teil davon scheinen Simshobel gewesen zu sein. Bis ins 20. Jahrhundert hinein war der Formenmodellbau ganz entscheidend für die Industrie. Hobelsätze mit austauschbaren Sohlen und Eisen für unterschiedliche Kurven als auch verstellbare Schiffshobel, mit denen sich unterschiedliche Radien bearbeiten ließen, ermöglichten die Entwicklung neuer Entwürfe. Die geschickten Handwerker bauten oder modifizierten ihre Hobel nach Bedarf.

Abb. 8-1 *Sammlung japanischer Schiffshobel in unterschiedlichen Wölbungen*

Schiffshobel

Die Sohle eines Schiffshobels (Abb. 8-1) ist über ihre gesamte Länge gekrümmt, entweder konvex oder (seltener) konkav. Während Schablonen Sinn für eine serielle Herstellung machen, wenn Sie nur ein paar Stücke herstellen müssen, eine Form ausprobieren oder nur einen Prototyp herstellen, dann bringt nichts schnellere und zufriedenstellendere Ergebnisse als eine Kurve mit dem Schiffshobel zu bearbeiten. Selbst wenn Sie eine Serie bauen, ist der Schiffshobel am besten geeignet, um die erforderlichen Schablonen herzustellen.

Heute werden nur noch wenige Schiffshobel hergestellt. Wenn Ihre Anforderungen über die erhältlichen Modelle hinaus gehen, dann können Sie sich auf dem Markt für antike Hobel umsehen. Wahrscheinlich werden Sie Ihren Hobel bauen oder anpassen müssen, damit er Ihre Anforderungen erfüllt. Ich habe kleine japanische Hobel zu konvexen Schiffshobeln umgebaut und das ist meine Empfehlung. Ich bevorzuge Hobel japanischer Bauart, denn ich finde, die Bearbeitung auf Zug und die niedrige Arbeitsposition geben mir eine gute Kontrolle. Alternativ hierzu können Sie die meisten anderen Holzhobel zum Schiffshobel umfunktionieren.

Schiffshobel sind am praktischsten, wenn das Werkstück konkav ist. Der Hobel sollte zum Radius des Werkstückes passen, aber in der Praxis reicht es, wenn der Radius des Hobels (bei konkaven Stücken) nicht größer ist als der des Werkstückes. Dennoch, je besser die beiden zusammenpassen, desto einfacher werden Sie gute Ergebnisse erzielen.

Eine konvexe Fläche kann mit einem geraden Bankhobel bearbeitet werden – der Hobel muss gar nicht gekrümmt sein. Ich habe keine Hobel, die in Längsachse konkav sind. Ja, je mehr die Kurve der Sohle der des Werkstückes gleicht, desto besser sind die Ergebnisse. Ich habe daher jetzt einen Hobel mit einem verstellbaren Kopfstück, und der hat bei einer Vielzahl von Aufgaben gute Dienste geleistet (Abb. 8-2).

Verwendung eines Schiffshobels

Wenn Sie eine Kurve entlang eines schmalen Werkstückes bearbeiten, egal ob konvex oder konkav, dann verwenden Sie den Schiffshobel erst einmal, um die offensichtlich hohen Punkte abzuarbeiten und eine relativ glatt fließende Kurve herzustellen. Danach konzentrieren Sie sich auf den Anfang und das Endes des Striches. Dies sind die schwierigsten Stellen.

Der häufigste Fehler besteht darin, den Hobel am Anfang und Ende in das Werkstück einzugraben und so Unebenheiten an beiden Köpfen herzustellen. Es ist schwieriger, weil die Krümmung Ihres Hobels beinahe nie genau der des Werkstückes entspricht. Sie müssen den Hobel ein bisschen bewegen, bis Sie die Position finden, an der das Eisen das Werkstück berührt und zu schneiden beginnt, und dann diese Position über die Länge des ganzen Striches beibehalten.

Es ist einfach, die Position beizubehalten, sobald Sie sie finden. Das Problem besteht vielmehr darin, dass Sie sie nicht finden, bevor Sie schon den Schnitt begonnen haben, und Sie verlieren sie auch genauso oft, bevor Sie den Schnitt beenden. Das führt dann zu unebenen Enden.

Konzentrieren Sie sich und finden Sie am Anfang die richtige Position, bevor Sie den Schnitt beginnen und behalten Sie diese Position bei, bis Sie das Werkstück verlassen. Das erfordert, dass Sie am Anfang des Schnittes vorne Druck auf den Hobel ausüben und diesen Druck dann hinten auf den Hobel verlagern, wenn Sie abschließen.

Um an einem breiten Werkstück eine Fläche auszuarbeiten, die in Längsrichtung konkav ist, beginne ich oft quer zur Faser mit einem Hobel, der in Längs- und Querrichtung konvex ist, um die Kurve zu glätten und hohe Stellen zu entfernen (Abb. 8-3). Danach arbeite ich mit einem Schiffshobel in Faserrichtung. Manchmal verwende ich dann einen Hobel mit einem etwas geringeren Radius, um die „Sättel“ zu entfernen, die sich bei der Bearbeitung quer zur Faser gebildet haben (Abb. 8-4). Anfang und Ende eines langen Stoßes stellen bei einem breiten Werkstück das gleiche Problem (und auch die gleiche Lösung) wie bei einem schmalen dar (Abb. 8-5).

Die richtige Form der Sohle

Die besten Ergebnisse erreicht man bei einem konkaven Werkstück, wenn der Radius des Hobels gleich oder ein bisschen kleiner als der des Werkstückes ist. Wenn das Werkstück jedoch konvex ist, dann sollte der Radius des Hobels gleich oder geringfügig größer sein. Aber auch ein Hobel mit gerader Sohle kann eine konvexe Kurve herstellen.

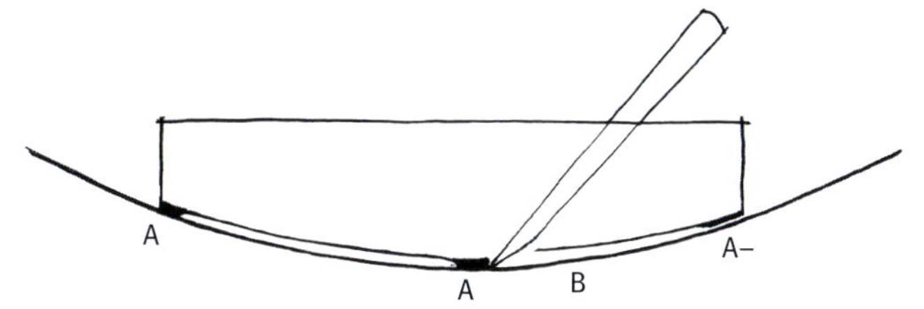

Abb. 8-2 Durch den verstellbaren Kopf kann dieser japanische Hobel für einen begrenzten Umfang von konvexen Flächen wie ein Schiffshobel verwendet werden.

Abb. 8-3 Um eine in Längsrichtung konkave Fläche auszuarbeiten, arbeite ich zunächst oft mit einem großen und leicht gekrümmten Kehlhobel quer zur Maserung, um hohe Stellen abzuarbeiten und die Kurve vorzubereiten.

Abb. 8-4 Dann nehme ich den Schiffshobel und arbeite in Längsrichtung; Manchmal benutze ich dabei zunächst einen Hobel mit etwas geringerem Radius, um so die Sättel zu entfernen, die sich bei der Arbeit quer zur Maserung gebildet haben.

Abb. 8-5 Da der Radius eines Schiffshobels oft ein bisschen kleiner als der des Werkstückes ist (er darf nicht größer als der des Werkstückes sein), müssen Sie vielleicht das Vorderteil des Hobels etwas anheben, um einen guten Anfang zu bekommen. Ansonsten wird der Hobel erst greifen, nachdem Sie den Stoß begonnen haben, also nicht direkt von Beginn an, und das wird am Ende zu einer ungleichmäßigen Kurve führen.

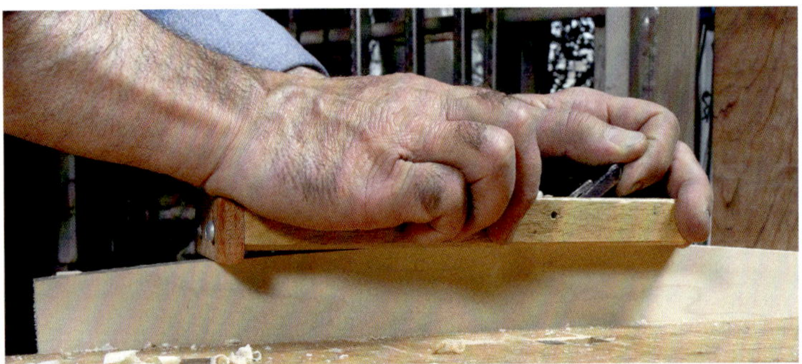

Abb. 8-6 Wenn das Werkstück konvex ist, beginne ich mit einem Bankhobel, meist einem grob eingestellten Doppelhobel, um die hohen Stellen abzuarbeiten. Danach verwende ich den Schiffshobel, in diesem Fall einen Hobel mit planer Sohle und verstellbarem Kopfstück, und putze die Kurve.

Abb. 8-7 Um an Stellen, an denen sich die Faserrichtung ändert, eine Delle zu vermeiden, sollten Sie mit einem frisch geschärften Eisen, einer geringen Spanabnahme und einem Spanbrecher arbeiten, der direkt hinter der Schneide aufliegt. Arbeiten Sie in diesem Bereich mit überlappenden Bewegungen.

Wenn das Werkstück eine weit gespannte konvexe Krümmung hat, dann beginne ich mit einem Bankhobel, meist einem grob eingestellten Doppelhobel, um die hohen Stellen zu entfernen. Ich führe den Hobel etwas schräg nach unten, um einen ziehenden Schnitt zu erreichen und so weniger Ausriss als bei einer Führung im rechten Winkel. Sobald eine gleichmäßige Krümmung erreicht ist, beginne ich damit, die Krümmung mit einem Schiffshobel zu putzen (Abb. 8-6).

Nach dem Anfang und Ende einer Kurve ist der Punkt am schwierigsten, wo die Richtung der Fasern wechselt, unabhängig davon, ob es sich um ein konvexes oder konkaves Werkstück handelt. Nachdem Sie eine befriedigende Kurve hergestellt haben, schärfen Sie bei Bedarf ihr Eisen und schlagen Ihr Eisen zurück, um den dünnsten Span zu produzieren und stellen den Spanbrecher ganz nahe an die Schneide. Arbeiten Sie sich bis zu der Stelle vor, wo die Faserrichtung wechselt und kommen dann von der anderen Seite zurück. Lassen Sie die Bewegungen etwas überlappen, damit Sie am Ende eine glatte und kontinuierliche Kurve hergestellt haben (Abb. 8-7).

Hoffentlich wird Ihre Einstellung den Ausriss auf ein vertretbares Maß reduzieren. Arbeiten Sie abschließend mit einem Ziehklingenschaber, wenn Sie einen haben, oder mit einer Ziehklinge, bis etwaiger Ausriss beseitigt ist. Glätten Sie alle etwa verbliebenen Unregelmäßigkeiten mit einem Schleifblock, den Sie sich an der Bandsäge aus einem Stück Abfall passend zur Kurve des Werkstückes schneiden. Ich hebe solche Schleifblöcke immer auf, für ähnliche Kurven, die sich in der Zukunft ergeben.

Westliche und japanische Hobel für Kurven

Es ist wichtig, am Anfang und Ende eines Schnittes eine gute Auflage für den Hobel zu bekommen.
Daher ist es bei den meisten westlichen Hobeln schwierig, eine Kurve herzustellen. Ihr kurzer Kopf (also ihre kurze Sohle vor der Schneide) beträgt typischerweise nur ein Drittel der Gesamtlänge des Hobels. Dies ist einer der Gründe, aus denen heraus ich bei Kurven japanische Hobel vorziehe. Die Position der Schneide, vom Kopf her etwa drei Fünftel der Gesamtlänge, macht hier den Anfang einfacher. Wenn Sie einen Schiffshobel ganz allein bauen wollen, dann setzen Sie das Eisen nahe der Mitte der Sohle ein. Mit dieser Methode haben Sie eine gute Auflage/Referenz, um auf das Werkstück zu kommen und es wieder zu verlassen.

Kehlhobel und Rundhobel

Sätze von Kehl- und Rundhobeln (Abb. 8-8) – Hobeln, die Kehlen (gerundete Nuten) und abgerundete Kanten herstellen – waren die Fräsköpfe für den Holzhandwerker des 19. Jahrhunderts. Da fast alle Profile, mit denen er es zu tun hatte, Kombinationen aus Kehlen und Rundungen waren (denken Sie mal darüber nach), konnte er mit einem Satz dieser Hobel, ergänzt vielleicht noch durch einen Hobel für S-förmige Kurven, um benachbarte Formen zu verbinden, und einen schmalen Simshobel, mit dem sich schwer zugängliche Bereiche runden ließen, fast jedes benötigte Profil herstellen. Das gilt heute auch noch.

Ein Fräskopf kann nicht immer alle Stellen erreichen, wo Sie ihn brauchen – sagen wir einmal in der Mitte eines tiefen und breiten Profils –, und er hat sicher seine Grenzen, was seine Größe anbelangt. Manchmal ist das benötigte Profil (oder das Zeitfenster) zu kurz, um Zeit und Kosten für einen extra angefertigten Fräser zu rechtfertigen. Oder das Werkstück ist zu klein und umständlich, um es zu fräsen. Zudem können weder ein Fräskopf der Oberfräse noch eine Tischfräse ein hinterschnittenes Profil herstellen. Durch die Kombination von Hobeln und Köpfen für Oberfräse und Tischfräse haben Sie bei Ihren Profilen größte Vielseitigkeit.

Abb. 8-8 *Westlicher Kehl- und Rundhobel, die ein Paar bilden*

Kehlhobel und Rundhobel

Es gibt einige Verwirrung, was die Begriffe hohl und rund anbelangt. Wahrscheinlich ergeben sie sich aus der Umgangssprache oder vielleicht daher, dass die Bezeichnungen hohl und aushöhlen sowie rund und runden beinahe austauschbar sind. Oft bezeichnet hohl und rund eher die Form des Hobels als das Profil, das er herstellt. Demnach wird ein runder Hobel eine Kehle herstellen und ein hohler Hobel eine Rundung. Ich verwende den Begriff Kehlhobel für einen Hobel, der mit einer konvexen Schneide eine Kehle herstellt und den Begriff Rundhobel für einen Hobel, der mit einer konkaven Schneide ein Werkstück rundet. Ich hoffe, das macht die Sache klar!

Sätze von Kehl- und Rundhobeln enthielten ursprünglich 18 Hobel in einer Breite von 3 bis 38 mm und zwar in 2mm-Schritten. Halbe Sätze waren auch erhältlich, entweder in ungeraden oder geraden Größen. Ich bin kein großer Fan von Sätzen. Es scheint immer einige Größen (meist zu viele) zu geben, die man nie benutzt. 18 Hobel einzustellen, oder auch nur neun, ist eine Menge Arbeit. Sie könnten aber auch warten, bis Sie eine Größe brauchen und immer nur einen Hobel herrichten.

Wenn aber der Satz günstig ist und es zumindest möglich erscheint, dass Sie die meisten Modelle einmal benutzen, dann ist ein Satz das richtige. Da es jede Menge einzelne Hobel aus aufgebrochenen Sätzen gibt, kaufe ich mir immer nur einen oder ein paar, die ich gerade brauche. Meine ersten Kehl- und Rundhobel waren japanisch, mit Spanbrecher und einem Schnittwinkel von 40° (Abb. 8-9). Die funktionieren gut, doch an manchen Projekten ist ein höherer Schnittwinkel besser. Daher habe ich noch ein paar Kehl- und Rundhobel mit einem Schnittwinkel von 55° hinzugekauft.

Zusätzlich zu den traditionellen Sätzen von Kehl- und Rundhobeln, die nur bis zu einer Breite von 38 mm reichen, sollten auch breitere Hobel mit leicht gekrümmten Schneiden, wie sie zum Glätten der Innen- und Außenseiten von gebogenen Türen verwendet werden, in diese Gruppe aufgenommen werden. Sie sind sehr selten und müssen wohl extra angefertigt werden, entweder neu oder aus einem modifizierten hölzernen Bankhobel.

Die Verwendung der Hobel ist einfach. Mit einem Kehlhobel beginnen Sie am einfachsten in einer maschinell hergestellten Kehle oder zumindest groben Vertiefung. Wenn Sie eine Kehle bei null beginnen, dann können Sie mit Zwingen einen Anschlag anbringen. Oft ist es aber genauso einfach, Ihre Finger als Anschlag zu benutzen.

Nach ein paar Strichen ist die Kehle selbst Anschlag (Sie können aber daraus ausbrechen, wenn Sie nicht aufpassen). Ist die Kehle breiter als das Hobeleisen, neigen Sie Ihren Hobel, um die Seite der Kehle zu bearbeiten, und verändern seine Neigung nach jedem Stoß. Es besteht die Möglichkeit, dass der Radius der Schneide nicht dem der Kehle entspricht. Dann müssen Sie mit einer gebogenen Ziehklinge nacharbeiten, um die Spuren des Hobeleisens zu beseitigen.

Bei Rundhobeln ist es am besten, wenn Sie das meiste Material mit einem Eisenhobel oder einem Kantenhobel entfernen, um so eine Abnutzung des hölzernen Rundhobels zu verringern. Sie können den Bankhobel oder Kantenhobel auf eine starke Spanabnahme einstellen, um die Arbeit zu beschleunigen und die Bearbeitung dann mit dem Rundungshobel und feiner Spanabnahme abzuschließen.

Auch hier besteht die Möglichkeit, dass der Radius des Eisens nicht exakt dem des Werkstückes entsprechen wird. Sie können dann die Spuren des Hobeleisens mit einer dünnen flexiblen Ziehklinge oder einer genau auf die Krümmung abgestimmten Ziehklinge bearbeiten. (Zur Einstellung von Kehl- und Rundhobeln siehe S. 189.)

Abb. 8-9 Japanische Kehl- und Rundhobel, die ich mir einzeln nach Bedarf gekauft habe.

Andere Formhobel

Es gibt einige weitere praktische Hobel, doch wird die Verwendung dieser Hobel von der Art und dem Stil Ihrer Arbeit abhängen.

Überlegen Sie, wie Sie die Kanten Ihrer Stücke bearbeiten wollen. Sie können das Aussehen und die Anmutung des Stückes beeinflussen – vielleicht lieber weich durch gerundete Kanten oder hart durch die zusätzliche Schattenlinie einer gefasten Kante, welche das Stück leichter und dünner erscheinen lässt. Die Art und Weise, in der Sie dieses Merkmal angehen, kann so etwas wie eine persönliche Signatur werden. Fasenhobel können bei der Bearbeitung von Kanten praktisch und effizient sein. Holzhandwerker, die Holz eher bildhauerisch bearbeiten – Tischler für Einzelmöbel und Nachbauten antiker Möbel, Stuhlmacher, Bildhauer, Instrumentenbauer und auch Handwerker, die Prototypen für die industrielle Produktion herstellen – werden Schiffshobel und die kleine sog. chibi-ganna unverzichtbar finden, um geschwungene Formen herzustellen und zu glätten.

Abb. 8-10 Verstellbarer japanischer Fasenhobel für 45° Fasen
Dieser Hobel hat ein leicht schräg gestelltes Eisen, was vorteilhaft ist, denn so kann man ihn auch für Fasen an Kopfholz verwenden. Der eigentliche Hobel, der an beiden Köpfen gefälzt ist und in Nuten gehalten wird, lässt sich in dem Gestell nach rechts oder links verschieben. Dadurch kann die Abnutzung bei schmalen Fasen auf die gesamte Eisenbreite verteilt werden. An der Sohle des Hobels ist vor dem Maul ein Messingblech eingelassen, um Abnutzung zu verringern. Diesen Hobel gibt es auch für 30 und 60° Fasen.

Fasenhobel

Fasenhobel (Abb. 8-10, 8-11 und 8-12) sind eine Bereicherung für die meisten Werkzeugkisten. Wenn es zu viel Zeit in Anspruch nimmt, die Fräse für ein kurzes Stück einzustellen, oder wenn das Werkstück zu kompliziert oder schwer zugänglich ist, dann sind dies die Werkzeuge, mit denen man die Kanten putzt. Sie haben zudem den Vorteil, dass sie eine Fläche hinterlassen, die kaum oder gar keine weitere Bearbeitung erfordert.

Sie können eine Kante zwar mit einem Blockhobel fasen oder mit einem Rundungshobel abrunden, doch die Vorteile eines Fasenhobels liegen darin, dass er dank des Anschlags schnellere, präzisere und wiederholbare Ergebnisse liefert. Es wird jedoch schwieriger, solche Fasenhobel zu finden. Mit Ausnahme einiger vereinzelter Werkzeuge, die unbeständige Ergebnisse bringen, und einigen antiken Stücken, scheinen Fasenhobel überwiegend von japanischen Herstellern zu stammen. Vieles, was vor ein paar Jahren noch erhältlich war, ist inzwischen schwer zu finden. Ein Blick auf einige dieser Modelle ist lehrreich, wenn Sie sie ausprobieren oder Ihren eigenen bauen müssen.

Abb. 8-11 Japanischer Hobel zum Runden von Kanten mit 3 mm DurchmesserDer hintere untere Teil wurde abgeschnitten, um besseren Zugang bei Innenecken zu ermöglichen.

Abb. 8-12 Verstellbarer japanischer Hobel zum Runden von Kanten mit 10 mm Durchmesser
Dieser Hobel hat auf beiden Seiten einen verstellbaren Anschlag, wodurch drei Schnittvarianten möglich werden: eine einfache Rundung, eine Rundung mit einer Schulter und eine Rundung mit Schultern auf beiden Seiten.

Abb. 8.13 Selbstgebauter Fasenhobel im japanischen Stil
An beiden Köpfen eines im Handel erworbenen einfachen Hobels wurde ein Falz angeschnitten, um ihn im Rahmen zu halten. Die Breite der Fase wird durch Eintreiben der Keile an den Querdübeln festgestellt.

Abb. 8-14 Wölbungshobel

Wölbungshobel

Ein Wölbungshobel (Abb. 8-14) ist an seiner Sohle sowohl in Längs- als auch in Querrichtung gewölbt, das gibt ihm eine Form wie die Laffe (der ausgehöhlte Teil) eines Löffels. Meistens werden sie eher zum Herstellen einer Form als zum abschließenden Putzen verwendet, denn es ist schwierig, die Krümmung der Schneide oder des Hobels genau mit der des Werkstückes abzustimmen. Das gilt besonders, wenn der Radius sich ständig verändert, wie bei einem Stuhlsitz.

Wenn man sie zum Glätten und zum Ausarbeiten komplexer Formen verwenden will, dann braucht man einige von ihnen. Da sie nur in einer begrenzten Zahl von Radien lieferbar sind, müssen Sie diese Hobel wahrscheinlich selber anfertigen (siehe S. 284).

Eine Reihe von Wölbungshobeln aus Metall und ähnlichen Werkzeugen werden hergestellt. Offen gesagt, ich habe die meisten von ihnen noch nicht benutzt, aber ich kann Beobachtungen beisteuern, die vielleicht hilfreich sind. Ein Hobel mit Metallsohle kann praktisch sein, denn diese Sohle hält einiges aus. Auf der anderen Seite hat eine Metallsohle den gleichen hohen Reibungskoeffizienten wie Eisen und muss ständig geölt werden.

Der kleine Miniblockhobel, aufgrund seines charakteristischen gebogenen Griffes im Englischen als „squirrel tail" oder Eichhörnchenschwanz bezeichnet, ist eine alte Form und sollte eine gute Ergonomie aufweisen, er ist aber nicht für schwere und langwierige Bearbeitungen geeignet. Zunächst einmal handelt es sich um einen Einhandhobel, der in die Handfläche passt – und Sie brauchen wirklich beide Hände, wenn Sie einiges an Material entfernen.

Ein schneller Blick auf Gewerke, die dreidimensionale Formen herstellen, wie etwa den Stuhlmacher oder Böttcher, sie zeigen, dass alle Werkzeuge robust sind und beidhändig geführt werden. Seien Sie sich auch bewusst, dass wiederholtes gezieltes Schlagen mit der Handfläche auf einen Werkzeuggriff ernsthafte Schäden verursachen kann, als auch einen „schnellenden Finger" (Digitus recellens) – eine unbeabsichtigte Krümmung eines oder mehrerer Finger der Hand – eine Berufskrankheit unter Bildhauern, die die schlechte Angewohnheit haben, ihre Schnitzwerkzeuge mit der Handfläche zu schlagen.

Etwas, worauf Sie bei einem Wölbungshobel achten sollten: ein gutes Hobeleisen – Sie werden vielleicht eine Menge Material mit diesem Hobel entfernen. Wenn dies der Fall ist, dann ist auch ein niedriger Schnittwinkel hilfreich. Das Eisen sollte sich leicht einstellen lassen, aber es ist auch wichtig, dass die Ergonomie gut ist.

Sie müssen in der Lage sein, den Hobel zu stoßen oder ziehen ohne Schwierigkeiten dabei zu haben, dass das Eisen greift. Kleinere Hobel (etwa 10 cm lang), die beidhändig geführt werden können, lassen einen am wenigsten ermüden und sind sehr wirkungsvoll für schwere Arbeit. Noch kleinere Hobel wie die sog. chibi-ganna sind gut zum Glätten von Kurven. Ich habe überwiegend Wölbungshobel japanischer Bauart benutzt und hatte damit gute Ergebnisse.

In ihrer Anwendung sind die Wölbungshobel ein Zwischenschritt bei der Herstellung einer glatten Form. Traditionellerweise wurde eine Form wie der Sitz eines Stuhls

Erst Einhandhobel, dann Fasenhobel

Um die Arbeit zu beschleunigen, können Sie – besonders bei breiten Fasen – zunächst einen grob eingestellten Einhandhobel verwenden und dann mit einem fein eingestellten Fasenhobel nacharbeiten, um eine saubere Kante zu erzielen. Dieses Vorgehen ist normalerweise nicht nur schneller, es verringert auch eine Abnutzung des Fasen- oder Abrundungshobels, die eine Sohle aus Holz haben können.

zunächst grob mit der Dechsel ausgearbeitet. In manchen Fällen folgte darauf ein Wölbungshobel, aber wahrscheinlicher wurde die Form weiter mit einem Fassschaber (U-förmiges Ziehmesser) und dann mit einem hölzernen Schweifhobel mit gekrümmter Schneide bearbeitet.

Ähnlich wie Wölbungshobel kommen sie in einer Fülle von Formen, um unterschiedliche Kurven zu glätten. Ziehmesser und Schweifhobel neigen zu Ausrissen, werden quer zur Faser als auch in Faserrichtung verwendet und hinterlassen eine raue Oberfläche. Diese wird mit einem Wölbungshobel geputzt. Es ist hilfreich, wenn man einige von ihnen mit unterschiedlichem Radius hat, um in alle Bereiche zu gelangen und nicht nur die Übergänge zu bearbeiten sondern die gesamte Fläche zu glätten. Entfernen Sie die leicht geriffelte Spur des Hobeleisens mit einer Reihe runder und flexibler Ziehklingen.

Abb. 8-15 Eine kleine Sammlung von chibi-ganna. Der Hobel oben auf dem Foto wird verwendet, um kleine Streifen auf gleiche Stärke zu hobeln.

Mini-Hobel: chibi-ganna

Diese kleinen Hobel in japanischer Bauweise sind normalerweise nicht länger als 5 cm. Sie werden zum Formen von Holz verwendet und von jedem Holzhandwerker mit der Eisen- und Sohlenform hergestellt, die er gerade braucht.

Viele japanische Holzhandwerker haben eine ganze Kiste von ihnen, hergestellt über die Jahre für spezielle Projekte. Sie sind in etwa das, was ein Mensch in westlichen Ländern Fingerhobel oder Geigenbauerhobel nennt, und ich habe gelernt, dass sie sehr praktisch sein können. Sie lassen sich schnell anfertigen und sind sehr effektiv, um in alle möglichen Bereiche vorzudringen, um einige der eher bildhauerischen Aspekte des Entwurfs zu formen oder glätten. Jeder Holzhandwerker, zu dessen Projekten das Schnitzen von Oberflächen gehört, sollte eine Reihe von ihnen haben.

Traditionell kommt das Material für die Hobeleisen dieser chibi-ganna von Rohlingen, die etwa 10 cm breit sind (die Rohlinge sind etwa 5 cm lang). Es handelt sich um laminierten Stahl, ähnlich dem Material, aus dem die größeren Hobeleisen hergestellt werden, und man bekommt es in unterschiedlichen Qualitäten (Abb. 8-16). Um ein Eisen herzustellen, schneiden Sie einen Streifen in der benötigten Breite von dem 10 cm breiten Rohling. (Siehe „Herstellung von chibi-ganna“ auf S. 279.)

Die Herstellung eines Hobeleisens auf diese Weise gibt dem Handwerker große Flexibilität in Bezug auf die Breite und Form des Eisens. Diese Rohlinge sind heute schwer zu finden (es war nie einfach sie aufzutreiben). Vorgeschnittene Eisen unterschiedlicher Breite sind aber noch erhältlich, was die Anfertigung dieser kleinen Hobel zu einer praktikablen Lösung macht.

Die Anfertigung dieser kleinen Hobel ist die gleiche wie die größerer Modelle, doch da die Eisen meist nur 13 bis 25 mm breit sind und normalerweise nicht mit einem Spanbrecher ausgestattet werden (der extra Zeit beansprucht), können sie schnell gemacht werden. Da Sie nicht auf das Abbinden einer Verleimung warten müssen, können Sie sie auch direkt benutzen. Ich baue sie meist mit einem Schnittwinkel von 43° (9 zu 10), ausgenommen ich bearbeite gerade ein besonders hartes Holz, dann stelle ich das Eisen steiler ein.

Abb. 8-16 Ein Standardeisen zur Herstellung eines chibi-ganna. Es ist schon etwas kleiner als beim Kauf, denn zwei Hobeleisen wurden bereits daraus hergestellt. Weiterhin zwei Stücke Japanische Weißeiche für den Hobelkörper. Es sind Abschnitte, die bei der Herstellung eines größeren Hobelblockes abfielen.

Flachwinkelhobel sind vielseitiger als ihre Vettern, deren Eisenfase nach unten weist, und sie können eine gute Wahl sein als Arbeitspferd. Hier abgebildet finden Sie den Flachwinkel-Putzhobel und den mittellangen Flachwinkel-Jack von Veritas.

Wählen Sie Ihre ersten Hobel aus

Führer für einen passenden Werkzeugsatz

Ich denke oft darüber nach: Wenn ich jetzt noch einmal bei Null anfangen würde, welches Modell würde ich mir dann als ersten Hobel auswählen? Und als zweiten? Wie würde ich einen brauchbaren Satz von Hobeln zusammenstellen, der meine Arbeitsweise unterstützen würde? Einsteiger haben mir oft diese Frage gestellt, und ich habe sie lange gewälzt. Mit Sicherheit habe ich keine endgültige Antwort, aber ich kann meine Meinung sagen und die Gründe für sie benennen. Sie können dann selber entscheiden. Wenn Sie am Ende einen Hobel haben, den Sie einfach nie benutzen, dann gibt es immer irgendwo einen Holzhandwerker, der ihn wahrscheinlich gebrauchen kann.

Abb. 9-1 Der Einhandhobel Nr. 60 ½ von Stanley ist ein guter erster Hobel. Mit einem besseren Eisen werden Sie vielleicht niemals das Gefühl bekommen, dass Sie ihn ersetzen müssen.

Die Zahl und der Typ der Hobel, die Sie brauchen, hängt von der Arbeit ab, die Sie ausüben. Wenn Sie an einer Vielzahl von Projekten arbeiten, dann brauchen Sie eine Vielzahl an Hobeln. Wenn das Spektrum Ihrer Arbeiten eng ist, dann kommen Sie wohl schon mit einigen ausgesuchten Hobeln zurecht.

Kaufen Sie Hobel – und Werkzeuge im Allgemeinen – erst dann, wenn Sie sie brauchen. Seien Sie zurückhaltend beim Kauf von Sätzen, es sei denn, Sie sind sich sicher, dass Sie alle Teile des Satzes verwenden werden.

Das Wichtigste zuerst

Wenn Sie am Anfang stehen, würde ich einen Einhandhobel empfehlen, etwa das Modell Nr. 60 ½ von Stanley (Abb. 9-1), oder eines Mitbewerbers, etwa von Record oder vielleicht Veritas. Der Einhandhobel von Lie-Nielsen ist ein hervorragendes Werkzeug, doch aufgrund seines hohen Preises zögere ich, ihn als ersten Hobel zu empfehlen.

Ich würde dazu raten, erst später in eine höhere Klasse zu steigen (Abb. 9-2). Stellen Sie sicher, dass der gewählte Einhandhobel ein verstellbares Maul hat und einen niedrigen Neigungswinkel (12°). Diese Hobel sind vielseitig und für den Anfänger leicht erhältlich, zugleich bieten sie auch dem anspruchsvolleren und erfahrenen Profi einen guten Dienst.

Ein guter Einhandhobel wird Ihnen jede Menge über die Dynamik des Hobelns beibringen und zeigen, wie die verschiedenen Strategien funktionieren und zusammenwirken. Er wird auch eine schlechte Behandlung verzeihen (außer er wird fallen gelassen), und sein kleines Eisen lässt sich leicht wieder schärfen oder bei Bedarf schleifen. Öffnen Sie das bewegliche Maul des Einhandhobels und verwenden den Hobel, um beim Formen eine Menge Holz abzutragen. Schließen Sie das Maul, und der Hobel wird selbst schwierige Maserbilder polieren. Der flache Neigungswinkel erlaubt eine einfache Veränderung des Schnittwinkels (durch Abziehen oder Neuschliff der Fase).

Manche Holzhandwerker werden nie Bedarf für einen anderen Hobel haben, doch ich denke, sobald Sie die ganze Wirkungsweise des Einhandhobels kennengelernt haben, werden Sie beginnen zu erkennen, wo Hobel anderer Größe und Bauart Ihre Arbeit fördern können.

Abb. 9-2 Diese Einhandhobel aus dem oberen Segment, der Veritas und der noch teurere Lie-Nielsen, können die nächste Stufe über dem Nr. 60 ½ von Stanley sein: bessere Eisen, präzisere Verarbeitung und Einstellung.

Ihr zweiter Hobel

Ihr nächster Hobel? Da gibt es viele Möglichkeiten. Ich würde den mittellangen Flachwinkelhobel von Lie-Nielsen (Abb. 9-3) (er basiert auf dem Stanley Modell Nr. 62) oder sein Gegenstück von Veritas empfehlen.

Dieser mittellange Schlichthobel, im Englischen aufgrund seiner Vielseitigkeit jack plane oder Tausendsassa genannt, hat alle Merkmale eines Einhandhobels – verstellbares Maul, flach geneigtes Eisen –, aber er ist größer, was ihn beim Hobeln größerer Flächen effizienter macht. Doch ohne die Erfahrung, die jemand bei Einstellung und Anwendung eines Einhandhobels gemacht hat, könnte dieser mittellange Hobel für einen, der gerade beginnt, frustrierend sein. Ich würde ein mittellanges Modell daher nicht zu meinem ersten Hobel machen.

Mit Ergänzung von zwei Extraeisen könnte er folgendermaßen verwendet werden:

- als kurze Raubank, um Flächen grob abzurichten (mit einem Eisen, dessen Schneide leicht gekrümmt ist),
- als Putzhobel oder zur Bearbeitung von Füllungen (mit einem Eisen, bei dem die Ecken der Schneide leicht gefast sind) oder
- zur Arbeit an der Stoßlade oder andere Aufgaben, die hohe Präzision erfordern (mit einer Schneide, die ganz gerade abgezogen wird),

Sie können Eisen mit unterschiedlichem Fasenwinkel haben, etwa um tropische Harthölzer zu hobeln. Der Nachteil ist, dass der Fasenwinkel dadurch unter Umständen ziemlich stumpf wird, den Kraftaufwand beim Stoßen des Hobels erhöht, möglicherweise die Qualität des Schnittes verringert (abhängig vom Holz) und das Eisen viel schneller stumpf werden lässt. Dies ist immer noch eine billigere Lösung als einen neuen Hobel zu kaufen oder herzustellen (wenn ich das öfter machen müsste, dann würde ich mir wohl überlegen, für diese Aufgabe einen eigenen Hobel zu besorgen).

Alternativ hierzu würde ich überlegen, einen Schlichthobel Nr. 5 von Stanley oder Lie-Nielsen zu kaufen. Das Modell Nr. 5 ¼ W von Veritas ist zwar ein bisschen kleiner und auch eine Überlegung wert, doch ich halte es nicht für so vielseitig wie den Flachwinkelhobel. Bei einem Hobeleisen, dessen Fase nach unten zeigt, kann man den Schnittwinkel nicht verändern, es sei denn, Sie schleifen an der Spiegelseite eine Fase an.

Den „Frosch" genannten Eisenträger nach vorne zu verschieben und so das Maul zu verkleinern ist langsamer und umständlicher als das Maul eines Flachwinkelhobels einzustellen. An Modellen der „Bedrock"-Bauweise verändert eine Vorwärtsbewegung des Frosches die Tiefeneinstellung des Eisens. Der Spanbrecher am Modell Nr. 5 muss für eine Einstellung demontiert werden, damit ist dies auch keine Option für eine häufige Neueinstellung.

Sie könnten sich überlegen, ein kürzeres Modell zu kaufen, das Lie-Nielsen einen Flachwinkel-Putzhobel nennt, doch ich halte es nicht für ganz so vielseitig wie die längere Version. Dank seiner Länge kann der mittellange Hobel präzisere Flächen herstellen, etwa beim Fügen von Kanten vor dem Verleimen oder beim Putzen von Flächen.

Abb. 9-3 *Die mittellangen Flachwinkelhobel von Lie-Nielsen (oben) und Veritas sind vielseitige Hobel, die für viele Aufgaben in der Werkstatt geeignet sind.*

Abb. 9-4 *Die Überholung eines alten Hobels, wie hier eines von Millers Falls hergestellten Schlichthobels Nr. 5 im Bailey-Stil, kann eine gute Alternative zum Kauf eines neuen Hobels sein.*

Abb. 9-5 *Der Brüstungshobel von Veritas bei der Aufgabe, für die er ursprünglich gedacht war: dem Bestoßen einer Zapfenschulter.*

Hobel zum Herstellen von Verbindungen

Es ist zwar sinnvoll, einen Hobel zum Nachpassen von Fälzen, Nuten und anderen Verbindungen zu bekommen, doch ich denke nicht, dass man ihn unbedingt gleich am ersten Tag kaufen muss. Die erste Gelegenheit, bei der Sie eine Verbindung nachpassen müssen, wird früh genug kommen. (Sie kann schon am zweiten Tag kommen.) Ich halte den Brüstungshobel für besonders geeignet zum Nachpassen (Abb. 9-5). Er kann verwendet werden, um in breiten Nuten die Tiefe einzustellen, um Maschinenspuren an einem Falz zu beseitigen, einen Falz konisch zu bearbeiten, Zapfen und Brüstungen nachzupassen sowie für eine Vielzahl anderer Verwendungen, die anderweitig schwierig auszuführen sind.

Die mittelgroßen Brüstungshobel von Veritas und Lie-Nielsen sind hier eine gute Wahl. Ich muss vielleicht Veritas dabei den Vorzug geben, denn ihr Hobel ist nur 17 mm breit, er passt damit in eine Nut, die für ein 19 mm Sperrholz geschnitten wurde; ein 19 mm breiter Hobel wird nämlich nicht passen.

Ein anderer wichtiger Hobel ist der Simshobel. Sie werden vielleicht in der Lage sein, in Ihrer gesamten Holzbearbeitungskarriere ohne einen Simshobel auszukommen, doch das kann daran liegen, dass Sie nichts von seiner Existenz wussten. Verwenden Sie einen Simshobel, um eine Nut oder einen Falz zu verbreitern, um eine gute Passung herzustellen (im Gegensatz zu gar keiner Passung). Kein Werkzeug arbeitet dabei so schnell und präzise wie ein Simshobel.

Nächster Schritt: Putzen

Nach diesen Hobeln sollte sich der Holzhandwerker überlegen, einen Putzhobel zuzulegen, denn eine der häufigsten Arbeiten heute besteht darin, die Spuren maschineller Bearbeitung zu entfernen und ein Stück für das Finish vorzubereiten. Meiner Meinung nach ist dafür ein japanischer Hobel der beste Kandidat, und zwar mit einem 48–55 mm breiten Eisen, das mit einer Neigung von 40° eingebaut ist (Abb. 9-6).

Wenn Sie mit der Einstellung und Verwendung eines japanischen Hobels nicht vertraut sind, dann ist die Breite dieses Hobels nicht zu gewagt. Die Herausforderung nimmt bei einem 65 oder 70 mm Hobel dramatisch zu. Eine Breite von 45 oder 55 mm fühlt sich in der Hand gut an, ist relativ einfach einzustellen und so zu halten, gleicht in seiner Eisenbreite Putzhobeln westlicher Bauart und dient als ein guter Einstieg für japanische Hobel und Putzhobel im Allgemeinen.

Mit der geringen Reibung an der Sohle, seinem mühelosen und sauberen Schnitt ist er auch ein Maßstab, um die Leistung anderer Hobel zu beurteilen. Er hat zwar kein verstellbares Maul oder Eisenträger, aber sein Spanbrecher ist leicht einzustellen oder – wenn für andere Arbeiten erforderlich – auch zu verstellen. Dies kann von unschätzbarem Wert sein, um diese wichtige Technik zu erlernen.

Als Alternative zu einem japanischen Hobel sollten Sie einen Hobel im Stil von Krenov erwägen, für Unerfahrene macht er vielleicht etwas viel Arbeit. Es gibt jedoch auch Bausätze, für all die, die nicht bei Null beginnen möchten. Mit diesen Hobeln lässt es sich angenehm putzen, und ihre Form kann den Vorlieben des Anwenders angepasst werden.

Abb. 9-6 *Ihr erster Putzhobel kann wie einer der oben abgebildeten japanischen Hobel mit 48 mm Eisen aussehen, die hier in unterschiedlicher Neigung eingelassen sind. Der Hobel ganz links, über 30 Jahre alt, hat einen Schnittwinkel von 40°, ich verwende ihn regelmäßig auf der Baustelle. Daneben ist mein erster selbstgebauter Hobel, etwa 25 Jahre alt, mit einem Schnittwinkel von 43° und ohne Spanbrecher. Die verbliebenen drei Hobel rechts sind ein 43°-Hobel mit Spanbrecher, selbst gebaut mit einem Hobelkörper aus Canary Wood, ein südamerikanisches Hartholz; ein im Handel gekaufter 47,5°-Hobel mit Körper aus Roteiche; und schließlich wieder ein selbstgebauter Hobel aus canarywood mit 55Grad Schnittwinkel und ohne Spanbrecher.*

Ein Schnittwinkel von 45° ist gut für einen ersten Hobel dieses Typs, und ich würde empfehlen, ein verstellbares Maulstück in die Sohle einzulassen, um so die Vielseitigkeit des Hobels zu vergrößern und den Unterhalt des Mauls zu erleichtern. Meine einzige Kritik an diesem Hobel besteht darin, dass nach meiner Erfahrung selbst die besten erhältlichen Eisen qualitativ nicht an japanische Eisen heranreichen.

Während ich das sanfte Gleiten von Holz auf Holz und ein superscharfes Eisen wirklich mag und auch Holzhandwerker ermutige, Holzhobel zu verwenden, so werden doch die meisten Leser lieber einen Metallhobel im Bailey-Stil ausprobieren. In der Vergangenheit habe ich gezögert, einen Hobel im Bailey-Stil zu empfehlen, denn ich habe gedacht, es gibt bessere Hobel, um die vielen Aufgaben in der Werkstatt zu bewältigen.

Und während ich immer noch so denke, kann ich doch für die ersten Stufen Ihrer Holzbearbeitungskarriere sagen, dass Sie den Kauf eines Bailey-Hobels der Größe 04 erwägen sollten, wenn ich Sie nicht von Holzhobeln überzeugen kann.

Das Problem liegt in der ganz unterschiedlichen Qualität der Hobel; man braucht einige Erfahrung, um sagen zu können, welche gut arbeiten werden, obwohl sie doch alle ziemlich gleich aussehen. Die Anleitung zur Einstellung in Kapitel 10 sollte viele Probleme vermeiden helfen. Lie-Nielsen und auch Veritas bauen beide eine wunderbare Version, beide funktionieren direkt ziemlich gut. Ich zögere jedoch sie zu empfehlen, wenn Sie gerade anfangen, denn sie sind teuer.

Es wäre wohl besser zu lernen, wie man einen billigeren Hobel einstellt und pflegt; andernfalls werden Sie nach ein paar Jahren Erfahrung den Hobel anschauen und meinen sich für all das entschuldigen zu müssen, was Sie ihm angetan haben. Während Ihre Fertigkeiten wachsen und Sie auf diese ersten Hobel zurückschauen, werden Sie bemerken, wie viel Schaden Sie ihnen zugefügt haben, während Sie versuchten, sie gangbar zu machen, einzustellen und zu pflegen. Aus diesem Grund möchte ich empfehlen, nicht mit einem 400-Euro-Hobel zu beginnen. Besorgen Sie sich ein solides Werkzeug, das zu Ihrem Niveau passt – eines, an dem Sie lernen können und mit dem Sie Fehler machen können. Sie können sich für etwas Besseres entscheiden, wenn Ihre Fertigkeiten Fortschritte machen.

Jenseits der Grundlagen

Nach diesem Stadium sollten Sie sich Ihre Hobel selber machen oder kaufen, wenn sie für konkrete Projekte erforderlich sind, besonders, wenn Sie erwarten, dass Sie in dieser Holzart oder diesem Maßstab wieder etwas bauen werden. Zunächst werden das vermutlich weitere Putzhobel sein mit unterschiedlichem Schnittwinkel (um mit unterschiedlichen Hölzern klarzukommen) oder vielleicht kleinere oder größere Versionen von Hobeln, die Sie schon haben.

Bei Gelegenheit werden Sie es vielleicht praktisch finden, wenn Sie einen Hobel haben, den Sie vor dem Putzhobel einsetzen – ich nenne ihn „Füllungshobel" (panel plane) –, um Ihre Arbeit zu beschleunigen. Erwerben Sie diese nach Bedarf: einen mit einem Schnittwinkel von 40 bis 45° für Weichhölzer und weichere Harthölzer, einen mit einem Schnittwinkel von 47 ½° für Harthölzer und einen mit 60° für tropische Harthölzer (Abb. 9-7, 9-8, 9-9 und 9-10).

Hierauf abgestimmte Putzhobel hätten den gleichen oder einen um 3–5° steileren Schnittwinkel. Sie können diese Lücken schließen, falls und wenn Sie sie brauchen (siehe „panel plane" S. 78.

Als ich begann, habe ich einen Hobel zum Putzen gekauft und ihn so gut wie möglich eingestellt. Meine Fertigkeiten und mein Verständnis haben Fortschritte gemacht, und ich habe gemerkt, dass meine Einstellung für das erwartete Ergebnis unzureichend war. Vielleicht auch die Qualität des Hobels, aber mit Sicherheit meine Justierung schränkten die Möglichkeiten dieses Hobels ein. Ich habe dann nachgerüstet, den Hobel für vorbereitende Arbeiten benutzt und den neu erworbenen Hobel für feine Putzarbeiten.

Abb. 9-7 *Oben sehen Sie einen 305 mm langen Hobel im „Razee-Stil" mit einem 57 mm Eisen, dass mit 47 ½° Neigung eingelassen ist. Er funktioniert gut, um die Oberfläche des 203 mm langen Putzhobels neben ihm mit leicht gewölbten Flanken herzustellen. Dieser hat ein 51 mm breites Eisen, das mit 50° gebettet ist.*

Abb. 9-8 Dies ist eine meiner bevorzugten Kombinationen. Der 70 mm Hobel mit 40° Schnittwinkel ist einer meiner meist benutzten Hobel. Ich arbeite danach oft mit dem Hobel in der Mitte weiter, der ein 70 mm Eisen und eine Neigung von 43° hat. Falls die Oberfläche eine weitere Bearbeitung erfordert, dann verwende ich unter Umständen den Hobel oben, der ein sehr gutes 70 mm Eisen bei 45° Neigung hat.

Nicht lange nach Beginn Ihrer Karriere werden Sie eine lange Raubank brauchen. Besonders hochwertige Arbeit verlangt, dass die Kanten mit einer langen Raubank zum Verleimen vorbereitet werden. Manche Werkstücke können nur mit diesem Hobel vorbereitet werden. Wenn Ihre Arbeit mit diesem Hobel hauptsächlich darin besteht, Kanten zu fügen und ein bisschen abzurichten, dann wird der Stanley Nr. 07 (oder ein Nr. 08, wenn Sie einen finden können) ein guter Hobel sein (Abb. 9-11).

Wenn gelegentliches Abrichten zu den Aufgaben Ihrer Raubank zählt, dann sollten Sie sich wegen der verbesserten Ergonomie und der geringeren Reibung an der Sohle überlegen, ob Sie sich eine hölzerne Raubank zulegen. (Siehe Kapitel 6 zur Diskussion über Raubänke)

Mit der Zeit wird Ihre Arbeit im Hinblick auf Umfang, Größe, Qualität und Komplexität wachsen.

Als ich anfing, hatte ich weder Handmaschinen noch Zugang zu ihnen. Das war eine gute Erziehung. Ich habe erfahren, dass die Mehrheit der verfügbaren Handhobel nicht für starke Belastung ausgelegt und dazu auch nicht in der Lage war.

Da ich wusste, dass unsere Holz verarbeitenden Vorfahren intelligent waren und Hobel sowie Techniken entwickelt hatten, die funktionieren, begann ich über Techniken zu recherchieren und testete sie und eine Vielzahl von Hobeln über viele Jahre. Nachdem ich die traditionellen Werkzeuge und Techniken zur Bearbeitung von Bauholz kennengelernt hatte, merkte ich, dass ich nicht länger durch die Grenzen der Maschinen eingeschränkt war.

Wenn Sie sich wiederholt in großartige Holzstücke verlieben und diese in Ihre Arbeit integ-

Abb. 9-9 Für größere Flächen verwende ich etwa diesen gut 40 cm langen Füllungshobel links, mit einem 70 mm Eisen und einer Neigung von 47 ½°. Anschließend nehme ich dann etwa den 28 cm langen Putzhobel rechts, der ein 70 mm breites und mit 47 ½° Neigung eingebautes Eisen hat, oder aber einen meiner Putzhobel mit leicht gewölbten Flanken.

Abb. 9-10 Diese drei Hobel haben alle 70 mm Eisen, die mit 40° Neigung eingebaut sind. Ich nehme den 400 mm langen Hobel links als Füllungshobel, um die Fläche für den Putzhobel in der Bildmitte vorzubereiten. Wenn die Maserung besonders schwierig ist, dann arbeite ich abschließend mit dem Hobel rechts, der ein besonders hochwertiges Eisen hat.

Abb. 9-11 Dieser vor 1922 hergestellte Stanley Nr. 08 mit Rosenholzgriffen wird nicht länger hergestellt. Nach einer Überholung arbeitet er ziemlich gut; er hat ein Eisen, dass sich gut schärfen lässt und lange scharf bleibt, und er kostet nur den Bruchteil eines neuen Hobels.

rieren wollen, oder Sie neigen dazu, etwas unkonventionell zu denken, dann werden Sie mit Holzstücken konfrontiert, die Sie nicht mit der Maschine bearbeiten können. Wenn das passiert, dann werden Sie froh sein zu wissen, wie man die traditionellen Techniken einsetzt.

Um die Bohlen vorzubereiten, sollten Sie sich erst einmal einen mittellangen Hobel besorgen. Wenn Sie ein begrenztes Budget haben, dann können Sie einen alten Holzhobel überholen (Abb. 9-12). Ansonsten ist der Primus mit Horn oder ein englischer Schlichthobel eine Investition wert. Wenn bei Ihrer Arbeit immer wieder Bohlen auftauchen, die in erheblichem Umfang von Hand bearbeitet werden, dann ist ein Schrupphobel sehr hilfreich.

Wenn Sie gerne mit Formen experimentieren, dann werden Sie zum Ausarbeiten der groben Form einen oder zwei Hobel nützlich finden, die zum Maßstab des Projektes passen. Diese sollten vorzugsweise aus Holz sein, damit sie sich so formen lassen, wie es das Projekt erfordert. Ich habe etwa ein Paar kleine japanische Hobel, um lange Kurven herzustellen (Abb. 9-13).

Darüber hinaus habe ich eine Sammlung an kleinen Schiffshobeln mit unterschiedlichem Radius aufgebaut (Abb. 9-14). Diese habe ich mir aus kleinen japanischen Hobeln hergestellt, die ich zu diesem Zweck gekauft habe. Jeder Hobel mit Holzkörper wäre hierfür geeignet. Ich war oft versucht, mir einen verstellbaren Schiffshobel zu kaufen, doch ich konnte diese Investition nicht rechtfertigen.

Während die Schiffshobel, die ich besitze, zusammen wohl mehr kosten als das verstellbare Modell, habe ich immer nur einen hinzugekauft, wenn ich ihn brauchte. Ich konnte diese Hobel so justieren, dass ich mit ihnen gute Oberflächen hinbekomme. Der verstellbare Schiffshobel ist eher ein Werkzeug für die grobe Bearbeitung oder zum Herstellen einer Form. Wenn ich bei meiner Arbeit ständig mit unterschiedlichen Kurven konfrontiert würde – wie ein Treppenbauer oder ein Formenmodellbauer – dann könnte ich diesen Kauf rechtfertigen.

Abb. 9-12 Dieser mittellange englische Hobel war ein Geschenk – billiger geht es wirklich nicht. Mit dem bestoßenen Griff ist er zwar kein „Hingucker", aber er hat ein ordentliches Eisen aus Gussstahl, einen guten Spanbrecher und lässt sich schnell aktivieren.

Abb. 9-13 Kleine japanische Hobel können bei der groben Herstellung einer Form sehr hilfreich sein, denn ihr Körper lässt sich leicht modifizieren, um sich der gewünschten Form anzupassen. Ich habe an dem linken Hobel vorne ein verstellbares Nasenstück angebracht, um damit konvexe Kurven herzustellen.

Endergebnis:

- Kaufen Sie die Werkzeuge erst, wenn Sie sie brauchen.
- Kaufen Sie dann die besten, die Sie sich leisten können.
- Wertschätzen Sie sie.

Abb. 9-14 Dies ist eine kleine Sammlung von Schiffshobeln, die ich über die Jahre selber gebaut oder gekauft habe.

Die Verwendung eines selbst hergestellten Schabers beschleunigt die Bearbeitung der Sohle eines Metallhobels.

Hobel einrichten

Stellen Sie Ihren Hobel ein, um richtig zu arbeiten

Einrichtung und Einstellung sind ähnlich für Hobel aller Stile und Funktionen. Bei der Einrichtung eines Hobels werden grundlegende Verfahren in einer bestimmten Reihenfolge vollzogen, daran anschließend werden verschiedene Taktiken optimiert – Maulöffnung, Form des Hobeleisens, Fasenwinkel etc. –, welche die Funktion des Hobels bestimmen. Jede Art von Hobel erfordert besondere Aufmerksamkeit, darauf wird der Reihe nach eingegangen, doch in allen Fällen werden die gleichen grundlegenden Prozeduren in der gleichen Reihenfolge befolgt:

1. Prüfen Sie den Zustand des Hobels.
2. Bereiten Sie das Eisen vor.
3. Bereiten Sie den Spanbrecher vor und montieren ihn (wenn es einen gibt).
4. Sorgen Sie für eine gute Auflage des Eisens.
5. Konfigurieren Sie die Sohle.
6. Stellen Sie das Maul ein.
7. Kümmern Sie sich um die Details von Hobelkörper und Sohle.
8. Kümmern Sie sich um die Details von Griffen und Oberfläche.

Drei dieser Prozeduren enthalten Schritte, die bei der Einrichtung aller Hobel gleich sind: 2. Vorbereitung des Hobeleisens; 3. Vorbereitung und Montage des Spanbrechers und 5. Konfigurieren der Sohle. Ich werde Sie hier darlegen um zu vermeiden, sie jedes Mal zu wiederholen, wenn ich die Einstellung eines Hobels beschreibe. Sie sollten darauf zurückkommen in der richtigen Reihenfolge, während Sie mit ihrer Vorbereitung fortfahren.

Abb. 10-1 Dieses Hobeleisen hat Flugrost, nur an der Ecke gibt es eine schlechte Stelle, die aber umgangen werden kann.

Vorbereitung des Hobeleisens

Ein neues Hobeleisen oder ein altes Eisen, das überarbeitet werden muss, wird zunächst immer an der Spiegelseite abgerichtet. Das macht man als erstes und zwar unabhängig davon, um welche Bauart es sich handelt (bei einem japanischen Hobel ist die Sache jedoch etwas kritischer). Wenn es am Eisen tiefe Scharten gibt, kann auch die Fase zunächst nachgeschliffen und dann die Spiegelseite bearbeitet werden.

Nachdem die Spiegelseite spiegelblank abgerichtet wurde, ziehen Sie die Fase ab. Obwohl es zum Abziehen gehört, nach der Politur der Spiegelseite abwechselnd sowohl Fase als auch Spiegelseite über den Stein zu führen, um den Grat zu beseitigen, so wird beim Schärfen die Spiegelseite lediglich ganz leicht über den feinsten Abziehstein geführt und nicht etwa wieder mit allen Steinen bearbeitet, die vorher zum Abrichten verwendet wurden.

Bevor Sie beginnen, sollten Sie den Spanbrecher abnehmen, falls er montiert ist, und die Schneide genau auf Beschädigungen hin untersuchen und die Spiegelseite auf Rost, der so tiefe Mulden hinterlassen hat, dass sie sich nicht beim Abziehen entfernen lassen (Abb. 10-1). Solche tiefen Stellen werden am fertigen Werkstück eine Riefe hinterlassen.

Nachdem Sie also das Eisen also inspiziert haben, schleifen Sie bei Bedarf die Fase, um tiefe Scharten zu entfernen oder der Schneide eine bestimmte Form zu geben. Plätten Sie die Spiegelseite bis zu einem Spiegelfinish und gehen dann wieder zurück und schärfen die Schneide (siehe Kapitel 11, „Schärfen von Hobeleisen“).

Vorbereitung des Spanbrechers

Wie bereits unter dem Stichwort „Spanbrecher“ auf S. 50 beschrieben, funktionieren Spanbrecher zwar alle gleich, doch gibt es sie in unterschiedlichen Formen. Trotz dieser feinen Unterschiede ist ihre Vorbereitung ähnlich.

Inspizieren Sie den Spanbrecher, ob er eine beschädigte oder schlecht geformte Fase hat. Wenn es ernsthafte Probleme gibt, schauen Sie, ob Sie nach Entfernung des Schadens noch ausreichend Metall für einen funktionierenden Spanbrecher übrig haben. Wenn nicht, dann ersetzen Sie ihn. Überarbeiten Sie die Kontur an der Spitze, sodass dort eine Mikrofase entsteht, die mit einer Neigung von 50° auf das Eisen trifft oder mit einer Neigung, bei der die Neigung von Schnittwinkel und Spanbrecher zusammen zwischen 90 und 100° ergeben. Wenn diese besondere Konfiguration genügend Material übrig lässt, dann legen Sie hinter der Mikrofase eine breite zweite Fase von etwa 25° Neigung an. (Sie werden nicht in der Lage sein, dies bei einem Spanbrecher der Stanley-Bauweise zu tun.) Diese zweite Fase verbessert den Spanaustritt und hilft gegen Verstopfen.

Halten Sie als nächstes den Spanbrecher und das Eisen zusammen in ihrer endgültigen Position an eine Lichtquelle (Abb. 10-2). Zwischen der Schneide des Spanbrechers und der Spiegelseite des Eisens sollte kein Licht erscheinen. Korrigieren Sie die Schneide des Spanbrechers wenn nötig und behalten Sie dabei seine Geometrie bei, indem Sie die Unterseite auf einem perfekt planen Stein abziehen (Abb. 10-3). Falls die Schneide stark verformt ist, kann vorsichti-

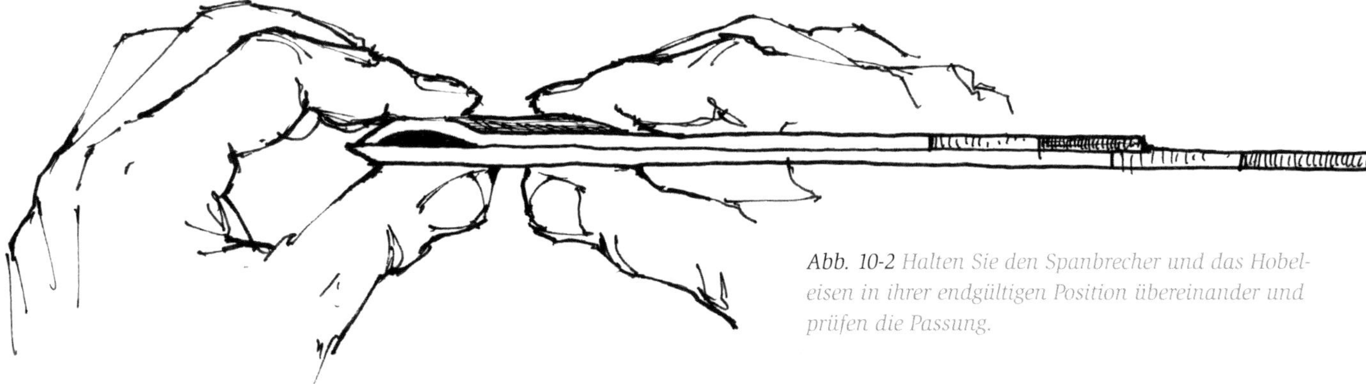

Abb. 10-2 Halten Sie den Spanbrecher und das Hobeleisen in ihrer endgültigen Position übereinander und prüfen die Passung.

ges Arbeiten mit einer feinen Feile diesen Schritt etwas beschleunigen, gefolgt von sorgfältiger Bearbeitung auf dem Stein. Geben Sie dem Spanbrecher auf der Unterseite eine leichte Fase, damit er wie eine Messerschneide auf dem Hobeleisen liegt (Abb. 10-4).

Sowohl die Unterseite als auch die Mikrofase oben sollten auf dem Stein spiegelblank abgezogen werden (Abb. 10-5). Mit den letzten Strichen am Stein wird die Fase oben bearbeitet um sicherzustellen, dass die Vorderkante des Spanbrechers dicht auf dem Hobeleisen liegt (Abb. 10-6). Halten Sie Spanbrecher und Hobeleisen wieder ans Licht und prüfen die Auflage. Wenn die Schneide gerade zu sein scheint, aber an einer Ecke hoch steht und sich der Spalt bei leichtem Druck nicht schließt, dann richten Sie den Spanbrecher, damit seine Vorderkante das Hobeleisen ganz berührt und kein Licht zeigt. Stellen Sie sicher, dass der Spanbrecher ein bisschen federt, damit durch Anziehen der Schraube die Vorderkante des Spanbrechers ganz auf das Hobeleisen gezogen wird (Abb. 10-7).

(Fortsetzung auf S. 150)

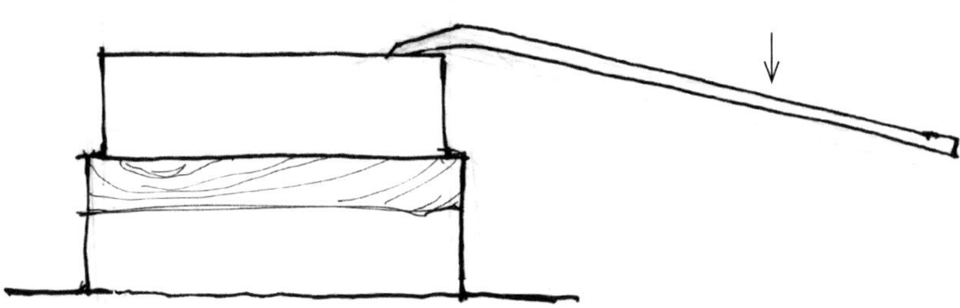

Abb. 10-3 Halten Sie den Spanbrecher so auf dem Stein, dass er ein bisschen unter der Horizontallinie liegt. So stellen Sie sicher, dass die Schneide an der Rückseite eine leichte Fase erhält.

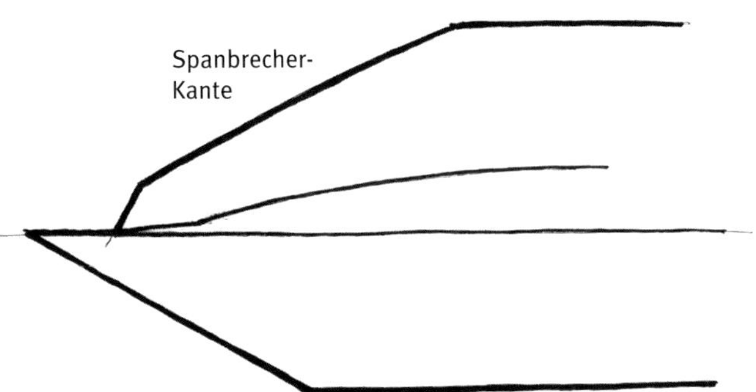

Abb. 10-4 Eine Hinterschneidung um etwa ein° sorgt für einen Kontakt an der Vorderkante.

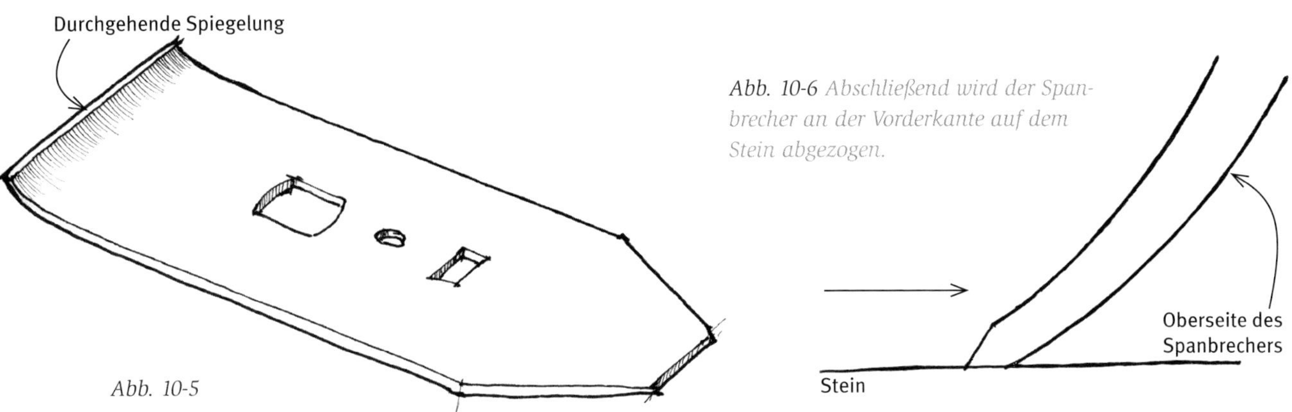

Abb. 10-5

Abb. 10-6 Abschließend wird der Spanbrecher an der Vorderkante auf dem Stein abgezogen.

Spiegelseite eines Hobeleisens abrichten

Es gibt eine Reihe von Techniken, die angewandt werden können, um die Spiegelseite eines Hobeleisens abzurichten. Welche Technik zum Abrichten eines bestimmten Hobeleisens die beste ist, hängt davon ab, wie viel Arbeit verrichtet werden muss, um es plan zu bekommen.

Unabhängig davon, welche Technik Sie anwenden, Sie werden am Ende Ihre Schärfsteine verwenden. Beginnen Sie also damit, erst einmal Ihre Schärfsteine abzurichten. (Siehe „Verwendung und Pflege von Wassersteinen“ auf Seite 205.)

Bevor Sie an dem Hobeleisen arbeiten, begutachten Sie die Planheit der Spiegelseite. Halten Sie das Eisen an eine große Lichtquelle und peilen entlang, sodass Sie eine Spiegelung über die gesamte Spiegelseite wahrnehmen. Neigen Sie das Eisen in Längsrichtung auf und ab und beobachten dabei die Reflexion. Wenn die gesamte Spiegelseite bis hin zur Schneide Licht reflektiert, dann haben Sie ein ganz planes Eisen, und Sie werden es nur auf den üblichen Steinen abziehen müssen. Wenn jedoch auch nur ein Teil der Eisenlänge Licht reflektiert und sich dieses Licht bei einer Neigung am Eisen rauf und runter bewegt, dann ist das Hobeleisen verbogen. Je kürzer die Reflexion, desto stärker ist die Krümmung.

Abb. 1 Um ein stark verformtes Eisen abzurichten, geben Sie etwa einen Viertel Teelöffel Siliziumkarbid auf die Mitte einer planen Stahlplatte. Geben Sie drei oder vier Tropfen Wasser auf das Pulver. Im Hintergrund ist eine Leiste, die zum Halten des Eisens verwendet werden kann.

Versuchen Sie in diesem Fall nicht, das Eisen über seine gesamte Länge abzurichten (von der Schneide bis etwa 6 mm vor den Schlitz für die Schraube des Spanbrechers). Lediglich der untere Abschnitt – mindestens 13 bis vielleicht 25 mm – muss abgerichtet werden, je nach Krümmung Ihres Eisens. Weiter abzurichten ist lästig und erfordert die Abnahme einer Menge Stahl. Es ist nicht nötig, um ein funktionierendes Hobeleisen zu erhalten.

Schauen Sie sich die Schneide von der Spiegelseite aus an. Neigen Sie das Hobeleisen, bis die Reflexion runter bis an die Schneide rollt. Wenn Sie das Eisen stärker neigen müssen, um eine Reflexion einzufangen, oder wenn Sie das Eisen weiter neigen und dabei eine Reflexion bekommen (was eine runde Schneide anzeigt), dann verfolgen Sie eine andere Strategie. Bevor Sie die Spiegelseite abrichten, schleifen Sie die Eisenfase soweit zurück, bis die Rundung oder Fase an der Spiegelseite beseitigt ist.

Prüfen Sie zunächst den Zustand an der Spiegelseite Ihres Hobeleisens, entwickeln Sie eine Strategie und stellen Sie sicher, dass Ihre Steine ganz plan sind. Beginnen Sie dann das Abrichten damit, dass Sie die Spiegelseite über Ihren gröbsten Stein führen. Halten Sie das Eisen im rechten Winkel zur Längsachse des Steins, nutzen Sie die gesamte Steinlänge und soweit wie möglich seine ganze Breite, vor und zurück, und halten Sie dabei mindestens 25 mm oder mehr des Hobeleisens auf dem Stein.

Gehen Sie sicher, dass das Eisen flach auf dem Stein aufliegt. Halten Sie direkt hinter der Schneide Druck auf das Eisen um die Rückseite nicht auszuhöhlen. Nach 30 Sekunden oder einer Minute reinigen Sie und schauen sich die Spiegelseite des Hobeleisens an. Wenn die neue plane Fläche bis 0,8 mm an die Schneide heranreicht (prüfen Sie die Reflexion wie zuvor), können Sie für den Prozess weiter Wassersteine verwenden. Sie gehen zum nächst feineren Stein über, wenn das Polierbild gleichmäßig über die Breite wird und hinunter bis zur gesamten Schneide.

Wenn Sie ohne Unterbrechung mehr als vier oder fünf Minuten an einem Wasserstein arbeiten, werden Sie ihn erst einmal abrichten müssen, bevor Sie weiterarbeiten. Wenn eine Minute intensiver Bearbeitung an der Schneide einen mehr als 0,8 mm breiten unbearbeiteten Streifen hinterlässt, nehmen Sie wohl besser einen groben Diamantstein, um das Eisen abzurichten.

Ansonsten können Ihre Wassersteine hohl werden, das erfordert dann mehrmaliges Abrichten der Steine (und wahrscheinlich auch der Spiegelseite), bis Sie durch sind. Nachdem die plane Fläche an der Spiegelseite die Schneide erreicht hat, können Sie wieder zurückgehen und den nor-

Anleitung

malen Schärfprozess auf Ihren (planen) Steinen fortsetzen, um die Spiegelseite zu polieren.

Wenn nach etwa einer Minute auf Ihrem groben Stein die neue plane Fläche 2 mm oder mehr von der Schneide entfernt ist, erwägen Sie drastischere Maßnahmen (obwohl Sie an Ihrem Diamantstein weiter arbeiten können). Der billigste, schnellste und effektivste Weg um stark verformte Spiegelseiten abzurichten, ist die japanische Methode mit Siliziumkarbidpulver auf einer Eisenplatte (jap. kanaban). Die Siliziumpartikel greifen in die weichere Platte (doch auch die nutzt sich mit der Zeit ab) und schleifen den Werkzeugstahl ab. Diese Eisenplatte zum Abrichten kostet bei Anbietern japanischer Werkzeuge rund zehn Euro. 30 g Siliziumpulver etwa 2 Euro.

Das schöne an dieser Methode ist, dass sich das Pulver bei Gebrauch zersetzt. Sie können mit grober Körnung 60, 90 oder 120 beginnen, je nach Zustand des Hobeleisens. Alle werden auf eine Körnung von etwa 6000 runterbrechen und dabei zu einer immer feineren Oberfläche führen. In einem Schritt (und nach fünf bis zehn Minuten intensiven Reibens) können Sie aus einem unansehnlichen alten Hobeleisen ein spiegelpoliertes Juwel machen.

Um die Abrichtplatte zu verwenden, legen Sie etwa einen Viertel Teelöffel Siliziumkarbid auf die Mitte und geben drei oder vier Tropfen Wasser zu (Abb. 1). Beginnen Sie damit, das Eisen vor und zurück zu reiben und nutzen dabei die gesamte Länge der Platte. Legen Sie gelegentlich überschüssiges Pulver wieder in die Mitte der Platte (Abb. 2). Reiben Sie weiter, während das Siliziumkarbid in eine weiche Paste zerfällt und geben ab und zu einen oder zwei Tropfen Wasser hinzu, wenn die Paste zu trocken zum Reiben wird. Wenn die Paste extrem fein wird, prüfen Sie Ihren Fortschritt; Sie sollten an der Schneide eine einheitlich plane Fläche sehen.

Fahren Sie fort mit dem Reiben, bis die Spiegelseite fein poliert ist und die Paste transparent und trocken (Abb. 3). Geben Sie dann einen (oder vielleicht zwei) Tropfen Wasser hinzu und reiben intensiv, bis die Paste wieder trocken ist. Diese wird eine sehr feine Politur hervorbringen. Prüfen Sie das Eisen. Hoffentlich reicht die Politur Ihrer frisch abgerichteten Spiegelseite bis an die Schneide. Wenn nicht, dann müssen Sie es noch einmal machen, doch Sie können dann wohl mit Körnung 120 oder 220 beginnen. Nach der abschließenden Politur müssen Sie nicht weiter mit den Steinen arbeiten; Sie können direkt an der Fase weitermachen.

Stellen Sie sicher, dass Sie das Siliziumkarbid getrennt von Ihren Steinen aufbewahren, denn es kann sich einlagern und dann ein Eisen verkratzen. Waschen und spülen Sie das Hobeleisen und alles andere in separatem Wasser.

Abb. 2 *Reiben Sie das Hobeleisen vor und zurück und verwenden dabei die gesamte Länge der Stahlplatte. Die Verwendung einer Leiste ermöglicht einen höheren Anpressdruck im Bereich der Schneide und Ihre Finger werden nicht so schnell ermüden. Hobeleisen und Leiste werden mit der rechten Hand gehalten, während die Linke einen konstanten Druck nach unten ausübt. Seien Sie nicht versucht, mit dem Eisen zu wackeln. Das Hobeleisen muss die ganze Zeit flach auf der Stahlplatte aufliegen. Wenn Sie die rechte Hand auch nur bei einem Strich anheben, werden Sie die Schneide so stark runden, dass Sie zehn bis fünfzehn Striche benötigen, um diesen Schaden zu beheben.*

Abb. 3 *Das Siliziumkarbid hat sich in eine Paste aufgelöst und wird solange gerieben, bis es trocken ist.*

(Fortsetzung von S. 147)
In manchen Fällen muss der Spanbrecher leicht gebogen werden, um dies zu erreichen.

Bringen Sie den Spanbrecher am Hobeleisen an (Abb. 10-8), justieren seine Position je nach Arbeit, prüfen Sie abschließend nochmals, ob kein Licht durchdringt, wo sich die beiden an der Schneide treffen, und ziehen Sie die Schraube an.

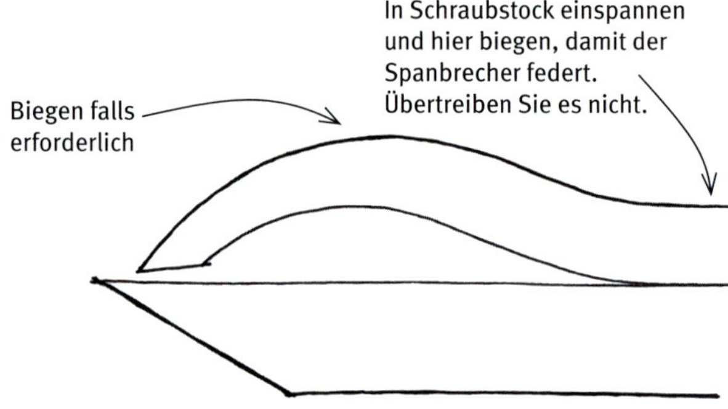

Abb. 10-7 Stellen Sie sicher, dass der Spanbrecher satten Kontakt mit dem Hobeleisen hat.

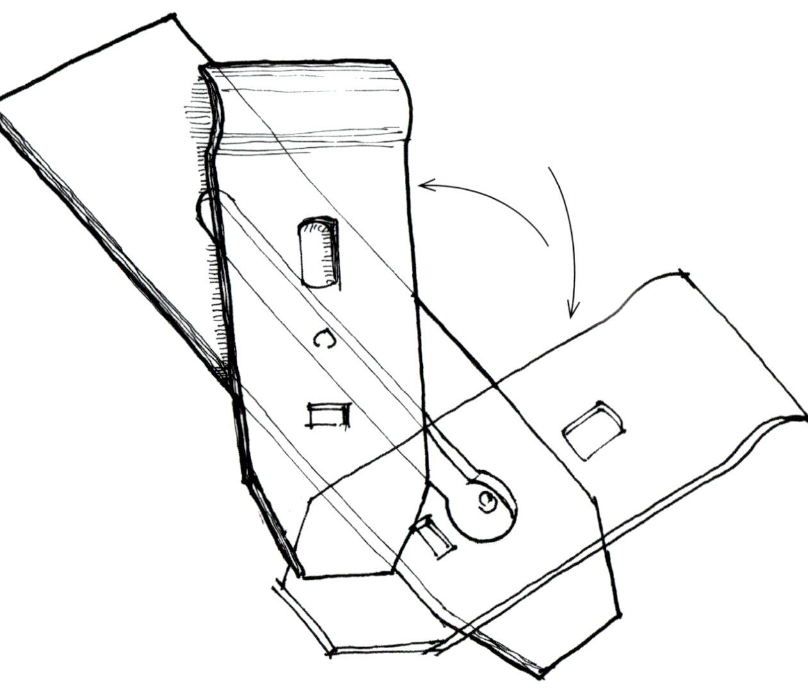

Abb. 10-8 Um eine Beschädigung der Schneide zu vermeiden, montieren Sie den Spanbrecher immer über dem Hobeleisen (unabhängig davon, an welchem Ende des Eisens sich die Schraube befindet), indem sie ihn in Position drehen.

Sohle konfigurieren

(Hinweis: es kann hilfreich sein, noch einmal den Abschnitt „Länge des Hobels/Breite des Eisens“ auf S. 60 zu lesen.)

Im Folgenden beschreibe ich das grundlegende Konzept, nach dem ich die Sohle eines Hobels abrichte und konfiguriere.

Anstatt zu versuchen, die ganze Sohle des Hobels innerhalb geringster Toleranzen abzurichten, reicht es aus, wenn mindestens drei schmale parallele Streifen, welche die Breite der Sohle haben, miteinander fluchten und Kontakt zum Werkstück haben.

Die Abschnitte zwischen ihnen sind geringfügig vertieft (+/– 0,05 mm), um die Pflege zu erleichtern. Es gibt immer mindestens zwei Streifen vor der Schneide, einen an der Spitze und einen am Maul des Hobels, welche die Referenzfläche bilden, um den Hobel über das Werkstück zu führen. Es gibt mindestens einen weiteren Streifen hinter dem Eisen, seine genaue Lage hängt von der Aufgabe des Hobels ab – aushobeln, abrichten oder putzen.

Auf der Grundlage eigener praktischer Erfahrung und der traditionellen Praxis japanischer Holzhandwerker schlage ich eine weitere Verfeinerung vor. Vertiefen Sie die Referenzstreifen hinter dem Eisen gelegentlich ein bisschen, anstatt sie genau in der gleichen Ebene zu halten wie die beiden (oder mehr) Streifen vor dem Hobeleisen. Der Umfang hängt von der Aufgabe ab, die der Hobel voraussichtlich erfüllen soll. Meine Empfehlung ist, dass Hobel, die zum Abrichten einer Fläche verwendet werden, wie etwa Raubänke, alle Referenzflächen in derselben Ebene haben sollten. Bei Putzhobeln sollte die Referenzfläche hinter dem Eisen minimal zurückgesetzt sein, damit der Hobel leichter in Abschnitten greift, die nach der bisherigen Bearbeitung minimal tiefer liegen.

Bei mittellangen Schlichthobeln kann, in Ihrem Ermessen, der Referenzstreifen hinter dem Eisen etwas tiefer liegen als bei Putzhobeln, um es einfacher zu machen, bei der anfänglichen Bearbeitung des Werkstückes besser angreifen zu können.

Wenn man die Sohle so präpariert dann erleichtert dies nicht nur die Pflege und die Aufgaben, die der Hobel erfüllen soll, es hilft auch, um mit dem ständigen Verziehen der Sohle zurechtzukommen, die sich durch das Feststellen des Hobeleisens mit einem Keil oder einer Klappe einstellt und die Sohle tendenziell hinunterdrückt. Diese Belastung ist dynamisch und verändert sich leicht. Um mit dieser Variablen zurechtzukommen, habe ich bei meinen Hobeln direkt hinter dem Eisen keine Referenzflächen, sondern weiter zurück hinter dem Eisenträger (Abb. 10-9).

Die wichtigste Referenzfläche der Hobelsohle liegt unmittelbar vor der Schneide. Dieser Bereich muss in vollem Kontakt mit dem Werkstück liegen und zwar solange das Stück bearbeitet wird. Die Länge dieses Bereichs vor der Schneide schwankt von einem Hobeltyp zum anderen. Bei westlichen Hobeln liegt das Eisen ziemlich weit vorne, vom Kopf des Hobels gesehen oft bei einem Drittel oder weniger der Gesamtlänge.

Bei einem 229 mm langen Hobel im Bailey-Stil befindet sich das Eisen nur etwa 64 mm vom Kopf entfernt. Chinesische Hobel haben das Eisen oft auf halber Länge, bei japanischen Hobeln liegt es vom Kopf aus gesehen bei etwa fünf Achteln der Gesamtlänge. Da die Größe dieser Referenzfläche und die Position der Hände, die Druck nach unten ausüben, je nach Typ variieren, muss auch die Konfiguration der Sohle auf den Hobeltyp abgestimmt sein.

Bei längeren Hobeln, besonders bei Hobeln zum Abrichten, gibt es mehr als drei Kontaktflächen. Einige Empfehlungen für die Konfiguration unterschiedlicher Hobeltypen finden Sie in den entsprechenden Abschnitten. Spezielle Probleme werden an den jeweiligen Stellen behandelt.

Abb. 10-9 Kontaktflächen

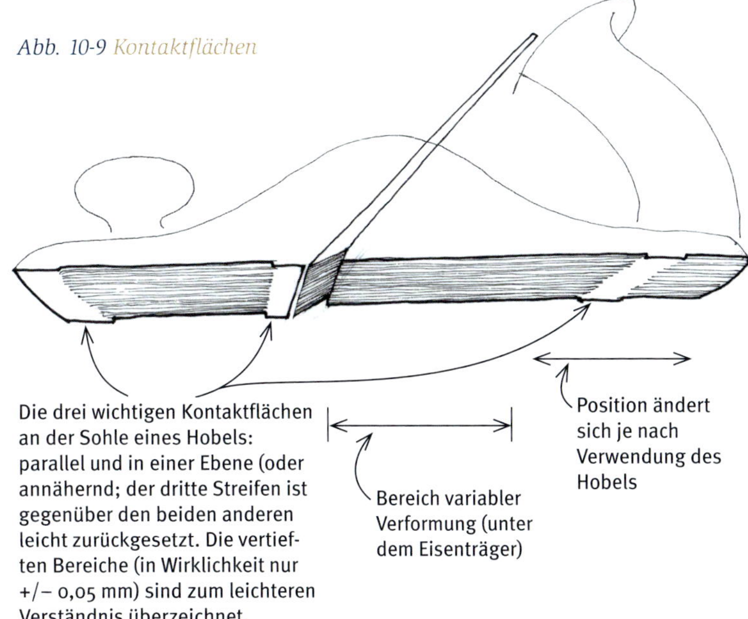

Was wirklich passiert

Wenn Sie untersuchen würden, was passiert, wenn ein Hobel schneidet, dann mag es so aussehen, dass der Bereich hinter dem Hobeleisen genau mit der Schneide fluchten sollte und etwas mehr vorspringt als die beiden Streifen von dem Eisen – ziemlich genau so wie der Abnahmetisch einer Abrichte – fast bündig mit dem Eisen.

In der Praxis ist es jedoch oft hilfreich, die dritte Arbeitsfläche leicht zu vertiefen, nicht nur gegenüber der Schneide, sondern oft auch den beiden Streifen vorne. Dies liegt daran, dass sich das Eisen durch Abnutzung zurückzieht
– es wird kürzer
– und eine Hobelsohle, die in einer Ebene mit der scharfen Schneide liegen würde, würde bald die stumpfe Schneide vom Werkstück halten.

Einrichtung eines Bailey-/Stanley-Hobels

Unter allen Hobeltypen sind es die im Bailey-Stil, die einander am ähnlichsten sehen und dabei doch die größten Qualitätsunterschiede zeigen. Einmal abgesehen von hochwertigen Modellen wie Lie-Nielsen, Clifton und Veritas, deren Qualität offensichtlich ist, verteilt sich der Rest auf ein breites Spektrum.

Hobel in diesem Stil wurden von so vielen Firmen hergestellt – Sears, Miller Falls, Sargent, Record. Selbst innerhalb des Stanley Programms einer Epoche variiert die Qualität der Materialien und Herstellung erheblich.

Beim Kauf ist man gut beraten, bei den renommierteren Herstellern zu bleiben und billigere Modelle zu vermeiden. Bei hochwertigeren Hobeln werden die gefrästen Flächen für das Eisen und den Träger größer und besser entworfen sein, daher schneiden sie verlässlicher und das Eisen rattert nicht. Zudem wird die Eisenjustierung solider sein und mit weniger Spiel, wodurch Sie das Eisen schneller und präziser einstellen können. Wenn Sie eine bessere Version des Hobels kaufen, dann steigen auch Ihre Chancen, dass Sie einen reiferen Guss bekommen.

Allgemeine Techniken zur Einstellung des Hobeleisens

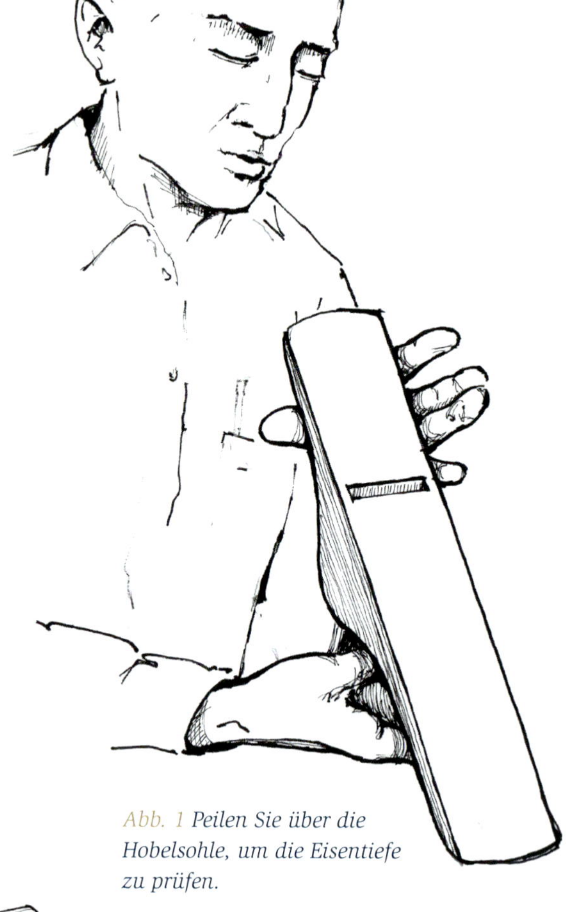

Abb. 1 Peilen Sie über die Hobelsohle, um die Eisentiefe zu prüfen.

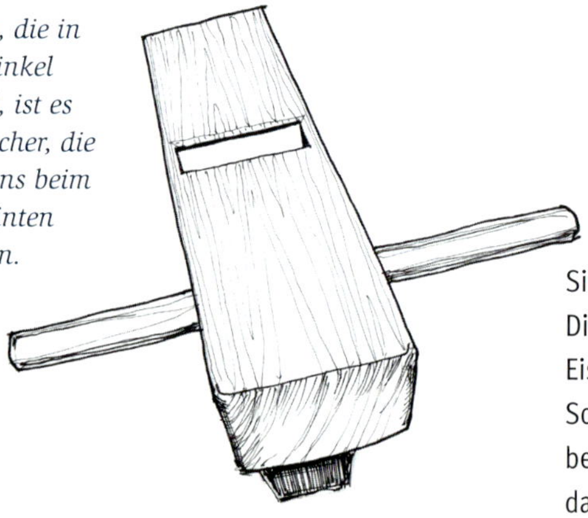

Stellen Sie das Hobeleisen ein, indem Sie den Hobel umdrehen und vom Kopf her über die Sohle peilen (Abb. 1). Halten Sie den Hobel so, dass der Hintergrund oder die Beleuchtung einen Kontrast zwischen der schwarzen Linie des vorstehenden Eisens und dem Licht entsteht, das von der Sohle reflektiert wird. Nutzen Sie den Einstellmechanismus des Hobels und justieren das Eisen tiefer, bis Sie es unter der Sohle als dünne schwarze Linie erkennen können. Justieren Sie das Hobeleisen in Querrichtung, bis diese Linie parallel zur Sohle liegt. Stellen Sie das Eisen tiefer oder weniger tief ein, je nach gewünschter Spanstärke. Machen Sie einen Versuch und justieren Sie erneut falls erforderlich.

Natürlich ist es mitunter schwer, das Eisen zu sehen, besonders wenn es auf eine feine Spanabnahme eingestellt ist, Sie ein Anfänger sind oder Ihr Augenlicht nachlässt – oder alles drei zusammen. Manchmal stellt sich heraus, dass die schwarze Linie, die Sie für die Schneide gehalten haben, in Wirklichkeit das Bett des Hobeleisen ist – und Sie wundern sich, warum das Hobeleisen so stur jeden Dienst verweigerte. Bei einem Hobel mit ganz steilem Eisen kann es vorkommen, dass zwischen Eisen und Sohle zu wenig Kontrast ist. In diesem Fall sind Sie gut beraten, wenn Sie vom Ende her über die Sohle peilen, wo das Licht von der Fase reflektiert wird und mit dem Hobelmaul einen Kontrast bildet (Abb. 2).

Abb. 2 Bei Eisen, die in einem steilen Winkel eingelassen sind, ist es manchmal einfacher, die Position des Eisens beim Einstellen von hinten aus zu betrachten.

Eine andere Technik, die einige Holzhandwerker empfehlen und die ich ergänzend anwende, ist das Vorstehen der Hobeleisenecken mit Ihren Daumen unter ganz leichtem Druck zu fühlen (Abb. 3). Es scheint, als würde man damit eine Verletzung der Daumen riskieren, doch diese Technik ist ziemlich weit verbreitet, ich habe sowohl Handwerker im Westen als auch in Japan dabei beobachtet. Es ist ein guter Weg, um herauszufinden, ob die Ecken des Hobeleisens gleichmäßig vorstehen. Ich habe noch nicht den richtigen Dreh heraus, um diese Technik anstelle anderer ausschließlich anzuwenden.

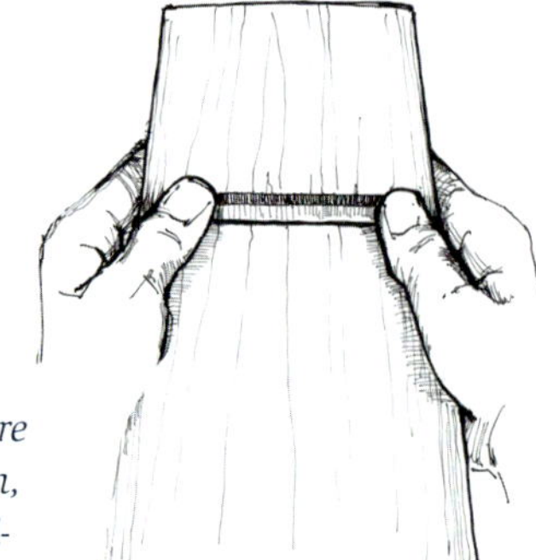

Abb. 3 Benutzen Sie Ihre Daumen, um zu prüfen, ob die Ecken des Hobeleisens gleichmäßig eingestellt sind.

ÖLBALLEN

Egal welcher Hobeltyp oder welche Hobeltechnik, es ist immer hilfreich, einen Ölballen griffbereit auf der Bank zu halten. Ziehen Sie bei der Arbeit gelegentlich die Hobelsohle von hinten darüber, um die Sohle – und auch die Schneide – bei der Arbeit geschmiert zu halten.
Der Ölballen sollte einen Durchmesser von etwa 75 mm haben: ein Gefäß mit Deckel, eine ausgebohrtes Stück Holz, oder traditionell ein Bambusknoten. Reißen Sie etwa 75 oder 100 mm breite Stoffstreifen, Sie werden wohl die ganze Breite eines Betttuches brauchen. Rollen Sie den Streifen zu einem Ballen, bis Sie den gewünschten Durchmesser erreicht haben – in der Regel ein bisschen größer als das Loch, in das er gesteckt werden soll. Umwickeln Sie das Ende, das hineingesteckt werden soll, mit einem Stück dicker Kunststofffolie und stecken es in die Öffnung. Etwa 13 mm sollten über den Rand des Gefäßes vorstehen. Tränken Sie den Ballen mit Kamelienöl (erhältlich bei Anbietern japanischer Werkzeuge), das eine leichte und lebensmittelechte Schmierung bietet.

Zwei Ölballen, deren Fassung aus einem Stück Bambusrohr besteht. Der größere hat einen Durchmesser von etwa 75 mm und steht auf der Bank. Nehmen Sie als Teil Ihres Arbeitsrhythmus den Hobel und ziehen seine Sohle über den Ballen. Der kleinere hat einen Durchmesser von etwa 40 mm und wird bei Verwendung in die Hand genommen.

Gusseisen muss etwa sechs Monate ruhen, um die Spannungen des Gussprozesses abzubauen. Hochwertigere Hersteller werden den Gussteilen diese Zeit geben, bevor Sie gefräst werden, trotz der höheren Kosten, die mit einer sechsmonatigen Lagerung verbunden sind.

Wenn Sie vor der Ablagerung gefräst werden, dann können sich die Gussteile verziehen, bevor sie den Endverbraucher (Sie!) erreichen – oder nachdem Sie sie gekauft, eingerichtet und eingestellt haben. Daher werden die Teile vielleicht nicht zueinander passen, was zu einem unzuverlässigen Schnitt, frustrierendem Gebrauch und schwierigen Problemen führen kann.

Schritt 1: Den Hobel inspizieren

Wenn Sie einen Hobel prüfen, schauen Sie sich erst einmal den Hobelkörper an. Bei allen Hobeln kann Ihnen die Qualität der Oberflächenbearbeitung einen Hinweis geben, was Sie von dem Hobel erwarten können: Ist der Hobel einbrennlackiert oder nur lackiert? Untersuchen Sie den Körper eines gebrauchten Hobels sorgfältig auf Risse, besonders im Bereich des Mauls (Abb. 10-10).

Sie müssen unter Umständen versuchen, den Hobel mit den bloßen Händen zu biegen oder drehen – spannen Sie ihn nicht in einen Schraubstock ein und bearbeiten ihn mit einem anderen Werkzeug – damit sich ein verdächtiger Riss öffnet. Wenn der Hobel am Maul eingerissen ist, dann sollten Sie ihn aufgeben, es sei denn, es handelt sich um ein wertvolles Modell, dass vielleicht eine Hartlötung wert ist. Machen

Abb. 10-10 *Ein kurzer Riss an der oberen Ecke des Mauls, kaum länger als 6 mm und parallel zur Flanke, macht diesen Hobel unbrauchbar.*

Abb. 10-11 Der Bettung des Eisens an einem billigen Hobel: der Eisenträger ist nicht gefräst und nur überstrichen.

Sie sich nicht die Mühe, den Hobel einzurichten; der Riss macht ihn fast nutzlos.

Erwarten Sie nicht, dass der Hobel besser funktioniert, nur weil er alt ist. Viele Hobel, die für den gelegentlichen Nutzer gemacht wurden, waren nicht von hoher Qualität. Gerade minderwertigere Hobel wurden eher schlecht behandelt und können Schäden aufweisen, die man nicht gleich erkennt. Solche Hobel können auch furchtbar schlampige Einsteller haben, oder Schwierigkeiten, ihre Einstellung zu halten.

Auf der anderen Seite, wenn Sie einen alten Hobel entdecken, der offensichtlich viel benutzt und gut behandelt wurde, dann wollen Sie sich ihn vielleicht genauer ansehen.

Untersuchen Sie den Sitz des Eisens. Bei den billigsten Versionen des Bailey-Hobels sind die Oberflächen des Eisensitzes (und auch der Sitz des Frosch genannten Eisenträgers auf dem Hobelkörper) nicht einmal gefräst, hier wurde der rohe Guss einfach überstrichen.

Wenn der Eisenträger zu wackeln scheint und nicht fest sitzt, oder wenn diese Bereiche schlecht ausgeführt, überlackiert oder gar nicht weiter bearbeitet sind, dann ziehen Sie besser die Notbremse, denn diese Bereiche lassen sich nur schwer korrigieren (Abb. 10-11).

Dieser Hobel wird nie einen feinen Span abheben und nicht mehr als einfache Aufgaben erfüllen. Besorgen Sie sich einen anderen Hobel oder heben Sie ihn auf, um Lacke von alten Brettern zu entfernen.

Bei allen Modellen sollten Sie prüfen, ob Ihnen die Justiermöglichkeiten die Einstellungen erlauben, die Sie für diesen Hobel benötigen: starke Spanabnahme, sehr feine Spanabnahme, enges Maul etc. Manchmal funktionieren die

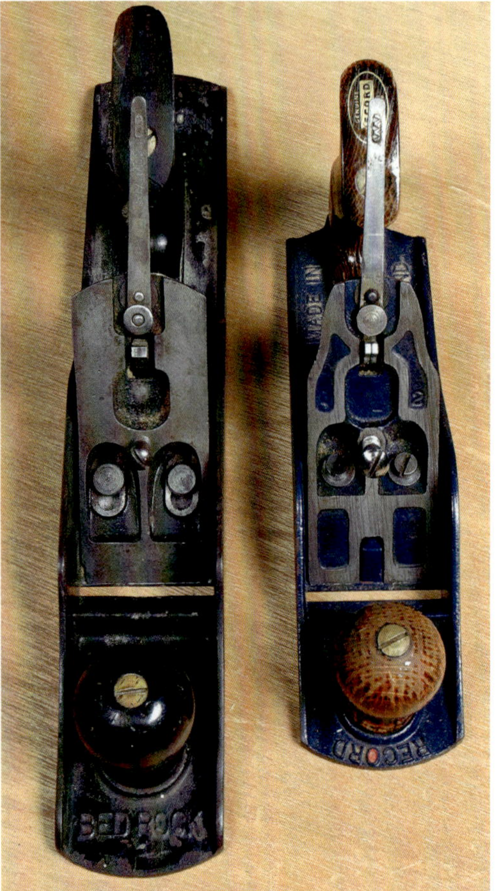

Abb. 10-12 Der ältere Hobel links hat ein Eisenbett mit wesentlich größerer Kontaktfläche, obwohl es nicht klar ist, ob das bei der Arbeit mit dem Hobel wirklich einen Unterschied macht. Die Kontaktfläche für den Eisenträger/Frosch ist bei beiden Hobeln in etwa gleich groß.

Justiermöglichkeiten an den Extremen nicht richtig. Zum Beispiel bei einigen Hobeln der Bedrock-Bauweise, bei denen sich das Eisen senkt, wenn der Frosch nach vorne verstellt wird. Die Tiefeneinstellung des Hobeleisens kann nicht länger greifen, wenn der Frosch nach vorne geschoben wird, um das Maul zu einem ganz feinen Schlitz zu verengen.

Dieses spezielle Problem ist oft die Folge eines falsch platzierten Loches für die Nase des Tiefeneinstellers am Spanbrecher. Ein Austausch des Spanbrechers zur Korrektur kann keine Option sein, denn viele von ihnen sind ganz speziell auf das Modell abgestimmt und werden nicht bei anderen Herstellern oder Modellen funktionieren. Dies wird die Taktik einschränken, das Maul zu schließen, was ein Nachteil sein kann, je nachdem welche Verwendung Sie für den Hobel vorgesehen haben.

An einem alten Hobel wurde auch manchmal der Spanbrecher ausgetauscht, und dann gibt es keine befriedigenden Einstellmöglichkeiten. Man kann dieses Problem beheben, indem man ihn durch den zu diesem Modell passenden Spanbrecher ersetzt – in der Annahme natürlich, dass dieser ursprünglich korrekt hergestellt wurde.

Schritt 2 & 3: Hobeleisen und Spanbrecher vorbereiten

Nachdem Sie Ihren Hobel begutachtet und seinen Zustand untersucht haben, beginnen Sie die Einrichtung mit der Vorbereitung des Hobeleisens. Gehen Sie zurück zu den Abschnitten „Vorbereitung des Hobeleisens" und „Vorbereitung des Spanbrechers" und folgen Sie den Hinweisen dort.

Schritt 4: Eisen ordentlich betten

Bei einem Hobel guter Qualität werden alle Oberflächen des Eisenträgers und die Hinterkante des Hobelmauls sauber gefräst sein und frei von Emaillelack; sie erfordern höchstens das Putzen von ein klein bisschen Emaillelack oder einer widerspenstigen Ecke oder eines Grates, den die Fräse übersehen hat (Abb. 10-12). Säubern Sie vorsichtig mit einer Feile. Lösen Sie die beiden Schrauben unter dem Hobeleisen, mit denen der Eisenträger am Hobelkörper fixiert ist, und entfernen den Eisenträger. Stellen Sie sicher, dass die Schrauben zur Einstellung des Eisenträgers im angezogenen Zustand nicht über das Bett hinausragen und dadurch in Konflikt mit der Bettung des Hobeleisens kommen.

Prüfen Sie die Unterseite des Eisenträgers und die betreffenden Flächen am Hobelkörper auf die gleichen Probleme und korrigieren geringe Abweichungen mit einer Feile oder Diamantfeile, wie zuvor beschrieben.

Prüfen Sie mit bereits eingesetzten aber noch etwas losen Schrauben, ob der Eisenträger auf

Abb. 10-13 *Eisenträger nach vorne verstellt, um Maul zu schließen.*

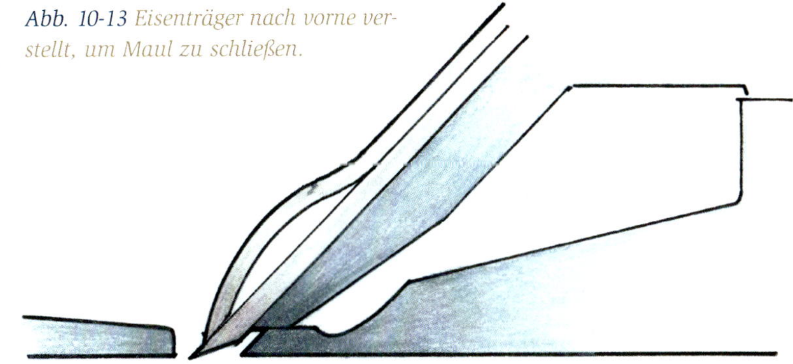

Abb. 10-14 *Eisenträger schließt bündig mit Hobelmaul – maximale Unterstützung für das Hobeleisen.*

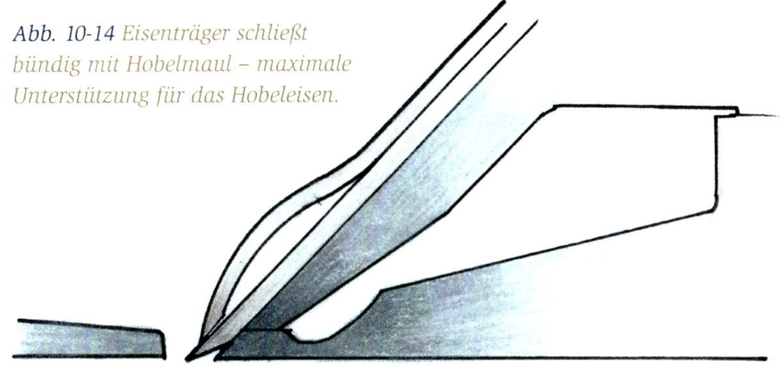

Abb. 10-15 *Eisenträger fälschlicherweise nach hinten verstellt, das Hobeleisen ist schlecht gebettet.*

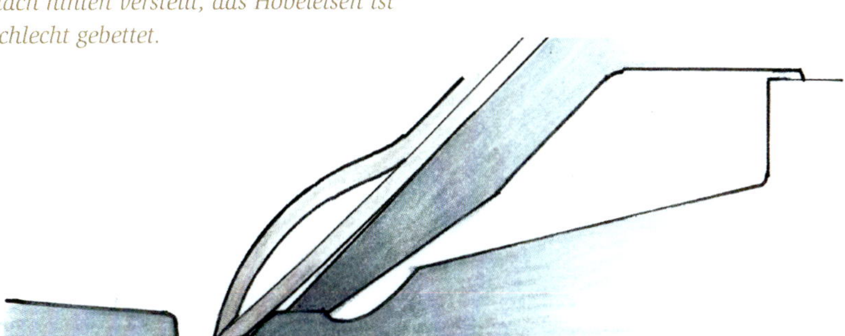

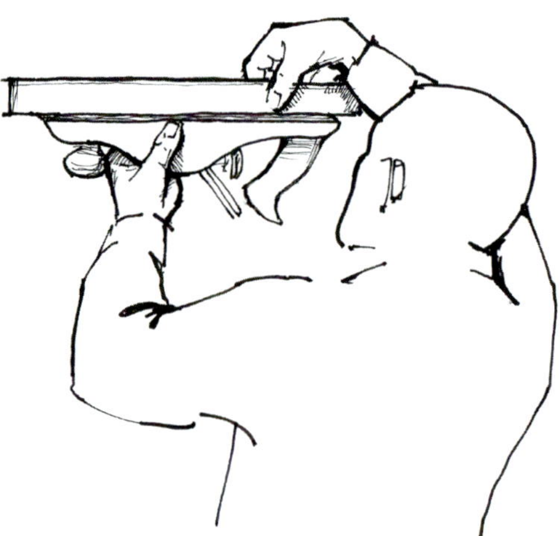

Abb. 10-16 Halten Sie den Hobel vor eine Lichtquelle und prüfen Sie seine Sohle mit einem Haarlineal. Wo das Lineal aufliegt, wird kein Licht durchscheinen. Tiefere Stellen werden als Lichtstreifen erscheinen.

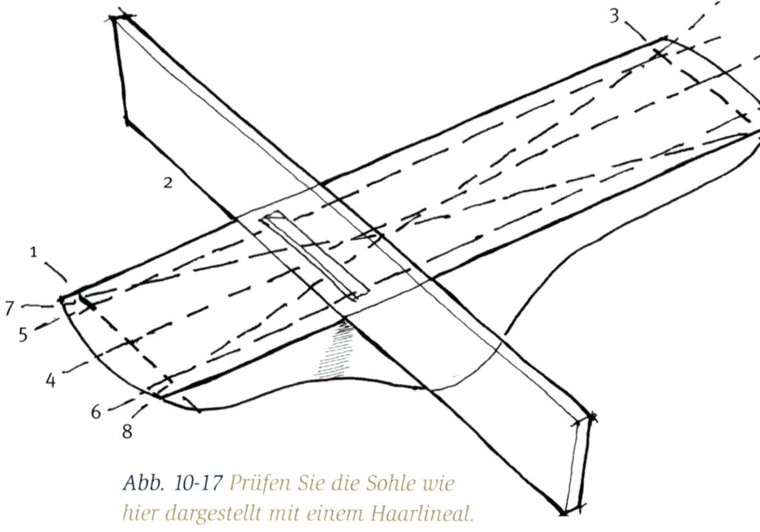

Abb. 10-17 Prüfen Sie die Sohle wie hier dargestellt mit einem Haarlineal.

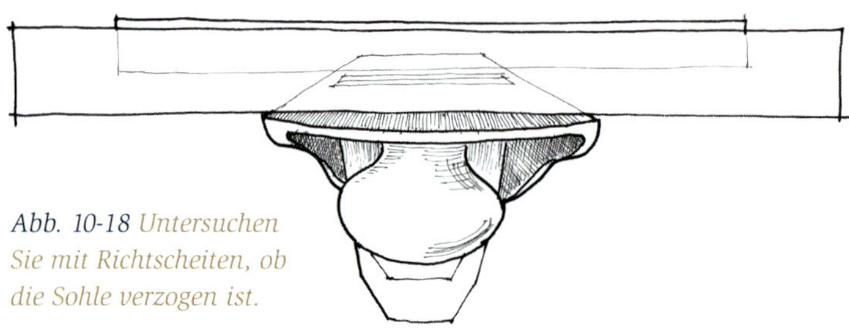

Abb. 10-18 Untersuchen Sie mit Richtscheiten, ob die Sohle verzogen ist.

der Kontaktfläche wackelt. Experimentieren Sie während die Schrauben leicht angezogen sind, um sicherzustellen, dass der Eisenträger sicher und fest fixiert werden kann. Installieren Sie den Eisenträger wieder und prüfen Sie, ob die Hinterkante des Hobelmauls (also die Kante am Eisenträger) rechtwinklig zur Längsachse des Hobels ist und der Eisenträger parallel hierzu befestigt werden kann.

Der Eisenträger und die Rückseite des Mauls am Hobelkörper bilden das Bett für das Hobeleisen (ausgenommen Sie haben einen Hobel in Bedrock-Bauweise, dann wird das Hobeleisen nur vom Eisenträger unterstützt) und diese beiden müssen eine durchgehende plane Fläche bilden können (Abb. 10-13, 10-14 und 10-15).

Hoffentlich kann der Eisenträger weit genug nach hinten gesetzt und bei Bedarf etwas gedreht werden, um mit dieser Kante zu fluchten. Wenn der Eisenträger nicht weit genug gedreht werden kann, dann muss man wohl ein bisschen an der Hinterkante des Mauls feilen. Ich würde aber empfehlen nicht zu feilen, denn das kann eine ganze Kaskade von Problemen auslösen, und die Eisenjustierung kann es (innerhalb bestimmter Grenzen) kompensieren, wenn die Stellung nicht ganz rechtwinklig ist.

Wenn Sie nicht gerade extrem feine Späne abnehmen, sollten Sie den Eisenträger so einstellen, dass er maximale Unterstützung bietet, das heißt, er sollte bündig mit der Hinterkante des Hobelmauls abschließen. Legen Sie das Hobeleisen ein und achten auf richtigen Sitz, die Öffnung im Spanbrecher liegt über der Nase der Eisenjustierung und der Schlitz im Hobeleisen über der Nase der lateralen Eiseneinstellung. Ziehen Sie die Schraube der Klappe so weit an, dass gerade ausreichend Druck ist, um ein Verschieben unter Beanspruchung zu verhindern. Bei zu viel Druck besteht die Gefahr, den Hobel zu beschädigen.

Um die Nase der Eiseneinstellung arbeiten

Da die Nase zur Einstellung des Eisens über das Eisenbett hinausragt, mit einem Stift fixiert ist und somit nicht entfernt werden kann, muss bei jedem Abrichten des Bettes mühsam um diese Nase gearbeitet werden. Eine solche Arbeitsweise wird die Sache wahrscheinlich noch schlimmer machen. Lassen Sie es. Beschränken Sie sich auf vorstehenden Emaillelack oder nicht gefräste Restflächen. Wenn die Planheit des Eisenbettes insgesamt schlecht ist, besorgen Sie sich einen anderen Hobel.

Schritt 5: Sohle konfigurieren

Es ist wichtig, dass das Hobeleisen unter vollem Arbeitsdruck montiert wird: Der Druck der Klappe verzieht nämlich die Sohle, und dieser Verzug muss in dem Prozess korrigiert werden. Stellen Sie das Hobeleisen etwa 2 mm von der Sohle zurück, um bei der Bearbeitung einen Kontakt mit dem Eisen zu vermeiden.

Halten Sie ein präzises Haarlineal an die Sohle und prüfen mit der Lichtspaltmethode, ob es höhere Punkte gibt (Abb. 10-16). Prüfen Sie über die gesamte Länge der Sohle, besonders den Bereich vor dem Hobelmaul, auch diagonal und quer zur Längsachse (Abb. 10-17).

Prüfen Sie auch mit Hilfe von Richtscheiten möglichen Verzug (Abb. 10-18). Nachdem Sie den Zustand der Sohle begutachtet haben, können Sie die beste Methode zum Abrichten auswählen. Wenn es an irgendeiner Stelle starke Abweichungen von mehr als 0,4 mm gibt, können Sie erwägen, die hohen Stellen zunächst mit einem Schlosserschaber abzuschaben. Wenn diese hohen Stellen weniger vorstehen, dann wird eine gute Feile ausreichend sein. Sie können ein Kontrastmittel auf einer planen Platte verwenden, um die hohen Stellen zu identifizieren, aber das wird Ihnen weder sagen, wie viel Material Sie entfernen müssen noch ob Sie den Hobel ungleichmäßig auf der Platte führen, und es wird auch nicht Verzug oder Rundungen enthüllen.

Schließen Sie das Abrichten mit nassem oder trockenem Schleifpapier ab oder mit jeder Art von neuem Schleifmittel, das für die Metallbearbeitung geeignet ist. Ich empfehle nicht, dass Sie nur mit Schleifpapier abrichten, besonders, wenn Sie viel Material abtragen müssen. Ich habe viel mehr Schleifspuren an verzogenen Hobelsohlen entdeckt als an planen. Ich denke, dieser Verzug ist das Ergebnis eines wiederholten kleinen Fehlers bei der Gewichtverlagerung, die bei hunderten von Strichen passiert.

Wenn Sie einige Erfahrung beim Schärfen haben, dann wissen Sie, dass Sie an einem Teil des Hobeleisens mehr Material abtragen können, wenn Sie dort mehr Druck ausüben. Es ist besser, mit einer Feile dort vorsichtig Material abzuarbeiten, wo es ein Haarlineal und/oder ein Kontrastmittel (oder das Schleifbild von Schleifpapier auf einer ganz planen Fläche) anzeigt, und das Schleifpapier zum Auspolieren der Feilspuren aufzuheben (Abb. 10-19). Es ist zudem nicht so mühsam. Wenn die Bearbeitung mit Schleifpapier die Sohle nach drei Minuten nicht in gewünschtem Maße abrichtet, dann sollten Sie wieder zur Feile greifen, bevor Sie weiter schleifen.

Wenn man länger als drei Minuten schleift ohne zu kontrollieren, riskiert man eine Verformung der Sohle.

Ein Schaber für Metall

Ein nützlicher Schaber lässt sich herstellen, indem man am Ende einer Feile eine 60° Fase anschleift und sie mit einer Diamantfeile etwas nachbearbeitet. Schieben Sie den Schaber über das Werkstück oder halten Sie ihn fast vertikal und ziehen ihn in schabender Wirkung.

Das Ende dieser alten Feile wurde geschliffen, um einen Schaber herzustellen, mit dem sich die Sohle eines Metallhobels einstellen lässt.

Geradheit beurteilen

Sie können unter einem Haarlineal auch Fühlerlehren verwenden, um die Abweichungen an einer Oberfläche zu messen. Es ist jedoch einfacher, die Verformung einzuschätzen, indem Sie unter das Lineal schauen: Das menschliche Auge kann selbst bei einem Spalt von weniger als 0,025 mm Licht erkennen.

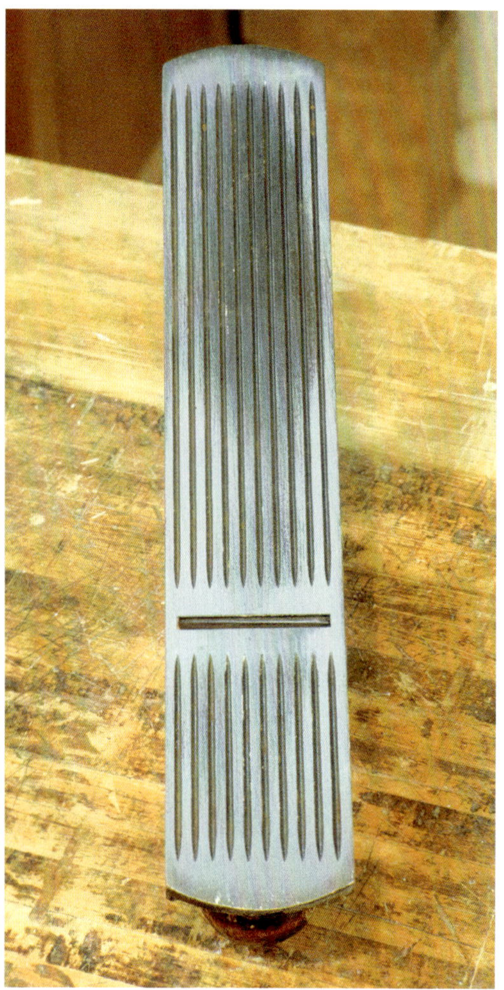

Abb. 10-19 Schleifbild nachdem die Sohle etwa eine Minute lang mit Schleifpapier auf einer Granitplatte bearbeitet wurde. Die hellen Bereiche wurden geschliffen. Beachten Sie den dunkleren Bereich vor dem Hobelmaul; er liegt etwas tiefer und wurde noch nicht geschliffen. Dieser kritische Bereich muss auf eine Ebene gebracht werden. Der dunkle ovale Bereich oben in der Mitte ist eine Vertiefung, Folge von Verformungen beim Guss, denn hier ist das Material für die Befestigung des Griffes besonders dick. Dieser Bereich kann so vertieft bleiben, solange ein planer Streifen am hinteren Teil des Hobels hergestellt ist.

Vertiefung am Maul feilen

Bevor Sie beginnen, feilen Sie an beiden Seiten des Hobelmauls eine kleine Vertiefung. Damit stellen Sie sicher, dass dieser Bereich das Werkstück nicht berührt, nachdem die Sohle abgerichtet ist.

Wie bereits bei den grundsätzlichen Verfahren unter dem Stichwort „Hobelsohle konfigurieren“ auf S. 150 erwähnt, ist es nicht erforderlich, dass die gesamte Sohle Ihres Hobels perfekt plan ist (es sei denn, Sie sind ein Formenmodellbauer); es reicht, wenn an drei Stellen Kontakt zum Werkstück besteht – oder an etwa sechs im Falle der langen Hobel Nr. 07 oder 08 (Abb. 10-20).

Diese Stellen sollten die gesamte Breite der Hobelsohle haben und miteinander fluchten (also ohne Verzug). Wenn an drei (oder mehr Punkten) und über die gesamte Breite der Sohle Kontakt zu einer Oberfläche besteht, dann sind Sie mit diesem Schritt durch. Wenn Sie ehrgeizig sind, dann können Sie die Sohle weiter abrichten, bis die gesamte Sohle poliert ist (manchmal muss man das ohnehin fast). Indem Sie das tun, steigt jedoch die Wahrscheinlichkeit, dass Sie die Sohle unplan schleifen und Ihre eigene Toleranzschwelle für Ermüdung überschreiten.

Beginnen Sie mit hohen (vorstehenden) Bereichen zwischen den beabsichtigten Kontaktflächen, schaben oder feilen Sie diese, bis es so erscheint, dass sie geringfügig tiefer als die beabsichtigten Kontaktflächen sind. Prüfen Sie wiederholt, wenn Sie den Schaber benutzen, damit Sie nicht zuviel entfernen. Widmen Sie sich danach den Kontaktflächen.

Versuchen Sie die ganze Zeit die Feile gleichzeitig über zwei der Kontaktflächen zu legen, halten Sie die Feile dabei die ganze Zeit flach und mit gleichmäßig verteiltem Druck (Abb. 10-21). Normalerweise wird die Feile in Längsrichtung des Hobels zeigen.

Gelegentlich, wenn Sie einen besonders hohen Punkt haben, können Sie auch quer zur Sohle arbeiten, um sich auf diese Stelle zu konzentrieren und danach die Feile wieder in Längsrichtung zu führen und die Fläche abzurichten. Die Feile sollte immer so weit wie möglich Kontakt mit der Hobelsohle haben. Von Zeit zu Zeit ändern Sie die Ausrichtung der Feile, um Wiederholungsfehler zu vermeiden.

Während Sie feilen und die Kontaktflächen in eine Ebene bringen, können Bereiche, die tiefer liegen und somit keinen Kontakt zum Werkstück haben sollen, immer noch vorstehen, trotz Ihrer bisherigen Bemühungen sie abzuarbeiten. Sie haben dann zwei Optionen: Feilen Sie weiter, vergrößern Sie die Bereiche, bis die Feile die Referenzflächen berührt, die Sie in eine Flucht bringen wollen. In solchen Fällen werden Sie Kontaktflächen haben, die größer als erwartet sind, aber das ist OK. Alternativ hierzu können Sie auch einen Schritt zurückgehen, etwas Extraaufwand in diese Bereiche investieren und dann weiter daran arbeiten, die Kontaktflächen auf die gleiche Ebene zu bringen. Dieser ganze Prozess mag sich mehrmals wiederholen, bevor Sie damit durch sind.

Sobald Sie sich mit dem Haarlineal vergewissert haben, dass die Sohle plan ist, können Sie zum Schleifpapier übergehen. Schleifpapier wird nicht nur die Feilspuren glätten, die damit hergestellten polierten Flächen werden Ihnen schon bald sagen, ob die Sohle wirklich plan ist oder ob Sie noch einmal feilen müssen.

Sie können Trocken- oder Nassschleifpapier oder andere moderne Schleifmittel verwenden. Fixieren Sie ein oder zwei Blätter (abhängig von der Länge des Hobels und der Blattgröße) mit Klebeband oder Kleber auf eine plane Fläche wie etwa den Tisch einer Abrichte. Eine Granitplatte ist am besten, aber nicht unbedingt erforderlich. Stellen Sie sicher, dass die Unterlage plan ist. Eine Fläche wie der Tisch einer Kreissäge ist nicht automatisch plan, nur weil er gefräst wurde. (Meine Tischkreissäge ist es leider nicht.)

Wenn Sie keine maschinell abgerichtete Fläche zur Verfügung haben, tut es auch eine flache Arbeitsfläche. Legen Sie eine 6 mm Glasplatte darauf, um so geringe Unregelmäßigkeiten zu überbrücken. (Wenn die Fläche unter der Glasscheibe nicht plan ist, wird das Glas sich unter Druck verbiegen.)

Durch die Verwendung von Wasser mit Nass- oder auch Trockenschleifpapier wird sich das Schleifmittel nicht so schnell zusetzen und es gut auf dem Glasträger halten. Nass oder trocken? Besonders nasses Schleifen ist eine Sauerei, schützen Sie also die Fläche, auf der

Vermeiden Sie Verzug

Wenn Sie Ihren Fortschritt mit einem Haarlineal prüfen, nehmen Sie den Hobel immer aus der Zange oder Spannvorrichtung, damit der Einspanndruck den Hobel nicht verformt.

Abb. 10-20 Schematische Darstellung der Kontaktflächen an der Sohle eines Hobels in Bailey-Bauweise

Die Kontaktstreifen erstrecken sich jeweils über die gesamte Breite des Hobels, sind parallel und fluchten miteinander, außer sie wurden geringfügig abgearbeitet, wie in der Zeichnung durch ein Minuszeichen angedeutet.

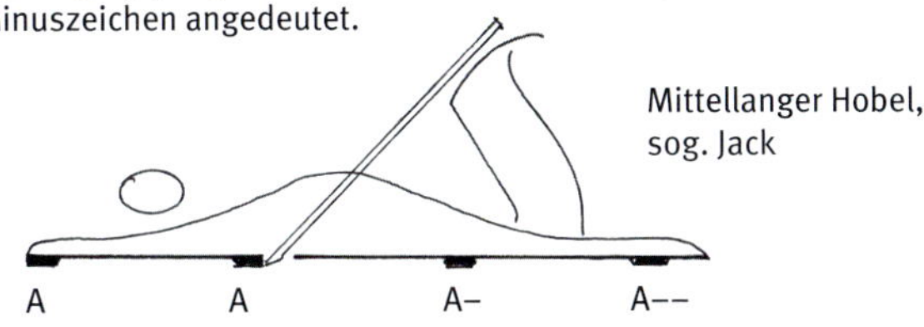

Bereiche zwischen den Kontaktstreifen werden nur minimal vertieft: von A nach A– um ein oder zwei Striche mit der Feile, zwischen A und A–– zwei bis vier Striche

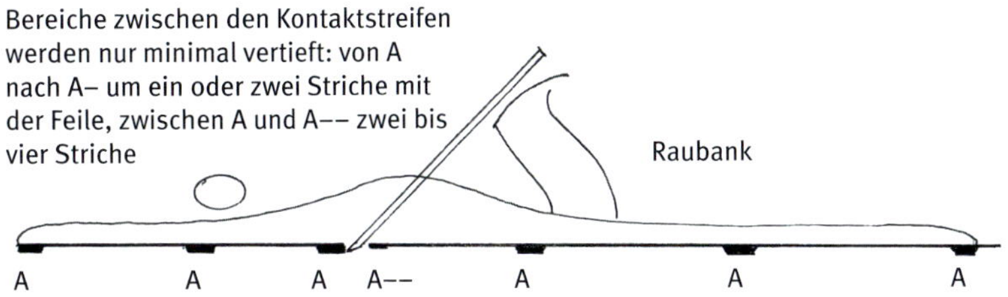

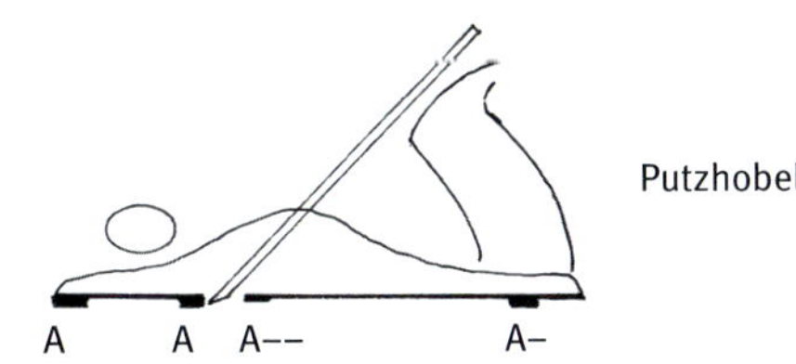

Abb. 10-21 Feilen

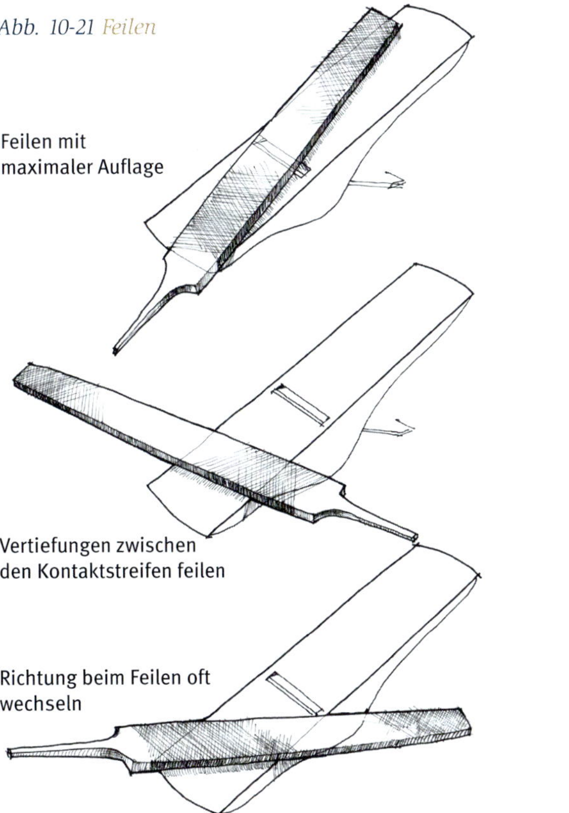

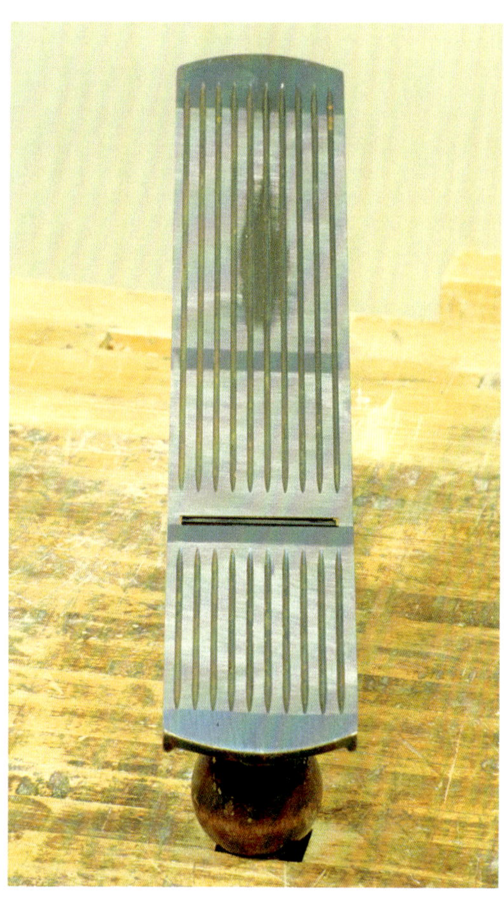
Abb. 10-22 Bearbeitete Sohle eines mittellangen Hobels. Die helleren Bereiche wurden gefeilt und liegen ein bisschen tiefer. Die etwas dunkleren Querstreifen sind die Kontaktpunkte und wurden mit Schleifpapier auf einer Granitplatte abgerichtet und in eine Ebene gebracht. Es ist nicht nötig, die durch den Guss bedingte ovale Vertiefung oben durch weitere Bearbeitung zu entfernen.

Sie arbeiten. Beginnen Sie mit Schleifpapier der Körnung 80 oder 100 und arbeiten Sie sich mindestens bis Körnung 220 oder höchstens 400 durch. Ich bin kein Masochist, daher bin ich nicht versucht, noch weiter zu gehen. Abgesehen davon, Eisenguss ist relativ porös und wird sich ohnehin nur so weit polieren lassen (Abb. 10-22).

Nachdem Sie mit Schleifpapier abgerichtet haben, wollen Sie die Sohle vielleicht weiter bearbeiten, wie in Abb. 10-20 beschrieben. Sie können die speziellen Kontaktflächen ganz vorsichtig mit einer Feile mit ein bis vier Strichen bearbeiten, um die Konfiguration der Sohle damit abzuschließen.

Bearbeiten Sie an Ihrer Hobelbank kein Metall, denn die Metallspäne werden Ihre Werkstücke über Jahre beeinträchtigen, die Werkzeuge abstumpfen lassen und manchmal nach Jahren in Ihrer Arbeit als schwarze Punkte oder Flecken erscheinen, denn Feilspäne rosten langsam.

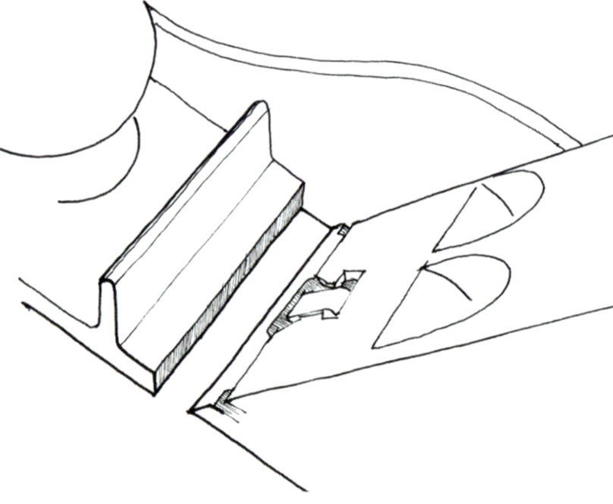
Abb. 10-23 Vorder- und Hinterkante des Mauls sollten im 90°-Winkel zur Längsachse des Hobels liegen und zueinander parallel verlaufen.

Schritt 6: Maul justieren

Nachdem Sie die Arbeit an der Sohle beendet haben, prüfen Sie das Hobelmaul. Das Maul sollte im rechten Winkel zur Längsachse des Hobels liegen, gerade sein und scharf, wo es auf die Sohle trifft, und scharfe Umrisse zeigen (Abb. 10-23). Setzen Sie das Eisen mit dem montierten Spanbrecher sowie die Klappe ein und stellen Sie das Hobeleisen auf eine Arbeitsposition ein. Stellen Sie sicher, dass die Schneide parallel zur Sohle liegt.

Die Maulöffnung sollte auch parallel zur Schneide sein – ein Faktor, der wichtiger ist als ein Maul, das im rechten Winkel zur Längsachse des Hobels liegt (Abb. 10-24). Wenn die Maulöffnung nicht parallel zur Schneide liegt, dann passen Sie sie mit einer Feile an. Der Winkel der Maulöffnung sollte 90° oder ein bisschen mehr betragen.

Abb. 10-24 Die Maulöffnung sollte parallel zur Schneide liegen, wenn die Schneide parallel zur Sohle eingestellt ist.

Bei Bedarf können Sie das Maul vorsichtig mit einer Feile nachbearbeiten. Gehen Sie langsam vor: Sie wollen das Maul nicht weiter öffnen als nötig. Es ist schwierig, eine Linie parallel zur Schneide anzureißen und dann ganz gerade bis zu dieser Linie zu feilen.

Schritt 7: Kümmern Sie sich um Details an Hobelkörper und Sohle

Brechen Sie ganz leicht die Kanten an der Sohle, um sicher zu gehen, dass keine scharfen Kanten Ihre Arbeit beschädigen. Schauen Sie sich den Hobel noch einmal gut an und prüfen, ob es irgendwo andere Kanten gibt, die Sie oder Ihre Arbeit verletzen können und korrigieren sie mit Feile oder Schleifpapier.

Prüfen Sie die Funktion der Tiefeneinstellung und der lateralen Einstellung des Hobeleisens. Achten Sie darauf, dass beide frei arbeiten und nicht verzogen, verbogen oder gebrochen sind und Hobeleisen sowie Spanbrecher voll erfassen. Einige Holzhandwerker haben vorgeschlagen, den Bügel, der in die Schraube zur Tiefeneinstellung greift, zu verdrehen und dadurch das Spiel in dem Einstellmechanismus zu verringern. Ich habe damit wenig Erfolg gehabt, und bei einigen Modellen ist das ohnehin nicht möglich, denn der Bügel ist ein Gussteil. Stellen Sie das Eisen ein, um einen leichten Schnitt und Probespan abnehmen zu können. Wenn die Sohle ganz plan ist, dann sollten Sie in der Lage sein, einen Span abzunehmen, der so dünn ist, wie Sie wollen. (Lassen Sie sich nicht durch ein Brett in die Irre führen, dass weniger plan als Ihre Hobelsohle ist. Der Hobel wird nur die hohen Stellen schneiden, bis das Brett ausreichend abgerichtet ist.

MAULÖFFNUNG NICHT LÄNGER PARALLEL

Wenn beim Abrichten an einer Seite der Sohle zuviel Material abgetragen wird, kann dies dazu führen, dass sich das Maul dort am Eisenträger öffnet und nicht länger parallel ist. Das Maul ist dann nicht länger rechtwinklig zur Längsachse des Hobels. Dies liegt daran, dass der Freiwinkel und der Winkel des Eisenträgers spitze Winkel sind und nicht rechtwinklig zur Sohle stehen. Das führt dazu, dass sie schnell auseinander laufen, wenn Material an der Sohle entfernt wird.

EINSTELLUNG VON HOBELN DER BAILEY-BAUART

Schauen Sie die Sohle hinunter und drehen die Schraube der Tiefeneinstellung, bis das Eisen soweit vorsteht, wie Sie es beabsichtigen und einschätzen können. Drücken Sie den Hebel der lateralen Einstellung, bis das Hobeleisen parallel steht. (Einmal ganz ehrlich, ich kann mir nie merken, welche Richtung hierbei welches Ergebnis liefert, sodass ich den Hebel meist erst einmal in die falsche Richtung drücke.) Dadurch verstellt sich meist die Tiefe des Hobeleisens, sie muss also neu eingestellt werden. Hier kann es ein bisschen ärgerlich werden, da man die Schraube ziemlich weit drehen muss, um die Richtung der Tiefeneinstellung zu ändern. Wenn die Einstellung jedoch einmal ungefähr stimmt und Sie einen Probestrich machen, dann können Sie die Feinjustierung der Eisentiefe auch in der Bewegung vornehmen, indem Sie zwischen zwei Strichen mit Ihrem Zeigefinger die Schraube drehen, ohne dafür den Hobel umdrehen oder Ihren Griff ändern zu müssen (Abb. 1).

Es ist nicht erforderlich, jeden Tag das Eisen zurückzustellen oder die Klappe zu lockern. Sie können auf Ihren Hobel immer mit der gleichen Einstellung zurückgreifen. Wenn Sie Ihren Hobel jedoch lagern und ihn längere Zeit nicht nutzen, dann ist es eine gute Idee, die Klappe zu lockern und/oder das Eisen herauszunehmen, denn der langfristige Druck der Klappe kann irgendwann zu einer leichten Verformung des Hobels führen, was wiederum eine Korrektur der Sohle erfordert. Das muss zwar von Zeit zu Zeit ohnehin gemacht werden, aber je seltener Sie dies tun müssen, desto glücklicher werden Sie sein.

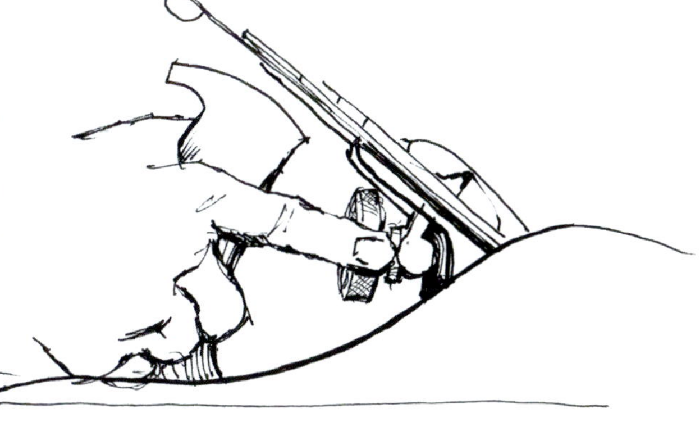

Abb. 1 Verwenden Sie Ihren Zeigefinger, um beim Hobeln die Eisentiefe zu justieren.

Schritt 8: Kümmern Sie sich um die Details an Griff und Finish

Ich finde es hilfreich, die Ränder für die Bohrung der Schraube, die den Knauf vorne hält, mit etwas Schleifpapier zu brechen und auch ggf. eine schlechte Passung von Schraube und Knauf zu mildern. Das wird Ihre Hand schonen.

So, die Vorbereitung des Hobels ist hiermit abgeschlossen, es sei denn, Sie haben einen gebrauchten Hobel mit beschädigten Griffen oder Sie wollen die Griffe nach Ihren eigenen Ansprüchen überarbeiten.

Einrichten von Holzhobeln

Bei der Vorbereitung von Holzhobeln – entweder mit einfachem Holzblock oder mit Horn – geht man in den gleichen Schritten vor wie bei anderen Hobeln. Es gibt jedoch bei diesen Hobeln spezielle Dinge, auf die man achten muss, und auch einige feine Unterschiede zwischen antiken und neuen Hobeln.

Schritt 1A: Prüfen Sie den Hobel: Alte Hobel

Untersuchen Sie den Körper des Hobels. Schauen Sie nach Fäulnis, oder schlimmer, nach Holzwurmlöchern. Vermeiden Sie solche Hobel. Ich habe mir einmal einen frühen Bailey-Hobel gekauft, der hatte außen ein paar Löcher – innen war er fast hohl. Wurmlöcher erscheinen als ganz winzige Nadellöcher. Verwechseln Sie Wurmlöcher aber nicht mit Löchern, die von Nägeln stammen, mit denen ein Vorbesitzer temporäre Anschlage fixiert hat. Solche Löcher von Drahtstiften sind akzeptabel, doch manchmal schwer von Wurmlöchern zu unterscheiden.

Abb. 10-25 Der Riss an der Wange (links) ist gravierend, doch bis jetzt hat es gehalten.

Oft wird ein Hobelkörper mit der Zeit schwinden, besonders wenn er von seinem Herstellungsort in eine trockenere Gegend gebracht wurde. Der Hobelkörper wird austrocknen und schwinden, besonders im Bereich des Hobeleisens, und dies wird zum Reißen des Körpers oder zumindest zu starkem Verzug um das Eisen führen.
Wenn dies nicht zu stark ist, kann man die Öffnung für das Hobeleisen am Körper vorsichtig nachstechen, um dem Eisen mehr Platz zu geben (sobald Sie das Hobeleisen herausbekommen). Wenn es zu stark ist, dann müssen Sie zu viel Holz entfernen und werden den Körper schwächen, besonders bei einem Hobel westlicher Bauart, der sehr wenig Material auf beiden Seiten des Eisens lässt.

In diesem Fall muss das Eisen eventuell etwas runtergeschliffen werden, um es schmäler zu machen. Wenn der Hobelkörper an der Wange, welche den Keil hält, eingerissen ist, dann ist der Hobel wahrscheinlich unbrauchbar, denn dieser Bereich steht unter hoher Belastung und eine Verleimung wird kaum halten (Abb. 10-25). Kleinere Schwundrisse können oft toleriert werden, bei Rissen im Bereich des Spanaustrittes kann, wenn sie nicht zu gravierend sind, Leim injiziert und mit Zwingen gespannt werden. Oder man leimt hier Holzkeile ein. (Sie können sich dies an einem Simshobel ansehen, in Abb. 10-54 und 10-57.)

Konisch zulaufende Hobeleisen

Alte Holzhobel haben meist ein keilförmiges Eisen, es ist an der Schneide dicker und läuft am anderen Ende dünner aus. Warum? Ein keilförmiges Eisen wurde von Hand hergestellt. Ich denke, einmal abgesehen davon, dass es sich einfacher von Hand machen lässt als ein gleich starkes Eisen (dessen Bemessung nur durch eine Fräse garantiert werden könnte), löste diese Form eine Reihe von Problemen bei der Vorbereitung und Zuverlässigkeit des Hobels. Die natürliche Keilwirkung eines verjüngten Eisens verhindert, dass es unter Belastung zurückgestoßen wird, und Sie können es auch herausnehmen, denn Sie können das Eisenrunterschlagen, und es wird sich ziemlich schnell lösen (oft zu schnell).
Ich glaube, diese Eigenschaften sind (fragwürdige) nebensächliche Vorteile bei dieser Herstellungsmethode von Hobeleisen. Wie wir alle wissen – und man wusste es damals wohl auch – parallele/gleichmäßig starke Eisen blieben unter dem Druck des Keils auch an Ort und Stelle. Sie lassen sich auch leichter einstellen, da sie sich nicht so fest verkeilen. Man kann sie auch um den Bruchteil eines Millimeters nach unten schlagen, ohne fürchten zu müssen, dass sie unerwartet aus dem Hobelmaul fallen. Hier ist meine Erklärung für die Keilform: Wenn man ein laminiertes Hobeleisen von Hand herstellt, dann legt man eine extra Lage Klingenstahl auf den Rohling und feuerverschweißt beide miteinander. Dann muss man das Ganze solange hämmern, bis der Träger mit dem Klingenstahl oben auf dem Eisen bündig abschließt. Wenn Sie das Eisen nicht auch noch an der Klingenseite aushämmern – es ist einfacher, es nicht zu tun – dann haben Sie begonnen, dem Eisen eine Keilform zu geben. Von da an fahren Sie einfach fort, eine Keilform auszuarbeiten und achten darauf, dass die Spiegelseite ein bisschen konkav ist. Das stellt sicher, dass das Hobeleisen an der Ferse gut gebettet ist, unabhängig von irgendwelchen Unregelmäßigkeiten an ihm oder an dem händisch hergestellten Bett. Das bedeutet, dass Sie an der Rückseite nicht so viel schleifen müssen. Ich habe Hobeleisen, die am Rücken immer noch Hammerschläge zeigen (Abb. 1). Ein gleichmäßig dickes Eisen muss auf beiden Seiten präzise geschliffen werden, was man freihändig nicht leicht machen kann. Ein weiterer Vorteil ist, dass Sie an der Schneide eine maximale Stärke haben und so die Gefahr eines ratternden Eisens verringern. Das gilt besonders, wenn Sie einen kräftigen Spanbrecher montieren.

Abb. 1 Wenn Sie sich dieses Hobeleisen im Bereich der Spanbrecherschraube genau anschauen, dann können Sie die halbkreisförmigen Kanten von Eindrücken erkennen, die vom Schmiedehammer stammen.

Griffe können natürlich überarbeitet werden. Verzug kann mit dem Hobel korrigiert werden, aber wenn die Verformung zu stark ist, dann kann man unter Umständen beim rechtwinkligen Bearbeiten der Wangen im Bereich des Keils zu beiden Seiten des Hobeleisens so viel Material entfernen, dass der Hobel geschwächt und instabil wird.

Normalerweise öffnet sich bei einem alten Hobel durch langen Gebrauch das Maul. Wenn der Hobel zum Putzen verwendet werden soll, kann man an der Sohle ein Spundstück einsetzen, um es zu schließen. In manchen Fällen sollten Sie ein verstellbares Maulstück installieren. Dies verleiht dem Hobel mehr Vielseitigkeit, und zudem lässt sich das Plättchen für Wartung oder Ersatz entfernen.

Prüfen Sie den Zustand des Hobeleisens und des Spanbrechers (siehe generelles Vorgehen unter „Vorbereitung des Hobeleisens“ und „Vorbereitung des Spanbrechers“ auf S. 146). Prüfen Sie auch, wie viel brauchbarer Stahl am Eisen übrig ist. Die meisten alten Eisen sind aus laminiertem Gussstahl. Bei sorgfältiger Prüfung kann man die Laminierung erkennen. Oft wurde der Stahl der Schneide weggeschärft oder beinahe, sodass nur wenig brauchbarer Klingenstahl vor dem Schlitz bleibt. Zum Abschluss untersuchen Sie den harten und spröden Klingenstahl auf Risse oder andere Anzeichen von Missbrauch. Prüfen Sie auch, ob der Spanbrecher mit diesem Hobeleisen wirklich funktioniert, manchmal wurden sie ausgewechselt.

Schritt 1B: Prüfen Sie den Hobel: Neue Hobel

Hersteller fertigen nur wenige Hobel in der traditionellen kompakten Bauweise. Die, die hergestellt werden, sind meist hochwertig und gut verarbeitet. Die neuen Hobel mit Horn, die ich gesehen habe, sind auch von exzellenter Qualität. Hobel beider Bauarten sollten nur eine Feinjustierung der Sohle und keine Grundüberholung erfordern, wie dies bei alten gebrauchten Hobeln oft der Fall ist.

Bei einem neuen Holzhobel ist es immer eine gute Idee, das Eisen mit dem Spanbrecher herauszunehmen und den Hobel ein paar Monate in Ruhe zu lassen, damit er sich in Ihrer Werkstatt akklimatisieren kann.

Wenn es in Ihrer Werkstatt trockener ist als dort, wo der Hobel gebaut wurde, dann wird Ihnen das den Kampf ersparen, das durch einen geschwundenen Hobelkörper eingeklemmte Eisen herauszuziehen und den damit einhergehenden möglichen Schaden an Ihrem Hobel.

Es spart letztendlich Zeit, wenn Sie vor der Feineinstellung warten, bis sich der Hobel akklimatisiert hat. Nachdem sich der Hobel an seine Umgebung gewöhnt hat, prüfen Sie den Körper auf Verformung und ob das Eisen auf beiden Seiten genug Platz für die laterale Einstellung hat.

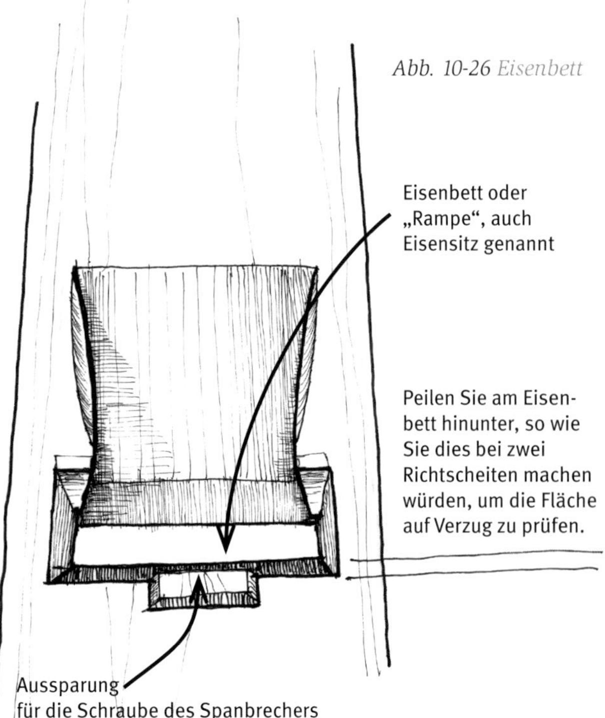

Abb. 10-26 Eisenbett

Falls sich der Hobelkörper verzogen hat, gibt es womöglich auch eine Verformung des Eisenbettes. Überprüfen Sie die Passung des Keils zum Hobelkörper und Spanbrecher und prüfen Sie das Hobelmaul. Akzeptieren Sie keine feinen Schwundrisse oder andere Risse (außer der Körper ist am Hobeleisen gerissen, weil Sie das Eisen nicht entfernt hatten). Während man Risse an einem alten Hobel tolerieren kann, gibt es keine Notwendigkeit, sich bei einem neuen Hobel damit auseinanderzusetzen – es wird nur noch schlimmer werden.

Nachdem Sie also Ihren Hobel untersucht haben, entweder alt oder neu, und sich um die nötigen Dinge gekümmert haben, können Sie beginnen, den Hobel einzustellen.

Schritte 2 & 3: Bereiten Sie Hobeleisen und Spanbrecher vor

Wenn Sie ein altes Hobeleisen haben, egal ob keilförmig oder von gleichmäßiger Stärke, dann liegt wohl noch etwas Arbeit vor Ihnen. Lesen Sie bei den allgemeinen Verfahren über „Vorbereitung des Hobeleisens" und „Vorbereitung des Spanbrechers" auf Seite 146 und „Abrichten der Spielseite eines Hobeleisens" auf Seite 148 nach.

Schritt 4: Sorgen Sie für eine gute Eisenauflage

Wenn Ihr Hobelblock geschwunden ist, dann müssen Sie zunächst an den Wangen die Nut vertiefen, in die Hobeleisen und Spanbrecher passen. Für die laterale Verstellung des Eisens werden Sie auch etwas zusätzlichen Platz brauchen (etwa 0,8 mm). Wenn Sie hier eine Menge Holz entfernen müssen und besorgt sind, dass es Ihren Hobel schwächen könnte, müssen sie ggf. Hobeleisen und Spanbrecher schmäler schleifen. Falls Ihr Hobel auch noch verzogen ist, vergessen Sie nicht, später auch noch etwas Material an beiden Seiten zu entfernen.

Stellen Sie sicher, dass die Aussparung für die Schraube des Spanbrechers groß genug ist und korrigieren sie bei Bedarf vorsichtig mit einem scharfen Stecheisen.

Prüfen Sie, ob der Sitz des Eisens ganz plan und nicht verzogen ist, indem Sie an der Schräge des Eisenbettes hinunterschauen (Abb. 10-26). Bearbeiten Sie diese Fläche mit einem Stecheisen (oder Sie können auch eine Fräserfeile benutzen, wenn Sie eine haben) und korrigieren Verzug. Sobald Sie den Verzug so weit beseitigt haben, wie es sich visuell prüfen lässt, beginnen Sie mit dem Sitz des Eisens. Schrauben Sie Hobeleisen und Spanbrecher in ihrer endgültigen Position zusammen.

Wenn Sie ein keilförmiges Eisen haben, prüfen Sie, ob seine Rückseite (Unterseite) in Längsrichtung leicht bogenförmig ist (siehe Abb. 3-30). Wenn es das sein sollte, müssen Sie dem Eisenbett unten nahe der Sohle und oben besondere Aufmerksamkeit widmen, da das Hobeleisen hier aufliegen wird.

Wenn Ihr Hobeleisen durchgehend von gleicher Stärke und nicht gewölbt ist (manche bilden erst einen Bogen, wenn der Spanbrecher montiert ist), dann stellen Sie sicher, dass das Hobeleisen zumindest unten und oben Kontakt zum Eisenbett hat, ähnlich wie bei einem keilförmigen Eisen, und dass es nicht auf einer höheren Stelle dazwischen aufliegt.

Bei beiden Bauarten von Hobeleisen können Sie das Bett von oben nach unten mit einem kurzen Lineal auf Planheit prüfen und bei Bedarf korrigieren. Danach müssen Sie eine oder eine Kombination von Techniken anwenden, um eine perfekte Passung hinzubekommen.

Legen Sie das Hobeleisen mit dem montierten Spanbrecher auf sein Bett und zwar etwa in seiner endgültigen Position und halten es in der Mitte mit einem Finger runter. Mit einem Finger der anderen Hand tippen Sie dann nacheinander die vier Ecken an (Abb. 10-27). Sie sollten kaum oder gar keinen Laut von sich geben, wenn sie angeschlagen werden. Wenn Sie an einer oder zwei gegenüberliegenden Ecken ein klickendes oder klopfendes Geräusch hören, dann liegt oder liegen diese Ecken tiefer.

Stechen Sie die höheren Ecken ab, bis alle Ecken bei einer Wiederholung des Testes ruhig bleiben. Sie können zudem die japanische Technik anwenden, bei der man die Rückseite des Hobeleisens mit einem Bleistift einreibt und das Hobeleisen mit dem montierten Spanbrecher in seine Position auf dem Bett reibt. Dort, wo das Graphit abgerieben wurde, liegen die hohen Stellen.

Prüfen Sie, ob eine maßgeschneiderte Passung vorliegt

In einigen seltenen Fällen können der Keil oder das Eisenbett, oder beide, extra an ein handgeschmiedetes Hobeleisen angepasst sein; es wird so aussehen, als seien sie verzogen oder nicht parallel. Prüfen Sie Hobeleisen und Spanbrecher darauf, ob die Verformungen aufeinander abgestimmt sind, legen das Eisen in Position und schlagen es fest. Prüfen Sie die Passung, besonders ob das Eisen voll am Bett aufliegt, und keilen es fest. Prüfen Sie visuell, schlagen und drücken Sie und achten (und hören) Sie auf Abweichungen. Wenn es so aussieht, dass der Kontakt gut ist und das Eisen federt bei Gebrauch nicht, dann sind Sie bereit. Wenn es rattern sollte, schauen Sie unter „Problemlösungen“ auf Seite 191.

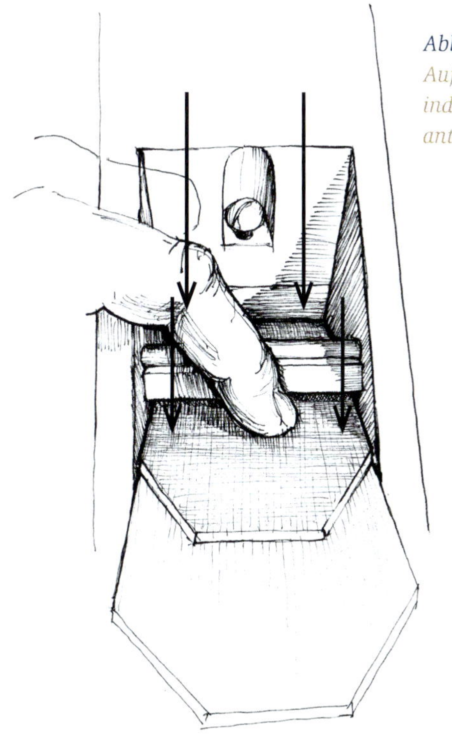

Abb. 10-27 Prüfen Sie die Auflage des Hobeleisens, indem Sie es an jeder Ecke antippen.

Ein verzogener Hobel

Wenn ein Hobelkörper verzogen ist, nehmen Sie in gleichem Maße an beiden Enden Material ab, damit diese Bereiche mit dem Maul fluchten. Damit haben Sie die beste Chance, das Eisenbett im rechten Winkel zur Längsachse des Hobels zu halten.

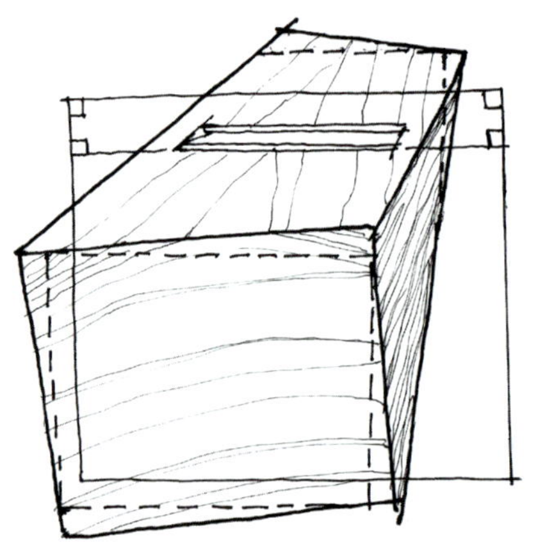

Stechen Sie diese mit einem Stecheisen ab und wiederholen den Prozess, bis Sie zumindest an der Sohle und oben eine gute Auflage über die gesamte Breite des Bettes haben. Diese letzte Technik ist besonders für feine Passarbeiten geeignet.

Sobald Sie überzeugt sind, dass das Hobeleisen mit dem montierten Spanbrecher gut gebettet ist, prüfen Sie die Passung des Keils zu der Einheit aus Hobeleisen und Spanbrecher. Spanbrecher sind oft leicht gebogen und der Keil muss genau passen. Sie können manchmal aus Unachtsamkeit verwechselt worden sein. Arbeiten Sie die Passung nach wenn nötig.
Der Keil muss auch in sein Widerlager am Hobelkörper passen. Der Winkel muss korrekt sein, damit er in durchgehendem Kontakt mit dem Widerlager ist. Und beide Seiten müssen gleichmäßig fest sitzen. Sie können auf gleichmäßige Spannung prüfen, indem Sie den Keil leicht in Position schlagen (das Hobeleisen ist dabei eingesetzt) und dann von einer Seite zur anderen ziehen. Der Widerstand gegen eine Entnahme sollte auf beiden Seiten gleich sein.

Falls sich eine Seite leichter herausziehen lassen sollte, dann sitzt sie nicht so fest. Nehmen Sie an der fester spannenden Seite des Keils oben einen ganz feinen Span ab und zwar bis der Widerstand bei diesem Test gleich ist. Prüfen Sie die Passung nach jeder Spanabnahme und verziehen Sie nicht den Keilwinkel.

Schritt 5: Konfigurieren Sie die Sohle

Die Sohle eines Holzhobels wird anders abgerichtet als die Sohle eines Metallhobels. Zuerst einmal: Sie wird nie geschliffen. Ich weiß, dies läuft gegen das meiste, was man so liest, aber es gibt gute Gründe. Beim Schleifen lagern sich Körner in der Hobelsohle ein und werden erst bei Gebrauch schrittweise wieder freigesetzt. (Aus dem gleichen Grund sollten Sie nie eine Fläche hobeln, die vorher geschliffen wurde, denn die verbliebenen Schleifpartikel auf der Oberfläche werden das Hobeleisen im Nu abstumpfen.) Überhaupt ist Schleifen zu langsam und mühsam, wenn mehr Material abgearbeitet werden muss, und auch zu ungenau in seinen Ergebnissen.

Wenn Sie einen antiken oder gebrauchten Hobel einrichten, erfordert das unter Umständen eine Menge Arbeit. Verkeilen Sie das Hobeleisen wie bei einer normalen Arbeit (ganz wichtig) aber lassen Sie es an der Sohle etwa 2 mm zurückspringen, legen Sie ein Lineal über den Bereich vor dem Hobelmaul und prüfen Sie, ob er gerade ist (Abb. 10-28). Bei einem alten Hobel ist es gut möglich, dass man hier eine durch Abnutzung entstandene Vertiefung findet. Die gesamte Hobelsohle muss auf dieses Niveau abgearbeitet werden, bis der Bereich plan und das Maul scharfkantig ist. Prüfen Sie den Hobelkörper mit Hilfe von Richtscheiten auf Verzug und kontrollieren dann auch in Längsrichtung.

Falls der Hobel um 2 mm oder mehr korrigiert werden muss, werden Sie ihn über die Abrichte schieben oder vorsichtig mit einem anderen Ho-

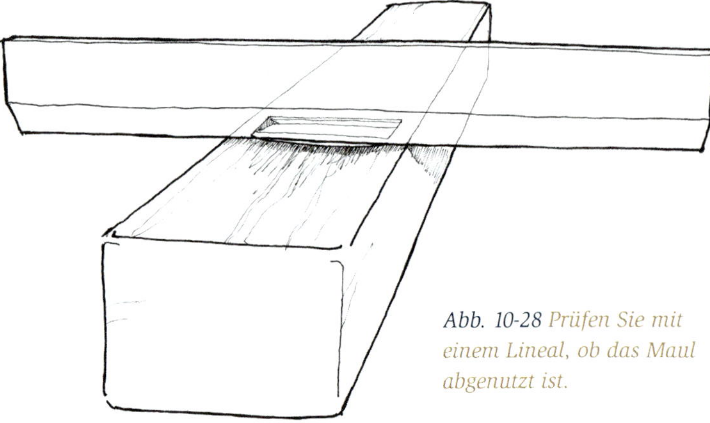

Abb. 10-28 Prüfen Sie mit einem Lineal, ob das Maul abgenutzt ist.

bel bearbeiten wollen (Abb. 10-29). (Wenn Sie einen Hobel über die Abrichte führen, entfernen Sie immer das Hobeleisen mit dem montierten Spanbrecher. Das Risiko ist zu groß, dass sich das Hobeleisen unter der Vibration der Maschine löst oder mehr Material als erwartet abgetragen wird, oder dass das Hobeleisen die Eisen der Abrichte berührt, ein extrem gefährlicher Vorfall. Nach der Bearbeitung an der Abrichte kann das Hobeleisen wieder installiert werden, um die Vorbereitung der Sohle abzuschließen.)

Egal ob mit der Abrichte oder einem anderen Hobel, entfernen Sie so wenig Material wie möglich. Der erste Strich mit einem der beiden sollte nur einen ganz dünnen Span abnehmen. Es ist besser, zu wenig abzunehmen als irrtümlich zu viel zu entfernen. Die beste Technik wird hierbei eine Serie von leichten Strichen sein, um mit jedem Schnitt nur möglichst wenig Material abzunehmen.

Nachdem die Sohle abgerichtet wurde – es werden grundsätzlich keine Bereiche mit der alten Holzfarbe verbleiben, wo die kritischen Referenzflächen liegen – prüfen Sie, ob die Flanken im rechten Winkel zur Sohle stehen. Nehmen Sie Korrekturen vor, indem Sie die korrigierte Sohle an dem Anschlag der Abrichte entlang führen oder benutzen Sie eine Raubank.

Bei beiden Methoden sollten Sie Ihren Fortschritt regelmäßig mit einem Winkel prüfen. Behalten Sie auch die Bereiche auf beiden Seiten des Hobeleisens im Auge. Sie wollen nicht, dass diese Stellen zu dünn werden. (Siehe Abbildung links oben) In manchen Fällen werden Sie nicht weiter kommen, als an der Flanke eine Referenzfläche herzustellen, die im rechten Winkel zur Sohle liegt, und also nicht die gesamte Flanke abrichten.

Installieren Sie wieder das Hobeleisen mit dem montierten Spanbrecher (wiederum um etwa 2 mm von der Sohle zurückgezogen) und prüfen die Sohle mit einem Lineal. Da sollte es jetzt nur Abweichungen von maximal einem halben Millimeter geben. Falls es mehr ist, hobeln Sie die hohen Stellen mit einem fein eingestellten Hobel oder einem Schabhobel, bis die drei kritischen Bereiche der Sohle Kontakt oder beinahe Kontakt mit dem Lineal haben. Bearbeiten Sie die Sohle bei Bedarf weiter mit der Ziehklinge.

Ich empfehle für diese Aufgabe nicht das Modell Nr. 80 von Stanley, denn der Einstellmechanismus verbiegt die Ziehklinge zu einem Bogen, was zu einem hohlen Schnitt führt. Sie wollen aber einen planen Schnitt, also ist ein Schabhobel mit planer Sohle und gerader Klinge das beste Werkzeug.

Abb. 10-29 Diese lange hölzerne Raubank ist stark verzogen. Die Sohle wird daher zunächst von Hand gehobelt, um eine gute Auflage auf der Abrichte zu bekommen.

Ein japanischer Schabhobel, wie er zur Feineinstellung der Sohlen von Holzhobeln hergestellt wird, ist eine gute Wahl, doch wird mit ihm quer zur Faser gearbeitet und die handelsüblichen kleineren Modelle sind nicht so effizient bei der Bearbeitung größerer Flächen. Viele japanische Handwerker bauen sich größere Schabhobel selber, oft mit 70 mm breiten Eisen, um so die Sohlen ihrer größeren Hobel schneller abrichten zu können.

Sobald die Sohle bis auf eine Toleranz von etwa einem halben Millimeter plan ist, fangen Sie mit der Feinbearbeitung an. Wenn der Hobel für grobe Arbeiten ist, dann wird er schon flach genug sein, doch alle anderen Hobelarten erfordern eine Feinbearbeitung. Prüfen Sie noch einmal mit einem Lineal, ob der Bereich vor dem Hobelmaul durch Ihre bisherige Bearbeitung wirklich plan und nicht durch Abnutzung hohl ist. Richten Sie bei Bedarf nochmals ab und entfernen dadurch Hohlstellen. Hoffentlich hat Ihre bisherige Bearbeitung das alles schon beseitigt. Ich verwende meist einen japanischen Schabhobel.

Man kann auch eine Ziehklinge verwenden, doch das ist schwieriger. Prüfen Sie die Sohle erneut in Längsrichtung auf hohe Stellen und die drei kritischen Bereiche mit Hilfe von Richtscheiten auf Verzug.

Vertiefen Sie die Abschnitte zwischen den kritischen Bereichen mit einer Ziehklinge oder einem Schabhobel, bis ein winziger Lichtspalt

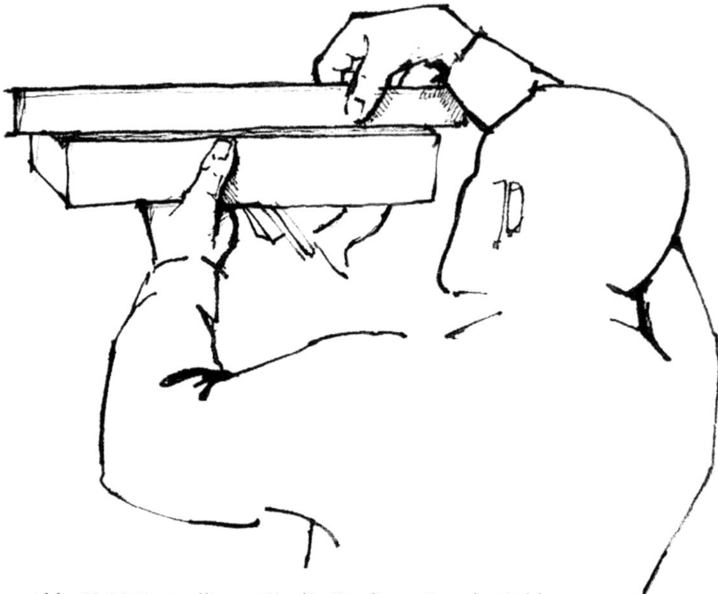

Abb. 10-30 *Kontrollieren Sie die Konfiguration der Sohle, indem Sie ein Lineal darauf stellen und beide ans Licht halten. Dort, wo das Lineal die Sohle nicht berührt, wird Licht hindurch scheinen.*

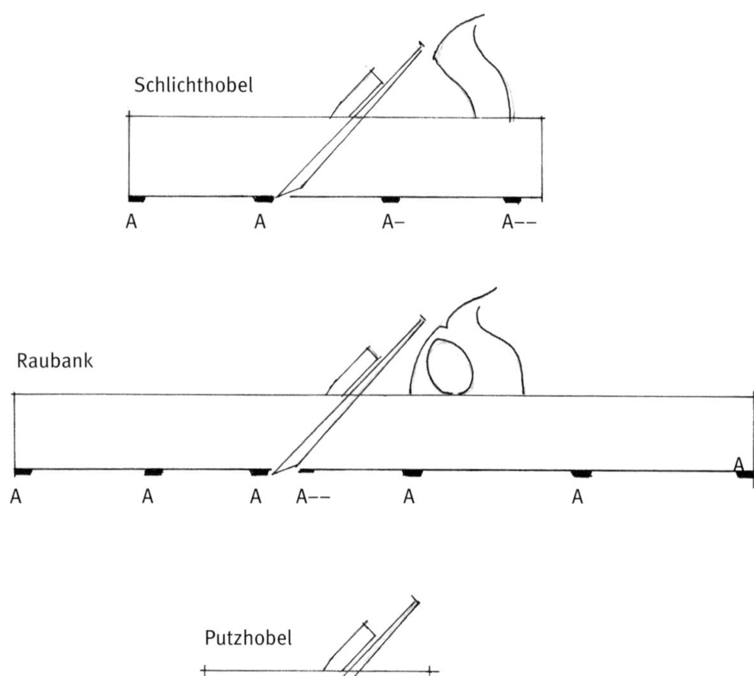

Abb. 10-31 *Die Kontaktstreifen erstrecken sich über die gesamte Breite der Sohle, sind parallel zueinander und liegen in einer Ebene, außer wo sie minimal vertieft wurden, wie in diesen Zeichnungen angedeutet. Die Abschnitte zwischen den Kontaktstreifen sind nur um wenige Hundertstel Millimeter vertieft. A bis A–: ein oder zwei Striche mit einer Ziehklinge; A bis A––: zwei bis vier Striche mit einer Ziehklinge.*

unter dem Lineal erscheint (Abb. 10-30); sorgen Sie dafür, dass die kritischen Bereiche miteinander fluchten (Abb. 10-31). Dazu kann es nötig sein, die nicht kritischen Abschnitte dazwischen weiter zu vertiefen. Arbeiten und kontrollieren Sie weiter, bis die kritischen Streifen in einer Ebene liegen und die Abschnitte dazwischen ein bisschen tiefer sind.

Die vertieften Abschnitte liegen nur wenige Hundertstel Millimeter unter den Kontaktstreifen, vielleicht etwas mehr bei einem Schlichthobel und weniger bei einem feinen Putzhobel. Ich glätte die Flächen, die durch Bearbeitung mit einem japanischen Schabhobel rau sind, mit einer Ziehklinge und bin dabei vorsichtig, um die von mir angelegte Geometrie der Sohle zu betonen und nicht zu zerstören. Die gesamte Strategie, nicht kritische Abschnitte zu vertiefen, erleichtert die Pflege der Sohle, da Sie sich nur um die relativ kleinen Kontaktflächen und nicht um die gesamte Sohle kümmern müssen.

Schritt 6: Stellen Sie das Hobelmaul ein

Bei einem alten Hobel wird sich das Maul wahrscheinlich durch Abrieb weiter geöffnet haben, sodass es durch Einsetzen eines neuen Stückes in die Sohle vor dem Eisen geschlossen werden muss. Neue Holzhobel haben ein Maul, dessen Bemessung auf die beabsichtigte Nutzung abgestimmt ist, oder ein verstellbares Maul. Das verwendete Material sollte hart sein, wie etwa Eisenholz (Ipé) oder Pockholz (lignum vitae). Das eingesetzte Plättchen sollte etwa 10 mm stark oder dicker sein, je nach Art des Spanaustritts. Es kann ein Stück Massivholz sein, das zum Hobel passt, oder aus mehreren Lagen aufgebaut sein, mit einer härteren, mindestens 3 mm starken Deckschicht auf beiden Seiten.

Für die Mittellage des Plättchens kann die gleiche Holzart wie für den Hobelkörper verwendet werden, dadurch ist die Wahrscheinlichkeit geringer, dass es anders schwindet als der Körper, sich aus ihm löst oder ihn spaltet. Wenn Sie erwarten, dass Sie mit dem Hobel eine Menge feiner Putzarbeiten machen, bei denen er stark von dem Zustand des Mauls abhängig

EINSTELLEN VON GEKEILTEN UND VERJÜNGTEN HOBELEISEN

Stellen Sie Ihren Hobel auf eine saubere Holzbank und setzen Sie vorsichtig das Eisen ein, bis es die Bank gerade berührt. Drücken Sie mit einem Finger das Hobeleisen auf das Eisenbett und setzen den Keil ein, ohne dabei die Position des Eisens zu verändern (Abb. 1). Drücken Sie den Keil mit Ihrer Hand fest, damit sich das Eisen nicht bewegen kann (oder heraus fällt). Schlagen Sie den Keil vorsichtig mit einem Holzhammer fest, um es vorläufig zu fixieren.

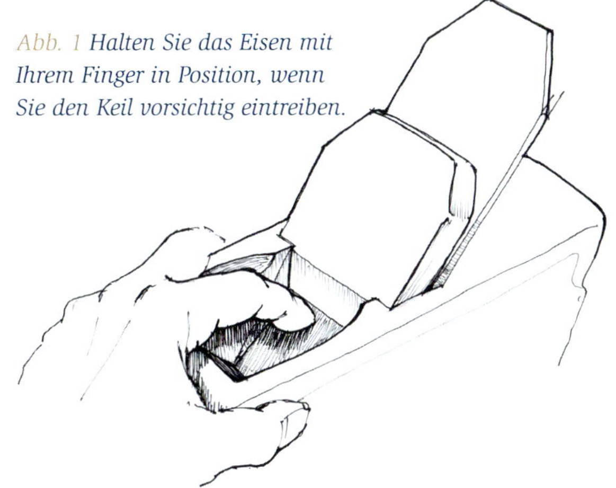

Abb. 1 Halten Sie das Eisen mit Ihrem Finger in Position, wenn Sie den Keil vorsichtig eintreiben.

Halten Sie mit einer Hand den Hobel mit der Sohle nach oben; üben Sie mit einem oder mehreren Fingern Druck auf das Eisen aus, um es daran zu hindern herauszufallen (für alle Fälle), halten Sie den Ellenbogen des anderen Arms an Ihre Seite (um die Genauigkeit zu erhöhen) und schlagen oben auf das Hobeleisen, um es tiefer zu stellen. Schlagen Sie hinten auf den Hobelkörper (oder auf den Schlagknopf), um das Eisen zurückzutreiben. Schlagen Sie auf die Flanke des Hobeleisens, um es lateral zu justieren.

Jedes Mal, wenn Sie das Hobeleisen mit einem Schlag bewegen, schlagen Sie auch den Keil nach (verkeilen Sie aber nicht zu stark). Das Hobeleisen ist verjüngt und hat Keilform, es löst sich also jedes Mal, wenn Sie es tiefer einstellen. Bauen Sie das Eisen aus, indem Sie es zunächst tiefer rein schlagen (um es zu lösen) und es dann erst zurückschlagen, um den Keil zu lösen. Halten Sie die ganze Zeit über das Eisen mit der Hand, die nicht schlägt (Abb. 2).

Justieren Sie ein Hobeleisen gleicher Stärke, das verkeilt ist, auf ähnliche Weise. Das Hobeleisen wird sich hierbei aber nicht lösen, wenn Sie es tiefer stellen. Es kann sich lösen, wenn man das Eisen vor- und zurückbewegt. Geben Sie daher nach je zwei oder drei Einstellschlägen auch einen leichten Schlag auf den Keil, damit sich der Keil nicht unerwartet löst.

An Hobeln, bei denen eine Zugschraube das Hobeleisen mit dem montierten Spanbrecher hält, wie etwa beim Primus-Hobel, wird durch eine tiefere Einstellung die Zugschraube angezogen. Wenn Sie nicht vorsichtig sind, können Sie die Zugschraube zu stark anziehen und den Hobel beschädigen. Normalerweise müssen Sie die Spannung immer wieder anpassen, wenn Sie die Einstellung des Hobeleisens stark verändern.

Lagern Sie den Hobel, selbst über Nacht, immer mit gelösten Keil und gelöstem Eisen. Er sollte gerade ausreichend Druck haben, damit das Eisen nicht heraus fällt, wenn Sie den Hobel wieder aufgreifen. Wenn Sie den Hobel für lange Zeit lagern, entfernen Sie das Eisen und schlagen es in leicht geölten Stoff ein.

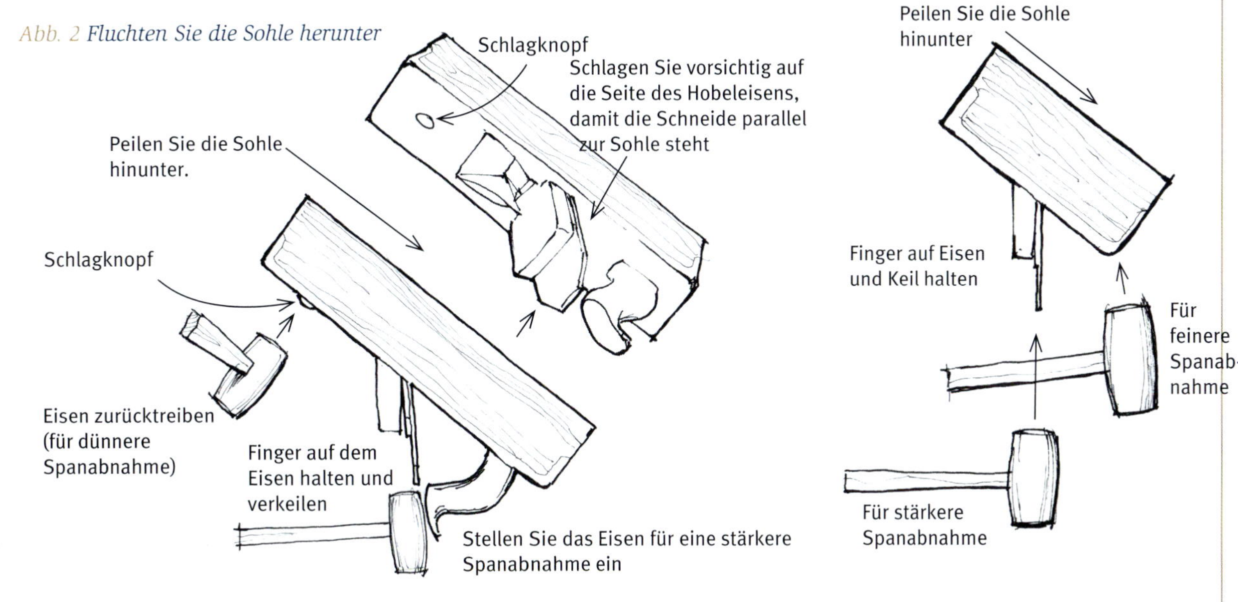

Abb. 2 Fluchten Sie die Sohle herunter

ist, werden Sie vielleicht ein 6 mm starkes Stück Messing einlegen wollen (Abb. 10-32).

Es wird sich weniger abnutzen als Holz, ist nicht schwer zu bearbeiten oder einzubauen, und es muss auch nicht so groß sein, dass die Reibung merkbar zunimmt und es schwer wird, das Plättchen zu bearbeiten und einzubauen.

Sie werden vielleicht erwägen, ein verstellbares Plättchen am Maul einzusetzen, ähnlich wie bei Hobeln der Reform-Bauweise. Das Vorgehen ist ganz ähnlich wie beim Einbau eines fest sitzenden Plättchens, aber es gibt einem mehr Vielseitigkeit, denn der Hobel kann dann je nach Wunsch für gröbere und feinere Arbeiten verwendet werden. (Siehe „Montage eines beweglichen Sohlenplättchens" auf Seite 292.
In mancher Hinsicht ist es einfacher, ein bewegliches Maul einzulegen, denn Sie stellen ein feines Hobelmaul nicht durch feines Nachstechen her, sondern indem Sie einfach eine Schraube lösen und das Plättchen näher an die Schneide führen. Es kann auch länger halten, denn bei Abnutzung der Sohle und wiederholtem Abrichten wird sich das Hobelmaul mit der Zeit langsam öffnen. Ein bewegliches Plättchen in der Sohle kann näher an die Schneide gestellt werden, um dies zu kompensieren, anstatt ein fest eingebautes Plättchen ersetzen zu müssen.

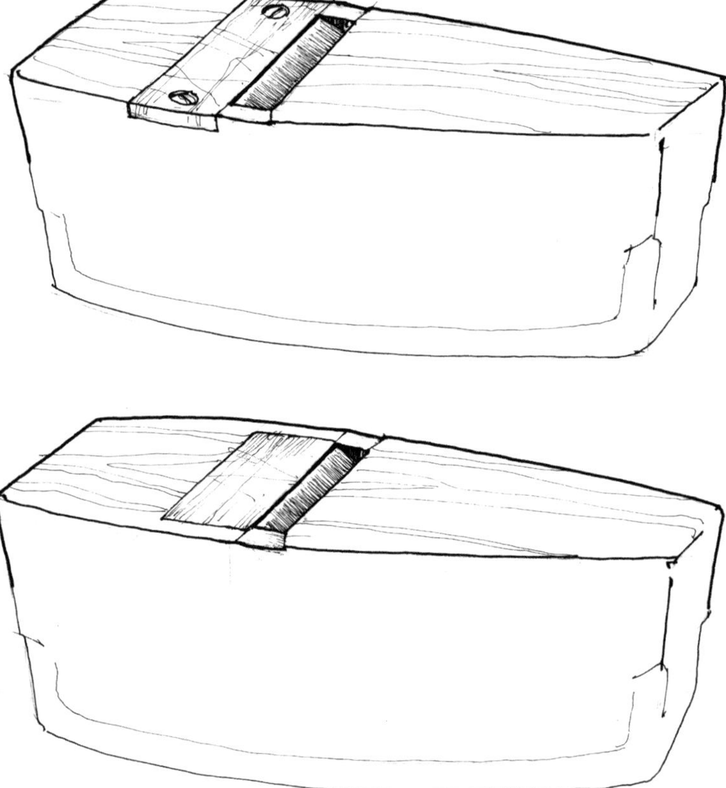

Abb. 10-32 *Schließen Sie das Maul eines alten Hobels, indem Sie eine Messingplatte einbauen, wie auf der Abbildung oben. Ich habe auch schon Eisenplättchen gesehen, die bei alten Reparaturen verwendet wurden. Eine andere Möglichkeit ist der Einsatz eines Hartholzplättchens, wie auf der Abbildung unten.*

Nachdem Sie das Plättchen in die Sohle eingelassen haben, werden Sie einen Schritt zurückgehen müssen, um das Niveau des Plättchens nachzupassen, damit es in einer Ebene mit den anderen Kontaktflächen des Hobels liegt. Sorgen Sie direkt am Maul für einen etwa 6 mm breiten Kontaktstreifen, der sich über die gesamte Breite erstreckt, und vertiefen den Rest des Plättchens um sicherzustellen, dass die Vorderkante des Plättchens nicht am Werkstück hängen bleibt.

Testen Sie das Ergebnis Ihrer Bemühungen: Stellen Sie das Hobeleisen so ein, dass ein feiner Span abgenommen wird, und machen Sie einen Probespan. Da die Schneide scharf ist, wird die Sohle nicht flach sein, wenn es nicht greifen sollte. Stellen Sie sicher, dass das Brett plan ist, welches Sie bearbeiten. Treiben Sie das Hobeleisen gerade so weit zurück, dass es nicht greift und prüfen Sie, ob die Sohle flach ist.

Ein Hobelkörper aus Holz ist flexibler als einer aus Eisen, und die Dynamik der Sohlenkonfiguration kann sich geringfügig verändern, wenn das Eisen auf Arbeitstiefe eingestellt ist. Justieren Sie die Sohle nach und probieren einen weiteren Schnitt; je planer desto feinere Schnitte sind möglich. Setzen Sie diesen Prozess fort, bis der Hobel den gewünschten Schnitt macht.

Schritt 7: Kümmern Sie sich um die Details von Körper und Sohle

Nachdem die Sohle abgerichtet ist, fase ich gerne die beiden Längskanten der Sohle um ein paar° und zwar bis zum Hobelmaul. Dies verringert an der Sohle die Fläche, die unterhalten werden muss und erleichtert die zukünftige Pflege. Ich setze auch gerne zu beiden Seiten des Hobeleisens einen Schnitt, um sicherzustellen, dass dieser Bereich nicht zu hoch liegt – man übersieht ihn gerne bei der Vorbereitung der Sohle – und um leichter Späne entfernen zu können, die sich in den Ecken des Hobeleisens sammeln.

Das gleicht der Vorgehensweise, die in Abb. 10-50 für japanische Hobel beschrieben wird. Das ist eine persönliche Vorliebe von mir und steht Ihnen zur Wahl. Die Vorderkante der Sohle sollte scharf sein, damit bei der Arbeit keine Späne unter die Sohle rutschen. Runden Sie diese Kante also nicht.

Schritt 8: Kümmern Sie sich um Griffigkeit und das Finish

Wenn durch das Abrichten einige der originalen Fasen des Hobels verloren gegangen sein sollten, dann können Sie diese wieder anbringen oder auch neue machen, die zu Ihren Händen passen. Griffe können nach Ihren persönlichen Anforderungen repariert, ersetzt oder umgeformt werden. Wenn Sie einen Hobel mit Horn haben, ist es hilfreich, den Hobelkörper hinten abzurunden, damit er in Ihre hohle Handfläche passt und auch die Kante vorne am Horn abzuarbeiten, damit sie nicht in Ihre Hand schneidet (Ab. 10-33).

Ab. 10-33 *Runden Sie einen Hobel mit Horn hinten ab und nehmen etwas Material an der Kante neben dem Horn ab, damit er besser in Ihren Händen liegt.*

Chinesische Hobel einstellen

Der Mechanismus, mit dem bei Hobeln chinesischer Bauart das Eisen gehalten wird, gleicht alten europäischen Holzhobeln. Daher gilt vieles, was über die Einstellung von Holzhobeln gesagt wurde, auch hier für chinesische Hobel.

Abb. 10-34 *Chinesische Hobel verlassen sich auf ein enges, scharfkantiges Maul, das hilft den Span zu brechen. Der schmale schwalbenschwanzförmige Messingstreifen, der in die Sohle eingelassen wurde, ist typisch für sie.*

Schritt 1: Untersuchen Sie den Hobel

Chinesische Hobel haben einen Holzkörper und sind daher für die gleichen Probleme anfällig, die unter dem Stichwort „Einstellung von Holzhobeln" auf S. 162 diskutiert wurden. Sie können das also als Richtschnur nutzen, wenn Sie Ihren Hobel untersuchen. Es gibt jedoch ein paar Extra-Dinge zu beachten. Der traditionelle chinesische Putzhobel mit steilem Eisen ist beinahe ganz von einer schmalen Maulöffnung abhängig, um Ausriss zu verringern.

Aus diesem Grund ist meist ein schmales Messingstück über die Breite des Hobelmauls schwalbenschwanzförmig eingelassen, um Abrieb zu verringern (Abb. 10-34). Prüfen Sie vorsichtig, ob der Hobelkörper in seiner Breite geschwunden und daher am Messingstück eingerissen ist.

Wenn dies der Fall ist, und es handelt sich nur um einen Haarriss, dann können Sie vielleicht mit einem kleinen Hammer vorsichtig auf die spitz zulaufenden Ecken des Schwalbenschwanzes schlagen, einige Holzfasern durchschneiden und so die Spannung auf den Hobelblock reduzieren. Wenn es aber mehr als ein ganz feiner Riss ist, dann werden Sie von oben das Messingstück hinunter- und rausschlagen müssen und vorsichtig ganz wenig Material abstechen, damit

Abb. 10-35 Kontaktflächen an der Sohle eines chinesischen Hobels

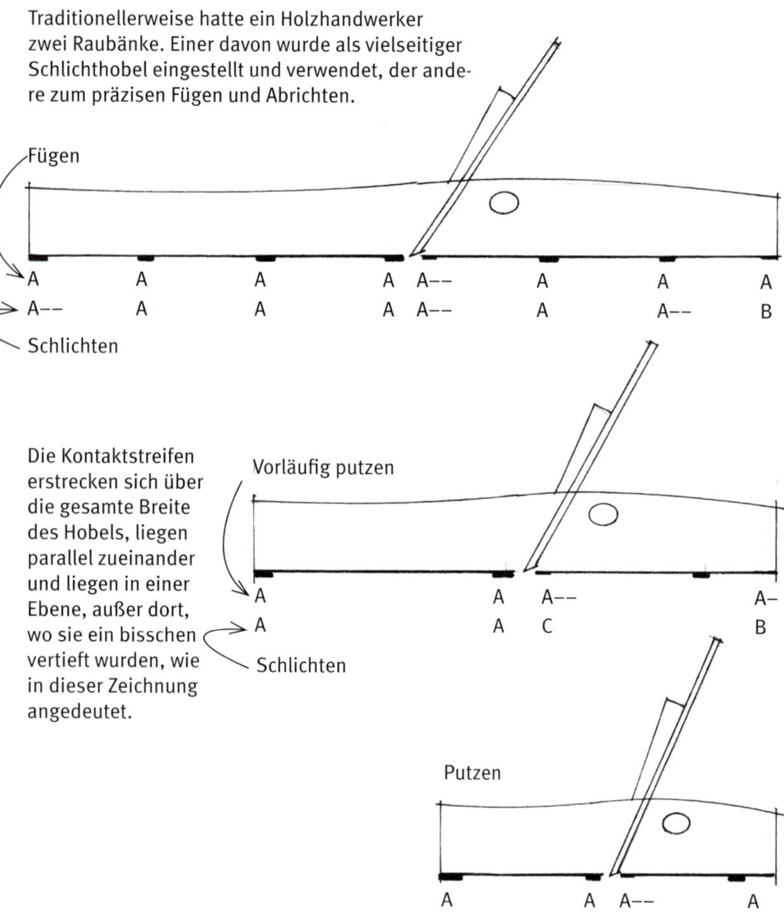

Abb. 10-36 In der Arbeitseinstellung sollte das Maul eines Putzhobels nur eine ganz schmale Öffnung zeigen.

das eingesetzte Stück passt. Treiben Sie das Maulstück dann wieder zurück in seine Position, bündig mit der Sohle des Hobels.

Wie bei jedem anderen Hobel so ist es auch hier am besten, nach dem Erwerb das Hobeleisen auszubauen und den Hobel vor dem Einrichten für ein paar Monate zur Seite zu legen, damit er sich akklimatisieren kann. Nach dieser Periode prüfen Sie die Passung der Messingeinlage wieder und, wenn nötig, passen das laterale Spiel des Hobeleisens an.

Schritt 5: Konfigurieren Sie die Sohle

Nachdem Sie Hobeleisen und Spanbrecher vorbereitet haben und für eine gute Bettung des Hobeleisens gesorgt haben, konfigurieren Sie die Sohle des Hobels (Abb. 10-35).

Wenn am Maul Ihres Hobels ein Stück Messing eingelassen ist, dann können Sie zum Abrichten der Sohle weder eine Hobelmaschine noch einen Handhobel verwenden. Das Messing ist jedoch weich genug, um es mit vielen Holzbearbeitungswerkzeugen zu bearbeiten, und es kann auch mit einer guten Ziehklinge abgerichtet werden.

Schritt 6: Passen Sie das Maul an

Da das Maul des Hobels mit Messing verstärkt und nicht aus Holz ist, nutzen Sie für die Anpassung Techniken, die denen bei den Hobeln im Bailey-Stil gleichen. Feilen Sie das Maul bis zu einem Riss zurück, der parallel zur Schneide liegt, wenn das Eisen parallel zur Sohle eingestellt ist.

Die Maulöffnung bei allen diesen Hobeln sollte eng sein – gerade groß genug, um einen feinen Span durchzulassen. Bei tropischen Harthölzern werden Sie ohnehin keinen dicken Span abnehmen. Doch bei einem Putzhobel sollte nur ganz wenig Licht durchscheinen, wenn das Hobeleisen greift und der Hobel ans Licht gehalten wird (Abb. 10-36). Wenn der Spalt zu breit ist, kann das Hobeleisen mit einem Stück Papier hinterfüttert werden, um es dadurch nach vorne zu bewegen und den Spalt zu schließen. Doch seien Sie vorsichtig: wenn der Spalt am Anfang schon schmal ist, wird ein normales Blatt Schreibmaschinenpapier vielleicht schon zu dick sein.

Schritt 7: Kümmern Sie sich um die Details von Körper und Sohle

Nachdem die Sohle abgerichtet ist, gebe ich wie bei meinen anderen Holzhobeln den beiden Längskanten an beiden Seiten der Sohle eine Fase, die nur wenige Grat Neigung hat und bis zum Maul reicht. Dadurch verringert sich die Fläche der Sohle, die unterhalten werden muss, und so wird die künftige Pflege des Hobels erleichtert.

Ich setze auch auf beiden Seiten des Hobelmauls einen Schnitt, um sicherzustellen, dass diese Stellen nicht hoch sind – sie werden gerne bei der Bearbeitung der Sohle übersehen – und um Späne leichter entfernen zu können, die sich an den Ecken des Eisens gesammelt haben. Dieses Detail ist eine Option und gleicht der Behandlung japanischer Hobel (Abb. 10-50). Die Vorderkante der Sohle sollte scharf sein, damit bei der Arbeit keine Späne unter den Hobel rutschen, also runden oder fasen Sie diese Kante nicht.

Schritt 8: Kümmern Sie sich um Griffigkeit und das Finish

Die meisten heute erhältlichen Hobel kommen mit einem Körper, der fertig geformt und geglättet ist, und gebrauchsfertig, möglicherweise mit der Ausnahme des Querstabs, der vielleicht etwas Nachbearbeitung erfordert, um durch das Loch im Hobelkörper zu passen. Dieser Querstab soll unter Druck passen und wird nicht eingeleimt, damit er zur Lagerung aus seinem ovalen Loch geschlagen werden kann. Eine andere Form von Quergriff wird dauerhaft oben auf dem Hobel in einer ähnlichen Position direkt hinter dem Hobeleisen fixiert. In China ist so ein Griff oft wie das Joch eines Ochsens geformt, um eine gute Auflage für die Hände zu bieten.

Manchmal kann man unfertige Hobel aus China oder Südostasien bekommen. Ich habe einmal über den Freund eines Freundes mehrere aus Thailand bekommen – eine Raubank, einen mittellangen Hobel und einen kompakten Hobel

Prüfen Sie das Mundstück aus Messing

Wenn Sie den Hobel zum Akklimatisieren weglegen, prüfen Sie die Messingeinlage am Maul. Falls sie Risse zeigt, treiben Sie diese Lippe heraus und lagern sie zusammen mit dem ebenfalls ausgebauten Hobeleisen. Passen Sie die Lippe an, sobald sich der Hobel an seine Umgebung gewöhnt hat. Wenn die Passung am Anfang in Ordnung scheint, dann können Sie die Lippe auch so belassen, aber Sie sollten sie öfter prüfen.

Abb. 10-37 Diese beiden Hobel waren nicht fertig ausgearbeitet; die Form war nur mit der Bandsäge geschnitten, der Spankasten und die Nuten für das Hobeleisen zwar geschnitten, aber noch nicht eingepasst, und das Loch für den Querstab vorgebohrt. Der obere Hobel ist noch in diesem Originalzustand mit den zugehörigen (unbearbeiteten und nicht eingepassten) Teilen. Der untere Hobel ist fertig bearbeitet, eingestellt, geformt und geglättet.

Einstellung eines chinesischen Hobels

Stellen Sie einen Hobel chinesischer Bauart genauso ein wie einen westlichen Holzhobel, der einen Keil verwendet. Nachdem das Eisen vorläufig eingestellt wurde, ist es wegen des hohen Schnittwinkels traditioneller Hobel hilfreich, wenn man von hinten über die Sohle peilt, um den Kontrast zwischen Schneide und Sohle zu erkennen. Sobald die Schneide parallel zur Sohle vorsteht, peilen Sie von vorne die Sohle runter, um festzustellen, wie weit es vorspringt. Das Hobeleisen ist nicht verjüngt, und der Hobelkörper ist hart; daher braucht man mehr Druck auf dem Keil, um das Eisen in Position zu halten.

Wie bei allen Hobeln mit Holzkörper sollten Sie das Eisen lose lagern, entweder komplett ausgebaut oder nur so leicht verkeilt, dass es nicht heraus fällt, wenn Sie den Hobel in die Hand nehmen.

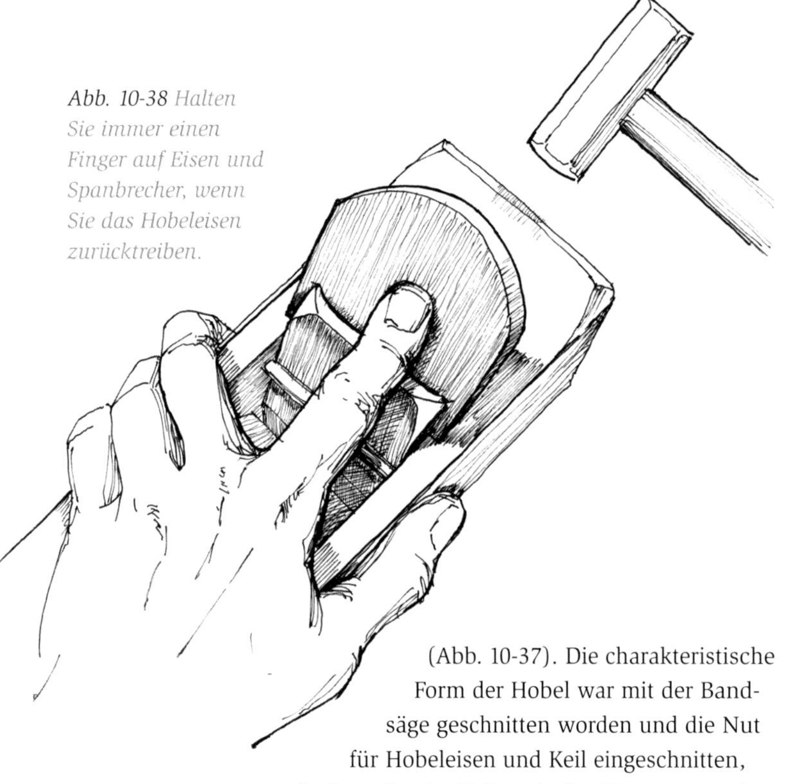

Abb. 10-38 Halten Sie immer einen Finger auf Eisen und Spanbrecher, wenn Sie das Hobeleisen zurücktreiben.

(Abb. 10-37). Die charakteristische Form der Hobel war mit der Bandsäge geschnitten worden und die Nut für Hobeleisen und Keil eingeschnitten, doch weder der Keil noch das Eisen waren eingepasst. An einigen war der Spanbrecher gebohrt aber nicht geschärft, schlecht geformt und aus so einem weichen Stahl, dass er unbrauchbar war.

Das Hobeleisen hatte zwar ein raues Finish, doch es war aus laminiertem Stahl. Das war mir zunächst nicht bewusst, ich merkte es erst, als ich es schärfte. Ich hätte es fast weggeworfen. Es hat sich herausgestellt, dass es ein ordentliches Eisen ist. An dem mittellangen Hobel habe ich den unbrauchbaren Spanbrecher weggeworfen und am Maul ein Messingstück eingesetzt, um die Öffnung zu verengen.

Ich musste auch den Querstab nachpassen und die Form von den Spuren des groben Bandsägeschnittes nacharbeiten. Er hat sich aber als ein verlässlicher Darsteller bewährt. Ein paar Jahre davor hatte ich einen sehr schönen Putzhobel gefunden, der fertig eingestellt und gebrauchsfertig war, und er lieferte mir das Modell, nach dem ich diese anderen Hobel fertig stellte.

Japanische Hobel einstellen

Beinahe alles ist bei japanischen Hobeln anders, als Sie es von Hobeln westlicher Bauart kennen. Die Anatomie ist zwar die gleiche, aber die Lösungen sind anders und hoch verfeinert.

Schritt 1: Untersuchen Sie den Hobel

Die Meinung, einen Holzhobel vor seinem ersten Einsatz erst einmal ein paar Monate zur Seite zu legen, gilt bei japanischen Hobeln ganz besonders, denn das Klima in Japan ist sehr feucht und der dai genannte Hobelkörper erfordert ausreichend Akklimatisierung, wenn er in das (fast immer) trockenere Klima des Westens gebracht wird. Nehmen Sie also das Hobeleisen heraus, indem Sie mit einem kleinen Hammer (etwa 120 Gramm) oder einem kleinen Klüpfel auf die obere Kante hinten am Hobelkörper schlagen. Wenden Sie den Hobel, um die Schwerkraft zu nutzen; am besten greifen Sie den Hobelkörper mit Daumen und Mittelfinger, während Sie den Zeigefinger oben auf dem Hobeleisen halten, um zu verhindern, dass der Spanbrecher herausfliegt (Abb. 10-38).

Dies ist übrigens die allgemeine Vorgehensweise, um Hobeleisen und Spanbrecher auszubauen. Manchmal wird der Körper im Bereich des Hobeleisens schwinden, nachdem er in unser trockeneres Klima importiert wurde. Das kann so gravierend sein, dass der Körper reißt, oder, was häufiger ist, sich verformt und dabei so stark auf das Hobeleisen drückt, dass es fast unmöglich wird, es zu entnehmen. Prüfen Sie das und vermeiden es, wenn möglich, beim Kauf des Hobels. Wenn Sie am Ende doch einen Hobel haben, bei dem das passiert ist, können Sie – wenn die Verformung nicht zu stark und der Körper noch nicht gerissen ist – das unter Umständen wieder gerade richten, indem Sie die Wölbung über mehrere Tage einspannen und niederdrücken. Auf lange Sicht wird dies aber wohl die Passung des Eisens im Hobelkörper beeinträchtigen. Ich habe dieses Übel ein paar Mal beobachtet, es waren billigere Hobel. In jedem Fall entnehmen Sie Eisen und Spanbrecher und legen den Hobel zur Seite, damit er sich an unser trockeneres Klima gewöhnen kann und nicht länger arbeitet.

Schritt 2: Bereiten Sie das Eisen vor

Da das Hobeleisen in den Körper gekeilt wird, ist es besonders wichtig, vor allen anderen Schritten zunächst das Hobeleisen vorzubereiten. Richten Sie zuerst wie üblich die Spiegelseite ab, aber beachten Sie dabei den Hohlschliff. Wenn Sie schon einmal andere Hobeleisen abgerichtet haben, dann werden Sie besonders diese Verbesserung schätzen – noch mehr, wenn Sie merken, dass der Stahl der Schneidlage viel härter ist als die meisten Klingenstähle. Der Hohlschliff erspart Ihnen eine Menge lästiger Arbeit. Die Schneide muss über die Breite des Hobeleisens abgerichtet werden, und zwar mindestens bis zum Beginn des Hohlschliffs.

Während das Hobeleisen mit dem Großteil seiner Schneidenlänge auf den Schärfstein gelegt wurde – es muss schrittweise vor und zurückgeführt werden und zwar über die gesamte Breite des Steins, denn ansonsten würde der Stein ungleich abgenutzt – muss lediglich das letzte Stück des Hobeleisens an der Schneide plan sein. Manche Handwerker empfehlen, das Eisen bereits als Teil der ersten Vorbereitung eines Hobels herauszutreiben, denn sie glauben, dass die Kaltbearbeitung die Kristallstruktur ordnet und das Eisen zäher macht. Ich kann das nicht bestätigen.

Der häufigste Grund dies zu tun, ist das Abrichten der Spiegelseite zu beschleunigen, wenn die plane Fläche mit der Zeit weggeschliffen wurde. Wenn ein neues Hobeleisen herausgetrieben wird, dann wird noch mehr Klingenstahl herausgedrückt, der abgerichtet werden muss. Wenn Sie Ihre Schneide noch nicht in den Hohlschliff verloren haben, dann arbeiten Sie einfach weiter. Ich empfehle Ihnen jedenfalls, sich erst einmal mit japanischen Eisen vertraut zu machen, bevor Sie versuchen, eines herauszutreiben. Der Zeitpunkt, an dem man das Eisen bis zum Hohlschliff geschärft hat, wird früh genug kommen. Prüfen Sie, dass die Schneide nur so breit ist wie die Maulöffnung (Abb. 10-39).

Schleifen Sie die Ecken des Hobeleisens soweit zurück, wie es erforderlich ist, um die Schneidenlänge auf diese Breite zu verringern. Bei einem neuen Hobeleisen werden Sie das wahrscheinlich nicht machen müssen, doch wenn sich das Eisen abnutzt, lässt es sich nicht vermeiden. Ansonsten wird das Eisen auch in dem Bereich einen Span abheben, wo es durch den Hobelkörper gehalten wird und der dann durch Späne behindert wird. Seien Sie vorsichtig: man hat schnell das Eisen verbrannt. Versuchen Sie den Winkel zu wiederholen, der ursprünglich angeschliffen war. Ziehen Sie den Grat an der Spiegelseite mit einem feinen Schärfstein ab.

Abb. 10-39 Ecken schleifen

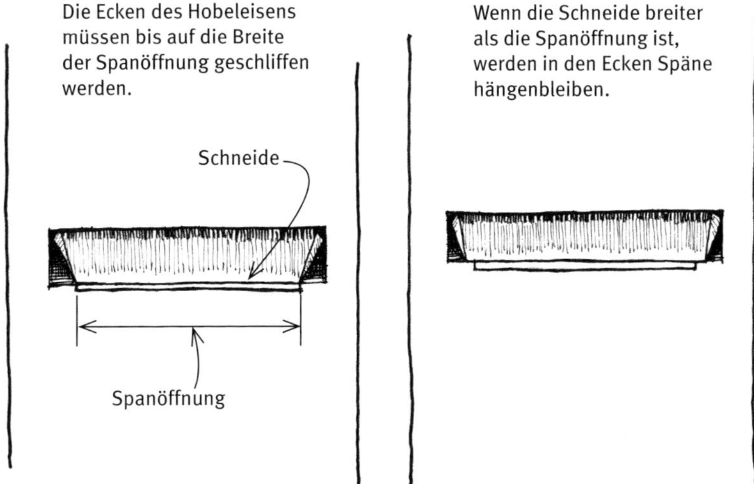

Schärfen Sie die Eisenfase, und dann bearbeiten Sie noch die Außenkanten oben am Hobeleisen (Seite mit Hohlschliff). Stumpfen Sie diese Kanten leicht ab, damit sie nicht scharf sind.

Schritt 3: Bereiten Sie den Spanbrecher vor und setzen ihn ein

Beginnen Sie damit, dass Sie den Spanbrecher in seiner richtigen Position auf das Hobeleisen legen. Drücken Sie beide fest zusammen und halten sie ans Licht (Abb. 10-40). Das Eisen sollte ganz plan sein (denn Sie haben es gerade abgerichtet).

Wenn zwischen beiden Licht durchscheint, dann muss der Spanbrecher abgerichtet werden. (Machen Sie sich keine Sorgen, wenn der Spanbrecher zu diesem Zeitpunkt noch nicht flach auf der gesamten Fläche aufliegt, das ist erst der nächste Schritt.) Die Spanbrecher an den hochwertigsten Hobeln sind aus laminiertem Stahl, ähnlich wie das Hobeleisen. Bei Hobeln einfacherer Qualität ist der Spanbrecher gehärtet, aber nicht laminiert.

Neue Fläche an der Spiegelseite eines japanischen Hobeleisens herstellen

Abb. 1 Die hohl geschliffene Spiegelseite des Hobeleisens hat an der Schneide fast ihre plane Auflage verloren (s. Pfeil).

Nach häufigem Schleifen werden Sie die ura, den planen Streifen an der Schneide auf der Spiegelseite des Hobeleisens verlieren (Abb. 1). Die ura muss wiederhergestellt werden, wenn man das Eisen verwenden will. Traditionell ist es der einfachste Weg, das Eisen mit dem Hammer zu treiben. Das erspart Ihnen nicht nur ein Abrichten der gesamten Spiegelseite, die kalte Bearbeitung des Stahls kann der Schneide noch etwas mehr Zähigkeit verleihen.

Sie werden einen kleinen Amboss brauchen, mit einer gerundeten Kante oben (das Horn eines Ambosses wird OK sein), und einen kleinen 120 Gra mm Hammer, entweder quadratisch oder achteckig. Traditionell verwendeten die Japaner als Amboss ein Teil, das aussieht wie der Abschnitt einer Eisenbahnschiene. Er hat an einer Seite eine gefaste Kante zum Schränken von Sägen und an einem Kopf eine oder zwei gerundete Ecken, um Hobeleisen zu bearbeiten.

Die Körperhaltung ist wichtig. Halten Sie sich in einer stabilen Steh- oder Sitzposition, in der Sie nicht schwanken. Halten Sie den Arm, mit dem Sie den Hammer führen, an Ihre Seite, damit das Handgelenk einen unveränderten Drehpunkt bildet.

Abb. 2 Bearbeitungszone

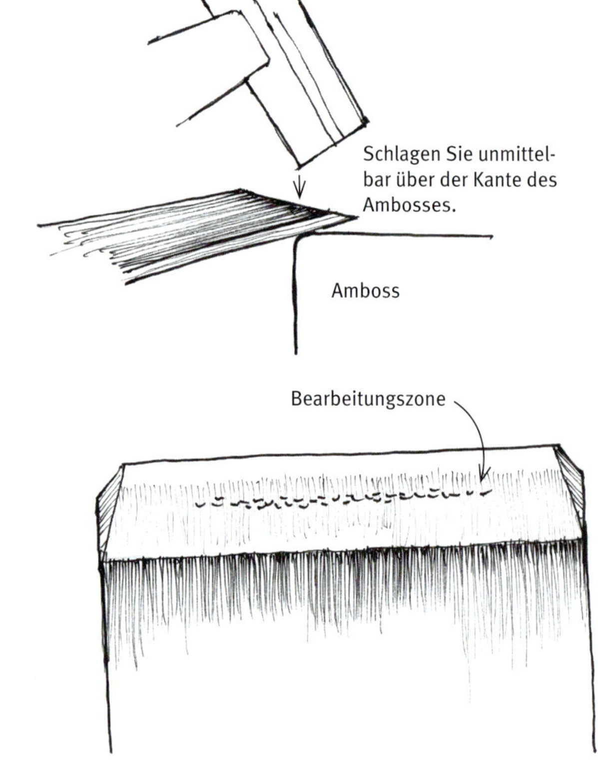

Dadurch kann der Hammer mit seinem Eigengewicht mit gleichbleibender Genauigkeit treffen.

Die Ecke des Hammers trifft die Fase des Hobeleisens auf dem weichen Eisenrücken, ein bisschen näher an der Schneide als mittig auf der Fase, und zwar in einer Reihe über die gesamte Breite des Eisens (Abb. 2). Dies wird den harten Stahl der Schneide um einige Zehntausendstel Millimeter nach außen treiben, die dann auf dem Schärfstein abgerichtet werden können, um eine neue plane Spiegelseite herzustellen (Abb. 3).

Hier ist das Geheimnis: Unterstützen Sie das Hobeleisen auf der Ecke des Ambosses direkt unter dem Hammerschlag. Wenn Sie das nicht machen, können Sie den Schneidenstahl brechen. Wenn der Hammerschlag ein dumpfes Geräusch abgibt, dann wissen Sie, dass das Eisen richtig aufliegt. Wenn der Schlag aber einen klingenden Ton abgibt, dann liegt der Amboss nicht unmittelbar unter dem Hammer. Prüfen Sie den Ton mit einem leichten Schlag und passen Sie Ihre Position an. Dann schlagen Sie den weichen Rücken ein- oder zweimal mit etwas mehr als seinem Eigengewicht, sodass er eine deutliche Spur hinterlässt. Arbeiten Sie sich über die mittleren zwei Drittel des Hobeleisens und legen bei jeder Verstellung einen Probeschlag ein, bevor Sie zuschlagen (Abb. 4).

Nachdem Sie über das Eisen gearbeitet haben, können Sie die Spiegelseite abrichten, üblicherweise auf Wassersteinen, eher als mit einer der intensiveren Methoden (siehe „Spiegelseite des Hobeleisens abrichten“ auf S. 148) Falls beim Abziehen nicht schnell eine neue plane Spiegelseite erscheint, gehen Sie einen Schritt zurück und wiederholen den Prozess (Abb. 5).

Abb. 3 Der Hammer wird aus dem Handgelenk geführt, dabei muss er mit seinem Eigengewicht auf die Fase fallen, etwas näher an der Schneide als auf der Mitte der Fase. Die Ecke des Ambosses muss das Hobeleisen direkt unter der Ecke des Hammerkopfes unterstützen.

Abb. 4 Die Schläge hinterlassen an dem weicheren Trägermaterial der Fase eine Serie von kleinen Dellen. Sie stören nicht die Funktion des Hobeleisens und sind bald herausgeschliffen.

Abb. 5 Das Hobeleisen mit der neuen planen Spiegelseite nachdem es getrieben und abgezogen wurde.

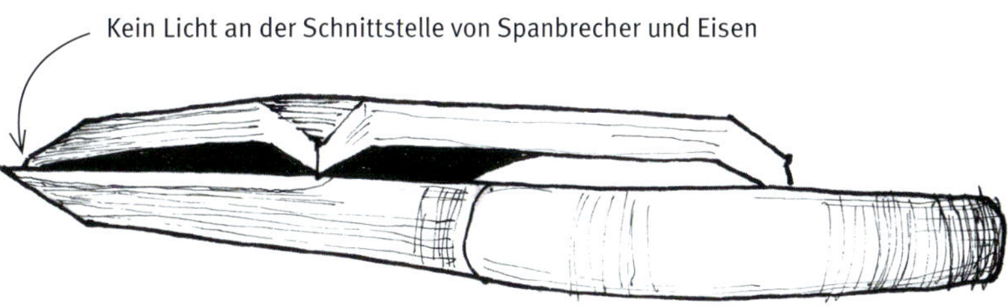

Abb. 10-40 Wo sich Spanbrecher und Hobeleisen treffen, darf kein Licht durchscheinen.

Gelegentlich habe ich an kleineren, billigeren und meist speziellen Hobeln auch schlecht geformte Spanbrecher gesehen, die aus weichem Stahl hergestellt zu sein schienen. Sie können sie zum Arbeiten bringen, aber sie lassen sich nicht stark beanspruchen. Die hochwertigeren und laminierten Spanbrecher werden Sie mit einem Schärfstein abrichten müssen, denn sie sind zu hart für eine Bearbeitung mit der Feile.

Gehen Sie sicher, dass Ihre Steine perfekt plan sind. Wenn Sie den Spanbrecher oft bearbeiten mussen, richten Sie die Spanbrecher gelegentlich ab oder verwenden einen Diamantstein, um sie zu begradigen. Die Fase wird wie an einem Hobeleisen mit dem Stein auf ein poliertes Finish bearbeitet. Seien Sie nicht übereifrig und vergrößern die Mikrofase an der Schneide des Spanbrechers; Sie wollen diese so schmal halten, wie sie im Originalzustand war. An einem Hobel mit einem Schnittwinkel von 40° hat die Mikrofase eine Neigung von etwa 60° (siehe „Spanbrecher" auf S. 50.

Sobald die Schneide des Spanbrechers angepasst ist, kann die Passung zum Hobeleisen abgeschlossen werden. Legen Sie das Hobeleisen auf die Bank mit dem Spanbrecher oben drauf in Position. Halten Sie den Spanbrecher nahe an seiner Schneide und tippen Sie abwechselnd die oberen beiden Ecken an (Abb. 10-41). Da werden keine Geräusche an den Ecken sein, wenn die Passung zum Hobeleisen gut ist.

Wenn eine Ecke höher liegt, wird sie ein metallisches Geräusch machen, wenn man sie antippt. Nehmen Sie diese Ecke zum Amboss, halten Sie den Spanbrecher an die Kante des Ambosses, mit der die Abkantung am Ohr fluchtet, und schlagen Sie mit einem kleinen Hammer auf das Ohr, um es weiter umzubiegen (Abb. 10-42). Wenn Sie es zu stark biegen, legen Sie den Spanbrecher so oben auf den Amboss, dass er an der Spitze des Ohres und an einem

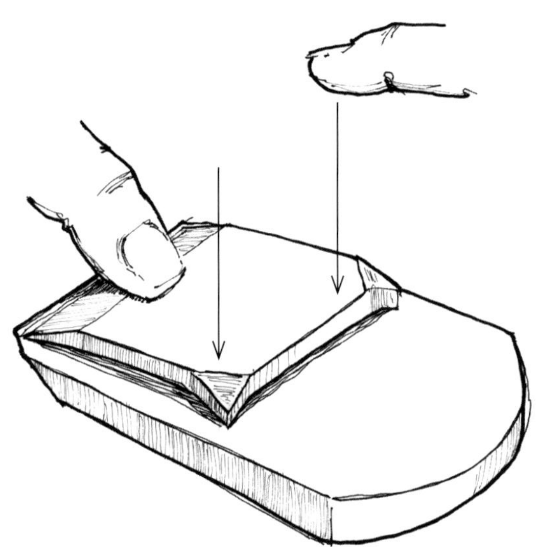

Abb. 10-41 Prüfen Sie die Passung des Spanbrechers zum Eisen, indem Sie den Spanbrecher mit einem Finger auf das Hobeleisen halten und dann die gegenüberliegenden Ecken antippen: da sollte kein Geräusch sein.

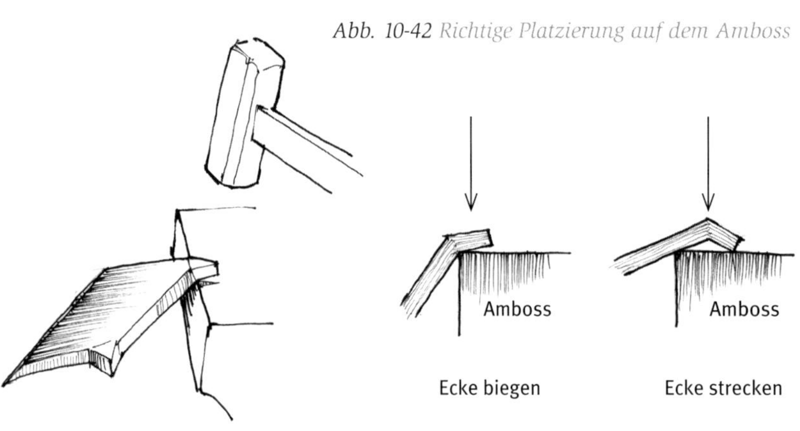

Abb. 10-42 Richtige Platzierung auf dem Amboss

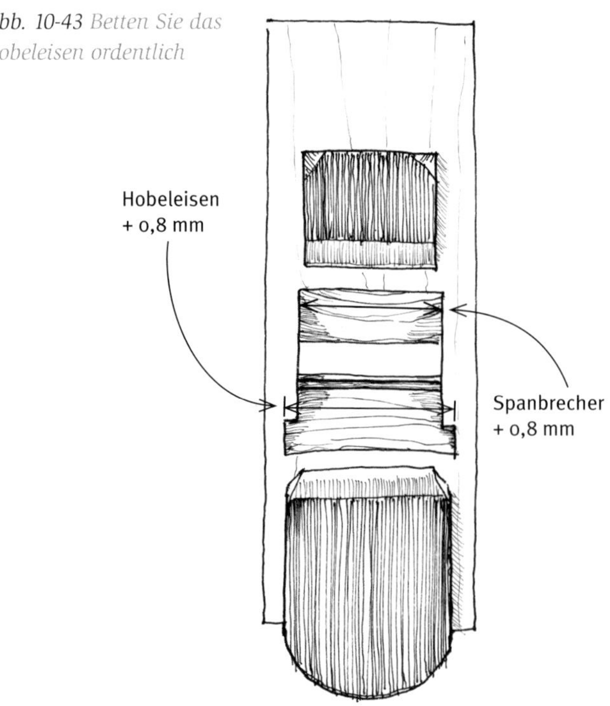

Abb. 10-43 Betten Sie das Hobeleisen ordentlich

von der Abkantung gleich weit entfernten Punkt am Spanbrecher aufliegt, und schlagen Sie auf die Biegung, um das Ohr wieder zu strecken.

Wiederholen Sie diesen Vorgang, bis Sie das Hobeleisen und den Spanbrecher an ihren Schneiden dicht zusammenhalten und die beiden oberen Ecken antippen können, ohne dass sie ein Geräusch machen. Später, nachdem Sie das Eisen in den Hobelkörper eingepasst haben, müssen Sie das unter Umständen noch einmal machen, wenn der Widerlagerstift schief liegt oder wenn Sie mehr oder weniger Raum unter ihm brauchen, damit der Spanbrecher seine Einstellung hält.

Ich musste dies an Hobeln machen, bei denen ich den Widerlagerstift vorgebohrt und eingesetzt hatte, aber ich kann mich nicht entsinnen, dass ich das jemals an einem gekauften Hobel gemacht habe, außer vielleicht an einem der billigeren Spezialhobel mit ihren Spanbrechern aus relativ weichem Stahl.

Schritt 4: Betten Sie das Eisen ordentlich

Bevor Sie anfangen, das Hobeleisen in den Körper einzupassen, prüfen Sie noch einmal die Tiefe der Wangennuten (Abb. 10-43). Die Öffnung in dem Hobelkörper sollte an beiden Seiten des Hobeleisens etwa 0,8 mm breiter sein, breit genug, damit das Hobeleisen ungehindert von den Seiten hineinrutschen kann.

Sobald das Hobeleisen eingepasst ist, muss es genug Platz haben, dass man es nach links oder rechts schlagen kann, um es parallel zur Sohle einzustellen. Nehmen Sie ein schmales Stemmeisen und stechen Sie von beiden Seiten ein wenig nach, bis die Öffnung breit genug ist.

Prüfen Sie auch, ob die Öffnung weit genug für den Spanbrecher ist. Wenn sie es nicht ist, muss der Widerlagerstift zurückgeschlagen und der Spankasten ein bisschen weiter gestochen werden.

Sobald die Breite der Öffnung für das Hobeleisen geprüft wurde und Hobeleisen sowie Spanbrecher vorbereitet wurden, beginnen Sie mit dem endgültigen Einpassen des Eisens. Das Hobeleisen ist unabhängig vom Spanbrecher eingepasst und benötigt keine Keilwirkung von ihm. Der Spanbrecher sollte eine sanfte Passung haben, nicht strammer als erforderlich, um seine Einstellung zu halten. Legen Sie den

Spanbrecher zur Seite und setzen Sie das Hobeleisen ein, drücken Sie es von Hand so weit Sie können (Abb. 10-44).

Wenn das Hobeleisen fertig eingelassen ist, sollten Sie es bis auf 3 mm an seine endgültige Position drücken können. (Das hängt auch von dem Holzstück ab, aus dem der Hobelkörper hergestellt wurde: Sie sollten in der Lage sein, es etwas weiter von Hand hineindrücken zu können, wenn der Holzblock etwas nachgibt, und etwas weniger, wenn er resistenter ist. Es ist gut möglich, dass das Hobeleisen bei Weitem nicht die endgültige Position erreicht.

Die Unterseite des Hobeleisens ist in Querrichtung konkav ausgearbeitet (Abb. 10-45). Das bedeutet, das Eisenbett ist konvex, und ein kurzer Blick auf diesen Bereich wird es bestätigen (Abb. 10-46).

Oft ist das Bett ein bisschen zu stark gewölbt. Sie sollten dafür sorgen, dass diese Wölbung der Krümmung am Hobeleisen entspricht und zwar über dessen gesamte Länge, damit das Hobeleisen an allen Punkten eine feste Auflage auf dem Bett hat, und ganz besonders an den Außenkanten bei den seitlichen Nuten. Die oberen Kanten dieser seitlichen Nuten werden nicht bearbeitet, denn sie sind Referenzflächen, die das Eisen positionieren.

Entnehmen Sie das Eisen, indem Sie mit einem kleinen Hammer oder Klüpfel hinten auf die Oberkante des Hobelkörpers schlagen, während Sie das Eisen mit zwei Fingern und den Hobelkörper mit dem Rest der Hand halten.

Streichen Sie die Rückseite des Hobeleisens mit Graphit (reiben Sie es mit einem Bleistift), Tusche oder (merkwürdigerweise) mit Vaseline ein, wie man es mir zeigte. Drücken Sie das Eisen ein und schlagen es mit drei oder vier Hammerschlägen etwas tiefer. Dann schlagen Sie wieder hinten auf den Hobelkörper und entfernen das Hobeleisen.

Das Graphit (Tusche, Vaseline) wird die hohen Stellen auf dem Bett des Hobelkörpers markiert haben. Mit einem frisch geschärften Stecheisen tragen Sie vorsichtig die Stellen ab, die markiert wurden (Abb. 10-47), gerade genug, um die Spuren zu entfernen. Setzen Sie das Eisen wieder ein und entnehmen es. Stechen Sie erneut nach.

Fahren Sie fort, bis das Hobeleisen in Reichweite seiner Arbeitsposition kommt. Sie werden die Rückseite des Hobeleisens wiederholt ein-

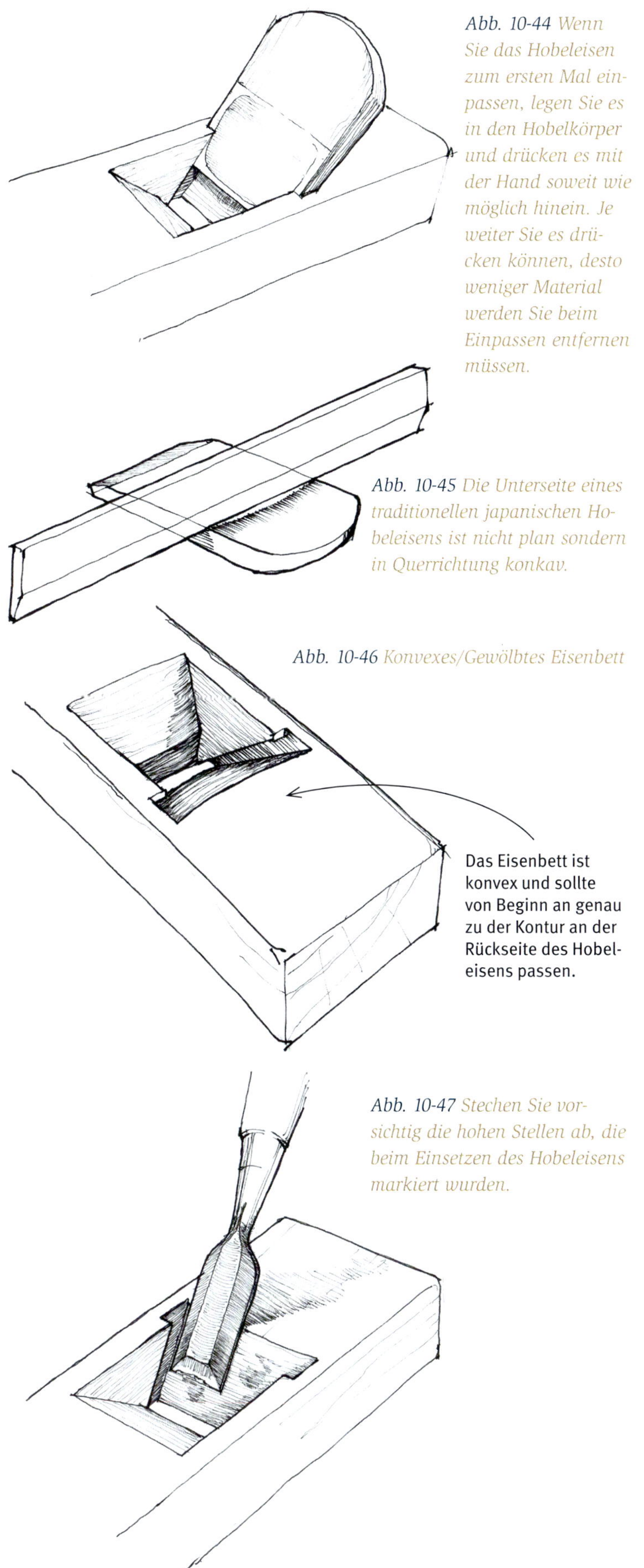

Abb. 10-44 *Wenn Sie das Hobeleisen zum ersten Mal einpassen, legen Sie es in den Hobelkörper und drücken es mit der Hand soweit wie möglich hinein. Je weiter Sie es drücken können, desto weniger Material werden Sie beim Einpassen entfernen müssen.*

Abb. 10-45 *Die Unterseite eines traditionellen japanischen Hobeleisens ist nicht plan sondern in Querrichtung konkav.*

Abb. 10-46 *Konvexes/Gewölbtes Eisenbett*

Abb. 10-47 *Stechen Sie vorsichtig die hohen Stellen ab, die beim Einsetzen des Hobeleisens markiert wurden.*

Abb. 10-48 Nach einigen Jahren kann das selbst verkeilende Eisen eines japanischen Hobels zu locker werden, um seine Einstellung zu halten. Beheben Sie dieses Problem, indem Sie ein Stück Papier auf das Bett kleben. In diesem Fall war ein Stück dünnes Pergamentpapier ausreichend, um die Passung zu korrigieren.

Abb. 10-49 Wenn Sie die seitliche Nut für das Hobeleisen mit einem Stecheisen nachpassen, stechen Sie auch durch das Maul.

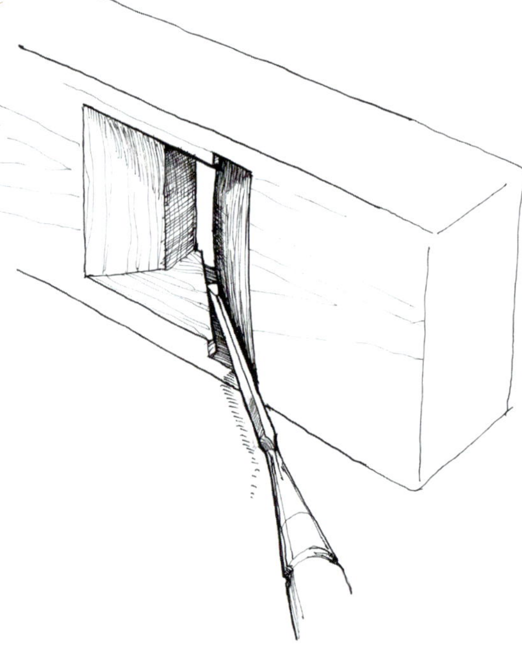

streichen müssen. Werden Sie nicht ungeduldig und entfernen mehr als einen ganz feinen Span, nur etwas mehr als Staub. Diese ganze Prozedur erfordert mindestens fünf Gänge – vielleicht auch 30 – doch meistens nicht so viele.

Das Hobeleisen sollte stra mm sitzen, besonders an seinen Seiten, wo es in der Nut gefangen ist. Versäumen Sie nicht, die Rückseite des Hobeleisens vollständig bis an seine Außenkanten einzustreichen und die korrespondierenden Stellen am Hobelkörper zu prüfen, wenn Sie das Eisen einpassen. Es ist nämlich schwierig, in die Nuten zu schauen und daher leicht, sie zu vernachlässigen.

Wenn Sie zu viel Material abarbeiten und das Hobeleisen zu weit hineinrutscht, schließen Sie zunächst das Einpassen ab und stellen sicher, dass das Eisen gut aufliegt, selbst wenn es zu weit vorsteht. Dann können Sie ein Stück Papier auf das Eisenbett kleben und damit das Eisen für eine stramme Passung unterfüttern. Probieren Sie es zuerst mit einem Stück Luftpostpapier, denn man braucht nicht viel, um die Passung des Eisens anzuziehen. Oft wird ein Stück 80 g Schreibmaschinenpapier zu viel sein (Abb. 10-48). Wenn das Eisen sehr lose ist, kann ein Stück braunes Packpapier (wie von einer Papiertüte) verwendet werden. Gelegentlich werden Sie die Eisen wahrscheinlich wieder unterfüttern müssen, denn es wird sich mit der Zeit und Gebrauch lockern.

Sobald das Hobeleisen eingepasst ist, schlagen Sie es in Arbeitsposition und prüfen erneut, ob es an beiden Seiten genügend Spiel für die laterale Einstellung hat. Wenn nicht, entnehmen Sie das Eisen und stechen in den seitlichen Nuten etwas nach (Abb. 10-49).

Schritt 5: Konfigurieren Sie die Sohle

Installieren Sie das Hobeleisen und den Spanbrecher und schlagen sie bis auf 2 mm an die Sohle, vielleicht auch ein bisschen näher, aber stellen Sie sicher, dass die Schneide an der Sohle zurückspringt (Sie werden Material an der Sohle abtragen, also seien Sie aufmerksam) und dass der Spanbrecher im Arbeitsabstand zur der Schneide des Hobeleisens steht. Jetzt kann die Sohle des Hobels vorbereitet werden.

Bevor Sie mit dem Konditionieren der Sohle beginnen, können Sie an beiden Seiten der Sohle eine leichte Fase mit wenigen° Neigung hobeln, die gerade bis an das Hobelmaul reicht. Ich fase diese Kante übrigens bis zur Schneide (Abb. 10-50). Nicht jeder japanische Handwerker würde dies billigen. Es verringert die Sohlenfläche, die in der Breite des Hobeleisens konditioniert werden muss. Dies ist weniger eine Maßnahme, um Arbeit zu sparen, als eine, die hilft, spätere Problempunkte auszuschließen.

Oft berührt die Hobelsohle das Werkstück in einem Bereich, der außerhalb der Bahn des

Hobeleisens liegt. Manche dieser Bereiche übersieht man leicht, wenn man die Sohle auf Planheit prüft, besonders an beiden Seiten des Hobeleisens. Sie hindern den Hobel dann am Schnitt, da sie höher liegen und das Werkstück berühren oder sie hinterlassen eine unschöne polierte Stelle, wodurch die Textur der fertigen Oberfläche uneinheitlich wird.

Bei einem Hobel, der zum präzisen Abrichten und Fügen verwendet wird, wollen Sie vielleicht keine ganz so breite Fase haben, denn Sie möchten so viel Referenzfläche wie möglich, die Kontakt zum Werkstück hat, um eine möglichst plane Fläche zu bekommen.

Wählen Sie die Konfiguration der Sohle je nach Hobeltyp oder der angestrebten Verwendung aus: grober Abtrag, abrichten oder putzen oder Variationen hiervon (Abb. 10-51). Stellen Sie ein Haarlineal auf die Sohle und prüfen Sie in Längsrichtung auf Kontaktpunkte und zwar sowohl an beiden Seiten wie auch in der Mitte. Kontrollieren Sie auch in Querrichtung und untersuchen Sie mit Hilfe von Richtscheiten, dass alle Kontaktstreifen zueinander parallel liegen.

Kontrollieren Sie zudem in diagonaler Richtung (Abb. 10-52). Falls die Sohle gar nicht plan ist, müssen Sie vielleicht einen anderen Hobel benutzen, der fein eingestellt ist und von dem Sie wissen, dass er präzise arbeitet, um damit die Sohle vorläufig abzurichten. (Ich musste noch nie eine Abrichte benutzen, um die Sohle zu bearbeiten.) Ein Schabhobel mit einer länglichen Sohle und einer geraden Klinge (nicht das Modell Nr. 80 von Stanley) kann verwendet werden.

Grundsätzlich ist ein Japanischer Schabhobel*, der hierfür gedacht ist, das Werkzeug der Wahl bei der Bearbeitung der Hobelsohle. Es gibt sie in unterschiedlichen Größen für unterschiedlich große Hobel und Handwerker werden sich für bestimmte Aufgaben auch unterschiedliche Größen selber bauen, wobei sie oft ein loses Hobeleisen verwenden, das ihnen gerade zur Verfügung steht.

Abb. 10-50

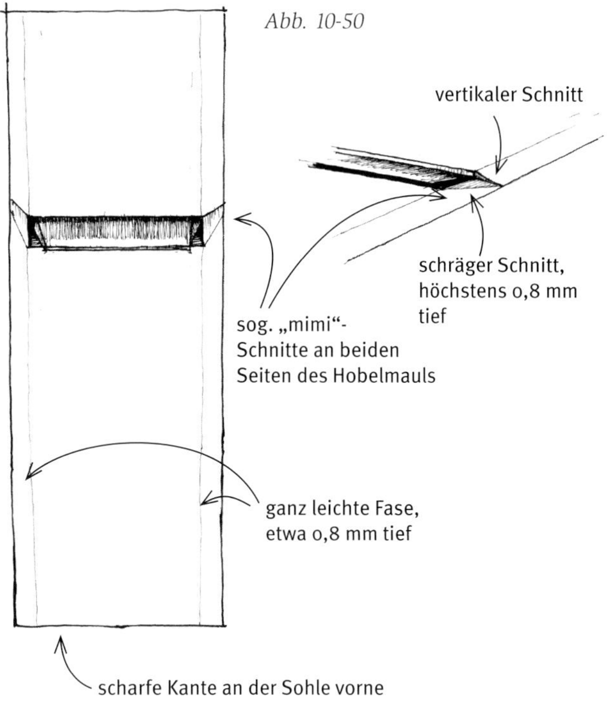

Abb. 10-51 Schematische Darstellung der Kontaktflächen an der Sohle japanischer Hobel

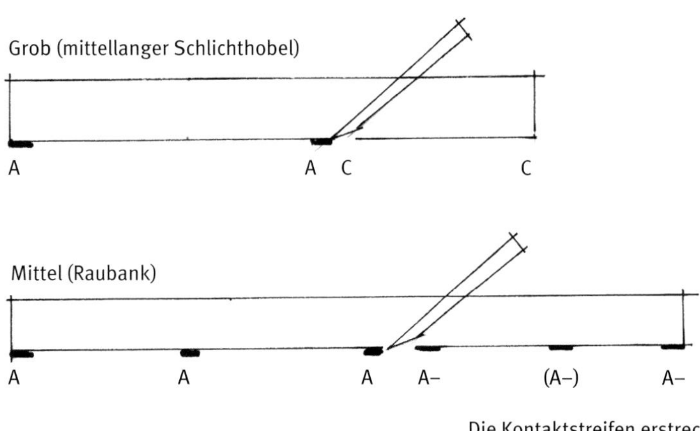

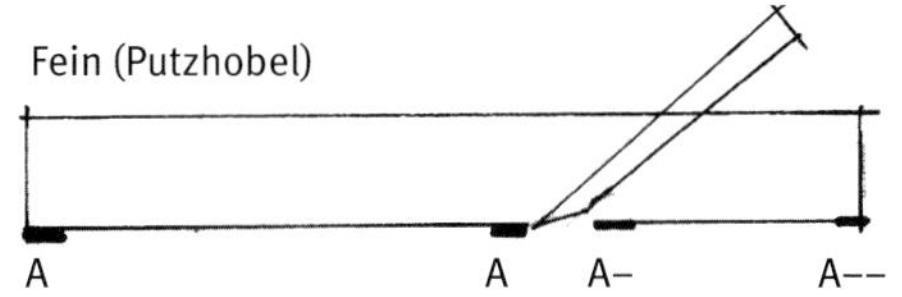

Die Kontaktstreifen erstrecken sich über die gesamte Breite des Hobels, sind parallel und fluchten miteinander, außer wo sie etwas vertieft wurden, wie in der Zeichnung angedeutet. Die Abschnitte zwischen den Kontaktstreifen sind nur um wenige Hundertstel Millimeter zurückgesetzt. A bis C weniger als 0,4 mm; A bis A-: ein oder zwei Striche mit einer Ziehklinge; A bis A––: zwei bis vier Striche

*Hier wurde statt „Schaber“ oder „Ziehklinge“ bewusst der Begriff „Schabhobel“ verwendet, denn dieses japanische Werkzeug hat ein dickes Hobeleisen und ist in einen Hobelkörper eingebaut

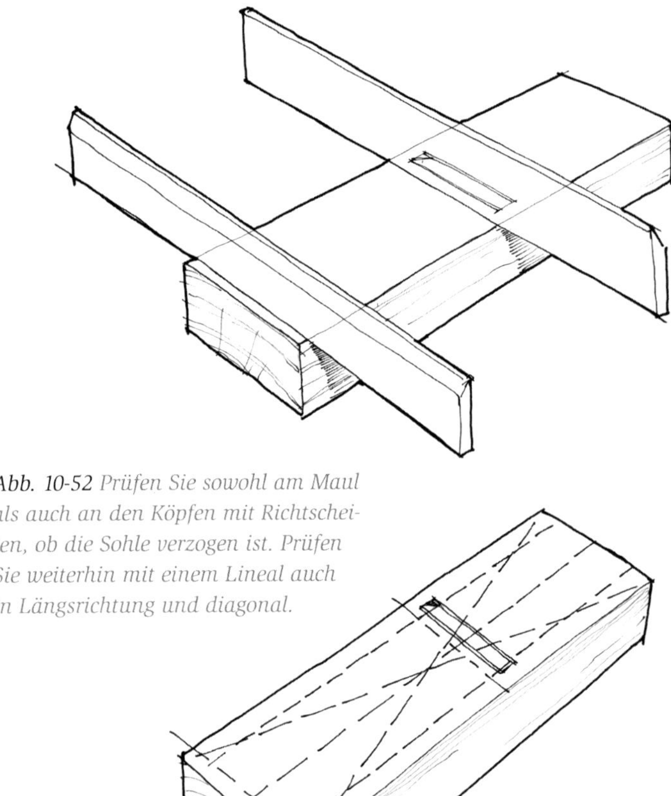

Abb. 10-52 Prüfen Sie sowohl am Maul als auch an den Köpfen mit Richtscheiten, ob die Sohle verzogen ist. Prüfen Sie weiterhin mit einem Lineal auch in Längsrichtung und diagonal.

Einmal abgesehen von den breitesten Varianten, die für allgemeines Abrichten gedacht sind, werden die japanischen Schabhobel verwendet, um spezielle hohe Stellen anzugehen, indem zunächst die Bereiche zwischen den Kontaktstreifen abgearbeitet werden und dann die Kontaktstreifen in eine Ebene gebracht werden, wie es die jeweilige Konfiguration der Sohle verlangt.

Der japanische Schabhobel wird meist quer zur Faser geführt; manchmal ein bisschen diagonal, um die Dinge bei Bedarf etwas abzurichten. Ich finde, die Oberfläche kann ein bisschen rau sein, da er quer zur Faser schabt. Manchmal bearbeite ich daher Bereiche, die meiner Ansicht nach noch etwas Aufmerksamkeit erfordern, abschließend mit einer Ziehklinge, nachdem die Geometrie der Sohle hergestellt ist.

An jedem Tag, an dem Sie Ihre Hobel einsetzen, sollten Sie vor der Arbeit die Konfiguration der Sohle prüfen und bei Bedarf nachpassen, so wie man sich vor dem Sport etwas aufwärmt. Das gilt besonders für Putzhobel, die einen sehr feinen Schnitt haben. Wenn Sie ihnen nicht den Service geben sollten, den Sie erwarten, dann müssen Sie die Hobel vielleicht auch während des Arbeitstages kontrollieren und tunen.

Wenn sich der Hobel einmal akklimatisiert hat und wenn es in Ihrer Werkstatt keine starken Veränderungen bei Temperatur und Luftfeuchtigkeit gibt, dann werden Ihre Hobel recht stabil sein. Abgesehen vielleicht von feinsten Spanabnahmen beim Putzen wird der Hobel nicht so viel Pflege erfordern. Vergessen Sie nicht, am Ende jedes Tages und wenn Sie die Hobel nicht nutzen, das Hobeleisen zu lösen, gerade soweit, dass es nicht herausfällt, wenn Sie den Hobel wieder in die Hand nehmen.

Schritt 6: Passen Sie das Maul an

Bei einem neuen Hobel setze ich meist kein kuchi-ire genanntes Plättchen (Spund) am Maul ein (siehe S. 48), sondern verlasse mich stattdessen auf die Qualität des Hobeleisens und die Wirkung des Spanbrechers. Ich finde, die Maulöffnung bei neuen Hobeln ist meist präzise gearbeitet.

Was nun gebrauchte Hobel anbelangt, so erreichen uns leider nicht viele in einem gebrauchsfähigen Zustand. Ich habe viele gesehen, die fast völlig abgenutzt waren, mit ebenfalls abgenutztem Plättchen, die vor langer Zeit eingesetzt wurden, und mit Körpern, die durch Abrieb bis auf ein Drittel ihrer ursprünglichen Stärke geschrumpft waren und mit Eisen, an denen nur noch 6 mm oder weniger Schneidenstahl erhalten war. Leider können solche Hobel nicht wieder fit gemacht werden, doch sie sehen so als, als hätten sie ihren alten Meistern einen guten Dienst geleistet.

Schritt 7: Kümmern Sie sich um die Details von Körper und Sohle

Jetzt können Sie die Bearbeitung des Hobelkörpers abschließen. Es ist gute Gewohnheit sicherzustellen, dass die Seiten des Hobelkörpers im rechten Winkel zur Sohle stehen. Es ist sogar zwingend, wenn der Hobel auf der Seite geführt

Einstellung eines japanischen Hobels

Setzen Sie das Eisen zuerst in den Hobelkörper, drücken es an und schlagen ein paar Mal, bis es gut sitzt und setzen Sie dann den Spanbrecher. Schlagen Sie den Spanbrecher vorsichtig runter, um eine gute Passung zu erreichen, aber seien Sie vorsichtig, damit Sie ihn nicht weiter treiben als die Schneide des Hobeleisens. Greifen Sie den Hobel mit der Hand, die keinen Hammer hält. Halten Sie Ihren Zeige- oder Mittelfinger auf dem Hobeleisen/Spanbrecher, um sie am Herausfallen zu hindern und wenden den Hobel. Peilen Sie die Sohle hinunter, während für bessere Stabilität Ihr Ellbogen fest an Ihrer Seite liegt und schlagen Sie das Eisen so weit, dass Sie es gerade hervorstehen sehen (Abb. 1).

Wenden Sie den Hobel wieder, peilen Sie von oben und stellen den Spanbrecher ein, bis er in der Nähe der Schneide liegt (aber noch nicht in seiner endgültigen Position). Wenden Sie den Hobel wieder, peilen Sie über die Sohle und stellen das Eisen in seine endgültige Position. Stellen Sie das Hobeleisen auch lateral ein, indem Sie eine Seite des Eisens anschlagen oder die andere.

Wenden Sie den Hobel wieder und schlagen Sie den Spanbrecher in seine endgültige Position. Stellen Sie ihn parallel zur Schneide ein, indem Sie ihn an der einen oder anderen Ecke schlagen. Außer Schlägen auf die Flanke des Hobeleisens für die Quereinstellung kann man diese Feineinstellung auch vornehmen, indem man (nicht auf die Seiten, sondern) oben am Eisen auf eine Ecke oder die andere schlägt. In ähnlicher Weise können Sie auch die hinteren Ecken des Hobelkörpers an einer Seite oder der anderen anschlagen, um das Hobeleisen vorsichtig zurückzutreiben.

Für eine Entnahme des Hobeleisens können Sie ihn wenden, damit Ihnen die Schwerkraft hilft – doch das ist nicht nötig, und ich mache es oft, ohne ihn umzudrehen. Während Sie einen oder zwei Finger einer Hand (wahrscheinlich der linken) auf dem Eisen/Spanbrecher halten, schlagen Sie mit einem Hammer oder Klüpfel hinten auf die obere Kante des Hobelkörpers, bis sich das Eisen löst.

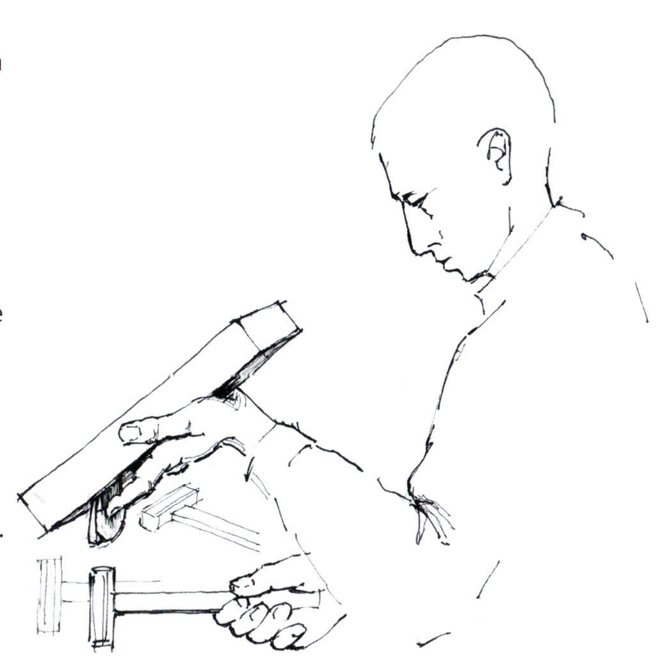

Abb. 1 Für eine bessere Körperkontrolle drücken Sie den Arm, der den Hammer führt, am Ellenbogen an Ihre Seite und halten einen Finger auf das Hobeleisen und den Spanbrecher, um so ein unbeabsichtigtes Herausfallen zu verhindern. Schlagen Sie das Hobeleisen, um es tiefer einzustellen, auf den Hobelkörper hinter dem Eisen, um einen feineren Schnitt zu erhalten und auf die Seiten des Hobeleisens, um die Schneide parallel zur Sohle einzustellen.

wird, um Bretter zu fügen. Wenn Sie noch nicht die leichten Fasen an den Längskanten der Sohle angebracht haben, als Sie diese konfigurierten, wie in diesem Abschnitt beschrieben, dann können Sie es jetzt machen, wenn Sie wollen.

Neben der Fase sollten Sie auch zwei Entlastungsschnitte setzen (sog. mimi – Abb. 10-50) und zwar einen auf jeder Seite des Eisens, damit Späne, die gerne an den Außenecken der Schneide hängenbleiben, wo der Hobelkörper das Hobeleisen verkeilt, entkommen können und um die Einstellung der Hobelsohle zu erleichtern. Die Vorderkante der Sohle bleibt scharf. Dadurch wird vermieden, dass verstreute Späne unter den Hobel rutschen und ihn hochrutschen lassen.

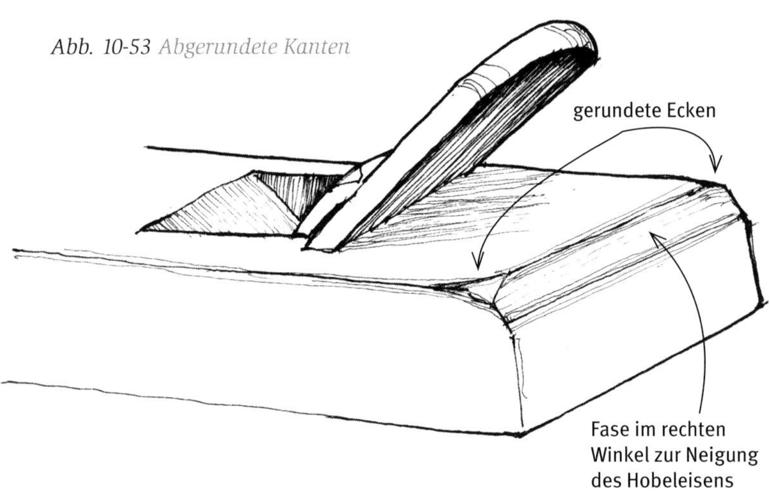

Abb. 10-53 Abgerundete Kanten

Schritt 8: Kümmern Sie sich um Griffigkeit und Finish

Grundsätzlich gilt, dass Außenkanten leicht gebrochen werden, um handfreundlich zu sein. Die obere Kante hinter dem Hobeleisen sowie die beiden Ecken dieser Kante werden jedoch stärker gerundet, um Schäden durch die Einstellung mit dem Hammer zu verringern (Abb. 10-53).

Zum Abschluss kann der Hobelkörper mit Kamelienöl eingelassen werden. Die wenigen Male, bei denen ich das gemacht habe, bin ich mir nicht sicher, ob ich mit den Ergebnissen glücklich war. Eine ausführliche Beschreibung des Prozesses findet man unter „Einen Hobel im japanischen Stil bauen“ auf Seite 270.

Schlagen Sie das Hobeleisen und den Spanbrecher runter in Arbeitsstellung, sodass er einen leichten Schnitt macht, und nehmen Sie einen Probespan ab. Da Sie wissen, dass das Eisen scharf ist, wird die Sohle nicht plan sein falls er nicht greift. Stellen Sie das Eisen gerade soweit zurück, um die Sohle freizustellen und prüfen Sie auf Planheit. Es kommt leicht vor, dass man die Planheit falsch abliest oder einen Bereich vergisst. Justieren Sie also die Sohle und versuchen wieder einen Schnitt. Der° der Planheit wird festlegen, wie fein Ihr Schnitt sein kann. Setzen Sie diesen Prozess fort, bis der Hobel den Schnitt macht, den Sie wollen.

Simshobel einrichten

Bei der Vorbereitung eines Simshobels werden die gleichen Schritte in der gleichen Reihenfolge angewandt wie bei Bankhobeln. Prüfen Sie also für Ihren speziellen Hobel die Schritte in dem entsprechenden Abschnitt dieses Kapitels. Einige Dinge werden jedoch etwas anders gemacht, wie im Folgenden beschrieben wird.

Schritt 1: Untersuchen Sie den Hobel

Große Partien eines Simshobelkörpers sind oft weggeschnitten worden, um einen besseren Spanaustritt zu ermöglichen und das Eisen seine Arbeit machen zu lassen. Suchen Sie nach Rissen an allen geschwächten Teilen des Hobels, besonders wenn dort Druck wirksam wird (etwa von der Klappe oder einem Keil). Risse an einem Metallhobel werden diesen unbrauchbar machen; viele Risse in einem Holzhobel können jedoch repariert werden, wenn sie nicht zu tief sind (Abb. 10-54).

Hölzerne Simshobel leiden oft unter demselben Übel wie Bankhobel mit einem Hobeleisen, das durch Schwinden des Hobelkörpers fest eingeklemmt ist. Sobald das Eisen jedoch entfernt ist, kann der Raum für das Hobeleisen geweitet werden. Bei einem Simshobel aus Metall prüfen Sie, ob die Sohle und die beiden Flanken zueinander im rechten Winkel stehen. Verweigern Sie jeden Simshobel aus Metall, der nicht rechtwinklig ist.

Das wichtigste, das man über einen Simshobel wissen muss, ist, dass das Hobeleisen an der Arbeitsseite etwa 0,4 mm oder ein bisschen weniger vorspringen muss. Dies scheint dem Gefühl zu widersprechen, aber wenn das Eisen nicht leicht vorspringt, wird der Hobel sich beim Arbeiten zusehends vom Riss entfernen, was dann dazu führt, dass die Falzwange nicht im rechten Winkel ist und dass der Falz grundsätzlich schmäler wird. Prüfen Sie also beim Kauf, ob das Eisen ein bisschen breiter als der Hobelkörper ist. (Diese Prüfung ist bei einem einseitigen Simshobel nicht erforderlich.)

Wenn aus irgendeinem Grund das Eisen an beiden Seiten stärker als 0,4 mm vorspringt (unwahrscheinlich bei einem Metallhobel, doch ein alter Holzhobel kann mindestens so stark ge-

Abb. 10-54 Reparatur eines Risses: Zuerst wird der Riss in der Sohle hinter dem Hobeleisen gesäubert, indem man hier mit einem dünnen Sägeblatt einschneidet (links). Der konische Holzstreifen wird eingeleimt (oben). Beachten Sie, wie der Voreigentümer den Spanaustritt mit einem Hohleisen geöffnet hat. Sie können nun die Sohle bearbeiten.

schwunden oder abgenutzt sein), kann das Hobeleisen vorsichtig schmäler geschliffen werden. Wenn das Eisen an einem Hobel mit Metallkörper zu schmal ist, werden Sie ein neues Eisen oder einen neuen Hobel besorgen müssen.

Während das Hobeleisen manchmal auf die Arbeitsseite geschoben werden kann, um auch mit einem zu schmalen Eisen arbeiten zu können, so gibt es doch keinen Grund, sich bei einem neuen Hobel damit rumzuschlagen. Wenn das Hobeleisen nicht auf eine Seite verschoben werden kann, ist eine Schrägstellung des Eisens keine befriedigende Lösung. Sowohl das Hobeleisen als auch der Hobelkörper sind rechtwinklig bearbeitet, eine Schrägstellung des Hobeleisens führt dazu, dass die Schneide nicht länger parallel zur Sohle liegt. Bei einem Holzhobel kann der Körper hinuntergehobelt werden, um den erforderlichen Überstand zu erreichen.

Schritt 2: Bereiten Sie das Hobeleisen vor

Nachdem Sie Ihren Hobel untersucht und geprüft haben, ob Sie die richtige Eisenbreite haben, beginnen Sie die Vorbereitung mit dem Schärfen des Eisens. Wie unter dem Stichwort „Vorbereitung des Hobeleisens“ beschrieben,

Japanischer Simshobel mit schräg gestelltem Eisen

Die Vorbereitung eines japanischen Simshobels mit schräg gestelltem Eisen erfordert einige weitere Schritte. Bereiten Sie zuerst das Hobeleisen und den Spanbrecher vor und setzen das Eisen in sein Bett. Prüfen Sie, ob der Schlitz für das Hobeleisen eine ausreichende Querverstellung des Eisens zulässt, damit die Schneide parallel zur Sohle eingestellt und an der Seite auch etwa 0,4 mm vorspringen kann. Wenn nicht, dann stecken Sie die Seiten des Schlitzes vorsichtig mit einem schmalen Stecheisen nach, um eine bessere Verstellbarkeit in Querrichtung zu erreichen.

Alle Simshobel haben ein inhärentes Problem mit dem Spanaustritt, und dieser Hobel hier ist da keine Ausnahme. Seine Probleme mit dem Spanaustritt passieren direkt an der Spitze des Hobeleisens. Mit einer kleinen Rundfeile bearbeiten Sie den Spanaustritt an der Flanke des Hobels über diesem Punkt – nur ein bisschen. Sie wollen den Hobel nicht schwächen. Gehen Sie in kleinen Schritten vor, wechseln Sie zwischen Probestrichen und einer Nachbereitung des Austrittes, bis der Hobel nicht länger verstopft.

Sehr oft hat der Hobel eine Messingplatte, welche die Länge der Sohle und die Breite des Schnittes hat. Diese kann mit den gleichen Methoden konfiguriert werden, wie sie bei Metallhobeln angewandt werden: mit Feilen und Schabern für vorläufiges Abrichten, gefolgt von Schleifpapier für ein besseres Finish. Wie bei allen Hobeln, denken Sie daran, das Hobeleisen und den Spanbrecher fest einzusetzen (aber am Hobelmaul leicht zurückspringend), wenn Sie die Sohle konfigurieren.

richten Sie zunächst die Spiegelseite ab (Abb. 10-55). Die Fase muss dann ganz gerade geschärft werden, ohne Krümmung, und sie muss im rechten Winkel zur Längsachse des Eisens verlaufen, um sie innerhalb des Spiels am Hobel (meist nicht sehr viel) parallel zur Sohle einstellen zu können. Bei einem Simshobel, dessen Eisen schräg gesetzt ist, müssen Sie den richtigen Winkel herstellen (oder beibehalten), um die gleiche parallele Relation zur Sohle zu erzielen. Sie werden nicht in der Lage sein, es mit einem Winkel zu prüfen. Wenn Sie den korrekten Winkel verloren haben, müssen sie das Eisen unter Umständen mehrmals ein- und wieder ausbauen, bis es passt.

Schritt 3: Bereiten Sie den Spanbrecher vor und bauen ihn ein

Wenn es einen Spanbrecher gibt, dann ist sein Einbau ziemlich ähnlich wie bei einem Bankhobel. Sie können bei den allgemeinen Methoden unter dem Stichwort „Bereiten Sie den Spanbrecher vor und setzen ihn ein" nachsehen und auch bei den Abschnitten zu Ihrem speziellen Bautyp (Abb. 10-56).

Abb. 10-55

Restaurierung eines japanischen Simshobels: Hobeleisen und Spanbrecher vorher (Abb. 10-55) und nachher (Abb. 10-56). Als ich den Hobel bekam, waren beide fast zusammengerostet und saßen ganz fest im Körper. Eisen und Spanbrecher hatten aber keine tiefen Roststellen und ließen sich schön säubern.

Abb. 10-56

Schritt 4: Betten Sie das Eisen ordentlich

Prüfen Sie das Bett des Hobeleisens auf Fehler. Ich empfehle Ihnen dringend, packen Sie diesen Bereich an einem Metallhobel nicht an, denn er ist schwer zugänglich und man kann ihn leicht vermurksen. Wenn Sie einen Fehler finden, geben Sie den Hobel zurück und besorgen sich einen anderen. Das Bett bei einem Holzhobel wird so vorbereitet, wie es für die einzelnen Bauarten in dem Absatz über die Vorbereitung beschrieben wurde.

Schritt 5: Konfigurieren Sie die Sohle

Ich versuche aus zwei Gründen normalerweise nicht, die Sohle eines Simshobels aus Metall zu konditionieren. Zuerst einmal muss die Sohle hier nicht so plan sein wie an einem feinen Putzhobel, denn dieser Hobel ist eher zum Formen von Holz als zum Glätten. Zum zweiten verliert man leicht den rechten Winkel zwischen den Flanken und der Sohle, wenn man eine von beiden abrichten will. Wenn die Flanken nicht im rechten Winkel zur Sohle stehen, sollten Sie den Hobel zurückgeben.

Beim Ausrichten und rechtwinkligen Bearbeiten eines hölzernen Simshobels habe ich weniger Hemmungen, denn Holz lässt sich viel leichter bearbeiten und das auch korrekt, und es wird diese Bearbeitung auch nur gelegentlich brauchen. Neben dem Abrichten der Sohle sollten Sie sicherstellen, dass beide Flanken gerade sind (sie sind im Bereich des Hobeleisens gerne nach außen gedrückt) und auch im rechten Winkel zur Sohle stehen (Abb. 10-57).

Vergessen Sie beim Abrichten der Sohle nicht, das Hobeleisen unter vollem Arbeitsdruck so einzusetzen, dass die Schneide etwa 2 mm an der Sohle zurückspringt. An den traditionellen Simshobeln, die an beiden Flanken geöffnet sind, wird das Hobeleisen nur von dem Holz unmittelbar hinter ihm unterstützt. Es drückt die Sohle hinter dem Hobeleisen hinunter und zwar stärker, als bei vielen anderen Hobeln.

Nachdem die Sohle mit einer Raubank abgerichtet wurde, entferne ich mit einer Ziehklinge noch etwas Material an dem Bereich hinter dem Hobeleisen (etwa 0,25 mm), um diese Verformung zu kompensieren. Wenn die Sohle plan gehobelt ist, können Sie das Eisen Ihrer Raubank am Maul des Simshobels ansetzen und noch ein oder zwei leichte Striche an dem hinteren Bereich abnehmen, um ihn zu vertiefen.

Manchmal sind traditionelle Simshobel stark verzogen, die Flächen vor und hinter dem Eisen liegen dann gar nicht in einer Ebene. Wenn Sie das mit einem Hobel richten wollen, entfernen Sie unter Umständen zu viel Holz. Sie können sich damit helfen, dass Sie an der Sohle ein Stück abschneiden und dann ein durchgehendes Holzstück aufleimen. Nachdem der Leim abgebunden hat, können das Eisenbett und das Maul wieder geschnitten werden. Das gibt die Möglichkeit, eine engere Maulöffnung zu schneiden.

Schritt 6: Maul einstellen

An einem Simshobel aus Metall mit fest stehendem Maul müssen Sie mit dem zurecht kommen, was Sie haben. Die Korrektur eines schlecht geformten oder missbrauchten Mauls wird unproduktiv sein und eine Verengung unpraktisch. Bei einem Hobel mit verstellbarem Maul können Sie das Maul natürlich enger einstellen. Stellen Sie sicher, dass die Teile bei der Verstellung miteinander fluchten (doch es wird schwierig zu korrigieren sein, wenn sie nicht richtig gefräst wurden).

Einen hölzernen Simshobel ohne verstellbares Maul können Sie so reparieren, wie es oben für einen verzogenen Hobelkörper beschrieben wurde, oder Sie können damit leben. Falls Sie einen Hobel bevorzugen, der einen feineren Schnitt macht, dann werden Sie einen hochwertigeren Hobel nehmen mit engerem Maul, einem verstellbaren Maul, einem Spanbrecher oder zwei dieser drei Merkmale.

Schritt 7: Kümmern Sie sich um die Details von Körper und Sohle

Simshobel neigen sehr dazu, zu verstopfen (solche in der Bauart von Bank- und Blockhobeln haben dieses Problem zum Glück nicht).

Die Lösung ist ganz einfach, drücken Sie immer wieder den Span aus dem Austritt – manchmal sogar nach jedem Strich. Das kann ärgerlich sein, doch wenn Sie es vergessen, sind die Folgen schlimmer: die Späne sind dann dicht gestopft und ihre Entfernung wird ein längerer Kampf. Und es wird noch frustrierender, wenn Sie das wiederholt machen müssen.

Bei einem Metallhobel haben Sie nicht viel Spielraum, doch bei einem Holzhobel können Sie den Spanaustritt erweitern. Am besten gelingt dies, indem Sie eine Seite weiter öffnen als die andere und zwar in einer Art Trichterform. Der Span entweicht dann eher an dieser Seite spiralförmig, wenn er die Spanöffnung trifft, als zu verstopfen. (Abb. 10-54 zeigt die Spuren eines Hohleisens, mit dem der Vorbesitzer den Spanaustritt geöffnet hat.) Sie können für die anfängliche Öffnung ein Hohlbeitel verwenden, gefolgt von einer kleinen halbrunden Raspel und Feilen. Sie werden es vielleicht nicht hinbekommen, dass der Span an der Seite spiralförmig austritt, aber zumindest wird es leichter sein, den Hobel zu reinigen. Entfernen Sie aber nicht zu viel Holz und schwächen den Hobel damit (Abb. 10-58).

Die restlichen Prozeduren sind ähnlich wie bei Bankhobeln.

Abb. 10-57 *Vorbereitung der Sohle eines hölzernen Simshobels. Abgesehen von dem Riss, der repariert werden musste, hatte dieser Hobel noch einen abgebrochenen Nagel in der Sohle stecken. Der musste erst einmal versenkt werden, bevor die Sohle gehobelt werden konnte.*

Abb. 10-58 *Der fertige Hobel Es tat mir weh, die wunderschöne Patina, die dieser Hobel angenommen hatte, teilweise entfernen zu müssen, doch jetzt arbeitet er hervorragend*

Einrichtung von Falzhobeln mit festen und verstellbaren Anschlägen

Alle Methoden für Simshobel gelten auch hier. Darüber hinaus müssen Sie Anschlag, Vorritzer und Tiefenanschlag vorbereiten.

Der Anschlag muss gerade sein, im rechten Winkel zur Sohle stehen, parallel zur Flanke des Hobels verlaufen und sicher fixiert sein. Der Anschlag sollte sich unter normaler Belastung nicht verbiegen. Anschläge aus Gusseisen sind normalerweise ziemlich gerade, aber es tut nicht weh, das zu überprüfen und ein paar Minuten damit zu verbringen, Ihren Anschlag glatt zu schleifen. Falls er nicht gerade, rechtwinklig oder parallel sein sollte, müssen Sie ihn feilen und schleifen, ähnlich wie bei den Hinweisen, die für die Vorbereitung der Sohlen von Hobeln der Bailey-Bauweise gegeben wurden, nämlich mit Hilfe von Schabern, Feilen und Linealen.

Unabhängig davon, ob Sie den Anschlag nachbearbeiten müssen oder nicht, sollten Sie ihn mindestens mit Körnung 220 oder 320 glätten und auch die Kanten feilen und glätten, um Spuren am Werkstück zu vermeiden. Ich sage vermeiden, doch es ist schwierig, einen Metallanschlag daran zu hindern. Sie werden mehr Glück haben, wenn Sie auf den Metallanschlag eine Holzleiste schrauben.

Einmal abgesehen davon, dass eine Beschädigung Ihres Projektes damit unwahrscheinlicher wird, hat ein Holzanschlag noch andere Vorteile. Sie können ihn verwenden, um einen verformten Anschlag zu korrigieren, da sich Holz leichter formen lässt. Sie können den Anschlag auch größer machen und dadurch oft die Genauigkeit und Stabilität bei der Anwendung verbessern, doch ein größerer Anschlag kann auch gerne am Werkstück hängen bleiben. In diesem Fall wollen Sie verschiedene Anschläge unterschiedlicher Größe zur Verfügung haben.

Die aus Metall gepressten Seiten- und Tiefenanschläge deutscher Hobel müssen Sie sich auch genau ansehen; manchmal sind sie verbogen und Sie müssen sie vor dem Schleifen ein bisschen mit dem Hammer richten. Prüfen Sie, ob der Anschlag im rechten Winkel zur Sohle steht. Er ist nicht sehr hoch und hat auch noch einen Radius, daher ist es schwer zu beurteilen. Das gleiche gilt für den Tiefenanschlag.

Seien Sie vorsichtig, wenn Sie bei den deutschen Falzhobeln mit beweglichen Anschlägen das Hobeleisen einstellen. Wenn es zu weit vorsteht, wird es den Metallanschlag berühren und eine Scharte bekommen. Die Unterseite des Anschlages springt zurück, jedoch nur wenig, Sie haben also nicht viel Spiel.

Das Design für Tiefenanschläge fällt unterschiedlich aus. Stellen Sie sicher, dass seine Kontaktfläche parallel zur Sohle eingestellt werden kann und sich sicher fixieren lässt.

Der Vorritzer oder Vorschneider sollte bündig mit der Flanke des Hobels liegen. Wenn nicht, hinterfüttern Sie ihn mit Papier, damit er bündig abschließt. Wenn er bei einem hölzernen Hobel zu weit vorspringt, stechen Sie vorsichtig unter dem Vorschneider ein bisschen Holz ab. Bei einem Metallhobel werden Sie die Rückseite des Vorschneiders etwas abziehen müssen. Schärfen Sie den Vorschneider, aber ziehen Sie die Rückseite nicht mehr ab als unbedingt erforderlich, denn die Materialabnahme hier wirkt sich auf die Ausrichtung mit der Flanke des Hobels aus.

Für den Gebrauch sollte das Hobeleisen irgendwo zwischen bündig und einem leichten Vorspringen über den Vorritzer eingestellt werden. Wenn auch Material jenseits des Falzes einreißt, dann ist das Hobeleisen zu weit über die Seite des Vorritzers eingestellt. Wenn der Hobel aber aus der Spur springt, ist das Eisen zu weit nach innen gestellt. Falls das Hobeleisen nicht befriedigend eingestellt werden kann, muss der Vorschneider vielleicht ein bisschen hinterfüttert werden, sodass er an der Flanke des Hobels leicht vorsteht (um die Stärke eines Blatt Papiers oder weniger).

Kehl- und Rundhobel einrichten

Die Konstruktion von Kehl- und Rundhobeln ist die gleiche wie bei ihren flacheren Verwandten: in ihrer Konstruktion gleichen Hobel westlicher Bauart hierbei den Simshobeln. Hobel japanischer Bauart ähneln Putzhobeln. Da es immer noch eine ganz schöne Zahl von Hobeln westlicher Bauart gibt, mit einem Schnittwinkel von 45° bis zu 64°, und übrigens auch bei Hobeln japanischer Bauart, empfehle ich Ihnen, einen alten Hobel zu überholen oder die Form seines Eisens zu modifizieren, wenn Sie eine passende Breite finden können.

Die Eisenform eines Hobels japanischer Bauart und die anderer hölzerner Blockhobel kann nur geringfügig verändert werden, ohne die Geometrie der Maulöffnung zu zerstören. Die alten Kehl- und Rundhobel westlicher Bauart lassen sich eher verändern, doch auch hier gibt es Grenzen.

Die Vorbereitung von Kehl- und Rundhobeln geschieht in derselben Reihenfolge wie bei anderen Hobeln, man beginnt mit der Inspektion des Hobels. Achten Sie auf alle Probleme, die bei den anderen Holzhobeln behandelt wurden. Normalerweise ist der erste Schritt, das Eisen zu schärfen.

Wenn Sie die Krümmung des Hobels ändern wollen oder den Eindruck haben, dass die Form des Hobeleisens nicht korrekt ist, heben Sie diesen Schritt für später auf, wie dort beschrieben. Schärfen Sie den Spanbrecher und setzen ihn ein, wie unter den allgemeinen Methoden unter dem Stichwort „Schärfen und Einsetzen des Spanbrechers“ auf S. 146 beschrieben. Danach kümmern Sie sich um das Eisenbett, wie es für Holzhobel in „Schritt 4: Sorgen Sie für eine gute Eisenauflage“ auf S. 164 erklärt wurde. Bereiten Sie die Sohle wie später beschrieben vor.

Wenn Sie ein Paar aus Kehl- und Rundhobel vorbereiten, dann beginnen Sie mit dem Kehlhobel, denn seine konvexe Sohle kann mit einem Bank- oder Einhandhobel geformt werden. Sie können danach den Kehlhobel benutzen, um die konkave Sohle des Rundhobels zu formen.

Bevor Sie beginnen, machen Sie sich eine Schablone von der Krümmung der Sohle. Sie können Sie später benutzen, um Ihre Genauigkeit zu prüfen (Abb. 10-59). Aufgrund ihrer Konstruktion verziehen sich diese Hobel gerne in Längsrichtung, und auch ihre Sohle ist durch den Keil verzogen. Prüfen Sie dies (Abb. 10-60) und richten den Hobel bei Bedarf mit Hilfe eines anderen Hobels.

Keilen Sie das Hobeleisen etwas fest, aber achten Sie darauf, dass es leicht zurückspringt und Sie nicht in es hineinfahren (seien Sie auch vorsichtig an den Flanken).

Hoffentlich wird etwas von dem originalen Profil erhalten sein; falls nicht, liegt hierin der Grund für die Anfertigung Ihrer Schablone. Stellen Sie das Hobeleisen sehr fein, sodass es nur ganz schmale Späne abnimmt, bis die Sohle in Form gebracht ist und den gleichen Umriss hat, wie das erhaltene originale Profil (Abb. 10-61).

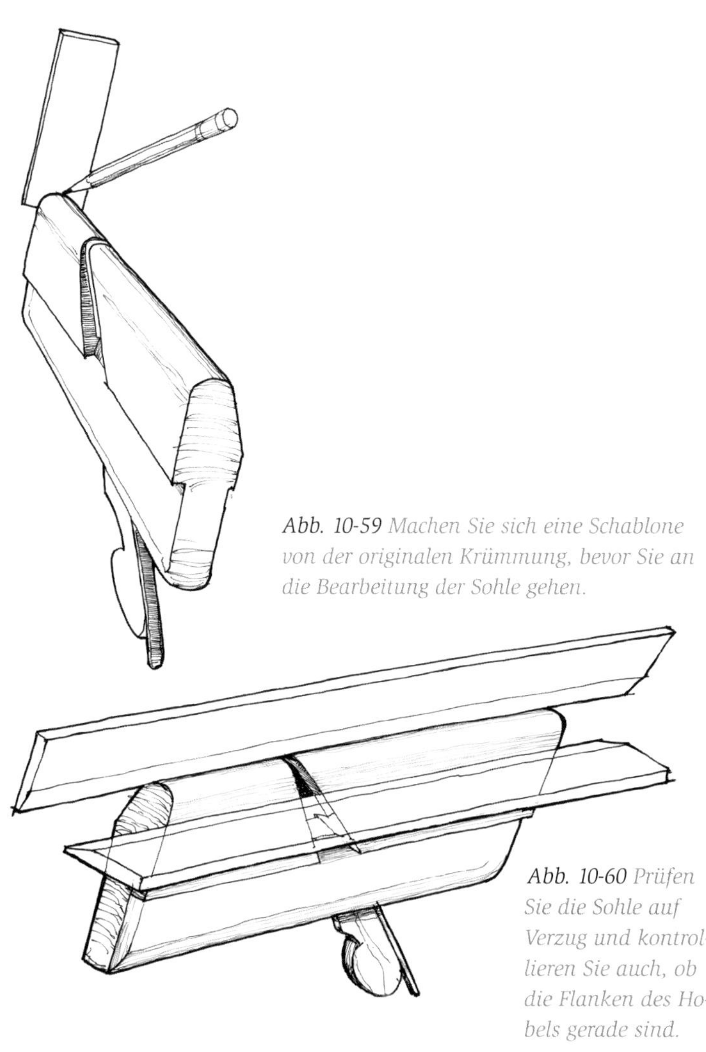

Abb. 10-59 Machen Sie sich eine Schablone von der originalen Krümmung, bevor Sie an die Bearbeitung der Sohle gehen.

Abb. 10-60 Prüfen Sie die Sohle auf Verzug und kontrollieren Sie auch, ob die Flanken des Hobels gerade sind.

Abb. 10-61 Für die erste Vorbereitung der Sohle dieses Kehlhobels verwenden Sie einen Einhandhobel.

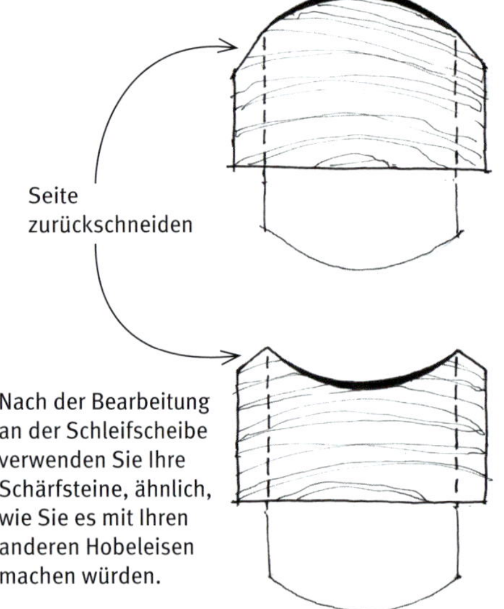

Abb. 10-62 An der Sohle müssen ggf. die Bereiche entlang der Kanten zu beiden Seiten des Eisens auf einen größeren Winkel zurückgeschnitten werden, um vollen Zugang zu der hohlen oder runden Form zu bekommen, die Sie herstellen.

Abb. 10-63 Ein fertiger Kehlhobel wird verwendet, um die Sohle eines Rundhobels zu bearbeiten.

Wenn Sie mehr abarbeiten mussten, verwenden Sie die Schablone, um das Profil zu prüfen. Verwenden Sie das Lineal und halten beide ans Licht, um die Geradheit zu kontrollieren. Wenn Sohle und Flanken gerade und das Profil korrekt ist, können Sie die Sohle mit einer feinen Feile nachbearbeiten und glätten – Sie wollen das Profil nicht zerstören.

Prüfen Sie das Eisen und kontrollieren Sie, ob sein Profil zu dem Profil der Sohle passt. Falls nicht, müssen sie das Eisen passend schleifen. Meist weicht das Eisen nur geringfügig ab, daher ist die probeweise Bearbeitung an der Schleifscheibe und eine wiederholte Prüfung durch Einsetzen des Eisens in den Hobel hier die richtige Methode. Wenn die Abweichung gravierend ist, kann eine Markierung am Eisen hilfreich sein. Obwohl Bleistift schwer zu erkennen ist, löst er sich doch nicht unter der Hitze des Schleifvorgangs auf wie eine Markierung mit dem Filzstift.

Nach der Bearbeitung an der Schleifscheibe verwenden Sie Ihre Schärfsteine, ähnlich wie Sie es mit Ihren anderen Hobeleisen machen würden. Halten Sie das Hobeleisen in der üblichen Weise, aber nutzen Sie eine rollende Bewegung, bei der die Schneide bei jedem Strich über den Stein um ihre ganze Länge gedreht wird. Es ist hilfreich, wenn man hierfür einen extra Satz Steine hat, da die konvexen Hobeleisen schnell eine hohle Spur auf dem Stein hinterlassen. Ich nehme oft einige meiner alten abgenutzten, ja sogar gebrochenen Steine, und nutze sie für gekrümmte Hobeleisen und Schnitzwerkzeuge. Alternativ hierzu können Sie auch die Schmalseiten Ihres Schärfsteines verwenden und so die Hauptflächen für Ihre geraden Hobeleisen aufsparen. Sie können eine harte Lederabziehscheibe verwenden, um die Schneide zu schärfen, aber verwenden Sie Schärfsteine für die Spiegelseite. Seien Sie hier nicht versucht, die Lederabziehscheibe zu benutzen.

Geben Sie dem Hobeleisen einen etwas anderen Radius als der Sohle, sodass das Eisen an den Kanten auf null ausläuft (Abb. 10-62). Das wird das Hobeleisen davon abhalten, auf dem Werkstück Spuren oder Stufen zu hinterlassen.

Beim Anpassen eines Rundhobels mit seinem konkaven Eisen und seiner konkaven Sohle, können Sie nach dem Richten der Sohle und der Flanken einen Kehlhobel verwenden, um die Sohle zu überarbeiten (Abb. 10-63) und

Rundfeilen zum Glätten (Abb. 10-64). Die Bearbeitung eines konkaven Eisens erfordert eine Schleifscheibe, welche die Kurve erreicht. Notfalls können Sie auch vorsichtig die Kante einer normalen geraden Schleifscheibe nutzen, doch es ist schwer, damit gute Arbeit zu leisten. Im Idealfall würden Sie eine schmale Schleifscheibe oder eine Scheibe verwenden, die mit einem Diamant-Dressierstein in die passende Form gebracht wurde.

Alternativ hierzu können Sie auch eine Schleiftrommel an einer Ständerbohrmaschine verwenden. Ziehen Sie das Eisen ab; ein Diamant-Schärfkegel ist ideal für die anfängliche Entfernung der Schleifspuren, denn er wird sich nicht abnutzen und verformen, während Sie an der Klinge arbeiten. Die Schneide bearbeiten Sie dann mit Formsteinen. Bruchstücke japanischer Wassersteine oder Formsteine aus dem gleichen Material können an einer normalen Schleifscheibe in die erforderliche Form geschliffen werden (diese Wassersteine sind ziemlich weich).

Bei kompakten Kehlhobeln, die kein Eisen mit abgesetzten Schultern haben (einschließlich Hobel japanischer Bauart) müssen die Seiten der Sohle zumindest im Radius der Klinge weiterlaufen. Oft muss man sie in einem noch größeren Winkel abflachen, um den Schnitt an besonderen Projekten erreichen zu können (Abb. 10-62). Auch bei Rundhobeln müssen die Seiten der Sohle ggf. in einem spitzen Winkel abgeflacht werden, um das Werkstück zu erreichen.

Abb. 10-64 Die beiden fertigen Hobel. Die selbst angefertigte Ziehklinge links unten ist hilfreich bei der Feinbearbeitung der gerundeten Sohle.

ANLEITUNG

Problemlösungen

Die Verwendung von Handhobeln kann erfüllend sein, aber sie ist nicht ohne Enttäuschungen. Manchmal scheint es, als hätten Sie alles richtig gemacht und dennoch sind Ihre Ergebnisse noch enttäuschend oder inkonsistent. Ich kann nicht alle Fragen beantworten, die Sie sich bei der Arbeit stellen, doch eine Durchsicht dieses Buches sollte die meisten von ihnen beantworten. Ich werde versuchen, einige grundsätzliche Fragen zu beantworten. Ich hoffe, sie werden Informationen verknüpfen und Sie bei der Analyse eines Problems in die richtige Richtung schicken.

1. Problem: Das Hobeleisen hinterlässt auf dem Werkstück eine Serie paralleler Spuren, im rechten Winkel zum Strich des Hobels.

Man spricht von einem ratternden Eisen und dies passiert, weil das Hobeleisen oder seine Schneide unter dem Druck des Schnittes federt. Die Schneide greift tiefer ins Holz, bis der Widerstand des Eisens gegen Verbiegen den Widerstand des Holzes übersteigt und das Eisen wieder hoch springt. Die Schneide greift dann erneut ins Material, verbiegt sich und der Vorgang wiederholt sich. Es kommt zu einem ratternden Eisen, weil das Hobeleisen an der Ferse seiner Fase nicht ganz aufliegt, oder weil der Fasenwinkel zu klein ist. Es gilt einige Dinge zu kontrollieren, und zwar in der folgenden Reihenfolge:

A. Prüfen Sie, ob das Hobeleisen gut gebettet ist. Die Dinge, die man hier beachten sollte, hängen von der Bauart Ihres Hobeleisens ab: parallel, konisch zulaufend oder japanisch.

Hobel in Bailey-Bauweise: Prüfen Sie, ob nichts zwischen Hobeleisen und Frosch liegt: Manchmal kann zum Beispiel ein Stückchen herrenloser Hobelspan unter das Eisen geraten, wenn Sie das Eisen nach dem Schärfen wieder einbauen. Achten Sie bei jedem Wechsel des Hobeleisens darauf, dass der Frosch sauber ist. Es ist möglich, dass der Frosch ungenau gefräst wurde und dass das Eisen daher nicht richtig sitzen kann. Prüfen Sie auf mögliche Ungenauigkeiten. Stellen Sie sicher, dass der Frosch sicher festgeschraubt wurde und nicht wackelt.

Es ist möglich, dass der Frosch nicht korrekt eingestellt wurde. Wenn er zu weit hinten sitzt, wird sich das Eisen vom Frosch lösen und teilweise auf dem Gusskörper und teilweise auf dem Frosch liegen. Wenn der Frosch zu weit vorne sitzt, wird das Hobeleisen an der Ferse der Eisenfase keine Unterstützung finden. Oder, falls der Frosch nicht parallel zum gegossenen Hobelkörper steht, wird das Hobeleisen an einer Ecke angehoben werden (Abb. 10-13, 10-14 und 10-15).

Stellen Sie sicher, dass das Eisen richtig auf der Nase der Feineinstellung liegt; ansonsten kann das Eisen nicht richtig aufliegen. Meist merken Sie das daran, dass der Hebel an der Klappe sehr schwergängig ist oder sich überhaupt nicht betätigen lässt. Wenn Ihre Klappe mit einer Schraube festgestellt wird, werden Sie das ohne eigenhändige Überprüfung nicht herausbekommen.

Markierung

Da bei alten Holzhobeln die Oberfläche des Eisenbettes durch Alter und Schmutz verdunkelt sein kann, lässt sich das Graphit eines Bleistifts nur schwer erkennen, wenn man hohe Stellen markieren will. Versuchen Sie es mit einem Wachsstift; Wachsmalkreide in den Farben rot, blau oder weiß; blauem Kontrastmittel oder überraschenderweise mit Vaseline, das eine glänzende Markierung hinterlässt im Kontrast zu der stumpfen, verdunkelten Oberfläche. Da die Auflagefläche ziemlich klein sein kann, müssen Sie das Hobeleisen ggf. mehrmals einstreichen und einsetzen, um eine Markierung zu erhalten.

Holzhobel (mit Eisen gleichmäßiger Stärke): Prüfen Sie, ob das Eisenbett plan oder vielleicht ein klein bisschen konkav ist und ob es verzogen ist. Verwenden Sie ein Lineal, um das Bett auf Planheit zu prüfen und peilen Sie das Eisenbett hinunter, um zu kontrollieren, ob seine obere und untere Kante parallel verlaufen und das Bett nicht verzogen ist.

Wenn der Spanbrecher mit einer Schraube fixiert wurde, stellen Sie sicher, dass der Schlitz für den Schraubenkopf tief genug ist und dass der Spanbrecher nicht auf einem Schlitz sitzt, der keine ausreichende Tiefe hat. Prüfen Sie, dass der Keil zum Spanbrecher passt – der Spanbrecher ist nicht unbedingt plan, und der Keil sollte genau auf seine Form abgestimmt sein. Arbeiten Sie sich durch die Prozedur zur Bettung des Eisens, die im nächsten Abschnitt beschrieben wird.

Hobel mit keilförmigen Eisen: Da diese normalerweise in Holzhobeln verwendet werden, gehen Sie zurück zu dem Kapitel, in dem die Überholung alter Hobel beschrieben wird und prüfen nochmals Ihre Vorbereitung von Hobeleisen, Spanbrecher und Eisenbett. Wenn alles in Ordnung zu sein scheint, prüfen Sie weiter und wenden eine Technik an, wie beim Einbau eines japanischen Hobeleisens. Reiben Sie weiches Graphit eines Bleistifts auf die Rückseite des Hobeleisens, setzen es in Arbeitsposition ein und sichern es mit dem Keil. Verstellen Sie es mehrmals um etwa 6 mm nach oben und unten und entfernen das Hobeleisen wieder.

Inspizieren Sie das Bett des Hobeleisens: Sie sollten zumindest am Boden des Eisenbettes, wo die Ferse der Eisenfase zu liegen kommt, und auch oben eine Graphit-Markierung haben. Wenn Sie keinen ausreichenden Kontakt haben, stechen Sie die mit Graphit markierten Bereiche ab und prüfen erneut, bis Sie in den kritischen Bereichen vollen Kontakt haben.

Prüfen Sie auch noch einmal die Passung des Keils mit dem Spanbrecher. Kontrollieren Sie, ob beide Seiten fest verkeilt sind. Wenn Sie den Keil seitwärts ziehen, werden Sie merken, ob nur eine Seite hinunter gekeilt wird. Der Keil sollte in beide Richtungen den gleichen Widerstand leisten. Prüfen Sie, ob der Keil über seine gesamte Länge spannt.

Prüfen Sie visuell und indem Sie an verschiedenen Stellen von Eisen und Hobel hinterdrücken, ob es Spalte gibt und versuchen Sie mögliche Bewegung oder Verbiegung zu entdecken. Überprüfen Sie alle Verdachtsmomente mit Fühlerlehren und einer Markierung mit Graphit. Sie sollten nicht in der Lage sein, irgendwo am Keil eine Fühlerlehre irgendeiner Stärke zu legen. Korrigieren Sie die Passung bei Bedarf.

Japanische Hobel: Bei einem japanischen Hobel prüfe ich zuerst den Fasenwinkel, denn die Hobeleisen kommen meist mit einem Fasenwinkel von 22° , was oft zu wenig ist.

Wenn der Fasenwinkel passend erscheint, prüfen Sie die Passung des Hobeleisens, indem Sie Techniken zur Vorbereitung des Hobels anwenden. Kontrollieren Sie das Eisenbett, besonders an den Seiten des Hobeleisens in den Nuten. Sie sollten hier eine genaue Passung haben.

B. Die zweitwahrscheinlichste Ursache für ein ratterndes Hobeleisen, und der Hauptverdächtige bei einem gut präparierten Hobel ist der Fasenwinkel.

Wenn der Fasenwinkel zu klein ist, dann federt die Fase und rattert. Die Bezeichnung „zu klein" ist jedoch relativ. Der Fasenwinkel muss auf die Schnittstärke, den Schnittwinkel und die Holzart abgestimmt sein. Ein Fasenwinkel mag für eine bestimmte Schnitttiefe ausreichend sein, aber er mag bei tieferer Einstellung beginnen zu rattern oder wenn er zum Hobeln eines härteren Holzes verwendet wird.

Ein weiterer wichtiger Faktor in Bezug auf den Fasenwinkel ist die Schärfe: Wenn ein Eisen stumpf wird, dann trifft es beim Schnitt auf einen größeren Widerstand, wodurch die Schneide nach unten gebogen wird und zu rattern beginnt. Sie werden es vielleicht mitten bei der Arbeit bemerken.

Derselbe Hobel, der bei demselben Stück Holz soweit gut geschnitten hat, beginnt zu rattern und das einzige, was sich geändert hat, ist die Schärfe der Schneide.

Das bedeutet, dass Ihr Fasenwinkel an diesem Hobeleisen an seinem Limit ist. Sie werden das Hobeleisen scharf halten müssen oder den Fasenwinkel vergrößern müssen. Wenn Sie befürchten, dass der Fasenwinkel nicht richtig ist, ändern Sie ihn (siehe „Fasenwinkel" und „Der richtige Fasenwinkel" auf S. 58).

C. Schlechtes Design und schlechte Verarbeitung können ein Hobeleisen rattern lassen.

Dies ist ein Problem, das man häufig bei Bailey-/Stanley-Hobeln antrifft. Für Details siehe „Spanbrecher" auf S. 50.

Ein dünnes modernes Hobeleisen ist jedoch nicht notwendigerweise dazu verdammt, zu rattern. Die Eisen arbeiten oft ohne Probleme. Doch ein dünnes Eisen, ein dünner Spanbrecher, der das Eisen in einen Bogen zwingt und dabei zum Großteil von seinem Bett abhebt, und schließlich eine Klappe, die das Eisen mit dem montierten Spanbrecher nicht vollflächig auf das Eisenbrett drückt, sind eine Konstellation, die zu Problemen neigt. Wenn dann auch noch ein nah an der Schneide gesetzter Spanbrecher, ein zur Verengung des Hobelmauls nach vorne gesetzter Frosch und ein tiefer Schnitt – oder eine Kombination dieser Faktoren – hinzukommt, dann ist das Potenzial für ein ratterndes Eisen hoch.

Wenn Sie glauben, dass das Eisenbett zufriedenstellend und der Fasenwinkel richtig sind, aber immer noch ein ratterndes Eisen haben, dann mag es das dünne gekrümmte Eisen mit dem montierten Spanbrecher sein. Sie wollen dann vielleicht eine Verbesserung durch ein dickeres Eisen und möglicherweise einen hochwertigeren Spanbrecher. Eine solidere Einheit aus Eisen und Spanbrecher wird wahrscheinlich flach und vollständig gebettet bleiben. Wenn es nicht ausreichend Platz am Maul für ein dickeres Eisen gibt, dann bleibt Ihnen nur noch, einen besseren Spanbrecher einzusetzen.

2. Problem: Ich kann den Span nicht so dünn abnehmen, wie ich will. Der Hobel nimmt entweder einen etwas zu starken Span ab oder gar keinen.

Entweder ist Ihr Hobel oder Ihr Werkstück nicht plan. Prüfen Sie zunächst Ihren Hobel – Sie haben wahrscheinlich einen Bereich der Sohle übersehen, als Sie den Hobel vorbereitet haben. Der andere Faktor ist das Werkstück. Wenn das Werkstück nicht flach genug ist, dann müssen Sie ggf. das Eisen tiefer stellen als Sie wollen, um Zwischenbereiche der Fläche plan zu bekommen. Wenn Ihr Hobel hier und da einen feinen Span abhebt, oder auch nur an einer einzigen Stelle, dann liegt das Problem wahrscheinlich in der Vorbereitung des Werkstückes.

3. Problem: Ich habe Ausriss.

Mit diesem Buch sollten Sie deutlich verbesserte Leistungen Ihrer Hobel sehen. Mit Übung werden Sie hoffentlich Ergebnisse erreichen, die Sie nicht für möglich gehalten haben – und wissen, wann Sie den Hobel aus der Hand legen und nach Ziehklingen oder Schleifpapier greifen.

Die Vorbereitung eines Hobels ist entscheidend für effektives Hobeln. Techniken erhöhen die Effektivität nochmals, aber sie können eine schlechte Vorbereitung nicht kompensieren.

Um Ausriss zu verringern, schärfen Sie erst einmal Ihr

Hobeleisen. Achten Sie darauf, dass der Schneidenstahl zum Werkstück passt und machen das Eisen richtig scharf. Verwenden Sie den richtigen Schnittwinkel, stellen Sie Spanbrecher und Maul auf eine feine Spanabnahme ein und machen Sie den Strich so leicht, wie es für das Stadium der Bearbeitung möglich ist.

Wenn Ihr Hobel und die Oberfläche Ihres Werkstückes gut vorbereitet sind, können Sie beim abschließenden Putzen der meisten Hölzer in der Regel gute und verlässliche Ergebnisse ohne Ausriss erzielen. Dennoch wird es immer Stücke geben, die Ihren besten Bemühungen trotzen.

Ausriss zu vermeiden ist ein größeres Problem, wenn Sie Holz aushobeln, denn dabei entfernen Sie eine Menge Holz, und das erfordert einen tieferen Schnitt, einen zurückgesetzten Spanbrecher und ein größeres Maul. Diese Einstellung verringert die Wirkung dieser beiden Methoden zur Vermeidung von Ausriss. Stellen Sie den Spanbrecher und das Hobelmaul schrittweise feiner ein, um einen dünneren Span abzunehmen und einen leichteren Schnitt zu ermöglichen. In jedem Stadium wollen Sie Ausriss verringern, und Sie zielen darauf, beim abschließenden Putzen Ausriss ganz zu vermeiden.

Um Ausriss zu vermeiden, muss man oft das Holz lesen und die Richtung wechseln, wenn man das Werkzeug über die Oberfläche führt. An belebten Bereichen, bei denen die Fasern in der Mitte einer Bohle die Richtung ändern, müssen Sie den Hobel vielleicht drehen, den Winkel ändern und ihn erneut drehen.

Beim Hobeln benachbarter Bretter, wo sich die Richtung der Maserung an der Leimfuge ändert, ist es oft erforderlich, in beiden Richtungen an der Leimfuge entlang zu hobeln, ohne die Fuge dabei zu überbrücken. Eine leicht diagonale Führung hilft manchmal, um den Hobel an der Fuge entlang zu führen.

Ungeachtet von Problemstellen mit Ausriss sollten Sie die gesamte Oberfläche in der Breite und der Länge wiederholt in überlappenden Strichen hobeln. Wenn Sie zum Abschluss mit der Ziehklinge oder Schleifpapier arbeiten, sollten Sie nicht versucht sein, Problemstellen extra Striche zu geben, denn dies wird die Oberfläche verformen und nach der abschließenden Bearbeitung sichtbar sein.

Eine Technik, die sowohl Handwerker im Westen wie auch in Japan anwenden, ist das Anfeuchten der Holzoberfläche mit einem nassen Lappen. Die Holzfasern werden angeweicht, um sich sauber abtrennen zu lassen. Ich habe bei meinen Versuchen unterschiedliche Ergebnisse gehabt, und ich vermute, dass das nicht bei allen Hölzern funktioniert.

4. Problem: Das Hobelmaul verstopft.

Nehmen Sie zuerst einmal das Eisen aus dem Hobel und prüfen, ob die Späne im Maul selber verstopfen oder aber an oder unter dem Spanbrecher. Es mag so aussehen, als würden die Späne das Maul verstopfen, während sie sich in Wirklichkeit am Spanbrecher stauen, um dann das Maul zu verstopfen. Das Letztere ist wahrscheinlicher.

Wenn sich die Späne zwischen Spanbrecher und Hobeleisen stauen und nicht im Maul, dann arbeiten Sie den Spanbrecher so nach, dass er dicht auf dem Hobeleisen ruht. Die Schneide an der Unterseite des Spanbrechers, also dort, wo sie auf das Hobeleisen trifft, muss gerade und leicht hinterschnitten sein (Abb. 10-4). Der Spanbrecher muss so geformt sein, dass er auf die Berührungsfläche zwischen ihm und dem Hobeleisen ausreichend Druck ausübt, um Späne am Eindringen zu hindern.

Wenn sie alle nachgepasst sind und dennoch immer noch Späne zwischen Hobeleisen und Spanbrecher gelangen, dann verbiegt sich möglicherweise die Schneide des Hobeleisens unter dem Druck des Schnittes, und es öffnet sich dabei ein Spalt zwischen ihm und dem Spanbrecher. Die Eisenfase verbiegt sich, weil sie zu klein ist oder das Hobeleisen verbiegt sich, weil es nicht richtig aufliegt.

Manchmal ist der Spanbrecher steif genug – und doch nicht dicht genug – um einem schlecht aufliegenden Eisen oder einer zu dünnen Schneide zu erlauben, sich unabhän-

Ein gut justierter Hobel

Ich habe einmal ein kleines achtjähriges Mädchen beobachtet, wie sie – beim ersten Versuch – von einer 15 cm breiten und fast zwei Meter langen Zedernholzbohle einen Span abnahm, der die volle Breite und Länge des Werkstückes hatte und dabei noch so dünn war, dass man hindurch sehen konnte. Es war ein etwa 20 cm breiter Putzhobel eines japanischen Tempelbauers, der von dem Meister eingestellt worden war. Sie ging rückwärts und zog den Hobel mit beiden Händen, während er nebenher ging und einen einzigen Finger oben auf den Hobel hinter das Eisen legte, um einen durchgehenden einheitlichen Druck auf das Werkstück auszuüben und sie daran hinderte, den Hobel von der Bohle zu kippen. Wahrscheinlich war die Fertigkeit der kleinen Person noch nicht so fein justiert – doch der Hobel war es mit Sicherheit.

gig zu verbiegen. Kontrollieren Sie den Fasenwinkel und erwägen Sie, einen größeren Winkel mit der Schleifscheibe herzustellen, falls er fragwürdig sein sollte. Prüfen Sie auch den Sitz des Eisens und stellen Sie sicher, dass das Eisen aufliegt. Korrigieren Sie diese und stellen sicher, dass der Spanbrecher ausreichend Druck auf die Schneide ausübt, um beim Einsatz den Kontakt zu halten (siehe Abb. 10-7).

Manchmal kann sich bei geringen Toleranzen das Eisen runter ins Holz verbiegen und dabei einen Span abnehmen, der dicker ist, als es das Maul oder der Spanaustritt zulässt. Hier haben wir es eigentlich mit einem ratternden Eisen zu tun, aber da es nur einmal passiert und zu Verstopfung führt anstatt Ratterspuren zu hinterlassen, ist es schwer zu diagnostizieren weil das Hobeleisen oder seine Schneide federn.

5. Problem: Der Hobel hinterlässt Bahnen oder Grate.

Drehen Sie das Werkstück so, dass die Lichtquelle parallel auf die Oberfläche fällt. Schauen Sie sich das genau an und prüfen, ob es sich um einen Grat oder eine Stufe handelt. Falls es ein Grat ist, haben Sie eine Scharte im Eisen. Sie müssen einen Schritt zurückgehen und das Eisen nochmals schärfen.

Wenn es sich um eine Stufe handelt, dann sind eine oder beide Ecken des Hobeleisens zu tief für die Form des Eisens eingestellt. Sie müssen das Eisen zurückstellen oder lateral verstellen, bis das Hobeleisen nicht länger Stufen hinterlässt. Wenn es nicht länger schneidet, dann müssen Sie entweder die Sohle des Hobels weiter abrichten oder Ihr Werkstück besser vorbereiten, wie oben ausgeführt. Sehen Sie in den betreffenden Kapiteln nach, um eine passende Schneidenform für den Hobel zu finden, den Sie gerade benutzen.

6. Problem: Der Hobel scheint glänzende Streifen auf dem Werkstück zu hinterlassen.

Hierbei handelt es sich meist um Druckstellen von einigen leicht höheren Stellen an der Sohle. Der wahrscheinlichste Übeltäter ist der Bereich auf beiden Seiten des Hobelmauls, da man sie leicht übersieht. Ich vertiefe diese Bereiche bei meinen Hobeln; die Ursache kann aber auch von einer anderen übersehenen Stelle herrühren. Späne können sich auch am Maul sammeln (besonders an den Ecken), fest zusammendrücken und Druckstellen verursachen.

HALTEN SIE DEN AUFWAND IM BLICK

Das Ziel besteht darin, eine wundervolle Oberfläche zu erreichen, die zum Finish und zur Position des Werkstückes passt, und dies auf möglichst effiziente Art und Weise. Dies ist keine akademische Übung. Auf der anderen Seite wird es am Ende belohnt werden, wenn Sie etwas über Hobel lernen und versuchen, Ihre Fertigkeiten zu entwickeln und sich bemühen, die Vorgänge zu verstehen, bevor Sie sich an Ziehklingen und Schleifpapier wenden. Letztendlich werden Sie entscheiden müssen, wann die Bearbeitung mit dem Handhobel nicht länger die produktivste Lösung ist. Zu lernen, diese Entscheidung zu treffen, ist auch Teil der Aneignung von Fertigkeiten.

HALTEN SIE DIE OBERFLÄCHE PLAN

Lassen Sie sich nicht von Problemstellen ablenken. Sie müssen die gesamte Fläche gleichmäßig hobeln – schwierige Stellen genauso wie einfache –, um sie plan zu halten. Ansonsten wird nicht nur die Oberfläche unregelmäßig erscheinen, der Hobel wird auch beginnen, die schwierigen Bereiche zu überbrücken, indem er über die benachbarten und weniger bearbeiteten Flächen gleitet. Diese höheren Bereiche müssen dann wieder abgearbeitet werden, um sie in eine Ebene mit den tieferen Bereichen zu bringen, bevor Sie weitermachen können.

Die Fähigkeit, schnell und gut zu schärfen, ist für die Holzbearbeitung von entscheidender Bedeutung.

HOBELEISEN SCHÄRFEN

Eine Grundfertigkeit, die zu anderen führt

OK, OK. Ich weiß, jeder, der einmal ein Hobeleisen geschärft hat, hat eine feste, vielleicht sogar felsenfeste Meinung, wie man das machen sollte. Wenn das für Sie gut funktioniert, dann müssen Sie das nicht ändern. Doch um bei jedem Holzhandwerker, der sein Handwerk verbessern will, neues Wachstum anzuregen, und um denen, die gerade anfangen, wenigstens etwas Orientierung zu geben, lege ich das Folgende zu Ihrer Beachtung.

Ich habe zwei Ziele beim Schärfen:

- die Aneignung und Verbesserung von Fertigkeiten (Schärfen und anderweitig) und
- so schnell wie möglich wieder zur Holzbearbeitung zurückzukehren – mit der effektivsten, sei es beim Schärfen oder anderweitig schärfsten Schneide

Grundlagen des Schärfens

Schärfen ist von fundamentaler Bedeutung für die Holzbearbeitung. Lernt man schnell und effizient zu schärfen, hat man das Fundament, um beinahe alle anderen in diesem Handwerk benötigten Fertigkeiten zu erwerben. Es lehrt Körperbeherrschung und die Kunst, effektiv zu arbeiten. Es lehrt weiterhin, Ihre Aufmerksamkeit und Ihre Bemühungen auf größtmögliche Produktivität zu konzentrieren. Es bringt Ihnen bei, genau zu beobachten und worauf Sie achten müssen. Es bringt Ihnen auch bei, Ihren eigenen Rhythmus, das Material und die Reaktion des Werkzeugs zu fühlen – nicht so glatt, glatter, ganz glatt, scharf, schärfer.

In manchen Traditionen der Holzbearbeitung war das Schärfen von Werkzeugen die erste Aufgabe, die einem Lehrling gestellt wurde. Nur wenn der Lehrling eine ordentliche Schneide herstellen konnte, hielt der Meister seine Fertigkeiten und Kenntnisse für ausreichend, um fortzufahren. Die Aneignung von Fertigkeiten beginnt mit Schärfen.

Da Schärfen so wichtig ist, um Körperbeherrschung und effektives Arbeiten zu lernen, ermutige ich Holzhandwerker ohne Führung zu schärfen. Hier lernen Holzhandwerker, dass sich jede Bewegung bezahlt macht.

- Die Schneide wird nicht über den Stein vor und zurück geschruppt sondern vielmehr bei jeder Bewegung mit direkter Absicht geführt.
- Es gibt einen klaren Fokus von Einsatz, Druck und Aufmerksamkeit auf die Schneide und nicht die Fase.
- Während die Fase plan bleibt und nicht auf dem Stein schaukelt, ist es die Schneide, die geschärft wird.

Dies zu lernen und eine gewisse Routine darin zu entwickeln, macht es einfacher, andere Aufgaben zu verstehen, das schließt folgende ein:

- dass Sägen keine ermüdende Wiederholung einer wilden Armbewegung ist, sondern eine Serie von individuellen Hieben, von denen jeder den Schnitt an der Seite eines Risses vorantreibt und dies um ein Maximum, welches das Holz und der Sägeschnitt zulassen;
- dass die Entfernung von überschüssigem Material für einen Schwalbenschwanz oder Schlitz mit einem Stemmeisen eine Serie von bestimmten, sauberen und präzisen Schnitten gleicher Stärke an einem Riss ist, sodass Abfall gleich beim erstem Mal sauber bis zur endgültigen Form entfernt wird (doch vielleicht nicht zu seiner endgültigen Größe);
- dass jeder Strich mit dem Hobel individuell ist und von der Maserung des Holzes an dieser bestimmten Stelle, von dem Arbeitswinkel, Ihrer Geschwindigkeit, Ihrer Körperhaltung, der nachlassenden Schärfe des Hobeleisens und Ihrer zunehmenden Ermüdung abhängt.

Nachteile von Schleifführungen

Wenn Sie eine Schleifführung verwenden, wird Ihre Energie zerstreut. Die Hälfte geht in die Auflagerolle, die andere Hälfte zur Eisenfase und ganz wenig zur Schneide des Hobeleisens, wo Ihre Energie eigentlich hin sollte. Die Rolle wird zur Augenbinde, sie verdunkelt Ihre Interaktion mit der Schneide, die Sie schärfen und lässt Sie folgendes nicht lernen:

- das Gefühl, wie die Fase flach auf dem Stein liegt während Sie sie führen;
- Ihre Aufmerksamkeit auf die Schneide zu lenken, während Sie die Fase flach auf dem Stein halten und
- nicht zu wackeln oder nach einer Seite zu lehnen und dabei doch maximale Ergebnisse an der Schneide zu erzielen, wo Sie es wollen.

All dies bringt uns zu meinem zweiten Ziel: zurück zur Holzbearbeitung zu kommen. Da die Führung sowohl Ihre Energie als auch Ihren Fokus zerstreut, wird Mühe verschwendet und Zeit verloren. Es geht langsamer und unterbricht. Hinzukommt die Schwierigkeit, das Eisen mit dem Apparat genau in einer Position zu führen – denn wenn es nicht exakt ist, werden Sie an dem Eisen eine neue Fase anschleifen –, und Ihr Zeitaufwand und Ihre Ermüdung werden exponentiell zunehmen.

Lernen Sie so zu schärfen, dass die Aufmerksamkeit Ihres Geistes und Körpers auf Ihre Fingerspitzen fokussiert ist, denn am Ende ist dies die Art und Weise, in der Sie Holz bearbeiten. Ja, es gibt eine Lernkurve, aber die ganze Holzbearbeitung ist eine große Lernkurve. Die Herausforderung, die die Holzbearbeitung bereithält, ist eine ihrer Reize. Sie können eine Abkürzung nehmen, doch es wird Sie später wieder erreichen. Zeit, die Sie hier investieren, wird Ihnen bei allen künftigen Vorhaben der Holzbearbeitung dienen.

Form der Eisenfase

An einem geschärften Eisen können drei verschiedene Fasen verwendet werden:

- flach
- hohl geschliffen
- mit Mikrofase

Traditionelle Quellen, die ich gesehen habe, betonen, dass die Fase gerade sein soll – aus verschiedenen Gründen. Zunächst gibt es der Fase eine maximale Unterstützung während es zugleich die dünnstmögliche Fase erlaubt. Eine gerundete Fase, meist Folge einer instabilen Haltung des Eisens beim Schärfen, führt unmittelbar an der Schneide zu einem höheren Fasenwinkel, auch wenn der durchschnittliche Winkel der gesamten Fase dem angestrebten Winkel entspricht. Das führt dazu, dass das Eisen nicht länger schneidet, sobald es auch nur ein klein bisschen abstumpft, denn die Fase hinter der Schneide beginnt zu reiben und hebt die Schneide vom Werkstück ab.

Ein hohl geschliffenes Eisen hinterschneidet die Schneide und hinterlässt wenig Material, welches sie unterstützt. Es hinterschneidet in der Tat mehr als man denkt, denn der tatsächliche Schnittwinkel entspricht dem der Tangente des Hohlschliffes unmittelbar hinter der Schneide. Dieser ist viel kleiner als der Winkel, auf den das Eisen mit der Schleifscheibe geschliffen wurde. Oft führt dies zu einem Winkel von deutlich weniger als 20–22°, der generell als absolut geringster Winkel für eine Eisenfase gilt (siehe S. 59). Das kann ein Problem sein, muss es aber nicht.

Es gibt folgende Anzeichen auf Probleme am Hobeleisen:

- Rattern (obwohl das Eisen ordentlich gebettet ist, federt das hinterschnittene Metall, das zur Schneide führt, unter Belastung)
- Verstopfung am Maul oder Spanaustritt eines richtig eingestellten Hobels (die Schneide des Hobeleisens – die nicht ausreichend von der Fase unterstützt wird – biegt sich unter Belastung nach unten, vergrößert dabei das Maul und führt zur Abnahme eines Spans, der zu stark für die Öffnung ist);
- Verstopfung zwischen dem Hobeleisen und dem Spanbrecher, obwohl der Spanbrecher richtig montiert wurde (auch hier verbiegt sich die dünne Schneide des Eisens unter Belastung und öffnet einen Spalt zwischen ihm und dem Spanbrecher).

Eine flache Eisenfase ermöglicht die dünnstmögliche Schneide mit der größten Unterstützung hinter dieser Schneide. Wenn irgendwelche dieser Probleme bei einer flachen Eisenfase auftreten sollten, dann liegt es daran, dass die Fase an der Schleifscheibe einen zu kleinen Winkel erhielt, eine Geometrie, die sich leicht sehen und behandeln lässt. Laminierte Eisen erhalten eine flache Fase, da der harte und spröde Stahl ohne die Unterstützung der Fase dahinter zu empfindlich ist.

Neben den möglichen funktionalen Problemen war ich immer überzeugt, dass ein Hohlschliff auch Probleme bei der Pflege mit sich bringt. Eine Schleifscheibe hinterlässt tiefe Kratzer, von denen viele auch nach dem Abziehen einer Fase verbleiben. Um sicher zu gehen, dass keine Kratzer in der Nähe der Schneide verbleiben, gebe ich der Fase ein paar extra Striche auf dem ersten Schärfstein.

Wassersteine arbeiten so schnell – viel schneller als die alten Arkansas-Ölsteine –, dass damit der Hohlschliff fast beseitigt wird, besonders bei nicht laminierten Eisen aus Kohlenstoffstahl. Nach zwei- oder dreimaligem Schärfen ist der Hohlschliff abgeschliffen. Ich konnte nie einen Sinn darin erkennen, an der Schleifscheibe wieder einen Hohlschliff herzustellen, wenn der Wasserstein doch so schnell Material abnimmt.

Es gibt jedoch einige Gelegenheiten, bei denen ich bewusst einen Hohlschliff vornehme, selbst wenn eine Schneide nicht neu geformt werden muss (etwa wegen einer Scharte zum Beispiel). Der erste Grund ist, den Buckel an einer gerundeten Fase abzuarbeiten. Manchmal verliere ich die Fase nach mehrmaligem Schärfen. Die Fase ist dann einfach zu rund, um sie leicht abrichten zu können.

In solchen Fällen lege ich sie auf die Schärfmaschine und nehme in dem Bereich zwischen der Schneide und der Ferse der Fase einen Hohlschliff vor. Ich mache den Schliff nicht bis ganz an die Schneide, sowohl aus Zweckmäßigkeit als auch um eine mögliche Überhitzung der Schneide zu vermeiden. Ich schleife nur soviel weg, dass das Hobeleisen flach auf dem Schärfstein liegt und nicht wackelt. Ich kann dann leicht an dem Eisen eine gerade Fase anschleifen. Beim ersten Schärfen nehme ich mir nicht unbedingt die Zeit, um den Hohlschliff der Schleifscheibe ganz zu beseitigen. Ich ziehe nur solange ab, bis die Schneide geschärft ist. Wenn ein bisschen vom Hohlschliff bleibt, ist es nicht so viel, dass die Funktion des Eisens beeinträchtigt wird, und es wird ohnehin beim nächsten oder übernächsten Schärfen weggehen.

Mikrofasen und Schärfführungen

Für mich ist auch die Mikrofase eine Frage der Instandhaltung. Die Mikrofase gibt beim ersten Mal eine ordentliche Schneide. Beim folgenden Schärfen haben Sie zwei Möglichkeiten: (1) Sie schärfen nur die Mikrofase oder (2) Sie schärfen die gesamte Fase und die Mikrofase.

Wenn Sie nur die Mikrofase schärfen, dann haben Sie nach zwei- oder dreimaligem Schärfen eine Makrofase. Sie werden die Vorteile einer Mikrofase verlieren und eine Hauptfase bekommen, die sich schnell in ein abgerundetes Profil entwickelt. Wenn Sie die Hauptfase abziehen, um eine optimale Schneide zu erreichen, dann müssen Sie die ganze Strecke bis zur Schneide abziehen und nicht nur bis zum Ansatz der Mikrofase. Wenn Sie an diesem Zeitpunkt eine Mikrofase anbringen, dann wiederholen Sie Ihre Arbeit.

Wenn Sie ohne Schleifführung abziehen (wie ich es empfehle), ist eine geringe Variation beim Fasenwinkel unvermeidbar. Mit einer ordentlichen Technik können Sie es zum Arbeiten bringen. Wenn Sie beim letzten Stein die Orientierung des Hobeleisens so verändern, dass es im rechten Winkel zur Längsachse des Steins liegt, anstatt mit einer Einstellung von etwa 45° zu arbeiten, die Ihnen mehr Stabilität gibt, gehen Sie zwar ein höheres Risiko ein (Abb. 11-1). Die leicht zugenommene Ungenauigkeit stellt jedoch sicher, dass die Schneide poliert und etwas verstärkt ist.

Ich denke, viele komplizierte Systeme – Hohlschliff, Mikrofase, Schärfhilfen – adressieren nicht einen der Kernpunkte beim Schärfen: seine Häufigkeit. Wenn Sie Ihre Hobel bei maximaler Leistung und über längere Zeit gebrauchen, dann müssen Sie mehrmals am Tag nachschärfen – bei manchen Projekten zwischenzeitlich vielleicht alle 15 oder 20 Minuten.

Mit Vorrichtungen und einer Vielfalt von Winkeln herumzufummeln erfordert einfach zu viel Zeit und lenkt ab. Mit einem guten Satz Schärfsteinen und einem ordentlichen Fasenwinkel können Sie nach drei oder vier Minuten an den Steinen wieder zur Holzbearbeitung zurückkehren, was manchmal kürzer als die Zeit ist, die man zum Anbringen einer Schärfhilfe braucht.

Bearbeitung an der Schleifscheibe

Man hat mir einmal gesagt, dass ich nie ein japanisches Eisen an der Schleifscheibe bearbeiten soll. Eine Scharte am Hobeleisen herauszuschleifen kann dann zu einer Zen-Übung werden. Ich hatte eine Erleuchtung, als mir ein japanischer Schmied für Stemmeisen sagte, dass man auch eine japanische Klinge an einer Schleifscheibe bearbeiten kann – mit der richtigen Technik. Halten Sie einen Finger direkt hinter die Fase, so nahe an die Schleifscheibe wie möglich. Wenn das Eisen zu heiß für Ihren Finger wird, dann ist es zu heiß für die Schneide und die Arbeit an der Schleifscheibe wird unterbrochen (Abb. 11-2).

Nicht nur japanische Eisen

Das spricht ein wichtiges Thema an. Nicht nur japanische Eisen sind empfindlich gegen die Bearbeitung an der Schleifscheibe. Behandeln Sie jedes gute Eisen auf die gleiche Art. Während eine Schleifscheibe leicht die Härte aus einer Schneide ziehen kann, besonders wenn die Scheibe glasiert ist, ist die Schneide immer noch zu heiß, wenn man die Bearbeitung kurz vor einem Farbwechsel unterbricht. Aggressives Schleifen, eine Unterbrechung vor der Verfärbung, Abschrecken und dann fortgesetztes Schleifen verursacht an der Schneide deutliche Veränderungen der Struktur. Abschrecken allein kann zu mikroskopischen Rissen führen. All dies degeneriert die Schneide, reduziert ihre Schneideigenschaften und die Standzeit der Schneide.

Hobeleisen aus legierten Stählen sind weniger empfindlich bei dieser Behandlung, da die Legierungszugaben meist einige Wirkungen des Hitzestresses mildern. Ein Eisen aus Karbonstahl wird aber keine Temperaturextreme dulden.

Abb. 11-1 Riskante Positionen

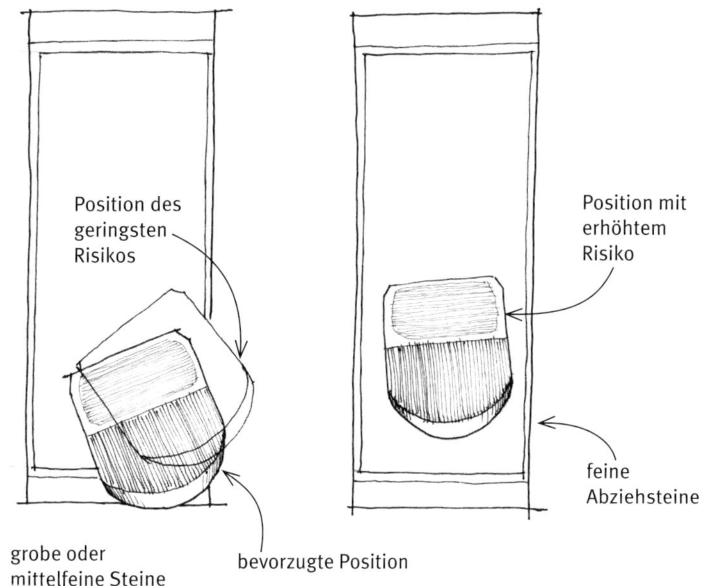

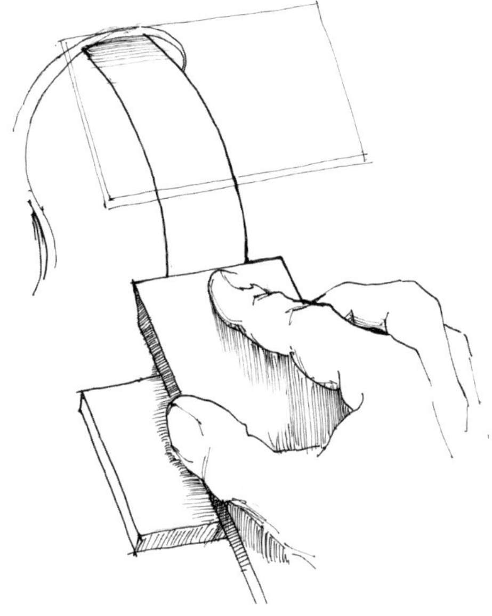

Abb. 11-2 Halten Sie einen Finger an die Schneide direkt hinter die Fase und Sie werden merken, wenn das Eisen zu heiß wird. Wenn das Eisen zu heiß für Ihren Finger ist, dann ist es auch zu heiß für die Schneide.

Ausrüstung für die Bearbeitung an der Schleifscheibe

An einem Punkt werden Sie die Schneide neu formen müssen. Aus diesem Grund ist eine Schleifmaschine unverzichtbar. Doppelschleifer haben die weiteste Verbreitung und sind unter Berücksichtigung aller Aspekte wohl auch am praktischsten. Besorgen Sie sich eine langsam laufende Variante (etwa 1750 U/min), deren Scheiben einen Durchmesser von 20 cm haben, damit die Schneide nicht zu stark hinterschliffen wird. Halten Sie die Schärfscheiben abgerichtet und sauber. Halten Sie Ihren Finger hinter die Eisenfase und arbeiten Sie mit Geduld.

Eine Alternative zum Doppelschleifer ist ein stationärer Bandschleifer mit etwa 50 mm breiten Bändern. Messermacher und viele Metallhandwerker bevorzugen sie. Sie schneiden aggressiv, neigen aber weniger zum Überhitzen, da das Schleifband einen Großteil der Hitze mitnimmt. (Sie können auch hier zu aggressiv sein und das Eisen überhitzen, aber es ist viel schwieriger).

Ein Bandschleifer gibt Ihnen verschiedene Möglichkeiten, um eine Fase zu formen. Außer dem flachen Auflagetisch, der eine (annähernd) plane Fase herstellt, können Sie meist auch an einem der Endräder des Bandes arbeiten und dort einen Hohlschliff vornehmen. Meine Maschine hat ein 203 mm Rad, das ganz brauchbar ist. Zudem haben die meisten Maschinen eine Aufnahme auf der anderen Seite des Motors, auf die eine Schärf- oder Polierscheibe montiert werden kann.

Schärfscheiben für den Nassschliff stellen sicher, dass die Schneide nicht überhitzt wird. Sie tendieren dazu, etwas langsamer (jedoch nicht viel) als Doppelschleifer oder Schleifmaschinen zu sein, doch sie hinterlassen eine großartige Schneide und das bei geringem Risiko für das Eisen. Sie sind in mancherlei Hinsicht weniger vielseitig. Sie können an ihnen keine grundlegenden Überformungsaufgaben vornehmen, wie etwa ein neues Profil schleifen (etwa für einen Profilhobel).

Auf der anderen Seite können mit einer horizontal gelagerten Wasserschärfscheibe auch die Blätter von Hobelmaschinen geschärft werden, was man mit anderen Schleifscheiben nicht leicht machen kann. Auch hinterlässt die horizontale Schärfscheibe eine perfekt plane Fase, was sonst keine andere Schleifscheibe tut. Die Scheiben nutzen sich jedoch schnell ab und müssen ständig abgerichtet werden.

Vertikale Schärfscheiben für den Nassschliff haben den gleichen Vorteil wie horizontale Scheiben. Es besteht kein Risiko von Hitzeschäden am Werkzeug, aber sie hinterlassen einen hohlen Schliff. Es ist eine Frage persönlicher Vorliebe, welche Form Sie hinter Ihrer Schneide haben wollen. Die meisten Scheiben sind viel größer als die meisten Scheiben für den Trockenschliff, daher sind auch die Schneiden weniger stark hinterschnitten. Einige der Schärfsysteme scheinen ziemlich kompliziert – und teuer – zu sein. Wenn man bedenkt, dass Sie wahrscheinlich für die anderen Schärf- und Formaufgaben der Werkstatt noch ein weiteres System besorgen müssen, scheinen die Kosten sogar regelrecht luxuriös zu sein.

Eine Scharte ausschleifen

Entfernen Sie eine Scharte nicht, indem Sie die Fase an der Schleifscheibe bearbeiten; arbeiten Sie im rechten Winkel zur Schneide. Nachdem Sie die Scharte ausgeschliffen haben, bearbeiten Sie die Fase, bis sie gerade die Schneide erreicht. Wenn Sie eine Scharte durch Bearbeitung der Fase herausschleifen, arbeiten Sie immer mit einer dünnen Schneide. Diese dünne Schneide hat keine Masse, um die Hitze zu verteilen und läuft daher eher Gefahr zu überhitzen.

Bearbeitung auf einem Schleifband

Schleifbänder haben eine Tendenz, die geschliffenen Gegenstände an beiden Enden zu runden. Wenn man dem Auflagetisch eine leicht gewölbte Form gibt, kann man das etwas kompensieren und so das Abrunden an Anfang und Ende verringern. Jede verbliebene Abweichung von einer planen Fläche ist so gering, dass man sie leicht beim Abziehen beseitigen kann.

Alternativ hierzu kann ein partieller Hohlschliff auch innerhalb von Sekunden hergestellt werden, indem man das Eisen an die Endscheibe hält (in diesem Fall werden Sie dort auch eine Werkzeugauflage brauchen), gerade genug, um eine gute Auflage auf den Schärfsteinen zu bekommen und das Abziehen der Schneide zu beschleunigen.

Schärfsteine

Es ist nicht lange her, dass Holzhandwerker kaum Optionen hatten, um die Schneiden an ihren Eisen abzuziehen. Ölsteine und Arkansas-Steine waren so ziemlich alles. Ölsteine waren schmutzig. Sie setzten sich mit Abrieb zu, was ihre Wirkung herabsetzte und das trotz all des Öls, das den Abrieb wegschwemmen sollte. Zudem war es unmöglich, sie abzurichten, und sie hatten einen geringen Abtrag. Arkansas-Steine, natürliche Schärfsteine, waren eine Stufe höher, doch die Qualität der Steine variierte sehr, und sie teilten viele Probleme der Ölsteine.

In den 1970ern kamen japanische Wassersteine auf den Markt, und sie revolutionierten das Schärfen. Seither hat es Riesenfortschritte gegeben bei der Qualität und der Vielfalt verfügbarer Produkte. Amerikanische Hersteller machen nun Wassersteine, deren Qualität gleichwertig, wenn nicht sogar besser als die einiger japanischer Steine sein soll. Ich kann nicht den Überblick bei all diesen Steinen behalten. Ich habe mich an eine Reihe von Steinen gewöhnt, die meine Anforderungen erfüllen und daher nicht mit den vielen angebotenen Steinen experimentiert. Ich empfehle Ihnen, konsultieren Sie die Besprechungen in den Holzzeitschriften, um Produkte und Systeme zu vergleichen.

Sie sollten jedoch einigen der Tests mit etwas Vorbehalt begegnen. Es ist nicht einfach die Frage, welcher der beste Schärfstein oder welches das beste Schärfsystem ist, sondern vielmehr was die beste Kombination von Eisen und Stein ist.

Obwohl ich keine Bestätigung hierfür habe, halte ich auch die angewandte Technik für einen wichtigen Faktor bei der Leistung unterschiedlicher Schärfsteine. Ich würde nicht den nächtlichen Schlaf opfern, um Stein und Eisen aufeinander abzustimmen, aber einige grobe Kategorien können skizziert werden. Die deutlichste Unterscheidung kann man zwischen legierten Stählen und Kohlenstoffstählen machen. Wassersteine sind bei vielen legierten Stählen deutlich weniger effektiv. Bei manchen legierten Stählen arbeiten Wassersteine überhaupt nicht richtig. Wenn Ihre Wassersteine bei Ihren Eisen aus legiertem Stahl ineffektiv scheinen, müssen Sie Diamantsteine und/oder eine Paste verwenden.

Danach werden die Unterscheidungen viel subtiler. Als sie zuerst importiert wurden, reflektierten japanische Wassersteine die einzigartigen Merkmale japanischer Klingen.
Heute antworten sie eher auf die Bedürfnisse des westlichen Marktes. Der japanische Handwerker, der mit den Eigenarten seiner Werkzeuge ganz vertraut ist, wird unterschiedliche Steine für unterschiedliche Werkzeuge bevorzugen, denn er weiß, dass bestimmte Kombinationen bessere Resultate ergeben.

Das gewöhnliche westliche Eisen aus Kohlenstoffstahl ist weder besonders subtil noch komplex. Ein Stein mit Körnung 1200, gefolgt von einem Abziehstein der Körnung 4000 wird oft ein genauso gutes Ergebnis bringen wie mehr Zeit an noch feineren Steinen. Laminierte Eisen, sowohl japanische als auch aus Gussstahl, reagieren jedoch generell gut auf einen weiteren Polierstein mit Körnung 6000-8000, wobei gerne ein Stein mit Körnung 3000 als Zwischenschritt genutzt wird. Wenn Sie ein ganz feines und besonderes japanisches Eisen haben sollten, werden Sie vielleicht erwägen, einen hochwertigen natürlichen Polierstein zu besorgen, wie er von einem guten Händler angeboten wird und insofern Ihr Portemonnaie es erlaubt.

AUSWAHL DER SCHÄRFSTEINE

Ich verwende einen Bester Keramik-Wasserstein mit Körnung 1200, einen Aoto Mountain Blue-Stein (etwa Körnung 3000) und einen North Mountain-Polierstein (etwa Körnung 8000). Ich habe mir kürzlich einen natürlichen Abziehstein gekauft für meine besten japanischen Hobeleisen. Wenn Sie gerade beginnen, würde ich Ihnen einen Keramik-Wasserstein der Körnung 1000 oder 1200, wie etwa den Bester, und einen Abziehstein mit Körnung 4000 oder möglicherweise 6000 empfehlen.

DIAMANTSTEINE

Diamantsteine schneiden schneller und feiner, wenn sie abnutzen. Das liegt daran, dass die großen Punkte in viele kleine Punkte aufbrechen. So wird ein feinerer Schnitt ermöglicht, und mehr Punkte tragen die Oberfläche auch schneller ab.

Abb. 11-3 Sie können die Planheit des Steins mit einem Lineal prüfen (was ich schwierig finde, wenn die Steine nass sind) oder Sie können dies auch mit einem Abrichtstein machen, der in diesem Fall ein Diamantstein ist. Ein paar Striche mit dem Abrichtstein werden die Aushöhlung zeigen, die durch das beim Schärfen entfernte Material dunkel verfärbt ist.

Abb. 11-4 Hier ist der Stein schon wieder fast plan.

Abb. 11-5 Wieder plan.

Andere Schleifmittel

Ein paar andere Schärfmittel können praktisch sein. Ich habe bereits Diamantsteine erwähnt. Sie sind besonders eine Hilfe, um die Spiegelseite von Eisen abzurichten, denn man kann auf ihnen fast unbegrenzt arbeiten, ohne dass sie uneben werden. Wenn die Spiegelseite eine Menge Abrichten erfordert, wird ein Wasserstein schnell abnutzen und uneben werden, sodass er wieder abgerichtet werden muss. Wenn Sie damit zu lange warten, wird sich die Krümmung des Steins auf die Spiegelseite des Eisens übertragen. Es ist also hilfreich, hier einen „Stein" zu verwenden, der sich nicht abnutzt (Abb. 11-3, 11-4 und 11-5).

Wenn die Spiegelseite Ihres Eisens gar nicht plan ist, wird es vielleicht schneller sein, zum Abrichten Siliziumkarbid auf einer Stahlplatte (jap. kanaban) zu verwenden. Das Eisen greift das Siliziumkarbid und hindert es daran, die Platte abzuschleifen (doch mit der Zeit wird auch die sich abnutzen und ersetzt werden müssen). (Siehe „Abrichten der Spiegelseite eines Hobeleisens" auf S. 148.)

Eine harte Filzscheibe kann nützlich sein. Es muss harter Filz sein, um eine Rundung der Schneide zu minimieren. Während ich dies bei meinen guten Putzhobeleisen auch nie benutzen würde, ist es doch manchmal hilfreich, um das Eisen eines Schlichthobels oder eines Schrupphobels nachzuarbeiten. Filzscheiben schneiden oft schneller als Sie erwarten, daher hat man schnell eine feine empfindliche Schneide verzogen oder sie gar leicht hohl bearbeitet.

Dieser leichte Verzug und Rundung, die sich aus der Verwendung einer harten Filzscheibe ergeben, ist für das Eisen eines Schlicht- oder Formhobels weniger kritisch. Verwenden Sie niemals eine Filzscheibe an der Spiegelseite eines Eisens: die Spiegelseite muss noch auf dem Polierstein abgezogen werden. Die Arbeit mit einer Lederabziehscheibe wird mit der Zeit die Eisenfase runden. Sie muss dann hohl geschliffen werden, zumindest teilweise, und auf einem Stein zu einer guten Schneide abgezogen werden, damit das Eisen effektiv schneidet, bevor es wieder an die Lederabziehscheibe kommt.

Verwendung und Pflege von Wassersteinen

Vor Gebrauch müssen synthetische Wassersteine mindestens zehn Minuten in Wasser gelegt werden oder bis keine Luftblasen mehr aus dem Stein aufsteigen. Wenn Sie keinen Holzsockel haben, können Sie sie auch ständig im Wasserbad lagern. Ein großes Behältnis aus Kunststoff mit Deckel ist gut hierfür. Wenn Sie einen Holzsockel haben, können Sie sie auch im Wasser lagern, doch bei Gelegenheit wird sich der Sockel lösen. Synthetische Abziehsteine (Körnung 3000 und darüber) müssen grundsätzlich nicht in Wasser gelegt werden, doch prüfen Sie das bei Ihrem Hersteller und/oder Händler.

Natürliche Wassersteine werden nie im Wasserbad gelagert, denn sie würden sich dadurch auflösen. Gröbere Steine werden vor der Verwendung für fünf oder zehn Minuten in Wasser gelegt und nach dem Schärfen wieder entnommen. Natürliche Abziehsteine müssen generell nicht in Wasser gelegt werden, doch auch hier gilt, erkundigen Sie sich bei dem Verkäufer. Nebenbei sei erwähnt, dass natürliche Steine bei Frost gerne reißen.

Die Steine müssen vor dem ersten Gebrauch abgerichtet werden und dann je nach Gebrauch. Es gibt eine Reihe von Wegen, dies zu tun. Meine bevorzugte Methode ist heute, einen Diamantstein gegen den Wasserstein zu reiben. Ich benutze nun seit mehr als acht Jahren den selben Diamantstein, und er hat sich bis jetzt noch nicht abgenutzt, er ist also sehr wirtschaftlich.

Sie können alternativ hierzu auch Schleifpapier verwenden – Nass- oder Trockenschleifpapier auf einer 6 mm Glasplatte auf eine plane Oberfläche legen. Sie werden jedoch nur etwa zweimal damit abrichten können, bevor sich das Schleifpapier abnutzt, die Kosten werden sich also summieren. Auch neigt Schleifpapier dazu, manche Steine zuzusetzen (wie etwa den Bester), es ist also nicht immer eine Option. Ich habe auch schon Steine auf einem Betonblock abgerichtet, bis der Beton poliert ist und der Block durch Abnutzung nicht länger plan ist. Es wird auch ein spezieller Stein angeboten, um Schärfsteine abzurichten. Er funktioniert gut, doch irgendwann ist er zugesetzt und nicht länger plan.

Manche Steine sind härter als andere, daher wird die Häufigkeit des Abrichtens variieren. Die Häufigkeit schwankt auch je nach Aufgabe. Es ist eine gute Reihenfolge, das Eisen Ihres feinsten Putzhobels direkt nach dem Abrichten der Steine abzuziehen. Bearbeiten Sie dann nacheinander die Eisen mit zunehmender Schneidenkrümmung, bis hin zu Ihrem mittellangen Schlichthobel. Auf diese Weise können Sie die Abnutzung der Steine nutzen, um die Schneiden zu formen.

Bei der Verwendung werden gröbere Steine gelegentlich sauber gewaschen und mit etwas Wasser aus dem Behälter nass gehalten. Das Eisen wird direkt am Stein geschliffen. Die Abziehsteine werden kaum nass gehalten, doch man lässt sie nicht austrocknen; man lässt die Schlemme ansammeln, denn sie besorgt die Politur und nicht der Stein. Durch Verwendung eines nagura-Steins, ein Kalkstein, bildet sich schneller eine Schlemme.

Zuhören

Lernen Sie das Geräusch zu erkennen, das entsteht, wenn die ganze Eisenfase über den Stein geführt wird: immer, wenn mit dem Eisen gewackelt oder es angehoben wird, wird sich das Geräusch des Eisens auf dem Stein anders anhören. Es wird sich anders anhören, wenn nur die Ferse der Eisenfase geschliffen wird und wieder anders, wenn nur die Schneide bearbeitet wird. Es gibt sogar einen feinen Unterschied beim Geräusch, wenn mehr Druck in Richtung der Schneide als der Ferse ausgeübt wird – obwohl das Eisen dabei flach auf dem Stein sitzt.

Auf die Reaktion zu antworten, die Ihnen das Geräusch gibt, wird eine wichtige Lehre sein, die sich auf Ihre gesamte Arbeit auswirkt. Ich kann Ihnen sagen, wenn Sie mit der Handsäge kurz vor Abschluss eines Schnittes stehen, obwohl Sie es nicht sehen können, wenn eine Maschine ausgestellt werden muss – sofort – um sie auf ein gefährliches Problem hin zu untersuchen, und wenn Sie das Eisen von seiner Fase angehoben haben und beginnen, Probleme zu verursachen.

Technik

Ich habe gelernt, auf dem Boden zu schärfen. Es bietet eine Reihe von Vorteilen. Sie müssen keinen speziellen Tisch bauen, der Platz in Ihrer Werkstatt beansprucht und Sitzen, Knien oder Hocken kann für Beine, die den ganzen Tag lang gestanden haben, recht erholsam sein. Ich glaube jedoch nicht ernsthaft, dass ich viele Leute, die dies lesen, davon überzeugen kann, das auch nur auszuprobieren. Dennoch möchte ich es wärmstens empfehlen.

Ich habe durch diese Position gelernt, dass es kaum von Bedeutung ist, ob man auf dem Boden sitzt oder steht. Was wichtig ist, ist die Höhe des Steines in Relation zum Körper, und eine feste, zentrierte Haltung, die sowohl Bewegung als auch Stabilität ermöglicht. Der Stein sollte etwa 10–13 cm unter Ihrem Bauchnabel liegen. Liegt er tiefer, werden Sie am Ende der Bewegung Ihre Arme zu weit ausstrecken. Liegt er höher, dann werden Ihre Ellbogen zu stark angewinkelt sein und ermüden. Beide Positionen werden dazu führen, dass Sie das Eisen auf seiner Fase unsicher führen und dabei runden. Selbst wenn Sie eine Führung benutzen, ist dies eine gute Arbeitsposition, denn sie maximiert die Energie Ihrer Bewegung.

Nehmen Sie eine Haltung an, bei der Sie auch an den Endpunkten jedes Striches ein gutes festes Gleichgewicht bewahren. Wenn Sie stehen, halten Sie die Füße auseinander, einen ein bisschen vor dem anderen. Fühlen Sie, wie die Eisenfase flach auf dem Stein liegt und lernen Sie das Gefühl und das Geräusch zu erkennen, wenn die Fase den vollen Kontakt mit dem Stein verliert und schaukelt. Halten Sie an und fühlen Sie erneut die Position der Fase. Trainieren Sie Ihren Körper so, dass er der Fase folgt und die Bewegung verinnerlicht, die nötig ist, um die Fase plan auf dem Stein zu halten und den Energieaufwand direkt an der Schneide zu maximieren. Konzentrieren Sie sich ganz auf die satte Auflage dieser Schneide und dieser Fase auf dem Stein, der Körper folgt dabei in totaler Aufmerksamkeit und Koordination. Das ist der Anfang einer Fertigkeit.

ANLEITUNG

Schärfen

Vor Jahren hat mir ein junger Mann, der bei einem Möbeltischler in Japan in die Lehre gegangen war, diese Schärftechnik gezeigt. Sie hat mir gut gedient. Ich nehme an, sie wird Ihnen in ähnlicher Weise nützen.

Abb. 1 *Bevor Sie mit dem Schärfen beginnen, müssen Sie die Fase finden. Sie tun dies, indem Sie ein oder zwei Finger auf das Eisen drücken, und zwar direkt gegenüber der Fase, während Sie zur gleichen Zeit das Eisen mit einem Finger der anderen Hand von unten hoch halten. Neigen Sie das Eisen mit diesem Finger etwas hoch und runter, während Sie mit der anderen Hand auf die Fase runterdrücken, bis Sie fühlen können, dass das Eisen sicher auf der Fase aufliegt. Machen Sie diese Übung vor jedem Schärfen und mehrmals während des Schärfens.*

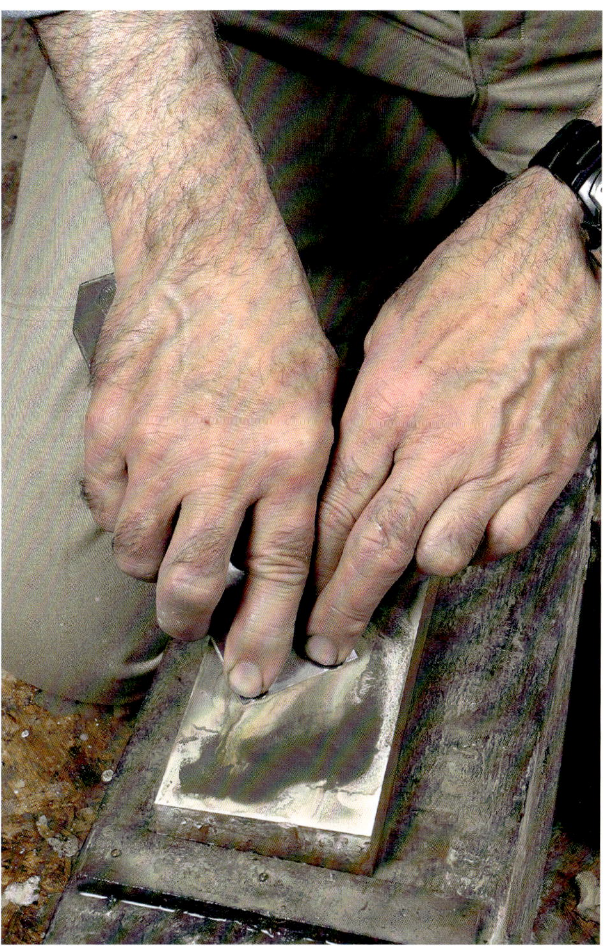

Abb. 2 *Ähnlich wie bei der Übung, finden und halten Sie auch beim Schärfen Zeige- und Mittelfinger der linken Hand – wenn Sie Rechtshänder sind – einen gleichmäßigen Druck runter auf die Fase. Zur gleichen Zeit greift die rechte Hand das Eisen mit Daumen und Mittelfinger, hält die Neigung und drückt mit dem Zeigefinger runter auf die Fase (zusammen mit den Fingern der linken Hand). Ringfinger und kleiner Finger werden leicht eingeknickt. Die Zahl der Finger an jeder Position kann sich bei fortschreitendem Schärfen verändern, doch die Grundposition der Zeigefinger beider Hände, die Druck auf die Fase ausüben, und die der restlichen Finger der rechten Hand, welche die Neigung des Eisens beibehalten, bleibt die gleiche.*

Abb. 3 und 4 Wenn Sie ein kürzeres japanisches Hobeleisen schärfen, verwenden Sie eine Version dieses Griffes (links) für schmalere Eisen (etwa 50 mm breit). Halten Sie den rechten Daumen unter den Kopf des Eisens, unterstützt von dem linken Daumen (oben) und halten Sie den Rest der Finger etwa in der Position, die in Abb. 1 gezeigt wurde. Die breite Fase des dicken Eisens macht es zwar etwas leichter, sie flach auf dem Stein zu halten, doch es mit den beiden Daumen unter dem Eisen anstatt mit der rechten Hand zu halten, ähnlich wie bei der westlichen Haltung eines Eisens, ist eine riskantere Position, und ich verwende sie gewöhnlich nur auf dem Abziehstein.

Wenn man das Eisen vor und zurück über den Stein führt, halten die Finger der linken Hand einen konstanten Druck runter auf die Eisenfase, um sicherzustellen, dass es in dauerndem Kontakt mit dem Stein liegt. Die rechte Hand sorgt für die Bewegung und wird dabei von der linken Hand assistiert, doch keine Hand erfüllt nur eine Aufgabe: sie unterstützen sich gegenseitig.

Hören Sie auf die Fase und spüren Sie sie: wenn Sie bemerken, dass Sie die Fase nicht länger in dauerndem Kontakt mit dem Stein halten, dann stoppen Sie, entspannen Sie Ihre Hände, machen Sie die Übung, um die Fase zu finden, und beginnen Sie erneut.

Wichtiger Hinweis: Versuchen Sie nicht, das Eisen zu stabilisieren, indem Sie Finger auf den Stein legen und sie beim Schärfen mitziehen. Sie werden bald durch Ihre Fingerkuppen schleifen und es nicht bemerken, bevor es passiert ist, und das hinterlässt eine schmerzhafte Wunde, die nur langsam heilt.

Sobald Sie einige Erfahrung mit dem Schärfen haben und ein besseres Gefühl bekommen, um die Eisenfase zu halten, können Sie beginnen, an einer fortgeschrittenen Technik zu arbeiten. Dabei geht es darum, den Fokus des Schärfens ganz auf die Schneide zu richten, während die Fase beim Schärfen flach auf dem Stein gehalten wird. Es dauerte einige Zeit, bis ich folgendes bemerkte: nachdem ich darin geübt war, die Fase plan zu halten, bemerkte ich, dass der Fasenwinkel an meinen laminierten Eisen kleiner wurde.

ANLEITUNG

Abb. 5 und 6 *Die Spiegelseite des Eisens, unabhängig ob westlich oder japanisch, wird mit ähnlichem Griff und ähnlicher Druckverteilung abgezogen wie die Fase: die rechte Hand greift das Eisen mit Daumen und Mittelfinger, während der Zeigefinger Druck auf die Schneide ausübt. Die Finger der linken Hand üben auch Druck auf die Schneide aus. Während das Eisen niemals angehoben wird, übt die rechte Hand einen Aufwärtsdruck am Ende des Eisens aus, während gleichzeitig Druck auf die Schneide konzentriert wird (oben rechts). Das Eisen bleibt jedoch selbstverständlich die ganze Zeit in sattem Kontakt mit dem Stein.*

Ich fand schließlich heraus, dass aufgrund der höheren Härte des Schneidenstahls ein gleichmäßiger Druck über die Fase den weicheren Stahl des Rückens schneller abträgt, was mit der Zeit den Fasenwinkel verkleinert.

Um dies zu kompensieren, konzentrierte ich meinen Druck beim Schärfen auf die Schneide selbst, während ich die Fase plan auf die Steine halte. Die Eisen wurden plötzlich viel schneller scharf. Um das zu machen, gibt die rechte Hand, die das Eisen unterstützt, ein bisschen Druck – Fokus – auf die Schneide selbst, indem sie die Unterstützung, die sie unten am Ende des Eisens gibt, erhöht, während sich gleichzeitig die vorderen Finger ganz auf die Schneide konzentrieren. Ich könnte auch etwas sagen wie „die rechte Hand hebt das Ende des Eisens kaum merklich an“ anstatt dies zu beschreiben, doch es würde einen falschen Eindruck wecken: es ist ein Aufwärtsdruck kombiniert mit konzentriertem Druck auf die Schneide des Eisens. Das Eisen wird übrigens nie angehoben, denn dies würde die Schneide runden.

Die erforderliche leichte Krümmung kann dem Eisen eines Putzhobels verliehen werden, indem man abwechselnd Druck auf jede Ecke des Eisens ausübt und zwar mit den Fingern, die über der Fase liegen. Dies wird jedes Mal für drei oder vier Striche gemacht, bei jedem Stein. In ähnlicher Weise achten Sie auf die Druckverteilung mit den Fingern. Ungleicher Druck kann zu einer unerwarteten und unerwünschten Form der Schneide führen.

Diese große Bohle wird beim Abrichten der Kante in der Vorderzange gehalten und von Holznägeln unterstützt, die vorne in die Gestellfüße eingesetzt wurden. Die Fähigkeit, das Werkstück sicher zu halten und schnell zu positionieren, erhöht die Produktivität enorm.

Arbeit an der Bank

Von Knechten, Haken und toten Männern

Über viele Generationen haben europäische Tischler eine ausgereifte Bank entwickelt, um Werkstücke zu halten, die gehobelt oder verbunden werden sollten. Diese Bank wird, besonders wenn sie zusammen mit diversem Zubehör benutzt wird, Werkstücke fast jeder Form in jeder denkbaren Position halten, die erforderlich ist, um sie effizient zu bearbeiten: formen, zuschneiden, putzen, verbinden, was auch immer. Wenn Sie unterschiedliche Arbeiten ausführen, besonders im traditionellen Stil, werden Sie irgendwann in diese klassische Bank oder eine ähnliche investieren müssen.

Es gibt zwar eine ganze Menge Varianten europäischer Bänke, doch alle haben mindestens ein ausgeprägtes Merkmal: eine Reihe Bankhakenlöcher – traditionell eckig, bei zeitgenössischen Modellen auch manchmal rund – in die in der Höhe verstellbare Dübel oder Haken eingesetzt werden. Diese Bankhakenlöcher, die zusammen mit einer am Kopf der Bank montierten Hinterzange verwendet werden, sind nahe der Vorderkante in regelmäßigen Abständen über die gesamte Länge der Bank angeordnet.

Die Hinterzange hat auch ein oder mehrere Bankhakenlöcher und ermöglicht es dem Benutzer, ein Brett zwischen dem Bankhaken an der Bank und dem Haken an der Zange einzuspannen. Diese Erfindung macht es möglich, Bretter und Füllungen unterschiedlicher Form und Größe beim Hobeln sicher zu halten.

Die Bank hat normalerweise auch eine Zange an der Vorderseite. Diese Vorderzange gibt es in einer Reihe von Varianten, weitgehend abhängig von dem gebauten Möbeltyp und der Herkunft der Bank. Jede von ihnen hat ihre Vor- und Nachteile. Die älteste Variante, die Beinzange, kann unterschiedlich große Werkstücke und ein eingeschränktes Spektrum an Formen halten, doch ist sie mühsam einzustellen.

Eine „Deutsche“ Vorderzange kann unterschiedliche gerade und konische Werkstücke halten, aber sie kann bei der Bearbeitung von langen Werkstücken auch hinderlich sein. Die klassische Zange für die Holzbearbeitung kann einen Schnellspann-Mechanismus haben, durch den ein leichter und schneller Wechsel zwischen großen und kleinen Werkstücken möglich wird, doch sie kann schwer konische und unregelmäßig geformte Werkstücke halten. Die Emmert, eine besonders vielseitige und für Formenmodellbauer entwickelte Zange, kann fast alles halten und das in ganz unterschiedlichen Positionen, doch das kann die Anfertigung von Vorrichtungen erfordern, etwa, wenn Sie die Kante eines längeren Werkstückes fügen wollen.

Der einzige Nachteil, den ich bei klassischen europäischen Bänken ausmachen kann, ist, dass es ein bisschen mühsam oder langwierig sein kann, wenn Sie regelmäßig geformte Werkstücke hobeln müssen, besonders bei höheren Stückzahlen. Bei mittleren oder kleinen Werkstücken entspricht die Zeit, die Sie zum Einspannen brauchen, in etwa der Zeit, die man zum Hobeln einer Seite benötigt. Damit kann die Verwendung der Bank also zu einer Verdoppelung Ihrer Arbeitszeit führen.

Unsere Vorfahren haben das Problem erkannt. Spezialisierte Gewerke haben oft viel einfachere Bänke und Einspannvorrichtungen verwendet, bei denen sich die Position eines Werkstückes schnell ändern ließ und neue Stücke die bearbeiteten ersetzten. Handwerker arbeiteten oft im Akkord, daher war Geschwindigkeit ganz entscheidend. Wenn Sie sich nicht die Zeit nehmen mussten, um zum Einspannen eine Kurbel oder einen Zangenschlüssel anzuziehen und anschließend wieder zu entspannen, dann sparten Sie Zeit und Energie und verdienten mehr. Viele Gewerke erhielten ohnehin kaum mehr, als sie zum Überleben brauchten.

Ein einfacher Anschlag

Die große Mehrheit der Werkstücke, die ein Holzarbeiter mit seinem Hobel putzen will, können gegen einen einfachen Anschlag bearbeitet werden, der an der Bank angebracht wird. Obwohl Bankhaken und Zangen europäischer Bänke praktisch sind, um Werkstücke zum Stemmen, Formen oder Hobeln zu fixieren, ist es doch oft nicht erforderlich, regelmäßig geformte Werkstücke mit Hilfe von Haken oder anderen Einspannhilfen auf die Bank zu spannen, nur um sie zu hobeln. Man kann die erste Seite eines Stückes putzen (wenn es klein ist, kann eine Seite mit einem oder zwei Strichen geputzt werden), es am Kopf wenden (um die optimale Orientierung der Fasern beizubehalten), es auf die Seite legen, putzen und schließlich noch einmal wenden – ganz ohne nach dem Zangenschlüssel zu greifen. Auf diese Weise können Sie einen Stapel Teile schnell putzen.

Zum Hobeln und für einfache Holzbearbeitung brauchen Sie keine komplizierte Bank. Eine kräftige Bohle mit einem Anschlag ist oft der schnellste und effektivste Weg, um Werkstücke zu halten. Dieser Anschlag sollte so breit wie möglich sein, kein isolierter Eisen- oder Holznagel, um Bretter unterschiedlicher Breite zu bearbeiten, ohne dass der Stoß des Hobels das Brett von Ihnen wegdreht. Der Anschlag sollte eine Holzleiste sein, die nahe am Kopf der Bohle in eine konische Nut oder Gratnut eingesetzt wird, um sie entfernen oder ersetzen zu können.

Wenn Sie nur Hobel japanischer Bauart benutzen, kann die Bohle, die für die Bearbeitung

Abb. 12-1 Ein Brettchen oder Stück Sperrholz, das in die Hinterzange eingespannt wird, kann bei kleinen und mittelgroßen Werkstücken als Anschlag beim Hobeln verwendet werden.

auf Zug einen Anschlag nahe am Kopf hat, zum Benutzer hin leicht geneigt sein wie in Japan, um sie über die gesamte Länge des Hobelstriches angenehmer zu machen. Wenn die Bohle aber auch zur Herstellung von Verbindungen oder zum Hobeln im westlichen Stil verwendet wird, dann wird ein horizontales Untergestell, das parallel zum Boden liegt, aus ihr eine einfache Bank machen. Die Bohle zum Hobeln kann auch, je nach Ihrer Arbeit, nur 90 oder 120 cm lang und lediglich 23 cm breit sein.

So eine einfache Bohle zum Hobeln, wie sie oben beschrieben wurde, kann in Verbindung mit einem Niederhalter und etwas zangenähnlichem Zubehör sehr vielseitig sein, leicht zu transportieren, und sie wird wahrscheinlich beim Hobeln und der Handarbeit des Holzhandwerkers gute Dienste leisten. Wenn Sie aber eine Bank europäischer Bauart haben, können Sie einiges tun, um das Hobeln zu beschleunigen.

Mehr Vielseitigkeit

Um ein wiederholtes Ein- und Ausspannen von Brettern zum Hobeln oder auch den Einbau eines fixen Anschlages an Ihrer Bank zu vermeiden, können Sie auch ein kurzes Brett so in die Hinterzange einspannen, dass es gerade über die Bankplatte rausragt und dagegen hobeln. Dies funktioniert am besten, wenn Sie einen Hobel verwenden, der auf Zug arbeitet (Abb. 12-1), doch es kann für kurze Werkstücke auch eingesetzt werden, wenn Sie auf Stoß hobeln. Oder Sie können sich aus drei Stücken Holz oder Sperrholz einen U-förmigen Anschlag bauen, der in die Hinterzange gespannt wird und der auch mit breiten Brettern zurechtkommt, wiederum für Hobel, die auf Zug arbeiten (Abb. 12-2). Eine ähnliche Hilfe kann auch für die Vorderzange gebaut werden, um sie mit einem auf Stoß arbeitenden Hobel zu benutzen. Dieser Anschlag muss aus nur zwei Stücken hergestellt werden (Abb. 12-3).

Eine einfache Bank

Vor Jahren habe ich im Keller eines Hauses, das ich gemietet hatte, unter den Bauholzresten, die der letzte Mieter zurückgelassen hatte, einen Balken gefunden, der einen Querschnitt von 10x25 cm hatte. Er war fast 2,5 m lang, hatte auf der breiten Seite eine Reihe von paarweise angeordneten 8-mm-Löchern und an einer Seite war über die gesamte Länge eine Leiste angeschraubt. Offensichtlich hatte jemand dieses Teil als Werkbank verwenden wollen, vielleicht im japanischen Stil. Es schien mir damals jedoch nicht besonders nützlich zu sein. Da es sich aber um ein schönes Stück Tanne handelte, das trocken und gerade war, benutzte ich es über Jahre als tragbare Bank am Arbeitsplatz und legte es auf ein Paar Böcke. Erst schrittweise wurde mir sein Potenzial bewusst (Abb. 1).

Ich habe seither zwei abnehmbare Anschläge unterschiedlicher Höhe angebracht, einen an jedem Ende, sie werden in konische Gratnuten gesteckt. Sie lassen sich bei Bedarf mit einem Hammerschlag entfernen oder an das gegenüberliegende Ende versetzen. Ich brauche Anschläge an beiden Enden, da ich sowohl mit gestoßenen wie auch gezogenen Hobeln arbeite (Abb. 2).

Ich habe in Kopfnähe über der Leiste einen Haken montiert, der dem Haken einer Roubo-Bank in Scott Landis's Buch „The Workbench Book" (Taunton Press, 1987) gleicht. Dies erlaubt es mir, ein Brett hochkant auf die Leiste zu setzen, das Ende des Brettes in den Haken zu schlagen und es so für das Anfügen der Kante zu stabilisieren (Abb. 3). Sie können auch Kanten bestoßen, wie mit einer Stoßlade. Legen Sie das Brett dazu flach auf die Oberfläche der Bank und führen Sie den Hobel an der Leiste entlang.

In die Löcher habe ich 8 mm Dübel geschlagen, die etwa 2,5 cm länger sind als die Plattenstärke. Wie sich herausstellte, passten die meisten genau, sodass ich ihre Höhe einfach einstellen kann, indem ich sie mit dem Hammer hoch oder runter schlage. Ich verwende sie grundsätzlich nicht als Anschlag, da sie ziemlich klein sind, sondern um ein Werkstück an den Flanken zu halten, um eine Seitwärtsbewegung zu verhindern, wenn ein Kopf eine unregelmäßige Form hat oder diagonal gehobelt wird. Wenn ich eine Platte neu machen müsste, würde ich wahrscheinlich Löcher mit einem Durchmesser von 19 mm anbringen, damit sie stabil genug sind, um sie als Anschlag und auch für den Niederhalter verwenden zu können.

Wenn ich die Bank auf der Baustelle brauche und ein Stück zum Formen und Schneiden einspannen muss, dann spanne ich mir an einem Ende der Bank oben eine Parallel-

Abb. 1 Die Hobelbank in ihrer einfachsten Form ruht auf einem Paar Böcken (in diesem Fall haben die Böcke eine japanische Form).

Abb. 2 Anschläge, die über die gesamte Breite der Bohle reichen, werden in Gratnuten an beiden Köpfen eingelassen. Sie lassen sich leicht herausschlagen und können entfernt oder ausgetauscht werden. In die Bohle wurden einige Löcher für Niederhalter gebohrt.

Abb. 3 Dieser Haken hält Werkstücke, die zum Hobeln der Kante auf die Seitenleiste gestellt wurden.

Anleitung

Abb. 4 *Spannen Sie eine Parallelzwinge auf die Bank, um sie als vielseitige Zange zu nutzen.*

Abb. 5 *Ein Multi-Spannstock kann auf die Platte montiert werden.*

Abb. 6 *Ich habe an der Bank mit der Zeit Anpassungen und Ergänzungen vorgenommen. So habe ich ein Paar kräftige Dübel an der Unterseite gesetzt, die in Löcher auf den Böcken greifen und die Bank bei schwerem Hobeln daran hindern zu verrutschen.*

zwinge auf. Das funktioniert gut und hält, anders als viele Zangen, auch konische Werkstücke (Abb. 4). Um Werkstücke zu halten, die geformt werden müssen, kann man durch eines der Löcher in der Platte einen Tischlerspannstock/Multispannstock auf die Bank spannen und so eine Vielzahl von Arbeitspositionen entlang der Bank ermöglichen (Abb. 5).

Für manche komplexen Werkstücke und Operationen muss ich immer noch auf meine europäische Bank zurückgreifen, doch für die meisten Hobelaufgaben finde ich diese einfache Bank sehr vielseitig und viel schneller.

Abb. 7 *Ich habe eine Werkzeugablage hinter der Arbeitsplatte hinzugefügt und einen mit Schlitzen versehenen Anschlag montiert, gegen den ich arbeiten kann. Damit die Böcke bei starker Inanspruchnahme nicht wackeln, habe ich auf den Riegeln der Böcke einen Boden stramm eingelegt, um sie in ihrer Position zu fixieren, auch die Ablage unter Druck eingelegt und diagonale Streben hinzugefügt. Sie haben in der Mitte eine Kreuzüberblattung und sind an den Enden ausgeklinkt, um an dem aufgezapften Querholz und dem Riegel der Böcke eine gute Passung zu erreichen. Sie helfen, die Konstruktion auszusteifen. Alles lässt sich ohne Werkzeuge auseinanderbauen.*

Abb. 8 *Die Hobelbank an ihrem Platz in der Werkstatt. Wenn sie nicht verwendet wird, liegt sie hier auf meinen Werkzeugkisten.*

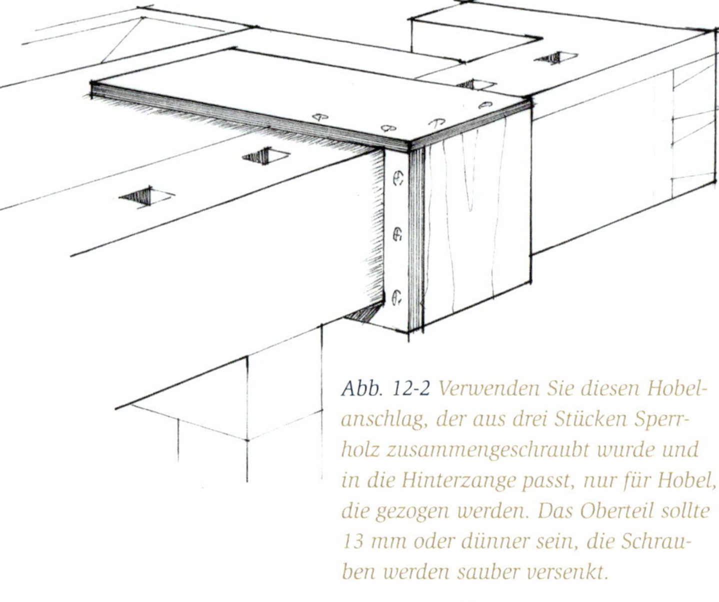

Abb. 12-2 *Verwenden Sie diesen Hobelanschlag, der aus drei Stücken Sperrholz zusammengeschraubt wurde und in die Hinterzange passt, nur für Hobel, die gezogen werden. Das Oberteil sollte 13 mm oder dünner sein, die Schrauben werden sauber versenkt.*

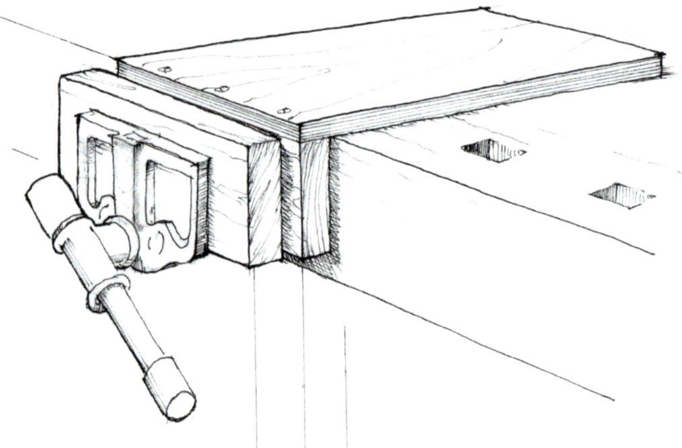

Abb. 12-3 *Für Hobel, die gestoßen werden, wird dieser einfache Hobelanschlag in die Vorderzange eingespannt. Das Oberteil ist 13 mm oder dünner. Das Brett, das in die Zange gespannt wird, sollte aus Vollholz sein, 19 mm oder dicker.*

Um die Kanten von langen und schmalen Werkstücken zu hobeln, die sich bei unzureichender Unterstützung verbiegen werden, spanne ich eine 100 mm Parallelzwinge in die Hinterzange (Abb. 12-4). Auf die Seite eines Arms der Zwinge habe ich ein Stück Furnier geklebt (Abb. 12-5). Das Furnier ermöglicht die freie Einstellung des anderen Arms, wenn die Zwinge in der Zange gehalten wird. Wenn ich die Zwinge verwende, stelle ich die Öffnung zunächst so ein, dass sie mit dem Werkstück übereinstimmt. Ich setze die Zwinge dann in die Hinterzange ein und zwar in einer Höhe, die auf das Werkstück abgestimmt ist (so, dass die Zwinge weniger über die Platte herausragt als die Stärke des Werkstückes). Ich ziehe zunächst die Hinterzange an, um die Zwinge zu halten und dann die Zwinge, um das Werkstück zu halten.

Toter Mann und andere Helfer

Um die Kanten von langen und breiten Werkstücken zu hobeln, können Sie für Stücke bis zu einer Länge von 1,5 m die Vorderzange benutzen, wenn sie nicht so schmal sind, dass sie sich beim Hobeln verbiegen. Längere Werkstücke müssen unterstützt werden. Es gibt mehrere Wege, dies zu tun. Der erste besteht darin, eine Unterstützung in die Bank einzubauen. Das setzt voraus, dass Sie Ihre eigene Bank bauen oder bereit sind, an einer vorhandenen Bank größere Veränderungen vorzunehmen.

Abb. 12-4 *Eine Parallelzwinge in der Hinterzange ist eine vielseitige Möglichkeit, um Werkstücke beim Hobeln zu halten.*

Abb. 12-5 *Leimen Sie ein Stück Furnier auf die Seite eines Arms, um so den anderen Arm freizustellen, damit er bewegt werden kann, während die Zwinge in die Hinterzange eingespannt ist.*

Eine Möglichkeit, die Vielseitigkeit der europäischen Bank zu vergrößern, besteht darin, die Beine des Gestells bündig mit der Vorderkante der Platte abschließen zu lassen und eine Reihe von 19-mm-Löchern in das vordere rechte Bein zu bohren. Dies ermöglicht es, Werkstücke einer Breite von bis zu 90 cm (wie etwa ein Türblatt oder eine Tischplatte) an der Kante auf einem Holznagel oder mit einem Niederhalter zu unterstützen, der in eines der Löcher gesteckt wurde. Das linke Ende wird in der Vorderzange eingespannt und das rechte Ende ruht auf dem Dübel oder Niederhalter. Sie können auch noch Löcher in das linke Bein bohren, wie hier zu sehen, um schwere Werkstücke vor dem Einspannen in der Zange aufzulegen, doch das ist nicht erforderlich. Diese Methode funktioniert bei Werkstücken, die von einem Bein bis zum anderen reichen.

Für kürzere Stücke wird eine Art Helfer benötigt, im Englischen auch als „Toter Mann" (dead man) bekannt. Wenn Sie Ihre eigene Bank bauen, können Sie an der Front zwei Riegel einbauen, einen unten und einen oben, mit einer Gleitleiste für eine verschiebbare Auflage, wie man sie in ähnlicher Form an Shaker-Bänken findet. Es handelt sich um ein Brett von 15–20 cm Breite mit einer Reihe versetzt angeordneten Löchern, das auf den Schwingen des Gestells hin und her gleitet (Abb. 12-6). Einige der Löcher haben die gleiche Höhe wie die Löcher, die Sie an den Beinen angebracht haben. Falls Sie die Option (oder Energie) nicht haben, die Beine Ihrer Bank zu bauen oder zu erneuern, kann auch ein tragbarer Helfer gebaut werden, für den mehrere Entwürfe existieren (Abb. 12-7).

Abb. 12-6 Diese Hobelbank im europäischen Stil hat Bohrungen an den Beinen und eine verschiebbare Auflage, die auf den beiden Schwingen gleitet, um lange und breite Werkstücke beim Abrichten der Kante zu unterstützen.

Abb. 12-7 Bankknecht

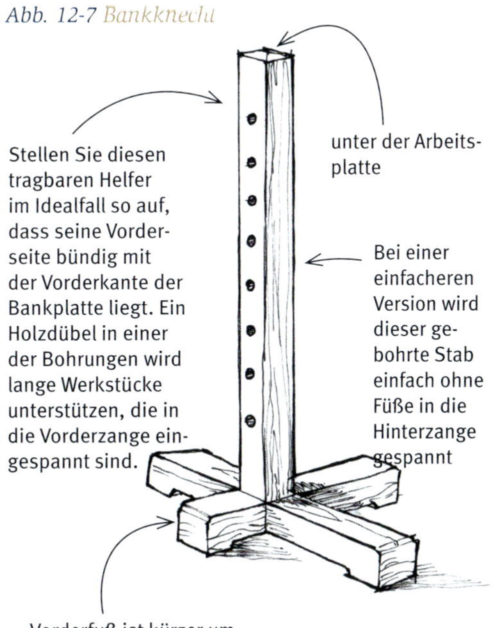

Bankhaken

Ich habe mehrere Empfehlungen für Bankhaken. Zuerst sollten Sie die Metallbankhaken los werden, die mit der Bank geliefert werden. Früher oder später – wahrscheinlich eher früher – wird Sie Ihr Hobeleisen finden, oft bei hoher Geschwindigkeit. Das reißt dann nicht nur große Stücke an der Schneide heraus, es beschädigt auch die Sohle des Hobels.

Dabei wird angenommen, dass Sie den Hobel nicht nur auf einen Bankhaken setzen und sich dabei eine Scharte in der Schneide holen oder die Sohle beschädigen. Entfernen Sie alle Metallgegenstände von der Bank, einschließlich anderer Werkzeuge, besonders wenn Sie hobeln, denn sie neigen dazu, aneinander zu geraten. Machen Sie sich neue Bankhaken aus Holz; Sie können eine ganze Menge machen und einen in jedes Loch stecken, um Zeit zu sparen.

Eine gute Variante des Bankhakens ist einer, der konisch zuläuft und vorne eine Metallspitze hat (Abb. 12-8). Das ist besonders praktisch, wenn Werkstücke geformt oder gehobelt werden, die bei der Bearbeitung gedreht werden müssen. Die sicherste Variante hat vorne einen 75 mm Nagel (oder größer). Kipsen Sie den Nagel etwa 6 mm über der Oberfläche ab und feilen Sie ihn spitz zu. Wenn er ständig benutzt wird, nutzt sich der Haken oben durch den Hobel ab. Da nur in die Vorderseite ein Nagel eingelassen ist, wird Ihr Hobel kein Metall finden.

Noch schneller lässt sich dieser Haken herstellen, wenn man von hinten eine Schraube eindreht, bis sie vorne vorsteht. Wenn die gehobelten Werkstücke groß sind und Sie verwenden die Haken nur gelegentlich, werden die wahrscheinlich auch reichen, besonders wenn Sie eine Schraube mit kleinem Kopf verwenden und den Kopf versenken. Ich sage wahrscheinlich, denn wenn Sie am Ende die Haken doch oft benutzen, können Sie den Kopf des Hakens mit der Zeit abhobeln und irgendwann mit Ihrem Hobeleisen doch auf den Schraubenkopf treffen.

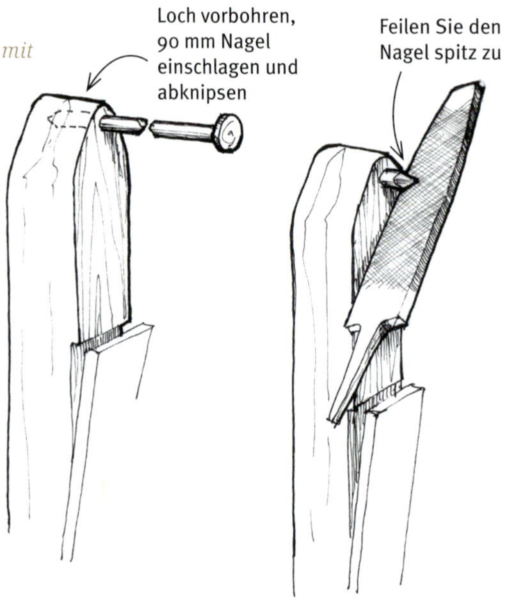

Abb. 12-8 *Bankhaken mit angespitztem Kopf*

Loch vorbohren, 90 mm Nagel einschlagen und abknipsen

Feilen Sie den Nagel spitz zu

Abb. 12-9 *Drei Varianten der Stoßlade. Links: Die leicht geneigte Rampe verteilt die Abnutzung bei der Bearbeitung von dünnen Werkstücken über einen weiteren Bereich des Hobeleisens. Mitte: mit einer parallel laufenden Rampe können auch dickere Werkstücke bestoßen werden. Bei diesen beiden Stoßladen wurden die Anschläge eingegratet. Die Stoßlade auf der rechten Seite ist eine ganz einfache Version, bei der ein Stück 6 mm Hartfaserplatte die Rampe herstellt und die Anschläge aufgeschraubt wurden.*

Stoßlade

Wahrscheinlich ist eine Stoßlade oder ihr naher Verwandter, die Schneidlade das effektivste Zubehör für jede Bank (Abb. 12-9). Ich habe diese Vorrichtung lange unterschätzt, aber mehr und mehr ihre Geschwindigkeit und Vielseitigkeit schätzen gelernt. Ihre Hauptverwendung ist das Bestoßen von Hirnholzenden, entweder im rechten Winkel (wahrscheinlich am praktischsten) oder in einem anderen Winkel, wie etwa 45°, und zwar auf einer genau für diesen Winkel gemachten Lade.

Von der Verwendung einer Stoßlade kann Ihre Genauigkeit sehr profitieren. Sie können mit jedem Stoß einen Span abnehmen, der vielleicht nur eine Stärke von einem Hundertstel Millimeter hat und so extrem präzise arbeiten. Da der Anschlag die Fasern an der Rückseite des Werkstückes unterstützt, müssen Sie sich keine Sorgen machen, dass Ihr Werkstück an der Rückseite des Schnittes ausreißt (im nächsten Kapitel werde ich die Herstellung und Verwendung einer Stoßlade beschreiben).

Aushobeln

Vor der Ankunft von Maschinen hobelten Holzhandwerker fast jeden Tag Teile aus, manchmal den ganzen Tag lang. Diese Aufgabe wurde bis weit ins zwanzigste Jahrhundert hinein in vielen Teilen der Welt von Hand bewältigt (und ich bin mir sicher, in einigen Teilen auch heute noch).

Als ein bemerkenswertes Beispiel sei hier Edward Barnsley genannt, der Möbelbauer der englischen Arts-and-Craft-Bewegung, der bis in die späten 1950er-Jahre der Einführung von Maschinen in seiner Werkstatt widerstand. Er glaubte, dass Maschinen die Natur der Arbeit verändern würden und die Freude der Handwerker an ihr, und deswegen hobelte er bis in diese Zeit hinein die Bohlen von Hand.

Wenn Sie diese Aufgabe jemals gemacht haben, werden Sie die Bedeutung der Variationen bei den Taktiken von mittellangen Schlichthobeln, Raubänken und Putzhobeln erkennen. Das Aushobeln ohne eine korrekte Vorbereitung dieser Hobel ist nicht nur schwierig, es ist beinahe unmöglich. Ein Handwerker konnte das sicher nicht jeden Tag machen, den ganzen Tag lang, ohne die Einrichtung seiner Hobel und die Reihenfolge ihrer Verwendung entwickelt und verstanden zu haben.

Heutzutage ersparen uns Maschinen weitgehend den Aufwand, von der rohen Bohle bis hin zu den Fertigmaßen von Hand auszuhobeln. Doch manchmal müssen Sie Bretter abrichten, die für Ihre Maschinen zu groß sind. Meist ist es die Abrichte, die zu klein ist.

Wenn man diese Techniken anwendet, um eine Seite abzurichten und das Werkstück danach durch die Dickte zu schieben, dann erhöht das Ihre Vielseitigkeit und es erlaubt Ihnen Holz zu verwenden, dass Sie sich andernfalls entgehen lassen müssten. Es nimmt nicht einmal so viel Zeit und Energie in Anspruch, wie Sie zunächst vermuten werden. Und dann kommt vielleicht der Augenblick, an dem Sie ein bestimmtes Stück Holz nicht entgehen lassen möchten, obwohl es in keine Ihrer Maschinen passt und Sie keine andere Wahl haben, die Schönheit dieser rauen Bohle anders zur Geltung zu bringen als durch die abschließenden polierenden Striche Ihres Handhobels. Hier sehen Sie, wie man es macht.

Richtscheit

Als Richtscheit können beliebige zwei Leisten dienen, die rechteckigen Querschnitt haben und lang genug sind, um sie über das Werkstück zu legen, das Sie prüfen wollen.

Die Leisten müssen gerade sein und jeweils zwei parallele Kanten haben. Um Holz zu prüfen, müssen diese Leisten nicht besonders fein sein: Sie können zwei Leisten aus Ihrem Restholz ziehen – sie müssen nicht einmal die gleiche Breite haben – solange sie gerade und parallel sind. Je länger sie sind, desto größer ist die Genauigkeit bei der Prüfung auf Parallelität, denn größere Länge betont den Verzug.

Wenn Sie ein feineres Werkzeug haben wollen, können Sie sich Richtscheite aus Holz oder Metall kaufen oder aber Ihre eigenen herstellen. Wenn Sie Ihre eigenen machen, dann ist das Prinzip einfach genug. Stiften Sie zwei Stücke Holz zusammen, sodass sie wieder getrennt werden können, richten Sie beide Kanten ab, ziehen sie die Holzstücke auseinander und kontrollieren sie, indem Sie die Kanten übereinander ans Licht halten. Jede Abweichung von der Geraden wird verdoppelt. Wenn irgendwo zwischen den Kanten Licht durchscheint, legen Sie die Leisten wieder zusammen und hobeln sie solange, bis kein Licht mehr zu sehen ist, wenn Sie die Kanten aneinander halten. Wenn die Stücke in der gleichen Orientierung verwendet werden, in der sie auch zusammengestiftet waren (machen Sie sich das zur Gewohnheit), wird es keinen Unterschied machen, selbst wenn sie etwas konisch gehobelt worden sein sollten, denn sie sind dann immer noch parallel zueinander (Abb. 1).

Um ein Paar Richtscheite herzustellen, wählen Sie zwei Stücke eines gut stehenden und ausreichend getrockneten Holzes, vorzugsweise mit stehenden Jahrringen (Mahagoni ist eine gute Wahl, wie auch geradwüchsige Eiche), sagen wir einmal etwa 40 mm breit und 13 mm stark und 450 mm lang. Legen Sie die Streifen übereinander, bohren Sie nahe der Enden je ein Loch durch beide Leisten und setzen durch beide Dübel ein. Leimen Sie die Dübel aber nur an einer Leiste fest, damit man die Leisten wieder auseinander ziehen kann. Es ist hilfreich, wenn man an den Köpfen die Innenseite etwas aushöhlt, um hier Ihre Daumen hineinzustecken und die Leisten auseinander zu drücken. Schrägen Sie die Leisten so weit ab, dass die Referenzkante etwa 3 mm breit ist, damit man sie leichter ablesen kann.

Ein paar Richtscheite

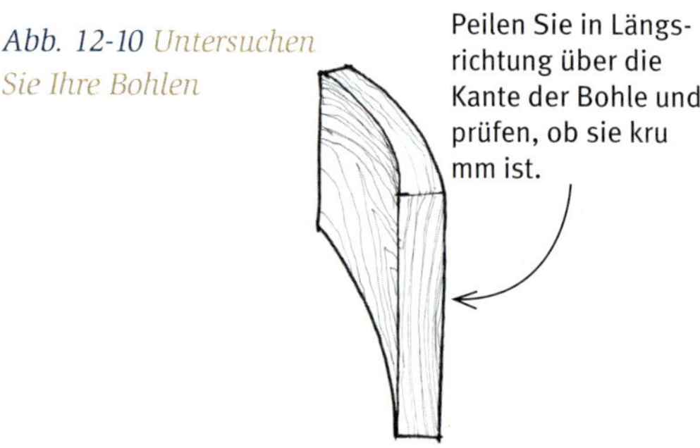

Abb. 12-10 *Untersuchen Sie Ihre Bohlen*

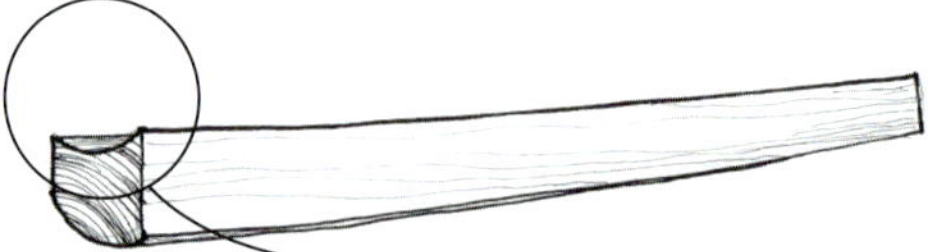

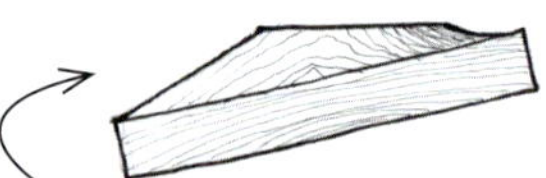

Abb. 12-11 *Richtscheite, einen auf jedem Ende des Brettes, werden helfen, um einen Verzug zu finden. Peilen Sie von einem Ende des Brettes an der Oberkante der Leisten entlang.*

Erste Seite abrichten: Schrupphobel und mittellange Schlichthobel

Bevor Sie mit der Arbeit beginnen, prüfen Sie das Werkstück, das gehobelt werden soll auf Krümmung, Verzug und Schüsselung, indem Sie in Längs- und Querrichtung über das Brett peilen (Abb. 12-10). Wenn die Verformung gering ist, werden Sie vielleicht ein Lineal oder Richtscheite brauchen, um festzustellen, wo und wie stark es verformt ist. Sie können Notizen oder Markierungen auf dem Brett anbringen, die anzeigen, was getan werden muss, und wenn Sie wollen, können Sie auch die hohen Stellen schraffieren, die abgehobelt werden sollen. Diese Technik kommt erst nach dem wiederholten Prüfen der Oberfläche mit einem Lineal und Richtscheiten sowie den Informationen, die Ihnen die Späne des Hobels geben.

Fixieren Sie das Brett mit Hilfe der Bankhaken auf der Bank. In der Regel haben Sie eine bessere Auflage und ein geringeres Risiko von Ausriss an den Kanten, wenn die gewölbte Seite oben liegt (Sie müssen vielleicht eine Ecke unterfüttern). Prüfen Sie mit Richtscheiten auf Verzug und Wölbung (Abb. 12-11).

Wenn Sie keine Bank europäischer Bauart mit Bankhaken haben, dann wird eine Arbeitsplatte mit zwei Anschlägen ausreichen: einen am Ende des Brettes und einen entlang der Seite, damit sich das Brett nicht seitlich verschiebt, wenn Sie diagonal hobeln (Abb. 12-12). Diese Anschläge können festgetackert werden, wenn es Sie nicht stört, Klammern in Ihre Arbeitsplatte zu schie-

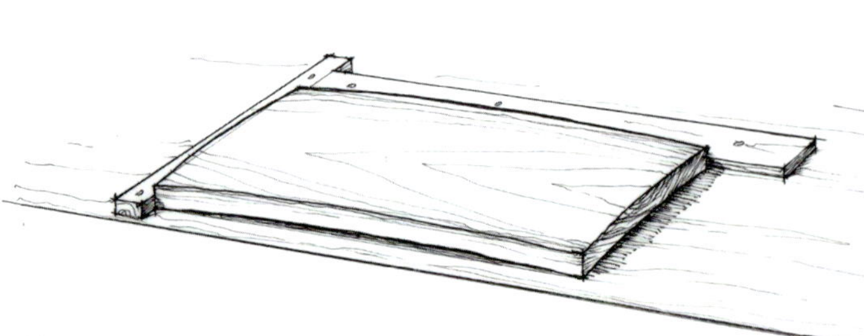

Abb. 12-12 *Wenn Sie keine Anschläge auf Ihrer Arbeitsplatte haben, können Sie Holz- oder Sperrholzstreifen anstiften oder mit Zwingen aufspannen, damit sich das Werkstück beim Hobeln nicht bewegt.*

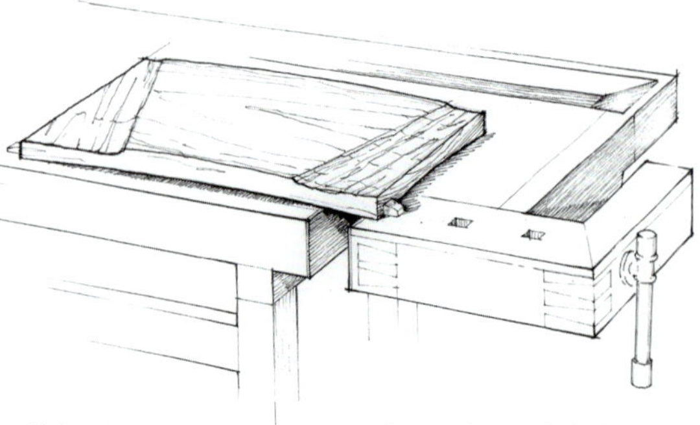

Abb. 12-13 *Beginnen Sie mit dem Schrupphobel: machen Sie beide Enden plan und zueinander parallel.*

Abb. 12-14 *Richten Sie die Enden des Brettes mit dem Schrupphobel ab und verwenden Sie Richtscheite, um zu prüfen, ob sie parallel sind.*

Abb. 12-15 *Peilen Sie über die Richtscheite, um auf Parallelität zu prüfen.*

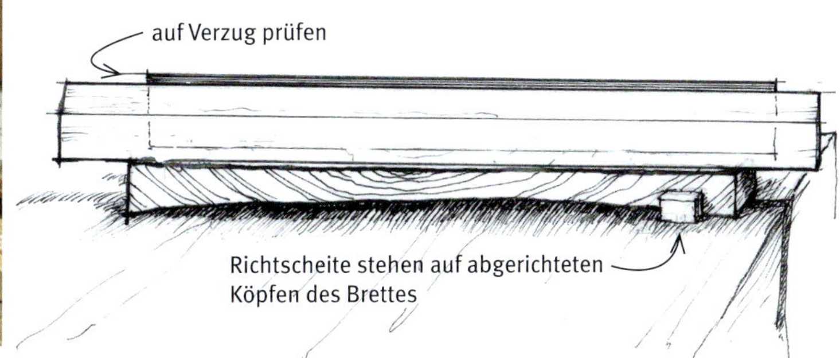

Abb. 12-16 *Der Bereich zwischen den planen und parallelen Enden kann nun mit den Schrupphobel entsprechend abgerichtet werden.*

ßen, oder mit Zwingen fixiert werden. Die Anschläge müssen dünner als das Brett sein, und Zwingen müssen ein gutes Stück zurückgesetzt sein, damit Sie sie beim Hobeln nicht treffen. (Breite Sperrholzstücke, die von der gegenüberliegenden Seite der Bank aus mit Zwingen befestigt werden, funktionieren gut.)

Richten Sie mit einem Schrupphobel die Wölbung an beiden Enden ab. Führen Sie den Hobel leicht diagonal zur Maserung, um nicht so viel Fasern auszureißen, wie dies beim Hobeln quer zur Faser der Fall wäre (Abb. 12-13). Abhängig von der Härte des Holzes und der Verformung des Brettes, kann der Schrupphobel auf eine Spanabnahme von etwa 2 mm oder weniger eingestellt werden.

Legen Sie Richtscheite auf die flachen Streifen an beiden Enden (Abb. 12-14) und prüfen auf Verzug. Peilen Sie dazu über die Oberkante der Leisten und senken Sie Ihren Blick, bis die beiden Oberkanten annähernd zusammen fallen (Abb. 12-15). Diese Kanten sollen parallel sein. Falls das nicht der Fall ist, hobeln Sie die hohen Ecken runter, halten dabei die Enden flach und gerade, bis die Leisten parallel liegen.

Sobald die Enden flach und parallel sind, kann der Bereich dazwischen entsprechend abgearbeitet werden (Abb. 12-16). Beginnen Sie in der Mitte (höchster Punkt der Wölbung) und richten Sie einen Bereich ab. Wiederholen Sie das und vergrößern Sie den planen Bereich schrittweise (Ab. 12-17). Arbeiten Sie mit gleichmäßigen Strichen über die gesamte Breite, die sich jedes Mal um die gleiche Weite überlappen (Abb. 12-18) und 12-19).

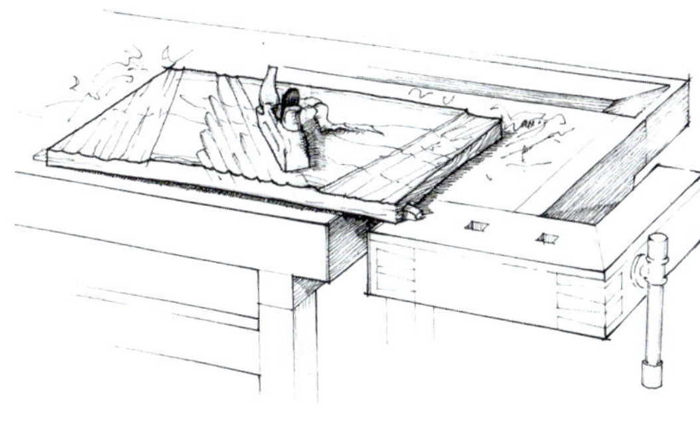

Abb. 12-17 *Beginnen Sie an einem hohen Punkt und richten einen Bereich ab.*

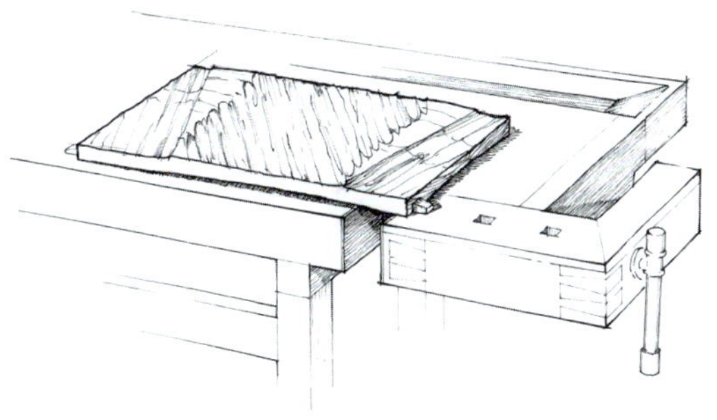

Abb. 12-18 *Hobeln Sie den Bereich erneut, vergrößern Sie dabei die Fläche.*

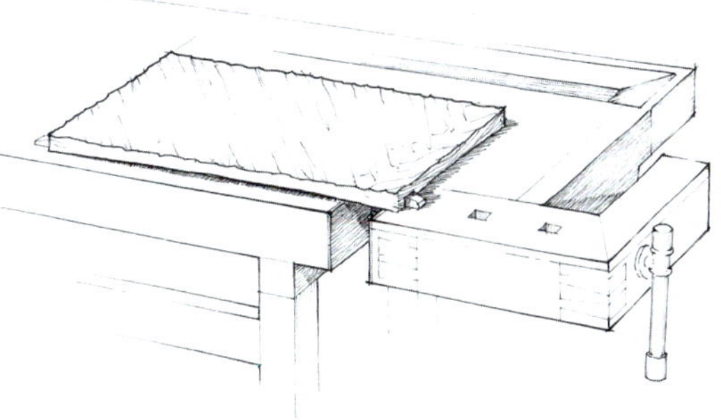

Abb. 12-19 *Gehen Sie wiederholt über den Bereich und vergrößern ihn schrittweise, bis er auf dem Niveau der abgerichteten Streifen an den Enden des Brettes liegt.*

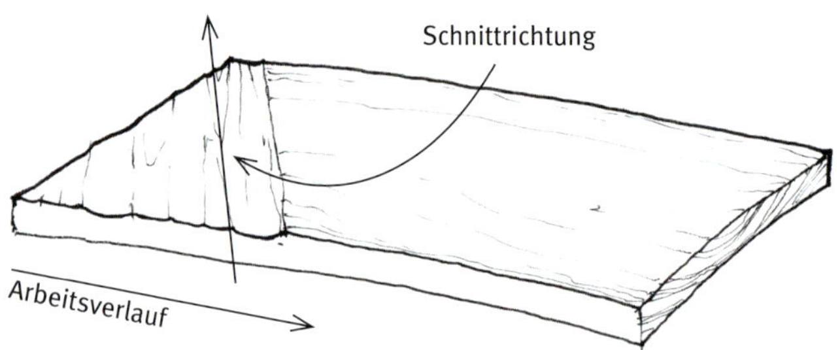

Abb. 12-20 Rechtshänder beginnen links

Abb. 12-21 Hobeln Sie den Rest des Brettes runter, damit er auf dem Niveau der inzwischen flachen und parallelen Enden liegt.

Abb. 12-22 Prüfen Sie die Fortschritte Ihrer Arbeit wiederholt mit einer Richtlatte.

Abb. 12-23 Der Schlichthobel verbessert die raue Oberfläche, die der Schrupphobel hinterlassen hat.

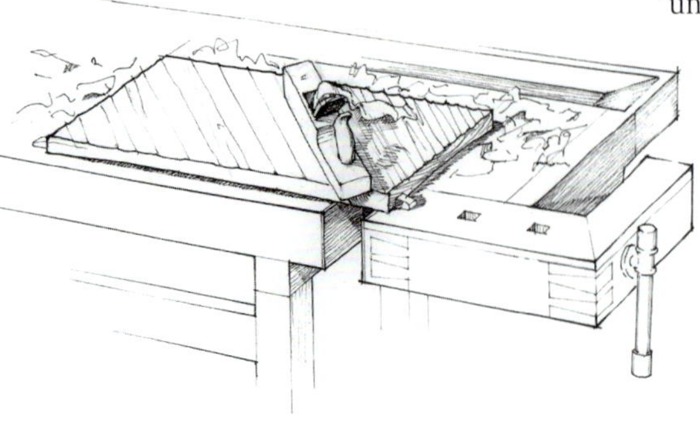

Abb. 12-24 Verwenden Sie einen Schlichthobel, um die vorstehenden Grate des Schrupphobels zu beseitigen und die Oberfläche weiter zu verfeinern.

Arbeiten Sie diagonal zur Maserung (normalerweise etwa 45°). Dadurch verringern Sie Ausriss und Aufsplittern auf der gegenüberliegenden Seite, was bei der Abnahme von so viel Holz leicht passieren kann.

Es wird das Hobeln auch physisch einfacher machen. Arbeiten Sie immer mit der Maserung: wenn Sie zum Beispiel mit dem Brett zu Ihrer Rechten an der Hobelbank stehen und bereit sind zum Hobeln, beginnen Sie am linken oder entfernten Ende des Brettes und arbeiten dann in Richtung auf Sie selbst, dabei wird jeder Strich etwas weiter nach rechts gesetzt (Abb. 12-20). Fahren Sie fort, um den flachen Bereich zu vergrößern, bis er die abgerichteten Enden erreicht und mit ihnen bündig ist (Abb. 12-21).

Prüfen Sie an mehreren Stellen, ob die Fläche plan ist und peilen Sie über die Richtscheite. Prüfen Sie, ob das Brett in Längsrichtung gerade ist, indem Sie entlang peilen oder eine Richtlatte verwenden (Abb. 12-22). Korrigieren Sie nach Bedarf.

Sobald das Brett insgesamt relativ plan ist, entfernen Sie die Grate, die der Schrupphobel hinterlassen hat, mit einem mittellangen Schlichthobel.

Arbeiten Sie systematisch, jeder Strich soll leicht überlappen und erhalten Sie die Planheit, die mit dem Schrupphobel hergestellt wurde. Arbeiten Sie diagonal, wie bereits mit dem Schrupphobel (Abb. 12-23 und 12-24).

Bestätigen Sie, dass Sie mit dem mittellangen Hobel durch sind, indem Sie auf Verzug und Geradheit kontrollieren. Bearbeiten Sie mögliche hohe Stellen. Sobald das Brett als plan gelten kann und nicht wackelt, wenn es mit dem Gesicht nach unten auf einer planen Unterlage liegt, können Sie es mit der abgerichteten Seite nach unten durch eine Dickte schieben (Abb. 12-25). Sie haben nun die Handbearbeitung abgeschlossen – außer, Sie haben keine Dickte oder keine, die groß genug für dieses Brett ist. Dann werden Sie zur Raubank greifen müssen und damit fortfahren.

Mit der Raubank fortfahren

Anders als mittellange Schlichthobel oder Schrupphobel wird die Raubank normalerweise mit der Faser verwendet (eher als diagonal zu ihr), zumindest am Anfang. Auch hier gilt, arbeiten Sie systematisch, lassen Sie die Striche vorsichtig überlappen, beginnen Sie an einer Seite des Brettes und arbeiten über die gesamte Breite und wieder zurück (Abb. 12-26). Versuchen Sie, alle Teile des Brettes gleichmäßig zu bearbeiten und hobeln Sie in Faserrichtung. Wenn Sie große Bereiche mit Ausriss feststellen sollten, drehen Sie das Brett und schauen, ob Sie in der anderen Richtung weniger haben.

Wenn Sie kleine Bereiche mit Ausriss haben sollten, dann wird ein Drehen des Brettes Sie wohl nicht weiterbringen. Wahrscheinlich handelt es sich um einen plötzlichen Richtungswechsel in den Fasern, und ein Drehen des Brettes wird nur Ausriss auf der anderen Seite der Stelle verursachen, an der die Richtung sich ändert. Wenn der Ausriss besonders stark ist, können Sie das Hobeleisen ein wenig zurückstellen, wenn das Brett flacher wird und so einen dünneren Span abnehmen (ein bisschen Ausriss wird man in diesem Stadium akzeptieren können, denn der Putzhobel und, falls erforderlich, ein Füllungshobel (panel plane) werden das beseitigen.

Wenn der Ausriss immer noch stark sein sollte, schärfen Sie nach dem Abrichten wieder das Eisen und gehen noch einmal mit feiner Spanabnahme über die Oberfläche, um möglichst viel Ausriss zu entfernen. Prüfen Sie gelegentlich, ob das Brett plan ist. Am schnellsten geht das, wenn Sie die untere Kante der Raubank gegen die Oberfläche des Brettes halten, den Hobel auf der langen Kante neigen und dann nach Licht zwischen ihr und der Oberfläche schauen; dies sind die tiefen Stellen (Abb. 12-27). Tiefe Stellen machen sich auch bemerkbar, weil die Raubank an ihnen nicht greift. Bearbeiten Sie die gesamte Fläche gleichmäßig, um sie auf Kurs zu bringen.

Wenn Sie ein sehr breites Brett oder eine Füllung haben, müssen Sie die Raubank vielleicht gegen die Faser einsetzen, bis der Hobel an allen Bereichen einen Span abnimmt. Hohe Bereiche müssen ggf. diagonal bearbeitet werden, wie bei einem Schlichthobel. Schließen Sie die Bearbeitung mit der Raubank ab, indem Sie mit der Faser hobeln, bis alle Bereiche gehobelt sind und die Oberfläche des Brettes plan ist.

Abb. 12-25 Das Brett wurde mit dem Schlichthobel abgerichtet, es ist jetzt bereit für die Dickte oder die Raubank.

Abb. 12-26 Die Raubank beseitigt die Oberflächenstruktur, die der Schlichthobel hinterlassen hat und macht das Brett gerade und plan.

Abb. 12-27 Sie können die Kante der Sohle als Lineal verwenden, um das Werkstück zu prüfen.

Abb. 12-28 *Der erste von zwei Putzhobeln, ein japanischer Hobel mit 70-mm-Eisen und einem Schnittwinkel von 40°, wird verwendet, um die Oberfläche zu glätten, welche die Raubank an diesem Kirschbaumbrett hinterlassen hat.*

Abb. 12-29 *Abschließendes Putzen mit einem ganz fein eingestellten japanischen Hobel, dessen 70-mm-Eisen einen Schnittwinkel von 43° hat.*

Abb. 12-30 *Eine stark gekrümmte Kante wird mit einer kurzen Raubank begradigt.*

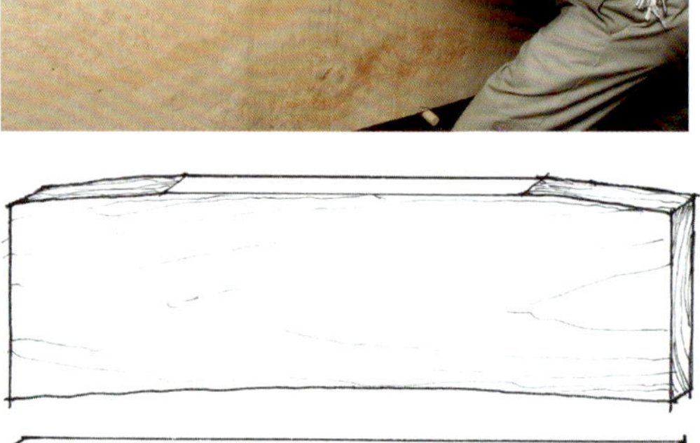

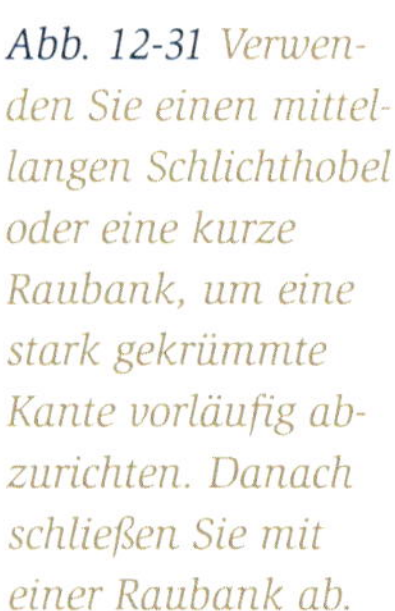

Abb. 12-31 *Verwenden Sie einen mittellangen Schlichthobel oder eine kurze Raubank, um eine stark gekrümmte Kante vorläufig abzurichten. Danach schließen Sie mit einer Raubank ab.*

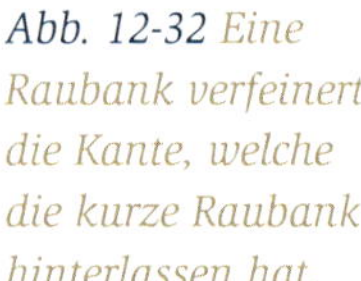

Abb. 12-32 *Eine Raubank verfeinert die Kante, welche die kurze Raubank hinterlassen hat.*

Die erste Seite putzen

Sobald die Raubank einen durchgehenden Span über die ganze Fläche abnimmt und diese plan ist, können Sie zum Putzhobel übergehen. Meine bevorzugten Putzhobel kommen aus Japan, doch was auch immer Sie haben und funktioniert ist prima (Abb. 12-28). Wenn Sie einen Hobel japanischer Bauart nach solchen westlicher Bauart einsetzen, wie hier geschehen, müssen Sie vielleicht das Brett wenden, um Ausriss zu reduzieren.

Der Schnitt, den eine Raubank hinterlässt, ist vergleichsweise rau, daher mag es praktischer sein, zwei Putzhobel einzusetzen. Einer ist stärker eingestellt und entfernt die Spuren der Raubank, darauf folgt ein besonders fein eingestellter Hobel zur abschließenden Bearbeitung (Abb. 12-29). Alternativ hierzu können Sie auch Ihren Putzhobel neu einstellen.

Wenn die Oberfläche zu Ausriss neigt, verwenden Sie am besten einen Füllungshobel – einen breiten und langen Putzhobel mit einer Sohle, die wie ein Hobel zum Fügen eingestellt ist –, um die Oberfläche nach der Raubank zu bearbeiten. (siehe „Füllungshobel" auf S. 78.) Er wird einen Großteil des Ausrisses beseitigen und dabei die Fläche noch genauer abrichten. Der darauf folgende Putzhobel kann dann viel feiner eingestellt werden als ansonsten möglich, und Ausriss verringern oder beseitigen. Manchmal verwendet man bei schwierigen Stücken noch einen weiteren Putz- oder Polierhobel. Das wäre dann Ihr bester Hobel, der extrem fein eingestellt wird.

Dem abschließenden Putzen der ersten Seite kann man auch etwas aufschieben, bis die zweite Seite so weit ist, um zu verhindern, dass die Oberfläche der ersten Seite bei Bearbeitung der zweiten beschädigt wird.

Kanten und zweite Seite hobeln

Als nächstes werden die gegenüberliegende Seite oder die beiden Kanten bearbeitet, ganz wie Sie möchten. Wenn das Brett komplett von Hand bearbeitet wird, werden meist die Kanten als nächstes angegangen. Das reduziert die Breite, hinterlässt eine kleinere Fläche, die bearbeitet werden muss (das bedeutet weniger Arbeit), und es macht es einfacher, die Stärke anzureißen, da die Kante danach glatt und nicht länger sägerau ist.

Wenn das Brett aber sehr breit ist und in etwa die gleiche Breite wie im rohen Zustand behalten soll, mag es am besten sein, zuerst die zweite Seite zu bearbeiten; das Brett muss unter Umständen quer zur Faser bearbeitet werden und dabei können die Kanten ausreißen. Bearbeiten Sie die Kanten besser später, um Ausriss zu entfernen.

Um eine Kante zu hobeln, spannen Sie das Brett in die Vorderzange. (Wenn Sie eine einfache Hobelbank haben, wie ich sie beschrieben habe – siehe S. 214 – und vorne einen Haken angebracht haben, um Bohlen beim Fügen zu halten, können Sie die auch benutzen). Wenn die Kante gar nicht gerade ist, benutzen Sie einen Schlichthobel oder eine kurze Raubank, um die hohen Stellen abzutragen und dann den geraden Abschnitt schrittweise zu verlängern, bis er über die gesamte Länge des Brettes reicht (Abb. 12-30 und 12-31).

Nachdem die Kante grob begradigt wurde, fügen Sie mit der Raubank in einem durchgehenden Strich die Kante (Abb. 12-32). Wenn der Hobel einen durchgehenden Span in ganzer Breite abnimmt, prüfen Sie, ob die Kante rechtwinklig ist. Korrigieren Sie bei Bedarf.

Wenn die erste Kante fertig ist, reißen Sie die Breite mit einem großen Streichmaß an (wenn Sie von Hand sägen) und schneiden das Brett auf Breite. Schneiden Sie etwa 0,8 mm breiter, wenn Sie eine Tischkreissäge verwenden, und etwa 2 mm breiter, wenn Sie von Hand sägen, je nachdem wie genau Sie sägen können.

Wenn Sie das Brett von Hand geschnitten haben, hobeln Sie die Kante runter, bis Sie etwa 0,8 mm vom Riss entfernt sind. Prüfen Sie, ob die Kante im rechten Winkel ist, korrigieren bei Bedarf und hobeln bis zum Riss. Wenn beide Kanten fertig sind, reißen Sie die gewünschte Stärke rundherum am Werkstück an (Abb. 12-34). Wiederholen Sie das auf der ersten Seite angewandte Procedere auch auf der zweiten Seite, abgesehen davon, dass die Enden nun nicht zuerst abgerichtet und mit Richtscheiten kontrolliert werden müssen. Bearbeiten Sie das gesamte Brett, machen Sie an hohen Punkten extra Striche, um die gesamte zweite Seite parallel zur ersten zu machen. Danach bringen Sie die ganze Seite runter auf den Riss (Abb. 12-35). Damit ist die Arbeit an der Oberfläche des Brettes abgeschlossen.

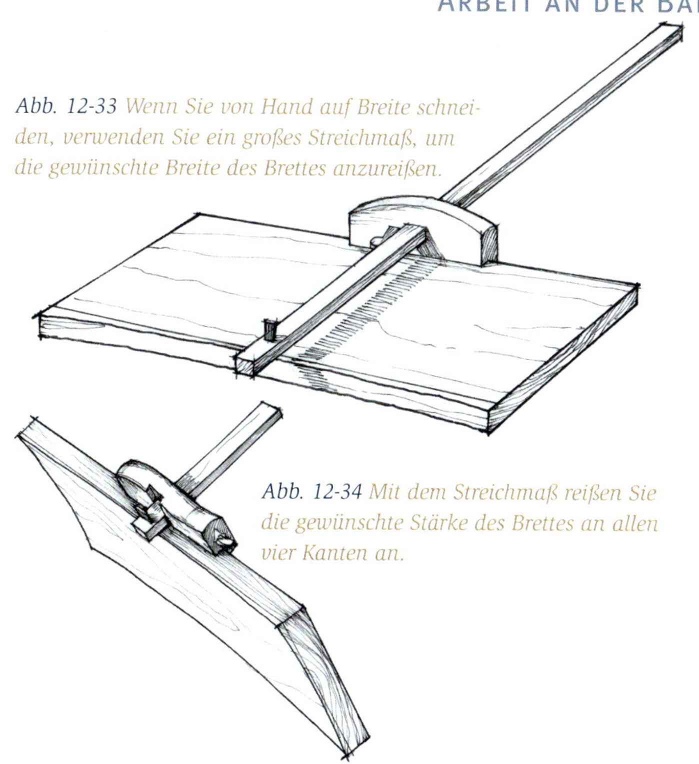

Abb. 12-33 *Wenn Sie von Hand auf Breite schneiden, verwenden Sie ein großes Streichmaß, um die gewünschte Breite des Brettes anzureißen.*

Abb. 12-34 *Mit dem Streichmaß reißen Sie die gewünschte Stärke des Brettes an allen vier Kanten an.*

Abb. 12-35 *Oberfläche des Brettes abschließen*

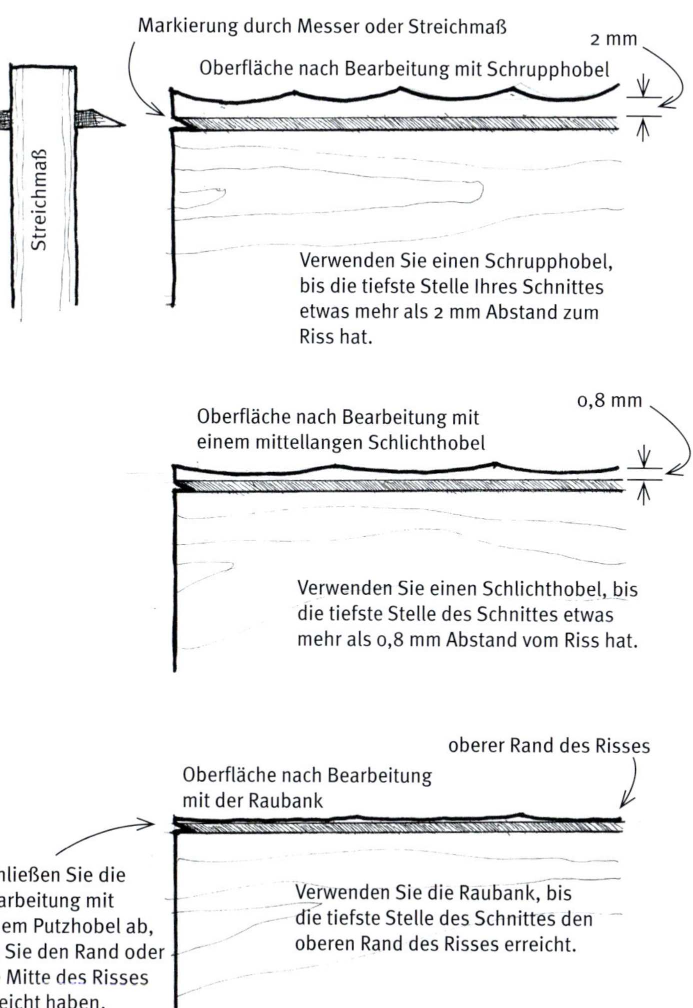

Andere Vorbereitungen mit dem Handhobel

Heutzutage werden nur wenige Holzhandwerker damit konfrontiert sein, ein Brett ganz von Hand auszuhobeln – vielleicht nur ein spezielles Brett, das nicht in die Maschine passt. Wahrscheinlicher werden Sie Bretter putzen, die mit Maschinen vorbereitet wurden, und die Schläge der Hobelmesser entfernen. Dies wird meist mit einem oder zwei Putzhobeln gemacht, die mit Maschinenspuren aufräumen. Größere Werkstücke profitieren von einer Bearbeitung mit dem Füllungshobel.

Stücke mit schwieriger Maserung können mit zwei Füllungshobeln vorbereitet werden, der zweite wird dabei feiner eingestellt, um möglichen verbliebenen Ausriss zu entfernen. Bei zähen und harten Hölzern können größere Fehler mit einem Hobel beseitigt werden, der einen Schnittwinkel von 55 oder 60° hat, gefolgt von einem Stanley Nr. 80, einem beidhändig geführten Schabhobel. Wenn es nur kleine Fehler sind, können Sie direkt das Modell Nr. 80 nehmen. Fahren Sie anschließend einmal mit einer Ziehklinge über das Brett. Ein besserer Plan ist es, nach dem Nr. 80 einen Ziehklingenhobel zu verwenden, um die leichten Wellen zu entfernen, die der Nr. 80 hinterlassen hat. Noch einmal leicht mit einer Ziehklinge über die Fläche gehen, reicht meist.

Manche Hölzer lassen sich schnell und ohne Schwierigkeiten hobeln und die Fläche, die der Hobel dabei hinterlässt, ist fantastisch. Andere sind nicht nur schwierig zu hobeln, sondern scheinen sich durch Hobeln kaum verbessern zu lassen. Für sie und für weniger kritische Stücke, wie etwa Fachböden, kann es am effizientesten sein, mit einem Schabhobel und Ziehklingen zu arbeiten und nur dort zum Hobel greifen, wo es mit einer Ziehklinge einfach zu lange dauern würde.

Kante anfügen

Eine lange Kante zu hobeln, um sie zum Verleimen zu begradigen, nennt man fügen. Für die meisten Leute ist es eine der frustrierendsten Aufgaben der Holzbearbeitung. Schärft man die Schneide einer Raubank zu einer ganz leichten Kurve, wird diese Aufgabe aber machbar. Ich mag diese Technik mehr als alle anderen, die ich ausprobiert habe (siehe „Techniken zum Fügen einer Kante" auf S. 226).

Um eine Kante zu begradigen, konzentrieren Sie Ihre Aufmerksamkeit und Energie auf die Schneide. Der Span muss (mit der Zeit) durchgehend sein, volle Breite haben und darf nicht unterbrochen sein.

Am Beginn wird Ihre meiste Energie irgendwo sein, nur nicht an der Kante. Dies verursacht angespannte Muskeln, verkrampfte Hände, Schultern und Rückenmuskeln und auch schnelle Ermüdung. Mit der Zeit werden Sie Ihre Energie effizienter nutzen. Es werden keine Muskeln angespannt, außer denen, die man zur Bearbeitung der Kante braucht, und man wird keine Bewegung verschwenden. Sie werden in der Lage sein, dies den ganzen Tag lang zu machen und sich am Ende des Tages besser fühlen, als nach einem Tag am Schreibtisch.

In der Praxis bedeutet dies, muss man sich an folgende Dinge halten:

- Die Körperhaltung muss ausgeglichen sein und zwar vom Ansatz bis zum Ende des Striches.
- Das Werkstück darf weder zu hoch noch zu tief liegen. Für eine Person, die etwa 172 bis 178 cm groß ist, sollte die Kante auf einem Niveau von 86 cm über dem Boden liegen; weniger, wenn Sie kleiner sind, und mehr, wenn Sie größer sind.
- Der Druck auf dem Hobel muss am Beginn des Striches vorne liegen und am Ende hinten, er wird während des Striches verlagert.

Sie können üben, indem Sie am Beginn der Kante die vordere Hälfte des Hobels nur mit der linken Hand halten und dabei das Gewicht des hinteren Bereichs hoch hebeln.

Üben Sie das gleiche und halten den hinteren Teil des Hobels lediglich mit Ihrer rechten Hand und hebeln den am Ende des Brettes frei schwebenden vorderen Teil des Hobels. Üben Sie, Ihr Gewicht ruhig zu verlagern, indem Sie bewusst zuerst eine Hand und dann die andere abnehmen, während der Strich fortschreitet. Jedes Mal, wenn Ihr Hobel beim Ansatz oder Ende eines Striches unbeabsichtigt abfällt, üben Sie diese Gewichtsverlagerung noch etwas.

Anleitung

Techniken zum Fügen

1 Eine der Hauptschwierigkeiten beim Fügen einer Kante ergibt sich, wenn die Kante nicht rechtwinklig ist. Wenn Sie eine gerade Schneide haben, müssen Sie versuchen, den Hobel dann im rechten Winkel zur Fläche zu halten, also praktisch auf der Kante des Brettes, und diese schmale Kante dann wiederholt im gleichen Winkel bearbeiten.

1

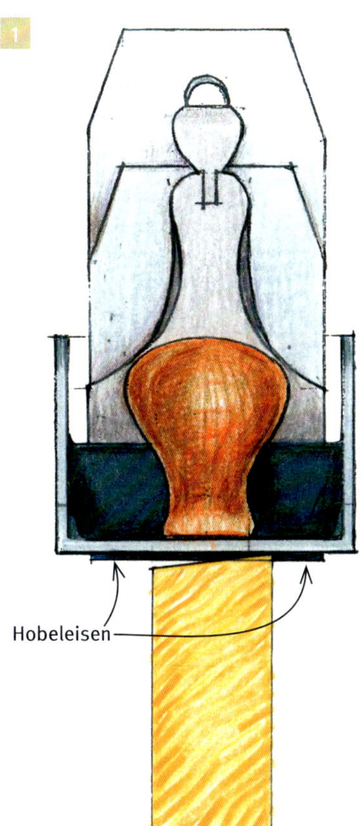

2 Sie können, wie es manchmal empfohlen wird, auch zwei Bretter zusammenspannen. Dann werden diese den gleichen Winkel haben, auch wenn sie nicht im rechten Winkel zur Fläche stehen. Die beiden Bretter werden dann aufgeklappt und ihre komplementären Winkel ergeben zusammen null Grad. Es gibt aber zwei große Probleme mit dieser Methode.

3 Das erste Problem besteht darin, dass sich jede Abweichung von der Geraden beim Verleimen der Bretter verdoppeln wird. Um dies zu korrigieren, müssen die Bretter ausgespannt und geprüft, dann wieder eingespannt und nachgehobelt, schließlich erneut ausgespannt und kontrolliert werden, und das unter Umständen mehrere Male. Das zweite Problem besteht darin, dass die Bretter beim erneuten Einspannen jeweils perfekt ausgerichtet werden müssen, ansonsten wird diese Methode überhaupt nicht funktionieren. Das ist ermüdend und nimmt viel Zeit in Anspruch.

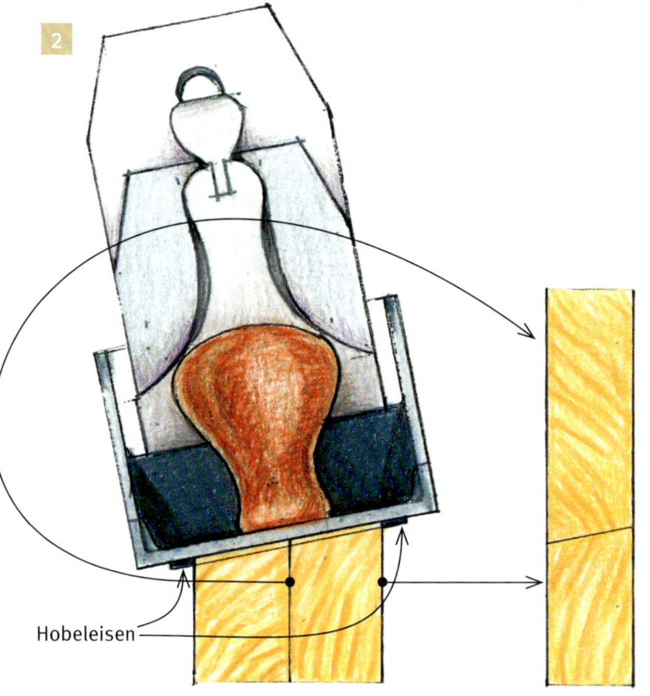

4 Sie können auch immer nur ein Brett hobeln und die Bretter so markeieren, dass sie nach dem Fügen gestürzt werden, damit sich die Winkel ihrer Kanten beim Verleimen gegenseitig ergänzen und ein planes Brett ergeben. Während Sie herausfinden, dass Sie die eine oder andere Seite wiederholt bevorzugen, wird diese Technik nur dann durchgehend funktionieren, wenn eine Fügelade verwendet wird. Ohne Fügelade hat diese Technik ihre Probleme, selbst wenn Sie wiederholt eine Seite bevorzugen. Wenn die gerade Schneide Ihres Hobels nicht parallel zur Sohle steht, wird jeder Strich diese Abweichung vergrößern. Wenn Sie die Kanten eines Brettes häufiger als die des anderen hobeln, dann werden Ihre Neigungen nicht länger zueinander passen, und Sie sind wieder da, wo wir begonnen haben – nämlich den Winkel an der Kante des Brettes zu korrigieren und zu versuchen, den Hobel zu balancieren.

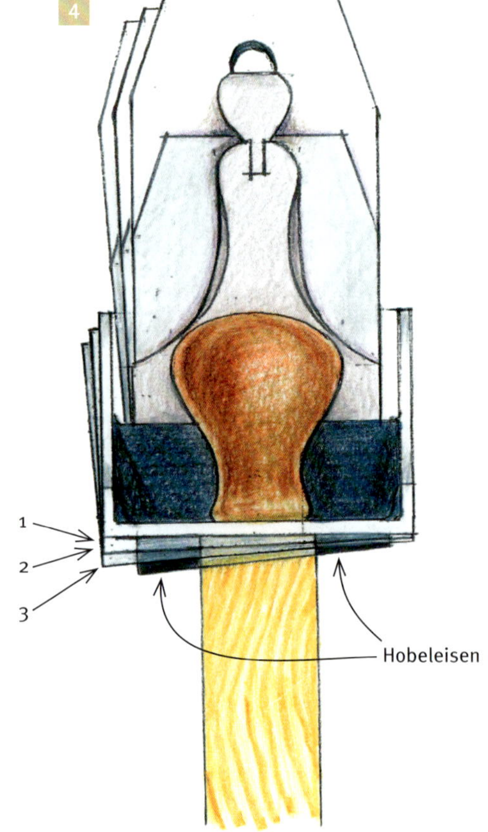

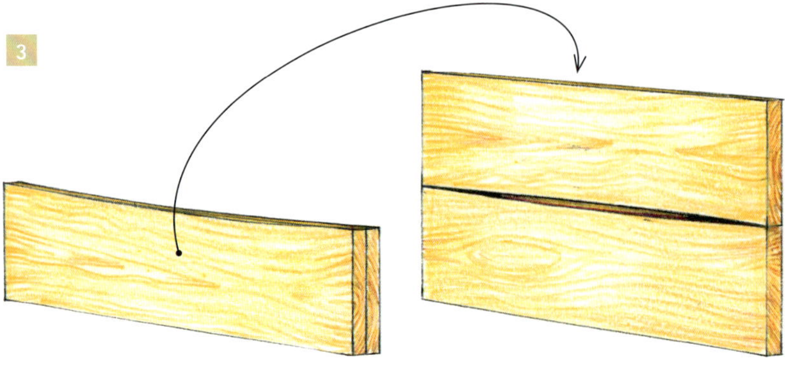

Anleitung

5 Wenn die Schneide des 70 mm breiten Eisens der Raubank ein wenig gekrümmt ist, setzen Sie die Sohle des Hobels flach auf die Kante. Sie werden ihn nicht balancieren müssen, und indem Sie den Hobel eher zur einen oder anderen Seite halten, können Sie auch den Winkel mit einem oder wenigen Strichen verändern und korrigieren. Ich habe meine Hobeleisen so abgezogen, dass Sie bei einer Breite von 70 mm in der Mitte etwa 0,4 mm vorspringen (aufgrund des Winkels, in dem das Eisen gebettet ist, entspricht dies an der Schneide des Hobeleisens einer Krümmung um etwa 0,8mm). Ich halte eine solche Krümmung für sehr hilfreich.

6 Da die Verwendung des Hobels an einer Seite des Brettes oder an der anderen die jeweilige Seite stärker abträgt, können Sie sogar einen Verzug an der Kante beseitigen, indem Sie an einer Seite des Hobels ansetzen und den Strich an der anderen abschließen. Nachdem Sie auf Rechtwinkligkeit geprüft haben, machen Sie noch einen Strich und führen den Hobel dabei mittig über die Kante und wiederholen dies, bis ein durchgehender Span voller Breite austritt, der anzeigt, dass Ihre Kante inzwischen eine durchgehend plane Fläche ist.

5

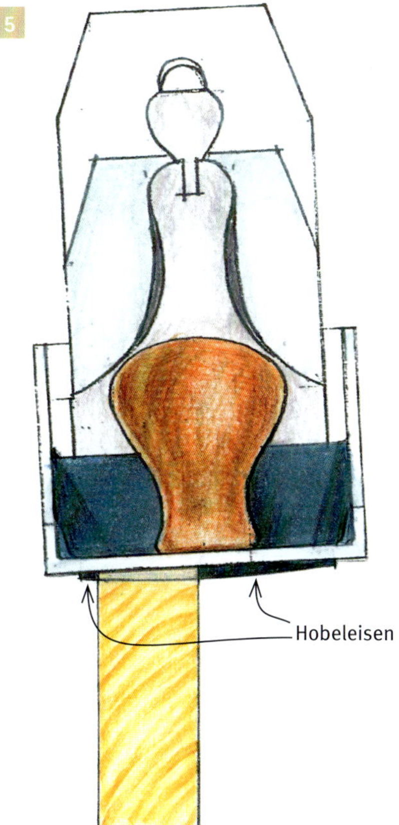

6

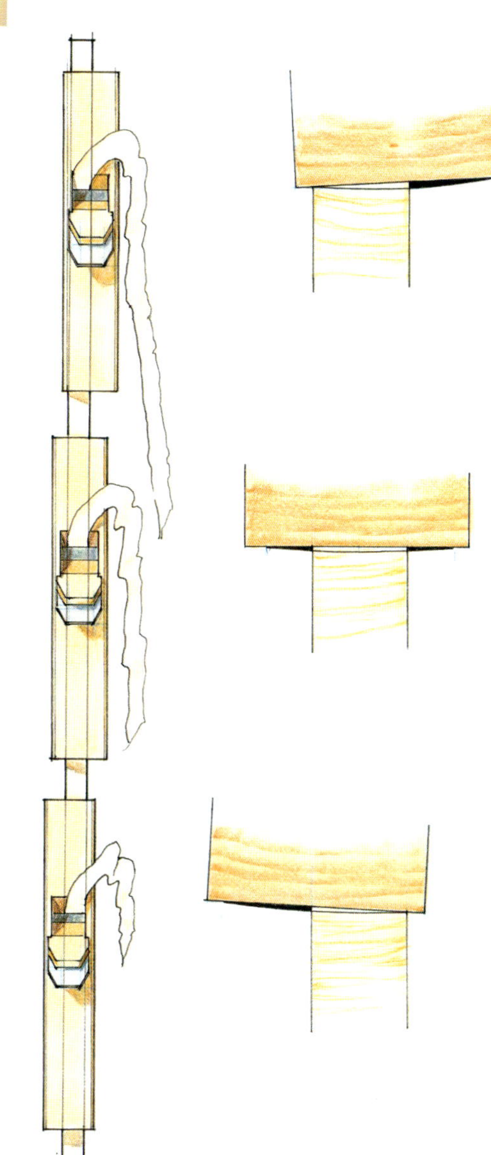

Der Anschlag dieser Stoßlade verhindert, dass das Kopfholz der Brüstung ausreißt, wenn der Brüstungshobel den Schnitt abschließt.

STOSSLADEN HERSTELLEN UND VERWENDEN

Unbezahlbare aber oft übersehene Vorrichtungen

Mussten Sie schon einmal die Länge eines Werkstückes so anpassen, dass es genau zwischen zwei andere hineinpasst, wie etwa beim Riegel eines Rahmens. Sie machen vorsichtig eine Markierung und schneiden dann mit der Kappsäge oder der Tischkreissäge, wahrscheinlich ein bisschen zurückhaltend. Mit einiger Wahrscheinlichkeit wird die Passung etwas stramm sein. Sie gehen wieder zurück zur Maschine und versuchen, ein ganz klein bisschen abzuschneiden. Dann gehen Sie wieder an Ihr Möbelstück oder den Rahmen, an dem Sie gerade arbeiten und probieren aus. Sie gehen wieder zur Säge zurück und versuchen noch einen Hauch abzuschneiden. Wieder gehen Sie zu Ihrer Arbeit zurück und testen. Sie machen das alles wiederholt, mit mehr oder weniger Erfolg und das auch noch bei einer Vielzahl von Werkstücken. Der Prozess ist zeitaufwändig und frustrierend. Es ist schwierig, einen Hundertstel Millimeter mit einer Kreissäge abzunehmen, um eine ganz genaue Passung zu bekommen, und bei kleinen Werkstücken kann es auch gefährlich sein. Am Ende geben Sie sich mit einer Passung ab, die nicht so gut ist, wie Sie es wollen.

Abb. 13-1 Eine 45°-Stoßlade ist für feine Arbeiten an Gehrungen unverzichtbar.

Schneidlade versus Stosslade

Eine Schneidlade ist beinahe identisch mit einer Stoßlade. Der Unterschied besteht darin, dass die Schneidlade keine Rampe hat (auch Leiste oder Falz genannt), meist kürzer ist als eine Stoßlade und überwiegend als Anschlag zum Sägen verwendet wird, obwohl sie auch zum Bestoßen von Kanten und Kopfholz verwendet werden kann. Die Stoßlade hat gewöhnlich eine Rampe, kann zum Stoßen von Kanten so lang wie nötig sein und wird überwiegend zum Hobeln von Kopfenden und Kanten verwendet, doch sie kann auch als Anschlag zum Sägen genutzt werden.

Abb. 13-2 Stoßlade für Gehrungen (Konstruktion ist ähnlich wie „Schnelle und einfache Stoßlade" – Abb. 13-5)

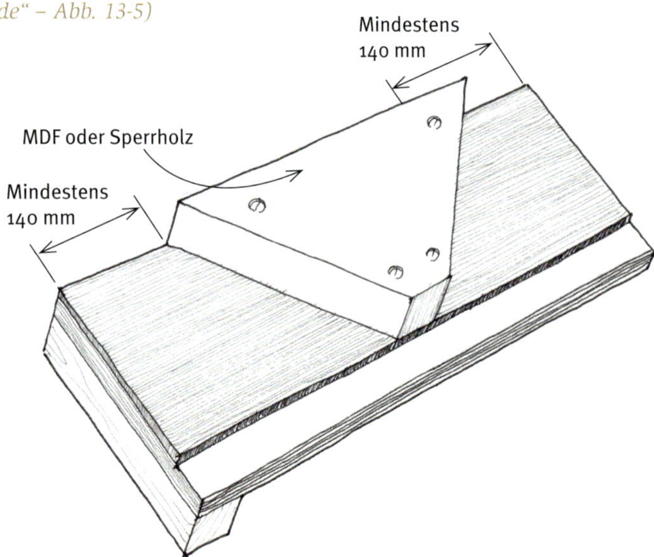

Typen von Stoßladen

Eine Stoßlade können Sie genau dorthin bringen, wo das Stück eingebaut werden soll. Wenn das Werkstück, das geschnitten werden soll, klein ist, können Sie es anreißen, mit der Handsäge schneiden und dann mit dem Hobel putzen, direkt auf der Stoßlade. Nehmen Sie mit einem Hobelstrich einen Hundertstel Millimeter weg und prüfen Sie. Noch ein Strich oder drei, kontrollieren, und Sie haben es geschafft.

Sie müssen nicht in der Werkstatt hin und her rennen, und das Werkstück fällt mit einer „luftdichten" Passung an seinen Platz. Das Vorgehen ist schnell und präzise. Es funktioniert besonders gut beim Einpassen von Schubkastenteilen, wo Hinterstück, Seiten und Vorderstück alle auf Länge und Breite bearbeitet werden, um genau in die Öffnung zu passen, für die sie gemacht werden. Und wenn der Anschlag auf der Unterseite der Lade nur etwa 10 mm dick ist, wenden Sie die Lade und putzen die Schubkastenteile auch gleich damit, indem Sie das Werkstück gegen diesen Anschlag drücken und so Ihre Arbeit beschleunigen.

Eine Stoßlade mit einem 45°-Anschlag ist auch praktisch – sogar unverzichtbar –, wenn Sie Gehrungen schneiden, etwa an Leisten, mit denen Füllungen oder Glas in einem Rahmen gehalten werden (Abb. 13-1).

Meine erste Stoßlade diente zur Bearbeitung von 45°-Gehrungen. Vor Jahren habe ich versucht, viele Leisten für mehrere Glastüren eines Schrankes einzupassen. Obwohl ich für verschiedene Längen extra Schablonen gemacht hatte, mussten doch etliche Leisten nachbearbeitet werden, was frustrierend war und Zeitverschwendung.

Später erwähnte ich dieses Problem gegenüber meinem Onkel, der Formenmodellbauer war, und er sandte mir die Zeichnung einer Stoßlade zum Nachpassen von Gehrungen, wie er sie jahrelang benutzt hatte. Die Zeichnung war sehr aufschlussreich (Abb. 13-2). Diese Vorrichtung macht das Nachpassen von Werkstücken auf exakte Länge einfach und sicher, und es kann für jeden beliebigen Winkel hergestellt werden. Oft ist es die Sache wert, solche speziellen Läden zu bauen, wenn Sie viele Verbindungen nachpassen müssen.

Eine weitere Verbindung, die häufig Nachpassen erfordert, ist eine besonders lange Gehrung – eine Gehrung, die etwa am Ende eines 2,5 cm x 15 cm oder 2,5 cm x 10 cm starken Holzes angeschnitten wurde, wie man es etwa am Kranz eines Schrankes findet. Das auf Gehrung geschnittene Ende ist zu breit, um es auf einer Stoßlade zu hobeln, wie sie oben beschrieben wurde. Traditionell wurden zur Lösung dieses Problems Variationen einer Vorrichtung benutzt, die Gehrungsstoßlade genannt wird.

Ich fand sie schwierig zu benutzen, schwer herzustellen und teuer – wenn man sie denn finden konnte.

Wenn man eine traditionelle Gehrungsstoßlade verwendet, bei der das Werkstück in einem Winkel zum Boden gehalten wird, ist die Länge des Werkstückes durch die Arbeitshöhe vom Boden begrenzt. Ich habe eine vereinfachte Version der traditionellen Stoßlade entwickelt, um solche Gehrungen zu bearbeiten (Abb. 13-3).

Da es ähnlich funktioniert wie eine klassische Stoßlade, ist die Länge des Werkstückes nicht begrenzt. Im Grunde handelt es sich um eine Stoßlade, bei der die Rampe im 45°-Winkel zur Oberfläche steht, auf der das Werkstück ruht. Die Kante der Auflagefläche und der Anschlag werden im Winkel von 45°geschnitten, um den Schnitt des Hobels zu unterstützen (Abb. 13-4).

Sie können jeden Hobel an der Stoßlade verwenden, ausgenommen sind Simshobel, denn ein Simshobel wird ständig in die Rampe schneiden, auf der er gleitet. Flachwinkelhobel – solche mit einem Schnittwinkel von 45° oder weniger – werden bei der Bearbeitung von Kopfholz besser bei der Sache sein. Der Flachwinkel-Einhandhobel in der Stanley-Bauweise ist ein guter Kandidat, obwohl viele Holzhandwerker größere Bankhobel bevorzugen.

Einige Hobel wurden speziell für die Bearbeitung von Gehrungen oder Arbeit an der Stoßlade gebaut (daher auch Gehrungshobel genannt). Und auch ein spezieller Holzhobel wurde manchmal benutzt, der am Spanaustritt mit einer Eisenplatte gegen Abrieb ausgestattet war, einem schräg eingesetzten Hobeleisen für einen ziehenden Schnitt und einem schräg angebrachten Griff, durch den Ihre Hand freigestellt war. Zu einem Zeitpunkt produzierte Stanley eine Metall-Version dieses Hobels, das Modell Nr. 51, das zusammen mit einer eigenen Stoßlade aus Eisen angeboten wurde.

Abb. 13-3 *Diese Lade wird dazu verwendet, um lange Gehrungen zu bearbeiten: 45°-Schnitte, die quer über breite Bretter laufen.*

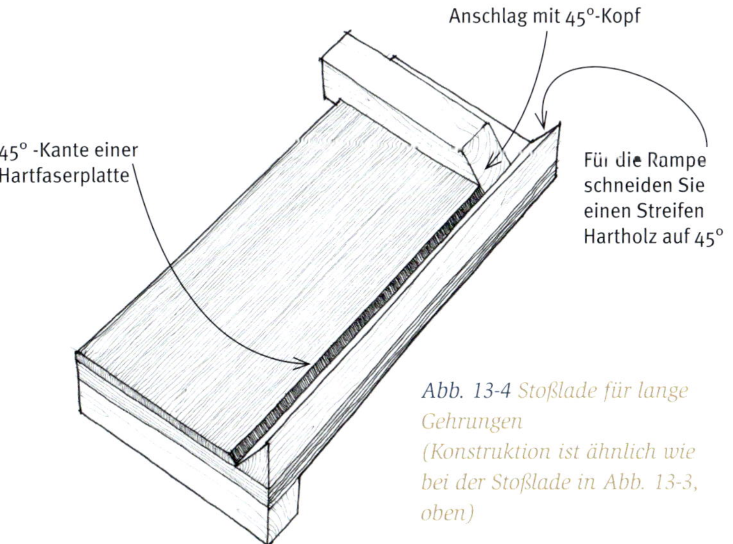

Abb. 13-4 *Stoßlade für lange Gehrungen (Konstruktion ist ähnlich wie bei der Stoßlade in Abb. 13-3, oben)*

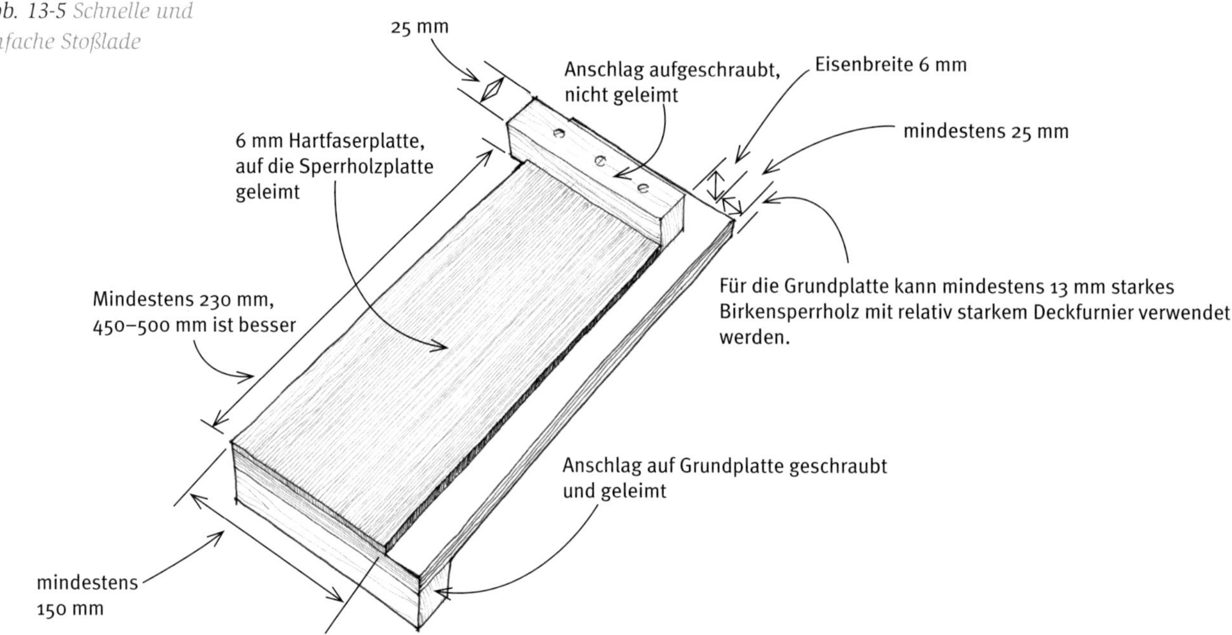

Abb. 13-5 Schnelle und einfache Stoßlade

Hohes Gewicht oder Extralänge sind bei einem Hobel, der an der Stoßlade eingesetzt wird, nicht erforderlich: Die Hauptanforderungen sind:

- Halten Sie das Hobeleisen scharf – mit gerader Schneide ohne Krümmung, parallel zur Sohle eingestellt.
- Die Sohle soll zu der Seite, auf welcher der Hobel geführt wird, im rechten Winkel stehen.
- Stellen Sie den Hobel auf eine feine Spanabnahme ein.

Bei der Verwendung berührt der Hobel das Werkstück und der Anwender stößt ihn über die Länge des Schnittes, um einen Span abzuscheren. Beim ersten Gebrauch machen viele den Fehler, dass sie das Eisen zu stark vorspringen lassen, dadurch kommt der Hobel im Schnitt zum Halt.

Häufig besteht die Reaktion darin, dass man mit dem Hobel Anlauf nimmt und ihn in das Werkstück fährt. Machen Sie das nicht. Das bekommt Ihrem Hobel (und Ihnen) nicht gut und so lässt sich auch nicht präzise arbeiten. Stellen Sie den Hobel auf eine leichte Spanabnahme ein. Wenn es so scheint, dass der Hobel nicht schneidet, stellen Sie zunächst sicher, dass das Ende des Werkstückes ein wenig über den Anschlag vorspringt. Der Hobel schneidet am Anfang vielleicht nur ein winziges Stück an der Ecke, doch sein Schnitt wird dann schrittweise größer werden. Sie sollten in der Lage sein, den Span mit leichtem Druck abzuscheren. Doch zugegeben, einige Schnitte werden ein bisschen Schwung erfordern.

Auf einer Stoßlade wird das Werkstück durch den hinteren Anschlag gehalten, der auch seine Hinterkante am Kopf des Werkstückes unterstützt und sie vor Ausriss bewahrt (Abb. 13-5). Der Kopf dieses Anschlages kann sich mit der Zeit abnutzen und gewährt dann nicht länger Schutz vor Ausriss. Manchmal verschiebt sich der Anschlag mit der Zeit auch geringfügig und muss gerichtet werden. Aus diesen Gründen ist es eine gute Idee, wenn er austauschbar ist.

Um das (eher kleine) Problem zu lösen, gelegentlich den Anschlag zu erneuern, habe ich mir eine Stoßlade mit einem Anschlag gebaut, der mit einem konisch zulaufenden einseitigen Grat in die Bodenplatte geschoben wird. Dieser Anschlag hat Überlänge, sodass es sich entfernen und der abgenutzte Kopf nachpassen lässt, um danach wieder eingeschlagen zu werden.

Um die Abnutzung auf einen größeren Bereich des Hobeleisens zu verteilen und die Intervalle zwischen dem Nachschärfen zu verlängern, und zugleich die Abnutzung der Schneide an der schmalen Stelle des Eisens zu verringern, die sich aus der Führung des Hobels auf einem parallelen Anschlag ergibt, schneide ich den

Anschlag wie einen schräg laufenden Falz und schaffe so eine Rampe, auf welcher der Hobel gleitet.

Einmal abgesehen davon, dass dies besser aussieht als ein Stück Hartfaser auf Ihrer Bank, ist es ein gutes Projekt, um zu lernen, wie man konische Gratleisten herstellt. (Siehe „Herstellung einer Stoßlade" auf S. 236.) Konische Gratleisten sind bei Holzkonstruktionen praktisch, bei denen breite Bretter flach gehalten werden sollen. Hinzu kommt, dass dieses Projekt eine gute Demonstration für den Gebrauch von Spezialhobeln ist.

Kopfholz bestoßen

Unabhängig davon, welchen Hobel Sie verwenden, um die Köpfe eines Brettes zu putzen, werden Sie ein oder zwei Dinge tun müssen, um Ausriss an den Seiten zu vermeiden: Sie werden den Schnitt hinterfüttern müssen, wenn Sie in einem Strich über die gesamte Breite gehen, oder Sie müssen von beiden Seiten aus hobeln.

Im ersten Fall können Sie das Brett in eine Zange einspannen und mit Hilfe eine Zwinge ein Stück Holz gleicher Stärke an eine Seite spannen, um die Fasern am Ausreißen zu hindern. Ich persönlich finde das lästig und zeitaufwändig, und oft ist das Brett auch zu lang, um es aufrecht in der Zange einzuspannen, sodass es in einem unbequemen Winkel gehalten werden muss. Es garantiert auch nicht, dass der Kopf rechtwinklig sein wird, weder zu den Seiten noch zur Front.

Wird von beiden Enden aus gehobelt, die zweite Methode, entsteht in der Mitte, wo die Hobelstriche aufeinander treffen, gerne eine Wölbung, doch dies lässt sich mit ausreichender Vorsicht vermeiden. Es hinterlässt aufgrund der unterschiedlichen Bearbeitungsrichtung auch ein unterschiedliches Muster am Kopfholz, welches mehr Schleifen erfordert, als wenn das Kopfholz nur von einer Seite aus gehobelt wird. Auch hier gilt, es ist nicht sicher, ob das Ende rechtwinklig ist.
Die schnellste Methode für die Bearbeitung der Köpfe eines Brettes ist es, eine Stoßlade zu verwenden. Sie können den Kopf eines Brettes aus einer Richtung hobeln und so Unregelmäßigkeiten vermeiden. Der Anschlag, gegen den Sie hobeln, verhindert ein Absplittern an der Seite. Es gibt kein mühsames Spannen. Sie haben keine Beschränkungen bei der Länge des bearbeiteten Brettes. Ihre Breite wird nur von der Größe Ihrer Lade begrenzt. Der Anwender muss zwar etwas Einsatz bringen, so garantiert Ihnen die Stoßlade jedoch geradezu rechtwinklige und gerade Enden (Abb. 13-6).

Abb. 13-6 *Eine Stoßlade löst alle Probleme beim Hobeln einer Kopfholzkante. Sie können schnell und einfach Bretter praktisch jeder Größe hobeln und dabei eine perfekt gerade, rechtwinklige, ausrissfreie und gleichmäßige Kante herstellen, von den durchgehenden transparenten Spänen gar nicht zu sprechen – doch nur, wenn der Hobel ganz scharf und richtig eingestellt ist.*

Herstellung einer Stoßlade

1 + 2 Es gibt zwei Formen für eine Standardlade mit 90°. Die erste (Abb. 1) hat eine parallele Rampe für den Hobel, das ermöglicht das Bestoßen von dicken Werkstücken. Die zweite (Abb. 2) hat eine geneigte Rampe. Aufgrund dieser Neigung können nur dünnere Werkstücke bearbeitet werden, doch die Abnutzung des Hobeleisens wird über einen breiteren Bereich verteilt.

3 + 4 Bereiten Sie das Material für die Stoßlade vor. Für die Grundplatte verwenden Sie ein Stück, das mindestens 18 cm breit und 30–60 cm lang ist. Eine kurze Lade lässt sich leichter bewegen und lagern. Eine größere Länge ermöglicht die Bearbeitung breiterer und längerer Werkstücke, wie etwa Schubkastenteile, doch es lässt Sie an der gegenüberliegenden Seite Ihrer Bank arbeiten, da der Anschlag rund 50 cm von Ihnen entfernt liegt. Machen Sie Ihre Stoßlade nicht länger als Ihre Bank breit ist. Sie können jede Holzart verwenden, solange das Holz trocken ist und nicht länger arbeitet, doch ein Stück mit stehenden Jahrringen gibt die größte Stabilität.

Für die Version mit paralleler Rampe muss die Grundplatte mindestens 19 mm dick sein. Für das Modell mit geneigter Rampe sollte sie mindestens 25 mm dick sein. Legen Sie die Bemessung der Anschlagleisten nach den Angaben in Abb. 3 und 4 fest. Hobeln Sie die Leisten aus und längen sie 5–8 cm länger ab als die Grundplatte breit ist. Das gibt Ihnen etwas Extralänge, um die Passung bei Bedarf nachzuarbeiten und um den Kopf des Anschlags ein bisschen zu kürzen, wenn er sich mit der Zeit abnutzt. Es schadet auch nicht, wenn Sie ein oder zwei Extraleisten vorbereiten.

Die hier gezeigten Stoßladen sind für Rechtshänder. Wenn Sie Linkshänder sind, werden Sie die Rampe vermutlich auf der linken Seite haben wollen. Wenn Sie einen Hobel auf Zug verwenden wollen und Rechtshänder sind, werden Sie auch eine Rampe für Linkshänder haben wollen, obwohl Sie die Lade mit einer Rampe auf der rechten Seite verwenden, während die Lade an der gegenüberliegenden Seite der Bank eingehängt ist.

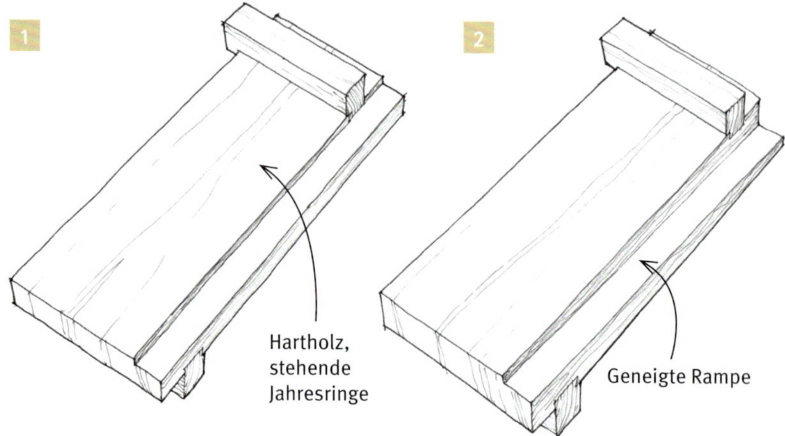

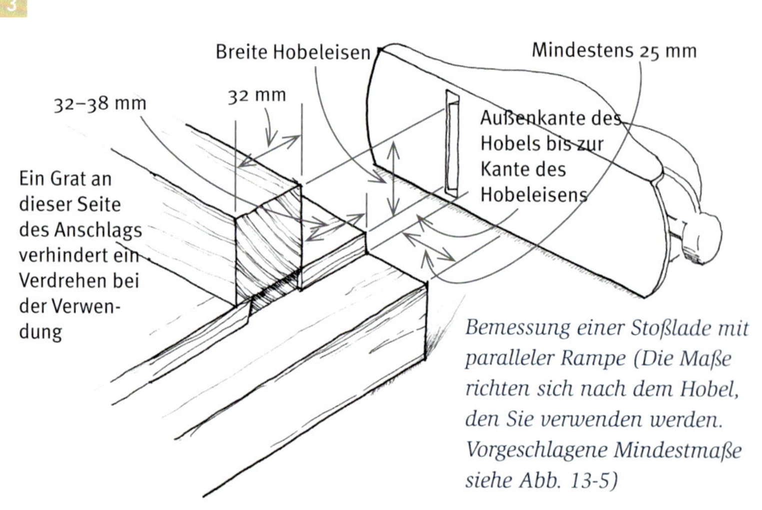

Bemessung einer Stoßlade mit paralleler Rampe (Die Maße richten sich nach dem Hobel, den Sie verwenden werden. Vorgeschlagene Mindestmaße siehe Abb. 13-5)

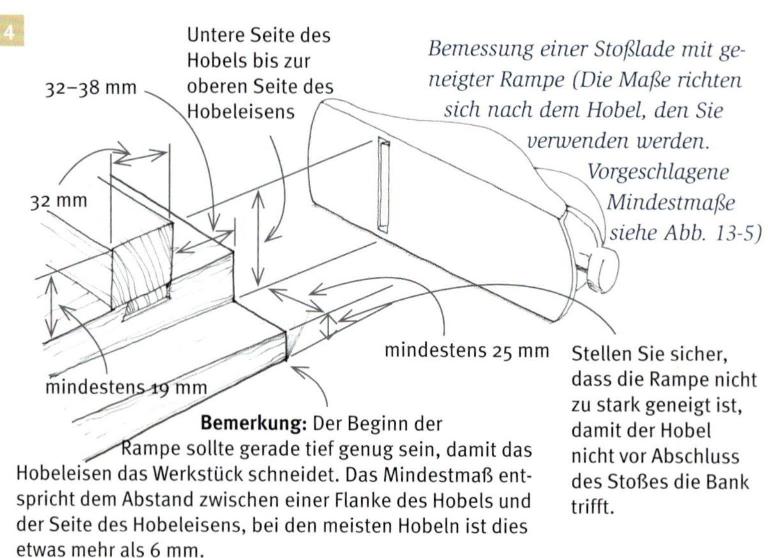

Bemessung einer Stoßlade mit geneigter Rampe (Die Maße richten sich nach dem Hobel, den Sie verwenden werden. Vorgeschlagene Mindestmaße siehe Abb. 13-5)

Bemerkung: Der Beginn der Rampe sollte gerade tief genug sein, damit das Hobeleisen das Werkstück schneidet. Das Mindestmaß entspricht dem Abstand zwischen einer Flanke des Hobels und der Seite des Hobeleisens, bei den meisten Hobeln ist dies etwas mehr als 6 mm.

ANLEITUNG

5

Bemerkungen:

- Reißen Sie immer von der Seite und Kante aus an, bei der Sie sicher sind, dass sie gerade, plan und im rechten Winkel zueinander liegen. Die Zeichenseite sollte die Kante sein, an der die Rampe hergestellt wird.
- Das schmale Ende der konischen Gratnut befindet sich an der Seite der Rampe. Die Verjüngung erlaubt es Ihnen, den Kopf des Anschlages abzuschneiden und zu putzen, wenn er sich mit der Zeit abnutzen sollte. Sie hobeln dann an der Rückseite des Anschlages einen oder zwei Striche (nicht mehr), damit er wieder in die korrekte Position geschlagen werden kann.
- Wenn Sie die Gratnut anreißen, dann gibt es Linien, an denen geschnitten wird, und es gibt Hilfslinien, um sie zu ermitteln. Es ist hilfreich (und genauer), wenn Sie eine Reißnadel oder ein Anreißmesser für die Risse verwenden, an denen geschnitten wird. Die Hilfslinien werden hingegen mit Bleistift gezogen. Bleistiftlinien können zur Korrektur oder für mehr Klarheit ausradiert werden.

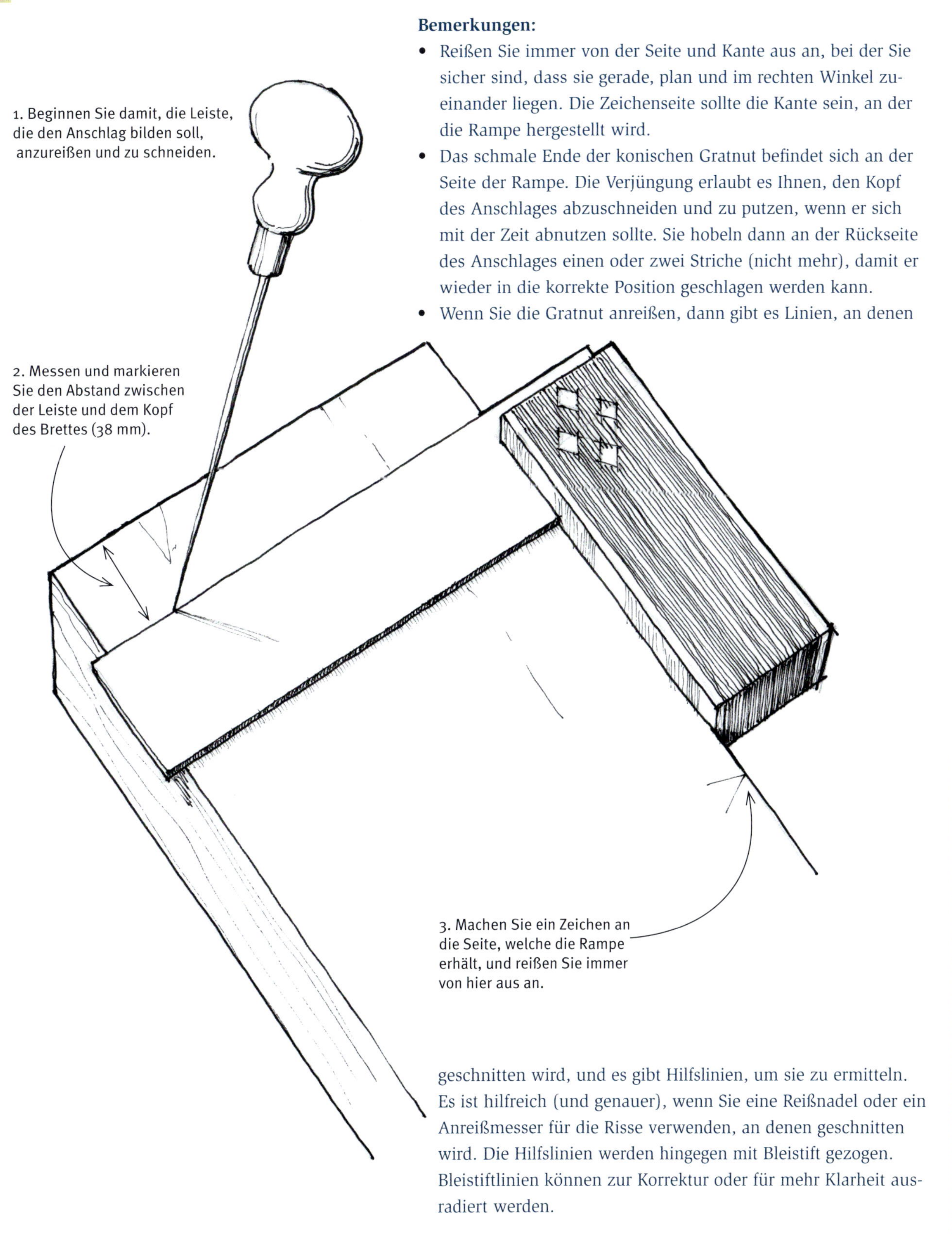

6 Legen Sie die Leiste an den Riss und markieren Sie vorsichtig ihre Breite. Reißen Sie eher etwas schmaler an.

7 Markieren Sie die Breite der Leiste mit einem scharfen Bleistift.

8 Übertragen Sie die Risse an den Kanten. Sie müssen sich nicht über die gesamte Kante erstrecken. Verlängern Sie den Bleistiftriss.

9 Reißen Sie die Tiefe der Gratnut an – etwa 6 mm, oder die Vertiefung der Rampe, wenn Sie eine parallele Rampe herstellen.

10 Nehmen Sie eine Schmiege und stellen Sie auf den Winkel Ihres Grathobels ein.

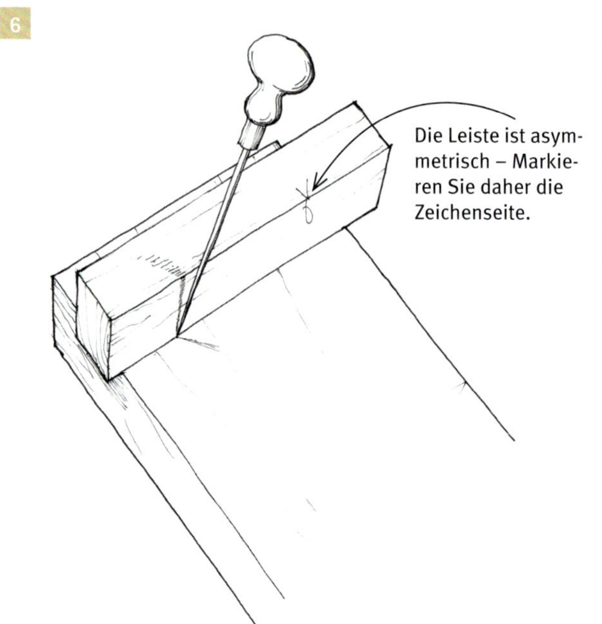

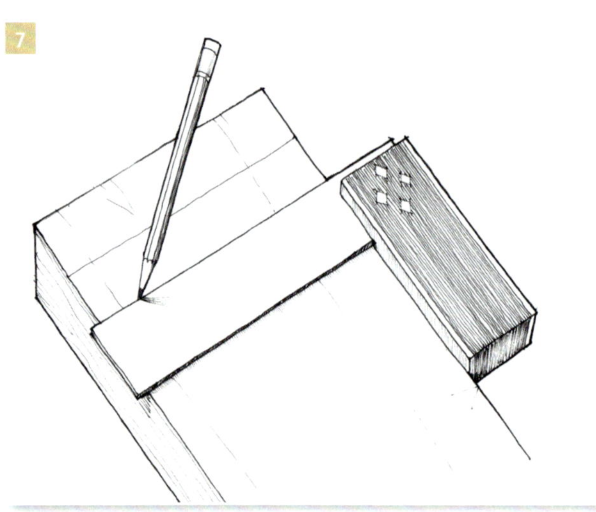

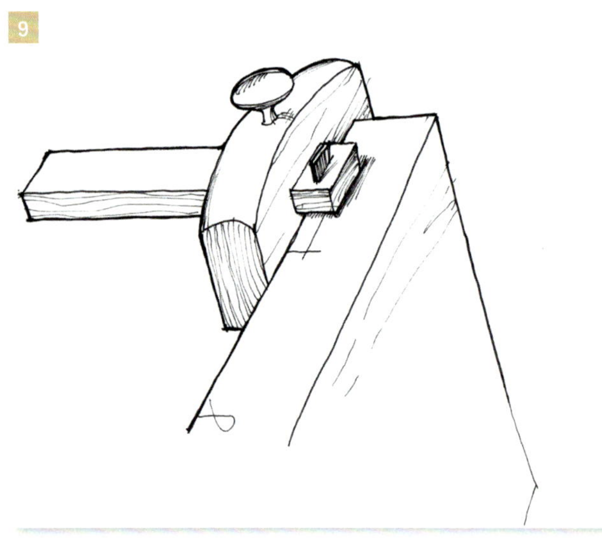

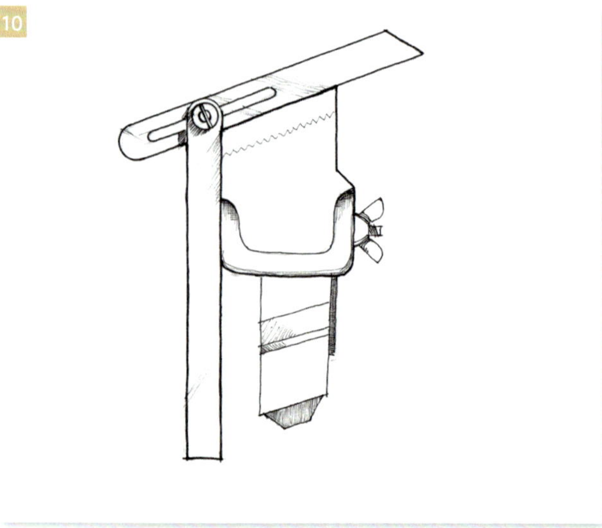

ANLEITUNG

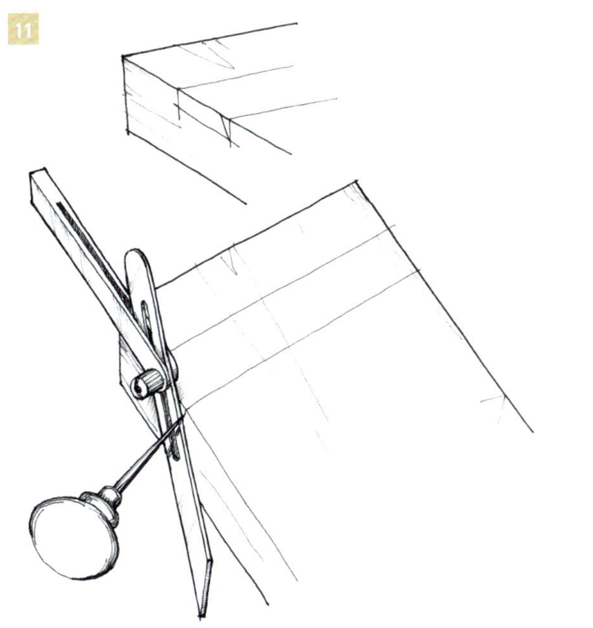

11

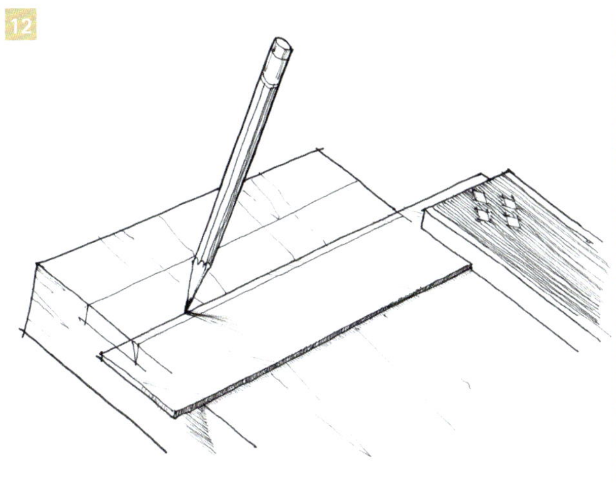

12

11 Übertragen Sie den Winkel, den Sie in Abb. 10 ermittelt haben, auf die Kante des Brettes, und zwar genau an der Schnittstelle zwischen dem Boden der Gratnut (Riss mit Streichmaß) und der Breite der Leiste (Bleistiftlinie). Reißen Sie die Gratnut eher etwas schmäler an.

12 Reißen Sie mit Bleistift eine rechtwinklige Linie an, die von der Schräge der Gratnut quer über das Brett führt.

13 Machen Sie an der Seite der Rampe eine Markierung, die 3 mm oberhalb der Bleistiftlinie liegt. Reißen Sie mit einem Lineal eine Linie an von der Gratnut an der gegenüberliegenden Kante bis zu der um 3 mm versetzten Markierung an der Rampenseite. Dies ist nun die Verjüngung der Gratleiste. (Bemerkung: Der°der Verjüngung ist nicht entscheidend. Wenn sich der Grat aber zu stark verjüngt, löst sich der Anschlag leicht. Wenn sich der Grat aber zu wenig verjüngt, dann wird es schwieriger, die Gratleiste genau einzupassen.)

14 Markieren Sie den Winkel der Gratnut an der Kante des Brettes, indem Sie den schrägen Riss übertragen.

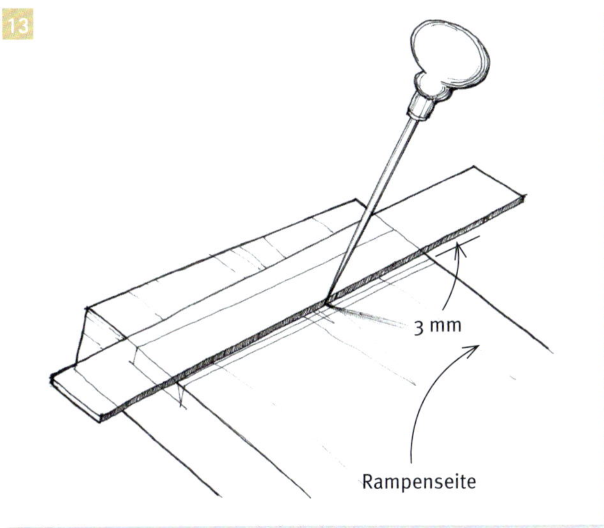

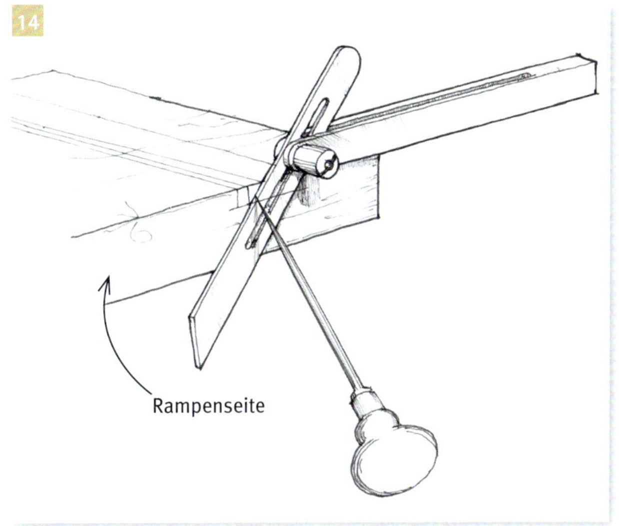

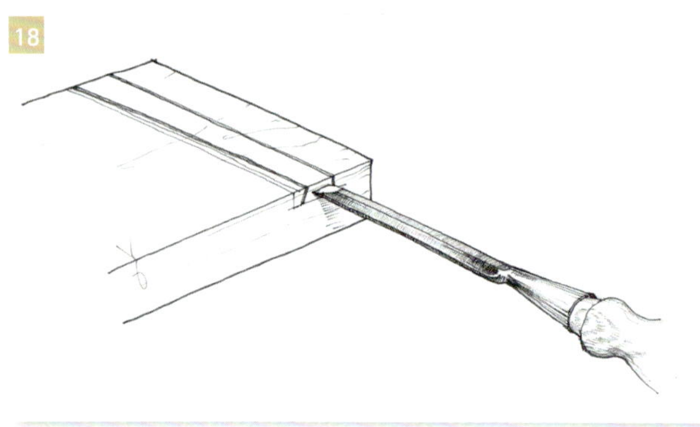

15 Machen Sie sich einen Anschlag, der mindestens so lang ist wie die Breite des Brettes (Wenn Sie ihn länger machen, können Sie ihn später für andere Projekte verwenden.) und mindestens 25 mm dick. Eine Seite soll rechtwinklig, die andere im Winkel der Gratnut schräg geschnitten werden (der gleiche Winkel wie an Ihrem Grathobel). Spannen Sie den Anschlag mit der Kante genau an den Riss, und zwar auf die Außenseite der späteren Gratnut, damit Sie in das Material schneiden, das abgearbeitet werden soll. Verwenden Sie die rechtwinklige Kante des Anschlags für den Schnitt, der am Ende des Brettes angebracht wird, denn dieser Schnitt wird im rechten Winkel vorgenommen.

16 Machen Sie mit einer japanischen Einstichsäge (azebiki) und im Kontakt mit dem Anschlag einen Schnitt in der angerissenen Tiefe, rechtwinklig zur Oberfläche und über die gesamte Breite des Brettes. Normalerweise wird hierbei die feine Trapezverzahnung für Querholzschnitte verwendet, da dieser Schnitt quer zur Faser liegt. Wenn sich die Zähne jedoch schnell zusetzen, verwendet man besser die Dreiecksverzahnung für Längsschnitte. Unterbrechen Sie den Schnitt mehrmals, um die Sägefuge zu reinigen. Um die Genauigkeit zu verbessern, drücken Sie das Sägeblatt mit der anderen Hand leicht gegen den Anschlag. Eine Azebiki-Säge ist ideal für diese Aufgabe. Sie können eine westliche Säge mit verstärktem Rücken und ausreichender Schnitttiefe verwenden, doch ich bin überzeugt, dass sich die niedrige Zahnung dieser Feinsäge schneller zusetzen wird; es ist auch schwieriger, die Feinsäge über die gesamte Länge gegen den Anschlag zu halten. Sie können auch eine Gratsäge benutzen, doch ich finde es schwer, mit ihr genau zu arbeiten, und die Ergebnisse sind rau.

17 Spannen Sie den Anschlag für den zweiten Schnitt um und verwenden nun die Seite mit dem Winkel der Gratnut. Setzen Sie den Anschlag genau an die angerissene schräg verlaufene Linie, sodass die Kante des Anschlages genau der Verjüngung der Gratnut folgt. Schneiden Sie auf der Seite des Risses, die abgearbeitet wird, und zwar in voller Tiefe der Nut und über die gesamte Breite des Brettes. Achten Sie auf einen sauberen Anschnitt (sehr wichtig), indem Sie leichten Druck auf den Anschlag ausüben.

18 Entfernen Sie den Großteil des Abfalls mit einem Stecheisen. Nehmen Sie immer nur eine geringe Menge ab, damit Sie am Boden der Gratnut Ausriss vermeiden.

ANLEITUNG

19 Arbeiten Sie von beiden Seiten, um Ausriss an den Kanten zu vermeiden.

20 Entfernen sie den Abfall bis etwa 2 mm über dem Boden der Gratnut. Stechen Sie an beiden Enden vorsichtig ein und entfernen das Material bis auf die angerissene Tiefe, jeweils von der Kante des Brettes etwa 2 cm weit in die Nut.

21 Stellen Sie den Grundhobel so ein, dass er die hohen Stellen des verbliebenen Abfalls abnimmt. Entfernen Sie den Abfall und stellen dann das Eisen etwas tiefer, um mehr abzutragen. Fahren Sie fort, bis der Grund der Nut vollkommen plan ist und genau die angerissene Tiefe erreicht.

22 Untersuchen Sie die Nut. Peilen Sie die Nut entlang, um zu prüfen, ob die Seiten gerade sind. Versichern Sie sich, dass die Ecken unten sauber sind. Reinigen Sie sie bei Bedarf.

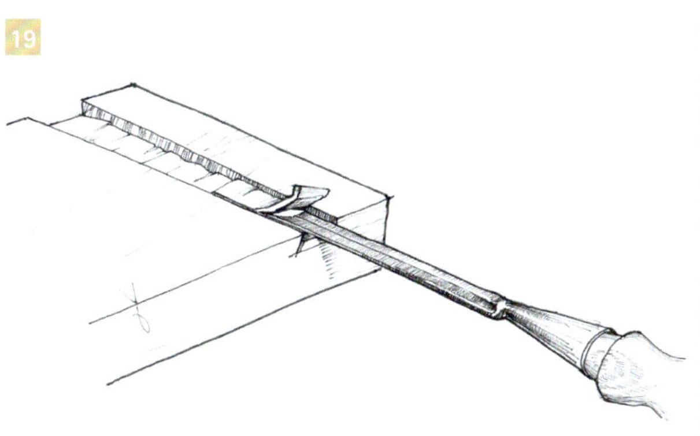

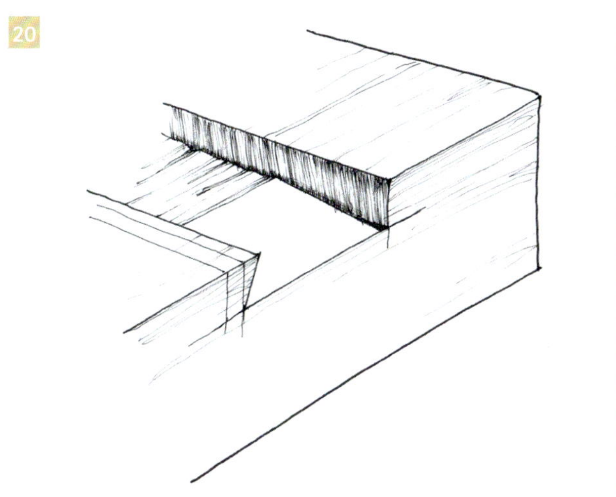

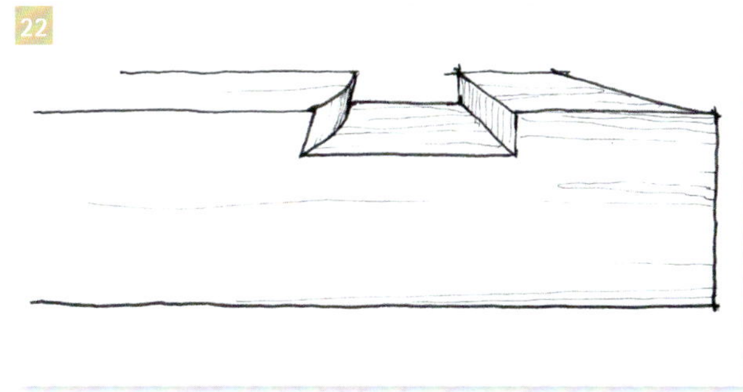

23

1. Verwenden Sie einen Nutwangenhobel, um Wangen zu begradigen, die uneben oder gekrümmt sind. Sie können einen japanischen Nutwangenhobel verwenden, wie hier, einer in der Stanley-Bauweise ist auch effektiv.

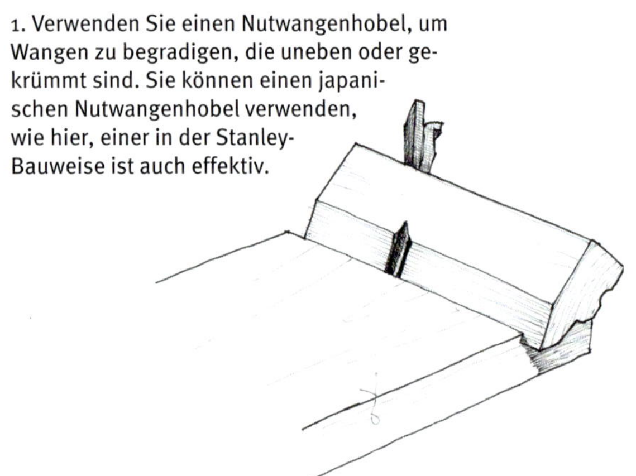

2. Stellen Sie auch sicher, dass die eine Seite der Nut rechtwinklig zum Boden der Nut steht. Korrigieren Sie mit dem Nutwangenhobel falls erforderlich. Diese Wange kann ganz leicht hinterschnitten werden.

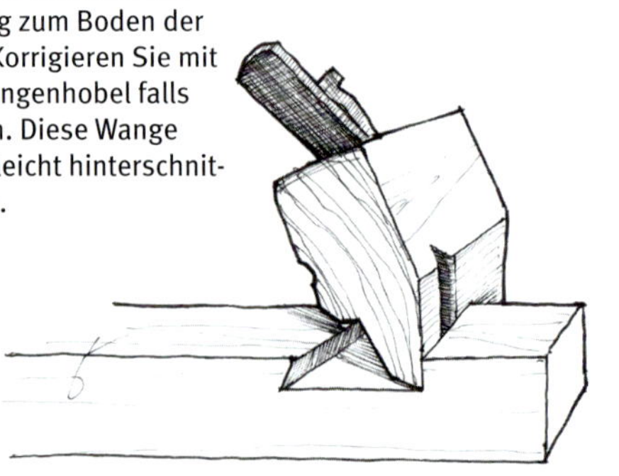

24

2. Reißen Sie die Verjüngung an. Beginnen Sie an der Stelle, an der Sie die Breite des Brettes markiert haben, und werden Sie zum Ende der Rampenseite hin schmäler. Diese Markierung können Sie mit Bleistift vornehmen.

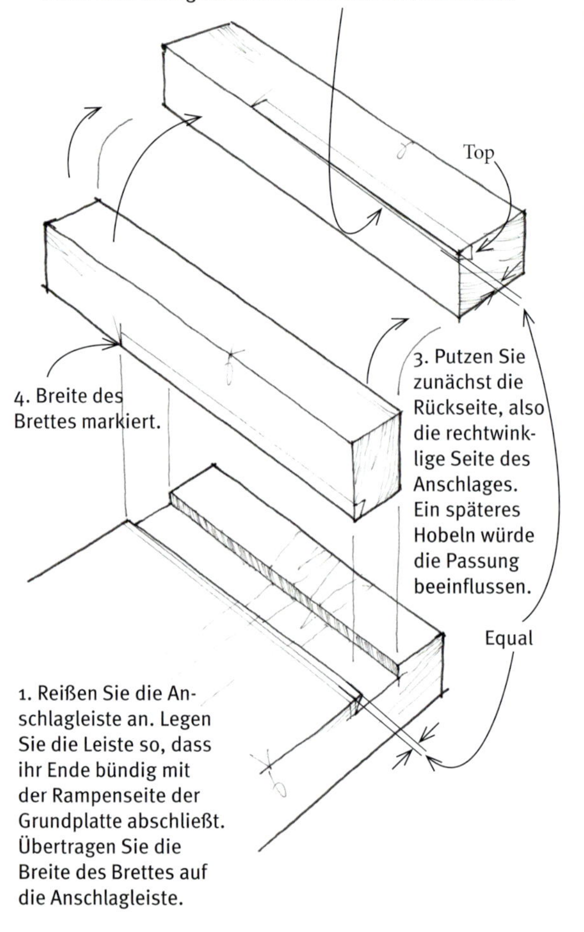

3. Putzen Sie zunächst die Rückseite, also die rechtwinklige Seite des Anschlages. Ein späteres Hobeln würde die Passung beeinflussen.

4. Breite des Brettes markiert.

1. Reißen Sie die Anschlagleiste an. Legen Sie die Leiste so, dass ihr Ende bündig mit der Rampenseite der Grundplatte abschließt. Übertragen Sie die Breite des Brettes auf die Anschlagleiste.

25

1. Stellen Sie den Anschlag des Grathobels ein und verwenden dazu das Streichmaß, mit dem Sie die Tiefe der Gratnut angerissen hatten. Falls Sie die Nut etwas zu tief gehobelt haben sollten, stellen Sie das Streichmaß auf die neue Tiefe ein.

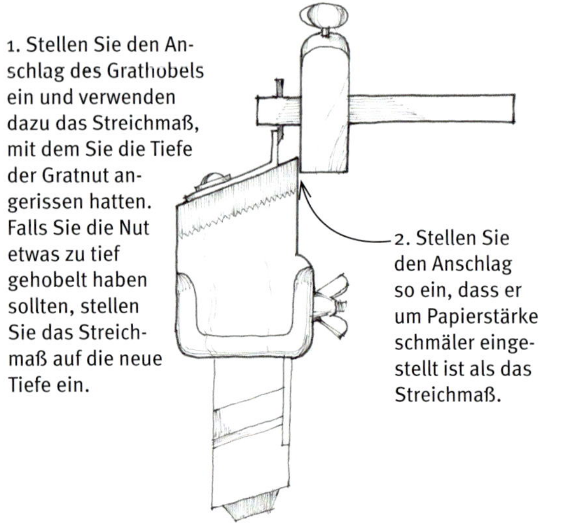

2. Stellen Sie den Anschlag so ein, dass er um Papierstärke schmäler eingestellt ist als das Streichmaß.

26

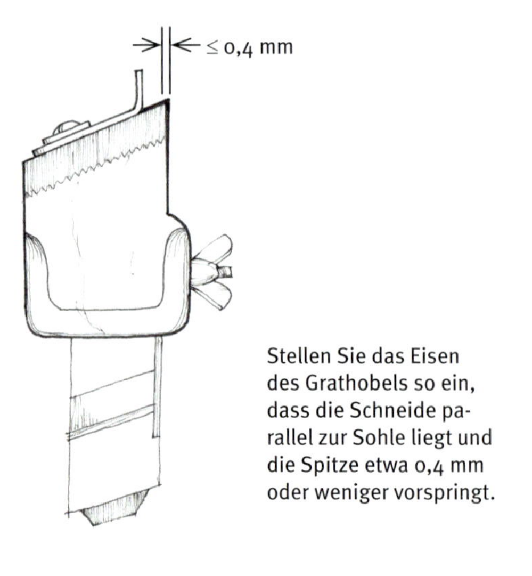

Stellen Sie das Eisen des Grathobels so ein, dass die Schneide parallel zur Sohle liegt und die Spitze etwa 0,4 mm oder weniger vorspringt.

Anleitung

27 Spannen Sie die Anschlagleiste so in eine Zange oder einen auf die Bank gespannten Hilfsspannstock, dass sie weit genug vorsteht, um Raum für den Anschlag des Hobels zu lassen. Halten Sie den Hobel senkrecht (neigen Sie ihn also nicht) und seinen Anschlag gegen die Leiste und machen Sie einen kurzen Schnitt am schmalen Ende des konischen Grates. Machen Sie wiederholte kurze Striche, um einen Schnitt herzustellen, der parallel zum schrägen Riss liegt.

28 Sobald ein Schnitt etabliert ist, der parallel zum Riss liegt, arbeiten Sie in präzisen ganzen Strichen, um diesen Schnitt zu verlängern, bis Sie etwa 2 mm vom Riss entfernt und parallel zu ihm sind.

29 Schlagen Sie die Leiste vorsichtig in die Nut, bis sie sich nicht mehr bewegt. Ziehen Sie die Leiste vorne und dann hinten hoch. Wenn sich die Leiste vorne anheben lässt, dann ist die Verjüngung hier zu stark. Wenn sie sich hinten anheben lässt, dann ist sie dort zu schmal. Inspizieren Sie die Verbindung auch visuell. Wenn sich die Leiste zwar fest einschlagen lässt aber an beiden Enden Fugen zeigt, dann ist entweder der Grat oder die Nut gekrümmt, oder beide. Entfernen Sie die Leiste, indem Sie sie zurückschlagen und peilen an den Teilen entlang, um festzustellen, wo nachgepasst werden muss: Korrigieren Sie eine Längskurve der Nut mit einem Nutwangenhobel. Korrigieren Sie eine Längskurve an dem Grat mit dem Grathobel. Beachten Sie: abgesehen von der Korrektur einer Krümmung wird die Gratnut beim Einpassen der Gratleiste nicht bearbeitet. Bearbeiten Sie die Gratleiste mit dem Grathobel.

27

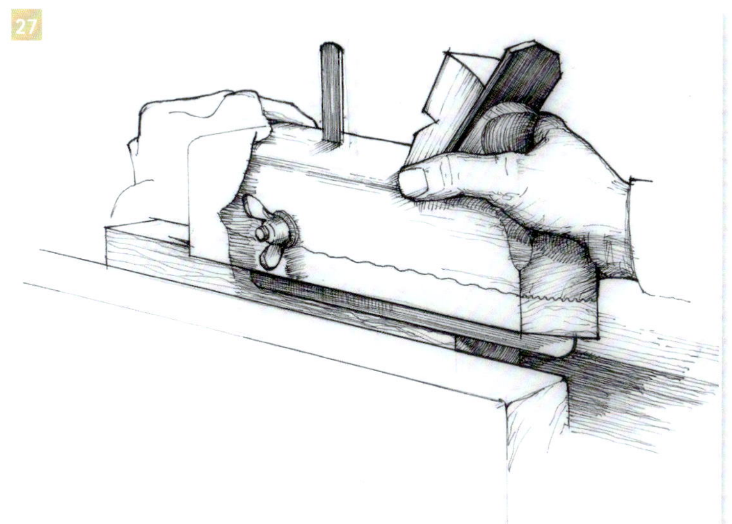

28

29

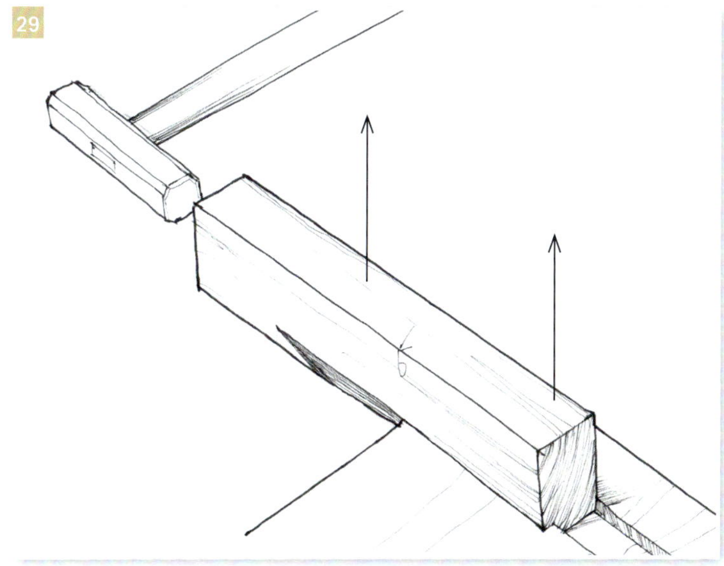

30

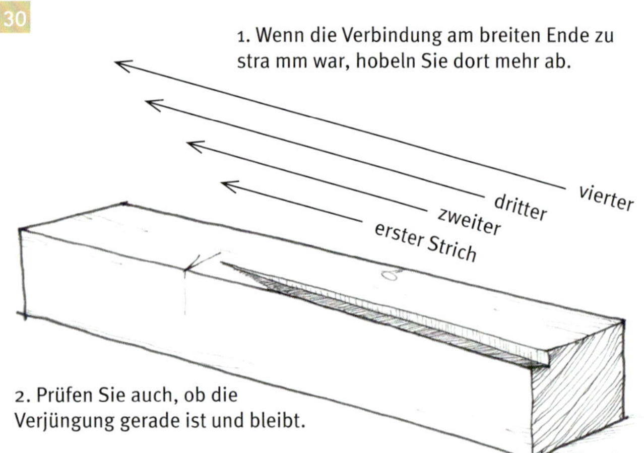

3. Aufgrund der Geometrie lässt sich die Leiste nach Abnahme jedes Spans ein gutes Stück weiter in die Gratnut treiben. Ein stärkerer Span könnte die Leiste um 3 mm oder mehr eintreiben lassen. Prüfen Sie also die Passung alle drei oder vier Striche – oder weniger. Wenn Sie sich der Kante des Brettes bis auf etwa 2 cm genähert haben, prüfen Sie alle zwei bis drei Striche. Stellen Sie bei jeder Bearbeitung sicher, dass die Verjüngung passt, indem Sie die Enden anheben.

31 33

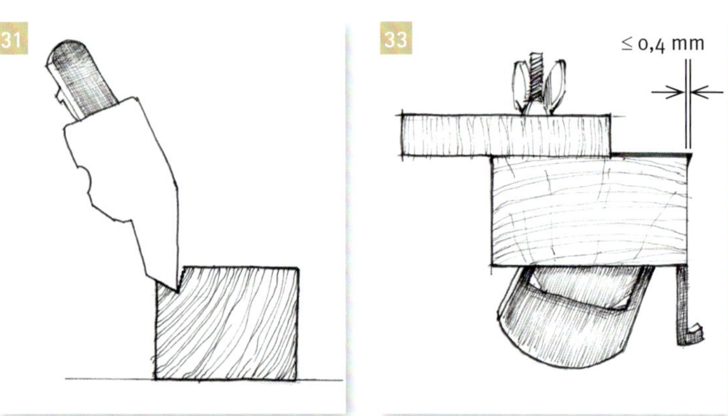

32

30 Spannen Sie die Anschlagleiste wieder in die Zange und hobeln Sie den Grat. Verlängern Sie dabei den Schnitt langsam, bis er die ganze Länge erreicht. Nehmen Sie nicht mehr als drei oder vier Striche ab, bevor Sie die Passung testen. Wenn die Verjüngung zu der Gratnut passte, nehmen Sie Striche über die gesamte Länge der Leiste ab und versuchen parallel zu bleiben.

31 Falls der Grathobel falsch eingestellt wurde, korrigieren Sie mit einem Nutwangenhobel.

32 Bei jeder Probe schlagen Sie die Leiste vorsichtig mit einem kleinen Hammer oder Klüpfel in Position. (Vergessen Sie nicht, während des Eintreibens mit der anderen Hand die Leiste runterzudrücken, damit sie nicht hoch kommt.) Wenn sie bis zum Ende des Brettes fest sitzt, dann sind Sie damit fertig. Falls Sie zuviel Material abgenommen haben – aus diesem Grund hat die Leiste Überlänge – können Sie sie kürzen. Wenn Sie dann aber nicht mehr ausreichend lang ist, müssen Sie eine neue Leiste machen. Wenden Sie als nächstes das Brett und passen die andere Leiste ein. Diese zweite Leiste wird an der Unterseite befestigt, sie wird an der Vorderkante der Bank oder Arbeitsplatte hängen und verhindern, dass die Lade auf der Bank herumrutscht. Sie kann auch in der Vorderzange eingespannt werden, um die Lade noch sicherer zu halten.

33 Um die Rampe herzustellen, auf welcher der Hobel gleiten wird, stellen Sie den Seitenanschlag des Falzhobels auf eine Breite von mindestens 25 mm ein. Justieren Sie das Hobeleisen so, dass die Schneide parallel zur Sohle liegt und seitlich etwa 0,4 mm oder weniger vorspringt. Wenn Sie eine Stoßlade mit paralleler Rampe bauen, können Sie die Rampe an der Tischkreissäge oder mit der Oberfräse herstellen. Sie kann dann mit dem Simshobel geputzt werden. Wenn Sie jedoch eine Stoßlade mit einer geneigten Rampe bauen, lässt sich diese erstaunlich schnell mit einem Falzhobel herstellen. Das gilt besonders, wenn Sie beginnen sich Gedanken über die erforderlichen Schablonen und um den Schnitt mit einem Elektrowerkzeug zu machen – es ist sicherer und auch ruhiger. Es ist ein Stück intensiver Arbeit, doch Sie können diesen Schnitt in weniger als fünf Minuten machen. Ich weiß, dass Sie bereits so viel Zeit damit verbracht haben, um herauszubekommen, wie Sie den Schnitt mit Schablone und Elektrowerkzeug herstellen.

ANLEITUNG

34 Um die geneigte Rampe zu hobeln, entfernen Sie zunächst die Anschläge. Beginnen Sie am oberen Anschlag, um die Neigung der Rampe herzustellen. Arbeiten Sie also von diesem Ende aus und lassen Sie Ihre Hobelstriche schrittweise länger werden. Versuchen Sie die Wange der Rampe, also von der Innenkante der Rampe bis zur Kante des Brettes parallel zur Fläche der Grundplatte zu halten.

35 Im Idealfall sollten Sie mit dem Hobel die Rampe runterhobeln können und nicht hoch, wie hier auf dem Bild zu sehen. Es sollte das Risiko von Ausriss mindern. Ich habe jedoch nur einen einzigen Falzhobel und habe gewöhnlich keine Probleme, wenn ich ihn aufwärts, also in die Fasern führe, falls das erforderlich ist.

36 Die Neigung der Rampe ist fertig.

37 Wenn die Neigung der Rampe hergestellt ist, kontrollieren Sie, ob ihre Oberfläche parallel zur Oberfläche der Grundplatte liegt, indem Sie auf jede der beiden Flächen einen Winkel stellen und prüfen, ob die Zungen parallel zueinander stehen. Prüfen Sie alle 7–10 cm über die gesamte Länge. Stellen Sie den Falzhobel auf eine feine Spanabnahme ein und korrigieren bei Bedarf Abschnitt für Abschnitt. Schließen Sie die Bearbeitung ab, indem Sie einen langen durchgehenden Strich mit dem Hobel machen.

37

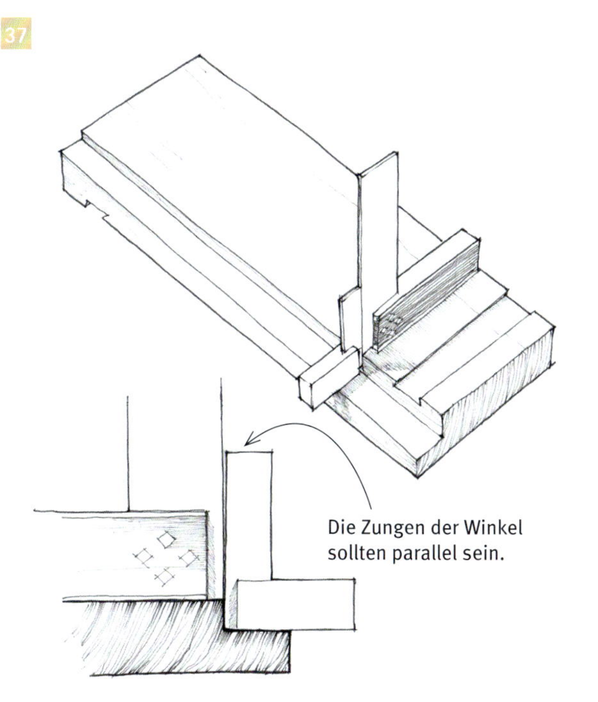

38

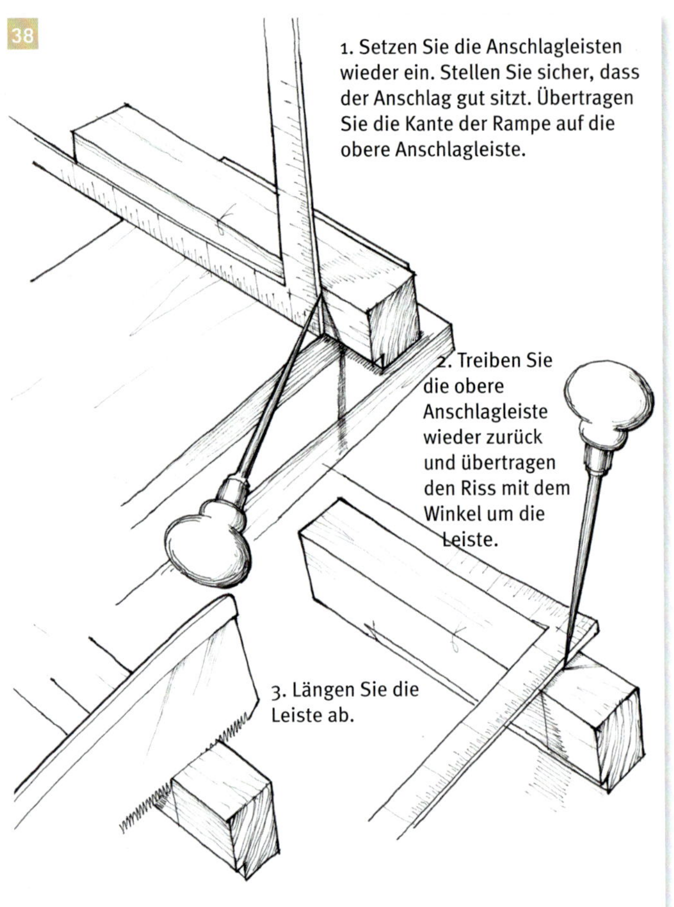
1. Setzen Sie die Anschlagleisten wieder ein. Stellen Sie sicher, dass der Anschlag gut sitzt. Übertragen Sie die Kante der Rampe auf die obere Anschlagleiste.
2. Treiben Sie die obere Anschlagleiste wieder zurück und übertragen den Riss mit dem Winkel um die Leiste.
3. Längen Sie die Leiste ab.

40

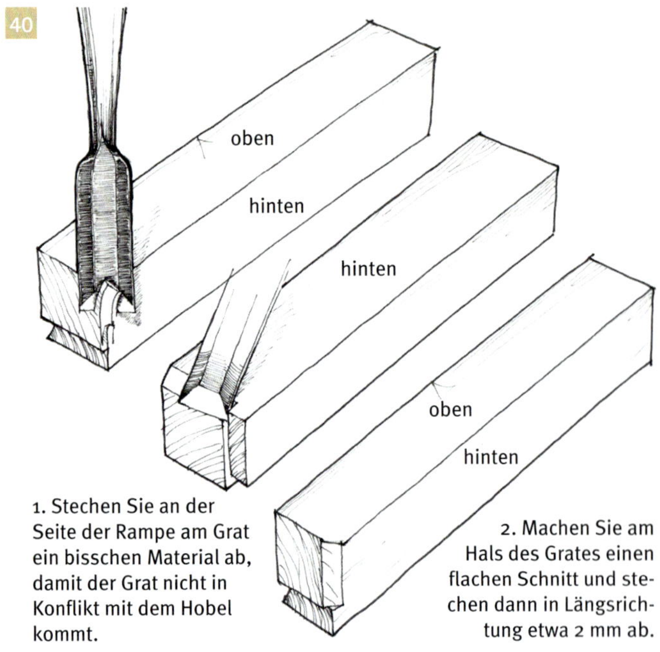
oben
hinten
hinten
oben
hinten
1. Stechen Sie an der Seite der Rampe am Grat ein bisschen Material ab, damit der Grat nicht in Konflikt mit dem Hobel kommt.
2. Machen Sie am Hals des Grates einen flachen Schnitt und stechen dann in Längsrichtung etwa 2 mm ab.

39

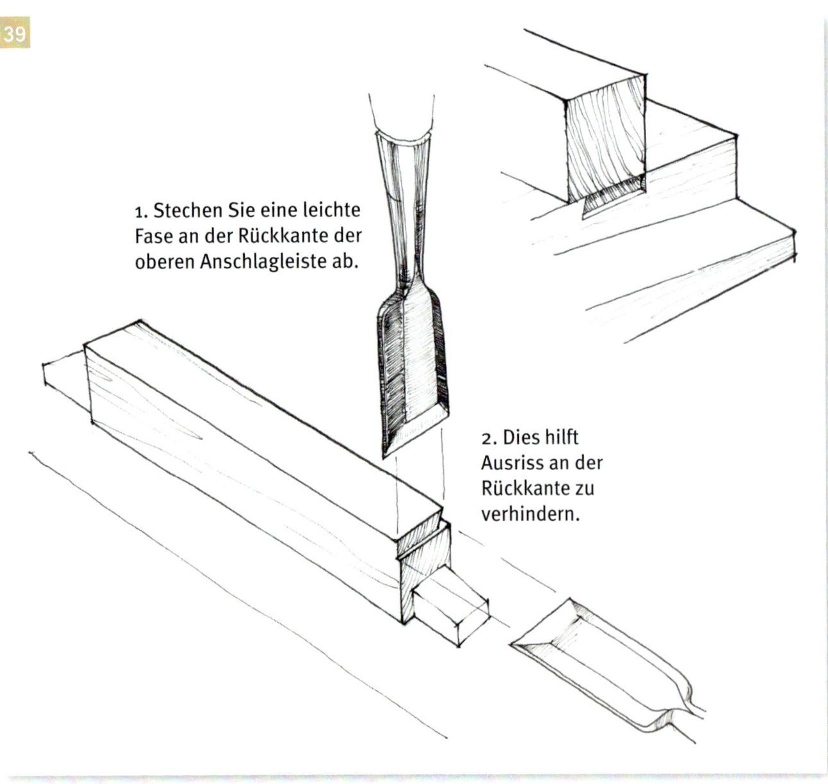
1. Stechen Sie eine leichte Fase an der Rückkante der oberen Anschlagleiste ab.
2. Dies hilft Ausriss an der Rückkante zu verhindern.

ANLEITUNG

41

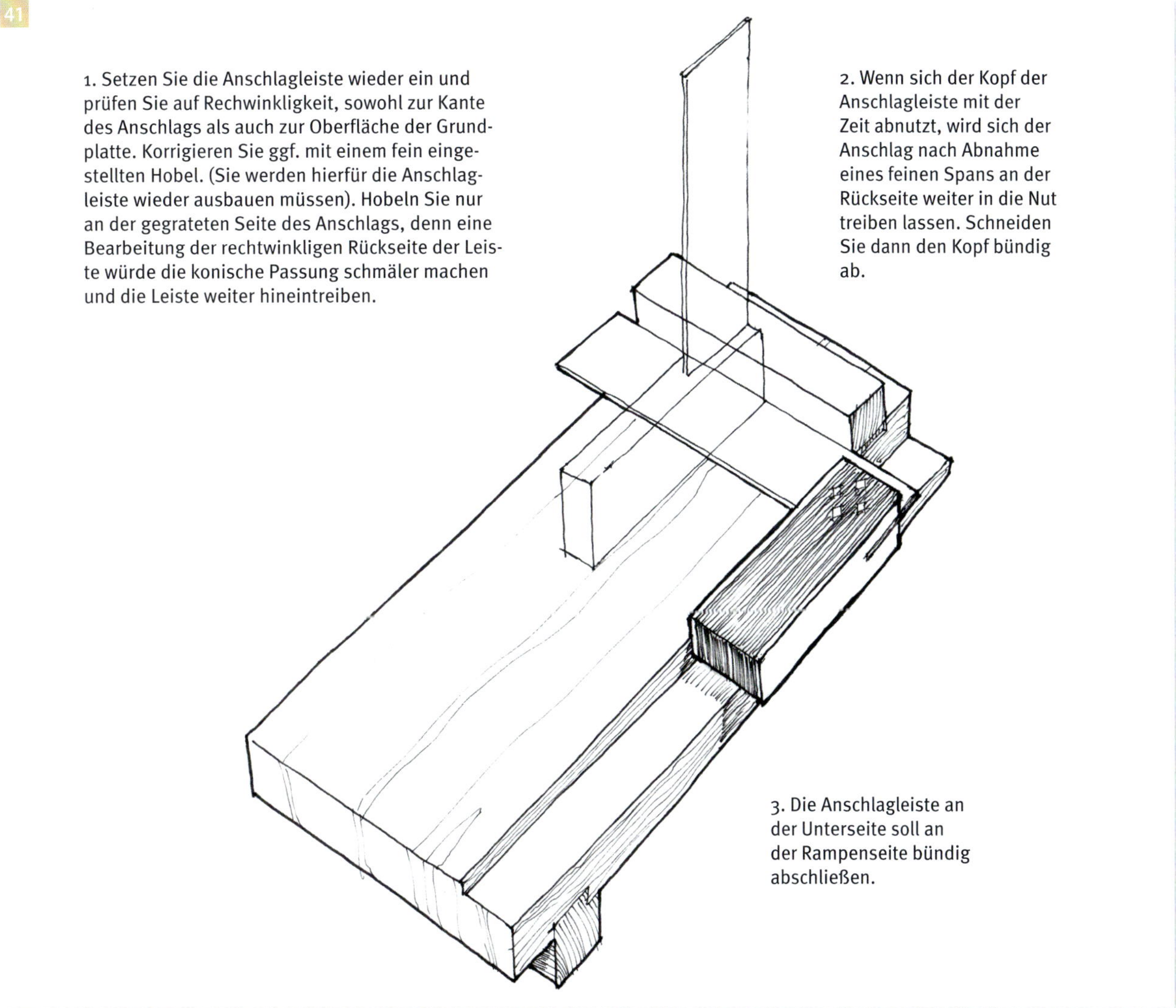

1. Setzen Sie die Anschlagleiste wieder ein und prüfen Sie auf Rechwinkligkeit, sowohl zur Kante des Anschlags als auch zur Oberfläche der Grundplatte. Korrigieren Sie ggf. mit einem fein eingestellten Hobel. (Sie werden hierfür die Anschlagleiste wieder ausbauen müssen). Hobeln Sie nur an der gegrateten Seite des Anschlags, denn eine Bearbeitung der rechtwinkligen Rückseite der Leiste würde die konische Passung schmäler machen und die Leiste weiter hineintreiben.

2. Wenn sich der Kopf der Anschlagleiste mit der Zeit abnutzt, wird sich der Anschlag nach Abnahme eines feinen Spans an der Rückseite weiter in die Nut treiben lassen. Schneiden Sie dann den Kopf bündig ab.

3. Die Anschlagleiste an der Unterseite soll an der Rampenseite bündig abschließen.

42 Die fertige Stoßlade. Eine Stoßlade mit einer geneigten Rampe verteilt die Abnutzung der Schneide bei Bearbeitung dünner Werkstücke über einen größeren Bereich und verlängert damit die Intervalle zwischen dem Schärfen.

Einige der Hobel, die in diesem Kapitel angefertigt werden. Von rechts: eine kurze Raubank, eine Raubank, ein Füllungshobel, ein Putzhobel mit 50° Schnittwinkel und gewölbten Seiten sowie ein weiterer Putzhobel mit 55° Schnittwinkel, auch er mit gewölbten Wangen.

Hobel bauen und modifizieren

Erweitern Sie Ihre Möglichkeiten

Vor etwas mehr als hundert Jahren – und an manchen Orten auch heute noch – wurde von Holzhandwerkern erwartet, dass sie ihre eigenen Handhobel bauen. Einem Holzhandwerker von heute ermöglicht die Herstellung eigener Hobel, seine Werkzeuge auf ganz bestimmte Anforderungen auszulegen und dabei nicht auf das angewiesen zu sein, was im Handel angeboten wird. Ihre Hobel können größer oder kleiner sein, und dabei Neigungen, Breiten und Längen haben, die besser zu Ihrer Arbeit passen.

Dieses Kapitel gibt Ihnen Anleitungen für den Bau eines ganzen Satzes von Hobeln in der westlichen Tradition, alles Hobel, die besonders für die Bearbeitung der Harthölzer geeignet sind, die wir meistens verwenden. Weiterhin finden Sie Anleitungen für die Anfertigung von Hobeln im japanischen Stil, welche (zumindest die kleineren Größen) sich schnell herstellen lassen und dabei sehr effektiv und vielseitig sind. Ich habe einige Modifikationen mit aufgenommen, welche Sie an Hobeln vornehmen können, die Sie schon haben und deren Leistung Sie dadurch verbessern werden.

Traditionelle Holzhobel bauen

Die Hobel dieses Satzes basieren auf traditionellen Hobeln, wie man sie in Europa und Nordamerika heute noch findet und werden daher den meisten vertraut sein. Ihre Länge, die Neigung und Breite der Eisen sind auf mittelgroße Projekte in Hartholz abgestimmt. Ich habe mich entschieden, einen Satz Hobel in dieser Bauart anzufertigen, da er der Mehrheit der Leser bekannter ist und weil er gut die Beziehung zwischen der Neigung, Breite und Form des Eisens zur Länge und Funktion des Hobels demonstriert.

Es lässt auch die Verwendung von Eisen in ihrer ganzen Länge zu – damit kann ein von mir persönlich empfundener Nachteil von Hobeln im Krenov-Stil vermieden werden, und Sie haben die Wahl, entweder antike konisch zulaufende, parallele oder moderne Hobeleisen zu verwenden. Hier wird Ihnen zwar ein ganzer Satz Hobel gezeigt, durch den die Herstellung auch wirtschaftlicher wird, doch Sie müssen nicht den ganzen Satz bauen. Sie können jeden bauen, von dem Sie denken, dass er bei Ihrer Arbeit nützlich sein wird und, selbstverständlich, Sie können die Hobel nach Ihren Vorstellungen modifizieren.

Die Hobel werden hier unter Verwendung einer Stemm-Maschine gebaut, um das Eisenbett und den Spankasten herzustellen – entweder mit einem Aufsatz für die Ständerbohrmaschine (den kann man sich leisten, einmal vorausgesetzt, Sie haben eine Ständerbohrmaschine) oder mit einer großen freistehenden Maschine, wie sie vor nicht allzu langer Zeit ungewöhnlich war, heute aber leicht erhältlich ist. Eine auf einen Tisch montierte Stemm-Maschine wird jedoch leider unter dem Stemmeisen nicht genug Raum bieten. Größere Hobel erfordern mehr Spiel, prüfen Sie also Ihre Maschinen. Ein Aufsatz für die Ständerbohrmaschine hat mehr Freiraum, da Sie den Tisch absenken können. Die Vorrichtungen für die Stemmarbeiten sind bei allen Maschinentypen gleich.

Das Design verwendet zur Fixierung des Hobeleisens einen Widerlagerstift mit Druckplatte und einen Keil, also keine konischen Nuten an den Seiten des Spankastens. Ersteres ist etwas einfacher einzubauen als Letzteres, und obwohl der Spanaustritt stärker eingeengt ist, so ist er doch ausreichend. Die meisten Varianten von Spanbrechern können in diesem System verwendet werden – außer dem Spanbrecher in der Bailey-Bauweise. Der kleine Höcker bei der Bailey-Bauweise kommt in Konflikt mit dem Keil. Alle Hobel sind mit einem verstellbaren Sohlenplättchen ausgestattet, um die Pflege langfristig zu vereinfachen und ein enges Maul zu bekommen.

Der Satz, den ich baue, besteht aus einem mittellangen Schlichthobel, einer Raubank, einer kurzen Raubank, einem Füllungshobel und zwei Putzhobeln. Die Aufnahme einer kurzen Raubank, die heutzutage unüblich ist, erleichtert die Bearbeitung großer Bretter. (Bretter, die zu groß für Ihre Abrichte sind, sind wahrscheinlich die einzigen, bei denen Sie eine Bearbeitung von Hand erwägen).

Seine Länge von 457 mm und die Krümmung der Schneide von etwa 0,8 mm überbrücken die Lücke zwischen dem mittellangen Schlichthobel und der Raubank, und erlaubt es zudem, die Krümmung an der Schneide der Raubank auf etwa 0,4 mm oder weniger zu reduzieren, um sie überwiegend zum Fügen zu verwenden. Sowohl Schlichthobel als auch kurze Raubank sind in der razee-Bauart gehalten, um ihr Gewicht zu reduzieren. Die Raubank besteht jedoch aus einem ganzen Block, um beim Fügen von Brettern mehr Schwungmasse aufzubringen.

Der 305 mm lange Füllungshobel wurde aufgenommen, um nach der 610 mm langen Raubank und vor einem der beiden 203 mm langen Putzhobel eine Fläche schneller und glatter vorzubereiten.

Bei den meisten Projekten wird die Oberfläche, die er hinterlässt, vollkommen ausreichen. Er wird vielleicht Ihr meist benutzter Hobel sein.

Die beiden Putzhobel, einer mit einem Schnittwinkel von 50°, der andere mit 55°, kommen mit einem großen Spektrum von Harthölzern zurecht. Die Schnittwinkel der anderen Hobel werden zu den Putzhobeln hin schrittweise größer: Das Eisen des Schlichthobels ist mit einer Neigung von 43° gebettet; die kurze Raubank mit 45°; die Raubank mit 47,5°; und der Füllungshobel mit 47,5°. Auch die Breite des Hobeleisens schreitet fort, um die Arbeit jeden Hobels zu erleichtern.

Materialien

Besorgen Sie sich vor dem Bau Ihre Hobeleisen, denn manche antike Eisen kommen in ungewöhnlichen Größen. Mir stand z.B. sowohl ein 57 mm breites Eisen für den Füllungshobel als auch ein 64 mm Eisen für die kurze Raubank zur Verfügung. Sie können auch 70 mm breite antike Eisen für Ihre Raubank finden.

Für einen Hobelsatz, wie er hier gezeigt wird, könnten Sie etwa folgende Eisenbreiten auswählen:

- Schlichthobel: 44 mm (gut erhältlich) oder 48 mm (deutsche Eisenbreite)
- Kurze Raubank: 60 mm (modern) oder 64 mm (antik)
- Raubank: 67 mm (modern) oder 70 mm (antik), doch auch 60 mm ist möglich
- Füllungshobel: 51 mm (modern) oder 57 mm (antik) und
- Putzhobel: 51 mm

In unserem Satz wurden verwendet:

- Schlichthobel: 44 mm A2 Cryo Eisen von Hook mit einem Spanbrecher von Lie-Nielsen
- Kurze Raubank: 64 mm breites antikes Eisen aus Gussstahl mit Spanbrecher
- Raubank: 67 mm breites geschmiedetes Eisen von Clifton mit einem Spanbrecher von Lie-Nielsen
- Füllungshobel und die beiden Putzhobel: antike Eisen und Spanbrecher, 57 mm bzw. 51 mm breit

Als eine generelle Empfehlung gilt, dass Sie für alle Hobel gute antike Hobeleisen verwenden können. Alternativ hierzu verwenden Sie:

- Wolframvanadium, Chromvanadium oder A2 Eisen für den Schlichthobel
- A2-Eisen für die kurze Raubank und die Raubank und
- ein gutes geschmiedetes Karbonstahleisen für den Füllungshobel und die Putzhobel (Kapitel 2 und 4 behandeln Schneidstahl im Detail. Kapitel 3 widmet sich den Spanbrechern)

Beginnen Sie mit der Holzauswahl. Buche war das bevorzugte Holz für Hobel dieser Bauart. In den Vereinigten Staaten wurde auch häufig Birke verwendet. Es ist schwer, Buchenholz in so großen Stärken zu finden, Buche häufiger angeboten. Mitteleuropäische Birke wäre wohl auch zu weich für den Hobelkörper. Eiche, Walnuss, Kirsche und Mahagoni sind auch denkbar. Eiche, ein zäheres Holz als die anderen Arten, greift das Eisen zwar gut, doch oft hat es durch die Trocknung innen viele Risse. Ahron empfehle ich nicht. Ahorn ist zwar hart und dicht, doch es greift das Eisen nicht gut. Wählen Sie die Blöcke so aus, dass Sie Stücke mit stehenden Jahrringen haben, die 70 mm stark sind. Die Breite entspricht der Breite des Hobeleisens plus 21 mm.

Schreiben Sie für die Hobel, die Sie sich bauen wollen, anhand der Zeichnungen eine Holzliste (Abb. 14-1 bis 14-16), schneiden Sie die Teile grob zu und lassen Sie sie aufgeleistet mindestens eine Woche ruhen, sechs Monate wären aber besser (Abb. 14-17). Schneiden und verleimen Sie zu diesem Zeitpunkt auch den Rohling für die Sohle (siehe „Einbau eines verstellbaren Sohlenplättchens" auf S. 309), damit der Leim auch ganz trocken ist, wenn Sie das Teil verwenden wollen (Trockenzeit mindestens drei bis vier Tage). Nachdem die Rohlinge so lange wie möglich nachgetrocknet und zur Ruhe gekommen sind, hobeln Sie sie so aus, dass sie etwa 2 mm größer als das Endmaß sind, und lassen sie nochmals ruhen. Abschließend hobeln Sie die Stücke noch ein letztes Mal rechtwinklig aus, sodass sie etwa 0,8 mm größer als das Endmaß sind.

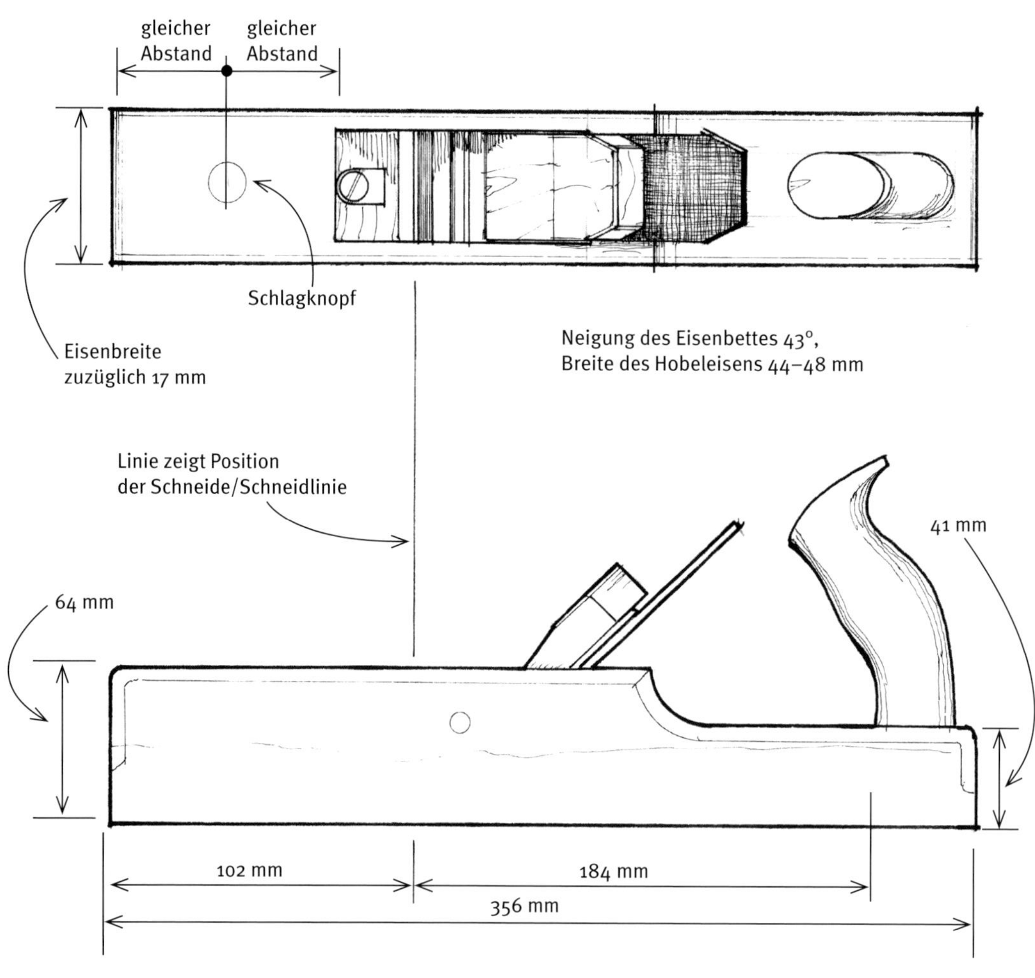

Abb. 14-1
Schlichthobel

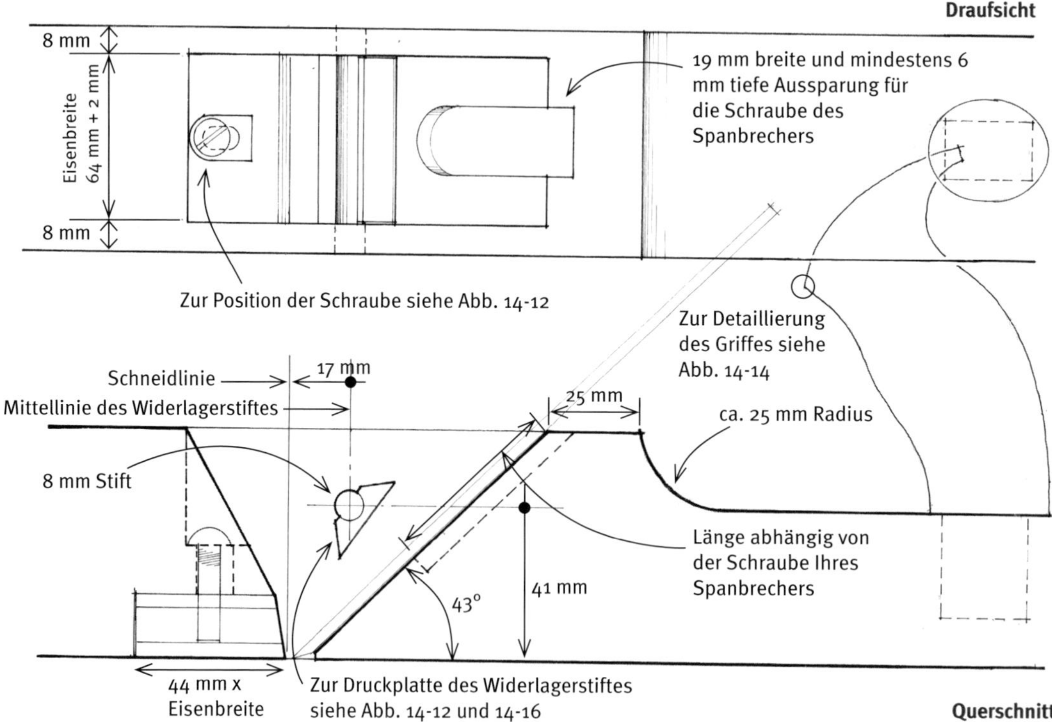

Abb. 14-2
Schlichthobel – Details

Abb. 14-3 Kurze Raubank

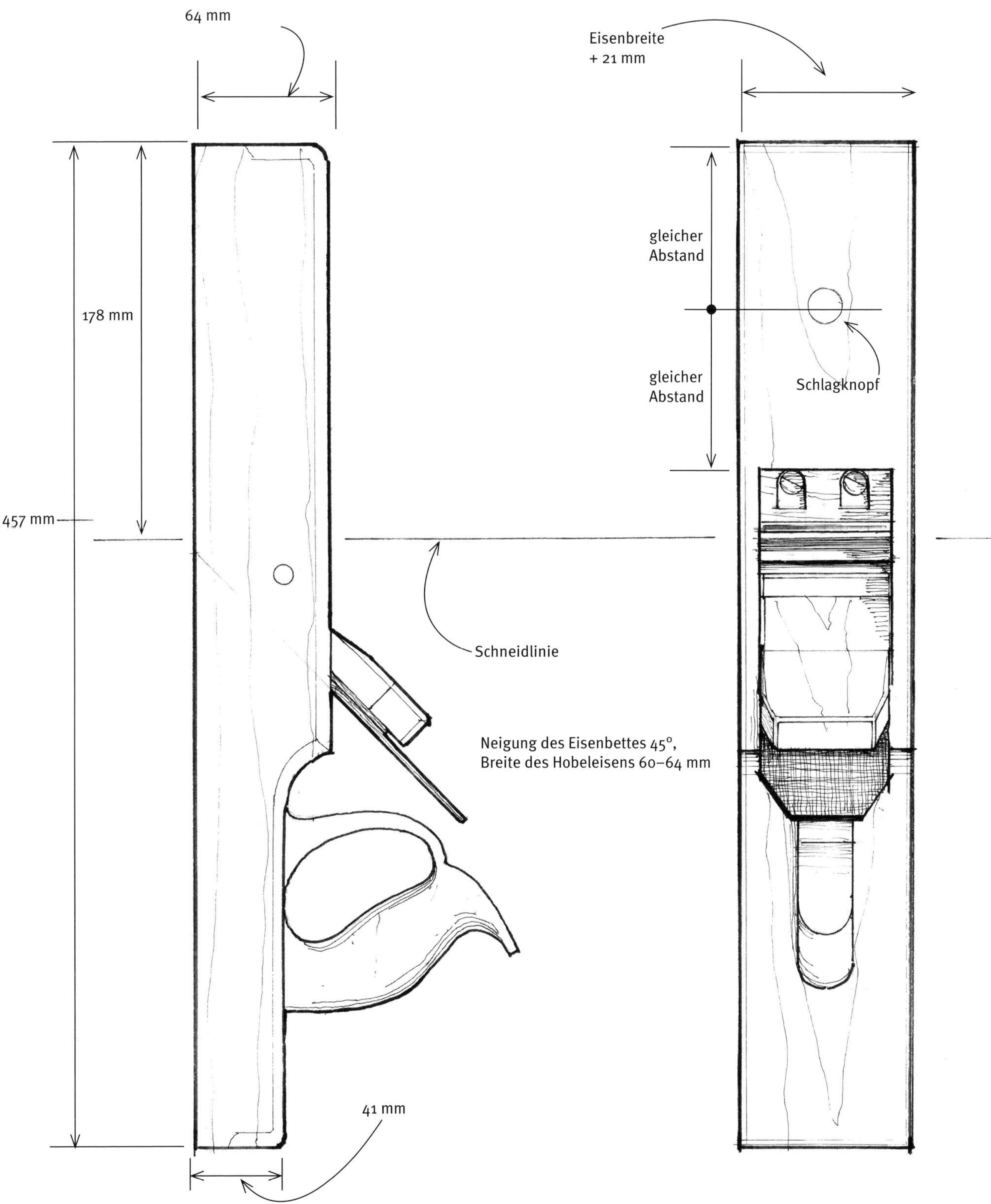

Abb. 14-3 *Kurze Raubank – Details*

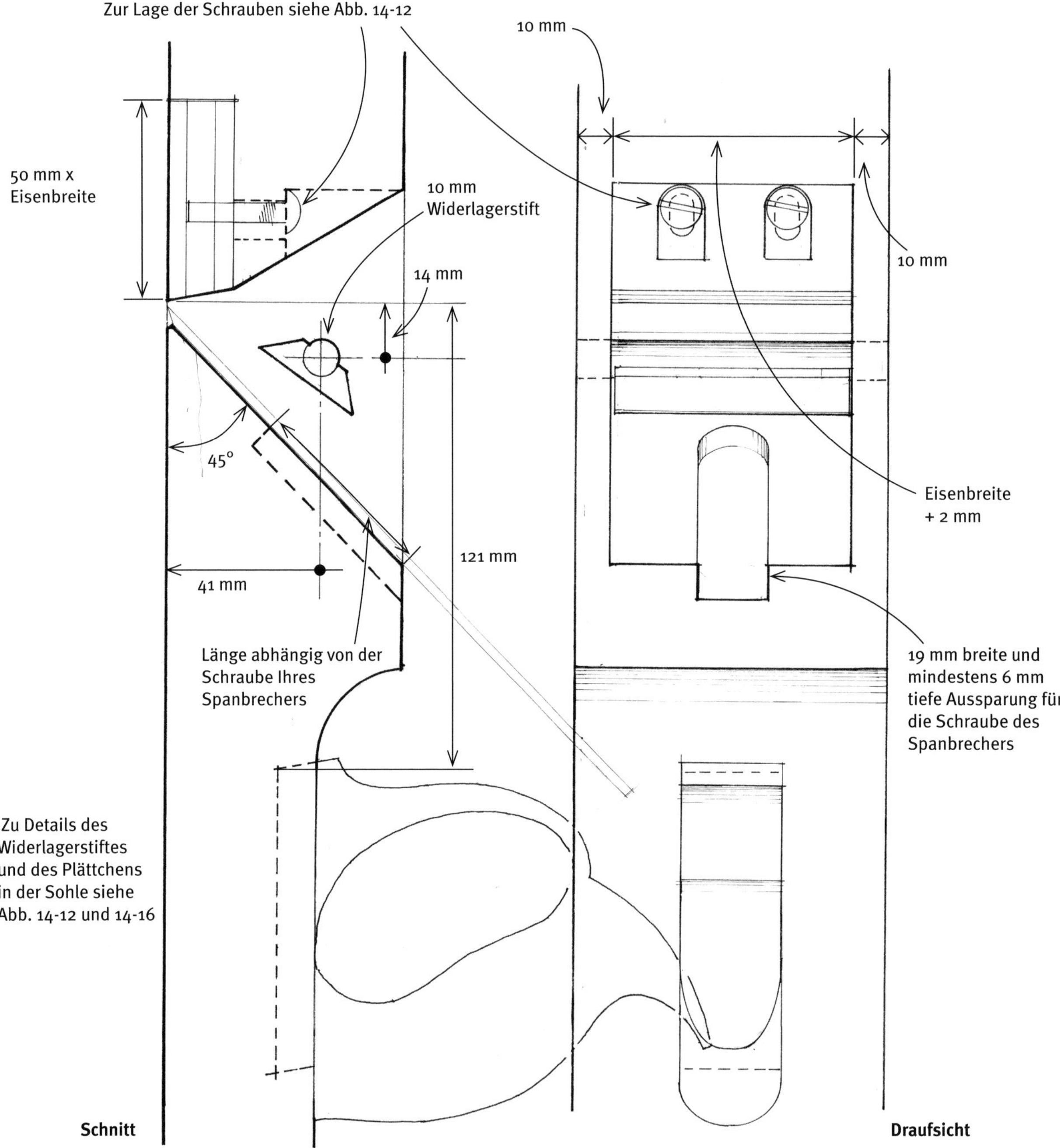

Abb. 14-5 Raubank

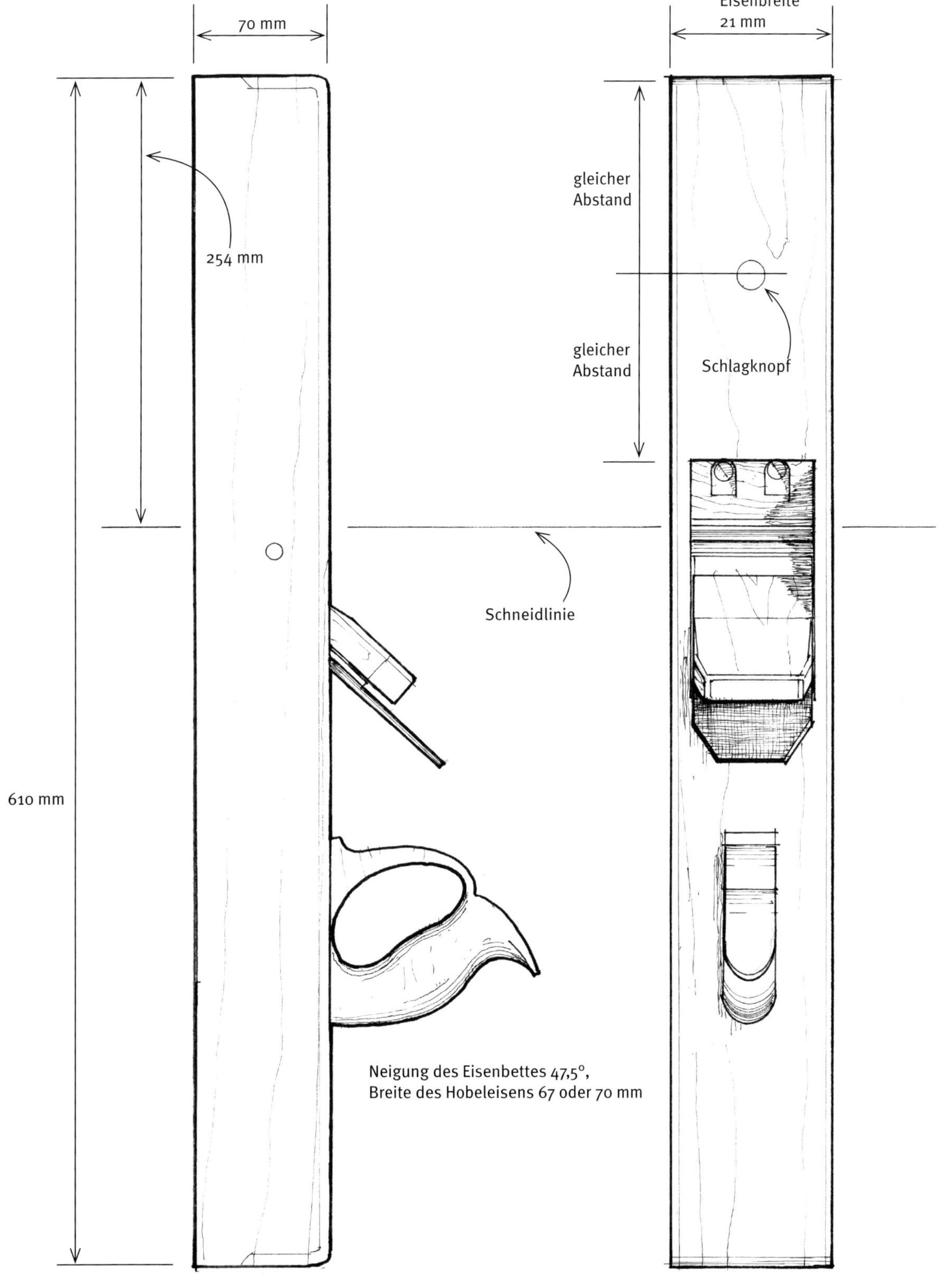

Abb. 14-6 Raubank – Details

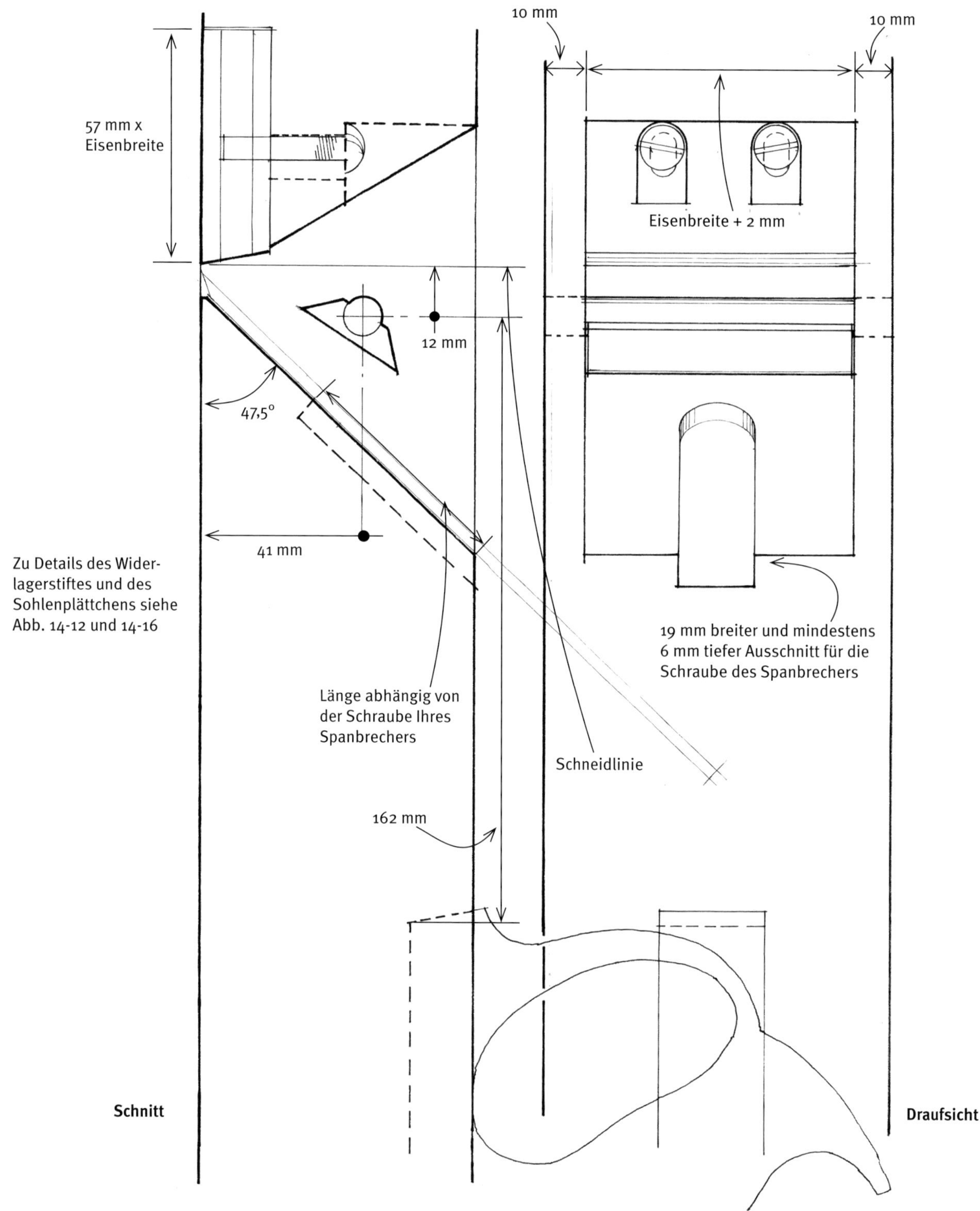

gleicher Abstand
gleicher Abstand
Schlagknopf
Eisenbreite + 17 mm
Schneidlinie
Neigung des Eisenbettes 47,5°, Eisenbreite 57 oder 60 mm
64 mm
41 mm
102 mm
305 mm

Abb. 14-7 Füllungshobel

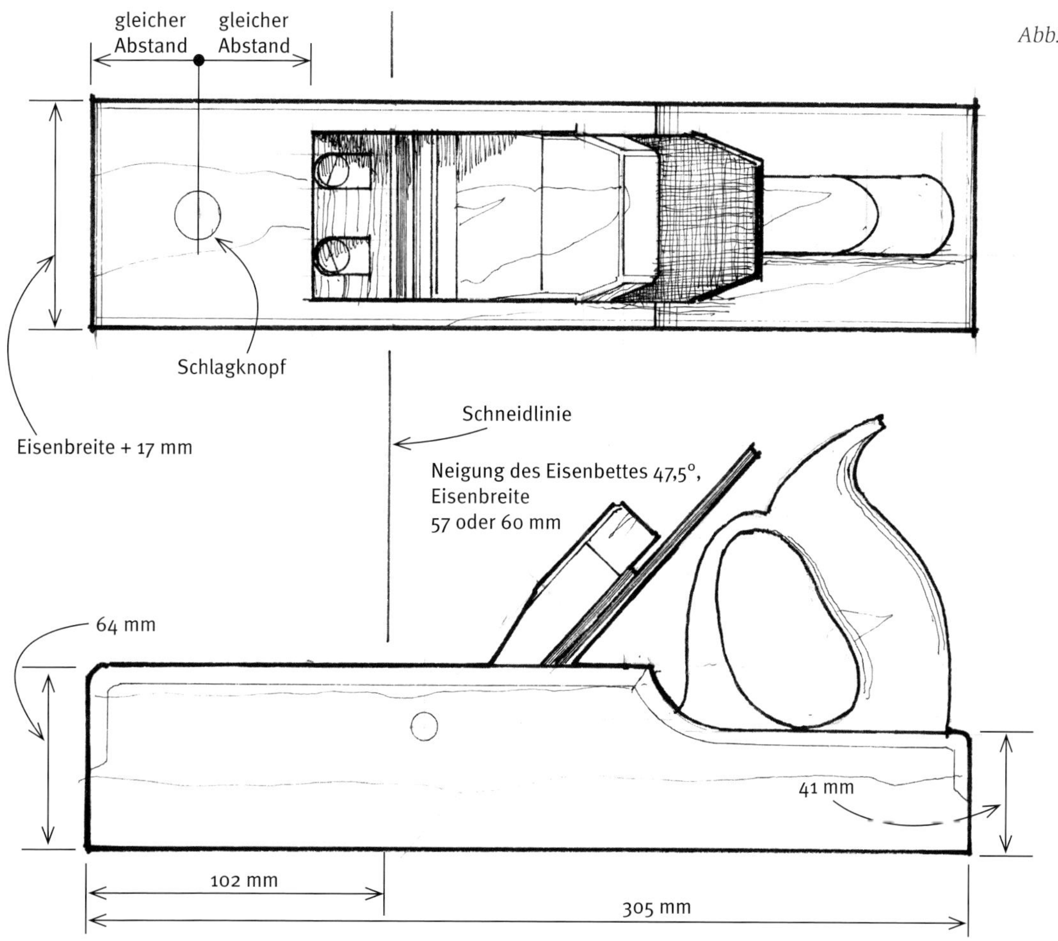

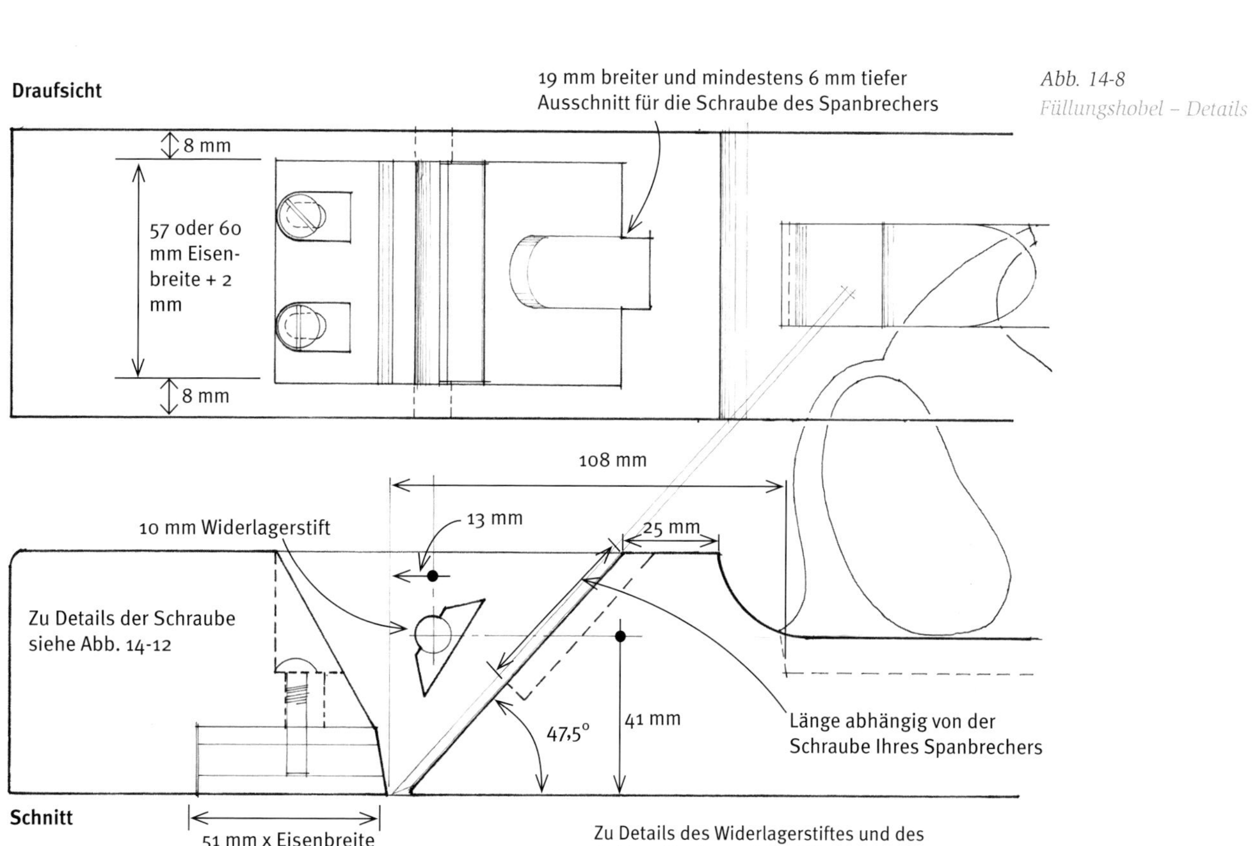

Abb. 14-8 Füllungshobel – Details

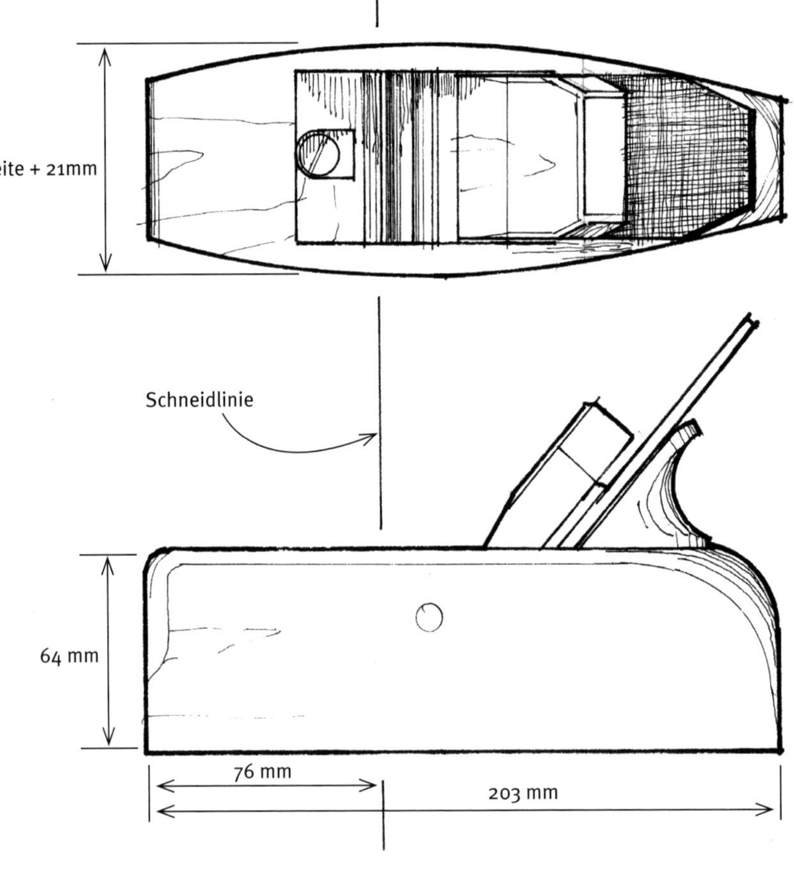

Abb. 14-9 50°-Putzhobel

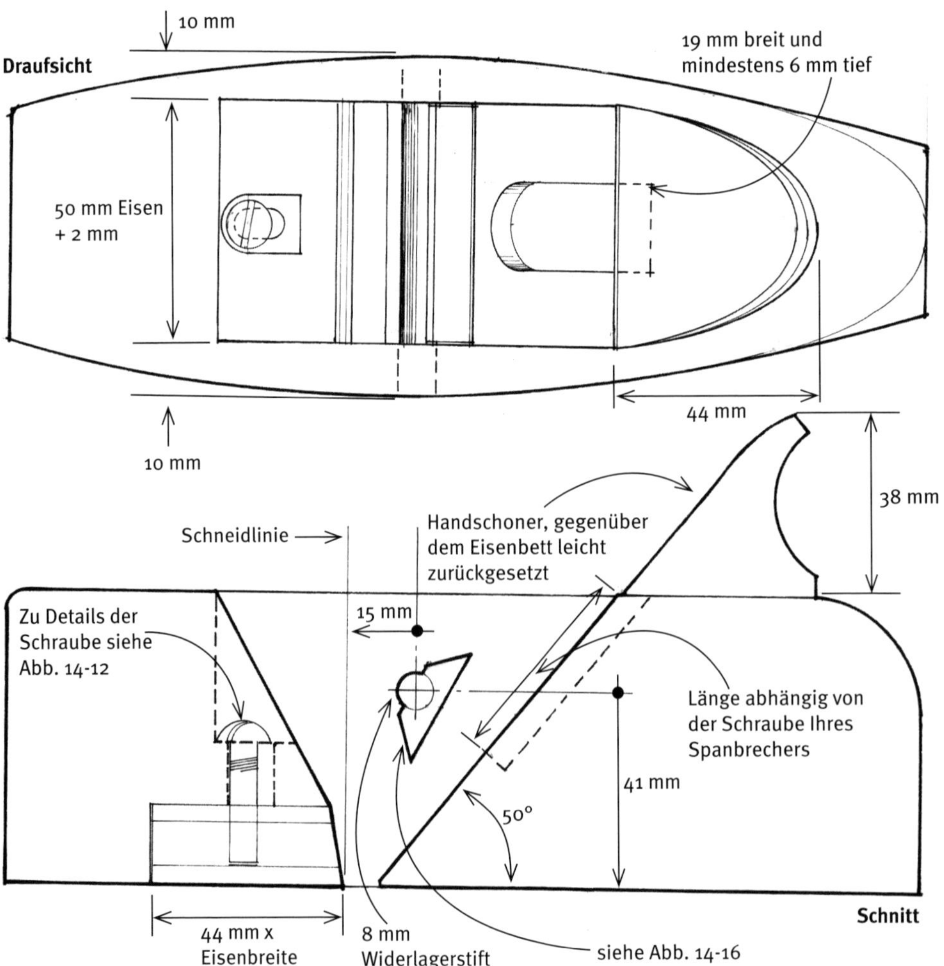

Abb. 14-10
50°- Putzhobel – Details

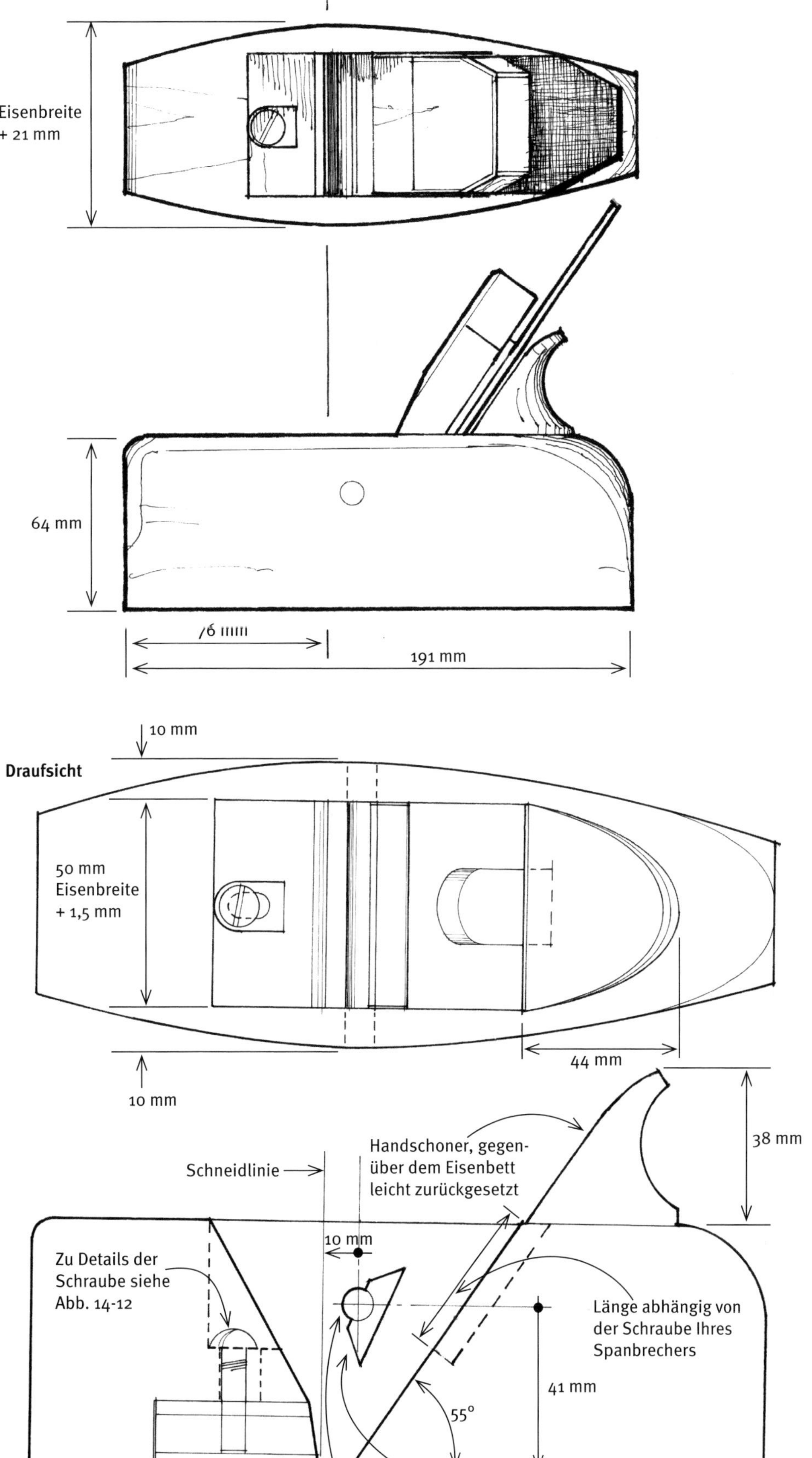

Abb. 14-9A 55°-Putzhobel

Abb. 14-11 55°-Putzhobel Details

Abb. 14-12 Schlitz für die Schraube zur Befestigung des Sohlenplättchens

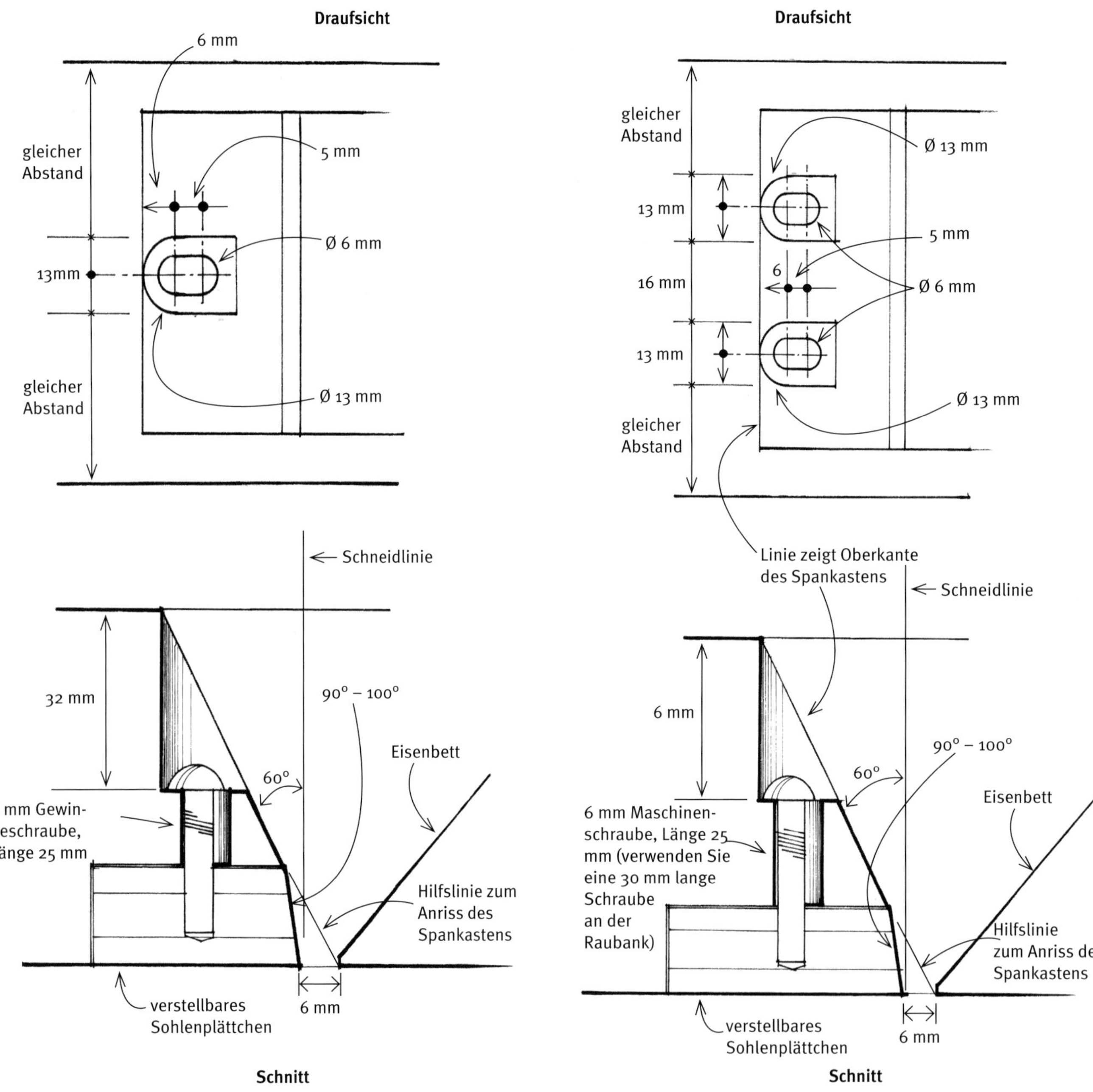

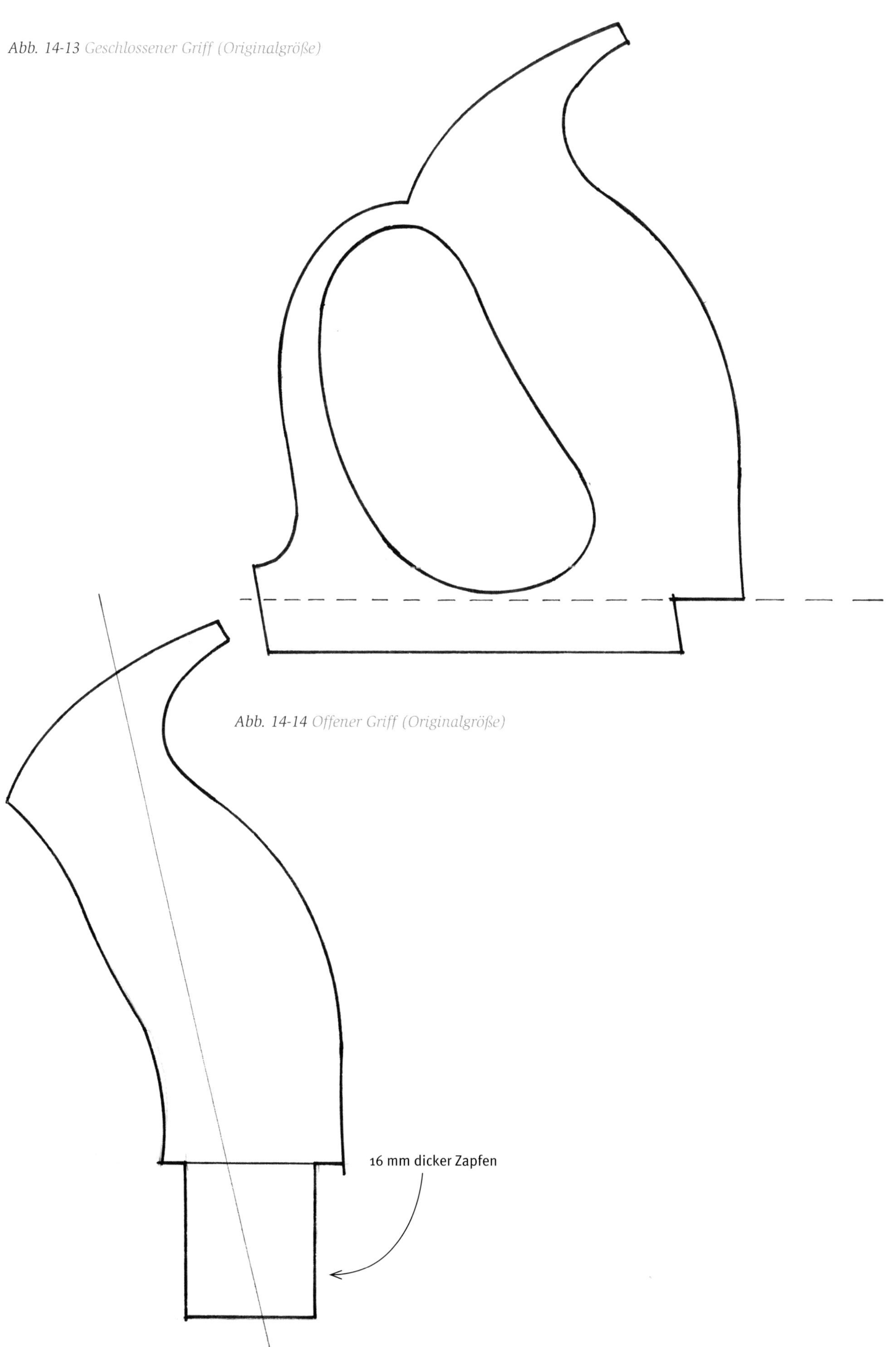

Abb. 14-13 Geschlossener Griff (Originalgröße)

Abb. 14-14 Offener Griff (Originalgröße)

Abb. 14-15 Profil des Keils (Originalgröße, Breite entspricht der Eisenbreite)

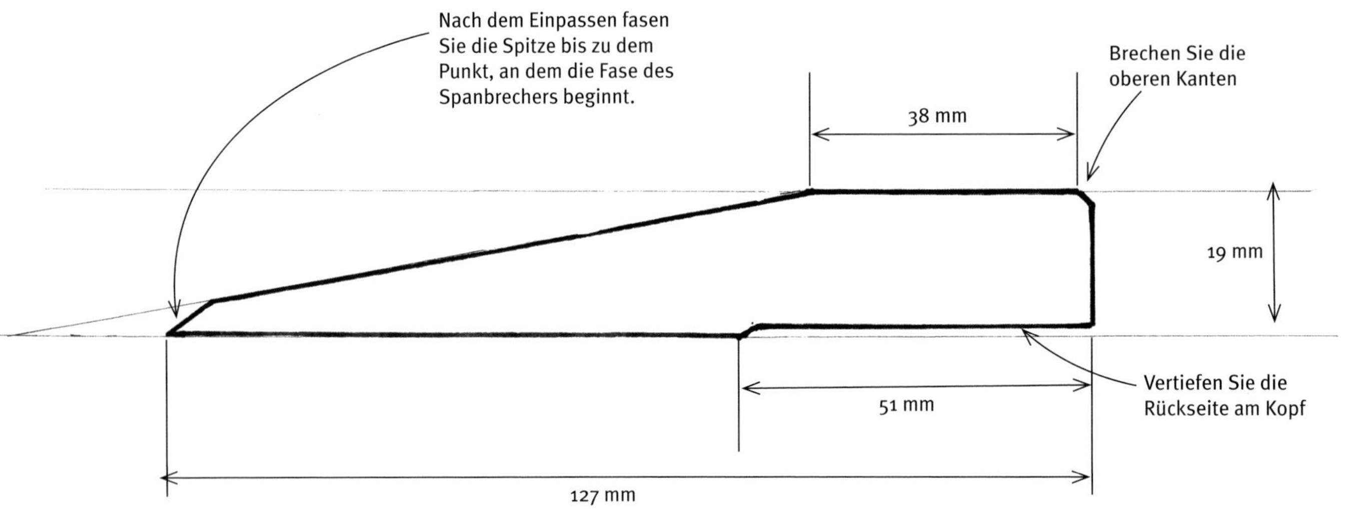

Abb. 14-16 Druckplatte für Widerlagerstift

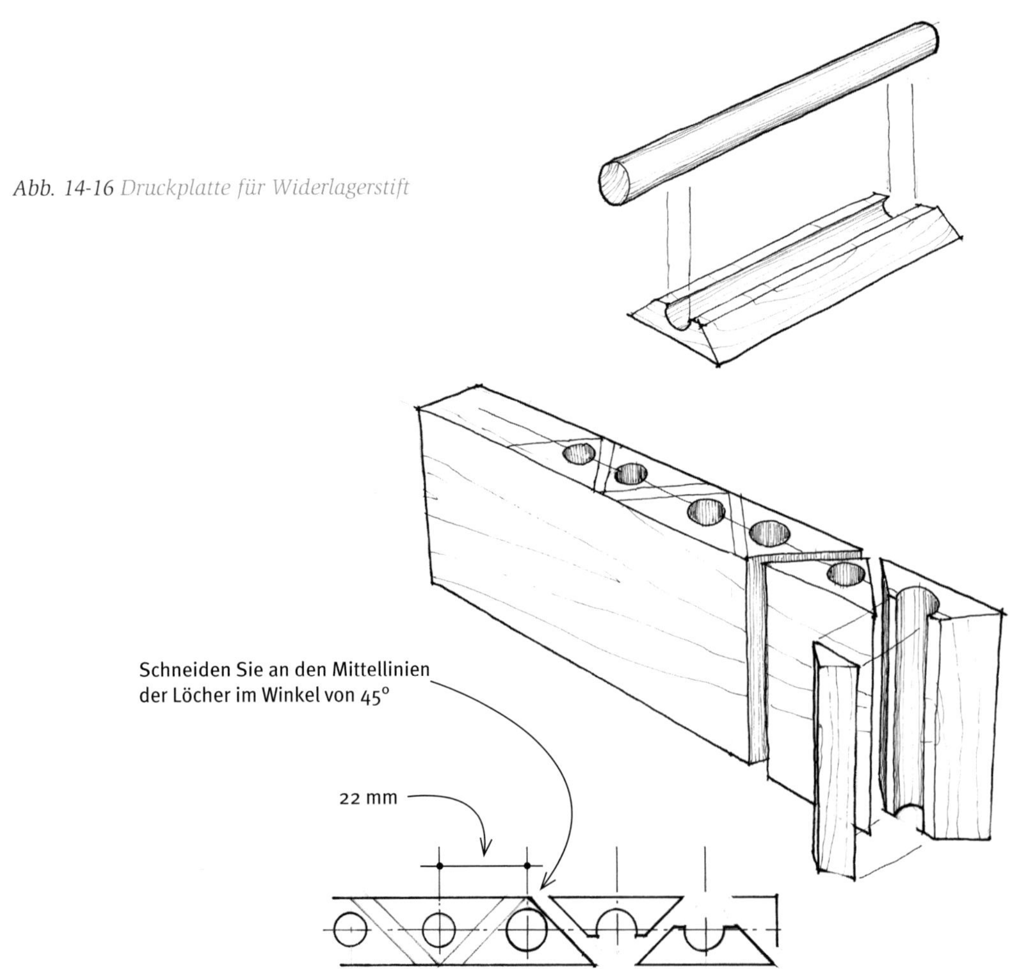

Vorbereitende Arbeiten

Reißen Sie das Eisen und den Spankasten an, wie es in den Abb. 14-19 bis 14-24 gezeigt wird. Bevor Sie den Spankasten ausarbeiten, bohren Sie von beiden Seiten her Löcher für den Widerlagerstift (um Abweichungen zu verringern, falls der Bohrer abdriftet, bis sie sich treffen. Wenn Sie vor dem Stemmen bohren, verhindern Sie Ausriss im Spankasten.

Dann bauen Sie die Schablonen. Die Schablone für die verstellbare Sohlenplatte und die für den Schlitz der Fixierschraube werden unter „Verstellbares Sohlenplättchen einbauen" (S. 309-312) beschrieben. Bei den breiteren Hobeln werden Sie eine Schablone für doppelte Schrauben am Plättchen benötigen, doch die Methode ist die gleiche wie bei der Schablone für eine Schraube.

Außer diesen Schablonen benötigen Sie noch Blöcke als Unterlage, um den Spankasten an den Hobelkörpern auszustemmen. Leimen Sie vier Lagen 19 mm MDF-Platte zu einem Block, der etwa 23 cm breit und 120 cm lang ist. (Ich habe einige 32 mm MDF Platten zusammengeleimt, die ich noch hatte.)

Abb. 14-17 Grob zugeschnittene Rohlinge sollte man aufleisten und mindestens eine Woche ruhen lassen; sechs Monate sind besser.

Abb. 14-18 Die Blöcke sind ausgehobelt und die Rohlinge für die Sohlenplättchen verleimt. Im Vordergrund liegen einige der Hobeleisen, die zum Einsatz kommen (der Sta-Set-Spanbrecher – zweiter von links – wurde nicht benutzt).

Abb. 14-19

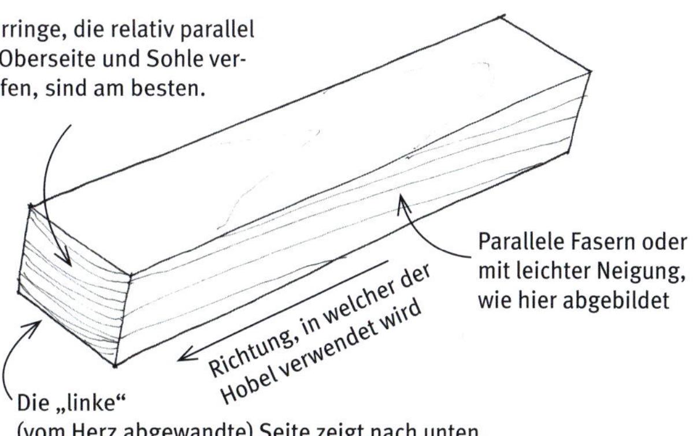

Abb. 14-20 Markieren Sie die Schneidlinie und übertragen sie um den Block.

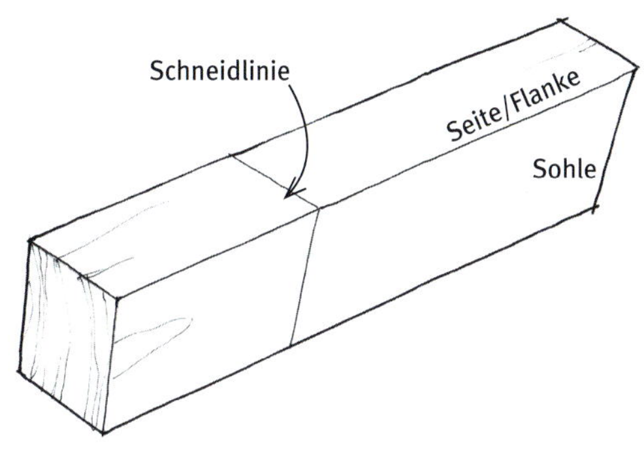

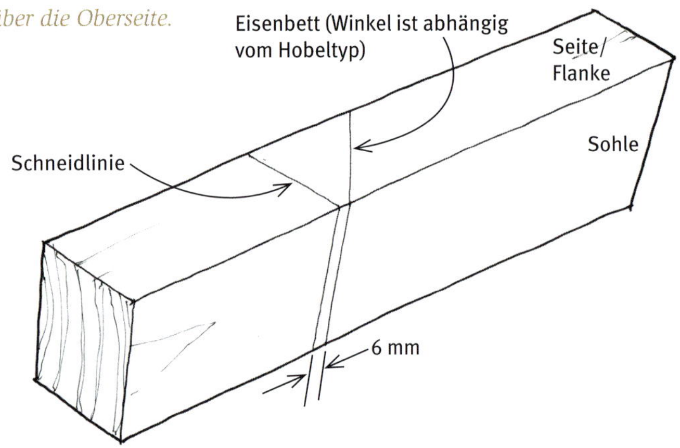

Abb. 14-21 6 mm hinter der Schneidlinie reißen Sie die Linie des Eisenbettes an. Markieren Sie den Winkel des Eisenbettes dann an beiden Flanken und verbinden die Linien quer über die Oberseite.

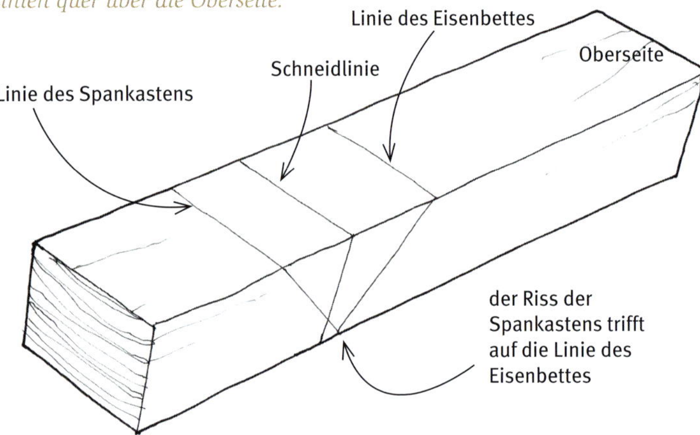

Abb. 14-22 Markieren Sie den Spankasten, indem Sie am Fußpunkt des Eisenbettes ansetzen und eine 60° Linie anzeichnen. Verbinden Sie die Linien quer über die Oberseite.

Sie werden einen Block benötigen für jeden Neigungswinkel, den Sie ausstemmen wollen und noch einen für die Spankästen. Erinnern Sie sich, der Block wird den Komplementärwinkel des Winkels haben, den Sie schneiden wollen. Ein Neigungswinkel des Hobeleisens von 47,5° wird also einen Block mit einem Winkel von 42,5° erfordern; ein Neigungswinkel von 50° einen Block von 40°.

Sie werden für eine Fixierung mit Zwingen einige 40 mm Löcher in den Block bohren müssen (zumindest ein Loch für den Hobelkörper sowie ein oder zwei weitere, um auch den Block festspannen zu können, abhängig von der verwendeten Maschine). Es ist auch praktisch, auf den Block einen Anschlag zu schrauben, damit sich der Hobelkörper nicht unter dem Druck des Stemmbohrers verschiebt (Abb. 14-25 und 14-26).

Sie werden einen genauen Blick auf den Hub und die Grenzen Ihrer Stemmvorrichtung werfen müssen. Ich habe zwar kürzlich eine kräftige freistehende Stemm-Maschine mit guter Kapazität bekommen, doch die längeren Hobelblöcke mussten so platziert werden, dass ein Ende über den Auflagetisch hinausragte, damit unter dem Stemmbohrer genug Raum war (Abb. 14-26, links). Ich habe es hinbekommen, dass alles frei stand, aber nur knapp. Wenn eine Stemmvorrichtung auf die Ständerbohrmaschine montiert wird, kann der Auflagetisch gesenkt

Abb. 14-23 Markieren Sie die Seitenkante des Spankastens etwa 8-10 mm von den Seiten des Hobels entfernt auf der Oberseite und Sohle des Hobelkörpers. Stellen Sie sicher, dass die Breite des Spankastens mit der Breite des Hobeleisens übereinstimmt oder nicht maximal 0,8 mm breiter ist. Markieren Sie auf der Oberseite und der Sohle eine Mittellinie, und reißen Sie auch die Vertiefung für die Schraube des Spanbrechers an.

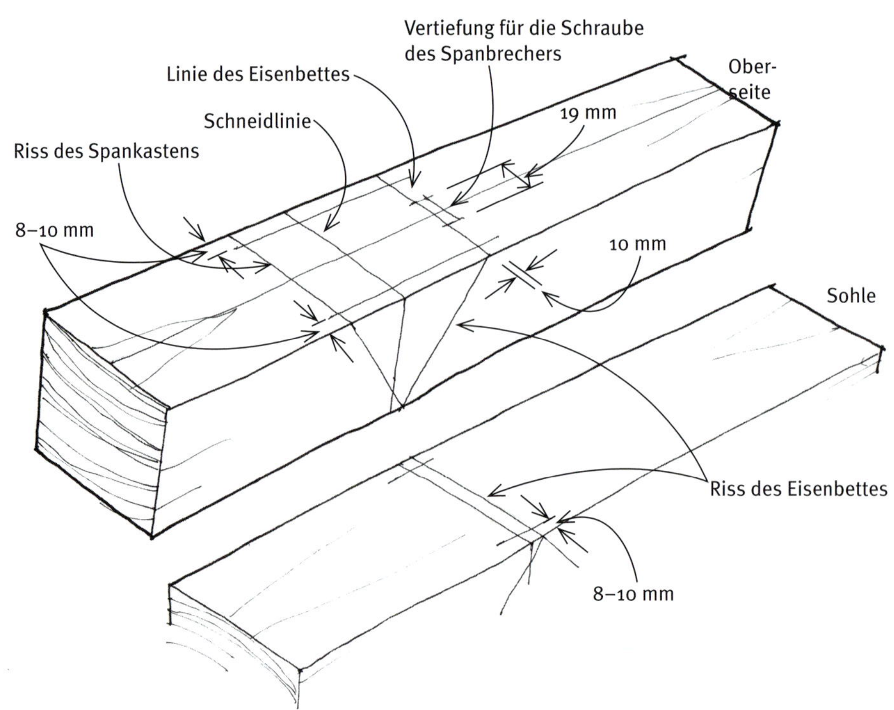

und der Hobelkörper dadurch ganz auf dem Montageblock gehalten werden.

Der Montageblock auf einer Ständerbohrmaschine muss für jeden Schnitt aufgespannt und wieder gelöst werden, denn er hat keine Spannvorrichtung. Verwenden Sie eine Reihe von Holzstücken oder MDF-Abschnitten, welche die gleiche Stärke haben wie Ihr Stemmbohrer, als Futter zwischen Montageblock und Anschlag. Legen Sie bei jedem Stemmvorgang eine Zulage ein (oder entfernen eine), um nach jedem Lösen der Zwingen ein erneutes Messen und Ausrichten zu vermeiden. Vielleicht können Sie den Block auch in einer Zange auf dem Tisch der Ständerbohrmaschine aufspannen und sich damit die Mühe des Festspannens und Entspannens ersparen.

Grobe Bearbeitung der Hobelkörper

Bearbeiten Sie das Eisenbett zunächst mit einem 10 oder 13 mm Stemmboher durch das Maul und zwar nicht tiefer als erforderlich, um die Bearbeitung von der Oberseite abschließen zu können. Halten Sie sich am Riss des Eisenbettes eher ein bisschen an die Maulseite. Machen Sie sich keine Sorgen, wenn der Stemmbohrer das Maul zu groß schneidet, denn Sie werden hier später ein Sohlenplättchen einbauen, das diese Stelle ausfüllen wird. (Die Bearbeitung durch das Maul zu beginnen, dient zwei Zielen. Zuerst einmal verhindert es ein Aufsplittern am Ausgang des Schnitts. Weiterhin erlaubt es Ihnen, den Schnitt abzuschließen und zwar unabhängig davon, ob Ihr Stemmbohrer lang genug hierfür ist – wahrscheinlich ist er das nicht.)

Wenden Sie den Hobelkörper und schließen den Schnitt von der Oberseite aus ab. Schneiden Sie zuerst die Aussparung für die Schraube des Spanbrechers; dann schließen Sie die Schnitte an beiden Seiten des Spankastens ab und kommen dabei näher an den Riss als es bei den Schnitten durch das Maul der Fall war, um ein mögliches Abdriften zu kompensieren, welches sich bei Schnitten schräg zur Faser ergibt. Entweder sollten sich die beiden Schnitte genau treffen, oder es entsteht unten ein kleiner Versatz, der später abgestochen werden kann.

Abb. 14-24 Markieren Sie den Mittelpunkt des Widerlagerstiftes 41 mm oberhalb der Sohle und hinter der Schneidlinie und zwar je nach Neigung des Hobeleisens. Schauen Sie sich die passende Zeichnung des Hobels an, den Sie bauen. (Siehe Abb. 14-2, 14-4, 14-6, 14-8, 14-10 oder 14-11).

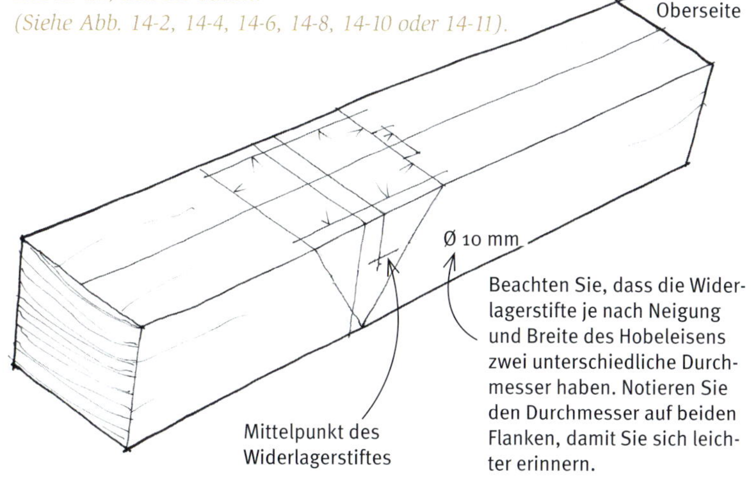

Abb. 14-25

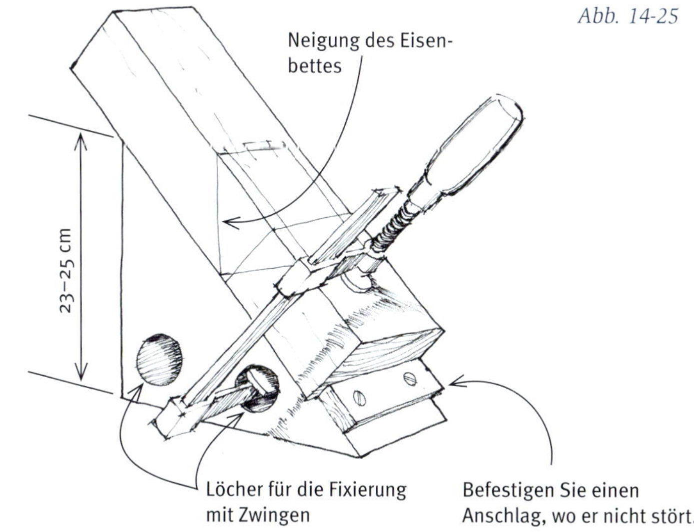

Abb. 14-26 Hobelkörper und Blöcke zum Unterfüttern auf der Stemm-Maschine (links). Bei längeren Hobelkörpern muss der Block ggf. verschoben werden, um ausreichend Raum für die Bearbeitung zu haben.

Abb. 14-27 Rohlinge in unterschiedlichen Stadien der Bearbeitung, von hinten nach vorne: der erste Schnitt durch das Maul, mit dem die untere Hälfte des Eisenbettes geschnitten wird; Schnitte an der Oberseite abgeschlossen, sowohl für das Eisenbett als auch für den Spankasten; Abfall an beiden Seiten des Spankastens entfernt; Abfall komplett entfernt.

Stemmen Sie alle Ihre Hobelkörper und wechseln bei Bedarf die Montageblöcke. Wechseln Sie schließlich den Montageblock noch ein letztes Mal, um von der Oberseite der Hobelkörper aus am Riss des Spankastens entlang zu stemmen. Seien Sie dabei vorsichtig, damit Sie nicht zu tief stemmen und in das Eisenbett schneiden. Sie können die Stemm-Maschine verwenden, um an beiden Seiten des Spankastens eine Menge Material abzuarbeiten, doch seien Sie vorsichtig, nicht zu tief in den Spanaustritt oder das Eisenbett zu schneiden. Entfernen Sie möglichen verbliebenen Abfall mit einer Stichsäge. Alternativ hierzu können Sie auch den gesamten Abfall mit einer Stichsäge entfernen. Der Fein-Multimaster, falls Sie einen haben sollten, kann diesen Schnitt auch machen (Abb. 14-27).

Stechen Sie überschüssiges Material und Unregelmäßigkeiten am Eisenbett mit einem Stecheisen ab. Arbeiten Sie auch den Spankasten entsprechend nach. Prüfen Sie die Passung des Hobeleisens, indem Sie das Eisen mittig mit einem Finger niederdrücken: klopfen Sie die vier Ecken des Eisens mit einem anderen Finger an (Abb. 14-28). Wenn Sie bei einer der Ecken ein klickendes Geräusch hören, dann ist dieser Teil des Bettes zu niedrig; entfernen Sie mit dem Stecheisen etwas Material an den übrigen Ecken, bis das Klicken aufhört. Kontrollieren Sie das Bett auch visuell mit einem Lineal und peilen hinunter, um Verzug zu bemerken.

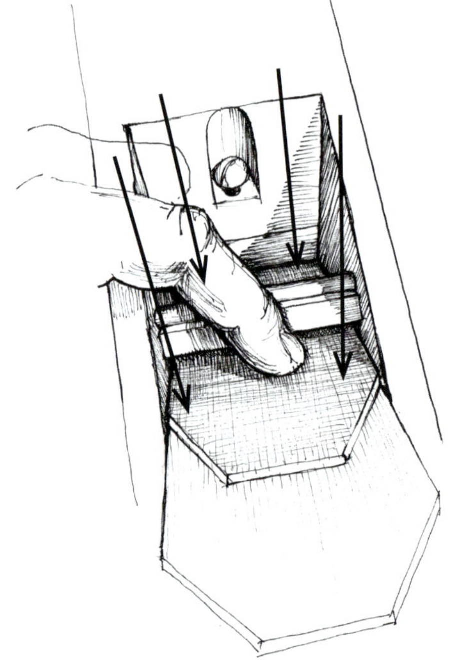

Abb. 14-28 Prüfen Sie die Passung des Hobeleisens, indem Sie auf jede Ecke drücken.

Einpassen von Sohlenplättchen, Widerlagerstift und Keil

Nach dem vorläufigen Einpassen des Hobeleisens und Säubern schneiden Sie mit Hilfe der Schablonen die Aussparungen für die Schrauben, mit denen die Sohlenplättchen fixiert werden. Bohren Sie am Hobelkörper den oder die Schlitze für die Schrauben zur Fixierung des Sohlenplättchens. Wenn Sie dies machen, bevor Sie die Aussparung für das Plättchen an der Sohle fräsen, vermeiden Sie an der Aussparung Ausriss durch Bohren für die Fixierschraube. Fräsen Sie die Vertiefung für das Sohlenplättchen mit einer Schablone. Passen sie das Sohlenplättchen vorläufig ein und setzen die Fixierschrauben (Abb. 14-29). (Siehe „Einbau eines verstellbaren Sohleplättchens“ auf Seite 292.

Abb. 14-29 Sohlenplättchen an fünf Hobelkörpern eingepasst und eingesetzt. Links im Bild sind drei extra Plättchen.

Jetzt stellen Sie den Widerlagerstift her. Sie können einen gewöhnlichen Dübel verwenden, doch ich würde für höhere Belastbarkeit eher Eiche als Birke empfehlen. Stellen Sie sicher, dass die Fasern gerade und durchlaufend sind. Oder Sie können sich auch Ihren eigenen Stift aus geradwüchsigem Holz selber spalten (nicht sägen). In beiden Fällen müssen Sie den Dübel genau auf Maß herstellen, entweder mit einem Dübeleisen oder durch wiederholtes Nachpassen.

Machen Sie sich aus dem gleichen Material wie der Hobelkörper eine Leiste, um daraus die Plättchen für den Widerlagerstift zu schneiden. Sie sollte 16 mm stark sein, die Breite Ihres breitesten Hobeleisens haben und doppelt so lang, wie es zur Herstellung der eigentlichen Anzahl an Plättchen erforderlich wäre (Abb. 14-16). (Sie werden ein Ende brauchen, um die Leiste beim Abtrennen der Plättchen zu halten.) Reißen Sie die Mittellinie an, um die Löcher so präzise wie möglich an der Ständerbohrmaschine bohren zu können. Nach dem Bohren schneiden Sie die Plättchen abwechselnd im Winkel von 45° ab, bis Sie ein paar mehr haben als Sie benötigen. Schneiden Sie die Plättchen auf Länge, die der jeweiligen Breite des Eisens entspricht und putzen Sie die Schrägen. Danach schneiden oder hobeln Sie die Spitze bis auf 2 mm vor der Mittellinie ab (Abb. 14-30). Prüfen Sie, ob sich das Druckplättchen auf den Widerlagerstift drücken lässt. Entfernen Sie das Plättchen vorsichtig, schlagen Sie den Widerlagerstift in sein Loch und drücken das Plättchen wieder auf (Abb. 14-31 und 14-32). Machen Sie das bei allen Hobeln.

Schneiden Sie Rohlinge für die Keile und schneiden Sie dann über etwa zwei Drittel der Länge an der Bandsäge eine 10° Verjüngung (Abb. 14-15). Putzen Sie den Sägeschnitt mit dem Hobel. Falls erforderlich, schneiden Sie an der Rückseite des Keils einen schmalen Schlitz für eine eventuell vorstehende Schraube des Spanbrechers. Setzen Sie das Hobeleisen mit dem montierten Spanbrecher in den Hobel und verkeilen ihn probeweise. (Es ist einfacher, das bei ausgebautem Sohlenplättchen zu machen, bis die Passung des Keils stimmt.)

Der Keil sollte sich so weit einsetzen lassen, dass er vor dem Anziehen nahe an der Fase des Spanbrechers steht. Entnehmen Sie Keil und Hobeleisen wieder und passen Sie den Keil an den Spanbrecher an. Hobeln Sie den Keil vor-

Abb. 14-30 *Die Stoßlade für Gehrungen links im Bild wird eingesetzt, um die beiden Schrägen an dem Druckplättchen des Widerlagerstiftes zu putzen. Die normale Stoßlade daneben wird verwendet, um Kanten und Kopfholz zu putzen. Zwischen den beiden Stoßladen erkennt man Material für die Druckplättchen und dahinter die Rohlinge für die Keile.*

Abb. 14-31 *Um Widerlagerstift und Druckplättchen einzubauen, schlagen Sie den Stift von der Seite aus ein und stecken das Plättchen auf.*

Abb. 14-32 *Setzen Sie dann das Hobeleisen mit dem montierten Spanbrecher und den Keil ein, um die Passung des Keils zu prüfen.*

sichtig quer zur Faser, bis seine Krümmung genau zu dem Spanbrecher passt. Lassen Sie die Unterseite des Keils auf halber Länge ein kleines bisschen vorstehen, um zu garantieren, dass der Keil sowohl unten (an der Fase des Spanbrechers) als auch oben aufliegt.

Sobald der Keil an den Spanbrecher angepasst wurde, setzen Sie Hobeleisen und Keil probeweise ein. Prüfen Sie, ob das Eisen eine gute Auflage auf dem Bett hat und ob der Druck vom Widerlagerstift auf den Keil gleichmäßig ist. Sie können den Druck vom Widerlagerstift auf den Keil erst visuell prüfen – achten Sie darauf, dass an keiner Seite ein Spalt ist – und dann durch seitliches Verschieben des Keils. Der Druck, den Sie zum Lösen des Keils benötigen, sollte von beiden Seiten aus gleich sein. Wenn nötig, hobeln Sie die höhere Seite auf dem Keil mit leichten Strichen eines Blockhobels, bis die Passung stimmt. Vermeiden Sie eine Wölbung des Keils – halten Sie ihn flach. Sobald der Keil eingepasst ist, schneiden Sie ihn auf Höhe des Spanbrechers ab und fasen sein Ende, damit er die Späne abweist. Bearbeiten Sie den Rest des Keils.

Schließen Sie den Einbau der Sohlenplättchen ab, indem Sie das Kopfholz, welches zum Eisen zeigt, solange auf der Stoßlade bearbeiten, bis Sie die gewünschte Maulöffnung erreichen. Sie können es später immer noch weiter bearbeiten. Fixieren Sie das Plättchen mit der Schraube, wenn Sie zufrieden sind. Sie können vorläufig die unteren 3 mm der Maulkante im rechten Winkel lassen und den Spanaustritt hinterschneiden, und zwar bis an oder kurz vor den Spankasten des Hobelkörpers. Wenn Sie beim Gebrauch feststellen, dass sich in diesem Bereich Späne stauen, können Sie das Sohlenplättchen ausbauen und das Maul stärker hinterschneiden.

Abb. 14-33 Nach der Montage des Widerlagerstiftes und dem Einpassen des Keils wird an den Putzhobeln der Handschoner angebracht.

Abb. 14-34 Um ihn leichter aufspannen zu können, werden die Seiten des Handschoners hinter dem Eisenbett zwar tief mit der Säge schräg eingeschnitten, aber erst frei geschnitten, nachdem der Handschoner aufgeleimt ist.

Abb. 14-35 Schneiden Sie nun das überschüssige Material des Handschoners ab und geben dem Hobel seine endgültige Form.

Putzhobel formen

An den Putzhobeln markieren Sie zunächst die Kurve der gewölbten Seiten auf der Oberseite des Hobelkörpers – es ist jetzt einfacher – aber schneiden Sie diese noch nicht. Dann schweifen Sie an der Bandsäge die Kurve am Handschoner und arbeiten sie nach, solange er noch nicht von der Leiste abgelängt wurde. Markieren Sie nun die Neigung des Eisens und schneiden rundherum 3–6 mm tief ein. So vermeiden Sie Beschädigungen am Hobel, wenn Sie nach dem Aufleimen des Handschoners den Winkel schneiden.

Schneiden Sie den Handschoner hinter der Schneidlinie – also mit überlänge – von der quadratischen Leiste ab und leimen ihn auf den Hobelkörper. Der partielle Schnitt, den Sie gemacht haben, sitzt dabei etwa 2 mm hinter dem Eisenbett. Nachdem der Leim getrocknet ist, setzen Sie die Säge in den begonnenen Schnitt und entfernen das überschüssige Stück (Abb. 14-33 und 14-34).

Der Handschoner sollte ein bisschen hinter die Ebene des Eisenbettes geschnitten oder gestochen werden, um nicht in Konflikt mit dem Hobeleisen zu kommen, falls sich der Handschoner beim Verleimen etwas verschoben haben sollte. Schneiden Sie die gewölbten Seiten des Hobels an der Bandsäge aus und glätten sie (wenn Sie die Kurven hinten am Hobel unbearbeitet lassen, bis Sie den Kopf geformt haben, dann lässt sich der Hobel leichter einspannen), und dann schneiden, formen und glätten Sie den Handschoner und die Hinterseite des Hobels passend zu Ihrem Griff (Abb. 14-35).

Griffe herstellen und einbauen

Für die anderen Hobel bereiten Sie das Material für die Griffe vor (Abb. 14-13 und 14-14). Manchmal ist es reizvoll, die Griffe in einer andern Holzart herzustellen; man könnte argumentieren, dass ein Griff aus einem dunklen Holz mit der Zeit attraktiver aussieht als ein Griff aus hellem Holz, der schmutzig aussehen wird. Es hängt alles von Ihrem Geschmack ab und davon, welches Material Sie zur Hand haben.

Ich empfehle Ihnen, schneiden Sie die Griffe nicht von den Brettern ab, bis Sie den Griff fertig geformt haben (Abb. 14-36). Dies wird es einfacher machen, das Werkstück auf dem Frästisch zu bewegen, falls Sie die runden Bereiche zunächst mit einem Fräskopf bearbeiten wollen oder auch, um den Rohling zur Bearbeitung in die Zange zu spannen.

Nachdem Sie die Griffe geformt haben, reißen Sie Position und Größe der benötigten Vertiefung an. Bei Hobeln im Razee-Stil schneiden Sie zunächst den Ausschnitt am hinteren Teil des Körpers aus und putzen ihn.
Wahrscheinlich lassen sich die Vertiefungen für die geschlossenen Griffe am einfachsten mit

Abb. 14-36 *Die Griffe in unterschiedlichen Stadien ihrer Bearbeitung.*

Form des Griffes

Einen geschlossenen oder anderen Griff für Handhobel zu entwerfen, beginnt mit dem Verständnis von einigen Grundlagen. Ein Griff muss ausreichend Platz für die Hand bieten und eine geeignete Oberfläche, um den Druck beim Hobeln gleichmäßig über die Hand zu verteilen. Die Handfläche ist ausgesprochen hohl. Der gerundete Kopf eines deutschen Hobels (oder ein Putzhobel mit gewölbten Seiten) passt ziemlich gut zu dieser hohlen Fläche, das Profil eines traditionellen westlichen Griffes vielleicht nicht ganz so gut. Weiterhin benötigt die Beuge des Daumens und des Zeigefingers eine passend geformte Auflagefläche, denn der Widerstand gegen ein Abrutschen vom Griff nach oben wird hier wirksam. Schließlich müssen die Position und der Winkel des Griffes die Kräfte auf die Schneide hin bündeln. Diese Überlegungen führen zu folgendem Ergebnis:

Der Griff darf nicht gerade oder leicht gekrümmt sein, er muss einen richtigen Buckel haben, wenn er in die hohle Handfläche passen soll. Er sollte dick sein, um die Hand möglichst im Bereich von Daumen, Zeigefinger und auch Handfläche zu engagieren. Und die Mittellinie des Bogens am Buckel muss durch die Schneide des Eisens führen. Hinzukommt, dass der Griff den richtigen Umfang haben muss, damit er sich bequem greifen und anheben lässt, denn er muss immer wieder an den Ausgangspunkt des Striches zurückgeführt und nicht nur gestoßen werden. Stellen Sie sicher, dass er groß genug ist, damit die Finger nicht auf die Handfläche drücken, bevor sie einen festen Halt finden, und natürlich auch nicht so groß, dass er ermüdet.

Bei der Betrachtung traditioneller Griffe an Holzhobeln werden Sie bemerken, dass sie den meisten dieser Anforderungen entsprechen. Vielleicht könnten die Griffe etwas dicker sein, doch ich bin mir ohne umfangreiche Versuche nicht sicher, was die optimale Stärke ist. Es scheint auch so, dass Hobel im traditionellen Stil mit gewölbten Seiten davon profitieren würden, wenn sie mit einem Ansatz für Daumen und Zeigefinger ausgestattet würden, ähnlich wie bei den deutschen Hobeln.

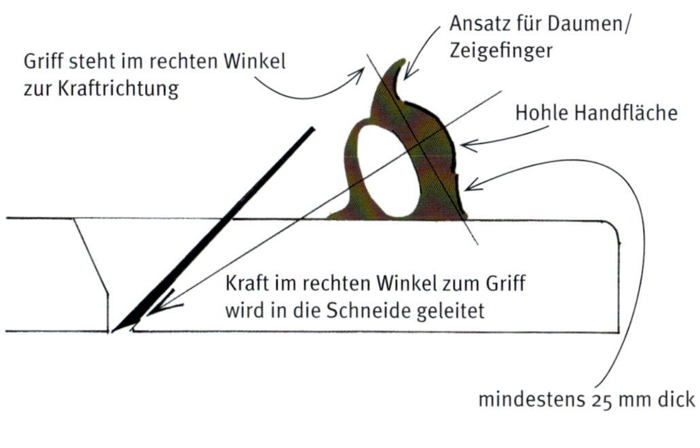

der Stemm-Maschine herstellen, denn bei den Hobeln im Razee-Stil behindert die Kurve hinter dem Eisen eine Schablone für die Oberfräse. Das hinterlässt dann einen rauen Boden und verringert die Leimfläche; der Boden lässt sich mit einem Grundhobel glätten und bei Bedarf nachpassen.

Schneiden Sie die Vertiefung für geschlossene Griffe möglichst kurz und hinterschneiden Sie hinten schwalbenschwanzförmig. Schneiden Sie dann den Winkel vorne mit einem Stemmeisen. Stellen Sie von dem Griff und seinem Schwalbenschwanz eine Schablone aus 3 oder 6 mm Hartfaser oder Sperrholz her und verwenden Sie diese, um bei der Arbeit die Passung zu prüfen. Leimen Sie die Griffe nicht ein, bevor Sie die Hobel fertig geformt und geglättet haben.

Letzte Handgriffe

Setzen Sie Hobeleisen und Keil fest ein, etwa 2 mm über der Sohle. Folgen Sie den Anweisungen, die bei der Vorbereitung von Holzhobeln über „Konfigurieren der Sohle" auf S. 150 gegeben wurden und richten die Sohle ab.

Putzen Sie die Oberflächen. Prüfen Sie, ob die Flanken rechtwinklig sind. Leimen Sie den Griff ein. Bringen Sie leichte Kehlen am Spankasten an, die den Hobel handfreundlicher machen.

Suchen Sie für die Schlagknöpfe an den langen Hobeln einen Hartholzdübel mit 16–20 mm Durchmesser oder machen Sie sich selber einen. Bohren Sie ein etwa 25 mm tiefes Loch, runden den Dübel oben (vor dem Einleimen), längen den Dübel so ab, dass er etwa 5 mm vorsteht und leimen ihn in sein Loch.

Ölen Sie die Oberseite des Hobels und den Griff leicht, um sie zu schützen und die Griffigkeit zu verbessern (Abb. 14-37 und 14-38).

Einen Hobel im japanischen Stil bauen

Unter allen Hobeln können die in japanischer Bauart am schnellsten hergestellt werden, und man kann sie sogar am gleichen Tag schon benutzen, da kein Leim austrocknen muss. Darüber hinaus ist das Design sehr vielseitig und kann an eine Vielzahl von Aufgaben zum Formen und Putzen angepasst werden.

Neigung, Breite und Länge können für die Bearbeitung unterschiedlicher Hölzer verändert werden. Die Formen können für grobes Modellieren oder zum Putzen von Profilen und Schnitzereien variiert werden. Jeder mit geschickten Händen sollte keine Probleme haben, den Grundtyp zu bauen.

Zunächst besorgen Sie sich ein Eisen geeigneter Breite. Wenn dies Ihr erster Hobel ist, beginnen Sie mit einem Hobeleisen, das schmäler als 55 mm ist. Die Anfertigung von Hobeln mit 60 und 70 mm breiten Eisen ist schwieriger, je breiter desto schwieriger. Ich finde, ein Hobel mit 48 mm Eisen ist vielseitig und ein gutes Modell für den Anfang.

Abb. 14-37 Die fertige kurze Raubank.

Abb. 14-38 Der fertige Schlichthobel und die Raubank.

Der Hobelkörper muss aus dichtem Material sein. Wenn Sie jemals den Unterschied zwischen der für den dai genannten Hobelkörper verwendeten Weißeiche und gewöhnlicher japanischer Weißeiche (gleicht in Dichte und Textur der amerikanischen Roteiche) gefühlt haben, dann werden Sie verstehen, welche Dichte verlangt wird: das Holz, das für Hobelkörper verwendet wird, ist wesentlich dichter als das übliche Material.

Dies ist das Ergebnis davon, dass die Bäume eigens für die Hobelbauer sorgfältig ausgewählt und eingeschnitten werden, und dazu gehört eine Trocknung von 10 bis 40 Jahren – oder mehr. Das Holz muss nicht nur dicht und hart sein, es muss auch das Eisen gut greifen, und das tut das Holz für den japanischen Hobelkörper sehr gut. Ich verwende gerne japanische Hobelkörper, die bereits für bestimmte Eisenbreiten vorbereitet sind. In Notfällen habe ich auch schon Kirsche, Buche verwendet.

Ich hatte Schwierigkeiten Kirschbaum- und Buchenstücke zu finden, die ausreichend dicht waren. Ein dichtes Stück amerikanischer Weißeiche ist auch eine gute Wahl. Ahorn ist jedoch trotz seiner Härte keine gute Wahl, denn es greift das Eisen nicht gut.

Wählen Sie das Holz so aus, wie es auf Abb. 14-39 gezeigt wird. Der Faserverlauf ist wichtig, vor allem wegen des Widerstandes gegen die Keilwirkung des Hobeleisens. Wählen Sie einen dai, der 10–16 mm breiter ist als Ihr Hobeleisen – ein 48 mm breites Eisen sollte einen 58–64 mm breiten Hobelkörper haben.

Es sollte dick genug sein, um fast den gesamten gehärteten Bereich des Hobeleisens im vorgesehenen Winkel zu fassen. Für Putzhobel gibt es Standardlängen – die Breite entspricht dabei etwa drei Zehnteln der Länge – doch dies kann je nach beabsichtigter Verwendung des Hobels verändert werden. Hobel zum Abrichten, wie etwa Raubänke, sind natürlich länger, und Putzhobel können auch viel kürzer gemacht werden, damit ein ganz fein eingestelltes Hobeleisen besser greift.

Die Schneide des Hobeleisens befindet sich traditionell an einem Punkt, der etwa bei fünf Achteln der Gesamtlänge liegt, und zwar von dem, was wir den Kopf des Hobels nennen würden (Japaner bezeichnen dies als Rückseite und den Bereich hinter dem Eisen als Vorderseite des Hobels (Abb. 14-40).) Auch das ist keine absolute Angabe, denn an einem kürzeren Hobel haben Sie manchmal nicht ausreichend Material hinter dem Eisen, sodass dann der Teil vor dem Eisen entsprechend kürzer ausfällt.

Abb. 14-39 Holzauswahl

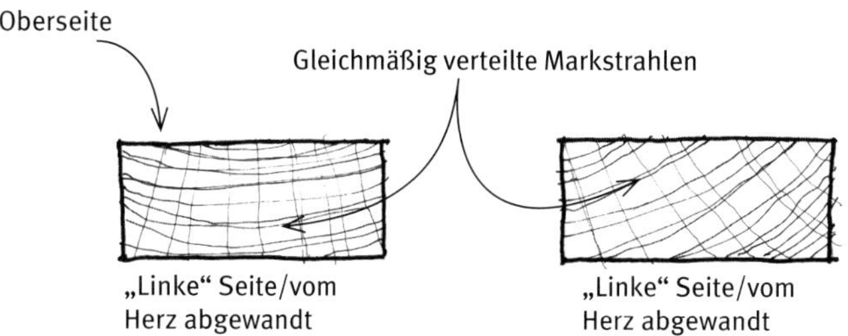

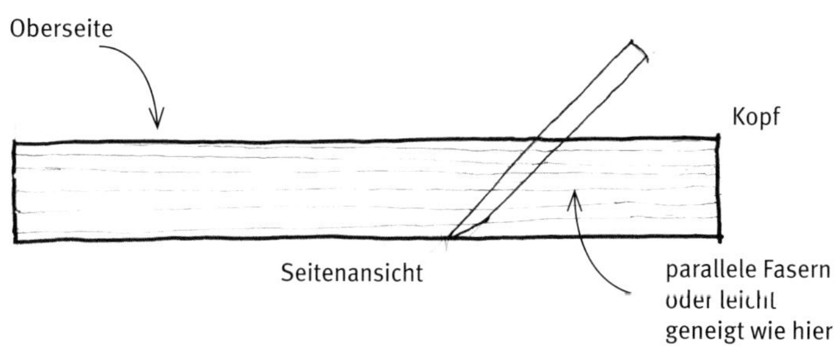

Abb. 14-40 Eisenbreite

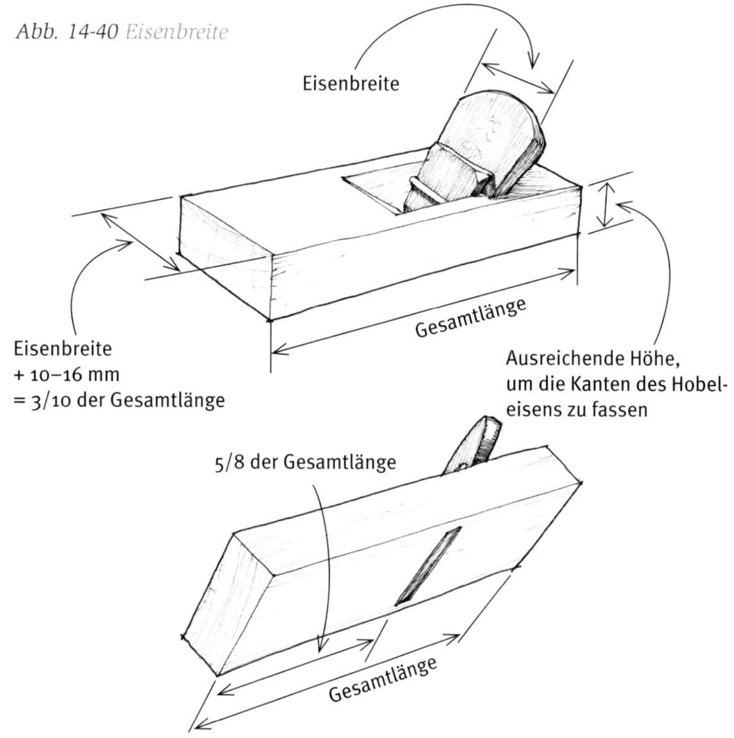

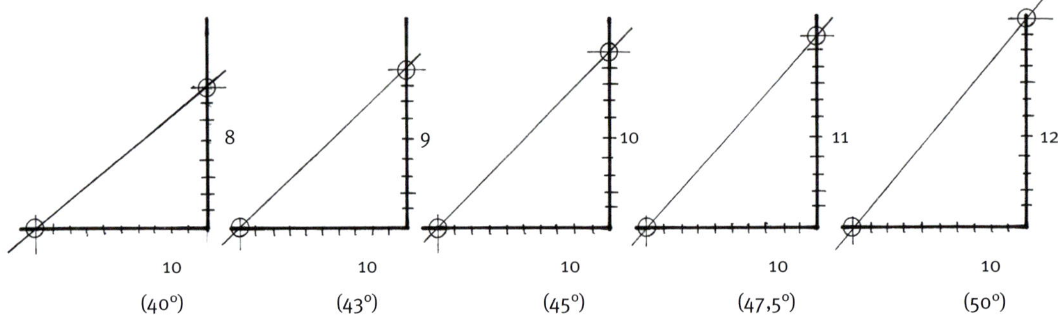

Abb. 14-41 Traditionelle japanische Methode, um die Neigung von Hobeleisen zu ermitteln und deren ungefähre Entsprechung in Grad

Als nächstes wählen Sie eine passende Neigung für Ihr Hobeleisen (siehe „Schnittwinkel für unterschiedliche Hölzer", S. 41). Japanische Hobeleisen werden oft mit einer Neigung von 8 zu 10 eingebaut (Abb. 14-41), was etwa 40° entspricht. Ich habe Putzhobel gebaut mit einer Neigung von 9 zu 10 (43°), 10 zu 10 (45°), 11 zu 10 (47,5°) und 12 zu 10 (50°).

Bevor der Block angerissen und zugeschnitten wird, müssen Sie das Eisen abrichten und schärfen, sowie auch den Spanbrecher – falls Sie einen verwenden. (Siehe „Eisen vorbereiten" und „Spanbrecher vorbereiten und einbauen" für japanische Hobel auf S. 175.)

Beginnen Sie nun mit dem Anriss des Blockes und stellen sicher, dass alle Kanten rechtwinklig sind (siehe unten).

Anleitung

Block für einen japanischen Hobel anreißen

1 Markieren Sie den Riss für die Schneide.

2 Verwenden Sie eine Schmiege, um die Neigung des Hobeleisens anzureißen. Setzen Sie dabei an der Schneidlinie an. Übertragen Sie die Risse.

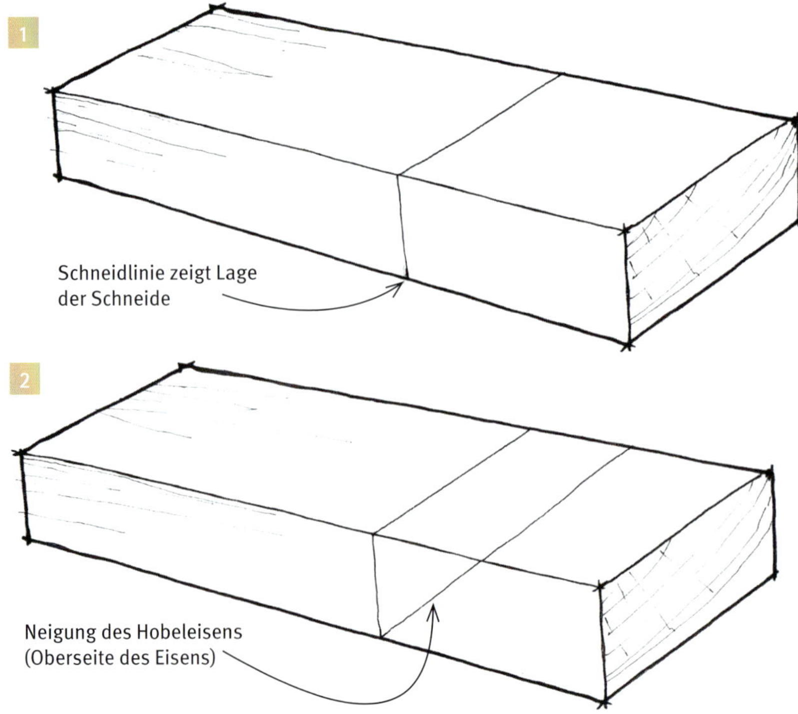

ANLEITUNG

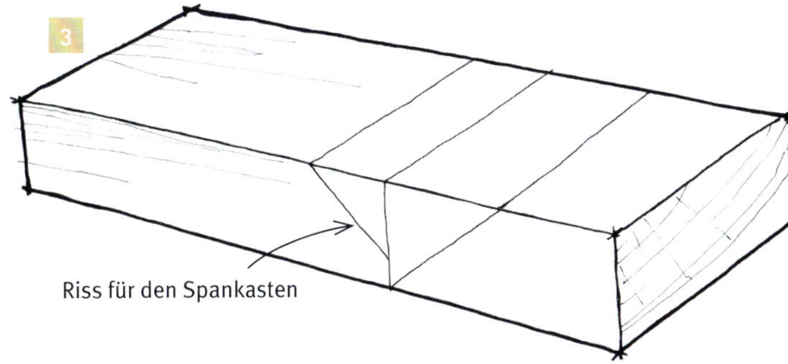

4

Riss für Spanaustritt

3 Markieren Sie den Winkel über dem Spanaustritt – also am Spankasten – mit einer Neigung von 45 bis 50°. Setzen Sie etwa 6 mm oberhalb der Sohle an. Übertragen Sie die Risse.

4 Reißen Sie die hinterschnittene Neigung des Spanaustritts mit 75 bis 80° an (mehr, wenn Ihr Hobeleisen besonders steil steht) und übertragen Sie die Risse auf die anderen Seiten des Blockes, wenn Sie möchten.

5 Legen Sie nun die Oberseite des Hobeleisens an den Riss, mit dem Sie die Neigung des Eisens markiert haben, und übertragen Sie die Dicke des Hobeleisens auf die Flanke des Hobelblockes.

6 Übertragen Sie die den Riss für die Unterseite des Hobeleisens auf die Sohle und Oberseite des Blockes. Machen Sie das an beiden Seiten und verbinden alle vier Risse.

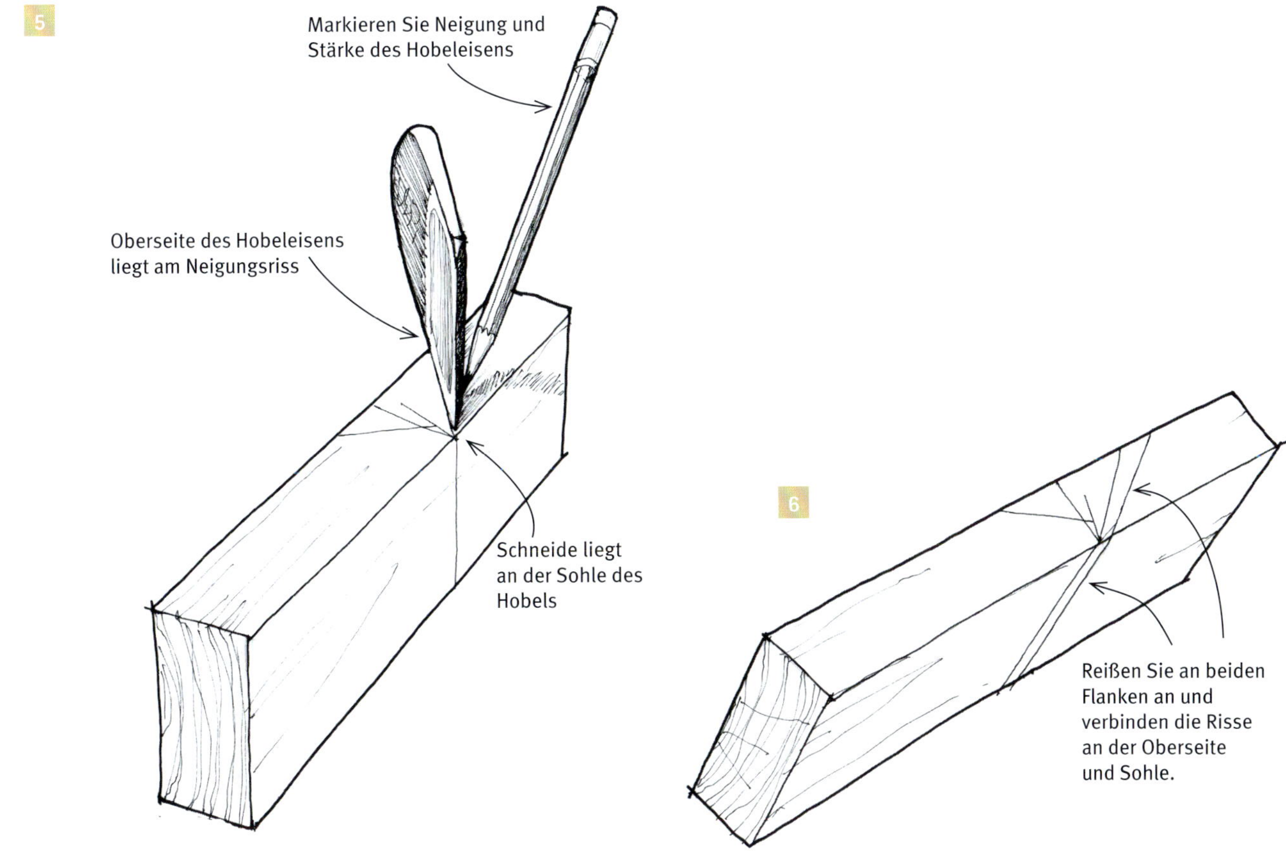

7

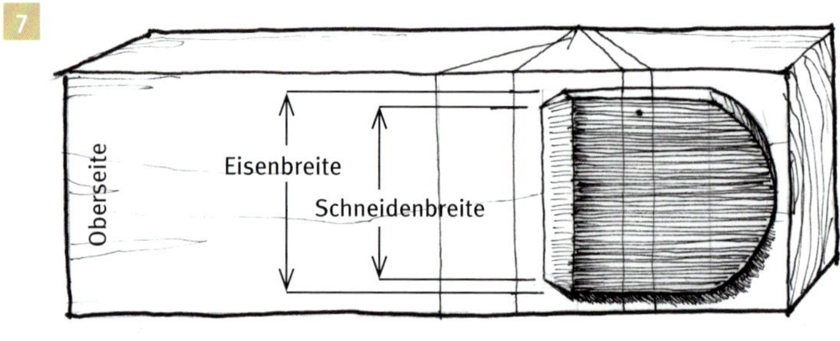

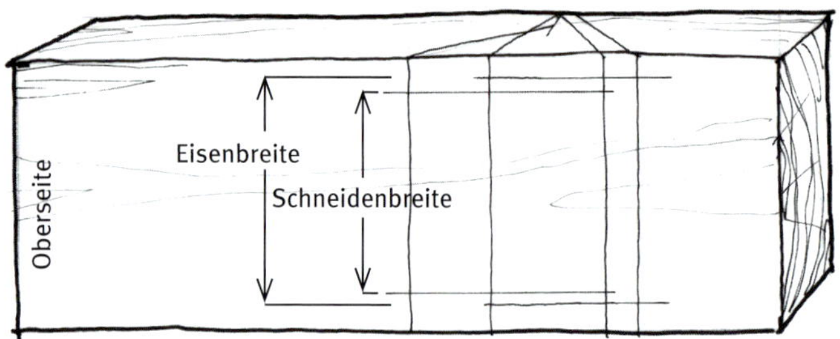

8

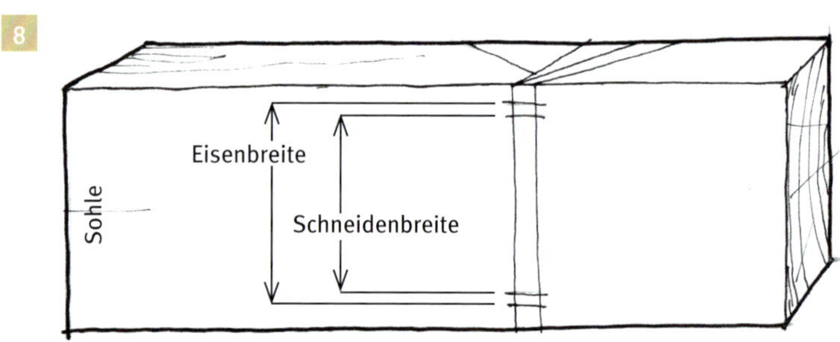

7 Als Nächstes legen Sie das Hobeleisen oben auf den Block, um die Breite der Schneide und die Breite des Hobeleisens zu markieren, reißen Sie diese Linien über die Länge der Öffnung an.

8 Wenden Sie den Block und markieren Sie die Breite von Schneide und Eisen auch am Maul.

Spankasten, Maul und Eisenbett ausstemmen

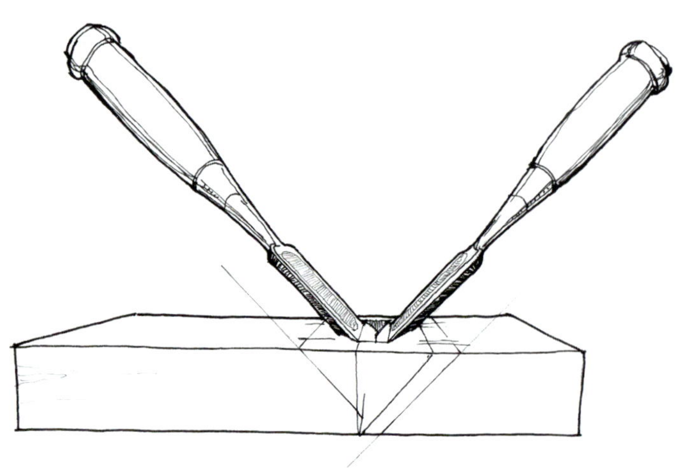

1 Stemmen Sie eine saubere V-förmige Vertiefung aus, halten Sie die Schnitte dabei parallel zu den Rissen des Eisenbettes und des Spankastens. Sie können am Anfang mit der Fase nach unten stemmen, doch mit fortschreitendem Stemmen sollten Sie das Eisen wenden und mit der Fase nach oben arbeiten. Halten Sie dabei die Spiegelseite des Stemmeisens im gleichen Winkel wie die Risse des Spankastens und des Eisenbettes, die an der Flanke des Blockes markiert wurden.

ANLEITUNG

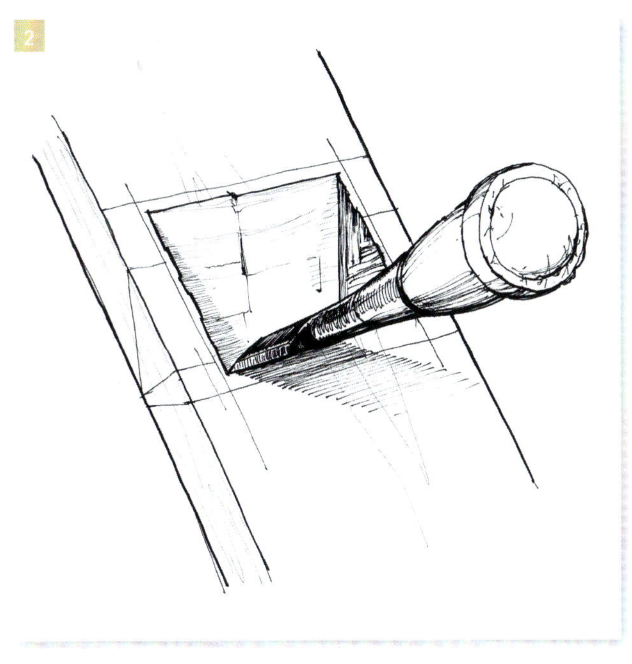

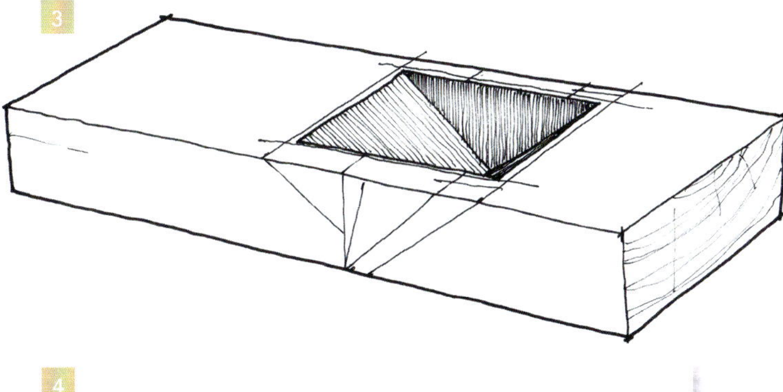

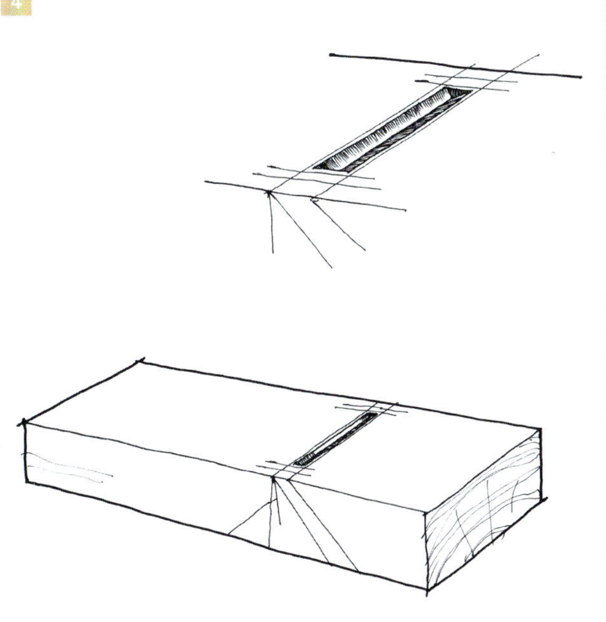

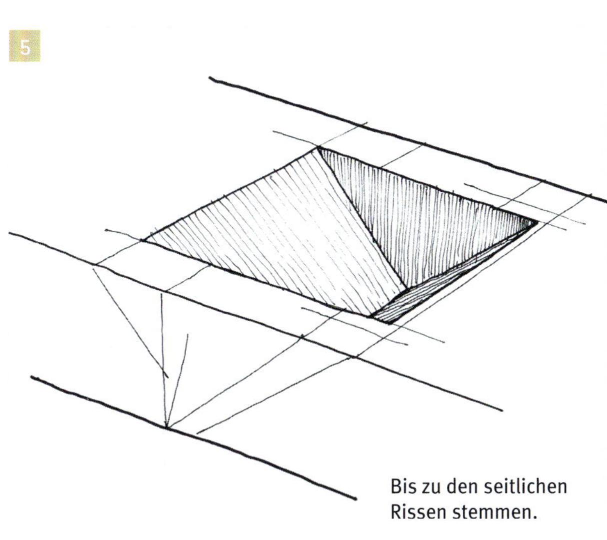

Bis zu den seitlichen Rissen stemmen.

2 Stellen Sie sich so hin, dass Sie hinten am Eisen und zugleich an den Rissen der Flanken entlang peilen können. Es ist wichtig, den richtigen Schnittwinkel beizubehalten, besonders sobald Sie innerhalb von 3 mm am Riss arbeiten. Wenn Sie am Sitz des Eisens über den Riss stemmen, werden Sie den Block ruinieren.

3 Stemmen Sie die Öffnung entlang der markierten Winkel aus – nähern Sie sich dem vorderen und hinteren Riss bis auf 3 mm und den seitlichen Rissen bis auf 2 mm – bis sich alle Risse treffen.

4 Wenden Sie den Block und stemmen das Maul aus, halten Sie ein bisschen Abstand zu den Rissen.

5 Stemmen Sie weiter von der Oberseite aus und schließen die Bearbeitung oberhalb des Spanaustrittes ab; halten Sie jedoch zum hinteren Riss (dem Sitz des Hobeleisens) noch einen Abstand von mindestens 2 mm und arbeiten Sie im richtigen Winkel.

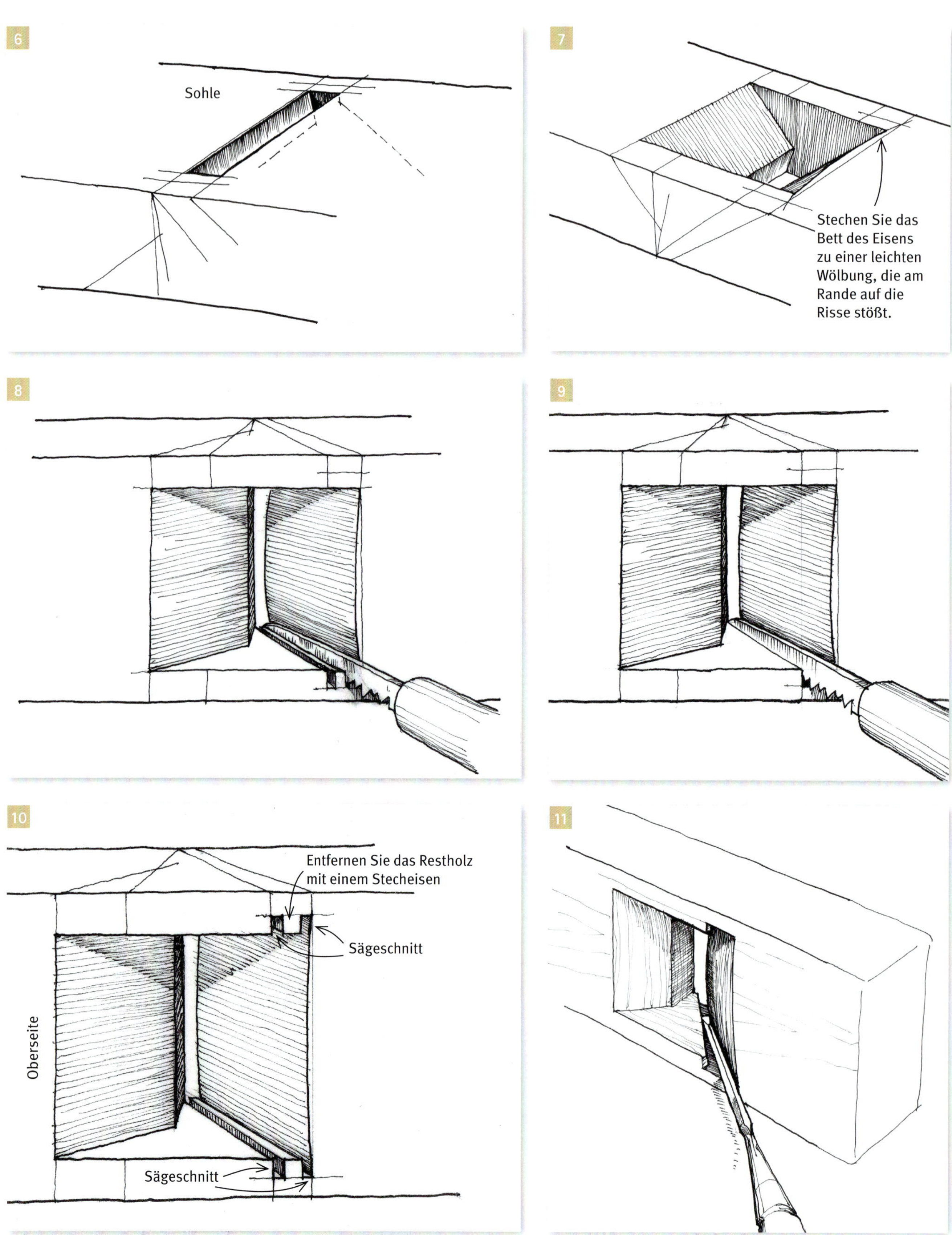
6
Sohle
7
Stechen Sie das Bett des Eisens zu einer leichten Wölbung, die am Rande auf die Risse stößt.
8
9
10
Entfernen Sie das Restholz mit einem Stecheisen
Sägeschnitt
Oberseite
Sägeschnitt
11

ANLEITUNG

6 Öffnen Sie den Spanaustritt im passenden Winkel und bleiben ein bisschen vom Riss entfernt – etwa 0,4 mm. Stemmen Sie weiter, bis Sie durchstoßen. Säubern Sie die Flächen und schließen die Bearbeitung von der Oberseite aus ab.

7 Stechen Sie den Sitz des Eisens zu einer leichten Wölbung, die auf die Risse an beiden Seiten trifft.

8 Schneiden Sie mit einer hochwertigen Stichsäge an den Rissen der Nuten entlang, die das Hobeleisen halten. Der Neigungswinkel des Hobeleisens (Oberseite des Eisens) ist entscheidend – der Schnitt muss gerade und präzise sein. Es ist einfacher, den Schnitt durch den Spanaustritt und an der Oberseite des Blockes zu beginnen. Schließen Sie den Schnitt auch von oben ab und stellen Sie sicher, dass er die volle Tiefe hat.

9 Schneiden Sie von oben am Riss des Eisenbettes entlang und halten das Sägeblatt dabei an das Eisenbett.

10 Nach dem Sägen werden Sie auf beiden Seiten zwischen den Sägeschnitten einen schmalen Streifen Restholz haben.

11 Arbeiten Sie die Nuten mit einem schmalen Stecheisen bis zum Riss nach.

Stemmen Sie zunächst die Öffnung an der Oberseite. Da ich Rechtshänder bin, finde ich es einfacher, den Block auf meiner Bank gegen einen Anschlag auf der linken Seite zu legen – dabei an der Spiegelseite meines Stemmeisens entlang zu peilen – und den Block dann zu drehen – also meine Position zu verändern – und die andere Seite der Öffnung zu stemmen. (Siehe „Spankasten, Maul und Eisenbett ausstemmen“ auf S. 274.)

Wenn Sie das Eisenbett vorbereitet haben, können Sie das Eisen probeweise einsetzen. Wahrscheinlich wird es kaum hineinpassen. Schauen Sie an der Unterseite des Eisens, wo es anstößt. Mit großer Wahrscheinlichkeit wird das Bett des Eisens zu stark gewölbt sein. Bearbeiten Sie es in Längsrichtung flacher, bis das Hobeleisen auf etwa halbe Tiefe eingesetzt werden kann oder bis es etwa die gleiche Krümmung hat wie die Unterseite des Eisens. Es ist wichtig zu erwähnen, dass die Unterseite, also die Seite mit der Eisenfase, normalerweise über seine ganze Breite leicht hohl ausgeschmiedet wurde.

Geben Sie an der Unterseite des Eisens Tusche, Graphit oder Vaseline an und lassen es in sein Bett gleiten. Wenn Sie es wieder entnehmen, werden die hohen Stellen auf dem Bett des Eisens markiert sein. Stechen oder schaben Sie diese vorsichtig ab und wiederholen den Vorgang. Fahren Sie fort, bis Sie das Eisen von Hand bis auf etwa halbe Fasenbreite (3–5 mm) an seine endgültige Position einsetzen können. (Weitere Angaben zum Einpassen von Hobeleisen siehe „Eisen ordentlich betten“, S. 155.)

Halten Sie den Hobel ans Licht und schauen zwischen Hobeleisen und Eisenbett; Sie sollten kein Licht sehen. Wenn dort beim Beginn des Einpassens viel Licht ist – wenn also das Eisen gar nicht passt – dann können Sie die offensichtlich zu hohen Stellen abstechen, bevor Sie mit dem Prozess von Markieren und Nachstechen beginnen und sich so eine Menge Zeit und Ermüdung sparen. Wenn Sie beim endgültigen Einpassen zu viel Material abarbeiten, können Sie das Eisen mit einem Stück Papier unterfüttern, welches auf das Eisenbett geleimt wird. Versuchen Sie es zunächst mit einer Lage Hartpostpapier – Sie werden überrascht sein, welch einen Unterschied so ein Stück Papier machen kann.

Wenden Sie den Block und passen die Maulöffnung bis zum Riss nach. Wenn dies ein feiner Putzhobel mit Spanbrecher werden soll, dann wird es vielleicht die ganze Öffnung sein, die Sie brauchen, denn durch den Druck des Spanbrechers wird der Spanaustritt leicht geöffnet.

Wenn es ein Hobel für gröbere Bearbeitung wird, oder einer ohne Spanbrecher, dann wollen Sie den Spanaustritt etwas mehr öffnen. Schlagen Sie das Eisen in seine endgültige Position und schauen Sie auf die Maulöffnung. Machen Sie das vorsichtig – oder Sie werden unter Umständen das Eisen in den Spanaustritt treiben, wenn die Öffnung nämlich von Beginn an zu eng war.

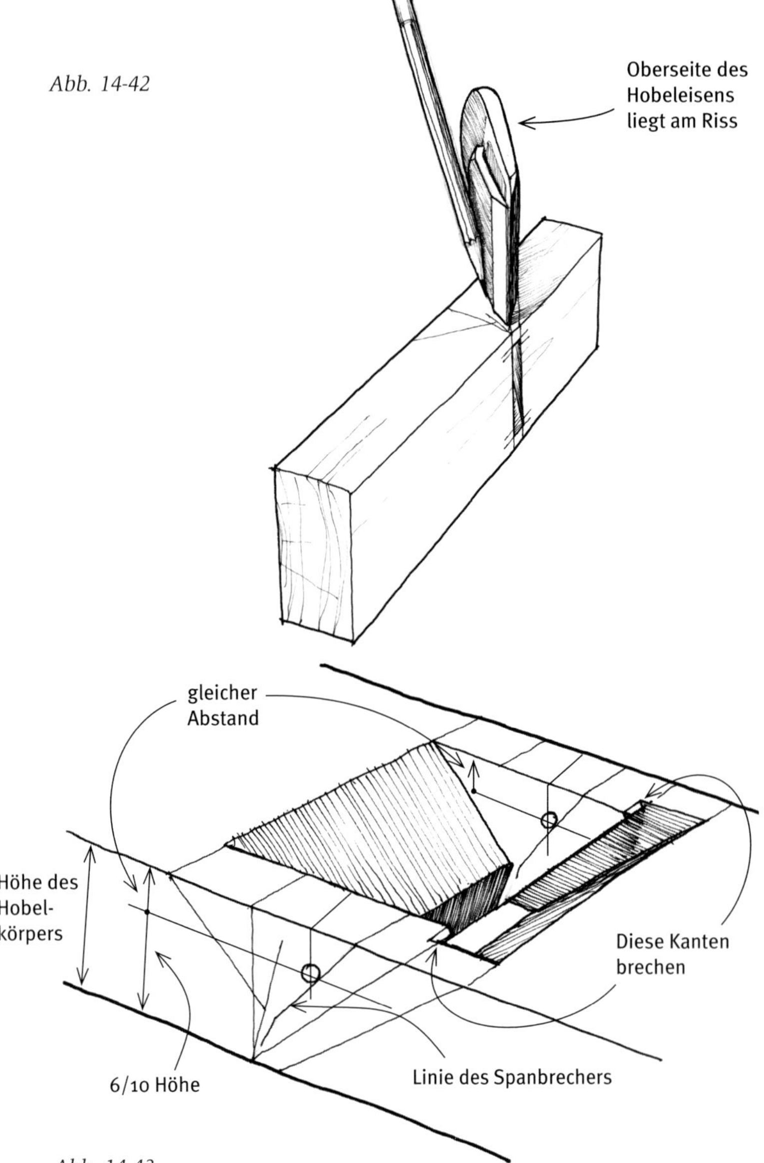

Abb. 14-42

Abb. 14-43
– 2,5 mm Widerlagerstift für 40-45 mm breite Eisen
– 3 mm Widerlagerstift für 45-55 mm breite Eisen
– 4 mm Widerlagerstift für 55-70 mm breite Eisen

Der Einbau des Widerlagerstiftes für den Spanbrecher ist ein bisschen schwierig. Legen Sie Hobeleisen und Spanbrecher übereinander, legen Sie die Oberseite (Spiegelseite) des Hobeleisens an den Riss mit der Neigung des Hobeleisens und reißen Sie die Linie für den Spanbrecher genauso an, wie Sie am Anfang das Hobeleisen angerissen haben (Abb. 14-42). Machen Sie an den Flanken des Hobelkörpers parallel zur Sohle und auf etwa 6/10 der Höhe einen Riss. Der Mittelpunkt des Widerlagerstiftes liegt auf diesem Riss und zwar um den Radius des Stiftes von der angerissenen Oberkante des Spanbrechers entfernt (Abb. 14-43).

Bohren Sie vorsichtig von einer Seite. Setzen Sie das Hobeleisen und den Spanbrecher in ihrer endgültigen Position ein, schlagen Sie den Stift ein Stückchen ein und testen Sie die Passung. Hoffentlich wird die Passung stra mm sein. Falls nicht, gibt es Wege, dies zu korrigieren. Reißen Sie die Oberkante des Spanbrechers auch innen am Spankasten an und auch die zur Sohle parallel laufende Linie.

Markieren Sie am Spankasten innen den Mittelpunkt des Stiftes und bohren Sie das Loch – stecken Sie den Bohrer dafür durch das schon gebohrte Loch. Es ist nicht nötig, das Loch ganz durchzubohren. Setzen Sie den Stift ein, das Hobeleisen und den Spanbrecher und prüfen die Passung. Wenn die Passung zu lose ist, biegen Sie die Ecken des Spanbrechers stärker. Wenn der Stift zu stra mm sitzt oder nicht parallel ist, können Sie ihn feilen. Wenn der Stift gar nicht passt, kann ein Stift mit dem nächst größeren Durchmesser eingesetzt werden, dazu kann mit einem Rattenschwanz die Bohrung nach Bedarf vergrößert werden.

Richten Sie die Sohle ab und geben Sie ihr mit Ziehklingen die Konfiguration, die zu Ihrem Hobel passt. (Siehe „Japanische Hobel einstellen", Seite 174.)

Zum Abschluss bearbeiten Sie noch den Rest des Hobels. Die Vorderkante des Hobelkörpers und des Eisenbettes müssen scharf und knackig sein, damit bei der Arbeit keine losen Späne unter den Hobel geraten.

Ich vertiefe den Bereich auf beiden Seiten des Hobeleisens (siehe Abb. 10-50), denn sie lassen sich bei der Pflege des Hobels schwer plan halten und werden oft zu hohen Stellen, die Spuren am Werkstück hinterlassen.

Ich fase auch beide Längskanten der Sohle, um die Fläche zu reduzieren, die auf das Werkstück drückt und verringere so die Reibung. Die oberen Kanten können alle gerundet werden. Die Kante hinter dem Eisen wird im rechten Winkel zum Hobeleisen gefast und ein bisschen gerundet, um Beschädigungen beim Heraustreiben des Eisens zu vermeiden.

Sie können Ihren Block mit Öl behandeln, wenn Sie wollen (Abb. 14-44). Verwenden Sie entweder Kamelienöl zur Verringerung der Reibung beim Einsatz oder Tungöl für mehr Stabilität, doch ich persönlich übergehe diesen Schritt lieber. Reiben Sie die Sohle nach Fertigstellung des Hobels mit einem gewickelten Baumwolllappen ein, der mit Kamelienöl getränkt ist und wiederholen Sie das bei der Arbeit regelmäßig und vergessen dabei nicht, auch das Eisen zu ölen. Dies wird nicht nur die Reibung der Sohle verringern, sondern auch, so glauben die Japaner, die Lebensdauer der Schneide verlängern, denn es verringert die Hitze, die durch die Reibung des Schnittes entsteht.

Stellen Sie das Hobeleisen ein und probieren es aus. Achten Sie auf ausreichend Abstand am Spanaustritt. Sie sollten einen Span bekommen. Wenn nicht, oder wenn Sie nicht den gewünschten dünnen Span bekommen und doch das Eisen vorstehen sehen, dann ist die Sohle nicht plan. Prüfen Sie erneut; einmal angenommen, Ihr Eisen ist scharf, werden Sie etwas übersehen haben.

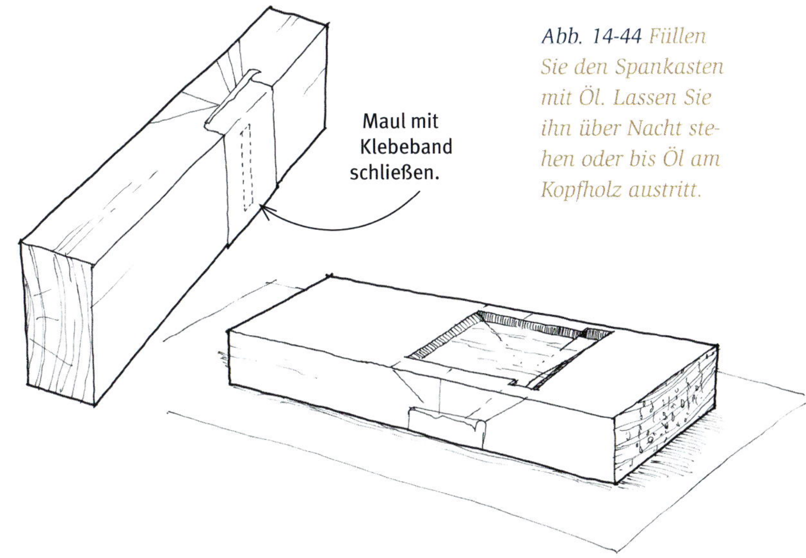

Abb. 14-44 Füllen Sie den Spankasten mit Öl. Lassen Sie ihn über Nacht stehen oder bis Öl am Kopfholz austritt.

Abb. 14-45A Chibi-ganna mit ausgebauten Eisen. Alle Eisen dieser chibi-ganna wurden aus einem größeren Stück geschnitten, zwei von ihnen von dem Eisen im Vordergrund.

Chibi-ganna bauen

Die Herstellung dieser kleinen Hobel ist die gleiche wie die größerer japanischer Hobel, doch aufgrund der geringen Größe ist die Unterseite des Hobeleisens plan und nicht hohl, und da sie normalerweise ohne Spanbrecher gemacht werden, können Sie schnell angefertigt werden. Zum Anriss und zur Herstellung japanischer Hobel sowie zum Anriss von Hobeln mit profilierten Eisen wenden Sie sich an die anderen Abschnitte dieses Kapitels.

Traditionellerweise kommt das Material für die chibi-ganna in 102 mm breiten Rohlingen und wird in verschiedenen Qualitäten angeboten.

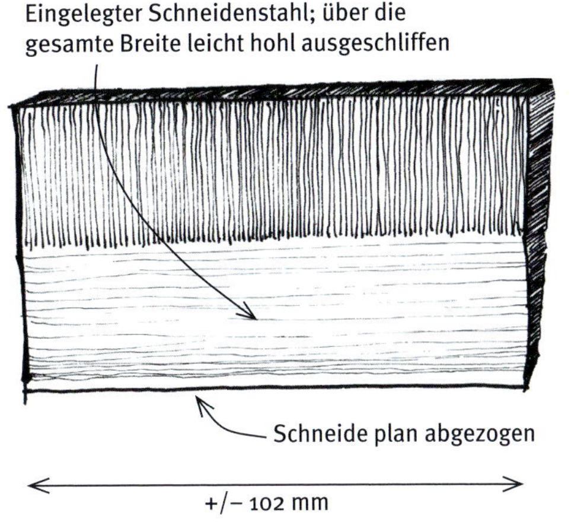

Abb. 14-45B

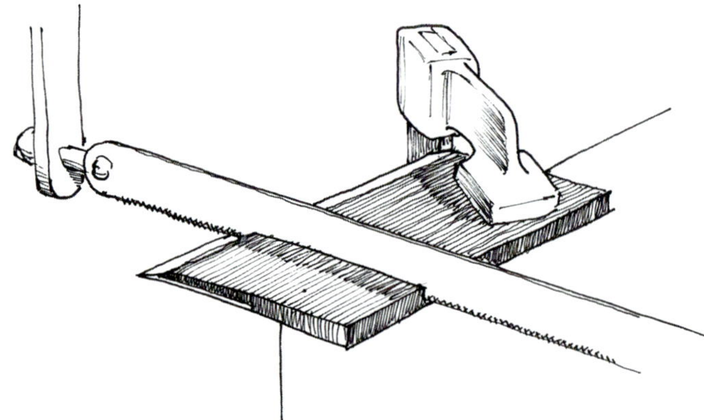

Abb. 14-46 *Spannen Sie den Rohling fest, und sägen Sie durch den ganzen Teil aus relativ weichem Stahl. Sie werden nicht in der Lage sein, durch den harten Schneidenstahl zu sägen.*

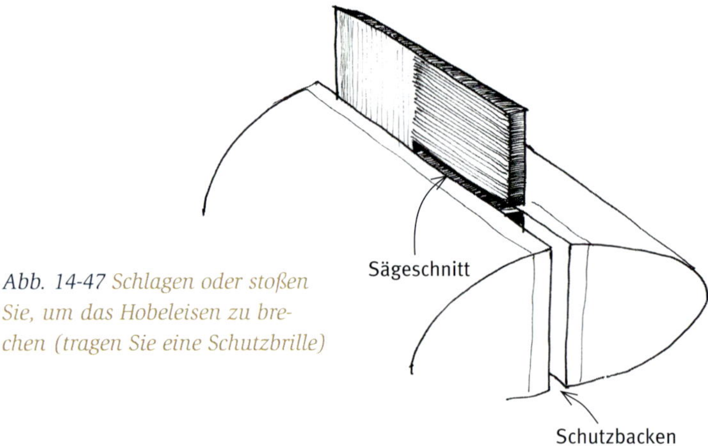

Abb. 14-47 *Schlagen oder stoßen Sie, um das Hobeleisen zu brechen (tragen Sie eine Schutzbrille)*

Abb. 14-48 *Anriss eines chibi-ganna*

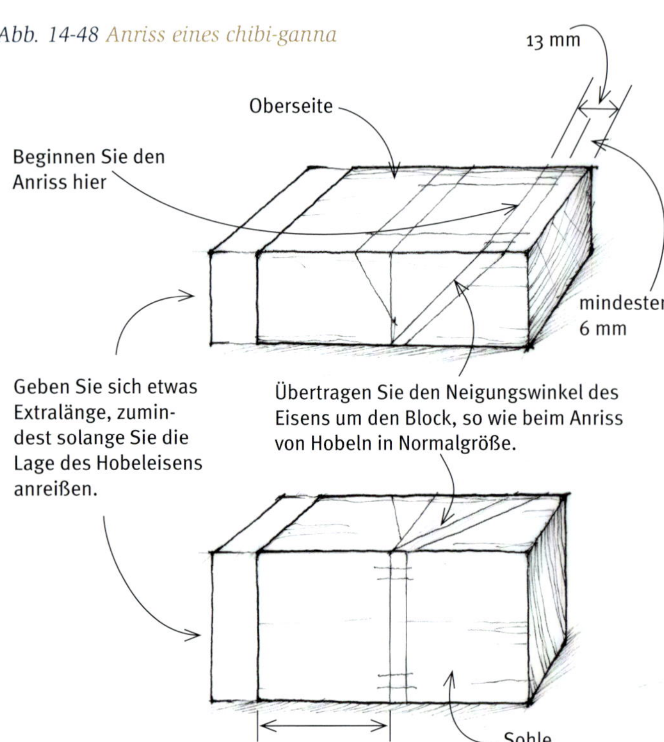

Es handelt sich um ein Stück laminierten Stahl, ähnlich dem Material, aus dem die größeren Hobeleisen hergestellt werden, doch mit einem leichten Hohlschliff, der von der Schneide bis zum Ende der Laminierung reicht und sich über die gesamte Breite des Rohlings erstreckt. Das macht man, damit von dem Rohling ein Hobeleisen beliebiger Breite abgetrennt werden kann (Abb. 14-45A) und man jeweils nur die Schneide und nicht die gesamte Spiegelseite des Hobeleisens plan abziehen muss (Abb. 14-45B). Dieser langgezogene leichte Hohlschliff hat keinen Einfluss auf die Passung des Eisens im Hobelkörper; das Eisen wird in die konischen Nuten an den Seiten des Spankastens eingesetzt, mit der Fase nach unten, genauso wie andere japanische Hobeleisen.

Um ein Hobeleisen herzustellen, reißen Sie die benötigte Breite an, schneiden mit einer Bügelsäge durch den weichen Bereich und brechen das Eisen mit der dünnen spröden Schneidlage vom Rohling (Abb. 14-46 und 14-47). Bearbeiten Sie die Kanten an der Schleifscheibe und – wenn Sie wollen – formen Sie die obere Kante, wo Sie das Eisen beim Einstellen mit dem Hammer schlagen werden (ich kümmere mich darum normalerweise nicht). Dann ziehen Sie die Spiegelseite des Eisens ab. Da nur die letzten 2 mm an der Schneide abgezogen werden, geht das schnell. Schärfen Sie die Fase.

Da derartige Rohlinge schwer erhältlich sind, können Sie die kleinen Hobeleisen auch bereits auf das Endmaß fertig zugeschnitten und bearbeitet kaufen; manchmal ist sogar die Schneide bereits zu einer der verschiedenen Krümmungen geschliffen. Sie werden in Breiten von 6 bis 22 mm und mit einer Länge von 51 bis 70 mm angeboten. Hochwertige laminierte Hobeleisen halten ihre Schneide gut.

Wählen Sie das Material für den Hobelkörper aus. Ich hebe die Reststücke vom Bau anderer Hobel oft für Minihobel/Fingerhobel auf. Die Holzart und auch die Orientierung der Fasern sind genauso wie bei größeren Hobeln. Der Hobelkörper muss 6–10 mm breiter sein als Ihr Hobeleisen. Sie können die Hobel zwar in jeder Länge bauen, doch meistens werden Sie den Hobel im Vergleich zur Breite des Eisens relativ kurz machen, damit er enge Stellen erreicht und einfach Flächen formen oder glätten kann, die anfangs nicht ganz plan sind.

Wenn das der Fall ist, sollte die Länge bei 51-64 mm liegen. Geben Sie sich etwas Extra-Länge wenn Sie Ihren Hobelkörper anreißen; die werden Sie vielleicht brauchen, nachdem Sie die Position des Mauls festgelegt haben.

Um die Stärke Ihres Hobelkörpers zu bestimmen, entscheiden Sie sich zunächst für einen bestimmten Schnittwinkel; der Hobelkörper sollte dick genug sein, um den laminierten Teil des Hobeleisens zu fassen. Prüfen Sie Ihr Hobeleisen, doch daraus ergibt sich meist ein Körper, der 19 bis 25 mm dick ist.

Der Hobelkörper wird genauso angerissen, wie jeder andere Hobel japanischer Bauart, doch aufgrund seiner Kürze muss man sich an einige Parameter erinnern. Sie brauchen etwa 6 mm oder mehr oben hinter dem Eisen, um dem Hobeleisen einen ausreichenden Halt zu geben.

Deswegen beginnt der Anriss des Hobelkörpers nicht mit dem Maul, welches üblicherweise bei fünf Achteln der Gesamtlänge liegt, sondern hinten dem Eisen, um sicherzugehen, dass Sie dort genug Holz haben. Starten Sie also an dem Block, der etwas Extralänge hat, mit einem Riss, der die Oberseite des Hobeleisens anzeigt und etwa 13 mm vor dem Ende quer über den Körper läuft. Dann reißen Sie an den Flanken die Neigung des Hobeleisens an, um die Position des Mauls zu bestimmen.

Abhängig von der fertigen Länge Ihres Hobelkörpers wird das Maul vielleicht viel weiter vorne liegen, als Sie erwartet haben. Sie wollen vor der Schneide nicht viel weniger als die halbe Länge des Hobels haben, oder Sie werden es schwer finden, einen Strich mit dem Hobel zu beginnen. Längen Sie den Hobelkörper ab, nachdem Sie die Position des Mauls festgelegt haben (Abb. 14-48).

Schließen Sie den Anriss des Hobelkörpers ab. Wenn Sie einen Hobel bauen, der eine gekrümmte Schneide haben soll, werden Sie vielleicht die zeichnerische Projektionsmethode anwenden, um die Maulöffnung zu schneiden. Die meisten Stemmeisen sind zu dick, um ein Maul im Neigungswinkel des Hobeleisens zu öffnen, wie dies für die direkte Schnittmethode beschrieben wurde. (Siehe „Maulöffnung für unterschiedliche Eisenformen anreißen und schneiden“ auf S. 302-305.)

Um den dai zu schneiden, folgen Sie den gleichen Arbeitsschritten wie bei einem größeren Hobel. Wenn Sie einen Hobel mit einer geformten Sohle herstellen, passen Sie zuerst das Eisen ein gutes Stück im Hobelkörper ein, bevor Sie die Sohle formen. Wenn Sie mit der Sohle fertig sind, wenden Sie sich wieder dem Eisen zu und passen bei Bedarf das Maul nach.

Schiffshobel herstellen

Wenn Sie einen Hobel modifizieren, achten Sie darauf, dass die gewünschte Krümmung nicht zu stark ist; Sie sollten nicht zuviel Holz abnehmen (mehr als etwa ein Drittel der ursprünglichen Höhe des Hobelkörpers) und den Hobel dadurch unbrauchbar machen.

Das gilt besonders für einen Hobel mit konkaver Sohle, denn mehr als eine leichte Kurve wird das Maul zu weit öffnen, den Spanaustritt beeinträchtigen und vielleicht auch das Bett des Hobeleisens zu sehr verkleinern. Wenn Sie bei einem Hobel mit konkaver Sohle mehr als eine leicht hohle Krümmung haben wollen, dann müssen Sie wohl einen neuen Hobel bauen mit einer Bemessung, die kompensiert, was abgearbeitet werden muss (Abb. 14-49).

Machen Sie die Schablone direkt am Werkstück oder einer Zeichnung in Originalgröße, oder verwenden Sie eine dünne Leiste oder einen Zirkel, um die Krümmung anzureißen. Die Kurve muss Teil eines Kreises sein (d.h., sie muss einen durchgehend gleichen Radius haben und nicht einen variierenden Radius wie bei einem Oval). Es ist am besten, von der Krümmung am Werkstück eine Schablone herzustellen als von der Krümmung des Hobels; auf diese Weise können Sie die Schablone gegen den Hobel halten, um Ihre Genauigkeit zu prüfen. Übertragen Sie die Kurve auf den Hobel. Es

Abb. 14-49

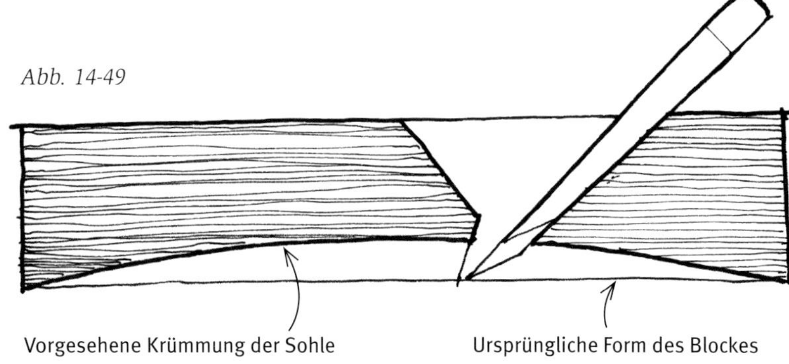

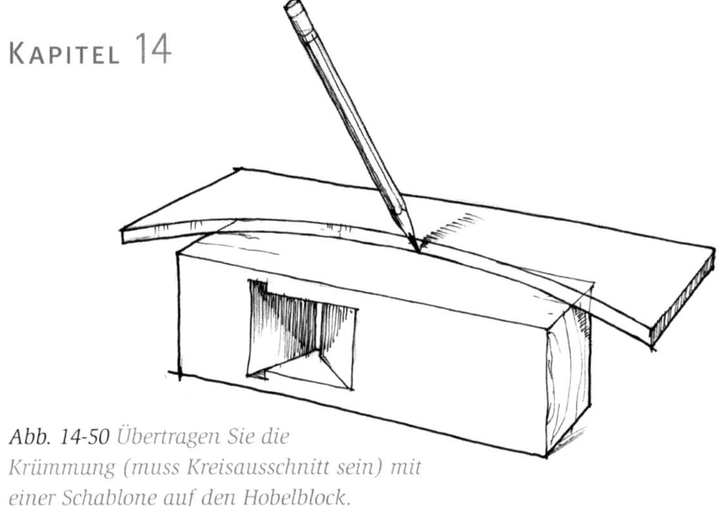

Abb. 14-50 Übertragen Sie die Krümmung (muss Kreisausschnitt sein) mit einer Schablone auf den Hobelblock.

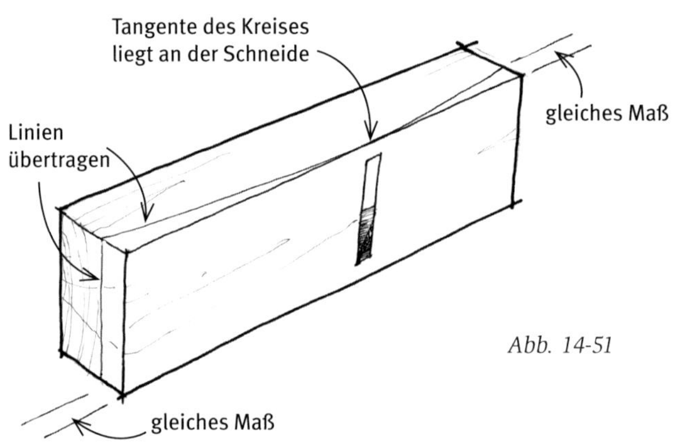

Abb. 14-51

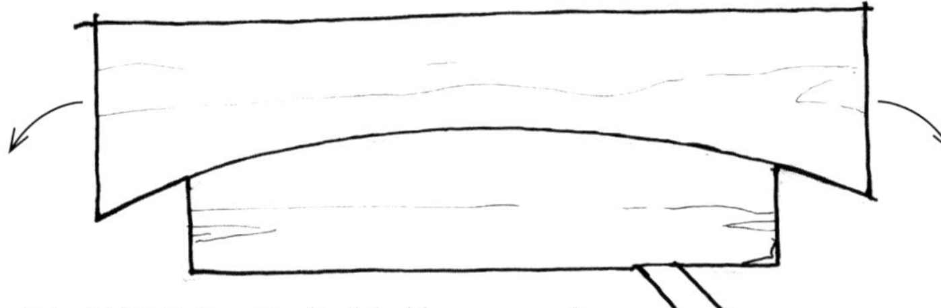

Abb. 14-52 Halten Sie die Schablone gegen die Sohle, um deren Krümmung zu prüfen. Verschieben Sie die Schablone in Längsrichtung vor und zurück, um Unregelmäßigkeiten der Schablone auszugleichen.

ist am besten, die Risse um den ganzen Hobelkörper zu legen (Abb. 14-50 und 14-51).

Wenn Sie weniger als etwa 3 mm Material abarbeiten müssen, können Sie die Sohle mit einem anderen Hobel formen und dabei quer zur Faser arbeiten. Ansonsten schneiden Sie das überschüssige Material an der Bandsäge ab und glätten die Kurve mit einem anderen Hobel.

Wenn Sie sich beim Hobeln dem Riss nähern, treiben Sie das Eisen etwas zurück und machen immer feinere Schnitte. Falls die Oberfläche danach noch besonders rau sein sollte, können Sie sie etwas mit einer Feile bearbeiten. Zu diesem Zeitpunkt muss sie noch nicht sehr glatt sein. Prüfen Sie, ob der Bereich der Sohle vor dem Maul in Querrichtung gerade ist und ob es die Bereiche am Kopf und der Ferse sind, und ob die Sohle nicht verzogen ist (Abb. 14-52 und 14-53).

Hier ist nun die entscheidende Stelle: die Sohle des Hobels muss das Werkstück nur ganz an der Spitze des Hobels und an einer kleinen Fläche direkt vor dem Hobelmaul berühren. Wenn andere Bereiche der Sohle das Werkstück berühren, wird der Hobel hoch rutschen und Sie werden Schwierigkeiten haben, einen durchgehenden Schnitt hinzubekommen. Alle anderen Bereiche der Sohle müssen vertieft sein, damit sie keinen Kontakt zur Kurve haben. Der° dieser Vertiefung wird die Genauigkeit der Kurve bestimmen, besonders am Anfang und Ende des Schnittes. Sie werden also hier nicht zuviel Material abnehmen wollen, nur ein paar Hundertstel Millimeter.
Stellen Sie auch sicher, dass der Bereich vor

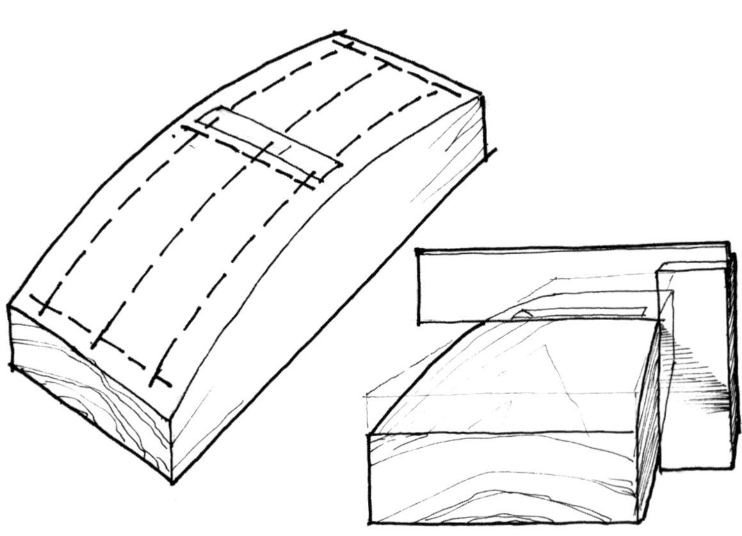

Abb. 14-53 Prüfen Sie mit Hilfe der Schablone in Längsrichtung und nehmen Sie einen Anschlagwinkel, um auf Verzug, Ebenheit in Querrichtung und Rechtwinkligkeit zu den Flanken zu kontrollieren.

dem Maul der Krümmung folgt; je genauer dieser Bereich der Kurve entspricht, desto feiner werden Sie den Hobel einstellen können (Abb. 14-54). Ich verwende meist eine Ziehklinge, um diesen Bereich auszuarbeiten, vielleicht unterstützt von einer quer geführten Feile, die hohe Stellen abnimmt. Geben Sie der Sohle in Längsrichtung auf beiden Seiten des Hobeleisens eine Fase von wenigen°; dies wird die Wahrscheinlichkeit verringern, dass diese Bereiche in Kontakt mit dem Werkstück kommen und den Schnitt behindern (Abb. 14-55).

Für komplexe Kurven habe ich einen kleinen Putzhobel japanischer Bauart verwendet, an dessen Kopf ein Anschlag geschraubt wurde. Die Tiefeneinstellung des Anschlags bestimmt den Radius des Werkstückes. Das funktioniert gut, außer wenn Sie von der Kurve abkommen, weil der Anschlag dann seinen Referenzpunkt verliert und abrutscht. Ich habe gelernt, damit zurechtzukommen, doch technisch gesehen sollten Sie auch an der Rückseite des Hobels einen derartigen Anschlag schrauben, um ihn zu stabilisieren, wenn der Anschlag vorne nicht mehr aufliegt.

Runden Sie die Unterseite des Anschlags (Abb. 8-6). Er kann mit Maschinenschrauben am Hobel befestigt werden (feinere Einstellung, höhere Haltbarkeit als Holzschrauben). Bohren Sie die Löcher am Hobel mit einem Bohrer, dessen Durchmesser dem des Schraubenschafts entspricht, und lassen Sie die Schraube ihr eigenes Gewinde ins Holz schneiden, wenn Sie sie hineindrehen.

Um den Anschlag einzustellen, setzen Sie den Hobel auf die Kurve des Werkstückes und justieren den Anschlag, bis das Hobeleisen gerade in Kontakt mit dem Werkstück kommt. Prüfen Sie, ob der Anschlag parallel zur Sohle steht und ziehen die Schrauben an. Wenn Sie auch einen Anschlag hinten am Hobel haben, stellen Sie ihn so ein, dass er die Oberfläche gerade berührt (Abb. 14-56 und 14-57).

Abb. 14-54

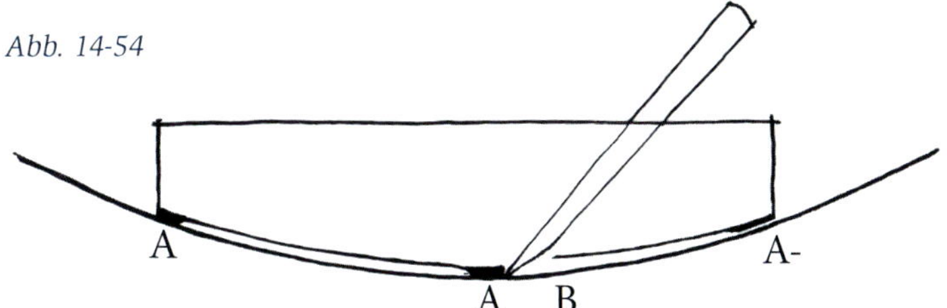

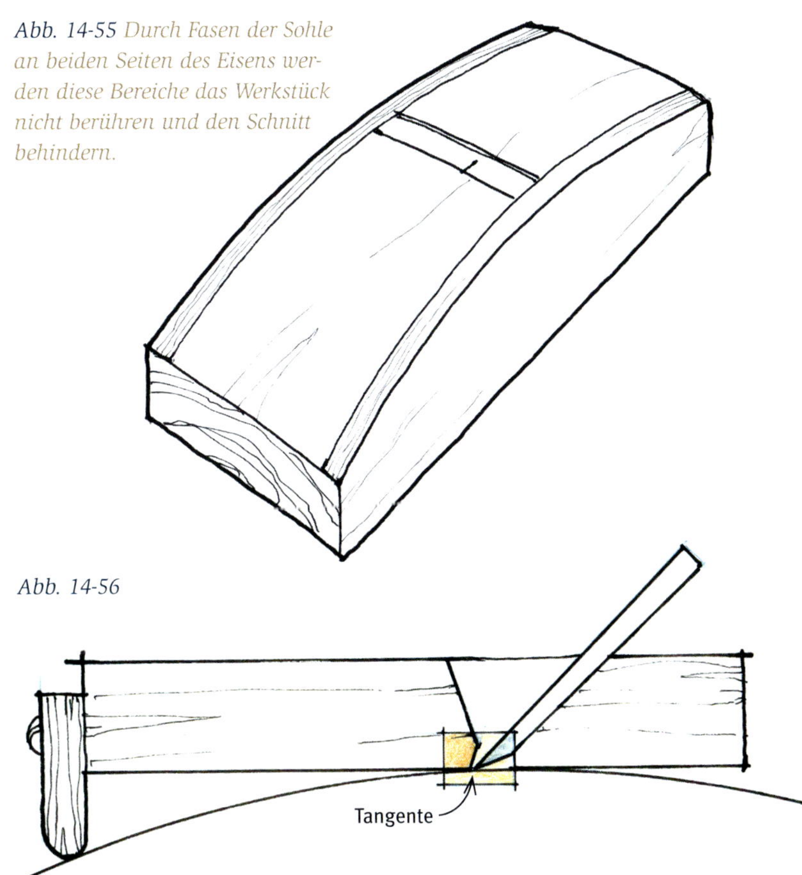

Abb. 14-55 *Durch Fasen der Sohle an beiden Seiten des Eisens werden diese Bereiche das Werkstück nicht berühren und den Schnitt behindern.*

Abb. 14-56

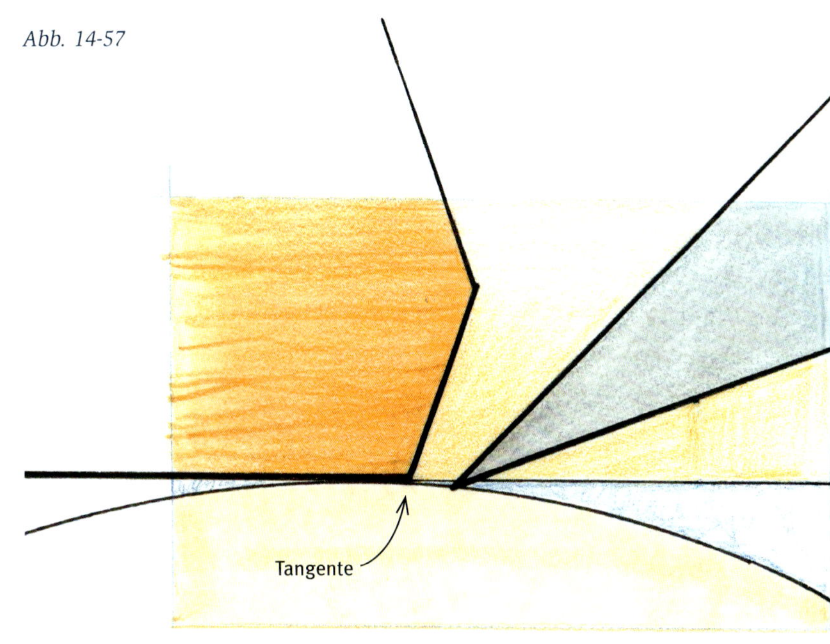

Abb. 14-57

Kehl-, Rund- und Schiffchenhobel

Wenn Sie einen Kehl- oder Rundhobel einer bestimmten Größe oder Krümmung brauchen und dafür einen Hobel umarbeiten, schenken Sie der Geometrie des Mauls und des Spanaustrittes Beachtung.

Falls Sie mit einem Hobel anfangen, der eine gerade Schneide hat, bearbeiten Sie das Eisen zunächst an der Schleifscheibe und geben der Sohle die neue Form. Die Maulöffnung und auch der Spanaustritt werden nicht länger parallel zur Schneide verlaufen (Abb. 14-58). Dies liegt daran, dass die Neigung des Spanaustrittes nicht parallel zum Bett des Eisens steht. Das Maul wird sich also öffnen, je stärker die Sohle gekrümmt ist. Dies mag kein Problem sein, wenn die Sohle nur ganz leicht gekrümmt ist, oder wenn ein enges Maul nicht wichtig ist.

Wenn die Maulöffnung jedoch für Ihre Ansprüche viel zu groß ist, müssen Sie einen kuchi-ire (wörtlich: Mauleinsatz) genannten Spund einsetzen, um das Maul zu schließen. Wenn Sie einen Hobel neu anfertigen, geben Sie dem Maul und dem Spankasten gleich eine entsprechende Form.

Während westliche Kehl- und Rundungshobel in der Bauart von Profilhobeln oft ein großzügig bemessenes Maul haben, das durch die Neigung des Spankastens gebildet wird und zu einem Maul führt, dass nicht exakt der Kurve der Schneide folgt, was häufig bei einem Bankhobel der Fall ist, wollen Sie vielleicht auch an einem Hobel mit gekrümmter Schneide ein enges Maul, um Ausriss zu verringern.

Wenn Sie so einen Hobel bauen, haben Sie zwei Wege, um dies zu erreichen. Beim ersten projizieren Sie die Krümmung zeichnerisch und schneiden sie direkt. Beim zweiten Weg schneiden Sie das Maul und den Spanaustritt im Winkel des Hobeleisens, formen die Sohle und schneiden dann den hinterschnittenen Winkel des Spanaustritts in der sich ergebenden Kurve.

Um einen Schiffchenhobel anzufertigen, also einen Schiffshobel mit einer konvexen Schneide, beginnen Sie mit der Wölbung quer über den Hobelkörper. Schneiden Sie das Eisenbett und das Maul, wie es unter „Maulöffnung für unterschiedliche Eisenformen anreißen und schneiden" beschrieben wurde. Formen Sie dann die Querwölbung und schleifen und schärfen das Hobeleisen entsprechend. Zum Abschluss bilden Sie die Längswölbung wie beschrieben. Machen Sie sich vor Beginn eine Schablone für beide Wölbungen und prüfen Sie den Arbeitsfortschritt.

Abb. 14-58

ANLEITUNG

Maulöffnung für unterschiedliche Eisenformen anreißen und schneiden

Methoden zur zeichnerischen Projektion von Schneiden, die in gleichmäßigem Radius gekrümmt sind

Hobel mit konvexer Schneide (Kehlhobel)

1. Reißen Sie die Wölbung der Sohle an beiden Köpfen des Blockes an.
2. Markieren Sie den höchsten Punkt der Wölbung, bei einer symmetrischen Wölbung wird dies die Mittellinie des Blockes sein.
3. Markieren Sie an beiden Flanken des Blockes die Höhe der Wölbung (Höhenriss). (Wenn die Wölbung asymmetrisch ist, werden diese Höhenrisse vielleicht nicht die gleiche Höhe haben.)
4. Am Schnittpunkt des Höhenrisses mit den Rissen des Hobeleisens fällen Sie an der Flanke ein Lot und übertragen diese Risse auf die Sohle. Dort schneiden sie sich mit den beiden Rissen, welche die Eisenbreite zeigen, und dem Längsriss, der den höchsten Punkt der Wölbung angibt.
5. Zeichnen Sie von den Schnittpunkten dieser Linien mit den Flanken des Blockes zu den Schnittpunkten am Mittelriss eine Kurve. Diese beiden Linien zeigen die Maulöffnung. (Wenn die Krümmung nicht symmetrisch sein sollte, ist es hilfreich, einige weitere Punkte zu projizieren, um die Krümmung zu ermitteln.)

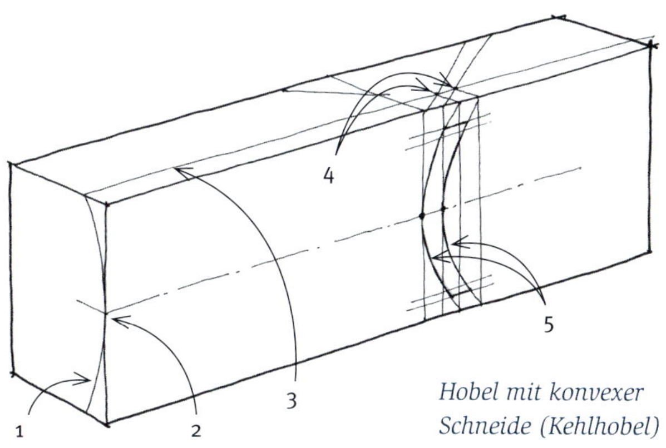

Hobel mit konvexer Schneide (Kehlhobel)

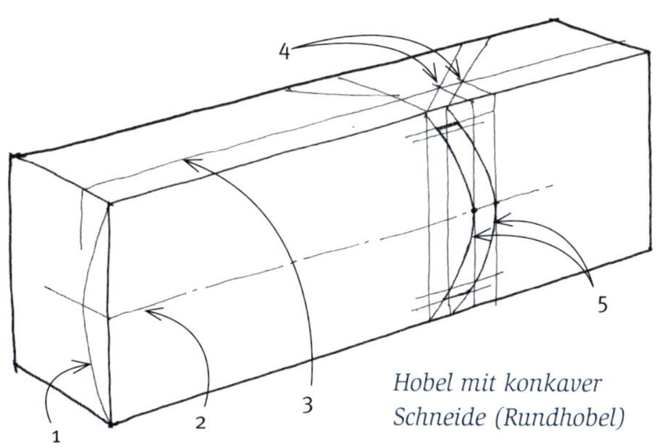

Hobel mit konkaver Schneide (Rundhobel)

Hobel mit konkaver Schneide (Rundhobel)

1. Reißen Sie die Kehle der Sohle an beiden Köpfen des Blockes an.
2. Markieren Sie die tiefste Stelle der Krümmung; bei einer symmetrischen Krümmung wird dies die Mittellinie des Blockes sein.
3. Reißen Sie die Tiefe der Kehle an den beiden Flanken des Blockes an. (Wenn die Kehle asymmetrisch ist, werden diese beiden Höhenrisse vielleicht nicht die gleiche Höhe haben.)
4. An den Schnittstellen des Höhenrisses mit den beiden Rissen, welche die Lage des geneigten Hobeleisens (Eisenrisse) zeigen, fällen Sie an der Flanke runter ein Lot und übertragen den Riss dann auf die Sohle. Dort schneiden sich diese Risse mit dem Riss, der die tiefste Stelle der Kehle markiert.
5. Zeichnen Sie von den Eisenrissen an beiden Kanten der Sohle bis zum Schnittpunkt des Mittelrisses mit den Rissen des Mauls eine Kurve. Diese beiden Linien zeigen die Maulöffnung. (Wenn die Kurve asymmetrisch ist, kann es hilfreich sein, einige weitere Punkte zu projizieren, um die Kurve zu ermitteln.)

Wenn Sie den Spankasten gerade und nicht in einer Krümmung schneiden, die der Maulöffnung gleicht, dann werden Sie am Ende vielleicht sehr wenig Unterstützung am Maul haben oder der Spankasten wird sogar bis in Ihre Maulöffnung reichen. Reißen Sie diese Kurve also vor dem Schneiden an, um sicherzustellen, dass Sie genug Material am Spanaustritt haben.

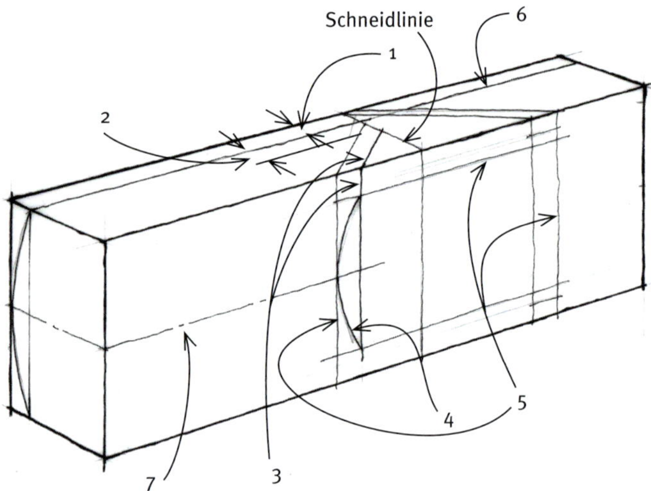

Spankasten für einen Hobel mit konvexer Schneide anreißen (Rundhobel)

Spankasten für einen Hobel mit konvexer Schneide anreißen (Kehlhobel)

1. Messen Sie die Tiefe der Kehle.
2. Tragen Sie dieses Maß nochmals auf der Höhenlinie ab und markieren den Schnittpunkt mit der Schneidlinie.
3. Übertragen Sie diesen Punkt auf die Oberseite des Blockes, und zwar im gleichen Winkel wie den Spankasten; übertragen Sie weiter über die Oberseite, bis sich der Riss mit dem Mittelriss kreuzt.
4. Zeichnen Sie von der Schnittstelle dieses Risses mit dem Mittelriss bis zu den Ecken des ursprünglich angerissenen Spankastens eine Kurve.
5. Ursprüngliche Begrenzungslinien des Spankastens
6. Höhenriss zeigt die Tiefe der Kehle
7. Mittelriss zeigt tiefste Stelle der Kehle

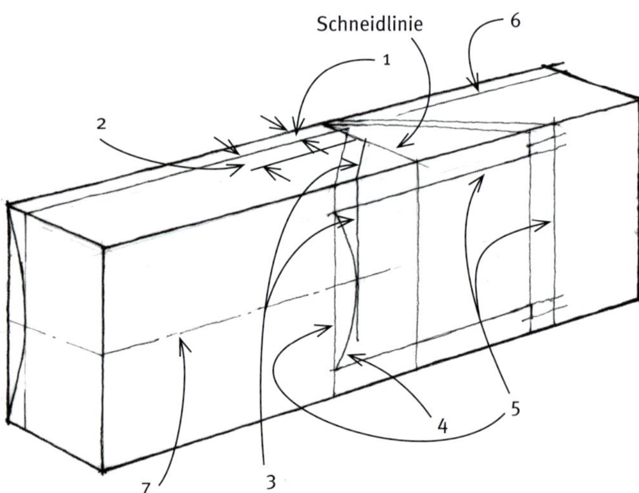

Spankasten für einen Hobel mit konkaver Schneide anreißen (Kehlhobel)

Spankasten für einen Hobel mit konkaver Schneide anreißen (Rundhobel)

1. Messen Sie die Höhe der Wölbung.
2. Markieren Sie die Höhe des Spanaustrittes, indem Sie dieses Maß am Schnittpunkt der Schneidlinie mit der Höhenlinie der Kehle nochmals abtragen.
3. Übertragen Sie diesen Punkt auf die Oberseite des Blockes, und zwar im gleichen Winkel wie den Spankasten, und dann über die Oberseite, bis sich der Riss mit dem Mittelriss kreuzt.
4. Zeichnen Sie vom Schnittpunkt dieser Linie mit den Hilfslinien an der Seite des Spankastens bis zu dem Punkt, an dem sich die Mittellinie mit der Vorderseite des Spankastens kreuzt.
5. Ursprüngliche Begrenzungslinien des Spankastens
6. Höhenriss, zeigt Höhe der Wölbung
7. Mittelriss, zeigt höchsten Punkt der Wölbung

Anleitung

1 Stellen Sie die Öffnung für das Hobeleisen her, so wie Sie es für einen normalen Hobel machen würden. Stemmen Sie dabei bis an den höchsten Punkt der Wölbung.

2 Stemmen Sie die Wölbung des Spankastens.

3 Wenden Sie den Block und beginnen Sie die Maulöffnung zu stemmen. Stemmen Sie am Riss des Mauls gerade runter – im 90°-Winkel zur Sohle. Hinterschneiden Sie leicht, um die Schnitzel am Riss des Eisenbettes zu lösen. Fahren Sie fort, bis Sie durchstoßen. Schließen Sie die Bearbeitung des Eisenbettes ab.

4 Nachdem der Spankasten und das Eisenbett komplett ausgestemmt sind, stemmen Sie einen V-förmigen Schnitt, um das Maul an der Sohle zu öffnen. Die Neigung an der vorderen Kante des Mauls sollte der an der Oberseite des Hobeleisens entsprechen. Der hintere Schnitt am Eisenbett ist vertikaler.

1

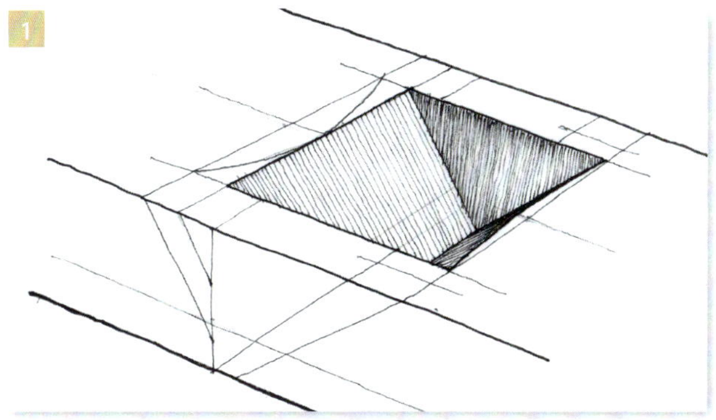

2

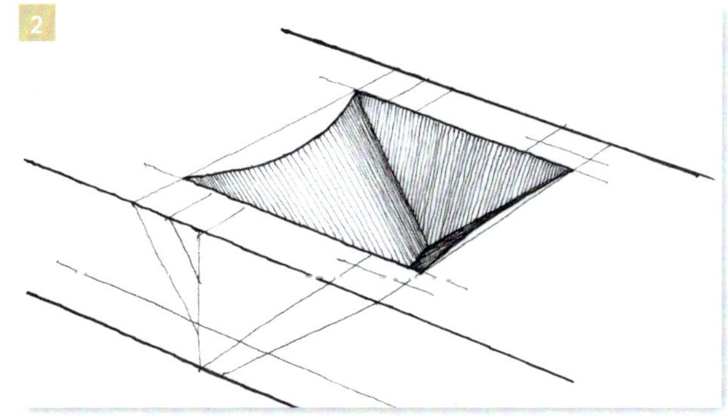

3

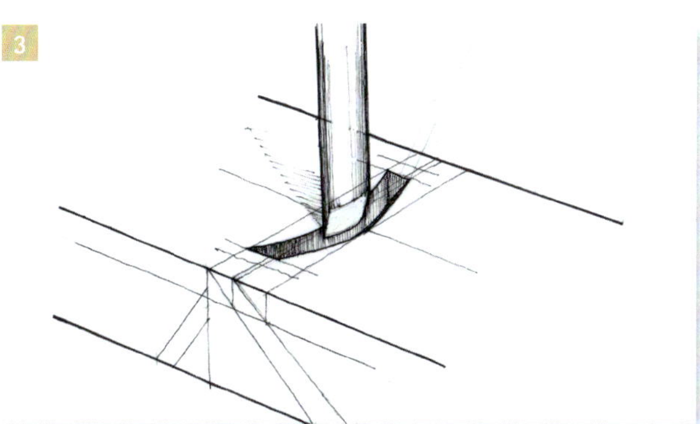

4

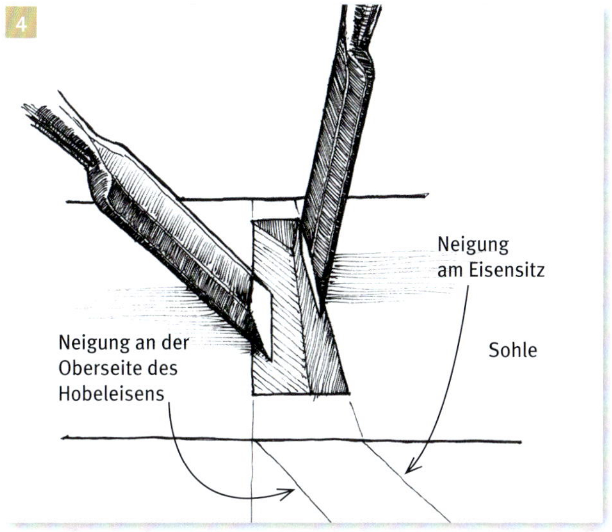

Methode des direkten Ausstemmens

Wenn die Schneide Ihres Hobeleisens die Form eines Kreisausschnittes hat, dann liefert die Methode zeichnerischer Projektion brauchbare Ergebnisse. Komplexere Profile können auch auf diese Weise projiziert werden, doch es ist nicht praktisch, bei so einem kleinen Maßstab viele Punkte präzise zu projizieren. Aus diesem Grund und weil ich oft Fehler mache, wenn ich meine Punkte projiziere, wende ich diese Technik meistens an. Sie müssen immer noch die Krümmung an der Wand des Spankastens zeichnerisch projizieren. Schauen Sie auf den Seiten 285 und 286 sowie oben bei Abb. 1 und 2 nach, wie der Spankasten angerissen und ausgearbeitet wird.

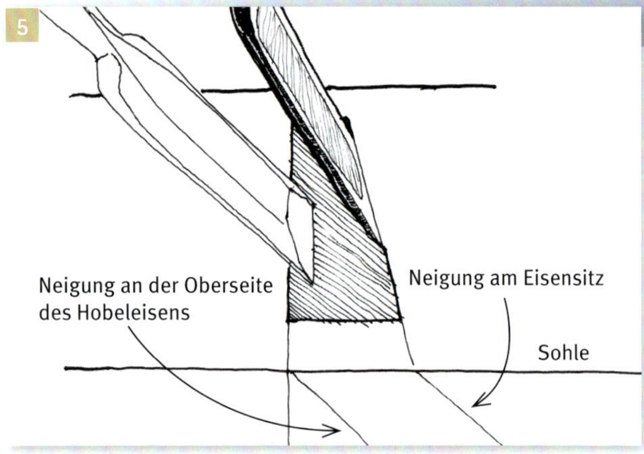

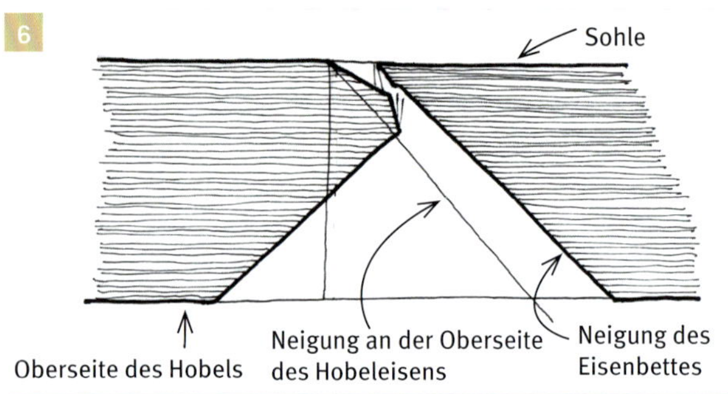

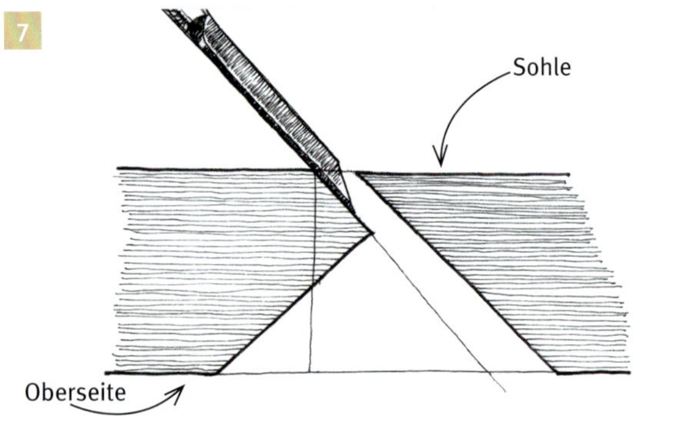

5 Fahren Sie fort, die Maulöffnung an der Sohle herzustellen. Die vordere Kante ist dabei im gleichen Winkel geneigt wie die Oberseite des Hobeleisens, aber der hintere Schnitt (am Sitz des Eisens) wird zunehmend in Richtung des Eisensitzes hinterschnitten.

6 Abwechselnd von der Oberseite des Hobels im Winkel des Eisensitzes und von der Sohle aus stemmen, dabei den Schnitt vertiefen und ihn zu den Winkeln der Oberseite des Eisens und des Eisensitzes hin öffnen. Nach einer Zeit werden Sie schließlich durchstoßen.

7 Stechen Sie schließlich die Öffnung von der Oberseite und der Sohle aus nach, bis Sie am Maul einen sauberen Schlitz haben, der vorne parallel zur Neigung der Oberseite des Hobeleisens liegt und hinten parallel zur Neigung des Eisensitzes.

8 Formen Sie die Sohle.

9 Stechen Sie den hinterschnittenen Winkel am Spanaustritt zurück bis an die Kurve des Hobelmauls.

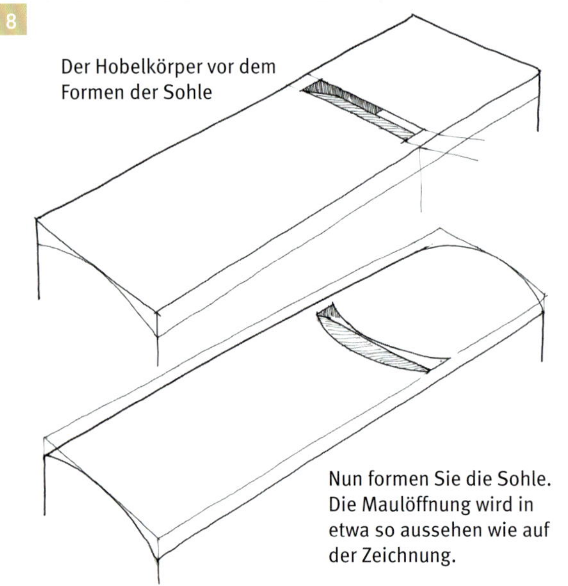

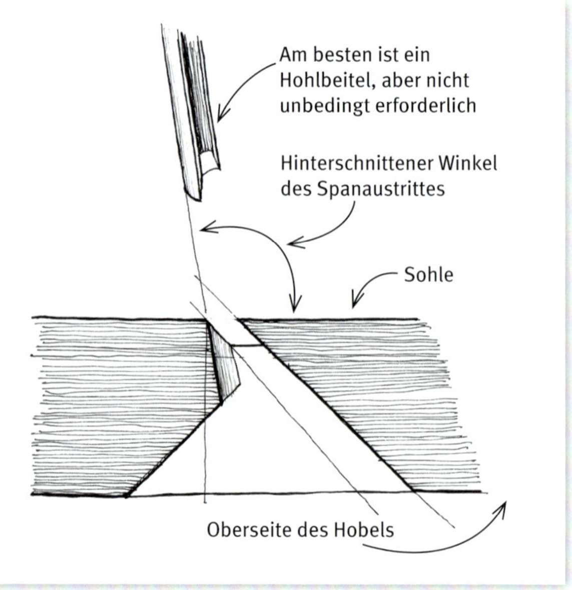

ANLEITUNG

Plättchen an Maulöffnung einsetzen

Jeder Hobel sollte eine Maulöffnung haben, deren Größe auf die Aufgabe des Hobels abgestimmt ist. Oder anders ausgedrückt, die Maulöffnung sollte nicht viel größer sein als der dickste Span, den der Hobel wahrscheinlich abheben wird. Die Leistung jedes Hobels wird sich generell – und bei einem Putzhobel sogar besonders – verbessern, wenn er eine scharfkantige und richtig bemessene Maulöffnung hat.

Der Einbau eines Plättchens (Spund) am Maul eines Hobels ist ein guter Weg, um einen alten Hobel zu restaurieren, dessen Maul sich abgenutzt und dadurch zu weit geöffnet hat, um noch gute Dienste zu leisten. Viele alte Holzhobel werden günstig angeboten, haben hochwertige Eisen aus Gussstahl, ordentliche Spanbrecher, und in ihnen stecken noch viele mögliche Arbeitsjahre. Eine Reparatur der Maulöffnung mit einem Plättchen wird solche Hobel verjüngen und Ihren Einsatz belohnen.

In der hier beschriebenen Technik wird die Aussparung dafür nicht von Hand gestemmt, sondern eine Oberfräse und eine selbst gebaute Schablone verwendet. Man braucht zwar etwas Zeit, um die Schablone herzustellen, doch ich denke, dieser Aufwand wird durch die Geschwindigkeit ausgeglichen und besonders durch die Genauigkeit der Oberfräse bei der Herstellung einer Vertiefung mit planem Boden, was sich von Hand nur schwer präzise machen lässt. Verwenden Sie die Schablone für Sohlenplättchen wieder bei Hobeln, welche die gleiche Eisenbreite haben.

Das Sohlenplättchen, also das Stück, mit dem das Maul repariert wird, sollte aus dem gleichen Holz wie der Körper des Hobels bestehen und die gleiche Faserrichtung haben – traditionell sollte die linke (dem Herz abgewandte) Seite nach unten zeigen. Der Rohling sollte 13–16 mm dick, etwa so breit wie der Hobelkörper und lang genug sein, um daraus mehrere Stücke herzustellen. Schneiden Sie es noch nicht auf seine endgültige Breite.

1 Bereiten Sie ein Stück 19 mm MDF-Platte vor, um daraus eine Schablone zum Fräsen der Vertiefung für das Sohlenplättchen zu machen.

2 Schneiden Sie an einer Seite einen 38 mm breiten Streifen ab, danach einen Streifen in der Breite der Maulöffnung. Mit der gleichen Einstellung an der Kreissäge schneiden Sie auch die Leiste auf Breite, aus der die Sohlenplättchen hergestellt werden. Wenn die Schablone und der Rohling exakt die gleiche Breite haben, erleichtert dies den Einbau. Als nächstes längen Sie den mittleren Streifen auf halbe Länge ab.

1

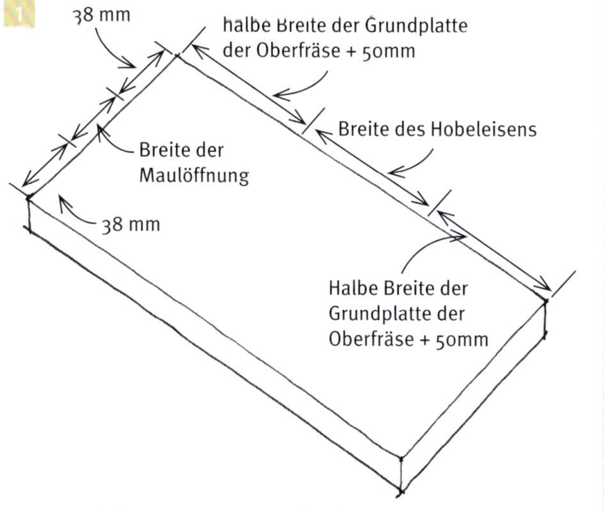

2

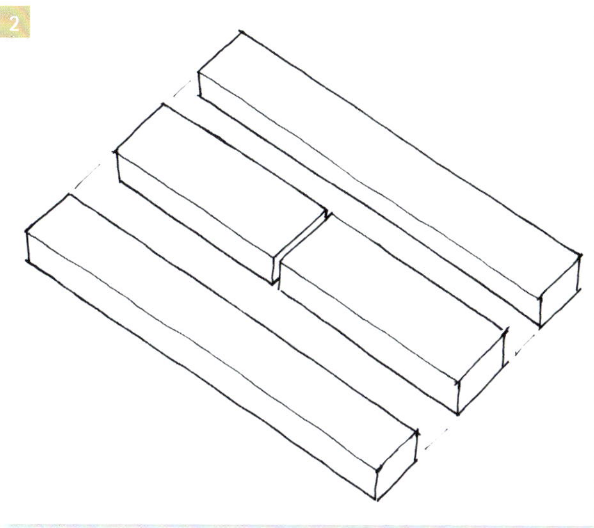

3 Markieren Sie ungefähr in der Mitte der beiden Seitenstreifen einen Abstand, der etwa der Eisenbreite entspricht (die genaue Bemessung ist nicht so kritisch – das Sohlenplättchen ist annähernd quadratisch). Nehmen Sie einen Zweikomponenten-Leim (um die Teile von Hand auszurichten und um die Trockenzeit zu verkürzen), leimen Sie die beiden Mittelstücke an den Markierungen an einen Seitenstreifen. Arbeiten Sie auf einer sauberen und planen Unterlage, um das Ausrichten der Teile zu erleichtern.

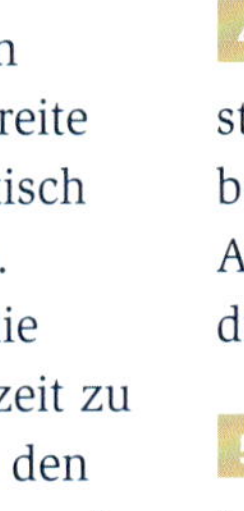

3

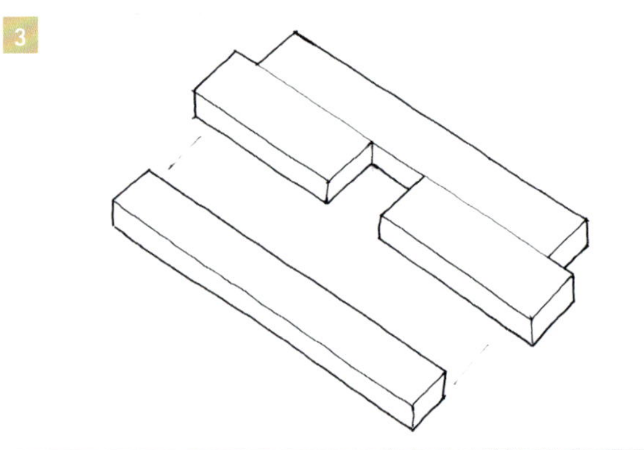

4

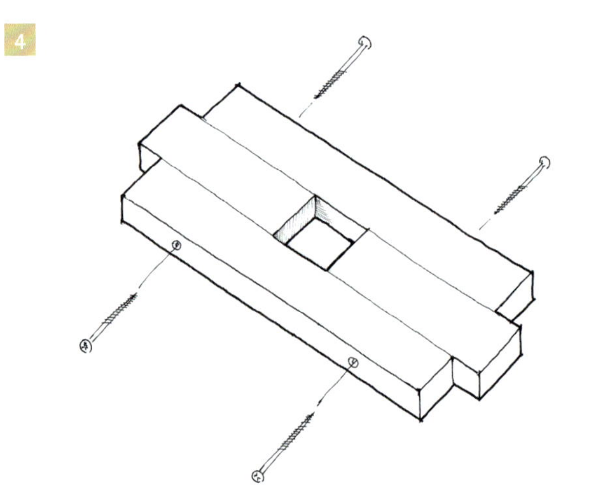

5

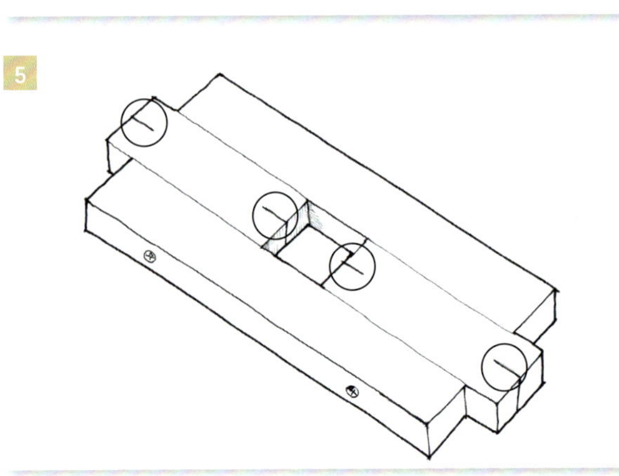

4 Leimen Sie den zweiten Seitenstreifen an die Mittelstücke und verstärken Sie die Verbindung mit Schrauben oder Dübeln. Bohren Sie die Schrauben vor, um ein Aufspalten zu vermeiden. Wenn Sie wollen, können Sie die Enden der Mittelstücke bündig abschneiden.

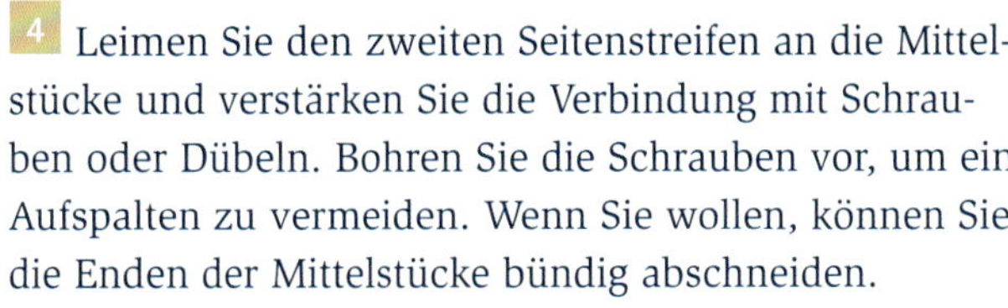

5 Markieren Sie einen Mittelriss an den Kanten der beiden Mittelstücke.

6 Wenn Ihr Hobel zu kurz ist, um die Schablone direkt aufzuspannen, ohne mit der Oberfräse in Konflikt zu geraten, spannen Sie die Schablone in ihrer Position fest und schrauben an der Flanke des Hobels einen Anschlag an die Schablone. Verwenden Sie diesen Anschlag, um die Schablone beim Fräsen festzuspannen.

7 Reißen Sie an der Sohle des Hobels eine Mittellinie an. Stellen Sie das Hobeleisen so ein, dass es kaum greift, und markieren die Position der Schneide mit Bleistift auf der Sohle und an den Flanken. Dann entnehmen Sie das Hobeleisen.

6

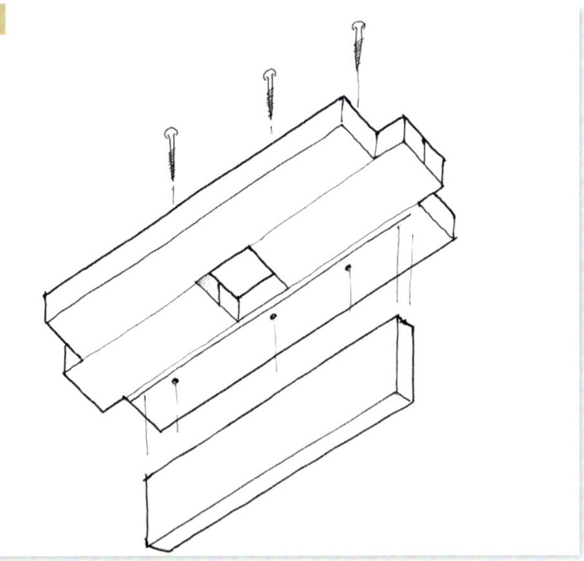

7

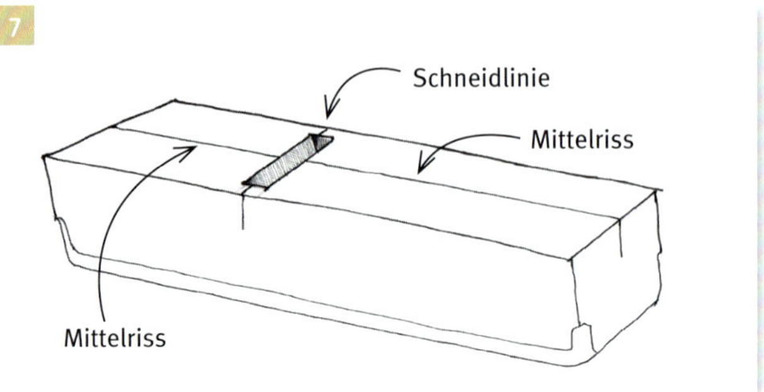

ANLEITUNG

8 Richten Sie die Schablone anhand der Mittelrisse am Hobel aus, dabei liegt die hintere Kante des Ausschnittes an der Schablone (also das Ende am Hobeleisen) ein bisschen hinter dem Bleistiftriss, der die Lage der Schneide anzeigt. Prüfen Sie, ob die Öffnung der Schablone mit der Breite des Hobelmauls übereinstimmt; diese Übereinstimmung ist wichtiger als die der Mittelrisse. Nutzen Sie die Mittelrisse, um die Schablone parallel zur Längsachse des Hobels auszurichten. Spannen Sie die Schablone auf den Hobel.

9 Verwenden Sie einen Fräser mit 13 mm Durchmesser, 19 mm Schneide und einem oben montierten Anlaufring. Stellen Sie die Tiefe ein und tauchen die Fräse direkt auf ganze Tiefe, oder fast ganze Tiefe in der Mitte der Öffnung (damit Sie die Schablone nicht beschädigen). Fräsen Sie die Vertiefung aus.

10 Stechen Sie die runden Ecken an der Schneide aus. Erhalten Sie vorsichtig die keilförmigen Nuten, falls sie sich überschneiden sollten. Sie können auch die beiden anderen Ecken der Vertiefung eckig ausstechen oder diese Ecken an dem Sohlenplättchen runden, das ist Ihre Wahl.

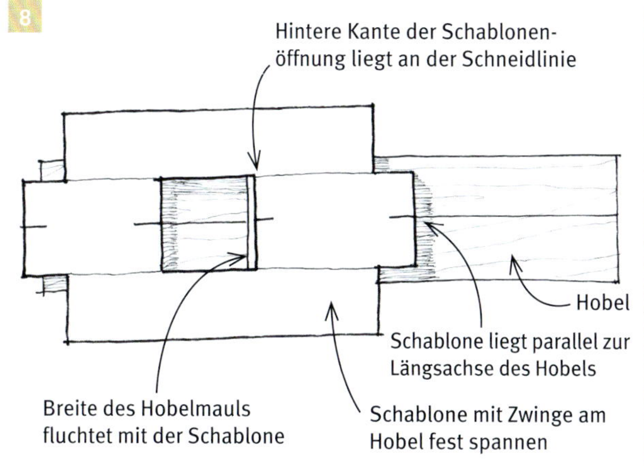

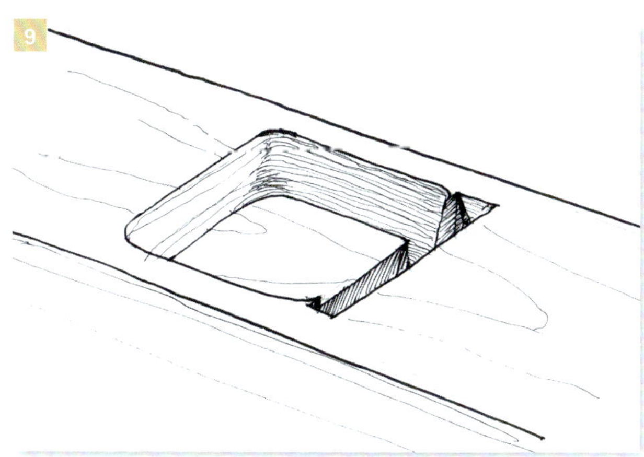

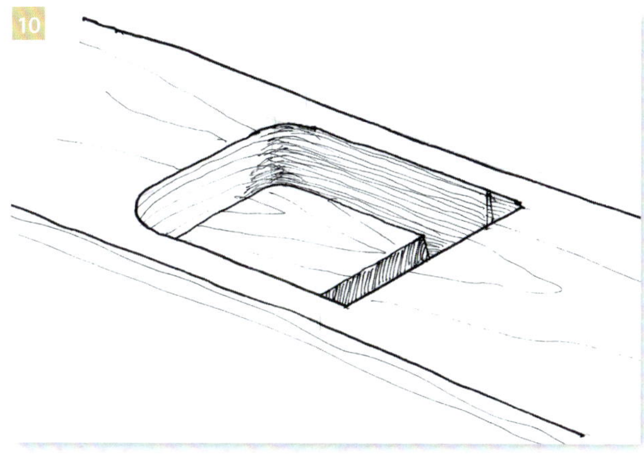

Schneiden Sie das Sohlenplättchen genau auf die Länge der Öffnung in der Schablone. Legen Sie das Sohlenplättchen in die Vertiefung und setzen das Hobeleisen ein. Das Sohlenplättchen sollte etwas größer sein als dass es erlauben würde, das Hobeleisen in seine Arbeitsposition zu bringen. Wenn nicht, verschieben Sie das Sohlenplättchen in seine endgültige Position in Relation zu der beabsichtigten Maulöffnung und leimen es fest.

Wenn das Sohlenplättchen zu lang sein sollte, entnehmen Sie es und bearbeiten es an der Stoßlade, bis es gerade passt und stellen die gewünschte Maulöffnung her. Wenn Sie am Spanaustritt einen Winkel von weniger als 90° (70 oder 80° ist üblich für Hobel, ausgenommen feine Putzhobel), oder alternativ hierzu, wenn Sie den Winkel für den Spanaustritt an einem feinen Putzhobel erhöhen wollen, dann bearbeiten Sie das Ende des Mauls mit Hinterfütterung an der Stoßlade, um den gewünschten Winkel herzustellen. Dadurch wird natürlich das Sohlenplättchen kürzer; seien Sie also vorsichtig, dass Sie genug Material übrig haben. Seien Sie sich auch bewusst, dass der Winkel das Einpassen an den keilförmigen Nuten erschweren kann. Zum Abschluss leimen Sie das Sohlenplättchen ein.

Verstellbares Sohlenplättchen einbauen

1

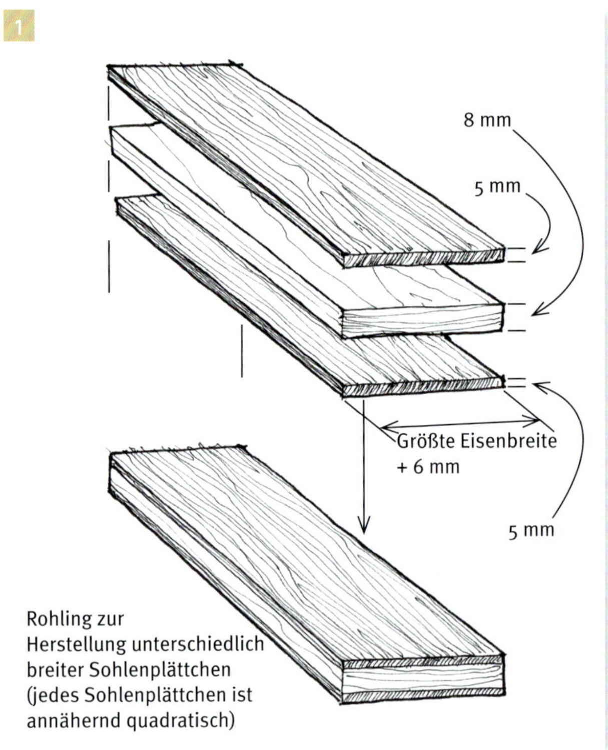

Ein verstellbares Sohlenplättchen hat eine Reihe von Vorteilen. Es erhöht die Vielseitigkeit des Hobels, denn das Maul kann für feine und grobe Spanabnahme oder schwierige Maserung eingestellt werden. Hinzukommt, dass das Plättchen nicht ersetzt werden muss, wenn die Sohle sich abnutzt und wieder abgerichtet wird, da das Plättchen neu eingestellt und das Maul verengt werden kann.

Das Vorgehen beim Einlassen eines verstellbaren Sohlenplättchens ist das gleiche wie beim Einlassen eines eingeleimten Plättchens. Es gibt jedoch einige weitere Bearbeitungsschritte. Es ist nicht unbedingt erforderlich aber wahrscheinlich besser, das Sohlenplättchen aus Gründen des Abriebs und der Stabilität aus mehreren Schichten zu verleimen. Auch müssen Schlitze für die Feststellschraube und den Schraubenkopf hergestellt werden.

2

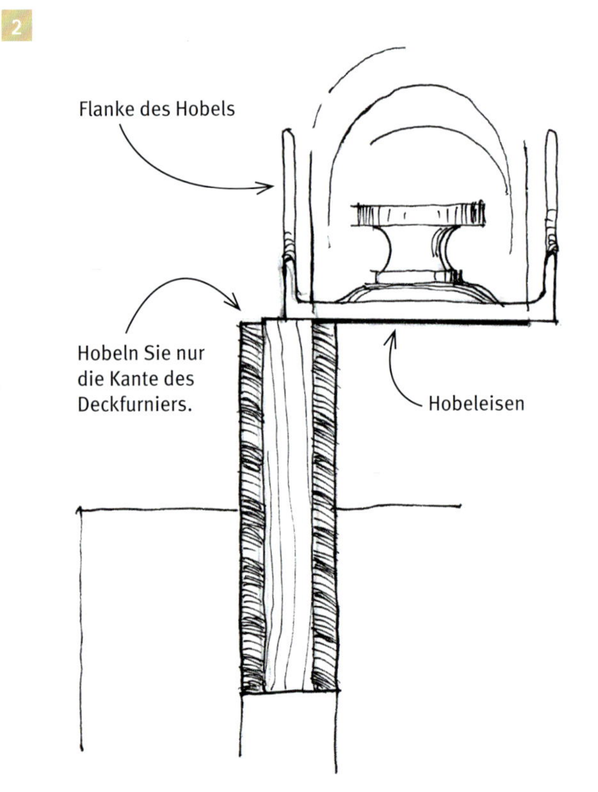

3

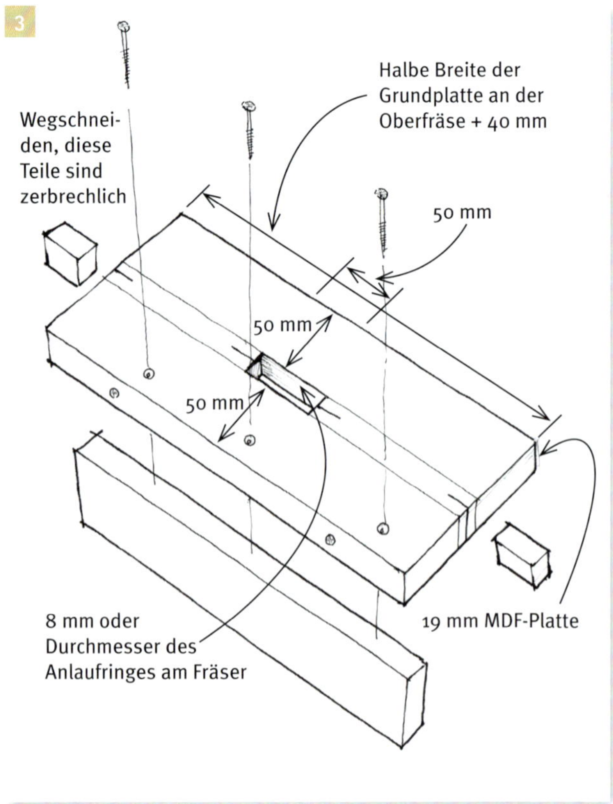

ANLEITUNG

Beginnen Sie mit der Verleimung des Rohlings, aus dem die Sohlenplättchen hergestellt werden sollen. Machen Sie ihn mindestens 6 mm breiter als ihr breitestes Hobelmaul und ausreichend lang für mehrere Reparaturen. Die Deckschicht sollte etwa 5 mm dick sein und ihre Fasern in gleicher Richtung wie der Hobelkörper verlaufen; die Mittellage soll aus dem gleichen Material wie der Hobelkörper bestehen und etwa 8 mm dick sein (Abb. 1). Für die Deckschicht sind Hölzer wie Lignum vitae (Pockholz), Ipé, Pan Ferro (Movado/Santos) eine gute Wahl; manche dunklen Tropenhölzer, wie etwa Ebenholz, können leicht reißen und manchmal dunkle Streifen auf hellem Holz hinterlassen.

Verleimen Sie also das Brettchen und lassen es über Nacht ruhen, besser noch länger, bevor Sie eine Kante fügen und es auf Breite schneiden, sobald die Schablone fertig ist.

Die Schritte zur Herstellung einer Schablone für die Oberfräse, mit welcher das Sohlenplättchen eingepasst wird, werden unter „Sohlenplättchen am Maul des Hobels einpassen“ auf S. 289 beschrieben. Leimen Sie das Sohlenplättchen nicht fest. Das Einpassen des verstellbaren Plättchens erfordert einen weiteren Arbeitsschritt: Sorgen Sie für eine Presspassung der Mittellage des Plättchens in der Vertiefung; nehmen Sie dafür an beiden Seiten an der Deckschicht je einen leichten Span ab (Abb. 2).

4

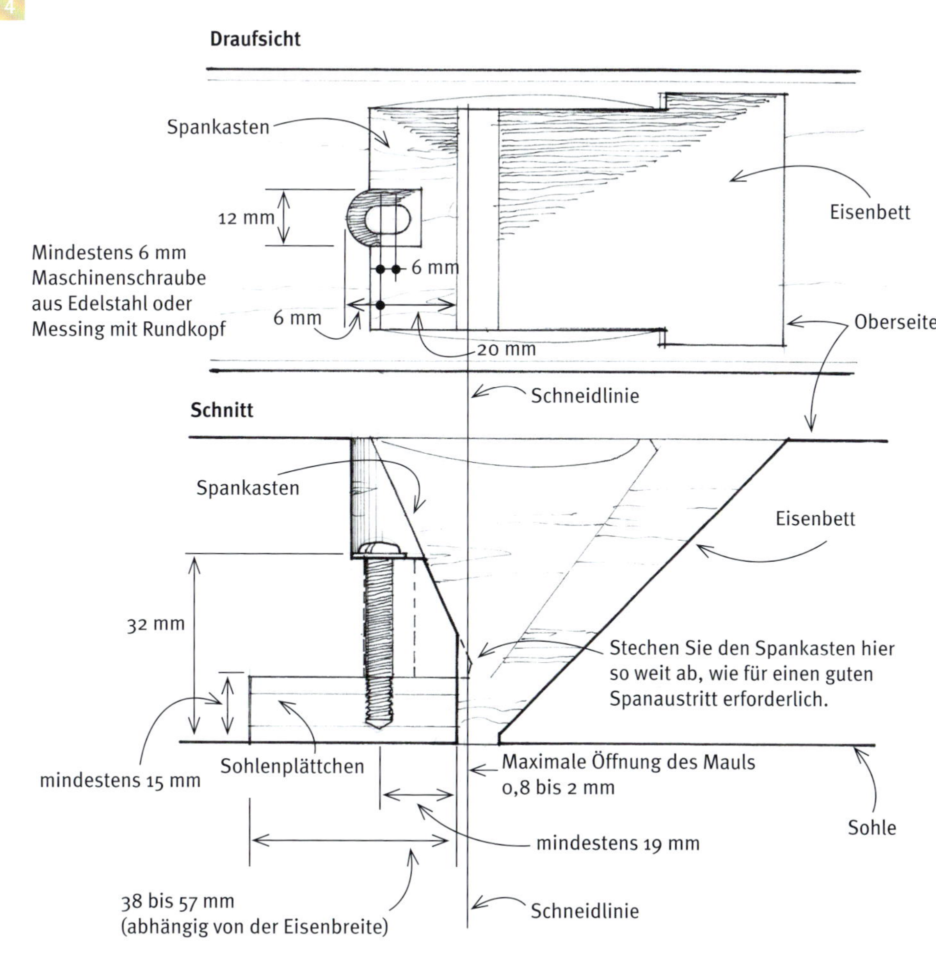

Der Schlitz für den Schraubenkopf muss tief genug sein, um eine Verstellung um 6 mm zuzulassen, eine Auflage für die Unterlegscheibe bieten und die Verwendung einer Standardlänge zulassen, die nicht durch die Deckschicht des Sohlenplättchens stößt.

Schneiden Sie einen 13 mm breiten Schlitz für den Schraubenkopf und die Unterlegscheibe sowie einen durchgehenden Schlitz für den Schaft der Schraube. Machen Sie beides lang genug, damit die Schraube etwa 6 mm eingedreht werden kann.

5

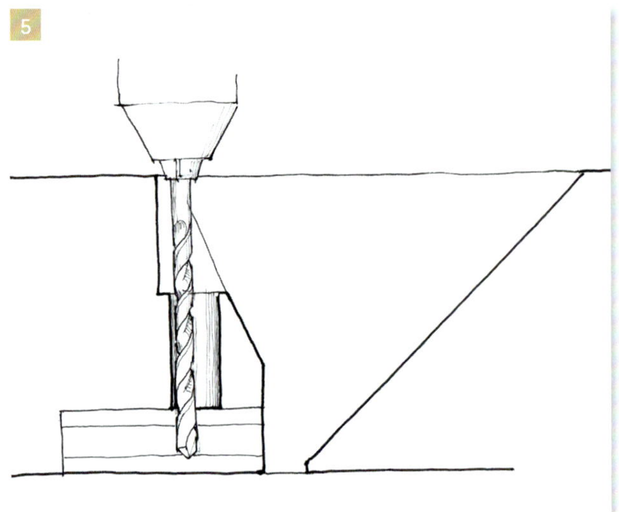

6

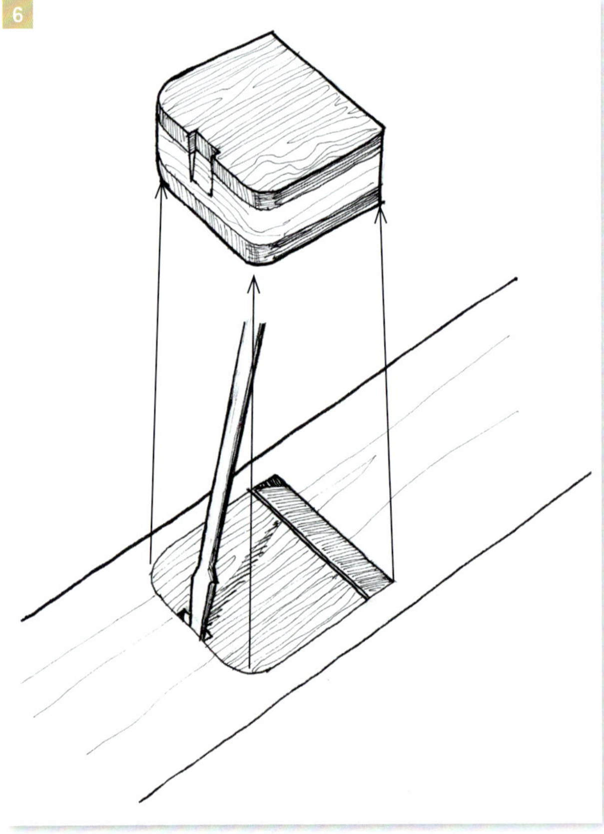

Bauen Sie sich eine Schablone, um den Schlitz für den Kopf der Fixierschraube zu fräsen. Sie gleicht der Schablone, mit der die Vertiefung für das Sohlenplättchen gefräst wird und verwendet die gleichen Techniken (Abb. 3). Sie können die Schablone so bemessen, dass sie Platz für einen 13 mm Fräskopf mit oben liegendem Anlaufring bietet oder aber für einen 13 mm Nutfräser mit Kopierring. Beide Methoden haben Vor- und Nachteile. Bei einem Bündigfräser mit Anlaufring ist es einfach, die Schablone zu bemessen, doch man kann sie auch leicht beschädigen. Bei einem Nutfräser mit Kopierring müssen Sie den Ausschnitt an der Schablone genau bemessen, um einen möglichen Versatz zwischen dem Durchmesser des Kopierringes und dem des Fräsers auszugleichen, doch die Schablone läuft kaum Gefahr, von dem Fräser beschädigt zu werden. Sie werden unter Umständen ohnehin den Nutfräser verwenden, um die erforderliche Länge zu bekommen. Prüfen Sie das, bevor Sie die Schablone bauen (Abb. 4).

Auch hier gilt, wenn der Hobel zu kurz ist, um von oben zu spannen, bringen Sie an der Unterseite einen Seitenanschlag an und spannen dort.

Markieren Sie die Mittellinie auf der Oberseite des Hobelkörpers und die Lage des Schlitzes (Abb. 4), um die genaue Position der Schraube zu ermitteln. Setzen Sie die Schablone so auf die Mittellinie, dass die Vorderkante der Schablonenöffnung an der Markierung für die vordere Position der Fixierschraube liegt. Fräsen Sie den Schlitz für den Schraubenkopf mit einem 13 mm Fräser. Wenn Sie einen Bündigfräser verwenden, stellen Sie sicher, dass die Schneide lang genug ist, während der Anlaufring noch an der Schablone anliegt. Stellen Sie vor dem Anschalten der Oberfräse die Tiefe des Fräsers so ein, dass der Anlaufring innerhalb der Schablone liegt. Ansonsten werden Sie eine weitere Schablone machen.

ANLEITUNG

Ermitteln Sie die Mittelpunkte für den Schlitz des Schraubenschaftes: Bohren Sie auf der Ständerbohrmaschine an beiden Enden des Schlitzes und dann in der Mitte. Reinigen Sie den Schlitz mit dem Bohrer, um einen sauberen freien Schlitz zu erhalten. Hierfür ist ein Forstner-Bohrer am besten, oder ein guter Bohrer mit Zentrierspitze.

Passen Sie das Sohlenplättchen so ein, wie Sie es bei einem fest eingeleimten machen würden: Falls es zu lang ist, längen Sie es soweit ab, dass es die größte Maulöffnung hat, die Sie für diesen Hobel an seiner vordersten Position wünschen. Prüfen Sie, ob die Kante des Mauls parallel mit der Schneide ist, wenn die Schneide parallel zur Sohle des Hobels eingestellt ist. Passen Sie den Winkel des Spanaustrittes nach Ihren Bedürfnissen an, wie es zuvor für ein fest eingeleimtes Plättchen beschrieben wurde. Mit dem Sohlenplättchen in Position bohren Sie dann am vorderen Ende des Schraubenschlitzes ein Loch, das den Durchmesser des Schraubenschaftes hat. Bohren Sie bis kurz vor die Unterkante der Mittellage des Sohlenplättchens (Abb. 5).

Bauen Sie das Sohlenplättchen aus, reinigen Sie das Bohrloch, setzen Sie das Plättchen wieder ein und drehen die Maschinenschraube (mit einer Unterlegscheibe) in das Loch des Sohlenplättchens. Dabei werden Sie ein Gewinde in das Holz schneiden. Falls Sie die Schraube entnehmen und wieder einsetzen müssen, seien Sie vorsichtig, um die Schraube in dem bereits geschnittenen Gewinde anzuziehen.

Wenn das Maul verkleinert werden muss, klemmt das Plättchen manchmal auch nach dem Lösen der Schraube und lässt sich nicht mit den Fingern bewegen. Sie können eine etwa 2 mm tiefe und 10 mm breite Kerbe am Kopf des Plättchens anbringen – entnehmen Sie dafür natürlich zunächst das Plättchen (Abb. 6). Wenn das Plättchen klemmen sollte, kann nun ein kleiner Schraubenzieher vorsichtig eingesetzt werden, um es in seine Position zu bringen. Vergessen Sie nicht, es in seiner Position mit der Maschinenschraube zu fixieren.

Wenn die Kante des Mauls parallel mit der Schneide liegt und diese sauber und scharf ist, dann kann es jetzt losgehen.

Anleitung

Einbau eines verstellbaren Sohlenplättchens bei Herstellung eines Hobels in Krenov-Bauweise

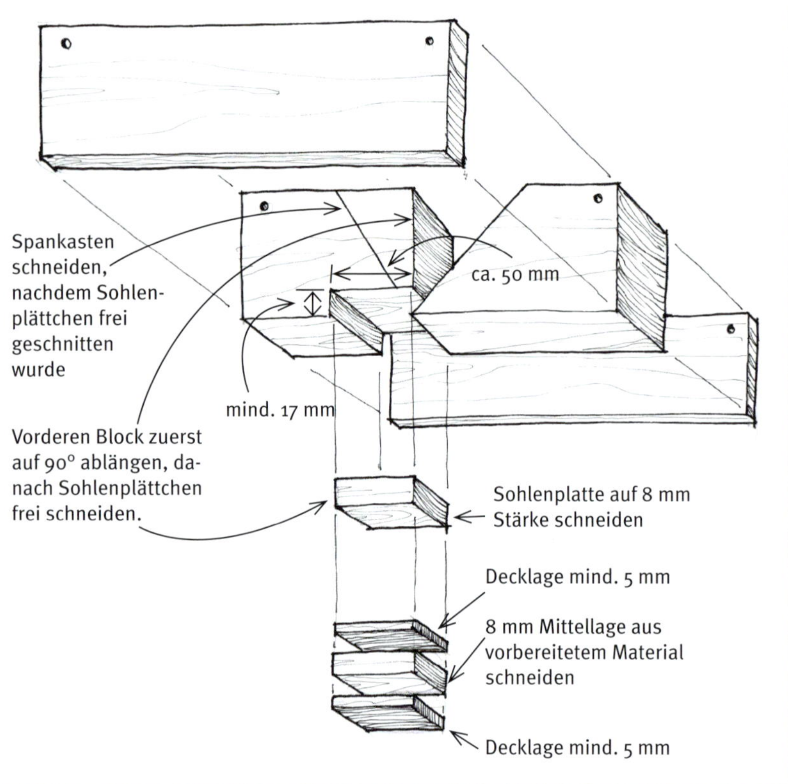

Es ist relativ einfach, ein verstellbares Sohlenplättchen einzupassen, wenn man einen Hobel im Krenov-Stil baut, solange man es vor dem Verleimen des Hobelkörpers macht. Damit bekommt man leichter ein ganz enges Maul und es ermöglicht größere Vielseitigkeit des Hobels, wenn das erwünscht ist.

Bei der Anfertigung des Hobels schneiden Sie das Vorderteil des Mittelblockes am Spanaustritt im Winkel von 90°, nachdem der hintere Block für das Eisenbett frei geschnitten wurde. Dann klinken Sie am Vorderteil ein Stück aus, welches das Sohlenplättchen wird. Dies hinterlässt eine Vertiefung, die etwa 17 mm tief und 50 mm breit ist. Schneiden Sie diese Vertiefung auf der Tischkreissäge mit Hilfe einer Zapfenlehre oder spannen Sie das Werkstück an den Gehrungsanschlag. Danach können Sie am Vorderblock die Neigung des Spankastens schneiden.

Schneiden Sie das Stück, aus dem das Sohlenplättchen hergestellt werden soll, auf eine Stärke von 8 mm (es sollte vorher eine Stärke von etwa 13 mm haben) und leimen Sie auf beiden Seiten eine 5 mm starke Deckschicht (siehe „Einbau eines verstellbaren Sohlenplättchens" auf S. 292). Es wird sicherer sein, wenn Sie die Mittellage von Hand schneiden: reißen Sie also rundherum mit einem Streichmaß die Stärke von 8 mm an, sägen es auf einer Seite des Risse auf und hobeln dann bis zur Mitte des Risses. Etwaige Niveauunterschiede können bei der Konfiguration der Sohle mit dem Hobel beseitigt werden, nachdem es verleimt und eingebaut ist. Nach ein paar Tagen Trockenzeit hobeln Sie die Deckschichten bündig und dann nehmen Sie an beiden Seiten noch einen leichten Strich mit dem Hobel ab. Schließen Sie den Bau des Hobels ab und achten Sie beim Verleimen darauf, überstehenden Leim in der Vertiefung der Sohle zu entfernen.

Vor dem Formen des Hobels machen Sie sich eine Schablone, mit der Sie den Schlitz für Schraubenkopfes fräsen. Fräsen Sie diesen und bohren Sie die Langlöcher. Versuchen Sie, den Schlitz innerhalb des Spankastens zu halten. Schließen Sie den Einbau des Sohlenplättchens so ab, wie Sie es bei jedem anderen beweglichen Sohlenplättchen machen.

REGISTER

A

B

C

E

F

REGISTER

J

K

L

M

N

O

P

REGISTER

T

W

Z

Schon fertig?

Hier finden Sie weitere spannende Informationen und Techniken – in Büchern von HolzWerken!

Toshio Odate

Die Werkzeuge des japanischen Schreiners

Der Autor erklärt die Funktion der einzelnen Werkzeuge, zeigt deren Wartung und Pflege und ihre richtige Handhabung. Gleichzeitig weist er auf die große Bedeutung hin, die diese Werkzeuge in der Tradition des japanischen Handwerks haben. Dieses Buch ist mehr als nur eine Anleitung. Es macht auch mit der geistig-spirituellen Bedeutung vertraut und lässt so die Achtung und Verehrung entstehen, die diesen Werkzeugen in Japan entgegengebracht wird.

200 Seiten, 22 x 30 cm,
ca. 340 s/w-Fotos und Zeichnungen, gebunden
Best.-Nr. 9007
ISBN 978-3-87870-995-4

Sam Allen

Oberflächen-behandlung von Holz

Klassische Techniken und Rezepte

Oberflächenbehandlung macht das Holz schöner und steigert dessen Wert und Beständigkeit. Dieses Buch bietet die traditionellen Methoden und Rezepturen der Holzbehandlung. Sehr ausführlich wird die althergebrachte Art der Schellackpolitur behandelt, dann diverse andere Lacke, Öle und Wachse, Schleifmittel und Beizen sowie kaseinhaltige Farblasuren.

128 Seiten, 21 x 28,5 cm,
165 farbige Abbildungen, gebunden
Best.-Nr. 9004
ISBN 978-3-87870-586-4

Terry Porter

Holz erkennen und benutzen

Das Nachschlagewerk für die Praxis

Umfangreiches, dennoch kompaktes Lexikon der Holzarten. Über 200 Arten werden ausführlich vorgestellt, alle für den Holz-Handwerker wichtigen Eigenschaften werden genannt: Verarbeitungseigenschaften, Alterungsverhalten, Wuchsformen, Gewichte, typische Verwendungen, alle gebräuchlichen Namensvarianten, mögliche Gesundheitsrisiken. Jedes dieser Hölzer ist farbig abgebildet, zum Teil mit einem daraus gearbeiteten Objekt. Weitere 200 Holzarten sind in Kurzform tabellarisch dargestellt.

288 Seiten, 21 x 27,5 cm,
ca. 1000 farbige Fotos und Zeichnungen, gebunden
Best.-Nr. 9008
ISBN 978-3-86630-950-0

George Buchanan

Handbuch Möbel aufarbeiten

Ein praktisches Kompendium für den Freizeit-Restaurator

Schritt für Schritt geht Buchanan durch die unterschiedlichen Fälle der Restaurierung alter Möbel: vom einfach aufzuarbeitenden Tisch bis zu schwierigen Fällen, Stühlen, Kommoden oder fast völlig zerstörten Stücken. Die notwendigen Techniken der Holzbearbeitung – vom Drechseln bis zum Biegen von Holz – sind erklärt, ebenso Furnieren, Polstern und Methoden der Oberflächenbehandlung.

282 Seiten, 17 x 24 cm,
ca. 1000 s/w-Abbildungen,
31 Farbfotos, gebunden
Best.-Nr. 9009
ISBN 978-3-86630-922-7

Vincentz Network GmbH & Co. KG
HolzWerken
Plathnerstr. 4c
30175 Hannover

Tel. +49 (0) 511 99 10-033
Fax +49 (0) 511 99 10-029
buecher@vincentz.net
www.holzwerken.net

Weitere Titel finden Sie im Online-Shop: www.holzwerken.net/shop